JIANZHU ZHUANGSHI GONGCHENG
SHEJI SHIYONG JISHU

建筑装饰工程
设计实用技术

李继业　王学勇　胡琳琳　主编

化学工业出版社
·北京·

本书主要介绍了建筑装饰设计绪论、建筑装饰设计与相关学科、建筑室内空间的处理、建筑室内界面设计、建筑室内色彩设计、室内家具设计、绿色建筑光环境设计、建筑室内陈设设计、建筑室内环境艺术设计、建筑室内设计程序与方法、建筑室内外景观设计及技术、绿色建筑设施设备设计，以及建筑室内装饰工程污染控制设计等内容。

本书具有较强的系统性、技术性和参考价值，可供室内装饰工程设计与施工技术人员参考，也可供高等学校建筑、装饰装修工程及相关专业师生参阅。

图书在版编目（CIP）数据

建筑装饰工程设计实用技术/李继业，王学勇，胡琳琳主编. —北京：化学工业出版社，2020.2（2022.5重印）

ISBN 978-7-122-35892-9

Ⅰ.①建… Ⅱ.①李…②王…③胡… Ⅲ.①建筑装饰-建筑设计 Ⅳ.①TU238

中国版本图书馆CIP数据核字（2019）第296881号

责任编辑：刘兴春 刘 婧　　装帧设计：刘丽华
责任校对：宋 玮

出版发行：化学工业出版社（北京市东城区青年湖南街13号 邮政编码100011）
印　　装：北京捷迅佳彩印刷有限公司
787mm×1092mm 1/16 印张23 字数604千字 2022年5月北京第1版第2次印刷

购书咨询：010-64518888　　售后服务：010-64518899
网　　址：http://www.cip.com.cn
凡购买本书，如有缺损质量问题，本社销售中心负责调换。

定　　价：138.00元

前 言

建筑装饰装修工程是现代建筑工程的有机组成部分，是现代建筑工程的延伸、深化和完善。由此可见，建筑装饰装修工程是“为保护建筑物的主体结构、完善建筑物的使用功能和美化建筑物，采用装饰装修材料或饰物，对建筑物的内外表面及空间进行的各种处理过程”。因此，建筑装饰装修工程的设计质量，必然会影响到建筑物的最终质量，进行严格的工程质量设计管理和控制，是其整个建设过程中的重要任务。

近年来，随着我国社会主义经济的飞速发展，建筑装饰装修产值每年以20%的速度增长。据有关单位统计，目前，全国室内装饰设计和施工企业约有25万家，从业职工约600万人，年装饰工程价值已达800亿元，已成为建筑行业中新的消费热点和新的经济增长点，是值得关注的重点。

随着社会的进步，人们生活水平的提高，人们已不满足只有实用功能的室内环境，越来越认识到室内环境对改善人们生活质量的重要性。现在的建筑室内是人们生活工作的主要场合，人一生中的多半时间都在室内渡过，室内环境的好坏对人们的日常生活、工作、学习等都能产生直接影响，而且室内的环境质量也直接关系到人们身心健康及安全。

在人类生活中设计无处不在。设计是人的思考过程，是一种构想、计划，并通过技术手段实施，以满足人类的需求为目标。设计为人类服务，在满足人的生活需求的同时又规定并改变人的活动行为和生活方式，引领人们的生活和社会不断向前发展；设计是连接精神文明与物质文明的桥梁。而建筑装饰设计是一种人类创造自己生存环境和提高环境质量的活动，也就是要将建筑的室内环境，按照现代人的生活习惯、审美意识，系统地、整体地进行环境方案创作的活动。它是包括空间环境、室内装修、陈设装饰在内的建筑内部空间的综合设计系统，涵盖了功能与审美的全部内容。

学习建筑装饰设计要具有丰富的文化底蕴，较高的艺术修养及审美能力。建筑装饰设计和建筑结构设计一样，是一种创造性的劳动，它涉及建筑、景观环境、绘画艺术、家具设计等多方面专业知识，可以说是一个复杂的系统工程，进行室内建筑设计的目的是使室内的各种空间的使用功能与精神功能完美地结合起来。

本书是根据国家现行的建筑装饰装修工程设计的标准，并结合这些年来的实践经验及有关资料编写而成的，内容比较全面具体，实用性非常强。本书的出版，对于从事建筑装饰装修工程设计的人员正确掌握设计方法会起到有益的指导作用。在编写本书的过程中，吸收和选用了国内外有关建筑装饰装修工程设计方面专家的论著、报告，在此表示真诚的谢意。

本书由李继业、王学勇、胡琳琳担任主编，张菁艺、李尚谦、李光耀、王舒敏、李晓帆参加了编写。具体编写分为：王学勇撰写第一章、第四章；胡琳琳撰写第二章、第十一章；张菁艺撰写第八章、第九章；李尚谦撰写第三章、第六章；李光耀撰写第十章；王舒敏撰写第五章、第十三章；李晓帆撰写第七章、第十二章。全书最后由李继业统稿并定稿。

本书在编写的过程中虽然力求完善，但由于编者掌握的资料不足，再加上水平有限，书中肯定有不足和疏漏之处，敬请有关专家学者和广大读者批评指正。

编　者

2019年10月于泰山

目 录

第一章 建筑装饰设计绪论

第二章 建筑装饰设计与相关学科

第三章 建筑室内空间的处理

第四章 建筑室内界面设计

第五章 建筑室内色彩设计

第六章 室内家具的设计

第七章 绿色建筑光环境设计

第八章 建筑室内陈设设计

第九章 建筑室内环境艺术设计

第十章 建筑室内设计程序与方法

第十一章 建筑室内外景观设计及技术

第十二章 绿色建筑设施设备设计

第十三章 建筑室内装饰工程污染控制设计

参考文献

第一章
建筑装饰设计绪论

建筑装饰设计是建筑产品设计的继续和深化，它的工作宗旨就是以人为本、为人类服务。这就要求建筑装饰设计工作者应当不断地完善人们使用的各个空间环境，为人们提供各种优质的室内外空间环境，努力保护好自然大环境，肩负起社会赋予的光荣使命，这是每个从事建筑装饰设计人员的责任和义务。

第一节　建筑装饰设计的概念与特征

建筑装饰装修属于工程技术类范畴，它包括从装饰构思到材料应用，直至施工的一系列活动。而室内外装饰设计作为一种美术范畴，是一门独立的艺术学科，但又区别于艺术，属于工艺美术类，其体现出理性的成分更多：一方面是在提高人们精神和物质水准，满足人们在使用功能上的需求；另一方面提高室内外空间的环境质量，使人从精神上得到满足，以有限的物质条件创造尽可能多的精神价值。

一、设计的基本概念

社会实践告诉我们，在人类的生活中，设计无处不在。设计是人类进步的象征，是连接精神文明和物质文明的桥梁。人们对于设计的理解，随着时代的发展而发展，但总体表现为意匠、计划、草图等。因此，设计是人为的思考过程，是一种构想、计划，并通过技术手段实施，以满足人类的需求为目标。

作为现代的设计概念，设计更是综合社会的、经济的、技术的、心理的、生理的、艺术的各种形态的特殊的美学活动。设计为人类服务，在满足人的生活需求的同时，又规定并改变人的活动行为和生活方式，引领人们的生活和社会不断向前发展。

二、建筑装饰设计的概念

建筑装饰设计和建筑设计有着密不可分的关系，它们好比一棵大树上的枝干和树叶，是一个共生体，建筑装饰设计必须依附于建筑主体，建筑主体也因为有了建筑装饰设计而具有生命。由于建筑主体的本身是为满足人类社会生活需要而建造的，且各类建筑还应满足人们不同的艺术审美的要求，因而建筑就成为一种集技术和艺术于一身的综合体，我们必须通过合理的建筑设计、精确的结构计算、严密的构造方式，再配合建筑电气、给水排水、暖通、空调等，才能达到现代建筑的基本要求。但是，如果我们仅考虑这些要求是远远不够的，人们还无法使用它，所以还需要用各种建筑装饰设计的手段，对建筑主体进行“包装”，以满足人们的审美和使用要求。

工程实践告诉我们，建筑装饰设计是一种人类创造自己生存环境和提高环境质量的活动。建筑装饰设计作为一门新兴的学科，真正的发展历程只是近几十年的事，原来建筑装饰设计的工作，是由建筑设计师在建筑设计中一起完成的。由于时代的发展、人们需求的提高、新材料和新技术发展、建筑装饰工程量的不断扩大，使得与人类关系最为密切的建筑装饰设计从建筑设计的工作范畴中分离出来，从而形成了一门新兴的学科。

著名的建筑师和工程师维特鲁威指出：“建筑美不是作为物质实体的建筑自然形成的，它是设计人构思创作的结果，一种理性活动的成果。建筑美包括室内外合理的布局、外貌的优美、各个组成部分的相互协调、造型富有整体感”。建筑装饰设计是根据建筑物的使用性质、所处环境和相应标准，根据使用对象的特殊及他们所处的特定环境，运用现代物质技术手段和建筑美学原理，对建筑室内外空间进行规划和组织，从而创造出功能合理、舒适美观、精神与物质并重的建筑环境而采取的理性创造活动。其中，明确地将“创造满足人们物质和精神生活需要的空间环境”作为设计的目的，这正体现出建筑装饰设计是以人为中心，一切为了给人创造出美好的生活和工作活动的建筑空间环境。建筑装饰设计是将科学、艺术和生活结合成一个完美整体的创作活动。

从广义上讲，建筑装饰设计是一门大众参与最为广泛的艺术活动，是建筑室内外设计内涵集中表现之处。建筑装饰设计是人类创造更好的生存和生活环境条件的重要活动，它通过运用现代的设计原理进行“适用、美观”的设计，使空间更加符合人们的生理和心理的需求，同时也促进了社会中审美意识的普遍提高，从而不仅对社会的物质文明建设有着重要的促进作用，而且对精神文明建设也有了潜移默化的积极作用。

有的学者认为：建筑装饰设计是建筑设计的继续、深化和发展。建筑装饰设计所包含的主要内容有室内空间设计、室内建筑构件的装修设计、室内陈设品的陈设设计、室内照明设计和室内绿化设计这五大部分。总之，建筑装饰设计具有以下作用和意义。

① 提高建筑空间的艺术性，满足人们的审美需求。建筑装饰设计是强化建筑及建筑空间的功能、意境和气氛的重要手段，使不同类型的建筑及建筑空间更具有特征、情感和艺术感染力，提高建筑室内外空间造型的艺术性，从而满足人们的审美需求。

② 保护建筑主体结构的牢固性，延长建筑的使用寿命。通过建筑装饰设计，可以弥补建筑空间的缺陷和不足，加强建筑的空间序列效果；增强构筑物、景观的物理性能，以及辅助设施的使用效果，提高建筑室内空间的综合使用性能。

③ 建筑装饰设计是以人为中心的创作活动，它展现出“建筑-人-空间”三者之间协调与制约的关系。建筑装饰设计就是要展现建筑的艺术风格、形成限制性空间的强弱；表达使用者的个人特征、需要及具有的社会属性；环境空间的色彩、造型、肌理三者之间的关系，按照设计者的思想重新加以组合，以满足使用者对舒适、美观、安全、实用的需求。

总之，建筑装饰设计是对室内外空间进行艺术的、综合的、统一的设计，提升整体建筑空间环境的形象，满足人们在生理和心理方面的需求，更好地为人类的生活和生产服务，并创造出符合时代要求和现代生活理念的环境。

三、建筑装饰设计的特征

建筑装饰设计是一门复杂的新兴综合性学科，它不仅是物象外形的美化，还涉及建筑学、社会学、民俗学、心理学、人体工程学、结构工程学、建筑物理学和材料学等学科领域。在进行建筑装饰设计的过程中，要求我们运用多学科的知识，综合进行多层次的空间环境设计，在设计手法上，则要利用平面、立体和空间构成、透视、错觉、光彩、反射和色彩变化等一系列原理、手段，一方面将空间重新加以划分和组合；另一方面通过对各种物质构建、组织、变化、增加层次，使人获得设计师所期待的生理及心理反应，创造一个理想的空间格调和环境氛围。

根据建筑装饰设计的实践，其基本特征是："建筑装饰设计乃是从建筑内部把握空间，根据空间的使用性质和所处环境，运用物质技术及艺术手段，创造出功能合理、舒适美观、符合人类生理和心理要求的内部空间环境设计。"室内设计与室内装饰有着本质的区别，设计是一种思想预见、系统的行为设定，而装饰则是以美化为目的的手段，是以设定的艺术形式通过材料、工具和手法实施的行动过程及结果。就建筑而言，对建筑装饰设计含义的理解，以及建筑装饰设计与建筑设计的关系，从不同的视角、不同的侧重点来分析，许多学者都有不少具有深刻见解、值得我们仔细思考和借鉴的观点，如有的学者认为：建筑装饰设计是"建筑的灵魂，是人与环境的联系，是人类艺术与物质文明的结合"。

第二节　建筑装饰设计的内容与分类

建筑装饰设计在我国大规模发展至今也就是30多年的时间，作为一门进入快速发展期的新兴学科，其所涵盖的内容非常丰富，专业性也很强。建筑装饰设计工作者应当根据建筑装饰设计的内容，不断地完善人们使用的各个空间环境，为人们提供各种优质的室内外空间环境，坚持可持续发展的原则，设计好每个小环境，保护好自然大环境，肩负起社会赋予的历史使命，这是每个从事建筑装饰设计人员的责任。

一、建筑装饰设计的内容

从建筑装饰设计的应用范围可以看到，其设计可分为建筑外部环境装饰设计和建筑内部环境装饰设计两大部分。其中，建筑内部环境装饰设计简称室内装饰设计，建筑外部环境装饰设计又属于环境景观专业设计的范畴。其重点主要以建筑内部环境装饰设计为主，建筑外部环境装饰设计为辅。现代建筑装饰设计主要从以人为本的原则出发，满足人们的休息、工作和社会交往活动的需要，让人们的生活质量更高。所以建筑装饰设计的内容也应是从满足使用功能和精神功能这个目的出发的。

（一）室内装饰设计的内容

有些建筑的室内装饰设计工作由建筑师随同建筑设计一同完成，但大部分室内装饰设计项目还是由室内装饰设计师独立承担完成，装饰设计师根据建筑物的使用性质、所处环境和相应标准，运用现代的设计方法和手段，将使用功能与审美功能有机地结合，创造出能够满足人们物质生活和精神需要的室内环境。

建筑室内环境一般可分为人居室内环境、公共建筑室内环境和工业建筑室内环境三大类，无论哪一种类型的室内环境一般都包含室内空间环境、室内视觉环境、室内光环境、室内声音环境、室内热环境、室内空气环境、综合的室内心理环境等。归纳起来，室内装饰设计主要包括以下5个方面。

1.室内空间的组织设计

室内空间的组织设计主要体现在室内平面布置方面。进行室内空间的组织设计，首先需要了解建筑的设计意图、总体布局、功能分析、结构体系、使用寿命等，在进行室内设计时对室内空间和平面布置予以完善、调整或者再创造。在当前对各类建筑的更新改建任务中，很多的建筑物在建筑功能发展或变换时，也需要对室内空间进行改造或重构。

2.室内界面的设计

室内界面的设计是指对室内空间的各个围合面（如顶棚、地面、墙面、隔断等）的界面的使用功能特点进行分析设计；对于各个界面的形状、图案、材质、色彩、肌理构成的设计，以及界面和结构构件的连接构造、水电、暖通等管线设施的协调配合方面的设计。

3.室内物理环境设计

室内物理环境是指构成室内环境的所有物质条件，所有对人的感觉、知觉产生影响的物质因素，这些因素正是建筑物理学的主要研究对象。建筑声学、光学和热工学的常识，对于正确使用装饰材料、选择照明光源、合理确定室内照度、布置灯具、控制噪声、提高室内声音质量等，都是十分重要的。

4.室内陈设设计

室内陈设设计也称为室内软包装设计，是指对室内家具、装饰织物、艺术品、照明灯具等方面的设计。室内陈设设计是在完成室内基本功能的基础上，进一步提高环境质量和品质的深化工作。室内陈设除了本身的使用功效外，在室内环境中和其他元素一起构成和组织空间，装饰与烘托整体环境、表达设计主题。在西方某些国家，以及我国的某些大城市甚至还出现了专门的设计师。在配置陈设物品时应注意以下几个方面：① 室内空间的功能要求；② 室内的空间构图要求；③ 室内设计风格与意蕴的要求；④ 陈设物之间的协调要求等。

5.室内绿化与水体

在有条件的室内环境中，应设置适宜的小型绿化与水体。放置盆栽物如花卉、盆景和插花，尤其是插花，是目前较为流行的台面绿化装饰，有很强的艺术韵味。室内布置小型水体，或模拟海底布景，或饲养水生物，有很强的趣味性，不仅丰富活跃了室内景观，而且也是现代室内装饰设计非常重要的组成部分。

值得注意的是，我们将室内装饰设计的内容分成以上5个部分，是为了使初学装饰技术人员对室内装饰设计有个比较完整的认识。在实际的设计和施工中各个部分不是分割和孤立的，不能采用分别完成后相加的方式进行。局部设计不能离开整体，这是室内装饰设计工作至关重要的方法。

（二）室外装饰设计的内容

室外装饰设计包括的范围也非常广泛，从建筑物的肌理变化到建筑物周围的环境设计。从设计的角度可将内容分为室外建筑界面设计、室外建筑环境设计和室外建筑夜景照明设计等。

（1）室外建筑界面设计　室外建筑界面设计具体内容包括建筑形体的调整，界面材料、质感、色彩、装饰构件、细部的设计。

（2）室外建筑环境设计　室外建筑环境设计具体内容包括园林景观、建筑小品、立体绿化、水景喷泉、雕塑的设计。

（3）室外建筑夜景照明设计　室外建筑夜景照明设计具体内容包括建筑物的夜景照明、绿化景观的夜景照明等。

二、建筑装饰设计的分类

建筑装饰设计是建筑设计的继续和深化，所以其分类是在建筑设计分类的基础上展开的。建筑装饰设计宏观上可以分为室内装饰设计、室外装饰设计两大部分；室内装饰设计从大的类别来分，又可分为居住类建筑室内装饰设计和公共类建筑室内装饰设计。

室内装饰设计的具体分类如图1-1所示。

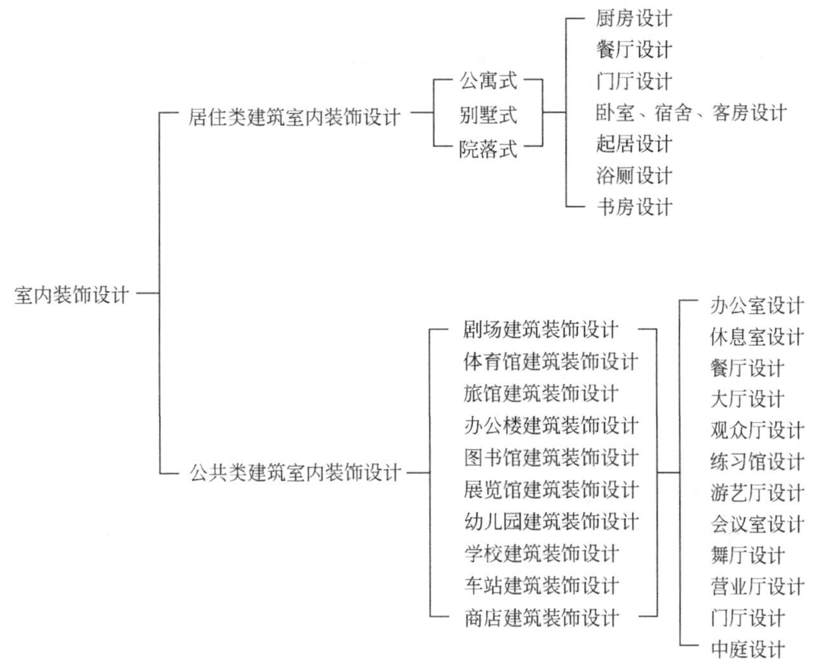

图1-1 室内装饰设计的具体分类

室内装饰设计主要是根据建筑类型、室内空间使用功能性质的不同进行设计分类的。通过不同的室内功能分类，使设计者在接受室内装饰设计任务时，可以从容地围绕不同使用功能的空间，进行建筑风格的定位，并考虑空间、材料及色彩等方面的设计。例如居住类建筑中的室内空间与宾馆建筑中的客房同属于居住空间，其小空间使用功能略有相同，但两者属于不同使用性质的建筑，所以在室内装饰设计时要充分考虑不同使用性质建筑这一重要区别。这样设计出来的居住室内空间才能使主人感到温馨、舒适，宾馆建筑中的客房也能让人感到功能合理、空间紧凑、使用方便。

三、建筑装饰设计的特点

建筑装饰设计作为一门新兴的专门学科，尽管与其他学科（如建筑学等）有着这样或那样的相近之处，但作为一门独立的学科，它有自身的特点、规律、研究范围和对象。关于建筑装饰设计的特点大致有以下几个方面。

1. 多功能综合需求

建筑装饰设计除了应当考虑实用因素外，更多的功能要求是多方面的。首先是使用方面的要求，如室内空间的大小、形状和形式，都与具体的使用密切相关；声音、光照、热能、空气是满足使用的基本条件。不同性质的活动和行为，必然产生相应的功能要求，从而需要不同空间形式和物理条件等。

建筑装饰设计要满足各种不同的功能要求，而特定的环境对功能需求程度又不尽相同，有的强调使用功能，有些偏重精神功能。在进行建筑装饰设计中，使用功能与精神功能是既矛盾又统一的关系。因此，协调平衡各功能之间的关系是建筑装饰设计的重要内容。

2. 多学科相互交叉

建筑装饰设计是一门综合性很强的学科，它是功能、艺术、技术的统一体，是自然、社会、人文、艺术多学科的融合。建筑装饰设计除了涉及建筑学、景观环境学、人体工程学之外，它还涉及建筑结构学、工程技术学、经济学、社会学、文化学、行为心理学等众多学科内容。另外，建筑装饰本身的类型也是多种多样的，有居住、商业、办公、学校、体育、表演、展览、纪念、交通、航空等建筑。

工程实践充分证明，建筑装饰艺术的多学科不是部分与部分相加的简单组合关系，而是一个物体对象上的多方面的反映和表现，是一种交叉与融合的关系。建筑装饰设计的多学科特征表明，一个建筑装饰设计师应该具备多方面的知识和能力，才能满足建筑装饰设计工作的要求。

3. 多要素相互制约

建筑装饰设计的实现需要各要素的支撑，如使用功能、经济水平、科学技术、艺术审美等，每个要素又会提出具体的要求，指定某一个范围，对设计进行某种制约。例如设计项目的实现必然是需要经济条件来支撑的，所以项目的经济投入对设计形成了很大的制约性。设计是在一定投资范围内进行的，经济的原则是花最少的钱达到最好的效果。所以，所有的设计都必须充分考虑经济承受能力。

建筑装饰设计最终要依靠施工技术来实现，在技术上不能实现的装饰设计就成了空中楼阁。例如，著名的悉尼歌剧院最初的建筑装饰设计，受到很多人的批评和反对，因为这个设计没有很好地考虑结构与技术的问题，在经过多年的努力后终于找到了解决问题的办法，但拖延多年并付出巨额资金才使得设计最终完成。艺术和文化同样也对建筑装饰设计形成一定的制约，艺术和文化的观念、思潮、风格等会影响环境艺术的表现，艺术与文化水平的高低从某种程度上决定环境艺术设计最终的质量。

四、建筑装饰设计的依据

现代建筑装饰设计的出发点和最终目的都是以人为本，创造满足人们生活、休闲、工作活动需要的理想环境。经过设计确定的空间环境，同样也能启发、引导甚至在一定程度上改变人们的生活方式和行为模式。因此，我们必须了解建筑装饰设计的依据，建筑装饰设计的依据总的来说可以归纳以下几个方面。

1. 人的行为活动所需要的空间范围

建筑装饰设计的宗旨是以人为本、为人服务，在进行建筑装饰设计时，首先要掌握人体的尺度和人的行为活动所需要的空间范围，例如我们确定室内的门的高度和宽度，所用家具的尺度，过道的宽度等都要以此为依据。其次，还要考虑到人们在不同性质的空间内的心理感受，顾及满足人们心理感受需求的最佳空间范围。

根据以上所述的依据因素，空间范围可以归纳为：① 人体尺寸范围，即人体的基本尺寸；② 动态活动范围，包括人体的动作域尺寸和人在空间环境中的行为与活动范围；③ 心理需求范围，如人际距离、领域性等。

2. 设施及设备使用所需要的空间范围

在进行建筑装饰设计中，家具、灯具、设备（主要指设置于室内的空调器、热水器、散热器、排风机等）的空间尺寸是组织和分隔室内空间的依据条件；同时这些设备设施和建筑接口，除了应满足室内使用合理外，还要考虑到造型美观的要求，这些也是进行建筑装饰设计的基本依据之一。

3.结构件及管线等的尺寸和制约条件

建筑空间结构构成、构件及设施管线等的尺寸和制约条件，也是建筑装饰设计的依据。这项设计依据包含建筑结构体系柱网开间、楼板厚度、梁底标高和风管断面尺寸等，在室内建筑装饰设计中所有这些都应该统一考虑。

4.建筑装饰构造与施工技术所需条件

要想使建筑装饰设计变成现实，必须通过一定的物质技术手段来完成。如必须采用可供选用的建筑装饰材料，并考虑按施工进度进行订货等问题，对各界面的材料（在可供选择的范围内）应采用可靠的装饰构造以及现实可行的施工工艺。这些依据条件必须在设计开始就考虑，以保证建筑装饰设计的实施。

5.投资限额、建设标准和施工的期限

通常经济条件和时间因素是现代设计和工程施工需要考虑的重要前提。订货周期、施工期限等时间因素，直接影响到工程的造价。而甲方提出的单方造价、投资限额与建设标准，也是建筑装饰设计的必要依据。另外，不同的施工工期要求，也会导致不同的施工工艺和界面处理手法。

6.现行规范、各地定额和相关的规定

现行国家或行业的建筑装饰设计规范，不同地区所颁布的相应设计定额，以及根据当地的实际所制定的相关规定等，这些都是在建筑装饰设计中应当遵循的基本要求。

此外，原有建筑物的建筑总体布局和建筑设计总体构思，也可以作为建筑装饰设计的重要依据。

五、建筑装饰设计师应具备的素质

建筑装饰设计作为一门职业在我国的历史并不长，随着大规模的住宅建筑和其他建筑的出现，建筑设计和建筑装饰设计才开始有明确的分工，国家也开始对建筑装饰设计的职业进行明确的规范和界定，规范建筑装饰市场，保障行业健康发展。装饰设计师的职业标准的制定、从业资格的鉴定及职业资格的注册管理等，也随着这一职业的社会需求增长而出现，并不断发展和完善。

1.装饰设计师的知识素养

建筑装饰设计的工作性质决定了装饰设计师的职业素质的基本内容，相应地也对装饰设计师应具有的知识和素养提出要求，归纳起来有以下6个方面。

① 作为合格的装饰设计师，首先应当具备相应的艺术修养和艺术表达能力。装饰设计师的绘画基本功是以辅助装饰设计，以此表现设计意图为基本目的。当然，作为一种职业修养，绘画能力的提高除了对设计业务有直接帮助之外，也能通过绘画实践间接地加强自身的艺术修养。

② 具有建筑单体设计和环境总体设计的基本知识，具有对总体环境艺术和建筑艺术的理解；建筑装饰设计作品需注意与建筑设计本身的联系，要求建筑装饰设计者有良好的形象思维和形象表现能力，有良好的空间意识和尺度概念。

③ 具有建筑材料、装饰材料、建筑结构与构造、施工技术等建筑技术方面的必要基本知识；了解建筑结构知识，掌握建筑力学知识，熟悉结构和构造技术。在实际的设计工作中，作为装饰设计师接触的较多的是建筑构造和细部装修构造等问题。另外，还需要不断探索如何使用传统材料，迅速发现并熟练地运用新型材料。

④ 具有声、光、热等建筑物理知识，以及水、电、暖通等建筑设备的必要知识。在有较高视听要求的内部空间，对室内混响时间的控制，对合理声学曲线的选择等技术问题的处理，会直接影响室内设计质量。在一些私密性要求较高的生活和工作环境内，设计师必须要关心的是隔声问题。对室内光环境质量的设计，既包含需要解决的功能问题，又直接与室内的色彩、气氛密切相关。因此，装饰设计师的能力不能只限于光源、照度和照明方式等一般的技术问题，还要对光环境和光造型具有敏锐的感受能力。

⑤ 对历史传统、人文民俗、乡土风情、地方特色等有一定的了解；对一些相关学科，如建筑学、城市景观学、人体工程学、环境心理学等具有必要的知识和了解。

⑥ 熟悉现行的国家或行业有关建筑和室内设计的标准和法规。

2.装饰设计师的艺术修养

装饰设计师往往遵循从造型艺术的角度来研究抽象的空间形式美的原则，在其他诸如绘画、雕塑、文学等艺术门类中吸取营养；从材料、构造以及所产生的视觉效应各方面来综合地研究与建筑装饰设计有关的形式语言。空间的艺术仅从平面装饰的观念出发显然是有局限性的，因此掌握必要的装饰手段是装饰设计师完整地塑造室内空间所必要的专业艺术素质之一。

装饰设计师的专业艺术创作还会受到公众审美趣味和时尚潮流等的影响。由于历史条件、教育水平、技术水平、欣赏角度的不同，个体在审美趣味上存在一定的差异。在很多情况下，尤其是公共空间的室内设计，这种审美趣味的差异是很大的，从客观上来说人人都满意的设计基本上是不存在的。所以，作为职业的装饰设计师必须善于把握趣味问题上的主流性倾向，比较客观地进行研究。任何一种健康的审美趣味都是建立在较完整的文化结构之上的，因此文化历史、行为科学的知识、市场经济状况的调查与研究等就成为每个装饰设计师的必修课。

装饰设计师的工作实践表明，与装饰设计师艺术修养密切相关的还有一个问题，即设计师自身的综合艺术观的形成。艺术是相通的，新的造型媒介和艺术手段，使传统的艺术种类相互渗透。建筑装饰设计专业又使各门艺术在一个共享的空间中同时向公众展现自己。建筑装饰设计师不能是其他艺术门类的外行，应努力学习其他艺术的造型语言，以便创造共同和谐的空间氛围，设计出有综合艺术风格的空间艺术作品。

建筑装饰设计艺术的特点，以及装饰设计与其他艺术门类之间相互联系的艺术特征，决定了室内装饰设计师的专业素养的全部内容。装饰设计师经过相当长的学习和不断的实践，才能不断充实和完善自己，成为一名合格的建筑装饰设计师。

第三节　建筑装饰设计与建筑设计的关系

建筑装饰设计的基本任务：根据建筑物的使用性质和所处环境，综合运用物质技术手段，遵循形式美的法则，综合考虑使用功能、结构施工、材料设备、造价标准等多种因素，把建筑装饰的功能和艺术美有机地结合起来，创造出满足人们使用功能要求和精神功能要求的室内外环境，并使这个环境舒适化、科学化、艺术化和个性化。

一、建筑装饰设计的内涵

建筑装饰设计是指以美化建筑及建筑空间为目的的行为。它是建筑的物质功能和精神功能得以实现的关键，是根据建筑物的使用性质、所处环境和相应标准，综合运用现代物质手段，科技手段和艺术手段，创造出功能合理，舒适优美、性格明显，符合人的生理和心理需求，使使用者心情愉快，便于学习、工作、生活和休息的室内外环境设计。

二、建筑装饰设计与建筑设计的关系

建筑装饰设计与建筑设计的关系密不可分，是建筑整体设计的有机组成部分，是建筑设计的延续和深入，是建筑空间概念深化的具体体现。但建筑装饰设计与建筑设计既有共同之处又有不同点，共同之处是设计理论体系相通，均强调以人为本的原则，都要求符合构图规律和美学法则，并要考虑空间的比例、尺度、节奏、韵律、对比、统一等因素，建筑装饰设计是在建筑设计的大前提下展开的。不同之处是建筑设计是创造总体、综合的时空关系，解决建筑的使用功能问题，处理内部与外部的形式以及建筑构造问题等；建筑装饰设计则是通过室内空间界面，创造出理想的、具体的时空关系，它更重视环境对人的生理和心理影响，更强调材料的质感和纹理及色彩的设置、灯光的运用、细部的处理和形态的塑造，所以建筑装饰设计又比建筑设计更加细腻。

更加具体地说：建筑设计是建筑装饰设计的基础，建筑装饰设计是建筑设计的深化和发展，所以装饰设计师应懂得建筑的性质及设计原理、方法与步骤，以最大限度地理解和扩展建筑设计的构思和意图。建筑装饰设计与建筑设计的关系，在设计中已普遍得到关注。建筑装饰设计从属于建筑设计，扮演“装饰”的角色，同时还独立于建筑设计，起着建筑设计所起不到的作用。显然，建筑装饰设计与建筑设计是不可分的，它们的关系并非在于机械的外在统一，而在于内在的必然联系。

建筑装饰设计是指为了满足人们的生产、生活的需要，而有意识地营造一个理想化、舒适化的活动空间。同时，建筑装饰设计是建筑设计的有机组成部分，是建筑设计的深化和再创造，并不是脱离建筑设计的室内设计，更不是现在流行的“装修设计”。建筑设计为建筑装饰设计创造条件，优秀的装饰设计师可以在建筑设计的基础上，更加完善和丰富建筑设计的理念。总体来看，二者是相辅相成的，本质是一致的，但是二者也有着不可忽视的区别——建筑设计是设计建筑物的总体和综合关系，而建筑装饰设计是建筑内部的具体空间环境。

现代建筑装饰设计是科学、艺术和生活所结合而成的一个完美的整体。随着时代的发展，一方面建筑装饰设计广泛的内容和自身的规律，将随社会生产力和生产关系的发展而得到发展；另一方面，新材料、新技术和新结构等现代科学技术成果的不断推广和应用，以及声、光、电和风的协调配合，也将建筑装饰设计升华到新的境界。

第四节　建筑装饰设计的原则和目标

自有人类以来也就有了人类的建筑活动，建筑活动的发展过程也是建筑设计的发展过程。而作为建筑设计的深化和继续，建筑装饰设计活动也是随着人类的发展而蓬勃发展的。通过对建筑装饰设计历史的回顾，可以从中领悟到建筑装饰设计的原则和目标。

一、建筑装饰设计的原则

根据建筑装饰设计的实践经验，在进行室内装饰设计时应注意以下5个方面。

1. 平面布置

室内装饰设计的平面布置必须符合如下3项内容。

（1）交通线　交通线就是室内的行人通道路线，这是室内装饰设计的平面布置非常重要的部分。实际上，不同区域连接的合理性主要在于交通线的安排，在进行设计时要确保室内空间的所有成员在这里发生的任何实际位移都是方便的。

（2）宽敞性　宽敞性是室内装饰设计的平面布置中重要的原则，这是装饰设计师对室内空间能否科学安排的具体体现，也是业主最希望得到的布置方案。

（3）实用性　在符合交通线和宽敞性的前提下，室内平面布置可能有多种方案，业主可对几套设计方案进行比较，选出相对实用和美观的平面布置方案。

2.风格布置

室内装饰设计的装修风格是多种多样的，所获得的效果也是不同的。究竟采取哪种装修风格，这是室内装饰设计师设计中的一个关键性工作。不同的业主，对于风格布置的要求是有很大差别的；不同类型的建筑，其风格布置也是不一样的。室内装饰设计师应当充分征求业主的意见，参考比较成功的工程，认真选择适宜的装饰风格方案。

3.色彩布置

色彩布置是室内装饰设计的重要内容。如果色彩布置不当，会对使用者的心理和健康产生不利的影响。在一般情况下，室内设计作品的主色调不得超过3种，否则就是不合格的设计。根据实践经验，家具的色彩最好是墙面的补色，顶棚的色彩一般与墙面同色，也可以比墙面的色淡一些，但绝不能比墙面的颜色深。

4.细节布置

室内的细节布置实际上是一种比较性的布置。无论家居是简陋还是奢华，有比较才是真的美，例如粗和细、明和暗等。在进行室内装饰设计时，在家居中尽量布置一些相对较为精美的物品，使室内空间变得更加精彩。

5.灯光布置

灯光布置是室内装饰设计的重要组成部分，也是建筑室内的必要使用条件。灯光布置千变万化，应当特别引起重视。灯光布置除了根据使用功能选择设计方案外，主要应重视造型和灯色的选择，对于一般家庭用户来说，黄色光节能灯是不错的选择。

二、建筑装饰设计的目标

建筑装饰设计的目标是创造和满足人们物质和精神生活需要的环境。这个目标体现物质建设和精神建设两个基本方面：一方面要合理提高室内环境的物质水准，满足使用功能的需要；另一方面提高室内空间的生理和心理环境质量。使人从精神上得到满足，以有限的物质条件创造尽可能多的精神价值。

1.物质水准建设的目标

物质水准建设包含设计的实用性和经济性两个主要原则。建筑装饰设计的实用性是解决建筑装饰设计问题的基础，建立在物质条件的科学应用上，如室内空间计划、家具的陈设、储藏设置及采光、通风、管道等设备，必须合乎科学、合理的法则，以提供完善的生活效用，满足人们的多种生活需求。

建筑装饰设计的经济性原则是提高室内环境效率的途径，体现在人力、物力和财力的有效利用上，室内的一切物质设备必须精密预算才能保持长期的价值，发挥财力资源的最大效益。

2.精神品质建设的目标

精神品质建设包含设计的艺术性和个性特色两个要素。建筑装饰设计的艺术性是指形式原理、形式要素，即造型、色彩、光线、材质等，必须在美学原理的规范之下以达到取悦感官、鼓舞精神的作用。

建筑装饰设计的个性特色是指室内空间的性格形态塑造，反映出不同的格调，满足和表现个体和群体的特殊精神品质和性格内涵，使人们在有限的空间里获得无限的精神价值。

总之，追求人性化的生活环境是建筑装饰设计的最高理想和最终目标，建筑装饰设计是生活科学与生活艺术的统一，必须学会用有限的物理条件创造无限的精神价值。

第五节　建筑装饰设计的发展过程

建筑装饰是建筑装饰装修的简称。建筑装饰是为保护建筑物的主体结构、完善建筑物的物理性能、使用功能和美化建筑物，采用装饰装修材料或饰物对建筑物的内外表面及空间进行的各种处理过程，是人们生活中不可缺少的一部分。作为建筑设计的继续，建筑装饰设计活动，也是随着人类的发展而蓬勃发展的。通过对建筑装饰设计历史的回顾，可以从中领悟到建筑装饰设计发展的轨迹，感悟到各位艺术建筑大师们的思想脉络，从而把握建筑装饰设计的发展趋势，为建筑装饰设计工作打下一个良好的基础。

一、古代建筑装饰设计简史

回顾建筑装饰设计的历史，主要从国内外两个方面去考察，古代的建筑装饰历史受到材料的影响很大，中国的建筑装饰历史主要和木材有着不解之缘，而西方的建筑装饰历史则和石材非常投缘。

（一）中国建筑装饰的历史

中国是历史上有名的文明古国之一，在漫长的几千年文明发展的进程中，中国古代建筑风格在世界建筑体系中形成了一套具有高度延续的独特风格体系，即木结构建筑体系。该建筑体系在殷商时期初步形成，汉代得到继续发展，唐代已达到成熟阶段，同时影响了日本、韩国等东亚国家，对世界各国的建筑装饰也有重要的影响。

在我国原始社会初期已经出现了最为简单的建筑形式，其室内主要体现建筑结构的面貌，室内布置以解决使用功能问题为主。根据我国考古发现，公元前5000年至公元前3000年的仰韶文化时期，陕西西安半坡村原始社会的遗址中可以看到，半坡村原始社会的房屋主要有两种形式：一种为方形平面，其内部有一圆形的浅坑，用来煮食物和取暖的火坑，其位置靠近门口，用来抵御室外的冷空气对室内的侵袭，火坑安排有进风的浅槽，用来通风换气；另一种为圆形平面，房屋入口处设有凹形空间，用以引导和控制气流，减少冷空气对室内的影响。室内的中央有一隔墙，砌在两个柱子之间，把圆形空间分成前后两个部分，前面是面向门口的火塘，后面是家庭成员休息的地方，有些像现代居室的雏形。

中国原始社会建筑形式如图1-2所示。

在我国奴隶社会时期，南方地区干阑式木构架建筑已经成型，建筑装饰及色彩也向多样化方向发展，在建筑色彩上有着严格的等级观念，如木构设色为“天子丹，大夫苍……”，墙面和地面的色彩，一般内墙为白色粉刷，宫室地面刷朱红色涂料。木构架建筑饰彩画，在建筑雕饰上出现了木雕和石雕，木雕主要是在门窗、栏杆、梁、柱上进行雕塑并施彩绘；石雕是在宫殿的椽头上雕有玉珰。

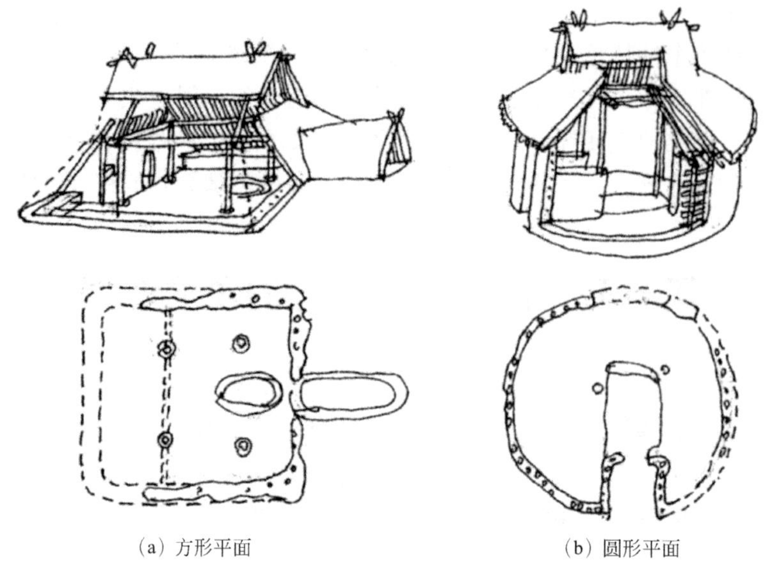

（a）方形平面　　（b）圆形平面

图1-2　中国原始社会建筑形式

在我国封建社会早期，汉朝的制砖技术已经成熟，两种木构架主要结构方式——叠梁式和穿斗式也发展成熟。两晋、南北朝时期，木结构建筑发展水平很高，且向着柔和、精美的方向发展。如柱础出现覆盆和莲瓣两种新形式，南北朝时期的柱础形式如图1-3所示。另外，建筑装饰花纹也很普遍，如璎珞飞天、莲花纹、卷草纹、火焰纹等，南北朝时期的建筑装饰纹样如图1-4所示。

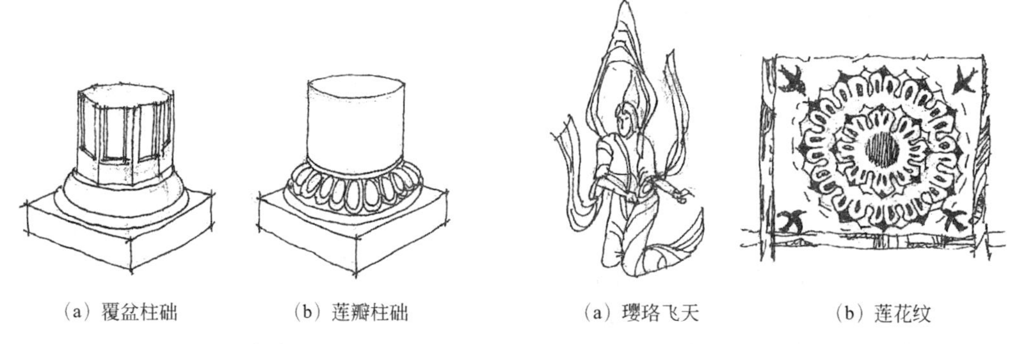

（a）覆盆柱础　　（b）莲瓣柱础

图1-3　南北朝时期的柱础形式

（a）璎珞飞天　　（b）莲花纹

图1-4　南北朝时期的建筑装饰纹样

在我国封建社会中期，隋、唐时期解决了木建筑大体量大空间的技术问题，宋、辽、金时期出现了《营造法式》等建筑书籍，统一了当时的木构建筑的建造方法及用料，反映了当时的建筑技术和建筑艺术达到了一定的水平。宋代的手工艺水平很高，使建筑装饰与色彩有了很大的发展。宋代大量使用格子门和格子窗，不仅改进了室内采光条件，而且还提高了门窗装饰效果，宋辽时期的门窗如图1-5所示。宋辽时期房屋下部的须弥座和佛殿内部的佛座多为石材制成，雕刻十分精美，柱础形式与雕刻趋于多样化，柱身表面多镂刻各种花纹，宋辽时期的柱础如图1-6所示。

在室内装修上出现了精美的家具与和谐统一的小木作配合装修，发展了大方格的平棋与强调主体空间的藻井。在色彩上，唐代以前建筑色彩以朱白两色为主，非常明快端庄；宋代则在彩画和装饰的比例构图上取得了一定的艺术效果，使建筑显得柔和、华贵。

(a) 宋代阑槛钩窗

(b) 辽代格子门

图1-5　宋辽时期的门窗

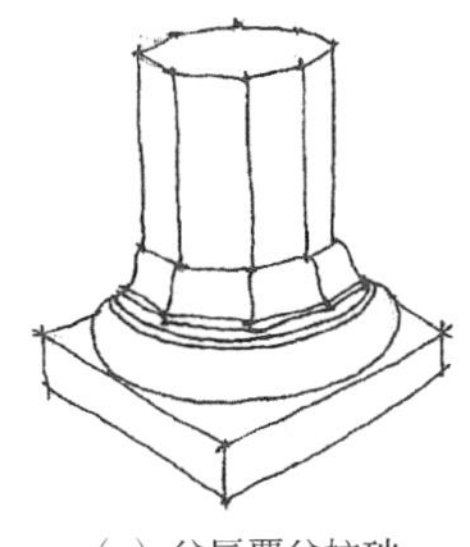

(a) 盆唇覆盆柱础
苏州玄妙观（宋）

(b) 盆唇覆盆柱础
苏州罗汉院（宋）

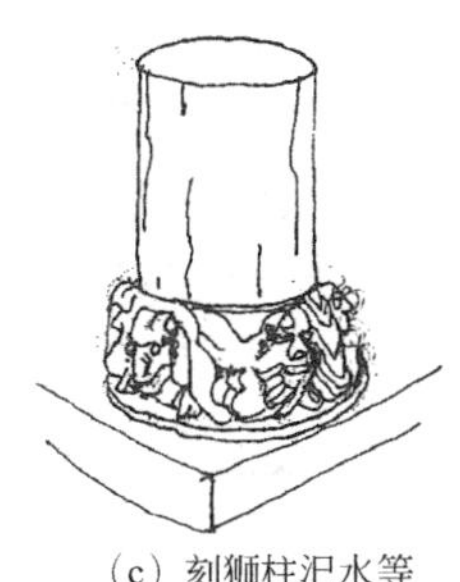

(c) 刻狮柱汜水等
慈寺（宋）

图1-6　宋辽时期的柱础

在我国封建社会后期，在清朝的木结构建筑中官式建筑占有非常重要的地位，而大木作在官式建筑中起到极其重要的作用。它是我国木构架建筑的主要承重构件，由柱、梁、枋、檩、斗拱等组成。斗拱是木构架建筑中的重要构件，主要由方形的斗、矩形的拱和斜的昂组成，其一方面承重，另一方面起装饰的作用。清代的斗拱如图1-7所示。

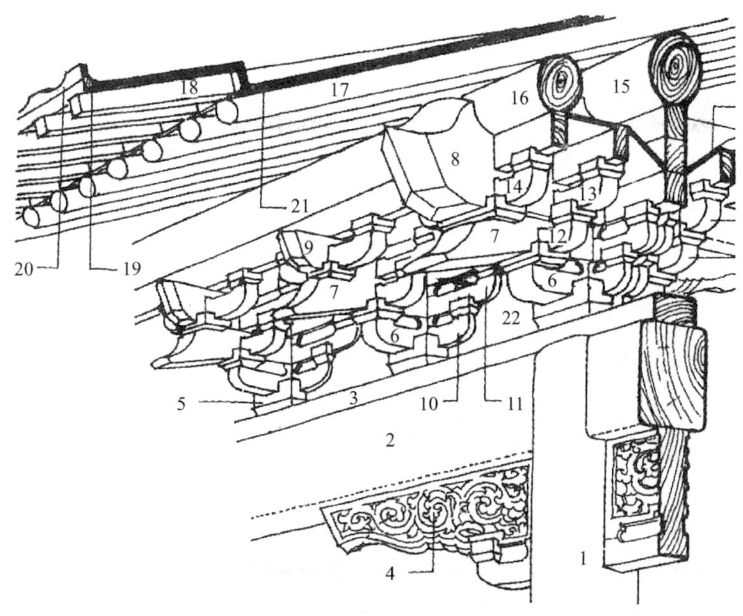

图1-7　清代的斗拱组成示意

1—檐柱；2—额枋；3—平板枋；4—雀替；5—坐斗；6—翘；7—昂；8—挑尖梁头；9—蚂蚱头；10—正心压拱；11—正心方拱；12—外拽瓜拱；13—外拽万拱；14—外拽厢拱；15—正心桁；16—挑檐桁；17—檐椽；18—飞椽；19—连檐；20—瓦口；21—望板；22—拱垫板

装修分为外檐装修和内檐装修：外檐装修是指在室外的装修，如檐下的挂落、走廊的栏杆和外部的门窗；内檐装修是指在室内的装修，如隔断、天花、罩、藻井等。门分为版门、槅扇门和罩，版门又可分为棋盘版门和镜面版门，主要用于城门、宫殿、庙宇、住宅的大门等，一般分为两扇。槅扇门又可称为格子门，一般做建筑的外门或内部隔断，每间可用四扇、六扇、八扇。罩多用于室内，主要起隔断和装饰作用。

窗户在唐代以前多为直棂窗，固定不能开启。从宋朝起开启窗增多，且在类型和开关上均有很大发展。从明朝起重要建筑已用槛窗，槛窗置于殿堂两侧的槛墙上，由格子门演变而来。漏窗主要应用于住宅和园林建筑中，窗孔的形状有方、圆、扇等各种形式。

顶棚一般常在重要建筑下做成天花枋，组成木框。一种在框内放置密而小的小方格，另一种在木框间设置较大的木板，在木板上做彩画或贴彩色图案的纸。藻井是用在最尊贵建筑里的顶棚上最尊贵的地方，一般是用在殿堂明间的正中，如帝王宝座顶上或神佛像座之上，形式有方、圆、八角等。

室内家具及陈设的进展反映了社会在不断进步。六朝以前人们多“席地而坐”，家具都比较低矮；五代以后“垂足而坐”成为主流，家具的尺寸有很大改进；明代家具在原基础上又有发展，家具的榫卯细致准确，造型简洁而无过多的修饰；清代家具注意装饰，线脚较多，外观华丽而繁琐。室内陈设以悬挂墙上或柱面的字画为多，有装裱成轴的纸绢书画，也有刻在竹木版上的图文。明清家具如图1-8所示。

图1-8　明清家具

（二）国外建筑装饰的历史

1.古希腊和古罗马建筑及室内装饰

公元前8世纪，在巴尔干半岛、小亚细亚两岸形成了古希腊文明。古希腊是欧洲文化的摇篮，希腊建筑也是西洋建筑的先驱。它所创造的建筑艺术形式和建筑美学法则，堪称西欧建筑的典范。卫城是古希腊崇尚文明、流芳后世的建筑遗产，庙宇建筑是卫城中最主要的建筑之一，其雄伟、严谨的建筑艺术为后人叹服。由于大型庙宇的典型形制为围廊式，因此围廊的艺术处理，柱式的艺术处理基本上决定了庙宇的面貌。

所谓柱式，就是指基座、柱子和屋檐等部分之间的组合都有一定的格式，施工中有比较成型的做法。古罗马建筑师维特鲁威的专著《建筑十书》中记载的希腊故事说：多立克柱式是仿照男人体形的，爱奥尼柱式是仿照女人体形的。古希腊人认为人体的美，还在于按照人体各个部分的式样制定严格的比例，并把这种比例关系用于建筑物及柱式上，在各部分之间建立相当严密的度量关系。

雅典卫城中的巴特农神庙是希腊本土上最大的多立克围廊式庙宇，白大理石砌筑，铜门以镀金装饰，山墙尖上的装饰也是金的。神庙的雕刻也是非常成功的，东山花上刻着雅典娜诞生的故事，西山花上刻着波塞冬和雅典娜争夺对雅典保护权的故事，垄间板的浮雕是一幅希腊人战胜野人的故事，浮雕刻得很深，构图十分均衡。

古罗马建筑是在古希腊建筑之后发展起来的，罗马人解决了古希腊人没有解决好的大空间问题，使建筑物可以满足各种复杂的使用要求。在建造的公共建筑中，包括斗兽场、浴场、剧场等，在建筑技术、施工工艺、建筑材料、装饰艺术、建筑结构等各个方面都有突飞猛进的发展。公元前4世纪，罗马人利用当地天然混凝土和修建大型工程建筑的契机，发明并使用了“券拱”技术。为摆脱连续的承重墙，扩大建筑内部空间，罗马人使用了十字拱，连续的十字拱结构可以获得较大的室内空间。

古希腊的柱式在古罗马的建筑上被采用，并且得到逐渐发展和定型，形成了和古希腊风格略有不同的3种柱式，即多立克式、爱奥尼式、科林斯式。另外，古罗马人也创造了塔斯干式和复合柱式两种柱式。

2.欧洲中世纪建筑及室内装饰

欧洲封建社会主要的意识形态由宗教控制，基督教的活动处于合法地位，这一时期的建筑及室内设计的主要成就体现在宗教类建筑之中。基督教在中世纪分为两大宗，西欧是天主教，东欧是东正教。天主教的首都在罗马，东正教的首都在君士坦丁堡。宗教建筑在那个时期建筑等级最高、艺术性最强，成为建筑成就的最高代表。东欧的东正教教堂和西欧的天主教堂，在形制和结构上是不一样的，分为两个建筑体系：在东欧大大发展了古罗马的穹顶结构和集中式形制，在西欧则大大发展了古罗马的拱顶结构和巴西利卡形制。

公元330年罗马的皇帝君士坦丁迁都拜占庭，到了公元5～6世纪，拜占庭成为一个强盛的帝国。拜占庭文化在中世纪的欧洲占有重要的地位，它的发展水平远远超过西欧。希腊、罗马的文化传统在拜占庭未曾中断，它对埃及和西亚等东方文化兼收并蓄。拜占庭的穹顶结构技术和集中式形制，是在波斯和西亚的经验上发展起来的。在方形平面上盖圆形的穹顶，使用了帆拱技术，使穹顶表现力大大提高。帆拱、鼓座、穹顶这一套拜占庭的结构方式和艺术形式，为今天的文明留下了宝贵的遗产。代表拜占庭教堂建筑最高成就的是君士坦丁堡的圣索菲亚教堂，此教堂在内部装饰同样具有拜占庭建筑的最高成就，彩色马赛克铺砌图案地面，柱墩和墙面用白、绿、黑、红等彩色大理石贴面，柱身是深绿色的，柱头是白色的。穹顶和拱顶全用玻璃马赛克饰面，底子为金色和蓝色，构成了一幅五彩缤纷的美丽画面。

在西欧宗教建筑的设计主要以天主教教堂为主。最初在没有条件建造自己教堂时，利用当时公共会堂作为自己的教堂。随着宗教仪式日渐复杂，将公共会堂不断改进，形成拉丁十字式，逐渐形成了10～12世纪以教堂为代表的西欧建筑，即“罗马风建筑”，如法国的奥登教堂、意大利的比萨主教堂等。“罗马风建筑”的外部造型，多用重叠的连续发券，群集的塔楼，有凸出的翼殿，正门上常设一个车轮式的圆窗。不同地区造型也有不同，法国和德国教堂的西立面多造出一对钟塔；法国的教堂还多用“透视门”，这种门是一层层逐渐缩小的圆拱集合起来，而且门的顶部是半圆形的浮雕板。

公元12～15世纪以法国为中心的宗教建筑，在“罗马风建筑”的基础上，有了进一步的发展，创造了一种以高耸结构为特点，其形象有直入云霄之感的建筑，称为哥特式建筑。这种建筑创造性的结构体系及艺术形象，成为中世纪西欧最大的建筑体系。哥特式建筑集中了“罗马风建筑”的一些特点，并使结构更合理、条理清晰。在哥特式建筑内部处理上，教堂的平面形制基本上是拉丁十字式，教堂中厅一般做得窄而长，使导向祭坛的动势非常明显。从建筑内部可以看到近似框架式的结构柱代替了沉重的承重墙，柱头逐渐退化，支柱和骨架合为一体，从地面到棚顶一气呵成。玻璃窗是哥特式教堂内部处理的另一个重点之一，玻璃窗的面积很大，使用各种颜色玻璃在窗子上镶嵌出一幅幅带有圣经故事的图案。有代表性的哥特式教堂有巴黎圣母院、斯特拉斯堡主教堂、米兰主教堂等。

3.欧洲文艺复兴建筑及室内装饰

资本主义的萌芽是14世纪初从意大利开始的。新兴的资产阶级开展文艺复兴运动，是借鉴和继承了古典文化所掀起的新文化运动。建筑思想作为文化范畴也在这场运动中开阔视野，学习古典，发展科技，进入西欧建筑史中的崭新阶段。标志着意大利文艺复兴时期最高成就的建筑作品是位于罗马的圣彼得大教堂。这座教堂的特点是建筑组群壮观、主体造型雄伟、穹顶结构完美、广场环境出色（见图1-9）。在16世纪中叶以后，文艺复兴运动受挫，贵族庄园又大为盛行。欧洲学院派古典主义创始人，帕拉第奥和维尼奥拉建筑创作异常活跃，以帕拉第奥命名的“帕拉第奥”母题（见图1-10），就是他对建筑设计的贡献。在府邸建筑中，古典风格非常明确，对欧洲的府邸建筑有很大的影响。

图1-9　圣彼得大教堂

图1-10　“帕拉第奥”母题

17世纪以后，意大利有两种建筑风格并存：一种是意大利北部的文艺复兴的余波；另一种是由罗马耶稣教会所掀起的巴洛克风格。这是一种炫耀财富的建筑风格，建筑形象及风格追求新颖、奇特，是极尽装饰为美的建筑。在室内装饰上，巴洛克风格大量使用壁画、雕刻，用以渲染室内的气氛。主要有以下几个特征：① 壁画色彩艳丽，调子十分明快，对比强烈；② 利用透视线条来延续建筑空间，也有时在墙上作画，画框模仿窗口，造成壁画是窗外景色的错觉；③ 常以动态进行构图，雕刻的特点也很突出。雕刻常以人像柱、麻花柱、半身像的牛腿、魔怪脸谱或大自然的树草、丝穗等为题材。这些室内装饰的特点是和巴洛克建筑外部相吻合的，使建筑风格得以统一。

17世纪中叶的法国成为欧洲最强大的中央集权王国，意大利的文艺复兴对建筑只有很小的影响。法国建筑产生了自己的古典主义建筑文化，反过来影响意大利。法国古典主义建筑风格吸取了意大利文艺复兴建筑中权威性和庄严性部分，但排斥民族传统与地方特点，表现在建筑上是刻意地追求轴线对称、主从关系，柱式的严谨和纯正；在立面构图上，提倡统一性、稳定性的构图手法，提倡理性、结构清晰、脉络严谨的精神，同意大利同期盛行的巴洛克建筑风格大相径庭，其中代表性建筑物如卢浮宫、凡尔赛宫等。在这一时期，法国古典主义建筑理论也日渐成熟，1655年法国在法兰西学院的基础上，成立了皇家绘画与雕刻学院。1671年又成立了建筑学院，从中培养出第一批懂得古典主义建筑的宫廷御用建筑师，从而开始了专业建筑师设计的时代。

18世纪初期，法国专制政体的危机，对古典主义建筑严谨性的逆反，加之受巴洛克建筑的影响，一种带有贵族情趣的文化开始流行，建筑上称之为洛可可风格。洛可可风格由于受路易十五的偏爱，又被称为路易十五式。该建筑风格主要表现在室内，它排斥一切建筑母题。过去用壁柱的地方，改用镶板或者镜子，四周用复杂细巧的边框围起来。凹圆线脚和柔软的涡卷代替了檐口和小山花，圆雕和深浮雕换成了色彩艳丽的小幅绘画和薄浮雕。墙面大多数采用木板，涂刷白漆，后来又多用木本色，并进行打蜡。装饰题材有自然主义的倾向，模仿植物的自然形态，最常用的是千变万化的树叶。洛可可室内装饰喜爱闪烁的光泽，墙上大量镶嵌镜子，挂晶体玻璃吊灯，挂绸缎的幔帐，辅磨光的大理石，使用金属油漆，镜子前摆放蜡台等。洛可可室内装饰如图1-11所示。

图1-11　洛可可室内装饰

二、近现代建筑装饰设计简史

1640年英国爆发资产阶级革命，有力地推动了社会生产力的发展，掀开了近现代史的篇章。美国的独立战争是一次反对英国殖民统治的民族解放战争。法国的资产阶级革命推翻了法国国内腐朽的封建统治，建立了资产阶级共和国。两次世界大战的爆发，催生了人类的反思与进步。在这三百多年的时间里，随着大工业的不断发展，新型的生产性建筑和公共建筑的类型越来越多，也成为推动建筑装饰发展的最活跃因素。

在这种历史背景下，由于经济水平和技术条件等的发展，在近代建筑装饰发展过程中设计思想也异常活跃、复杂，产生了多种多样的建筑装饰风格和流派，出现了更加动人、复杂多元的建筑装饰艺术。各种风格之间、各个流派之间也相互影响、相互渗透、相互转化，作品常常是同时带有几种不同流派的特征，纯粹的、典型的东西很少。

资本主义的初期，由于工业大生产的发展，促使建筑科学有了很大的进步。新的建筑材料、新的结构技术、新的设备、新的施工方法的出现，使建筑在平面与空间的设计上能够比较自由，因而影响到形式上的变化。建筑设计能从功能出发，但是对功能还没有深刻的认识。而开始于18世纪中期的英国工业革命，导致社会、思想和人类文明的巨大进步，新材料和新技术的使用，对建筑产生了深远的影响。

工业革命是社会生产从手工工场向大机器工业的过渡，是生产技术的根本变革，同时又是一场剧烈的社会关系的变革。一方面是生产方式和建造工艺的发展；另一方面是不断涌现的新材料、新设备和新技术，为近代建筑的发展开辟了广阔的道路。正是应用了这些新的技术，才突破了传统建筑高度和跨度的局限，使建筑在平面与空间的设计上有了较大的自由度，同时影响到建筑形式的变化。

（一）建筑创作中的复古思潮

建筑创作中的复古思潮产生的背景，是工业革命给城市与建筑带来的一系列新的问题，如大城市人口膨胀、住宅问题等，以及对旧的建筑提出的新的要求。因此，建筑创作方面产生了两种不同的倾向：一种是反映当时社会上层阶级观点的复古思潮；另一种则是探求建筑中的新技术与新形式。建筑复古思潮在18世纪60年代到19世纪末在欧美流行。由于各国的文化背景不同，对古典建筑的理解不同，先后有古典复兴、浪漫主义、折衷主义在不同国家和地区流行。

1.古典复兴

古典复兴是指对古罗马与古希腊建筑艺术风格的复兴。因为在格式上有与古典主义风格相仿的文化倾向，所以又有新古典主义之称。法国是古典复兴的发源地，在拿破仑时期，法国建造了一批纪念性的建筑。在这类建筑中，追求外观上的雄伟、壮丽，内部多采用东方及洛可可的装饰手法，形成所谓的“帝国式”风格。典型的代表建筑为法国星形广场的凯旋门、英国不列颠博物馆、美国国会大厦等。美国国会大厦如图1-12所示。

2.浪漫主义

浪漫主义建筑源于18世纪下半叶的英国。浪漫主义可以分为两个阶段：前一阶段称为先浪漫主义；后一阶段称为浪漫主义或哥特复兴。先浪漫主义在建筑上的表现是在府邸庄园中复活中世纪的建筑，可模仿寨堡，又可模仿哥特式教堂。许多公共建筑也采用哥特复兴式，如英国国会大厦（见图1-13）。浪漫主义建筑在德国流行较广，时间也较长，在欧洲其他国家流行面比较小。

图1-12　美国国会大厦

图1-13　英国国会大厦

3.折衷主义

折衷主义建筑在欧美都较为活跃，它在设计上表现为模仿历史上的各种风格，或自由组合成各种式样，所以也被称为“集仿主义”。折衷主义的建筑并没有固定的风格，它讲究比例权衡的推敲，沉醉于“纯形式”的美。著名的卢浮宫新立面、巴黎歌剧院是法国典型的折衷主义建筑。后者的艺术处理是把古典主义和巴洛克混用，创造了适合时代的集仿建筑。

在英国，折衷主义风格又被称为“维多利亚”风格，因为当时正是维多利亚女王统治时期。在府邸的建筑中，精致的八角楼和外廊使建筑在田园中非常协调。室内的蜡烛灯、火焰纹样装饰、樱桃木家具、铜制床等都是室内装饰设计常用的手法。

复古思潮并没有减少人们探求建筑中的新技术与新形式的活动。19世纪中叶，新建筑材料、新技术和新工艺的出现，为建筑摆脱旧的形式开辟了广阔的道路。随着铸铁业的兴起，人们首先尝试用铁解决大跨度的问题。1851年在英国伦敦海德公园举行的世界博览会的“水晶宫”展览馆，第一次大规模采用了预制和构件标准化的方法，使建筑面积大约74400m^{2}的会馆在9个月时间内完成。1889年在法国巴黎举行的世界博览会，使应用新技术达到了高峰。

（二）欧美探求新建筑运动

19世纪80年代至20世纪初期，欧美及美国等国家经济迅猛发展，科学技术飞速进步。在新的社会形式下，建筑业也力求摆脱学院派的设计方法，探求对钢铁、玻璃和混凝土等新材料运用，以及对大型办公楼、工业厂房等的建筑设计方法。在这种向往全新的建筑形象、建筑风格的情况下，形成了19世纪末广泛探求新建筑的运动。

新建筑运动作为一个探求建筑设计方法的运动，在欧洲表现比较广泛，影响较大的有工艺美术运动、新艺术运动、维也纳分离派、德意志制造联盟等。在美国主要有芝加哥学派。

1.工艺美术运动

对近代建筑装饰最具有影响的是发生在19世纪的“工艺美术运动”，它是小资产阶级浪漫主义思想的反映。该时期最具有代表性的作品是莫里斯为自己营建的住宅——“红屋”，这座住宅是按功能进行平面布局的，红砖砌筑，摒弃饰面，表现材料本身的质感。这种新型浪漫主义住宅对当时占统治地位的古典复兴式住宅提出了挑战，同时也是将功能、材料与艺术造型结合的尝试，为今后的居住建筑找到了较为适用、灵活与经济的方法。

设计中多采用动植物作纹样，崇尚自然造型，讲究“师法自然”并予以简化，在工艺上注重手工艺效果与自然材料本身的美，创造了新的建筑装饰语言。家具方面总体上追求质朴、大方、适用、简洁的特色。室内环境和家具陈设布局上注意协调，整体感觉得体而适度。这些都是工艺美术运动对以后建筑装饰发展的主要影响。

2.新艺术运动

19世纪的后期，一批建筑装饰方面的新派设计师，极力反对历史的式样，想运用新的艺术语言创造出一种能适应工业时代精神的简化装饰，新艺术运动由此而生。

“新艺术派”的思想主要表现在用新的装饰纹样取代旧的程式化的图案，受英国工艺美术运动的影响，主要从植物形象中提取造型素材，努力创造能够表现时代风格的建筑装饰。室内装饰在家具、灯具、广告画、墙纸中，大量采用自由连续弯绕的曲线和曲面，从而形成自己特有的富有动感的造型风格。

新艺术运动在建筑装饰上的雕琢，承袭了洛可可艺术的传统，但摒弃了古典的构图。探索了新的艺术形式，并开始拥抱现代技术和现代材料。他们对新形式的探索，对传统形式的净化，使用简单化的构图和形式，成为一种新的美学趣味，为不久之后的现代主义的到来打下坚实的基础。

1910年后，新艺术运动受到工业社会世界性经济危机的打击而衰落。此后，建筑装饰开始向两个方向发展：一个是以批判“装饰”为立场，探索适应工业社会生产方式的现代主义的建筑设计风格；另一个是以坚持“装饰”为立场，探索工业生产的装饰美，这个设计方向最终导致产生了法国装饰派艺术。

3.维也纳分离派

维也纳分离派是新艺术运动在奥地利的产物。由奥地利著名建筑师瓦格纳的学生奥别列兹、霍夫曼与画家克里姆特等一批青年艺术家组成的名为“分离派”的团体，意思是要与传统的和正统的艺术分手。

瓦格纳在1895年出版的专著《论现代建筑》中指出：新建筑要来自生活，表现当代生活。他认为没有用的东西不可能美，主张坦率地运用工业提供的建筑材料，推崇整洁的墙面、水平线条和平屋顶，认为从时代的功能与结构形象中产生的净化风格具有强大的表现力。

瓦格纳的观念和作品影响了一批年轻的建筑师，他的作品还带有由旧转新的痕迹，而他的学生则有意同传统划清界限。他们的作品都各自具有鲜明的独创性和很强的感染力。瓦格纳的代表作品有维也纳邮政储蓄大楼，大厅采用了大跨度的铁构架，建筑外形非常简洁，注意到了建筑自身形体的展示。

4.德意志制造联盟

进入20世纪，德国的工业迅猛发展，为了提高产品质量，成立了全国性的“德意志制造联盟”。大力提倡艺术与工艺协作，在建筑中强调建筑设计应结合现代机器大生产，创造出具有时代美的建筑物。联盟建筑师彼得•贝伦斯设计的德国通用电气公司的透平机制造车间，就充分体现了这一特点。三铰拱钢结构组成的屋顶，山墙中部的大片玻璃窗，外形处理非常简洁，为探求新建筑起到了一定的示范作用。

5.芝加哥学派

芝加哥学派是现代主义的奠基者，他们使用铁的全框架结构，使楼房层数大大增加，楼房的立面大为净化和简化。高层、铁框架、横向大窗、简单的立面，成为芝加哥学派的建筑特点，并提出了“形式服从功能”的新观点，总结了高层建筑原则、思路、方法，探索了一种新的建筑类型——“高层建筑”。

芝加哥学派的建筑积极采用新材料、新结构、新技术，认真解决新商业建筑的功能需要，创造了具有新风格、新样式的建筑。但是，由于当时大多数美国人认为这种建筑缺少历史传统，也就是缺少文化，没有深度，没有分量，不能登大雅之堂，只是在特殊地点和时间为解燃眉之急的权宜之计，使芝加哥学派只存于芝加哥一地，十多年后便烟消云散了。

（三）后现代主义派建筑装饰设计

1.后现代主义派建筑装饰设计风格

后现代主义派建筑装饰设计风格，非常强调建筑装饰语言的价值，即对“形”、“意”的表达，提倡复杂性、多样性、关联性，这些特点是建筑空间形态要素的真正体现，没有这些就不能形成时代文化的形态。

后现代主义派强调建筑和室内设计的复杂性与矛盾性，反对简单化、模式化，讲求文脉，追求人情味，崇尚隐喻与象征手法，大胆运用装饰和色彩，提倡多样化和多元化。在造型设计的构图理论中，吸收其他艺术或自然科学的概念，也用非传统的方法来运用传统，以不熟悉的方法来组合熟悉的东西，用各种刻意制造矛盾的手段，如断裂、错位、扭曲、矛盾共处等，把传统的构件组合在新的情境之中，让人产生复杂的联想。

后现代主义派在室内大胆运用图案装饰和色彩，室内设置的家具、陈设艺术品往往被突出其象征隐喻意义，它是现代主义适应时代发展而进一步革新的潮流，以旧曲新唱的巧妙构思，把高雅的古典情趣和潇洒而精巧的现代手法融为一体，以更为抽象而洗练的手法，在对现代生活的讴歌中展示了古典美学的无穷魅力。它丝毫没有受到当时流行的现代主义几何学的限制，以不古不今、又古又今的设计理路，把古典与现代融为一体；既以列柱、轴线和装饰表现古典的庄重和雅致，又以水池、深挑檐、遮阳表现了地方传统，并兼顾了调节局部气候的功能，同时通过纤细华丽的简化柱式、白色的幕墙和玻璃内墙表现出鲜明的时代气息。

2.后现代主义派建筑装饰设计流派

（1）高技派　高技派是盛行于20世纪60～70年代的室内设计流派，高技派的代表人物是诺曼·福斯特。高技派也称为重技派，突出当代工业技术成就，并在建筑形体和室内环境设计中加以炫耀，特别崇尚“机械美”，在室内暴露梁板、网架等结构构件，以及风管、线缆等各种设备和管道，强调工艺技术与时代感。

（2）光洁派　光洁派是晚期现代主义极少主义派的演变，因此又称为极少主义派。事实上，光洁派就是极少主义的一种延伸和发展。光洁派的室内设计师们擅长于抽象形体的构成，常用雕塑感的几何构成来塑造室内空间，室内空间具有明晰的轮廓，功能上实用、舒适，在简洁明快的空间里运用现代材料和现代加工技术；高精度的装修和家具传递着时代精神，使这些产品、部件的高精密度表现成为欣赏的对象，因而无须其他多余的装饰来画蛇添足。现代主义建筑大师密斯·凡德罗提出的“少就是多”，是这一派设计师们遵循的信条。

（3）肌理派　在室内设计中充分显示材质肌理效果和特色，以及运用现代高科技加工工艺创造出新的材质肌理效果，并将其尽情表现出来。或运用材质的粗犷有力，或高精细腻；或材质柔软，或挺拔坚硬；或华贵雅致，或朴拙生动；或浓密烦琐，或平淡简约等。这些材质肌理的展示往往会牵动人们的情丝，启发人们的联想，引入人们介入，从一种气氛中体验意境。所以，通过强调材质肌理效果来增大室内设计艺术力度的手法可称为肌理派审美设计。

（4）立体派　立体派是西方现代艺术史上的一个运动和流派。又称为立方主义，是富有理念的艺术流派。主要目的是追求一种几何形体的美，在形式的排列组合所产生的美感。它否定了从一个视点观察事物和表现事物的传统方法，把三度空间的画面归结成平面。以直线、曲线所构成的轮廓、块面堆积与交错的趣味、情调，代替传统的明暗、光线、空气、氛围表现的趣味。把不同视点所观察和理解的形诉诸画面，从而表现出时间的持续性。

（5）色调派　色调派是以设计手法的突出特征——色调来命名的设计派别。如蓝色给人以稳重、宁静、洁净的感觉和强烈的色彩印象。故色调派室内出很受人们的欢迎。在同一色调中可用同类色的退晕手法进行配置，使其在统一中富有韵律变化。在现代艺术设计中，统一色调的设计手法更为广泛运用。

（6）白色派　在室内设计中大量运用白色构成了这种流派的基调，故称为白色派。作品具有一种超凡脱俗的气派和明显的非天然效果，被称为美国当代建筑中的“阳春白雪”。室内造型设计可以简洁，也可富于变化。白色派在后期现代主义的早期阶段就流行开来，因受到人们的喜爱，至今仍非常流行。早期后现代主义学术团体“纽约五人”在设计中偏重白色，由于白色给人以纯净文雅的感觉，又能增加室内乐观感或让人产生美的联想。因此近代以来，许多室内设计采用白色调，再配以装饰和纹样，产生出明快的室内效果。

（7）风格派　风格派起始于20世纪20年代的荷兰，以荷兰画家蒙德里安为代表的艺术流派，强调“纯造型的表现”，“要从传统及个性崇拜的约束下解放艺术”。风格派认为“把生活环境抽象化，这对人们的生活就是一种真实”。风格派的室内设计，在色彩及造型方面都具有极为鲜明的特征与个性。建筑与室内常以几何方块为基础，对建筑室内外空间采用内部空间与外部空间穿插统一构成一体的手法，并以屋顶、墙面的凹凸和强烈的色彩对块体进行强调。

（8）田园派　田园派是在人类生活环境不断遭到破坏、城市人口拥挤、住宅环境恶化的情况下，最先始于国外一些大城市的。周末农村人进城购物，而城里人去郊外享受自然风光和清新的空气。这种人流交叉的结果，是城里人希望乡间恬静舒适的田园生活氛围，也能在城里自己住宅中见到，因此引发了在城市住宅中追求田园景观的室内设计流派，故称为田园派。

（9）混合派　在多元文化的今天，室内设计也呈现多元化趋势，室内设计遵循现代实用功能要求，在装修装饰方面融合古今中西于一体。只要觉得合适，得体的陈设艺术皆可拿来结合使用或作点缀之用，设计手法不拘一格，但设计师应注重深入推敲造型、色彩、材质、肌理等方面的总体构图效果和气氛。

（10）未来派　未来派也称为超现实主义派。在室内设计中追求所谓超现实的纯艺术，通过别出心裁的设计，力求在建筑所限定的“有限空间”内运用不同的设计手法以扩大空间感觉来创造所谓“无限空间”，创造“世界上不存在的世界”，其反映了超现实派的设计师们在世界充满矛盾与冲突的今天，逃避现实的心理寄托。超现实派的室内设计作品中反映出由于刻意追求造型奇特而忽略了室内功能要求的设计倾向，而为了实现这些奇特造型又要不惜工本，因此不能被多数人所接受。该流派的设计作品数量不多。只是因其大胆猎奇的室内造型特征，在多元化艺术发展的今天受人瞩目。

（11）超级平面美术　在21世纪的今天，艺术的多元化发展在世界范围已是大势所趋。异种杂交的艺术门类也不断诞生。印刷平面美术近年来已从宣传广告的狭小范围向外扩张渗入现代建筑、室内设计、工业产品设计以及其他设计门类，成为一种艺术现象，其蔓延的势头有增无减。

三、建筑装饰设计的发展趋势

1.动态和可持续发展观

现代室内设计的一个显著特点是由于时间的推移，当今社会生活节奏日益加快，建筑室内的功能复杂而又多变，为了显得特别突出和敏感，我们需要引起室内功能相应的变化和改变，室内材料、设施设备、甚至门窗等构配件的更新换代也在加快。人们对室内环境艺术风格和气氛的欣赏和追求，加上更新周期日益缩短，室内设计和建筑装修的“无形折旧”更趋突出，它们也是随着时间的推移而发生改变的。

2.科学性与艺术性的结合

社会生活和科学技术的进步，人们价值观和审美观的改变，促使室内设计必须充分重视并积极运用当代科学技术的成果，包括新型的材料、结构构成和施工工艺，以及能创造良好声、光、热环境的设施设备。现代室内设计的科学性，除了在设计观念上需要进一步确立以外，在设计方法和表现手段等方面，也日益予以重视，设计者已开始认真地以科学的方法，分析和确定室内物理环境和心理环境的优劣，并已运用电子计算机技术辅助设计和绘图。

3.加强环境整体观

现代室内设计的立意、构思，室内风格和环境氛围的创造，需要着眼于对环境整体的考虑。现代室内设计，从整体观念上来理解，应该看成是环境设计系列中的“链中一环”。当前室内设计的弊病之一就是相互雷同，很少有创新和个性，对环境整体缺乏必要的了解和研究，从而使设计的依据限于一般，设计构思局限封闭。由此看来，忽视环境与室内设计关系的分析也是重要的原因之一。

4.以满足人的需要为核心

室内设计的目的是通过创造室内空间环境为人服务，设计者始终需要把人对室内环境的要求，包括物质使用和精神两方面放在设计的首位。由于设计的过程中矛盾错综复杂，问题千头万绪，设计者需要有清醒的认识，将为人服务、确保人们的安全和身心健康、满足人和人际活动的需要作为设计的核心。

5.符合地区特点与民族风格要求

由于人们所处地区、地理气候条件有差异，各民族生活习惯与文化传统不一样，在建筑风格上确实存在着很大差别。我国是多民族国家，各个民族地区特点、民族性格、风俗习惯以及文化素养等因素有很大差异，使室内装饰设计也有所不同。设计中要有各自不同的风格和特点。要体现民族和地区特点，以唤起人们的民族自尊心和自信心。

美化生活环境以及提高人类物质文化生活的重要活动之一就是建筑装饰室内的设计，而不断创新就是建筑装饰室内设计的核心，建筑装饰室内设计的价值取向在于创造更加适合人类居住的生活空间以及审美空间，并且坚持建筑装饰室内设计多元化以及多层面这一重要价值取向。建筑装饰室内设计是以优秀的文化传统作为审美取向的，并且在建筑艺术以及观念艺术的共同影响和作用下，由设计师将建筑装饰的室内设计这一艺术提升到更高的层次，使其成为更加具有原创性以及先锋性的建筑装饰室内设计作品。

第二章 建筑装饰设计与相关学科

建筑装饰设计是指以美化建筑及建筑空间为目的的行为。它是建筑的物质功能和精神功能得以实现的关键，是根据建筑物的使用性质、所处环境和相应标准，综合运用现代物质手段，科技手段和艺术手段，创造出功能合理，舒适优美、性格明显，符合人的生理和心理需求，使使用者心情愉快，便于学习、工作、生活和休息的室内外环境设计。

建筑装饰设计是多学科交叉的系统艺术。与建筑装饰设计相关的学科主要有建筑学、艺术学、人体工程学、环境心理学、美学、文化学、社会学、地理学、物理学和智能建筑等众多学科领域。其中最直接、最密切的是人体工程学、环境心理学、建筑学和智能建筑。当然，在环境艺术这一范畴内，这些学科的知识不是简单地机械综合，而是构成一种互补和有机结合的系统关系。

第一节　建筑装饰设计与人体工程学

人体工程学（简称人体工学）是一门关于技术和人的协调关系的科学，它首先是一种理念，把使用产品的人作为产品设计的出发点，要求产品的外形、色彩、性能等，都要围绕人的生理、心理特点来设计；然后是一系列的知识基础和研究方法，其知识基础来源于工程心理学、预防医学、技术美学、人体测量学等，其研究方法包括自然观察、访谈和问卷调查、现场或实验室的对照比较和测试、有关的统计分析等；再然后是整理形成的设计技术，包括设计准则、标准、计算机辅助设计软件等；这些设计技术再和特定领域的其他设计技术及制造技术相结合，就形成符合人体工学的产品，这些产品让使用者更健康、高效、愉快地工作和生活。

人体工程学也是一门多学科的交叉学科，研究的核心问题是不同的作业中人、机器及环境三者间的协调，研究方法和评价手段涉及心理学、生理学、医学、人体测量学、美学和工程技术的多个领域，研究的目的则是通过各学科知识的应用，来指导工作器具、工作方式和工作环境的设计和改造，使得作业在效率、安全、健康、舒适等几个方面的特性得以提高。人体工程学的研究范围包括人体的尺寸、生理和心理需求、人体能力的感受、对物理环境的感受、人体能力的适应程度等方面。

一、建筑装饰设计与人体工程学的关系

人体工程学是一门新兴的技术学科，它对于建筑设计、环境艺术设计、建筑装饰设计的影响非常深远，对提高人为的环境质量，有效地利用空间，使人更简便、合理地操作和使用物（如家具、设备等）等方面起着不可替代的作用。人体工程学运用人体计测、生理、心理测定等手段和方法，研究人体的结构、功能、尺寸、心理、力学等方面与室内环境之间的合理协调关系，以适合人的身心活动要求，取得最佳使用效能，从而达到安全高效和舒适的目标。

建筑装饰设计与人体工程学的关系主要体现在两个方面：一是人与环境因素，体现在人体感觉器官对环境的适应性；二是人与空间因素，为确定人体在空间的活动范围，以及室内家具与陈设的合适体量等提供科学依据。

（一）人与环境因素

建筑装饰设计的宗旨就是要以人为本，设计者要对所设计的室内空间的各种有损健康的因素加以限制。这种危害可能来自噪声污染、光污染、辐射污染、视觉污染、温差影响等，设计者可以通过对人体工程学的研究，为建筑装饰设计提供科学的依据。

① 提供适应人体的室内物理环境的最佳参数。室内物理环境主要有室内热环境、声环境、光环境、重力环境、辐射环境等，在进行建筑装饰设计时，有了上述要求的科学参数后，在设计中就有可能有正确的决策。

② 对视觉要素进行计测，为室内视觉环境设计提供科学依据。人眼的视力、视野、光觉、色觉是视觉的组成要素，人体工程学通过计测得到的数据，对室内光照设计、室内色彩设计、视觉最佳区域等提供了科学的依据。

（二）人与空间因素

人体工程学是确定人和人际在室内活动所需空间的主要依据，根据人体工程学中的有关计测数据，从人的尺度、动作域、心理空间以及人际交往的空间等，确定空间的范围。人体空间一般是由人在室内的静点位置、人体三维活动范围、人体动态活动范围等内容构成，是影响室内空间造型几何尺寸的重要因素。

1.人在室内的静点位置

人在室内的静点位置是指人们在室内空间里可能停留的地方。静点位置对于不同民族、不同地区的人们可能有一些差异，但共同点还是很多的。例如在交通空间里，人们是不会久留的，但也要注意动态空间里也有相对静止的区域；另外，办公室的桌子前、商场的柜台前、居室的镜子前、厨房的灶台前等，都是人们可能停留的地点。

通过分析人在室内的静点位置，可以使室内的功能分区更合理，同时还可以结合人的活动尺寸，对静点位置的周围空间进行布置。

2.人体三维活动范围

人体三维活动范围是人的上下、左右、前后正常活动范围和极限。通过对人体三维活动范围的研究，可以在满足人们正常活动的情况下尽可能地节约空间，减少人们使用时可能带来的麻烦。例如卫生间里要设计一个浴屏，应考虑浴屏既要节约空间，又要满足淋浴的需要，使小小的卫生间里空间的使用安排得非常合理。

对人体三维活动范围的研究，还有一个非常重要的工作，那就是为家具的设计和陈设提供依据，任何使用性质的家具都是要满足人的生理特征要求，都要按照人的尺度去进行设计，使家具具有使用方便、安全、美观等的特征。

3. 人体动态活动范围

人体动态活动范围是指人在动态情况下活动的规律。这里要考虑人们生理和心理两方面的影响，例如人们在静止时的肩宽一般为550mm左右，行走起来则需要600mm左右的通道，两人行走的通道则需要1200mm左右，这里就要考虑人在动态时要加大活动范围；两个人面对面进行谈话时，其相对位置考虑更多的是心理因素，在心理因素的作用下两人是要保留一定的相对距离。

二、装饰设计中人体基本尺度确定

人在日常生活中的活动是丰富多彩的，人体的动作也是千姿百态的。但从人的日常行为的角度，可以将人的姿态分为立、坐、仰、卧4种类型，这4种姿势不是静止不动的，每一种姿态都有一定的活动范围和尺度。仰态在日常生活中相对较少一些，下面着重介绍立、坐、卧3种常见姿态的设计。

（一）立

建筑装饰设计对人体尺寸的设计原则是要让更多的人活动感到舒适，一般不按照人体高度的平均值进行设计。但作为建筑装饰设计的重要参考依据，为室内空间的有效使用提供了主要的参考数据。

不同国家、不同地区的人体的平均尺度是不同的。我国按照中等人体地区调查平均身高，成年男子身高为1670mm（见图2-1），成年女子为1560mm（见图2-2）。通过人体基本数据的了解，为装饰设计中具体的家具、围栏、陈设摆放等尺寸设计提供了依据。

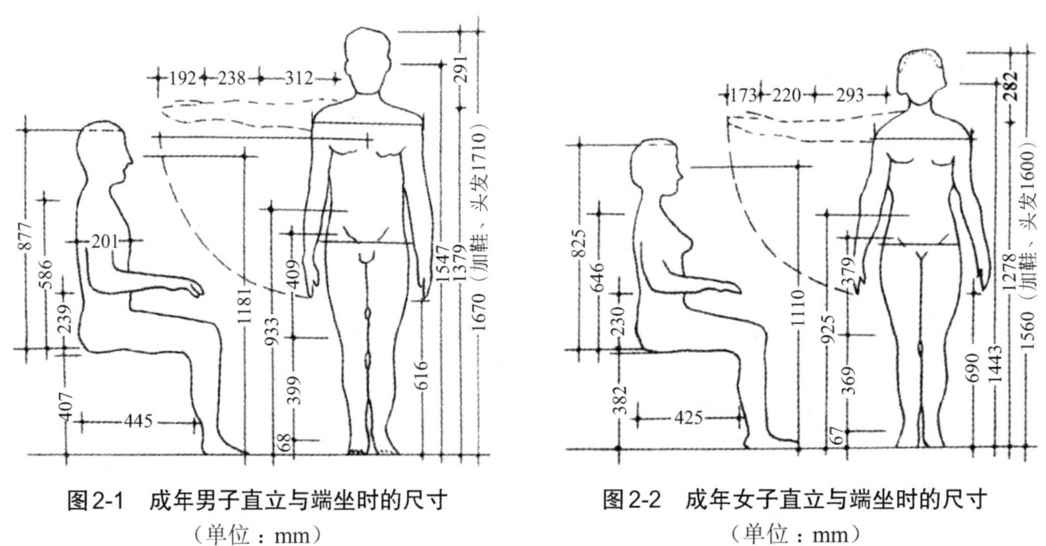

图2-1　成年男子直立与端坐时的尺寸（单位：mm）

图2-2　成年女子直立与端坐时的尺寸（单位：mm）

人的站立活动是一种常态，在人的一系列站立活动中，以通过、操作、收放为主要活动方式。通过掌握以上活动方式中的数据，可以为空间的有效利用提供可能。

（二）坐

坐是人体日常的活动状态，对坐的研究可以使人按照不同的使用方式设计不同的坐位。通过对坐的高度、压力分布、肢体范围、背靠角度等的分析，使人的坐姿更标准、舒适。

1. 坐的高度

坐的高度包含两个方面的内容：一是地面到座椅面的高度；二是座椅面与工作面之间

的高度。在有工作面作为人体活动的限制时，座椅的高度取决于工作面与座椅面之间的距离。这个高差距离一般为300mm±20mm，如工作面高度为780mm，座椅面的高度则应为460～500mm。

2.压力分布

人坐在座椅上时，体重分布在两个坐骨的范围内。人坐在椅子上的压力分布是由地面到座椅面的高度决定的（见图2-3），设计的椅子必须要适于人体能随意改变坐的姿势和站立的方便。坐垫柔软可以使压力均匀分布，但太高太软的坐垫容易造成身体不平衡和失稳现象，一般坐垫的厚度以25mm为宜。设计座椅时还要考虑站立的方便，如需要经常起身的椅子，其地面到座椅面的高度可以适应加高，这时人体的重心偏高，容易摆脱压力。

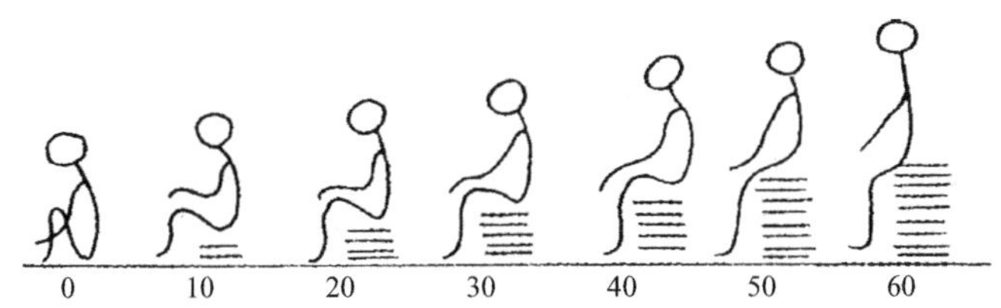

图2-3　座椅上的压力分布（单位：%）

3.肢体范围

当人坐着的时候，肢体的活动很常见。尤其是手臂的活动，要使手臂保持在正常的工作范围内，这就要求座椅和工作面的设计要有合理的工作范围。根据实际量测，一般人的手臂最大作业范围为500mm，设计时可考虑不要超过这个范围。

4.背靠角度

背靠角度的设计是因人而异的，各人对背靠角度的要求不尽相同，但基本趋向一致。汽车的背靠角度是111.7°，椅面应以平坦的硬面或略柔软皆可，这样有利于身体的重量分布。椅子立面的斜度一般后倾角度以3°～6°为宜。

（三）卧

卧态也是人日常动作的常态，据统计，人大约有1/3的时间是在床上度过的。卧具的好坏直接关系到使用者休息的舒适性，如睡垫过软使人体陷得太深，不利于人体压力的合理分布，使人在睡眠时无法转换休息的姿势，而人均夜间睡眠变换姿势一般为20～40次。通过人在软睡垫与平板床上的压力分布比较，可以看出平板床的压力分布比较均匀，有转换休息的余地。

三、室内家具与人体工程学的关系

家具是人类生活不可缺少的重要用具，是与人密切相关的室内陈设用品，具有很大的使用性和艺术性，理想的家具设计与选择，可以为室内装饰设计的成功打下基础。家具设计要在人体工程学结合艺术性的指导下完成，下面以常用家具（如椅、桌、床、柜、厨房家具）为例，对家具与人体的关系进行分析。

（一）坐具

坐具是沙发、椅子、凳子等家具的总称，在设计坐具时要用人体工程学的观点，符合人们端坐时的形态特征和生理要求。

设计坐具首先要确定座高，以常用的椅子为例，经验表明：座椅面过高就会导致两腿悬空，大腿的前部紧压座椅面，影响人体下肢的血液循环，长时间会造成小腿麻木或肿胀；座椅面过低，大小腿之间呈锐角，大腿的重量要靠小腿来支撑，也会引起腿部的不适。因此座椅面的高度应保持大腿部接近水平状态，而且在工作面过高时，应当采取方法让脚部抬高，保持脚部与座椅面的高差在400～450mm之间。坐具座高和座深度的确定如图2-4所示。

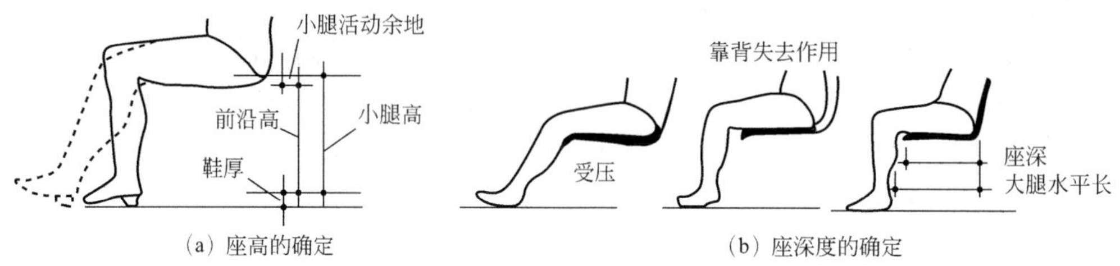

图2-4 坐具座高和座深度的确定

其次，确定椅子的靠背高度。合适的背高可以使人的坐姿保持稳定，也可以分担部分身体的重量。在设计中要注意不同用途其靠背高度是不同的，以休息为功能的沙发，背高可以达到人的颈部，使人可以舒适地枕靠在上面；一般的工作椅子靠背高度在肩胛左右即可，使人的背部肌肉能够得到休息，并有利于上肢的活动。

再次，座椅面的宽度不应小于400mm，有扶手座椅面的宽度不应小于480mm；座椅面不要过深或过浅，深度太大，后背远离靠背，过浅则腿部过于吃力，影响坐姿的舒适程度。一般可选择在400～900mm之间。

最后，确定座椅面与靠背之间的角度。座椅面应前高后低，与水平面成一定夹角，一般工作椅的夹角为0°～5°；休息沙发夹角为10°～15°。座椅的靠垫要向后倾斜，一般工作椅的夹角为95°～100°。

（二）桌子

研究结果表明，过高或过低的桌子不但影响人体的健康，而且还会引起肌肉的疲劳，严重影响工作效率。桌子中对人工作和学习影响较大的尺寸有：桌面的高度、桌椅之间高度差等数值。合理的桌椅之间高度差能使坐者长期保持正确的坐姿，1979年国际标准规定的桌椅之间高度差为300mm，可作为设计桌子高度的参考依据，桌面的高度是由座椅的高度加上桌椅高度差来决定的，普通座椅的高度一般为450 mm，则桌面的高度可在750～780 mm之间。桌子类家具的基本尺寸如图2-5所示。

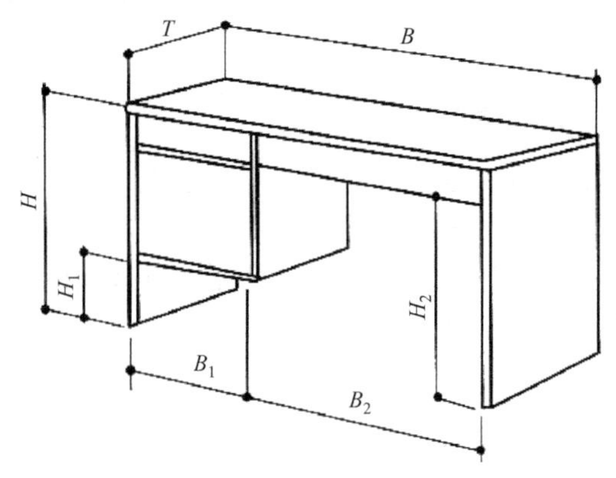

图2-5 桌子类家具的基本尺寸

B—桌面宽；B_1—侧面柜抽屉内宽；B_2—中间净宽度；T—桌面深；H—桌面高；H_1—柜脚净空高；H_2—中间净空高

桌面的尺寸是由宽度和深度所决定的，设计时可将手臂活动范围数值作为参考。多人平行而坐的桌子，要考虑加长桌面，以人体占用桌边沿的宽度去考虑。桌子边沿的宽度可在500～750mm的范围内选择。

（三）床

床是人类生活中不可缺少的重要用具，其基本功能是使人躺在床上能舒适地睡眠休息，以解除每天的疲劳，恢复充沛的体力。因此，在设计床这类家具时，必须注重床与人体的关系，使床应具备支撑人体卧姿处于最佳状态的条件，使人体得到舒适的休息。床的基本尺寸如图2-6所示。

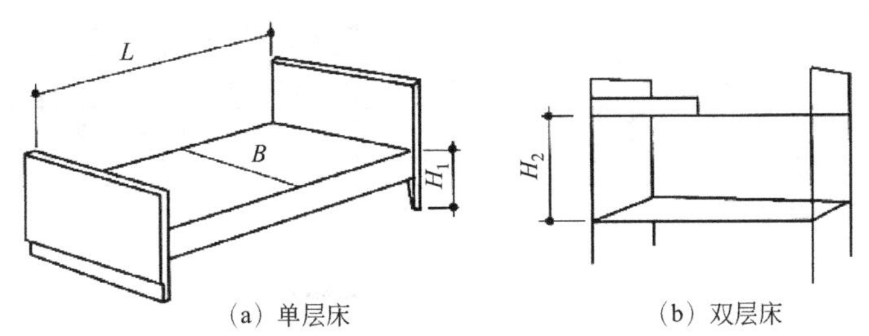

（a）单层床　　（b）双层床

图2-6　床的基本尺寸

B—床的宽度；L—床的长度；H_1—铺面离地高度；H_2—层间净高

床的宽度与人的睡眠最为密切，据观察，床的宽窄直接影响人睡觉时的翻身活动，过窄的床翻身次数减少30%，因而严重影响人的熟睡程度。床的宽度尺寸以仰卧姿势为基准，设计床的宽度应为仰卧时人肩宽的2.5～3倍，成年男子的肩宽一般为410mm，则单人床的宽度在800mm以上为好。

床的长度应根据使用者的身高而定，一般情况下是在人体平均身高的基准上再增加5%，以及必要活动空隙，正常床的长度在1900～2000mm。

床的高度设计要考虑既可睡又可坐，为穿衣、穿鞋等与床有关系的活动创造便利条件。一般可参考椅子坐的高度，常用尺寸为400～500mm。

床垫的发展越来越注意应用人体工程学设计。有医学研究显示，人体平躺时身体各部位重量分布为臀部40%、背部15%、头部10%、脚部10%、腰部25%，身体与床面接触部分所承受压力平均是5g/cm^2。因此，现代床垫的设计方向是贴合人体曲线，精确地承托头、肩、腰、臀4个压力位，使人的睡眠更加舒适。

（四）柜

柜类家具也是人类生活中不可缺少的重要用具，主要包括衣柜、书柜、餐柜、音响柜、博古柜、床头柜等，它们的基本功能是储存物品。柜类家具的设计要求以存放数量充分、存放方式合理、存取比较方便等为原则。

柜类家具的高度主要根据人体的高度来确定的。柜类家具与人体的尺度关系是以人站立时，手臂的上下动作的幅度为依据，在通常情况下分为3个区域：65cm以下为第一区域，一般可以存放较重的不常用的物品；第二区域为65～185cm之间，这是最便于达到的高度，也是视线最好的范围，因此常用的物品应当存放在这一区域；第三区域是高度185cm以上，这个区域使用不方便，视线也不理想，但能够扩大存放的空间。柜类家具的高度与人体高度是否协调，主要是通过设计家具各部件的高度得以实现，柜类家具部件的极限尺寸如图2-7所示，柜类家具隔板的高度范围如图2-8所示。

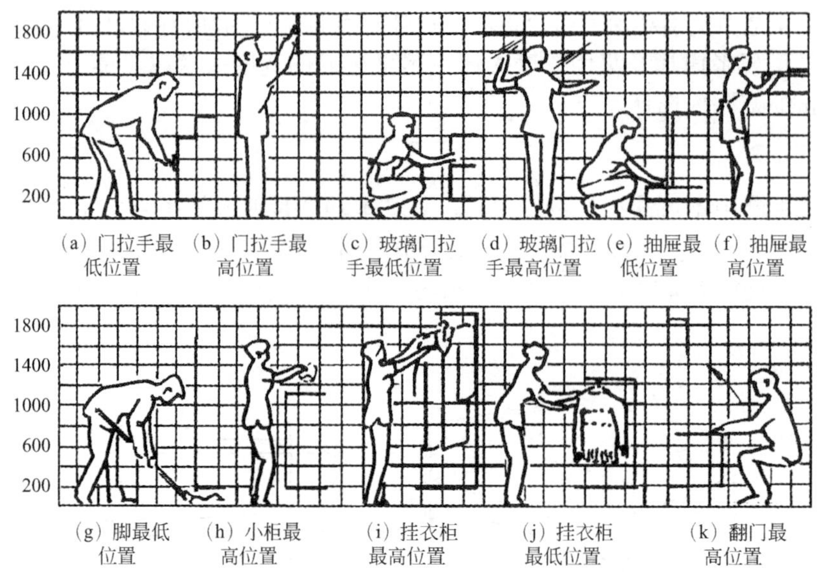

图2-7　柜类家具部件的极限尺寸示意（单位：mm）

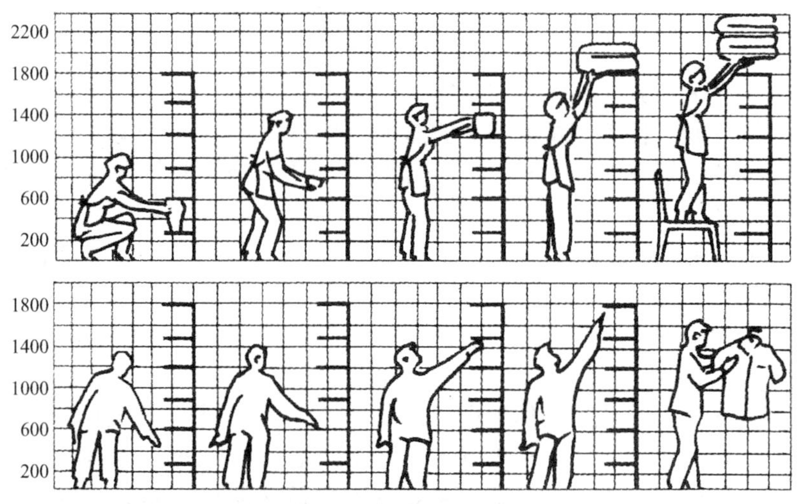

图2-8　柜类家具隔板的高度范围示意（单位：mm）

柜类家具的宽度是根据存放物品的种类、大小、数量和布置方式而决定的，对于荷重较大的物品柜，如电视机、书柜等，还要根据搁板的载荷能力来控制其宽度。柜类家具的深度主要按搁板的深度而定，另外加上门板与搁板之间的空隙。搁板的深度要根据存放物品的规格而定，一般柜的深度不超过600mm，否则存放物品不方便，柜内的光线也差。

（五）厨房家具

随着人们生活水平的不断提高，厨房设计已越来越为人们所认识，成功的厨房设计可以合理利用空间，使用者在操作上十分便捷、活动自如、使用安全。

在进行厨房设计时，首先应考虑合理的作业流程。合理的工作流程可以在厨房作业时，保持一份悠然自得的心态，舒适的尺度能充分让人感受到人性化的温暖，操作起来也得心应手。如用柜子储藏物品，在进行取物时要打开柜门，蹲下后才可以拿到物品。而用抽屉储存物品，只要拉开抽屉，就可以看到全部的物品，可以轻松取出物品。

其次是橱柜要采用人体工程学进行设计。橱柜一般分为低柜和吊柜两种形式，设计可参考柜子样式进行，低柜是使用者最常使用的柜子，这种柜子有两个功能：一是储存物品的功能；二是台面操作的功能。台面的高度是操作方便的关键，一般可取780～800mm，台面的深度可在550～600mm之间选择；吊柜也是橱柜中重要的组成部分，在存放物品时，吊柜的开启方式如何，直接影响使用是否方便。传统的开启方式占用空间，上掀柜门方便好用，也利于美观。

传统的操作台与吊柜之间的高度设计不够合理，过高对排除油烟不利，过低又可能对操作不便，合理的设计是将操作台面与吊柜之间的高度控制在800mm左右。另外吊柜的高度一般选择在600～800mm之间，高度过大过小都可能影响操作的方便，吊柜的深度要比低柜小一些，使高个的使用者不至于碰头，一般可选择400～450mm。

第二节　建筑装饰设计与环境心理学

环境心理学是一门新兴的综合性学科，是研究环境与人的行为之间相互关系的学科。它着重从心理学和行为的角度，探讨人与所处环境的最优化，即怎样的环境是最符合人们心愿的。这里所说的环境，虽然也包括社会环境，但主要的是指物理环境，其中包括噪声、拥挤度、空气质量、环境温度、个人空间等方面。

环境心理学与多门学科，如医学、心理学、环境保护学、社会学、人体工程学、人类学、生态学，以及城市规划学、建筑学、室内环境学等学科关系密切。在建筑装饰设计中，环境心理学主要研究生活于人工环境中人们的心理倾向，把选择环境与创建环境相结合，着重研究下列问题：① 环境和行为的关系；② 对环境的认知；③ 环境和空间的利用；④ 怎样感知和评价环境；⑤ 在已有环境中人的行为和感觉。

关于环境心理学与建筑装饰设计的关系，在日本著名学者相马一郎、佐古顺彦的《环境心理学》一书中指出："不少建筑师很自信，以为建筑将决定人的作为"，但他们"往往忽视人工环境会给人们带来什么样的损害，也很少考虑到什么样的环境适合于人类的生存与活动"。以往的心理学"其注意力仅仅放在解释人类的行为上，对于环境与人类的关系未加重视。环境心理学则是以心理学的方法对环境进行探讨"，即是在人与环境之间是"以人为本"，从人的心理特征来考虑研究问题，从而使我们对人与环境的关系、对怎样创造室内人工环境，都应具有新的、更为深刻的认识。

人在室内环境中，其心理与行为尽管有个体之间的差异，但从总体上分析仍然具有很多的共性，仍然具有以相同或类似的方式做出反应的特点，这也正是进行建筑装饰设计的基础。对于建筑装饰设计工作者来说，要做到的是符合人们的心愿。在室内空间环境中处理好空间、界面、色彩、光线等环境因素，让设计最大限度地满足人们的心理与生理需求，使环境与人的关系得到最大的协调。

一、符合行为模式和心理特征的设计

人在室内空间中表现出来的行为特征不单是一种社会行为，也是一种自然的心理特征表现，环境心理学通过研究这些不经意的表现行为，为设计者在建筑装饰设计中提出比较切合实际的设计依据。

1.人的领域性

领域性原指动物在环境中为取得食物、繁衍生息等的一种适应生存的行为方式。人与动

物在语言表达、理性思考、意志决策与社会性等方面有着本质的区别，但心理中的领域性始终存在。例如人在室内环境中的生活、学习和生产活动，也总是力求其活动不被外界干扰或妨碍，希望在自己心理能承受的领域内自由活动。

环境心理学通过不同的接触对象，在不同的场合的人际实际接触情况为基础进行研究，提出了人际距离的基本概念，根据人际关系的密切程度、行为特征确定人际之间的距离，即分为：亲切距离、人体距离、社会距离、公众距离。通过人际距离的数据，可以使设计者在设计空间时有意堆出一种空间及家具尺度，使使用者在建成的空间里，能够按照设计者的意图去进行活动。

不同的住房设计引起不同的交往和友谊模式。高层公寓式建筑和四合院布局产生了不同的人际关系，这些已经引起人们的注意。国外关于居住距离对于友谊模式的影响已有很多的研究。通常居住近的人交往频率高，很容易建立友谊。

现代大型商场的建筑装饰设计，也按照顾客的购物行为从单一的购物，发展成为了一站式的“购物中心”（Shopping Mall）。这样使购物摆脱了柜台式的服务，使顾客尽可能接近商品，可以亲手挑选比较，并结合茶座、游乐、快餐等形式迎合顾客心理的商品模式。

2. 私密性

私密性要求是指在相应空间范围内包括视线、声音等方面的隔绝要求。在居住类室内空间里，人们要求的私密性更强，一般主卧房都会设置在居室的私密性较强的位置。这种私密性是人的正常心理反应，环境心理学所要研究的是人们在普通的环境里是如何选择私密性的。

通过观察可以发现，在火车上人们选择座位时喜爱靠着窗户的位置，就餐的人喜欢挑选餐厅中靠墙卡座的位置，相对的人们最不愿选择近门处及人流频繁通过处的座位。设计者通过对人们私密性的了解，可在室内空间的设计中有意形成更多的“尽端”式空间，也就更符合散落就餐时“尽端趋向”的心理要求。

3. 安全感

安全感是人们希望周围的环境能够带来稳定的心理感受。生活在室内空间的人们，从心理感受来说，并不是越开阔、越宽广越好，人们通常有一种防范的心理，在各种室内空间里更愿意背靠实体物体。

通过对火车站和地铁车站的候车厅分析，人们并不较多地停留在最容易上车的地方，而是愿意待在柱子边，人群相对散落地汇集在厅内、站台上的柱子附近，适当地与人流通道保持距离。柱子使人们感到有了依靠，使人们的心理有安全感。

4. 空间形态

空间形态的不同往往会使人产生不同的心理感受，在进行设计时要把握住各种形态的空间可能会给人们带来的心理变化，使室内空间设计既不浪费又符合人们的居住习惯。

测试结果表明，空间的形态可以对人的心理产生一定的影响。例如，矩形空间的长、宽、高的比例不同，会给人带来安静、期待、开阔等心理感受；拱形空间的中心感比较强，给人的感受是方向性很强；穹顶式的室内空间给人一种集中式的心理感觉，还能给人带来一种震撼、向上的心情。

首先，家具的不同安排方式也会带来不同的空间变化。社会心理学家把家具安排区分为两类：一类称为亲近社会空间；另一类称为远离社会空间。在前者的情况下如车站，家具成行进行排列，因为那里人们不希望进行亲密交往；在后者的情况下如家庭，家具成组进行安排，因为那里人们希望进行亲密交往。

其次，空间的大小、高低也会影响使用者的心理感受。大空间具有超人的尺度，设计者可以利用非正常尺度取得震撼人心的效果；空间过小过低会使人产生压抑之感。

二、依据认知环境和心理行为模式的设计

环境心理学认为，人们从环境中接受初始刺激的是感觉器官，然后再经过大脑对环境或事物进行评价和判断，因此人们对环境的认知是由感觉器官和大脑一起进行工作的。而且这种感知会在人们的记忆中长期积存，形成一种固定的心理行模式。例如，人们可以凭借自己的经验判断出某种环境适宜办公、休息、就餐、娱乐等，通过对使用者心理行为模式的了解，设计者可以做出让人们从内心感到喜悦的室内设计作品。

1.气氛环境的影响

当人们在自己的办公室环境中时，一种竞争的情境会使人的整个情绪严肃起来。这时人的个性与表现，实际上被这个气氛环境所左右。等到人们在家中时会表现出放松的情绪，在客厅时又会受到客厅环境的影响，在厨房也可以感受到家庭中的另一种心情，在饭桌或在卧室时都能感受不同的变化的情绪，因为这些环境在悄悄地影响人的情绪。虽然环境影响不是决定性的因素，却是潜移默化的。由此可见，室内环境的设计是十分重要的，在研究每个空间的用途、所需要的效果时要考虑到对其中活动者所产生的影响。

2.色彩环境的影响

在不同的生活环境中，有许多元素会使人产生错觉，如色彩线条、形状等的不同，会给人带来不同的情绪感受。在室内装饰设计中就常常利用这种错觉，使小房间看起来显得很大，矮屋顶看起来较高。颜色是环境构成的重要一环，在室内空间的设计上除了家具的摆设外，颜色所扮演的角色非常重要。如书房、办公室是需要冷静思考与精神专注的地方，所以大部分的书房与办公室都会采用白色、灰色，尽量采用中性色彩，减少环境的存在感，增加工作或阅读的效率。相反的，儿童房间却要求表现出亲情之间的温暖，彼此可以感觉很轻松的环境，因此就比较适合使用一些暖色彩，如红色、金黄色、橙色等。

三、个性化与环境的相互制约

环境心理学认为，人们之间的个性是相互影响、相互制约、相互作用的。在室内的装饰设计中，使用者的个性对室内环境设计会提出各种各样的要求，这就要求设计者充分理解使用者的行为和个性，在塑造室内环境时予以充分尊重，但也要适当张扬个性的设计，将自己的设计思想介绍给使用者，对其个性进行影响和制约。实际上，有很多使用者只是凭借自己对装修粗浅的认识对设计者提出要求，在很多情况下是违反室内装修常识的，这时设计者就不能做违反原则的事，应用自己的专业知识去说服使用者，创作出有个性的室内装饰设计作品。

第三节　建筑装饰设计与建筑学

建筑设计是指建筑物在建造之前，设计者按照建设任务，把施工过程和使用过程中所存在的或可能发生的问题，事先做好通盘的设想，拟定好解决这些问题的办法、方案，用图纸和文件的形式表达出来。建筑装饰设计是指以美化建筑及建筑空间为目的的行为，它是建筑的物质功能和精神功能得以实现的关键。由此可见，建筑装饰设计与建筑设计之间的关系极为密切、相互渗透，通常建筑设计是建筑装饰设计的前提，正如城市规划和城市设计是建筑单体设计的前提一样。

建筑设计与建筑装饰设计有许多共同点，首要问题就是空间问题。建筑设计的任务是如何以一种结构形式构筑起空间；建筑装饰设计的任务则是使建筑设计提供的空间更加完善，

并达到最终实用的需求。二者都要面对诸如空间的功能、性质、结构形态、尺度、采光及内外空间协调等问题。此外，建筑与室内的众多造型因素在形式方面应取得和谐统一，建筑内外许多设计元素，实施细节更需在设计与施工过程中整体策划、相互协调。基于此，建筑和建筑装饰设计使用着许多相同的设计语言与形式，遵循着相同的原理与原则，具有较强的内在相关性，是一个相互依赖、不可割裂的统一体。任何游离于这个整体之外的孤立设计，都有可能带来一些无法弥补的缺陷，造成这个统一体的不完美而给人留下诸多的遗憾。

一、建筑与建筑装饰的行业关联

根据我国现行的基本建设程序和习惯做法，先由建筑设计单位按照业主的要求经过投标选出建筑设计方案，经规划管理部门审批后付诸工程施工，而建筑装饰设计方案往往是在建筑施工完成后着手进行，可以说从设计到施工的专业人员配备完全是两套人马，这样虽然做到了建筑与室内设计的分工责任明确，但也为室内外建筑风格的统一造成了麻烦。

1. 设计行业的关联

建筑设计行业主要由建筑学专业的人员构成，该行业一般是由建筑设计院和有关的建筑设计事务所组成。由于我国现行体制的局限，该行业的建筑设计人员主要从事建筑设计，极少从事建筑装饰设计。因此，目前我国很少有建筑设计与建筑装饰设计一体完成的设计任务。建筑装饰设计是由建筑装饰工程公司附属的设计公司或专业的建筑装饰设计公司来完成，他们在设计理念、建筑相关设备、工种协调等业务往来方面，很少与建筑设计部门进行交流，只能凭借自身的理解对室内装饰进行设计。

2. 施工行业的关联

根据我国建筑装饰行业的实际情况，大型建筑施工单位多数都将企业施工的重点放在建筑施工方面，很多大型施工企业虽然也有下属的建筑装饰公司，但这些装饰公司难以和独立建制的建筑装饰工程公司相比。在新建的建筑工程中，很多大型建筑施工单位作为乙方与建设单位签订建筑施工和建筑装饰工程施工合同，这样对建筑的施工和室内外装修都有一定的益处，但很多建筑施工单位由于建筑装修的能力有限，而将室内装修任务分包给建筑装饰公司，而建筑施工单位只起到管理的作用，这显然给室内装饰设计带来不利的影响。

二、建筑与建筑装饰的设计关联

工程设计的实践充分证明，建筑设计与建筑装饰设计的关联性是很强的，不但体现在设计思路的一致性方面，而且也体现在设计方法的相似性上，值得设计者之间相互借鉴、相互学习、相互沟通。

1. 设计思想的关联

建筑设计与建筑装饰设计同属于表现艺术的范畴。从其相互依存、相互延伸、相互渗透、相互融合的互动上看，建筑设计和建筑装饰设计之间，绝不仅仅是外在修饰和附加的关系，而是应当具有更深层次的内在互通、交流和共存的关系，是一种有机紧密相联的关系，是不可分割的关系。建筑设计与建筑装饰设计的同步和协调，会使建筑艺术更加完美，使设计趋于更加完善。通过建筑艺术与建筑装饰艺术的相互交融，有利于形成完整的设计体系，把设计纳入合理的程序轨道，使其健康地向前发展，使建筑装饰设计对建筑设计进行继续和深化，使建筑装饰设计必须和建筑空间取得呼应等观点成为现实。

2. 设计技术的关联

建筑工程设计的实践证明，现在建筑设计与建筑装饰设计都面临着一个不可回避的技术问题，即不但要在艺术上做到互相协调，而且还要统筹安排设计和施工中的各种技术问题。

其中包括水、电、暖通等各工种设施的设计协调与配合，实现设计一体化，减少或避免因设计不规范等人为的弊端和损失，使工程成本经济合理。

现代建筑设计往往在电脑控制、自动化、智能化等方面不断更新，从而使室内设施设备电器通信新型装饰材料和五金配件等都具有较高的科技含量，如智能大楼、能源自给住宅、电脑控制住宅等。由于建筑科技含量的提高，现在的建筑装饰设计工作也必须跟上时代发展的步伐，与现代建筑设计中的技术对接，为提升室内的设计技术含量做出努力。

3.设计业务的关联

根据调查资料分析，我国的建筑装饰设计或环境艺术设计等专业的教学中，对建筑的教学分量比较少，使得在进行建筑装饰设计时对建筑的理解有时不到位。而建筑学教育的宽度和外延也不够，对建筑装饰设计或环境艺术设计的各种必要知识，也未能将其融入建筑学课程中去。这样使很多设计者走上工作岗位后只局限于本专业，不能真正地将思想、意识与相关专业融为一体，因而可能造成相关专业之间的知识脱节和设计不衔接。所以学习建筑装饰设计不能只看到自己专业的一点知识，现在是知识交融的时代，只有对相关专业知识有充分的了解才能在设计中获得成功。

三、建筑与建筑装饰设计的不同

建筑装饰设计虽然是建筑设计的继续与深化，是室内建筑空间环境的再创造，但是建筑装饰设计从学科专业和行业市场来说，也还有不少与建筑设计有区别的方面。例如与人的联系更紧密；“更新周期”要比主体建筑物短；与建筑技术、建筑设备、建筑物理、人体工程学、环境心理学之间的关系比建筑设计更密切。

由于室内环境对人们的工作效率、生活质量的影响尤为突出，因而建筑装饰设计与材料品质，产品应用以及工业设计之间的关系比建筑设计来得更为紧密。另外，建筑装饰设计在研究人们的行为模式，心理因素等方面更为细致和深入，在色彩、材质、照明、设施等方面更符合使用者的要求。

第四节　建筑装饰设计与智能建筑

智能建筑是指通过将建筑物的结构、设备、服务和管理根据用户的需求进行最优化组合，从而为用户提供一个高效、舒适、便利的人性化建筑环境。智能建筑是随着人类对建筑内外信息交换、安全性、舒适性、便利性和节能性的要求产生的。建筑智能化可以提高客户工作效率，提升建筑适用性，降低使用成本，已经成为发展趋势。调查资料显示，2016年我国智能建筑占新建建筑的35%左右，远低于美国的70%、日本的60%，市场拓展空间巨大。

智能建筑是集现代科学技术之大成的产物，其技术基础主要由现代建筑技术、现代电脑技术、现代通信技术和现代控制技术组成。如果把建筑比作人的躯体，智能系统则是人的神经和大脑，人类可以通过智能系统支配建筑设备为自己服务。因此，建筑设计与建筑装饰设计要与智能系统互相适应、相互协调，共同为建筑的发展做出贡献。

一、智能建筑的基本知识

自1984年智能建筑理念提出至今，已经走过了三十多年的历程。美国智能化建筑学会对智能建筑下的定义是：智能大厦是将结构、系统、服务、运营及相互关系全面综合，达到最佳组合，获得高效率、高性能与高舒适性的建筑。由于智能建筑强调多学科、多技术系统综合集成，所以，可以将智能建筑理解为采用系统集成的方法，将计算机技术、通信技术、信息技术与建筑艺术有机结合在一起，通过对建筑设备管理和信息服务与建筑要求优化组合，建立一个投资合理、适应信息社会需求，并且具有安全、高效、舒适、便利与灵活特点的建筑物。

（一）智能建筑的组成与主要功能

智能建筑的结构是以智能建筑环境内的系统集成中心（SIC）利用综合布线系统（PDS）形成标准化强电与弱电接口，连接楼宇自动化系统（BAS）、通信自动化系统（CAS）和办公自动化系统（OAS），从而实现3A的功能，即建筑自动化、通信自动化和办公自动化。

在智能建筑环境内体现智能功能的SIC、PDS和3A系统5个部分，其系统组成和功能示意如图2-9所示。

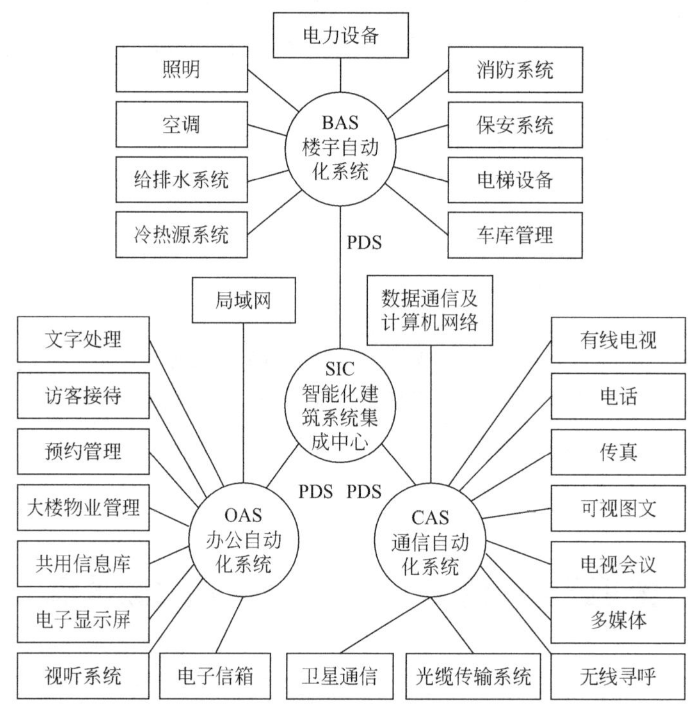

图2-9 智能楼宇系统组成和功能

1. 系统集成中心（SIC）

系统集成是将智能建筑从属于不同子系统和技术领域的所有分离的设备、功能和信息有机地结合成为实现功能综合管理、信息共享的一个相互关联、统一协调的整体。建筑系统集成中心（SIC）应具有各个智能化系统信息汇集和各类信息综合管理的功能，对建筑物内外各类信息，各个子系统进行综合管理、实时处理信息的能力。

2. 综合布线系统（PDS）

综合布线系统（PDS）是由线缆及相关连接硬件组成的信息传输通道。它是智能建筑连接3 A系统各类信息必备的基础设施。它采用积木式结构、模块化设计、统一的技术标准，能满足智能建筑信息传输的要求。

3. 楼宇自动化系统（BAS）

楼宇自动化系统（BAS）是以中央计算机为核心，对建筑物内的设备运行状况进行实时控制和管理，从而使办公室成为温度、湿度、光度稳定和空气清新的室内空间。

4.通信自动化系统（CAS）

通信自动化系统（CAS）能高速进行智能建筑内各种图像、文字、语音及数据之间的通信。它同时与外部通信相连，相互交流信息。

5.办公自动化系统（OAS）

办公自动化系统（OAS）是把计算机技术、通信技术、系统科学及行为科学应用于传统数据处理技术所难以处理的、数据庞大且结构不明显的业务上。

（二）智能建筑与传统建筑的区别

（1）高度的集成。从技术角度看，智能建筑与传统建筑最大的区别就是智能建筑各智能化系统的高度集成。智能建筑系统集成，就是将智能建筑中分离的设备、子系统、功能、信息，通过计算机网络集成为一个相互关联的统一协调的系统，实现信息、资源、任务的重组和共享。智能建筑安全、舒适、便利、节能、节省人工费用的特点，必须依赖集成化的建筑智能化系统才能得以实现。

（2）实现建筑节能　以现代化商厦为例，其空调与照明系统的能耗很大，约占大厦总能耗的70%。在满足使用者对环境要求的前提下，智能大厦应通过其“智能”，尽可能利用自然光和大气冷量（或热量）来调节室内环境，以最大限度地减少能源消耗。按事先在日历上确定的程序，区分“工作”与“非工作”时间，对室内环境实施不同标准的自动控制，下班后自动降低室内照度与温湿度控制标准，已成为智能大厦的基本功能。利用空调与控制等行业的最新技术，最大限度地节省能源是智能建筑的主要特点之一，其经济性也是该类建筑得以迅速推广的重要原因。

（3）节省运行维护的人工费用　根据美国大楼协会统计，一座大厦的生命周期为60年，启用后60年内的维护及营运费用约为建造成本的3倍。依据日本的统计，大厦的管理费、水电费、煤气费、机械设备及升降梯的维护费，占整个大厦营运费用支出的60%左右；且其费用还将以每年4%的速度增加。所以依赖智能化系统的智能化管理功能，可发挥其作用来降低机电设备的维护成本，同时由于系统的高度集成，系统的操作和管理也高度集中，人员安排更合理，使得人工成本降到最低。

（4）安全、舒适和便捷的环境　智能建筑首先确保人、财、物的高度安全，以及具有对灾害和突发事件的快速反应能力。智能建筑提供室内适宜的温度、湿度和新风以及多媒体音像系统、装饰照明，公共环境背景音乐等，可大大提高人们的工作、学习和生活质量。智能建筑通过建筑内外四通八达的电话、电视、计算机局域网、因特网等现代通信手段和各种基于网络的业务办公自动化系统，为人们提供一个高效便捷的工作、学习和生活环境。

二、智能建筑对装饰设计的影响

（一）智能化家居技术

现在家庭装修是一个很大的产业，而且发展得很快，其趋势是向着智能化家居的方向发展。这是一个以住宅为平台，兼备建筑、网络通信、信息家电、设备自动化，集系统、结构、服务、管理为一体的高效、舒适、安全、便利、环保的居住环境。智能化家居通过利用先进的计算机技术、网络通信技术、综合布线技术，将与家居生活有关的各种子系统有机地结合在一起，通过统筹管理，让家居生活更加舒适、安全、有效。

1.家庭自动化系统

家庭自动化系统指利用微处理电子技术来集成或控制家中的电子电器产品或系统，例如：照明灯具、电脑设备、采暖系统、供冷系统、影视系统、音响系统、保安系统等。家庭自动化系统主要是以一个中央微处理机接收来自相关电子电器产品的信息后，再以既定的程序发送适当的信息给其他电子电器产品。中央微处理机必须通过许多界面来控制家中的电器产品，这些界面可以是键盘，也可以是触摸式荧幕、按钮、电脑、电话机、遥控器等。消费者可发送信号至中央微处理机，并可接收来自中央微处理机的信号。

2.家庭网络系统

家庭网络系统是在家庭范围内将PC、家电、安全系统、照明系统与广域网相连接的一种新技术。当前在家庭网络中所采用的连接技术，可以分为“有线”和“无线”两大类：其中有线方案主要包括双绞线或同轴电缆连接、电话线连接、电力线连接等；无线方案主要包括红外线连接、无线电连接、基于RF技术的连接和基于PC的无线连接等。

3.网络家电系统

网络家电系统是将普通家用电器利用数字技术、网络技术及智能控制技术设计改进的新型家电产品。网络家电可以实现互联组成一个家庭内部网络，同时这个家庭网络又可以与外部互联网相连接。网络家电技术包括两个层面：第一个层面是家电之间的互联问题，也就是使不同家电之间能够互相识别，协同工作；第二个层面是解决家电网络与外部网络的通信问题，使家庭的家电网络真正成为外部网络的延伸。目前认为比较可行的网络家电系统包括：网络冰箱、网络空调、网络洗衣机、网络热水器、网络微波炉、网络炊具等。网络家电的发展方向是充分融合到家庭网络中去。

4.信息家电系统

信息家电系统主要包括PC、机顶盒、HPC、DVD、超级VCD、无线数据通信设备、视频游戏设备、WEBTV、INTERNET电话等，所有能够通过网络系统交互信息的家电产品，都可以称为信息家电。目前，音频、视频和通信设备是信息家电的主要组成部分。另外，在目前的传统家电的基础上融入信息技术，使其功能更加强大，使用更加简单、方便和实用，为家庭生活创造更高品质的生活环境，例如模拟电视发展成数字电视、VCD发展成DVD，电冰箱洗衣机等也将会变成数字化、网络化、智能化的信息家电。

（二）智能玻璃幕墙技术

传统玻璃幕墙技术的大量使用会带来严重光污染、大量能源消耗、视线干扰、室内卫生质量下降等问题。为解决这些问题，一种新型的玻璃幕墙——智能玻璃幕墙技术，先后在德国、英国等欧洲国家得到发展。

智能玻璃幕墙广义上包括玻璃幕墙、通风系统、空调系统、环境监测系统、楼宇自动控制系统。其技术核心是一种有别于传统幕墙的特殊幕墙——热通道幕墙。它主要由一个单层玻璃幕糟和一个双层玻璃幕墙组成。在两个幕墙中间有一个缓冲区，在缓冲区的上下两端有进风和排风设施。热通道幕墙工作原理在于冬天内外两层幕墙中间的热通道由于阳光的照射温度升高，像一个温室。这样等于提高了内侧幕墙的外表面温度，减少了建筑物采暖的运行费用。夏天内外两层幕墙中间的热通道内温度很高，这时打开热通道上下两端的进风和排风口，在热通道内由于热烟囱效应产生气流，在通道内运动的气流带走通道内的热量，这样可以降低内侧幕墙的外表面温度，减少空调负荷，实现节省能源。

智能玻璃幕墙从设计构思、内容组成和工作过程各方面看，都是一个个专业协调合作的多功能系统，它与传统玻璃幕墙有很大差别，不仅有玻璃支撑结构，还包括建筑内部分环境控制和建筑服务系统，通过智能玻璃幕墙可以控制室外光线，提供通风。由于智能玻璃幕墙为3层玻璃，外侧为全封闭式，可大大减少外界噪声对建筑内部的干扰。

第三章
建筑室内空间的处理

人们建造建筑空间的首要目的就是使用需要。几千年前，人们只是在极其简陋的建筑室内的空间中生活，其根本的目的就是遮风避雨，是一种最低生活水平的需求。随着社会的发展，人们对生活需要的不断提高，今日的建筑室内不但有多种不同功能的使用空间，而且室内空间的类型也越来越多样化，空间的舒适性也越来越高，能够满足不同人们的生活需要。

第一节　建筑室内空间的概念

“空间”对于人们来说，是一个既熟悉又陌生的词语。空间概念是一种反映空间特有属性的思维形式，是人们在长期的生活和生产实践中，从对空间的许多属性中，抽出特有属性概括而成的，它的形成标志着人们对于空间的认识，已从“空间经验”转化为空间概念，也即从空间的感性认识上升到空间的理性认识。人类早期对空间的概念认识，并非从空间的直接体验中抽象出来的，而是通过针对对象的具体定位而形成的一种空间经验来“定位”的，“定位”的对象可以按前与后、左与右、内与外、远与近、分离与结合、连续与非连续之类的关系来排列。

在3000年前的远古时期，人类把洞窟作为生存场所，从原始洞窟的壁画中可以看出人类早期就已注意装饰自己的居住环境。从洞穴空间到现代具有完善设施的室内空间，是人类长期以来对自然环境不断改造的结果。人们总是按照自己的意愿对周围环境加以调整、改造，使其尽量适合自己的生活需要。换句话说，室内空间是人们为了某种目的（功能）用一定的物质材料和技术手段从自然空间中围隔出来的。它和人的关系最密切，对人的影响也最大。

建筑空间是人们为了满足自身生产或生活的需要，运用各种建筑主要要素与形式所构成的内部空间与外部空间的统称。它包括墙壁、地面、屋顶、门窗等围成建筑的内部空间，以及建筑物与周围环境中的树木、山峦、水面、街道、广场等形成建筑的外部空间。中国科学院院士、著名建筑学家彭一刚先生在其专著《建筑空间组合论》中指出：“室内外空间的界线似乎又不是那样泾渭分明。如四面敞开的亭子、透空的廊子、处于悬臂雨篷覆盖下的空间等，究竟是内部空间抑或是外部空间？似乎还不能用简单的方法给予明确、肯定的回答。在一般情况下，人们常常用有无屋顶当作区分内、外部空间的标志。”

我国自上古时代，就从“日出而作，日落而息”的生活中，建立起了由东和西所构成的最早的二方位空间意识。布鲁诺·赛维在《建筑空间论：如何品评建筑》中所说：“建筑除了仅有长和宽的空间形式——即面，供我们观看以外，还给了我们三度空间，就是我们站在其中的空间，这里才是建筑艺术的真正核心。室内建筑能够用一个三度空间的中空部分来包围我们人，不管可能从中获得何等美感，它总是唯有建筑才能提供的，也就是建筑直接与空间打交道，它应用空间作为媒介，并把我们人摆到其中去。”

建筑室内装饰设计的要素很多，内部空间是室内装饰设计的主导要素，是整个建筑装饰设计的灵魂。宇宙是无限的，在这个空间中，一旦放置了一个物体，马上就会建立起一种空间关系。人对空间的感知是借助于物体而获得的。点、线、面和容积，这些几何要素可以用来构筑并限定空间。当这些几何要素处于建筑的尺度时，它们就是具有线性的柱或梁，或者是具有平面性质的墙面、地面和楼板面。

当进入建筑时，人们有一种隐蔽感和被包围感，这种感觉来自周围室内空间的地板面、墙体面和顶棚，这些都是限定房间物质界线的建筑界面。地面、墙面和顶棚及其包含的范围所起的作用，不仅表明了空间的容量、形态，同时组合而成的结构和门窗，也充实了被限定空间的空间素质和建筑素质。

第二节　建筑室内空间的类型

根据建筑装饰设计的实践表明，建筑室内空间的类型很多，分类方法也很多，但有些空间很难做出恰当的定位，有些空间则属于几个空间类型。下面介绍一些建筑室内中常见的空间类型，这样就可以在使用时抓住空间划分的主要规律，应用空间的知识处理好室内装饰设计中的重要环节。

一、开敞空间

开敞空间主要是指围合的界面不够封闭，限定性和私密性比较小的空间类型。这种空间强调与周围环境互相渗透、互相交流，人们可以利用开敞的空间达到愉悦精神、静气养神、开阔思路、眺望远方的目的。

开敞空间是外向型的空间，讲究与大自然或周围的融合，可以提供更多的室内外景观和扩大视野。在使用时开敞空间灵活性较大，便于经常改变室内的布置。在心理效果上，开敞空间常表现为开朗活泼；在对景观关系上和空间性格上，开敞空间是收纳性和开放性的。

图3-1　开敞空间

在实际应用上，建筑装饰设计者常常把室内外的过渡空间设计成开敞空间，该空间不但可以起到室内外的过渡作用，而且可以作为人们停留、休息的好地方。开敞空间如图3-1所示。

二、封闭空间

封闭空间和开敞空间是相对而言的。封闭空间主要是空间围合界面的通透性非常差，与外界空间的联系比较少的空间类型。这种空间与开敞空间正好相反，封闭空间的性格是内向的、拒绝性的，人们的视觉、声音、影像等在封闭空间内无法与外界进行联系，封闭空间有很强的领域性、安全性和私密性。建筑装饰设计者可以根据这种特点，将生活中比较隐私的活动安排到这种空间里。

小面积的套房，卧室平面紧凑，围护感比较强，密实的推拉隔断又辅以帘幕，具有很强的私密性与亲切感。在实际的生活中，封闭空间多数作为家庭的居室、宾馆的客房等个人隐私要求比较强的房间。另外，一些需要安静、洁净的空间里也需要对空间进行封闭，如卡拉OK包房、计算机机房等。封闭空间如图3-2所示。

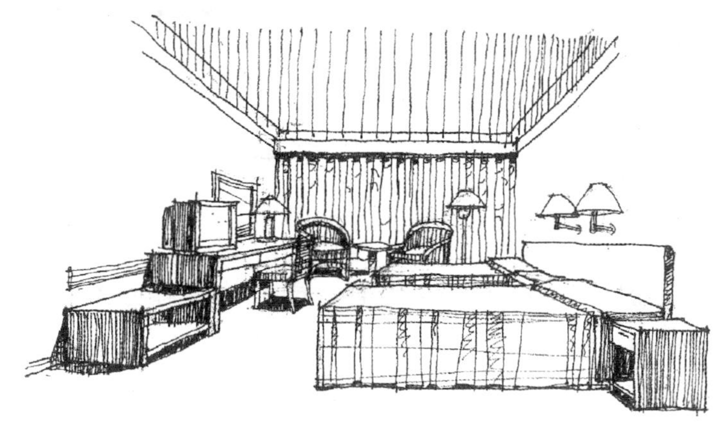

图3-2　封闭空间

三、流动空间

流动空间是将室内的各个空间进行有机的联系，各个空间之间不是相对静止的，而是追求连续不断的空间效果。在空间中界面的利用是从空间的运动为分隔出发点的，界面的分隔不要形成封闭空间，在流动空间里人们的视线交流是通透的或者是比较连贯的，交通功能充分体现了便捷、顺利、动态的特点；另外，空间的流动性也使室内的交通具有了导向性，从而增加了空间使用的功能性和趣味性。

流动空间的主旨是不把空间作为一种消极静止的存在，而是把它看作一种生动的力量。在空间设计中，避免孤立静止的组合，而追求连续的运动空间。空间在水平和垂直方向都采用象征性的分隔，以保持最大限度的交融和连续，实现通透、交通无阻隔性或极小阻隔性。为了增强流动感，往往借助流畅的、极富动态的、有方向引导性的线型。流动空间在很多大型的公共建筑里经常出现，在小型空间里运用得当也会取得很好的效果。如在一个曲线界面形成的流动空间里，人们的交通和视线是富有动感和活力的。流动空间如图3-3所示。

图3-3　流动空间

四、虚拟空间

虚拟空间的范围没有十分完备的隔离形态，同时也缺乏较强的限定度，只靠部分形体的启示，依靠联想和“视觉完形性”来划定空间，所以也可称之为“心理空间”。这是一种可以简化装修而获得理想空间感的空间，它往往是处于母体空间中，与母体空间流通而又具有一定独立性和领域感。

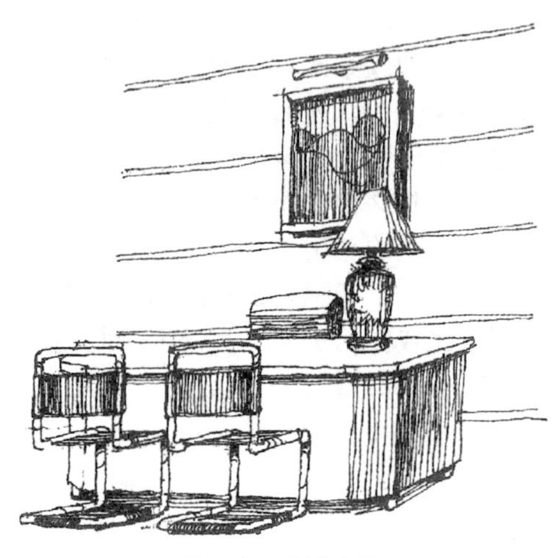
图3-4　虚拟空间

虚拟空间可以借助各种隔断、家具、陈设、水体、绿化、色彩、照明、材质，结构构建及改变标高等因素形成。这些因素往往也会形成重点装饰，例如借助圆形地毯，划分出一个促膝谈心的空间，虽然这个空间是虚拟的，但颇有向心力。再如在宾馆的大堂里，用一组沙发、地毯、茶几、角几等共同构成一个小空间，使人们在此处能够感受到休息的小环境。虚拟空间如图3-4所示。

五、动态空间

动态空间具有空间的开敞性和视觉的导向性，界面组织具有连续性和节奏性，空间构成形式富有变化和多样性，使视线从一点转向另一点，引导人们从“动”的角度观察周围事物，将人们带到一个由空间和时间相结合的“第四空间”。这种空间随着步移景移，空间及环境在不断地改变，形成新的空间景色。

动态空间的设计方式主要是利用一些动态的代步工具（如观光电梯、自动扶梯）等设施，在载人使用或者运行的过程中，将走过的空间按动态的分布组织几个有序列或有重点的空间形式，使使用者在运动的过程中能够感受到空间带给他们的美感。另外，人们在室内最常见的运动形式还是以步行为主，设计者可以充分利用使用者在步行的过程中可能间歇的地方，对这里的空间效果做重点设计，让人们充分享受到步移景移给他们带来的空间变化。动态空间如图3-5所示。

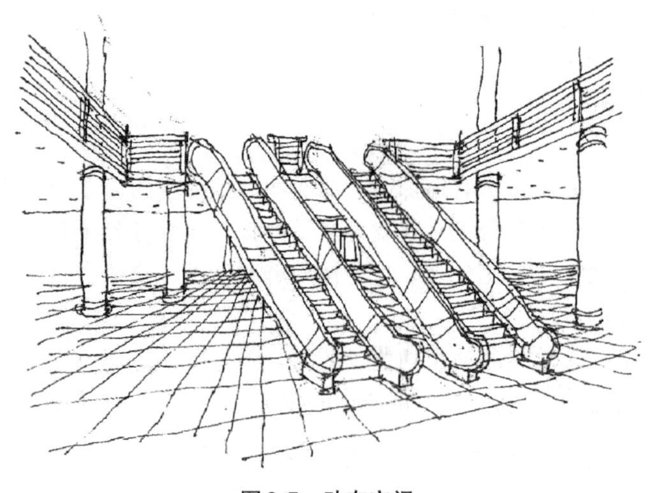
图3-5　动态空间

六、静态空间

人们热衷于创造丰富的动态空间，但仍不能缺少对静态空间的需要，这既是基于动静结合的生理规律和生活规律，也是为了满足心理上对动与静的交替追求。

静态空间是在室内空间中带有趋向稳定、安静、平衡的空间形式。在室内空间里很多空间类型是带有流动、动态的空间形式，使用者不可能只是在这样的空间环境下活动，很多人还是喜欢动静相结合，在需要的时候选择静态空间作为其活动的空间。

静态空间具有如下特点。① 空间的限定度较强，趋于封闭型；② 多为尽端房间，序列至此结束，私密性较强；③ 多为对称空间，除了向心、离心以外，较少有其他倾向，达到一种静态的平衡；④ 空间及陈设的比例、尺度协调；⑤ 色彩淡雅和谐，光线柔和，装饰简洁。设计静态空间主要是通过选择尽端空间，同时采用加强空间的限定性，选择静态的陈设，视线及声音与外界交流阻断等设计手法进行设计。静态空间如图3-6所示。

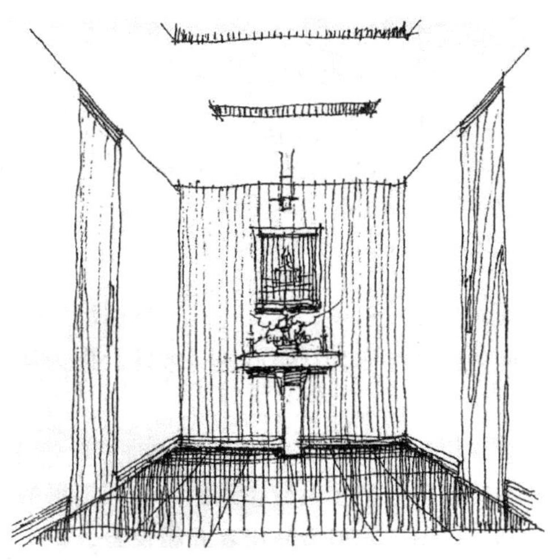

图3-6　静态空间

七、凹入空间

凹入空间是指室内的界面中有局部凹入的空间。这种空间由于只是大空间中附属的小空间，通常情况下只是尽端空间并只与大空间联系。凹入空间受外界的干扰比较小，由于多数为尽端空间，其领域性和私密性都比较强，这为使用者的休息、学习、交谈、就餐、储物等活动提供了较好的环境。

一般设计者在进行凹入空间的使用功能设计时，首先要考虑凹入空间的大小。大的凹入空间可以做一些使用功能比较强的空间，而小型的凹入空间主要还是考虑一些艺术性很强的陈设品，如花瓶、工艺品、挂画、其他陈设品等。凹入空间如图3-7所示。

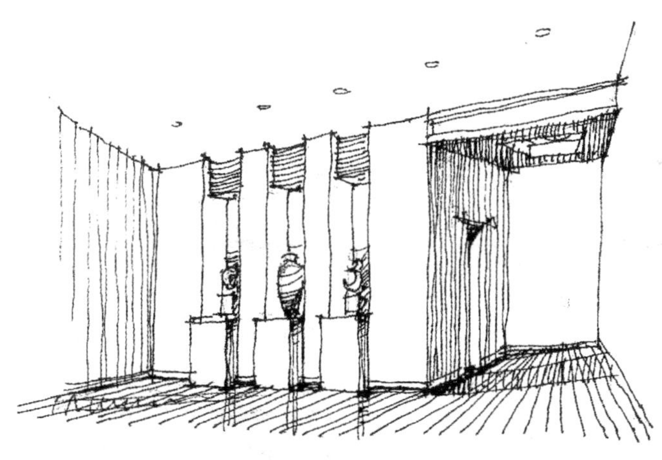

图3-7　凹入空间

八、外凸空间

外凸空间是指室内空间对外界的伸展和延续。这种外凸的空间是明显可见的，也是扩大空间的一种常用手法。这种空间比凹入空间具有更明显的开敞性。作为使用者可以在该空间中得到充足的视野和良好的感觉。

凹凸是一个相对的概念，如外凸空间对内部空间而言是内凹室，对外部空间而言是外凸室。大部分的外凸空间希望将建筑更好地伸向自然、水面，达到三面临空、饱览风光，使室内外空间融为一体，或通过锯齿状的外凸空间，改变建筑朝向方位等。外凸式空间在西洋古典建筑中运用得较为普遍，如建筑中的挑阳台、阳光室等都属于这一类。

住宅建筑中的设计者常喜欢采用“飘窗”的形式来做外凸空间，人们可以在大角度的“飘窗”前尽享眼前的美景；在室内中的很多大型空间中，如宾馆等的共享空间里，经常能看到悬挑出的外凸空间，这种空间类型不但为使用者开阔视野、扩大空间提供了方便，而且也为空间的造型增添了丰富的色彩。外凸空间如图3-8所示。

图3-8　外凸空间

九、共享空间

共享空间是为了满足各种频繁、开放的公共社交活动和丰富多彩的旅游生活的需要而设计的空间，是大型公共建筑室内的核心部分，也是多层共同拥有的公共室内空间。这种空间多数在宾馆、饭店、商场、写字楼、教学楼等大型建筑中出现，它作为建筑内的公共活动中心和交通枢纽，极大地丰富了建筑室内空间的类型，并使室内空间有了大型化的空间类型。

共享空间是美国建筑师波特曼根据人对环境的心理反应创造出来的建筑空间，其基本功能是满足人们对环境的不同要求，并促进人们彼此之间更多的交往。共享空间是一个具有运用多种空间处理手法的综合体系，它在空间的处理上，大中有小，小中有大，外中有内，内中有外，相互穿插，融会各种空间形态，形成变则动、不变则静，对单一的空间类型往往是静止的感觉，多样变化的空间形态就会形成动感。

在大型的宾馆室内，经常能看到共享空间这种类型，由于它好似一个内庭院，所以人们又称此空间为中庭。在共享空间的设计中，设计者经常把室外自然景色引入室内，使空间里自然植物、自然水景与室内的人工景观融为一体。另外，共享空间还有垂直交通的作用，设计者常把观光电梯与共享空间结合起来，使人们在乘坐电梯的同时，还能欣赏共享空间中的美景。共享空间如图3-9所示。

图3-9　共享空间

十、母子空间

人们在大空间一起工作，交流或进行其他活动，有时会感到彼此干扰、缺乏私密性、空旷而不够亲切。而在封闭性空间中虽然可以避免上述缺点，但又会产生工作中的不便和空间沉闷、闭塞的感觉。母子空间是对空间的二次限定，是在原空间中用实体性或象征性的手法再限定出小空间，将封闭与开敞相结合，在许多空间被广泛采用。

通过将大空间划分成不同的小区，增强了空间的亲切感和私密性，更好地满足了人们的心理需要。这种在强调共性中有个性的空间处理，强调心（人）、物（空间）的统一，是公共建筑设计的进步。由于母子空间具有一定的领域感和私密性，大空间相互沟通，闹中取静，较好地满足了群体和个体的需要。

在实际的生活中，很多宾馆、餐厅、舞厅、酒吧等大空间里会出现封闭性较强的母子空间。如在宾馆的中庭里，设计者将演奏钢琴的地方进行第二次的空间限定，使演奏区域变得领域性更强，从而增加了钢琴的演奏魅力。母子空间如图3-10所示。

图3-10　母子空间

十一、迷幻空间

迷幻空间是在界面上运用不规则线形、图案及色彩，加上一些非实质性装饰元素的配合形成的不规则空间。因为它不是人们经常活动的空间类型，所以这种空间在一些正式的空间中是很少见到的，它常用于以装饰性为主要出发点，追求精神刺激的空间中。

迷幻空间的特色是追求神秘、新奇、超现实的戏剧般的空间效果，利用室内镜面反映的虚像，把人们的视线带到镜面背后的虚幻空间去，会产生空间扩大的视觉效果，有时还能通过几个镜面的折射，把原来平面的物件造成立体空间的幻觉。因此，室内特别狭小的空间，常利用镜面来扩大空间感，并利用镜面的幻觉装饰来丰富室内景观。

这种空间类型在一些科幻游乐探险旅游景点等空间中经常能够看到，设计者常利用使用者追求神秘、新奇、喜新的特点，将一些场合设计成光怪陆离、变幻莫测的、极富有戏剧性的空间效果，以达到人们追求刺激的好奇心理。迷幻空间如图3-11所示。

图3-11　迷幻空间

十二、悬浮空间

悬浮空间泛指那些结构轻巧，看上去好像悬浮在空中一样的空间类型。这种空间没有粗壮的结构体系，肥梁胖柱的支撑，它可能只是靠悬吊

图3-12　悬浮空间

结构、悬挑结构等类型作为结构体系。人们在这种空间中能够感受到悬浮、飘荡的感觉，仿佛置身处于空中，尽情地享受轻盈、趣味之美。

悬浮空间常见于宾馆、商场、会堂等大型的公共建筑空间中。例如宾馆中庭里常常会出现以观赏为主的悬浮空间，楼梯以悬吊为主，没有立柱的支撑，好似悬浮在空中。这种小空间可在大空间自由地伸展，人们可以享受这种空间带来的新鲜、悬浮的感受。悬浮空间如图3-12所示。

十三、下沉空间

下沉空间是指室内的地面相对比正常标高的地面有所降低，而形成不同标高带来的空间效果。这种空间使下沉的地段成了视线的焦点，布置空间可以此处地段为主，它带来的空间效果是内在的、稳定的感受。

下沉空间的利用还是比较广泛的，尤其是在建筑室外，因为可以改变室外地面的标高，所以下沉空间比较好设计。在建筑室内，地面下沉有可能影响建筑结构，楼地面更不可能下沉，所以设计者只好利用其他地方的加高来形成局部的下沉，变相地做成下沉空间，在日韩餐厅里席地而坐，常把餐桌放在下沉空间里，使就餐者坐姿舒适。下沉空间如图3-13所示。

图3-13　下沉空间

十四、地台空间

地台空间是将室内地面局部抬高，加高的地面空间称为地台空间。地台空间同下沉空间一样是视线的焦点，而且还具有独立性和展示性。在这种空间中，不仅可以感受到视野比较开阔，与外界用视线交流比较方便；而且地台空间在室内施工方便，所以深受设计者和使用者的喜爱。

地台空间在室内的应用非常广泛，在各种公共空间、居住空间中都可以找到地台空间的应用。如在时装店里的模特台、汽车展台等，就是利用地台空间的设计手法，使其形成相对独立的、视线良好的视觉空间。地台空间如图3-14所示。

十五、结构空间

结构空间是通过建筑结构的暴露来展示独特结构类型的空间类型。现在随着科学技术的迅猛发展，建筑上出现了越来越多的结构形式，结构的精巧构思、震撼造型和暴露杆件，使人们对建筑的审美有了更深的认识。

结构空间主要是指那些有现代感、力量感、体积感、技术含量的空间类型。如在某办公空间，大面积的玻璃幕墙和暴露的钢架天棚，使办公空间更具有现代化的审美环境。结构空间如图3-15所示。

图3-14　地台空间

图3-15　结构空间

第三节　建筑室内空间与功能

随着时代的发展和人们对新生活的要求，现代建筑设计应遵循以人为本的设计理念，在建筑装饰设计中同样要以人为本进行设计，把满足人们在室内外进行生产、学习、工作、休息的要求放在首位。在室内空间设计中要注意满足人们在使用功能和精神功能的要求。

一、室内空间与使用功能

在进行室内空间的设计时，首先要解决的是如何满足使用功能的问题。使用功能就是要在设计中充分依据人们的活动规律，科学、合理地安排室内环境及各种设计元素。使用功能从人们使用和生活角度，也可以称为实用性，它主要在设计中解决平面布置、细部尺度、材料、设备、家具、通风采光、电气照明等，与人紧密接触的室内的各种问题。

（一）平面布置

在室内空间的设计中，首先要解决的是平面布置的功能问题。在具体设计中应按使用的规律和重要性，将室内空间加以划分。

1.空间的划分

根据室内空间设计的任务来确定室内空间的性质，如办公、居住、教学、展览等。还要根据其使用要求来安排室内空间，确定人们在室内活动中的主要空间和从属空间，即明确空间的主次关系。通过这种主次关系来确定室内设计的重点。

例如在餐厅的室内设计中，根据顾客的活动规律，应将空间设计的重点放在餐饮大厅及各个包房中，这是设计的第一重点。因为使用者在此消费首先要与就餐空间接触，这里的环境、材料、色彩、桌椅等因素是设计成败的关键。第二重点是要考虑与使用者就餐时密切相关的次要空间，如明档区、洗手间等，因为此类空间是使用者在就餐时可能要去的地方，所以设计也要作为重点考虑，另外与之相连的交通空间，也在重点考虑的范围之内。

餐饮空间需要考虑的空间类型很多，例如厨房、仓库、员工休息、办公等辅助空间，但这些都不是餐饮空间的主要空间，因为这些空间都是为主要空间服务的空间，所以在餐厅的室内设计中，要抓住主要矛盾，有条不紊地进行空间的分类与定性，用最好的设计来为使用者服务。

2.空间的分区

根据室内空间的使用性质不同，可以将室内空间划分成公共空间、私密空间。在各种属性的空间里，设计者还要细化空间内的家具等的分类，将单一空间的使用分类再进行功能划分。例如在餐厅的私密空间包房里，还要细化包房内各种功能布置，以满足使用者的用餐、娱乐及交流的要求。再如宾馆的客房也是一个私密空间，设计者在进行这个空间的设计时，要按照旅客进入客房内的使用情况，细化该空间的分区。

3.空间的流动

在室内空间平面布置中最重要的工作，还有要规划设计人们在室内活动的路线。只有确定了使用者在室内活动的路线，才能将室内的空间有机地联系在一起，才能使人们通过便捷、合理的活动路线，完成每天的室内活动工作。在设计时要用所学过的专业知识，如人体工程学、家具与陈设等，来安排室内的各种设备、家具、材料，使各种使用空间以最佳的组合、尺度出现在使用者的面前。

例如在商场的设计中，设计者要对货架的摆放做出具体的设计方案，还要对货架之间的距离、主通道的宽度给出恰当的尺寸，使交通空间与展示空间能互相借用，让顾客购物中能够随心所欲。

（二）细部尺度

功能设计在室内不仅只是平面布置的事情，同样在室内细节设计中处处存在，从室内界面到踢脚板的设计，每一个设计环节都应当有设计者对使用功能的理解。对细部尺度的功能设计，可以使室内整个设计更具有人性化，使用者在室内活动时更加方便、舒适。

在室内装饰设计中，经常能移遇见设计起台、楼梯踏步等细节尺寸问题，在公共场合每个踏步的尺寸应设置多少为合理，这是每个设计者必须要掌握的基本规范。因为踏步过高会使使用者上楼时很快就感到疲劳，踏步过低会加长楼梯的整体长度，使工程造价提高；在电影院、剧场等的室内装饰设计中，入场后的观众席应尽量避免在主要通道上设计踏步，多以坡道为主，这是因为迟到的观众视觉还没有适应黑暗的环境，走在踏步上很容易摔跤，在细节的设计中还应设置一些弱光地灯，为迟到的观众引路。电影院的坡道设计如图3-16所示。

（三）材料的选用

在室内空间使用功能的设计中，材料的选用是一个很重要的因素。在室内装饰设计中材料要为室内的整体效果服务，但材料的设计与选择也必须满足使用功能的要求。在设计时必须要熟悉各种装饰材料，掌握主要装饰材料的基本性能，根据实践情况选择最合适的装饰材料，为使用功能设计服务。

图3-16　电影院的坡道设计

在室内装饰设计的每一个环节中，都要按使用功能选择材料。例如在餐厅的地面设计上，必须考虑地面材料要耐污、耐磨、防滑、易清洗等因素，所以设计者要有目的地选择地砖、石材等地面材料；在宾馆的走廊及客房地面，很多设计者选用阻燃地毯，这是因为这些区域是需要安静的地方，人在地毯上行走时不但没有噪声，而且走路时脚上感觉也十分舒服。

（四）各种与人活动有关的因素

在室内各种与人活动有关系的因素，应当按照人体工程学去设计，为人的使用创造最佳、舒服的条件。这些方面主要包括室内家具、设备、采光通风、电气照明等各个方面，例如家具的设计要考虑适宜的尺寸，使用者拿放东西方便。

设备的设置要考虑到所放的位置，例如家用空调的位置与人经常活动的位置之间的最佳距离。洗衣房里水龙头的位置、高度要与洗衣机吻合，下水地漏的位置要合理，并且不能占据好位置。

采光通风设计考虑要尽量将阳光引入室内，当然也要考虑到不需要阳光的时候，也要有便捷的手段阻挡阳光进入室内，还要尽量在空间流动中较好地解决通风问题，使自然通风更加流畅。

电气照明也是室内功能设计的重点。因为室内人们使用电器的普遍性，电气开关、插座等的位置，就是设计中要细心考虑的问题。在室内装饰设计中，如厨房、洗衣房、客厅等处的插座位置和高度，各个房间的开关位置和高度等问题，都是设计者必须掌握认真思考的问题。

二、室内空间与精神功能

人们在室内空间中的心理感受，就是该空间对人的精神功能的作用。随着社会文明进步和人们物质生活上的提高，室内空间在满足人们的使用功能的同时，还要力求室内空间给人们带来更多的精神享受，将室内的空间设计成使用功能与精神功能俱佳的人工环境，这是每个设计者努力的目标。

在居住的室内空间中，空间高度的不同会给人们的精神带来一定的变化。例如普通人的身高一般都在2m以下，设计者按照使用的需要完全可以将室内层高设计为2.5m以下，但试想人们在这样低矮的空间中生活，必然会有一种压迫感，长期生活在这样的环境中，精神上会带来一种长期郁闷状态，从而影响正常的生活、学习和工作等日常活动。所以，现在居住建筑的层高限制在最低2.8m以上，这样保证了室内空间有一个比较合理的高度。

在室内空间中，设计者对房间平面的比例也要有一定控制。实际调查表明，在房间平面的长宽比超过1倍时，人对室内空间的舒适性则感觉不好，尤其对于居住建筑来说，这种比例的房间不利于布置，也不适宜在这样的空间内开展各种活动。另外，在有些结构空间中，过于粗大的混凝土梁会给人们带来一定的精神压抑，设计者也要针对这样的空间结构专门进行装饰设计，消除人们对这种结构空间的心理压力。

第四节　建筑室内空间的规划与处理

我们在室内学习、生活和工作，室内空间的规划与处理效果如何，影响着人们的物质和文化生活的质量。无论起居、交往、工作、学习等，都需要一个适合的室内空间，而室内空间中为了满足人的基本空间要求，不光只为人们提供不同类型的、固定的、半固定的和可以变动的室内空间环境，而且环境中还要有足够的标识，有形、色、材、光、声的变化。人们需要一个健康、舒适、愉悦和富于文化品位的室内环境，室内空间的象征和表现折射出了人们的精神文明和高度的文化发展。

一、空间处理的具体方法

两千年以前，罗马伟大的建筑家雄特鲁维斯在论建筑时，就曾把“适用”列为建筑空间三要素之一。美国建筑师沙利文也提出“形式由功能而来”，这句名言在现代建筑空间的规划和具体处理上产生了巨大影响。具体来说，室内空间的规划与处理即空间、体形、轮廓、虚实、凹凸、色彩、质地、装饰等要素集合而形成的复合。根据工程实践经验，室内空间的规划与处理的具体方法包括分割、切断、通透、裁剪、高差、凹凸、借景。

1.分割

分割是最普通的室内空间处理方式，主要有以下3种形式：第1种是实体性分割，它包括使用没有到顶的墙、家具或其他实体性界面来划分空间，这种分割形式，既可形成一定的视觉范围，又具有开放性；第2种是象征性分割，它包括使用栏杆、玻璃、悬垂物或光线、色彩等非实体的手段来划分空间，这种分割空间界面模糊、限定度低、空间更开放；第3种是弹性分割，例如推拉门、升降帘幕和可以移动的室内设施等，这种分割形式灵活性强、简单实用。

2.切断

用到顶的家具和墙体等限定高的实体来划分室内空间的方式称为切断。切断可以排除噪声和干扰，私密度和独立性非常高，但同时也降低了与周围环境的交融性，这种处理方式适用于书房、卧室等私密性要求较高的空间。

3.通透

对于分割和切断而言，通透是一种反向的室内空间处理方式，它是指将原来分割空间的界面全部或部分除去。这种处理方式在结构不合理的旧楼重新装修时较常采用，通过完全打通、部分打通或挖去部隔墙的手法来拓展空间、扩大视野，将室外园景引入室内，让光线、视线空气在无阻碍中自由融合，这种处理方式可以消除窒息感和压迫感，使空间更具延伸性、互动性和流畅性。值得注意的是：千万不能破坏建筑物的承重结构。

4.裁剪

根据我国传统的建筑习惯，建筑室内空间大多数90°角的矩形空间，为了排除这种空间四平八稳、死气沉沉的形象，有个性的家居主人可以采用裁剪手法，用弧线、曲线、斜线或三角形、圆形、倾斜界面、穹顶等多种方式裁定空间，从而破除对称感，倾情演绎个性魅力。

5. 高差

高差是指室内部分抬高或降低地面，也包括部分抬高或降低顶面的手法。通过对地面的高差处理，可以实现转换空间界定功能，使人产生错落有致的主体感。通过对顶面的高差处理，可以增强空间立体层次感，也可以丰富灯光的艺术效果。

6. 凹凸

室内装饰的效果表明，通过对空间和界面进行凹凸处理，可以实现一些特定的功能。如古董、雕塑工艺品的陈设；取暖、通风、排水设备的隐藏；室内杂物的储藏，以及一些特殊效果的照明。经过凹凸处理，既可以满足功能要求，又能丰富空间视觉体验，从而达到形式与内容的完美统一。

7. 借景

借景是室内空间处理一种惯用手法，利用格窗、门扉、卷帘、门洞等，将室外景色甚至气候引入室内，调节景观，拓展空间，创造迂回曲折的感觉，使有限的空间产生无限的视觉体验。

二、空间设计的四大原则

建筑室内空间设计必须遵循其基本原则，即设计的功能性、场所性，情感性、营造性4个方面。这些基本原则是从古至今建筑活动世代相传的经验，也是设计师们对建筑室内空间设计的基本特性和基本规律性的认识与把握。这些基本原则包含了技术与艺术的综合内容，体现了设计的目的性，因此它是建筑室内空间设计必须遵循的具有普遍性的基本原则。

1. 设计的功能性

建筑室内的功能体现在物质与精神两方面，以创造良好的室内环境为目的。物质与精神功能主要的体现是实用与舒适。其中实用作为物质功能可满足人们对建筑室内空间活动的要求，应放在首位。

由于建筑室内空间不仅要满足实用功能，还应该通过它的外在形式唤起人们的审美感受和心理需要。满足舒适性是室内空间设计的精神功能，因此我们认为物质功能应该是指为在建筑室内空间中生活、工作等活动而专门设计的，主要体现在物质层面；精神功能是指为增加建筑室内空间视觉感受而设计的，是一种欣赏性的，主要体现在精神和心理层面。为此建筑室内空间的功能性应该理解为功能和形式是不同层面的互补关系。室内设计应该是在突出功能同时要注重功能的形式。

2. 设计的场所性

建筑室内设计中的“场所”是一个极富有弹性的概念，它包含多种不尽一致的含义，如建筑空间区域、空间环境等许多可变与不可变的因素。这些因素是设计的基本条件。场所性原则就是要求设计应该配合建筑空间环境条件去进行。对场所性有两个概念要明确：一是经由“融入”；二是经由“对立”。融入是强调场所环境的协调设计，是从场所中产生的；对立是强调与场所环境的不同设计，是在冲突中产生的。

3. 设计的情感性

设计是人具有创造性的思想情感活动。情感可通过建筑室内空间语言符号和文化形式表示。情感是艺术创造的个性与社会性，自我与非自我之间的相互交流，也是设计师潜意识与显意识的综合审美创造活动。

设计必须满足人类的情感需求。在建筑室内空间情感是直觉的、主观的、性格化和心理性的。设计情感的流露必须是通过视觉化的体验和交流而获得审美愉悦感。

现代建筑设计更强调设计技术与艺术的协调与融合。其结果是高技术与高情感的统一，丰富多彩的建筑材料、优美和谐的形态与色彩、变幻无常的空间造型与现代科学技术的结合无不给人们以美好的想象和梦幻般的心理体验，使人沉醉于审美享受的愉悦感情之中。

情感性与人的生理、心理活动等密切相关。不同的生理与心理反应，逐渐形成一定的审美标准，产生不同的情感反应。在建筑室内设计中对特定情感的追求与表现是至关重要的，因为达到视觉审美享受和情感心理愉悦是一个成功设计的最高境界，也是设计师要不断努力的追求。

4.设计的营造性

建筑设计的目的是在于营造一个能够满足需求的室内空间环境，而这些空间需要通过完美的构造来实现。建筑室内空间设计的营造性包含了技术、材料、结构方式等，是技术性要求的充分体现。

功能、场所、情感、营造这4个方面的基本原则同时体现了设计的目的与方法，其中前两项是关系到设计创作的已知条件。这些条件的运用并不等于设计行为，关键是在“情感”激发下运用包含了设计条件与设计思维的组合法则，限制和激发设计。

三、空间设计应考虑的因素

设计者应具有良好的设计思维，而“构思”是最为重要的。设计时首先确定总体的风格，明确所要形成的环境氛围，综合考虑空间、光、色彩、装饰、陈设、绿化等因素。

1.空间

空间的分隔与联系，是室内空间的重要内容。分隔的方式决定了空间之间的联系，分割的方法则满足不同区域的功能需求、创造出美感、情趣和氛围。设计时以物质功能和精神功能为依据，对总体布局、功能及结构分析考虑相关的环境因素和主观身心感受。室内空间的分隔方式有很多种，可以用建筑结构、各种隔断、色彩材质、水平面高低、家具、装饰构架、水体、绿化、照明、陈设及装饰造型等手法进行空间的划分分隔。

然而我们在进室内空间的划分和分隔的时候应该注意，在整个空间所形成的大的效果下再从各个区域所要形成的功能去考虑自己所要选择的分隔方式。例如：通过喷泉、水池、花架等装饰小品对室内空间划分，不但保持了大空间的特性，而且这种方式既能活跃气氛，又能起到分隔空间的作用。利用灯具对空间进行划分，通过挂吊式灯具或其他灯具的适当排列并布置相应的光照。珠帘及特制的折叠连接帘，多用于起居室之间的分隔，增强了亲切感和私密性，更好地满足了人们的心理需要。这种在强调共性中有个性的空间处理，强调心（人）、物（空间）的统一，大空间相互沟通，闹中取静，较好地满足整体和个体的需要。

2.光

光是人类生存的基本条件，就视觉而言没有光就没有一切，光可以形成空间、改变空间，甚至破坏空间、改变人们对空间的感受。光和影的本身就是一种特殊的艺术，光的造型千变万化，生动的光影丰富和加强空间时间的表现力。在室内设计中利用光来营造空间氛围，布置要分重点，分清主次，主次景不同，光的布置方式与密度也就不同。对室内进行虚实的艺术处理，如采用多层次的灯光效果，可营造出优雅、热烈辉煌的效果。

在室内空间设计中，顶棚光影非常的重要，它就像一张白纸。因为它无所遮拦，一抬头就一览无余，在形式上应注意其图案、形状和比例，以精美、雅致为主要创作方向，整体协调统一。例如吊顶灯带的运用，就给人一种优雅、辉煌、轻松的自然效果。四周配射灯渲染，既起到照明作用，又能突出重点、主次分明、虚实得当。除此之外，自然光的合理利用能带来一种和谐自然的效果。例如：把阳光引入室内，以消除室内黑暗的封闭感，使空间更为自然，更为丰富多彩。在过道上营造天光效果，给人一种与自然亲近，给室内营造出一种和谐自然的效果，给人们多种不同的感受。

3.色彩

色彩在室内设计中起到重要的作用，它不同于一般的色彩造型，既有审美功能，又有调节室内空间和室内氛围的作用，还能影响人们的行为，影响人们的心理和情绪。室内色彩有调节室内光线强弱的作用，因为各种颜色有不同的反射率，如白色的反射率在70%～90%之间，灰色在10%～70%之间，黑色在10%以下。

我们可以根据室内采光的不同，合理地选择颜色。由于色彩的性格特征，使人们有色彩冷暖的感觉，一间背光的房间，由于缺少自然光照，会有使人产生阴暗寒冷的感觉，在色彩上应使用暖色系；而光线充足的房间，则宜采用冷色系，使其产生凉爽、清新的感觉；同时还可起到调节室内温度的作用。设计者要根据居住者的性格、年龄、性别、文化、职业等找到居住者的喜好，从而搭配理想的色彩。

除此还应该注意色相、明度、纯度、面积等在室内环境中的对比。色彩的统一与变化是室内用色的基本原则，主色调贯穿整个室内空间，不同部位适当变化，色彩比例，做到主次分明，突出视觉效果中心。一般情况下室内色彩不宜太多，不然会给人一种“花”“乱”的感觉。设计者应该考虑实际，灵活地应用色彩，才能使室内环境形成完整和谐的整体。例如在厨房整体乳白色的墙面上搭配几块鲜艳的黄、红、蓝或绿色，家庭主妇便会觉得做饭是件很快乐的事情，厨房看上去清洁卫生，这样就使整个空间有一种灵动的感觉，主次分明，起到突出视觉效果的作用。总的来说室内用色要注意背景色、主体色和强调色三者之间不可孤立，要使设计效果不单调、层次分明，使色彩丰富多彩，充满魅力。遵循多样变化中寻求统一，统一中寻求变化，是取得色彩美的规律，也是色彩和谐的关键，美的色彩就是和谐的色彩。

4.装饰

装饰也是室内整个空间中不可缺少的构件。如柱子、墙面，结合其功能加以装饰，可共同构成完美的室内环境效果。墙面装饰，室内视觉最为明显。所以墙面装饰具有十分重要的作用。墙面装饰应该从总体空间出发，使其整体统一和谐；其次应该注意在材料的选择方面要考虑对室内的防潮、保暖、防火等要求；同时要充分考虑墙面装饰的艺术性，设计者应该根据居住者的文化、身份、年龄、爱好和室内空间环境，结合其共同点设计出自然和谐的环境。

地面装饰同样考虑其统一性，注意地面的区域功能、区域划分，考虑其防潮、防水、保温、隔热等物理性能，设计时应同整个空间环境相一致，相辅相成。在室内时间装饰效果中充分考虑人们的视觉习惯，注意做到上轻下重。顶面应力求简洁、完整，同时应该具有轻快、自然的视觉效果，保证合理、安全。例如平顶朴素、大方，它的艺术感染力来自顶面的形状、质地、图案及灯具的形状配置；凹凸式吊顶华美富丽，适合用于大的空间、房高的空间，但应该注意其凹凸的层次及大环境的统一；悬吊式产生特殊的美，高低错落、层次分明；四方吊顶在室内吊顶应用是最为普遍的，其朴实、大方、节奏感强的韵律美，受到大多数人的喜欢。

5.陈设

陈设在整个室内环境中起到衬托室内氛围、创造环境意境、丰富空间层次、突出室内空间风格、美化室内环境、调节室内空间色彩的作用。它可以反映民族特色、个人喜好、文化内涵，陶冶个人情趣。室内家具、窗帘等，都是生活必需品，大多起着装饰作用。所以在选择上应该考虑实用、装饰协调，追求功能和效果统一而又有变化，使空间舒适、得体，具有个性。

室内陈设要与室内使用功能相一致，充分考虑室内陈设品的大小、形式，与室内空间的家具尺度取得的良好比例关系。陈设品的色彩、材质也应该和家具、室内环境形成统一协调的整体效果，与家具布置方式紧密配合，形成统一风格。

6.绿化

现在的室内设计中绿化已成为改善室内环境的重要手段，在利用绿化和景观小品沟通室内外环境、扩大室内空间感及美化空间等方面均起着积极作用。室内绿化主要是解决人们和居住环境之间的关系。内外空间的过渡与延伸，借助绿化使室内外景色通过通透的围护体相衬托，可以增加室内空间的开阔感和变化感，使室内有限的空间得以延伸和扩大。

室内绿化还可以净化空气，柔化空间，增添环境气氛。利用室内绿化中植物特有的曲线、多姿的形态、柔软的质感、悦目的色彩和生动的影子，可以改变人们对空间的印象并产生温馨的情调，从而改善空间空旷、生硬的感觉，使人感到亲切。丰富室内空间，植物与灯具、家具结合，可成为一种综合性的艺术陈设，增加艺术效果。植物有丰富的形态和色彩，可作良好的背景，盆栽或有特色的植物可作为室内的重点装饰。

在进行设计的时候应该充分考虑、了解植物的习性、植株的高矮及要摆放的场所，结合室内环境创造气氛和印象。结合家具陈设等布置绿化，能组成背景，形成对比。此外，注意外在大环境对室内环境的影响，使其内外结合，从而达到天人合一的效果。空间的大小、色彩的协调与对比、线条的流畅、材料的选择与变化，都蕴含和表达着设计者的情感和创造力。

四、多种空间组合的处理

在实际的室内空间设计中，对单一空间形式的问题处理是比较少的，因为建筑艺术的感染力不限于人们静止地处在某一固定点上，或从某一个单一的空间内来观赏它，而是贯穿于人们从连续行进的过程中来感受它，因此我们还必须超越出单一空间的范围，而进一步研究更多空间组合中所涉及的各种问题的处理。根据室内空间设计的实践经验，现将多种空间组合的处理问题归纳为以下6个方面。

（一）空间的对比与变化

两个毗邻的空间，如果在某一方面呈现出明显的差异，借这种差异性的对比作用，将可以反衬出各自的特点，从而使人从这一空间进入另一空间时产生情绪上的突变和快感。空间的差异性对比作用通常表现在以下4个方面。

1.高大与低矮之间

两个毗邻的空间，如果在体量上相差悬殊，当由小空间进入大空间时，可借体量对比而使人的精神为之一振。我国古典园林建筑所采用的“欲扬先抑”的表现手法，实际上就是借助大小空间的强烈对比作用而获得的。其实，这种表现手法并不限于我国的古典园林建筑，古今中外各种类型的建筑，都可以借助大小空间的对比作用来突出主体空间，其中最常见的形式是在通往主体大空间的前部，有意识地安排一个极小或极低的空间，当通过这种空间时，人们的视野被极度地压缩，一旦走进高大的主体空间，人的视野突然开阔，从而引起心理上的突变和情绪上的激动。

2.开敞与封闭之间

对建筑室内空间而言，封闭的空间就是指不开窗或少开窗的空间，开敞的空间就是指多开窗或开大窗的空间。前一种空间一般较暗淡，与外界较隔绝，后一种空间较明朗，与外界的关系较密切。很明显，当人们从前一种空间走进后一种空间时，必然因为强烈的对比作用而顿时感到豁然开朗。

3.不同形状之间

不同形状的空间之间也会形成对比作用，不过较前两种形式的对比，对于人们心理上的影响要小一些，但通过这种对比至少可以达到求得变化和破除单调的目的。然而，空间的形状往往与功能有密切的联系，为此，必须利用功能的特点，并在功能允许的条件下适当地变换空间的形状，从而借互相之间的对比作用以求得变化。

4.不同方向之间

我国的多数建筑空间，出于使用功能和结构因素的制约，多呈矩形平面的长方体，如果把这些长方体空间纵、横交替地组合在一起，常可以借助其方向的改变而产生对比作用，利用这种对比作用，也有助于破除单调而求得变化。

（二）空间的重复与再现

在有机统一的整体中，对比固然可以打破单调而求得变化，作为它的对立面——重复与再现，则可借助协调而达到统一，因而这两者都是空间设计中不可缺少的因素。当然，不适当的重复可能使人感到单调，但这并不意味着重复必然导致单调。例如在音乐中，通常都是借助某一个旋律的一再重复而形成主题，这不仅不会感到单调，反而有助于整个乐曲的统一和谐。建筑空间的组合也是这样，只有把对比与重复这两种手法结合在一起，使之相辅相成，才能获得良好的效果。

我国传统的建筑，其空间组成基本上就是以有限类型的空间形式作为基本单元，而一再重复地使用，从而获得统一变化的效果。这样既可以按照对称的形式来组合成为整体，又可以按照不对称的形式来组合成为整体，前一种组合形式比较严整，一般多用于宫殿、寺院等建筑；后一种组合形式比较活泼而富有变化，多用于住宅和园林建筑。

（三）空间的衔接与过渡

工程实践充分表明，两个较大空间如果以简单化的方法使之直接连通，常常会使人感到单调或突然，致使人们从前一个空间走进后一个空间时，印象十分淡薄。倘若在两个大空间之间设置一个过渡性的空间（如过厅），它就能够像音乐中的休止符或语言文字中的标点符号一样，使段落分明并具有抑扬顿挫的节奏感。

在实际应用中，过渡性空间本身没有具体的功能要求，应当尽可能小一些、低一些、暗一些，只有这样才能充分发挥它在空间处理上的作用，使人们从一个大空间走到另一个大空间时经历由大到小，再由小到大，或由高到低，再由低到高，或由亮到暗，再由暗到亮等过程，从而在人们的记忆中留下深刻的印象。

过渡性空间的设置不可生硬，在多数情况下应当利用辅助性房间或楼梯、厕所等间隙把它们巧妙地插进去，这样不仅可以节省面积，而且又可以通过它进入某些次要的房间，从而保证大厅的完整性。另外，从建筑结构方面讲，两个大空间之间往往在柱网的排列上需要保留适当的间隙来做沉降缝或伸缩缝，巧妙地利用这些间隙而设置过渡性空间，可使结构体系的段落更加分明。

对于某些建筑，由于地形条件的限制，必须有一个斜向的转折，如果处理不当，其内部空间的衔接可能会显得生硬和不自然，这时如果能够巧妙地插进一个过渡性的小空间，不仅可以避免生硬并顺畅地把人流由一个大空间引至另一个大空间，而且还可从确保主要大厅空间的完整性。

过渡性空间的设置必须根据实际情况而定，并不是说凡是两个大空间之间都必须设置一个过渡性的空间，那样不仅会造成浪费，而且还可能使人感到烦琐和累赘。过渡性空间的形式是多种多样的，它可以是过厅，但在很多情况下，特别是在现代建筑中，通常不再用过厅进行处理，而只是用借压低某一部分空间的方法，来起到空间过渡的作用。

此外，在内、外空间之间也存在着一个衔接与过渡的处理问题。众所周知，建筑物的内部空间总是和自然界的外部空间保持着互相连通的关系，当人们从外界进入建筑物的内部空间时，为了不致产生过分突然的感觉，也有必要在内、外空间之间设置一个过渡性的空间——门廊，从而通过门廊把人很自然地由室外引入室内。

一般的建筑工程，特别是大型公共建筑，多在入口处设置门廊。关于门廊的作用，人们常常着眼于功能和立面处理的需要，即认为它可以起到防雨、突出入口或加强重点的作用。其实，门廊作为一种完全开敞的空间，从性质上来讲，它介于室内外空间之间，并兼有室内空间和室外空间的特点，正是由于这一点，它才能够起到内外空间的过渡作用。

（四）空间的渗透与层次

所谓室内空间渗透是指室内空间与空间之间的联系。国内外现代公共建筑，在空间的组织和处理方面越来越灵活、复杂、多样。它们不仅考虑到同一层内若干空间的互相渗透，同时还通过对楼梯、夹层的处理，使上下层，乃至许多层的空间互相穿插、渗透。例如，荷兰某市政厅门厅部分的空间处理，即通过宽大而直跑的楼梯把上、下两层的空间联系起来，使空间不仅在横向上可以实现互相渗透，而且在竖向上也可以实现互相渗透。

在我国当前的一些室内设计实践中，也很重视利用空间的渗透来增强层次感。这其中有相当一部分是直接吸取了我国传统建筑，特别是古典庭园建筑的处理手法，以透空的落地罩、博古架、圆光罩等来分隔空间，使被分隔的空间保持着一定程度的连通关系，以利于空间的渗透。例如中国革命军事博物馆，其利用透空的格扇把过长的展室分为若干段，既保持了展出的连续性又增强了空间的层次感。

（五）空间的引导与暗示

有些类型的建筑，由于功能地形或其他条件的限制，可能会使某些比较重要的公共活动空间所处的地位不够明显、突出，以致不易被人们发现和重视。另外，在进行室内设计过程中，也可能有意识地把某些“趣味中心”设置于比较隐蔽的地方，而尽量避免开门见山、一览无余。不论是属于哪一种情况，都要采取一定的措施对人流加以引导或暗示，从而使人们可以循着一定的途径而达到预定的目标。但是，这种引导和暗示不同于设置的路标，而是属于空间处理的范畴，处理得要自然、巧妙、含蓄，能够使人于不经意之中沿着一定的方向或路线，从一个空间依次地走向另一个空间。

（六）空间的序列与节奏

前面已经对空间的对比与变化、重复与再现、衔接与过渡、渗透与层次、引导与暗示等处理手法进行了分析，这些问题虽然本身具有相对的独立性，但每一个问题所涉及的范围仍然是有限的，它们有的仅涉及两个相邻空间的关系处理，有的虽然涉及的范围要大一些，但也只是几个空间的关系处理，就整个建筑产品来讲，依然还属于局部性的问题。另外，从性质上讲也仅是对某一方面的处理进行了单因素分析，尽管这些处理手法都是不可缺少的因素，但不能使整体空间组合获得完整统一的效果，为此有必要摆脱局部性处理的局限，探索一种统揽全局的空间处理手法，即空间的序列与节奏。

空间的序列与节奏是指综合运用对比、重复、过渡、衔接、引导等一系列空间处理手法，把个别的空间组织成为一个有变化、和谐、统一、完整的展示空间。设计实践证明，空间的序列与节奏，不应当和前几种手法并列，而应当高出一筹，或者说是属于统筹、协调并支配前几种手法的手法。与绘画、雕刻不同，建筑作为三维空间的实体，人们不能一眼就看到它的全部，而只有运动中，也就是在连续的行进过程中，从一个空间走到另一个空间，才能逐一地看到它的各个部分，从而形成整体印象。从这里可以看出，人们在观赏建筑的时候，不仅涉及空间变化的因素，同时还涉及时间变化的因素。组织空间序列的任务就是把空间的排列和时间的先后这两种因素有机地统一起来，只有这样，才能使人不单在静止的情况下能够获得良好的观赏体验，而且在运动的情况下也能获得良好的观赏体验，特别是当沿着一定的路线看完全过程后，能够使人感到景色既协调一致又充满变化，且具有时起时伏的节奏感，从而留下完整、深刻的印象。

组织空间序列，首先应使沿主要人流路线逐一展开的一连串空间，能够像一曲悦耳动听的交响曲那样，既婉转悠扬又有鲜明的节奏感。其次，还要兼顾到其他人流路线的空间序列安排，后者虽然居于从属地位，但若处理得巧妙，将可起到烘托主要空间序列的作用，这两者的关系犹如多声部乐曲中的主旋律与和声伴奏，若能协调一致，便可相得益彰。沿主要人流逐一展开的空间序列，必须有起、有伏，有抑、有扬，有一般、有重点、有高潮。这里特别需要强调的是高潮，一个有组织的空间序列，如果没有高潮必然显得松散而无中心，这样的空间序列将不足以引起人们情绪上的愉悦。

除了空间的首尾外，内部空间之间也应当有良好的衔接关系，在适当的地方还可以插进一些过渡性的小空间，一方面可以起到空间收束的作用；另一方面也可以利用它来加强序列的节奏感，在人流转折的地方尤其需要认真对待。空间序列中的转折，犹如人体中的关节，应当运用空间引导与暗示的手法，提醒人们是到转折的时候，并明确地向人们提示出继续前进的方向，只有这样才能使弯子转得自然，才能保持序列的连贯性。为了保持跨越楼层的空间序列的连续性，还必须选择适宜的楼梯形式。宽大、开敞的直跑楼梯不仅可以发挥空间引导作用，而且还可以通过宽大的楼梯使上下层空间互相连通，有助于保持序列的连续性。

在一条连续变化的空间序列中，某一种形式空间的重复或再现，不仅可以形成一定的韵律感，而且对于陪衬主要空间和突出重点、高潮也是十分有利的。由于重复和再现而产生的韵律，通常都具有明显的连续性，处在这样的空间中，人们通常会产生一种期待感。根据这个道理，如果在高潮以前，适当地以重复的形式来组织空间，它就可以为高潮的到来做好准备，由此人们常把它称为高潮前的准备阶段，处于这一段空间中，不仅怀着期望的心情，而且也预感到空间高潮的到来。

第四章
建筑室内界面设计

室内界面即围合成室内空间的底面（楼板、地面）、侧面（墙面、隔断）和顶面（顶棚、平顶）。人们使用和感受室内空间，但其通常是指直接看到甚至触摸到的界面实体。

从室内设计的整体观念出发，我们必须把空间与界面、“虚无”与实体，这一对“无”与“有”的矛盾有机地结合在一起来分析。但是，在具体的设计进程中，不同阶段也可以各具重点，例如在室内空间组织、平面布局基本确定以后，对界面实体的设计就显得非常突出。

室内界面的设计，既有功能技术方面的要求，也有造型和美观方面的要求。作为材料实体的界面，有界面的线形和色彩设计，界面的材质选用和构造问题。此外，现代室内环境的界面设计还需要与房屋室内的设施、设备予以周密的协调，例如界面与风管尺寸及出风和回风口的位置、界面与嵌入灯具或灯槽的设置以及界面与消防喷淋、报警、通信、音响、监控等设施的接口也应引起重视。

第一节　建筑室内界面设计要求

作为建筑装饰设计工作者，一般很难对已建成的建筑室内空间进行大规模的改造设计。层高和顶棚中的隐蔽工程，在一定程度上制约了设计者的思路，设计者在室内分隔空间方面容易创新，但还要考虑建筑结构问题。建筑装饰设计者通常是在兼顾空间的情况下，直接对室内的各个界面进行设计的。可以说室内界面的装饰设计是整个室内设计的重点之一。建筑装饰设计的实践证明，在进行建筑室内界面设计时，应当满足使用性、艺术性、经济性、整体性等方面的要求。

一、满足使用功能要求

室内设计要以创造良好的室内环境为宗旨，把满足人们在室内进行生产、学习、工作、休息的要求放在首位。在进行室内设计中注意使用功能，概括地说就是要使内部环境，布局科学化与舒适化。为此，除了要妥善处理空间的尺度、比例与组合外，还要考虑人们的室内活动规律，合理地配备家具设备，选择适宜的色彩，解决好通风、采光、采暖、照明、通信、消防、视听装置、卫生等问题。

1.使用功能对界面设计的影响

对于建筑室内的天棚、地面、墙面等界面，在设计上要首先满足人们在使用上的要求。通过对使用功能的分析，界面设计重点要解决以下几个方面的问题。

①界面自身材料的使用性能。例如墙体的保温、隔声、防水、防潮、防冲击等性能，在进行设计中要针对不同空间的使用性质采取不同的材料设计，保证各个界面满足最基本的使用要求。

②要解决好自身的造型问题，使空间中的各个界面不能有不利于使用者和建筑结构的设计。例如地面的起坡、起台，可能对使用者的活动造成一定的影响。在墙面上盲目扩大空间设置各种龛等，可能给建筑结构带来一定的破坏等问题。

③设计好各个界面上的各种终端设备的位置，使其满足使用者的使用功能要求。例如各种电气开关、插座、音响、进出风口等的位置和高度，使使用者操作起来方便，使用起来能够达到最好的效果。

2.按使用功能完善界面设计

建筑室内的界面设计首先要考虑建筑的性质，不同使用功能的室内空间要有不同的室内界面设计，要了解该空间是属于宾馆、饭店、办公楼、剧院、娱乐中心、体育馆、住宅等建筑中的哪个部分，是对外还是对内，是属于公共场合还是私密空间，是需要热闹还是宁静的环境。对于不同的建筑类型有不同的使用功能，就应有与之相应的室内界面设计做法。

同样都是休息居住功能建筑，居室的室内设计与宾馆的室内设计，在空间尺寸、环境气氛、所用材料及色彩等方面都是不一样的，绝不能简单的类比。居室是以家为单位的住宅空间，居住利用时间长，要求独立性和私密性很强，设计中其独立性要考虑生活习惯、格调及户主的个人爱好。私密性则要考虑家庭成员的要求及隐私。在界面设计选材时要考虑实用，简洁明快，避免花哨。宾馆是客人的临时休息处，停留时间比较短，界面设计要注意尺度和材质，还要在造型上注意豪华、富丽、追求现代感，以便吸引顾客，满足旅客的休息要求。由此可见，室内设计是建立在了解建筑性能、满足室内使用功能的基础上，这是建筑装饰设计师首要考虑的问题。

二、满足艺术性要求

随着我国经济的迅速发展和人民生活水平的提高，越来越多的人对建筑室内装饰更加重视，对室内界面设计的要求也越来越高。这就要求室内装饰设计者在室内设计的艺术性方面多下功夫，使室内设计满足使用者对艺术性的要求。

室内界面的艺术性设计是室内空间艺术性设计的重要组成部分之一。艺术性环境的营造和室内环境的艺术性，主要通过两种媒介表达出来：一种是室内环境内在的存在方式和室内意境与气氛营造的把握；另一种是室内装饰的外在的表现方式即室内装饰风格或流派的运用。室内界面的造型应当使人们在室内界面围成的环境中得到一种美的享受，从而使身心愉悦，心理健康，精神上得到最大的满足。室内界面对人们精神生活的影响主要表现在以下两个方面。

1.装饰艺术

装饰艺术是工艺设计与结构相结合的传统要素，它包括室内设计，但是不全是建筑。装饰艺术经常被归类于艺术，例如绘画、摄像、大型雕塑，是装饰感、观赏性大于功能性的艺术。这里所说的装饰感就是指人们对室内空间及界面的装饰产生的美感，装饰美感的体现主要是满足现代人的审美情调。建筑装饰设计师在实践中总结了符合一般人审美观点的构图法则，实践证明凡是尺度宜人、比例恰当、陈设有序、色彩和谐的室内设计，即使没有强烈的感染力，也能使人感到非常舒服。

在室内空间设计中为了达到给人美感的目的，在界面设计中首先要注意空间感，用合适的界面设计手法改进和弥补建筑空间存在的缺陷。合理室内空间不但使用起来让人们感到舒适、方便，而且还能带给人们视觉上的享受。

其次，要注意界面上及界面周围陈设品的选择和布置。室内界面设计要与家具及各种陈设品等密切配合，做到有主有次，层次分明。通常，装饰设计者按照自己的理解，通过运用各种符号、材料、陈设品将室内界面装饰设计成预想的效果，由于界面设计气氛的影响，从而促使室内的预想效果达到轻松活泼、庄严肃穆、安静亲切、朴实无华、富丽堂皇、古朴典雅等符合使用要求的空间气氛和性质，所以说室内空间的气氛在很大程度上取决于室内界面的设计。

如在家庭室内装饰设计中，有的界面设计看似比较随意，但是经过缜密的设计，可以实现轻松活泼的风格，为家营造一个良好的气氛。有的界面设计洁白无瑕、线条简洁，这样可以使室内的设计风格实现朴实无华、简约至上，为家增添了一份意境、一份哲理。在公共空间设计中，简约的界面风格可为办公空间提供一个庄重严肃的环境气氛。在商场的空间界面设计中，复杂的界面设计是要追求一种商业气氛。在宾馆的空间界面设计中，要给宾客一个家的感觉，界面设计更加重视亲近性。所以不论室内空间使用多么复杂，空间的界面设计一定要与空间的用途、性质及环境气氛相一致。

2.色彩与材质

在建筑室内的界面设计中，色彩因素能够神奇地改变室内空间的视觉效果和空间气氛，而材质因素同样会对室内空间的装饰效果产生重大影响。因此，室内界面的设计要注意色彩的运用，在对室内各界面色彩设计的同时，还要对室内色彩关系影响较大的家具、织物等进行选择，要注意界面与室内陈设的协调一致，符合色彩学的一般原则。

通常，室内的界面设计是在有了造型和艺术风格上的整体构思后，从整体构思出发，设计选用室内地面墙面和天棚等各个界面的色彩和材质，确定家具和室内陈设的色形和材质。使室内界面的艺术设计确实实现室内环境的改善，如在居室内各界面以及家具陈设等材质的选用上，应当考虑人们近距离、长时间视觉感受的舒适，甚至应考虑与肌肤接触等特征，从而形成人们的亲切自然感。

总之，色彩和材质、色彩和光照都与室内界面有着极为紧密的内在联系，在室内界面的设计中要仔细考虑色形、材质对环境的影响，使室内界面的设计传达出一种良性的文化内涵。

三、满足经济性要求

在当今室内装饰设计中有诸多影响设计个性化体现的要素，而商业化与经济性则是关键的一对矛盾。设计实践充分证明，如果处理得好，两者协调一致，个性化特征就能很好地体现；如果处理不好，往往是商业化泛滥。

设计的商品化是世界生产规模日益发展的产物。这种商业化的设计往往具有很强的推销意识，哗众取宠的炫耀性成为这种设计的基本特征。因而在材料色彩和照明的选用上，多以强烈炫目的感官刺激为手段；在用材方面不惜成本，追求浮华风格。

室内界面装饰设计的经济性要求室内装饰要以勤俭节约为本，千万不要走入花钱越多越好的误区。室内界面在室内整体设计中所占的分量很大，界面设计的经济性可以直接影响室内装修的整体造价，所以在室内界面设计中要充分考虑实用、经济的影响，使室内设计不留下遗憾。

在我国现阶段人均资源并不乐观的情况下，室内界面设计者要有责任感、使命感，要有对国家及使用者负责任的态度。对一个优秀的设计师来说，少花钱同样能做出优秀的室内设计作品。例如界面设计中的顶棚设计，要充分考虑到使用者不易接触的特点，多考虑形体的变化，在饰面材料上不宜选择高档的装饰材料，这样不仅可以满足装饰效果的要求，而且还可以实现界面装饰的经济性。

四、满足整体性要求

在进行建筑室内界面设计时，要注意各个界面的整体性的要求，使各个界面的设计能够有机联系，实现完整统一，并直接影响室内整体风格的形成。

首先，室内界面的整体性设计要从形体设计开始，各个界面的形体变化要在尺度、色彩上统一、协调。协调不代表各个界面不需要对比，有时利用对比也可以使室内各界面总体协调，而且还能达到风格上的高度统一。室内界面上的设计元素及设计主题要互相协调、一致，让界面的细部设计也能为室内整体风格的统一起到应有的作用。

其次，室内界面的整体性还要注意界面上的陈设品设计与选择。选择风格一致的陈设品可以为界面设计的整体性带来一定的影响，陈设品的风格选择不应排斥各种风格的陈设品，如不同材质、色彩、形状、尺度的陈设品，通过室内界面设计者的艺术选择，都能在整体统一的风格中找到自己的位置，不仅使室内整体设计风格高度统一，而且使细部的设计统一。

第二节　建筑室内顶棚界面设计

在室内装饰设计中，主要通过装修施工完成的部分是室内的界面，一般典型的建筑空间多呈六面体，即由六个界面围合而成，它们分别是顶棚、地面和四个墙面。工程设计实践证明，处理好这三种空间界面要素，不仅可以赋予室内空间以个性，而且还有助于加强室内空间的完整统一性。

顶棚是室内空间三个主要界面中，不常与人接触的上部水平界面。由于在人活动的上方空间，所以在室内设计空间形式和限制空间高度方面起着决定性作用。另外，顶棚的变化形式多样，不同的变化常常会带来不同的艺术效果，所以常用顶棚的变化来调节室内的环境气氛，对室内空间风格的形成起到了重要作用。

一、顶棚的设计形式

顶棚是室内空间的主要界面之一，它的主要形式有两种：一种是让上部结构暴露出来，当作顶棚使用；另一种是在楼板和屋顶的底面，用各种不同的材料直接和结构框架连接，或在结构框架上吊挂即做吊顶。吊顶天棚的设计形式多种多样，它可以为不同的室内环境带来不同的艺术效果，通过不同吊顶天棚的处理手法，可以提高室内空间的宏大感，加强室内空间的深远感，还可以起到引导空间的作用。

但是，并不是任何顶棚形式都可以取得令人满意的效果，顶棚设计要讲究一定的原则，设计者要充分利用原有建筑的顶棚形式，如果达不到预期的室内空间装饰效果，可以做一些适当的天棚吊顶，以满足室内空间整体造型的需要。

（一）暴露结构顶棚

暴露结构顶棚一般是指在原土建结构顶棚的基础上加以修饰得到的顶棚形式，顶棚的结构构件全部外露，不需要另做吊顶对结构顶棚加以掩饰。在历史上，中国古建筑的构架结构大都采用这种暴露结构形式，合理的结构形式和彩绘艺术构成了独具风格的建筑体系。在西方古典建筑中，穹顶结构和十字拱结构体系，同样也是暴露结构。合理的结构体系使内部空间显得极富力量。现在采用暴露结构顶棚的设计多为以下几种结构顶棚形式。

1. 大跨度结构体系顶棚

大跨度空间结构是国家建筑科学技术发展水平的重要标志之一。世界各国对空间结构的研究和发展都极为重视，例如国际性的博览会、奥运会、亚运会等，各国都以新型的空间结构来展示本国的建筑科学技术水平，大跨度空间结构已经成为衡量一个国家建筑技术水平的标志之一。近年来我国大跨度空间结构发展迅速，特别是北京奥运会的大型体育场馆的建设规模和技术水平在世界上都是领先的，成为我国空间结构发展的里程碑。空间结构以其优美的建筑造型和良好的力学性能而广泛应用于大跨度结构中。

现代建筑设计经常采用各种钢结构的顶棚设计，不但可以取得足够大的室内空间，还可以将现代高科技大跨度结构体系的结构美充分展现出来。这种节点网架结构是由众多钢球和杆件组成的，它主要依赖自身合理的受力形式，能够建成人们意想不到的特大空间。其结构流畅自由，让人获得毫无虚假、不需掩饰的自然美的享受。

这种节点网架结构、桁架等大跨度结构体系顶棚，一般常在大空间的建筑中采用，广泛应用于体育馆、展览馆、宾馆中庭、候机大厅等建筑的顶棚上。这种结构形式的顶棚具有整齐的韵律，在视觉上又具有现代艺术的特征，越来越多的设计师利用它的坚固性与自然性，构筑大型的屋顶骨架。这种结构体系的出现使顶棚设计可以取得大空间、采光好、艺术性强的效果，而且也不需另外再做室内的吊顶天棚。大跨度结构体系顶棚如图4-1所示。

图4-1　大跨度结构体系顶棚

2. 工业化情调顶棚

在有些室内顶棚中有着各种的管道和设备，这些裸露的设备管线在精心修饰后，不再做任何顶棚吊顶，突出工业化设计的情调。这种设计暴露顶棚中多种管线及管道，不考虑设置吊顶掩盖这些设备，这些在顶棚中粗细不同、颜色不一的管道、管线和设备，可以给人一种不同于吊顶顶棚的粗犷美和技术美，也让人享受工业时代的多种审美情趣。

工业化情调顶棚常见于大型仓储式购物中心、餐厅、酒吧，甚至有些办公室、会议厅等空间内采用，这种顶棚经济实用，空间效果比较新颖，能代表一些喜欢工业化风格设计者的审美取向，不少这类的空间在实际使用中取得了令人满意的效果，极大地丰富了室内空间及顶棚的造型形式。工业化情调顶棚如图4-2所示。

3.坡屋顶木做顶棚

坡屋顶一般是指排水坡度大于3%的屋顶。坡屋顶在建筑中应用较广，主要有单坡式、双坡式、四坡式和折腰式等，以双坡式和四坡式采用较多。现在有些小建筑还在使用木结构的屋架，室内坡屋面暴露着木结构的顶棚；还有一些是利用原有木结构坡屋顶进行改造后使用的顶棚。总之，利用原汁原味的木结构体系，对于看惯了钢筋混凝土平屋顶室内空间的人来说，木结构坡屋顶的内空间的确是一种令人欣赏、向往的空间类型。随着人们生活水平的不断提高，居住条件的不断改善，审美情趣的不断变化，很多异型的建筑空间及顶棚形式将会越来越多。坡屋顶木做顶棚如图4-3所示。

图4-2　工业化情调顶棚

图4-3　坡屋顶木做顶棚

4.普通砖混结构顶棚

在一些室内空间较矮、层高低的普通住宅等室内空间中，一般做顶棚吊顶，采用普通砖混结构顶棚形式。这一类空间顶棚形在我国的日常生活中很多见，尤其以农村住宅建筑为多，在这类建筑的室内设计中，要以暴露原结构顶棚为主，辅以极少的吊顶及线条，这样既可以取得一定的艺术效果，又可以最大限度地利用室内空间，还可以取得良好的经济效果。普通砖混结构顶棚如图4-4所示。

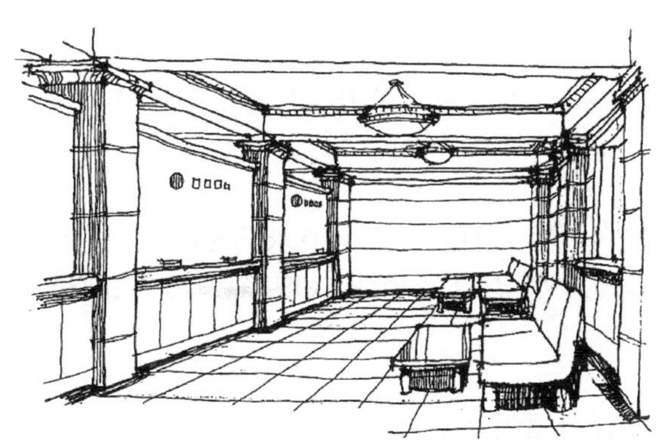

图4-4　普通砖混结构顶棚

（二）局部吊顶顶棚

吊顶是指房屋居住环境的顶部装修的一种装饰。简单来说，就是天花板的装饰，是室内装饰的重要部分之一。吊顶具有保温、隔热、隔声、吸声的作用，也是电气、通风空调、通信和防火、报警管线设备等工程的隐蔽层。

局部吊顶顾名思义，就是没有进行全部吊顶，只在局部进行吊顶设计的一种吊顶方法，这种吊顶是介于暴露结构顶棚和吊顶顶棚之间的一种顶棚形式。局部吊顶的主要优点在于可以最大限度地扩大室内的高度空间，避免室内空间的浪费，还可以节约很多装饰材料，有着良好的经济性和社会性。从实用的角度可将局部吊顶分为两种形式：一种是以功能性为主的局部吊顶；另一种是以装饰性为主的局部吊顶。

1. 以功能性为主的局部吊顶

以功能性为主的局部吊顶是为了避免水、暖、气管道裸露带来的不美观现象，而且在房间的高度又不允许进行全部吊顶的情况下，采用的一种局部吊顶的方式。这种方式的最好模式是，水、电、气管道靠近边墙附近，装修出来的效果与异型吊顶相似。通常这些水、暖、气管道靠近边墙附近，局部吊顶装修以掩盖这些裸露的管线为主，同时还要考虑局部吊顶的造型问题。以功能性为主的局部吊顶如图4-5所示。

2. 以装饰性为主的局部吊顶

以装饰性为主的局部吊顶是在天棚上部做部分的顶棚造型，以追求用最简洁的顶棚造型形式达到最佳的天棚造型效果。这种局部吊顶形式通常以吊边棚为常见，设计中棚井部分采用原来的结构棚面，在墙面周围的上空做局部的吊顶造型，这样可以达到类似全部顶棚吊顶的装饰效果。以装饰性为主的局部吊顶如图4-6所示。

图4-5　以功能性为主的局部吊顶

图4-6　以装饰性为主的局部吊顶

（三）整体吊顶顶棚

吊顶是室内装饰的一个重要组成部分，除墙面、地面之外，它是围成室内空间的另一个大面。它从空间、光影、材质等诸方面，对房间有着渲染环境、烘托气氛的重要作用。现在的室内设计在很多情况下都要进行吊顶设计，其目的是掩盖天棚中不美观的各种设备与结构造型，或者达到某种装饰效果的要求。

整体吊顶类的形式很多，不同的形式，所追求的艺术效果也不一样。从外观上来划分，常见的整体吊顶类顶棚形式，可以归纳为平顶式顶棚、灯井式顶棚、悬吊式顶棚、韵律式顶棚四大类。

1. 平顶式顶棚

平顶式顶棚构造简单，外观朴素大方、装饰便利，表面简洁，整体感明快，适用于教室、办公室、展览厅、商场等，它的艺术感染力来自顶面的形状、质地、图案及灯具的有机配置。平顶式顶棚在设计中常采用与照明灯具相结合的方式，如均匀排放一些嵌入式的筒灯、牛眼灯或灯箱，局部点缀射灯、吸顶灯等。平顶式顶棚如图4-7所示。

图4-7　平顶式顶棚

2.灯井式顶棚

灯井式顶棚是在吊顶平面的局部做出标高变化，形成藻井的一种吊顶类顶棚形式，它是吊顶类顶棚中最常使用的形式。由于它是顶棚吊顶局部底标高升高而产生的顶棚形式，局部升高平面常布置灯具，所以也称为灯井式。灯井式的平面样式变化很多，可以设计成矩形、圆形、自由曲线、多边形等多种顶棚形式。灯井式顶棚如图4-8所示。

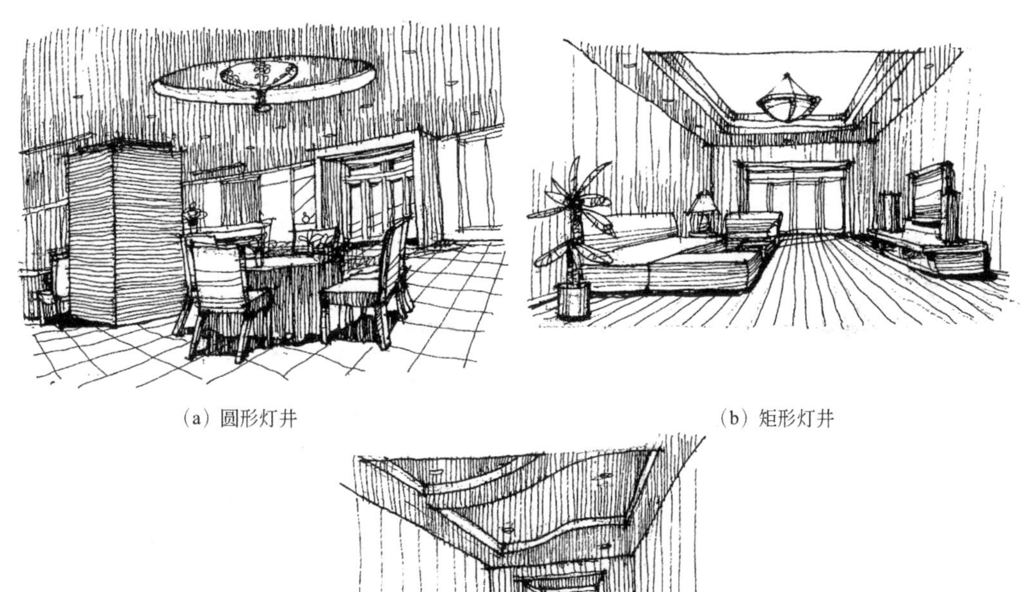

（a）圆形灯井　（b）矩形灯井

（c）自由曲线灯井

图4-8　灯井式顶棚

灯井式顶棚可以有很多变异的造型。最常见的是将灯井式设计成台阶式，即多层叠级式灯井，这种形式常见于室内层高较高，设计追求变化的顶棚造型，此类灯井式顶棚向心性很强，能突出中心灯具，需要灯具与其呼应配合。多层叠级式灯井如图4-9所示。

图4-9　多层叠级式灯井

灯井式顶棚的另一种变化形式是设计反光灯槽。如果把灯井口悬挑，使其内藏灯光，就形成了反光灯槽顶棚的形式，反光灯槽内如果藏有照明灯具，就可以形成隐蔽光源，它主要起辅助光源的作用，使顶棚的照明更加柔和、均匀，而且照明艺术性较强。反光灯槽式灯井如图4-10所示。

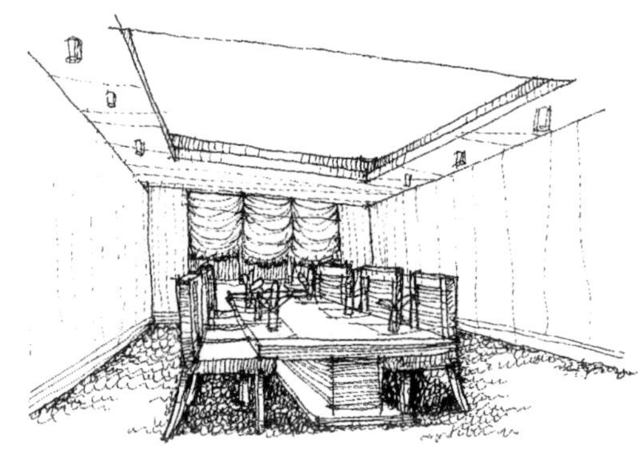

图4-10　反光灯槽式灯井

图4-11　玻璃灯箱式发光天棚

另外，灯井式顶棚在有高差的灯井处，也可以做成格栅或灯箱形成发光顶棚。常见做法是将龙骨和玻璃组成饰面，顶棚内藏照明灯具，透过玻璃形成均匀照明，一般玻璃面常设计成较大面积，从而形成发光的天棚。玻璃一般选用非透明的，如磨砂玻璃、纹理玻璃、彩色玻璃、彩绘玻璃等。由于顶棚设置玻璃，所以要注意使用安全，设计中还要注意玻璃能够开启，以方便清洗和维修灯具等。玻璃灯箱式发光天棚如图4-11所示。

3.悬吊式顶棚

悬吊式顶棚是由顶棚吊顶局部标高降低产生的顶棚形式。由于是在一次吊顶的基础上再次进行吊顶，所以这种悬吊式又可称为二次吊顶。顶棚的整体可以是折板、平板，也可以是一个大灯箱等多种艺术形式。

这种吊顶形式充分地利用了天棚的空间，使室内空间的立体感强，造型非常丰富。同时应用比较广泛，可用于室内空间需要特殊处理的场所，也可以作为大面积的吊顶形式用于体育馆、剧院、音乐厅等文化艺术类的室内空间中。这种吊顶形式局部降低空间，形成有收有放的空间形式，并使局部形成小空间，使人感觉很亲切，私密性较强，使大空间形成了局部发生变化的虚拟空间。局部悬吊吊顶形式如图4-12所示。

图4-12 局部悬吊吊顶形式

4.韵律式顶棚

韵律式是指天棚吊顶造型呈现某种有规律变化、装饰图案较强的吊顶平面形式。韵律式吊顶不存在“灯井”中心的问题，所以平面布置不用过多考虑天棚造型与地面布置的对位关系，适合于平面布置经常更换，以及大空间的天棚吊顶形式。韵律式吊顶的装饰性较强，造型变化丰富，不但可以全空间吊顶，还可以用图案龙骨进行吊顶，使局部吊顶比较通透。这样不但可节约材料，而且吊顶比较轻盈，空间利用效果好。

韵律式吊顶应用十分广泛，根据功能要求和建筑类型的不同，采用的吊顶形式也不相同，在建筑工程中常见的有井格式吊顶、格栅式吊顶、散点式吊顶和悬浮式吊顶。

（1）井格式吊顶　井格式吊顶是由纵横交错的井字梁而构成的吊顶形式。天棚造型主要由均匀分布的多个“凹井”组成的一种顶棚，这种顶棚有的是由建筑结构层的井字楼盖改造后形成的暴露结构的顶棚形式，有的是利用原主次梁结构设置“假梁”形成井格式，还有的完全用吊顶做出井格式顶棚形式。

从外观上看，井格式吊顶形式节奏性和图案性强。在设计中通过木线石膏线等多种装饰手法去完善“凹井”的造型，并在“凹井”中心处配置合适的灯具，这一顶棚造型形式可以取得较好的效果，但由于这种顶棚隐蔽工程施工困难或吊顶施工比较复杂，所以在实际工程中采用这种吊顶的并不多见。井格式吊顶形式如图4-13所示。

（2）格栅式吊顶　格栅式吊顶是由格栅片有规律地分布形成的吊顶形式。格栅片可组成井字格，也可组成线条形格，这种吊顶形式材料单一，施工方便，造价便宜，造型形式较为流畅，韵律感较强。但随着格栅间距加大，原来的底面也会显露出来，如果原来的底面处理不当，可能会造成整体效果不佳。

格栅式吊顶也是属于平板式吊顶的一种，但是造型要比平板式吊顶生动和活泼，装饰的效果比较好。它的优点是光线柔和、轻松和自然。格栅式吊顶广泛应用于大型商场、餐厅、酒吧、候车室、机场、地铁等场站，大方美观、历久如新。格栅式吊顶形式如图4-14所示。

图4-13　井格式吊顶形式

图4-14　格栅式吊顶形式

（3）散点式吊顶　散点式吊顶是指在天棚吊顶设计中重复使用单一图案造型的吊顶形式。这种吊顶形式韵律感强，图案清晰，节奏明显，施工容易掌握。但是，由于图案单一，图案的造型设计就显得尤为重要。解决好图案造型设计，对于此空间的天棚造型有着重大的影响。这种吊顶形式适用于宾馆、候机楼、候车室、商场等大空间的顶棚。

上海浦东国际机场航站楼就是一个采用散点式吊顶的成功例子。此航站楼出发大厅吊顶采用蓝色金属穿孔板，屋顶上开有方形的天窗，支撑屋架的白色金属杆自天窗穿出，形成一个个散点式的图案。在蓝色的背景下，犹如蓝天白云，夜晚则由安装在屋架两头的聚光灯将天花吊顶和金属杆照亮，显得非常壮观、华丽。上海浦东国际机场航站楼的散点式吊顶如图4-15所示。

（4）悬浮式吊顶　在一些室内层高较高的空间中，由于室内空间有足够的宽敞，有一定的吊顶空间，这样的条件给设计者提供了一个设计的想象空间。为了满足这种室内空间照明、声学和装饰造型的要求，将各种平板、曲板、折板或各种形式的饰物，在不用龙骨的情况下直接吊挂在屋顶结构上。板面之间不连接，这种吊顶具有造型新颖、形式别致的特点，使室内空间显得气氛轻松、活泼、欢快。

悬浮式吊顶选材比较广，可选用金属网格、塑铝、氟碳等复合板材，也可选用布料等柔软材料，这种吊顶形式占用空间高度较大，纵深感比较强，但设计选材得当，室内空间效果不会感到沉重，相反随着流动的曲线面的不断延伸，吊顶会显得很轻盈，整体空间效果富有动感。某酒店的悬浮式天棚造型如图4-16所示。

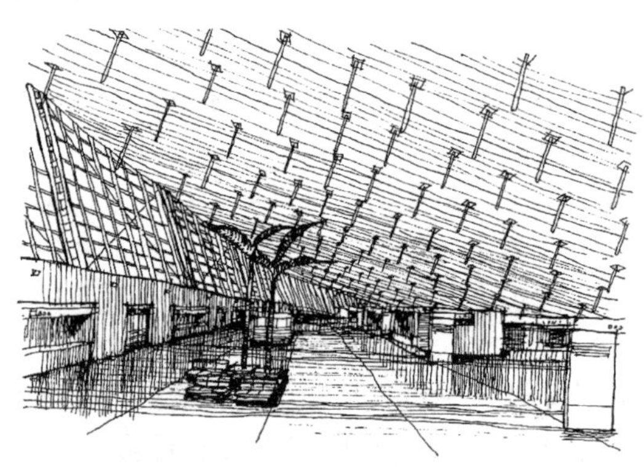

图4-15　上海浦东国际机场航站楼的散点式吊顶

图4-16　某酒店的悬浮式天棚造型

还有一些室内设计，设计者将一些曲线的隔片不规则地悬挂在空间，将空间塑造成介乎于真实和幻想之间，让人浮想联翩，使顶棚吊顶的设计成为设计者展示艺术的舞台。在此类悬浮式吊顶中，真实的隔片和间隔的虚空间组成了一个极富动感、虚幻的空间造型，为空间变化带来了一份神秘感和立体感，展现了吊顶设计的丰富内涵，为室内空间的艺术设计增添了更多的设计元素。

二、顶棚的材料选择及常用设备

顶棚装饰形式分直接装饰和吊顶装饰两种。前者以室内顶面钢筋混凝土楼板等结构层为装饰基层，直接进行抹灰、喷涂或粘贴装饰材料，一般用于装饰性要求不高的民用建筑装饰。后者则以室内顶面钢筋混凝土楼板或屋架等结构层作为吊挂大小龙骨的支承点，或在大小龙骨上加饰各种吊顶材料。顶棚装饰效果因装饰形式、装饰材料以及装饰工艺不同而异。顶棚装饰效果将直接影响整个室内空间的装饰效果。

室内空间上部的结构层或装修层，为室内美观及保温隔热的需要，多数设置顶棚（吊顶），把屋面的结构层隐蔽起来，以满足室内使用要求。顶棚界面位于室内空间的上方，人的主要活动与该界面互不干扰。设计者经过在顶棚设计一些造型，或安装一些设备管线及设备终端在顶棚处，为使顶棚符合设计要求，在进行顶棚设计之前，需要熟知吊顶常用材料及顶棚常用设备，为完成好室内设计做好基础专业知识积累。

1.顶棚材料的选择

根据设计和施工的实践经验，顶棚的吊顶饰面材料的选择应该分为两方面：一方面是顶棚吊顶的围护材料；另一方面是顶棚的饰面材料。顶棚吊顶的围护材料通常应当选用防火性能良好，便于施工安装、体重较轻、造价较低的装饰材料。

室内顶棚吊顶设计中最常选用的是纸面石膏板，这种石膏板平整度好、造价较低、施工便捷，但存在怕潮湿、怕油污等缺点，所以它适合在除卫生间、厨房等之外的其他室内顶棚吊顶中作为围护材料。除纸面石膏板外，还可以选用金属扣板、塑料扣板、胶合板、细木工板等作为围护材料。

金属扣板主要有条形扣板和方形扣板两种，具有自重较轻、使用耐久、安装简单的优点，是目前顶棚装修中使用较为广泛的一种新型建筑装饰材料。塑料扣板以其质量轻、耐腐蚀、抗老化、保温防潮、防虫蛀和防火等特点，被广泛应用于室内装修中。胶合板重量轻、比较薄、易弯曲，顶棚有曲线造型时常局部使用。细木工板平整度好，装饰性强，适合顶棚的各种造型，但价格较高。胶合板和细木工板都是由木纤维材料热压而成的，其防火性能都比较差，使用时要符合国家有关装修的防火规范，而且也不宜大面积使用，只在局部造型中和防火涂料配合使用。

在顶棚吊顶饰面材料的选用中，常见的材料有三大类，即涂料类、裱糊类、板材类。它们是在楼板底面或围护材料底面处理平整的基础上进行施工操作的。

① 涂料类饰面材料是顶棚设计中常选用的材料，应用非常广泛，最常用的乳胶漆类涂料造价低廉、施工方便、效果很好，作为顶棚的饰面材料它可从在高级宾馆中采用，也可以在普通居室中使用。

② 裱糊类饰面材料也是顶棚设计中常选用的材料，比较有代表性的是壁纸。顶棚贴饰面壁纸，一般施工难度较大，所以大面积的顶棚裱糊不宜采用，小面积的顶棚裱糊可以考虑。

③ 板材类饰面材料是顶棚设计中最常选用的材料。设计中可以选用胡桃、水曲柳等纹理精美的木制饰面材料进行局部造型，也可以选用金属板材如不锈钢板、金属彩板等，还可以考虑铝塑板等复合型饰面材料。板材类饰面材料造价较高，但设计选用适当，可以取得较

好的艺术效果。

有些顶棚吊顶饰面材料既有维护的作用，同时也能形成完整的饰面，施工中和龙骨配合安装完成后，不用另行覆盖饰面材料。在顶棚工程设计中常用的有矿棉装饰吸声板、石膏装饰吸声板、石棉装饰吸声板、塑料扣板、氟碳板、铝塑板、金属微孔板、金属扣板等。这些装饰材料具有良好的防火阻燃性能，施工方便，维修便利，图案整洁，装饰性好，常在公共空间的顶棚吊顶中采用。

2.顶棚常用设备

在顶棚吊顶面上除需要各种灯具外，在一些大型空间的吊顶内，还不同程度地隐藏多种管线设备，这些设备的端口也在吊顶棚面上，如送风口、排风口、烟感器、喷淋头、扬声器、监控器等，以满足室内空间的通风换气、火灾报警、消防灭火、广播、安全监视等要求。配置这些设备首先要满足技术和功能上的要求，同时，又要以恰当的尺度、形状、色彩和符合构图原则的排列方式美化顶棚，使其成为顶棚吊顶整体造型的一部分。顶棚常用设备端口如图4-17所示。

（a）喷淋头

（b）烟气探测器

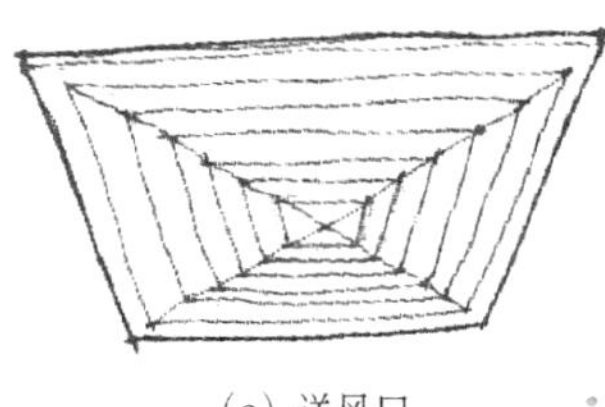
（c）送风口

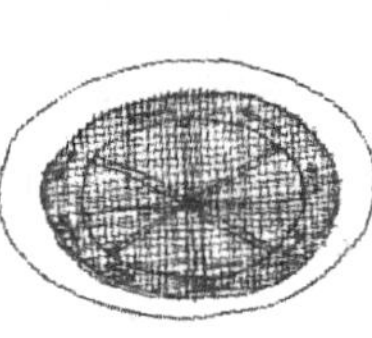
（d）扬声器

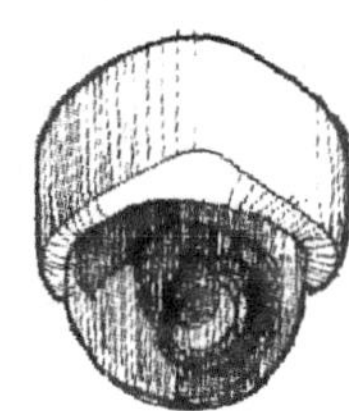
（e）半球摄像头

图4-17 顶棚常用设备端口

送风口、排风口的形式有方形、圆形和带形等，扬声器喇叭、烟气探测器、喷淋头、监控器，一般都伸出吊顶之外，为室内空间的使用服务。这些设备和灯具可综合地布置在一起，但不要过于突出各种设备的造型。在门窗的上口，一般装有窗帘和门帘，有的装有热风幕，这些部位在进行顶棚设计时要考虑窗帘和门帘盒的位置及尺度，在北方入口处的顶棚吊顶，还要考虑热风幕的使用。

第三节 建筑室内地面界面设计

地面是室内空间三种界面中和人接触最为频繁的一个水平界面，不仅视线和人体接触十分频繁，而且还要承受静荷载和活荷载的作用，所以地面界面的设计不但要求艺术性强，并且还要求坚固耐用。在不同使用功能的室内空间里，地面界面的设计要包括耐磨、防水、防滑、便于清洗等；特殊的房间地面还要做到隔声、防静电、保温等要求。

地面界面装饰的目的是保护结构的安全，增强地面的美化功能，使地面脚感舒适、使用安全、清理方便、易于保持。随着人们对装饰要求的不断提高，新型地面装饰材料和施工工艺的不断应用，地面装饰已由过去单一的混凝土逐渐被多品种、多工艺的各类地面所代替。目前，在地面装饰工程中常用的三大类地面材料是瓷砖类、大理石类和软面料类（地毯和地垫）。这些地面装饰材料对室内美化、改善环境等起着决定性性作用。

由于地面与人的距离较近，其色彩感、艺术感和舒适感能够很快地进入人的第一感觉，使人马上就能得出对地面质量的评价。所以在设计地面界面时，除根据使用要求正确选用材料外，还要精心设计色彩和图案。另外，地面是室内家具和设备的承载面，同时又是它们的视线背景，所以在设计地面的时候同时兼顾考虑家具和设备的材质、图案和色彩搭配，使地面界面的功能设计和艺术设计更加完善。总之，地面界面的装饰效果是整个室内装饰效果的重要组成部分，要结合室内装饰的整体布局和要求加以综合考虑。

一、地面的设计形式

随着我国建筑装饰行业的迅速发展，地面装饰也打破以前水泥地面的低档装饰，各种新型、高档舒适的地面装饰材料相继出现在各种室内装修的地面中。地面装饰材料的分类也越来越细，不同功能的室内可以选用不同材质的地面材料，不仅极大地丰富了设计者和使用者的选择范围，而且地面的设计形式也越来越新颖。从常用的地面设计形式来看，主要分为平整地面设计和地台地面设计两种形式。

（一）平整地面设计

平整地面主要是指在原土建地面的基础上平整铺设装饰材料的地面，地面保持在一个水平面上，地面不存在高差起伏。这种地面铺设形式最为常见，通常设计者会配合使用和艺术的需要，在地面上进行材质、图案的划分设计，常见的地面材质及图案划分有质地划分、导向性划分和艺术性划分3种方式。

1.质地划分

质地划分主要是根据室内的使用功能特点，对不同空间的地面采用不同材质地面材料的设计手法，在装饰工程中也称为功能性划分。例如在宾馆大堂中人流较多，可采用坚硬耐磨的石材，而客房的地面可采用脚感柔软的地毯材料。在家庭装修中，卫生间和厨房常采用地砖材料，防止地面污水等的侵蚀；卧室地面则常采用木地板材料，这种地板不但脚感好，而且保温隔热性能良好。不同材料质地划分如图4-18所示。

2.导向性划分

在有些室内地面中常利用不同材质和不同图案等手段来强调不同使用功能的地面形式。这种导向性划分方式，目的是使使用者在室内能够较快地适应空间的流动，尽快地熟悉室内空间的各个功能。

首先是采用不同材质的地面设计，使人感受到室内交通空间的存在。这种地面设计形式比较容易识别，导向性非常明确，但要注意不同材质地面的艺术搭配。其次是采用不同图案的地面设计来突出室内交通通道，也可以对客人起到导向性的作用。这种地面设计方法主要在大型商场、博物馆、火车站等公共空间采用。例如在商场里顾客可以根据通道地面材料的引导，比较从容地进行购物活动。不同图案的地面导向性的划分如图4-19所示。

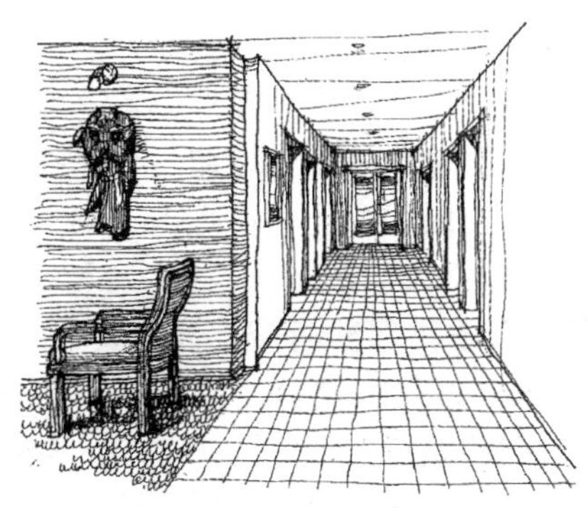

图4-18　不同材料质地划分

图4-19　不同图案的地面导向性划分

3. **艺术性划分**

装饰设计师对地面进行艺术性划分，是室内地面界面设计重点要考虑的问题之一，尤其是在较大型的室内空间里更是常见的设计形式。这种划分方法是通过设计不同的图案，并进行色彩搭配而达到的地面装饰艺术效果。通常使用的材料有花岗石、大理石、水磨石、地砖、地毯等，这种地面划分往往是同房间的使用性质紧密相连的，但主要以地面的艺术性划分为主，用以烘托整个室内空间的艺术氛围。

地区艺术性划分的方法应用很广，例如在宾馆的酒吧设计中采用自由活泼的装饰图案地面，用以达到休闲、交往、商务的目的。在宾馆的大堂设计一组石材拼花地面，既可以取得一些使用功能上的效果，还可以取得高雅华贵的艺术效果；在一些休闲、娱乐空间的室内地面设计中，有些装饰设计师将鹅卵石与地砖拼成不同的图案，凹凸起伏的鹅卵石与地砖在照明光线下有着较大的反差，不但可以取得良好的艺术效果，而且设计者利用不同材质的变化将地面进行了不同功能的分区。

（二）地台地面设计

地台地面是在原有地面的基础上，采用局部地面升高或降低所形成的地面形式。在一些较大的室内空间里，平整地面设计难以满足使用功能设计的要求。所以设计者力求在高度上有所突出，来满足室内地面设计的整体效果，在一些大空间地面里，设计出不同标高的地面，这就是地台地面设计。修建地台地面常选用砌筑回填骨料完成，也可以用龙骨地台选板材饰面，这种地台自重较轻，在楼层中采用更合适。

地台地面应用的范围不很广泛，但适当的场合采用可以取得意想不到的艺术效果。例如宾馆大堂中的休闲区常采用地台设计。地台区域的材料有别于其他地面，常采用地毯或木地板饰面，加上绿化的衬托，使地台区域形成一个小空间，旅客在此休息有一种亲切、高雅、休闲、舒适的感觉。

在家庭装修中也常采用地台这种设计形式，形成有情趣的休闲小空间。地台设计还常在日式、韩式的房间装修中采用，民族风格特征鲜明。和地台地面设计相反的还有下沉地面的设计手法，但在实际的室内装修采用很少。

二、地面材料的选择

在进行地面装修时，可选用的装饰材料有多种，按照所用材料分类，有木制地面、石材地面、地砖地面、马赛克地面、艺术水磨石地面、塑料地面、地毯地面等，而最常用的是木制和地砖两种地面。不同的装修材料可用于不同的空间地面装修。

1. **木制地面**

木制地面是室内界面中最常用的装饰地面，主要有实木地板和复合地板两种。实木地板是天然木材经烘干、加工后形成的地面装饰材料，具有色彩丰富、纹理自然、富有弹性、隔声性好、脚感舒适、使用安全等特点，经处理后的木制材料是热的不良导体，能起到冬暖夏凉的作用，是卧室、客厅、书房等地面装修的理想材料，常用于家居、体育馆、健身房、幼儿园、剧院舞台等和人接触较为密切的室内空间。

复合地板是被人为改变地板材料的天然结构，达到某项物理性能符合预期要求的地板。复合地板在市场上经常泛指强化复合地板、实木复合地板。实木复合地板是由不同树种的板材交错层压而成，一定程度上克服了实木地板湿胀干缩的缺点，干缩湿胀率小，具有较好的尺寸稳定性，并保留了实木地板的自然木纹和舒适的脚感。强化复合地板主要是利用小径材、枝桠材和胶黏剂通过一定的生产工艺加工制成，由耐磨层、装饰层、基层等组成，具有表面平整、花纹整齐、耐磨性强、便于保养等特点。复合地板的适应范围比较广泛，家居、小型商场、办公等公共空间皆可以采用。

2.石材地面

常用的石材主要有花岗岩和大理石等。花岗岩是大陆地壳的主要组成部分，属于深层侵入岩，主要由石英或长石等矿物组成。花岗岩不易风化，颜色美观，外观色泽可保持百年以上，由于其硬度高、耐磨损，除了用作高级建筑装饰工程、大厅地面外，还是露天雕刻的首选之材。大理石由云南省大理出产的著名石材而得名，它包括大理岩、白云质大理岩、蛇纹石大理岩、结晶灰岩及白云石等。大理石结构细密，质地较硬，纹理清晰，图案美观，色彩丰富，硬度不大，易于开采、加工，广泛用作高级建筑物、室内外的饰面材料等，做地面时常和花岗石配合使用，用作重点地面的图案拼花和套色。

3.地砖地面

地砖是一种应用广泛的地面装饰材料，在装饰工程中也称为地板砖。地砖用黏土烧制而成，地砖的共同特点是花色品种丰富，规格多种，质地坚硬，耐压耐磨，价格适中，施工简单，便于清洗，色彩多样。有的经过上釉处理，具有很好的装饰作用，多用于公共建筑和民用建筑的地面和楼面。

地砖花色品种非常多，可供选择的余地很大，按材质可分为釉面砖、抛光砖、玻化砖等。地砖作为一种大面积铺设的地面材料，利用自身的颜色、质地营造出风格迥异的居室环境。地砖另一个最大特点是使用范围特别广泛，适用于各种空间的地面装饰，如办公、医院、学校、家庭等多种室内空间的地面铺装，特别适用于餐厅、厨房、卫生间等水洗频繁的地面铺装，是一种应用广泛、价廉物美的饰面材料。

4.马赛克地面

马赛克又称为陶瓷锦砖或纸皮砖，也是室内地面装饰中常用的材料。马赛克按其质地分为3种：① 陶瓷马赛克，是比较传统的一种马赛克，以小巧玲珑著称，但较为单调，档次较低；② 大理石马赛克，是中期发展的一种马赛克，色彩鲜艳，但耐酸碱性差，防水性能不好；③ 玻璃马赛克，由天然矿物质和玻璃粉制成，是最安全和环保的装饰材料，它耐酸碱、耐腐蚀、不褪色，是最适合装饰卫浴房间地面的建筑材料。

马赛克是以前曾流行过的饰面材料，但由于色彩单一，材质简单，随着地砖的大量使用，马赛克逐渐被一些装饰设计师所遗忘，但随着马赛克的材质和色彩的不断更新，马赛克所具备的独特优点也逐渐被人们所认识，如可拼成各种花纹图案，质地坚硬，经久耐用，还有耐水、耐磨、耐酸、耐碱、容易清洗、防滑等特点。随着设计理念的多元化，设计风格个性化，马赛克的应用会越来越多。

5.艺术水磨石地面

水磨石是将碎石、玻璃、石英石等骨料拌入水泥制成混凝制品后，经表面研磨、抛光的制品。现在水磨石地面经过发展，如加入地面硬化剂等材料，使地面质地更加坚硬、耐磨、防油，可以做出多种图案。艺术水磨石地面是在地面上进行套色设计，形成色彩丰富的图案。水磨石地面施工有预制和现浇两种，一般现浇的效果更理想。但有些地方需要预制，如楼梯踏步、窗台板等。水磨石地面施工和使用不当，也会发生一些诸如空鼓、裂缝等质量问题，值得设计者引起重视。

艺术水磨石地面的应用范围很广，而且价格也较低，主要适合一些普通装修的公共建筑室内地面，如教学楼、实验室、办公楼、食堂、车站、室内外停车站、商店、仓库、饭店、宾馆等公共空间。

6.塑料地面

塑料地面也称为塑料地板，即用塑料材料铺设的地板。塑料地板是以高分子合成树脂为主要材料，加入适量的其他辅助材料，经一定的制作工艺制成的预制块状、卷材状或现场铺贴的整体状的地面材料。塑料地板的价格较低、装饰效果美观、色彩鲜艳、施工简单、清洗方便、脚感舒服、噪声较小、耐磨性好，还有一定的弹性和隔热性。不足之处是不耐热、易污染、易老化、易损坏。另外，还有用合成橡胶制成的橡胶地板，这种地板吸声、耐磨性较好，但保温性稍差。

塑料地板多用于建筑和住宅室内，也可以用于工业厂房地面。橡胶地板主要用于公共建筑和工业厂房中对保温要求不高的地面、绝缘地面、游泳池边、运动场等防滑地面。

7.地毯地面

地毯是以棉、麻、毛、丝等天然纤维或化学合成纤维类原料，经手工或机械工艺进行编结、栽绒或纺织而成的地面铺敷物。地毯是一种具有实用价值的纺织品，是现代室内地面采用较多的一种装饰材料。

地毯有纯毛、混纺、化纤、草编、塑料地毯之分。通常室内地面所用的地毯具有良好的弹性、抗磨性、花纹美观、隔热保温、脚感舒服等优点，但和其他的地面材料相比，具有清洗比较麻烦、易于燃烧等缺点。所以设计中在选用地毯时要注意以下两个环节：首先要考虑防火、防静电性能好；其次要根据交通量的大小，选用耐磨性高、防污性能好的地毯。

地毯的使用范围比较广泛，在公共建筑中，如宾馆的走廊、客房室内都可以铺满地毯，以减轻走路时发出的噪声；在办公室或家庭的室内也可以使用地毯，不但可以保温隔热，而且还可以降低噪声。

第四节　建筑室内立面界面设计

墙体是室内3种界面中唯一的垂直界面，是人的视线在第一时间触及的界面，同时墙面也是人们经常接触的部位，也是装饰材料运用最为广泛的一个室内界面，所以墙面的设计不但要考虑保证围护功能的需要，而且更是装饰设计师展现设计风格的一个界面。

一、墙面的设计形式

在进行室内墙面的装饰设计中，主要应考虑满足使用功能、精神功能两个方面的要求。只有在充分理解设计原则的基础上，才能在空间中设计出理想的室内墙体界面。

（一）设计原则

在建筑中墙体有承重墙和非承重墙之分，在使用者看来，墙体主要是起围护和间隔作用，如何在墙体界面的装饰设计中，既要满足装饰效果的要求又不影响墙体结构，主要应当遵循以下设计原则。

1.安全性原则

设计者在进行设计时必须严格遵守国家现行的有关建筑法规，尤其是墙体界面的装修必须坚持安全第一。在进行室内装修设计中，常出现拆东墙补西墙的情况，如何在不损害原建筑结构体系的条件下，拆除不需要的墙体而确保建筑的安全，这是室内装饰设计中较难把握的一个问题，这就要求装饰设计师在设计中严格执行安全性的原则，需要拆除的墙体必须征得结构设计师的同意，并在有关规范、法规允许的条件下进行。要做到安全第一，只有使用安全，才能谈得上美观和享受。

2. 保护性原则

墙面是人在室内活动中经常接触的界面，接触频繁的部位肯定容易损坏，所以装饰设计要考虑到墙体的保护性问题。保护墙面的通常做法，是对人体接触多的1.5m以下的部分，设计考虑做墙裙以达到保护性的目的。门窗套的装修不但解决了保护墙角的问题，而且也起到了美观的艺术效果。在厨房和卫生间中常用瓷砖装修墙体，这种做法不但对墙面进行了装饰，更主要是保护墙体免受水洗和油烟的侵蚀。

墙体的保护性问题并不是设计中必须严格执行的问题，但设计者对某些部位还是需要加以考虑。只有室内各个界面保护得好才能将室内装修更新的时间延长。

3. 功能性原则

由于室内空间使用功能的不同，各种房间对墙体的要求也不同。居室要求比较安静、舒适，墙面的热导率小，所以采用壁纸、壁布、软包、木板等装修材料更为合适。

在电影院、音乐厅、语音室等公共视听空间，对声学要求比较高，墙面装修就要综合考虑隔声、吸声、反射等方面的要求，选用的装修材料要满足这几个方面，并通过自身的体形变化来满足声学的要求。

在医院特殊房间、录音棚等室内空间里，墙面则要求绝对隔声，所以选用装修材料时一定要考虑隔声效果，并按照一定的构造做法进行墙面的装修。

我国的南北方由于气候的影响，其墙体设计也有很大的差异，尤其是在外墙的设计上，北方的外墙要进行保温设计，而南方的外墙则要注意墙体的防水和防潮问题。这些问题不仅要在外墙装饰设计时考虑，而且在进行室内装饰设计时也要统筹考虑。

4. 艺术性原则

人在室内空间的活动中，墙面与人的视线接触时间最长、面积最大，所以墙面装饰的艺术性就显得非常重要。在考虑墙面艺术性设计时，要特别注意墙面的尺度、设计元素的繁简，色彩的搭配等问题。

墙面设计思考不能是孤立的，要通过室内的各个界面综合进行考虑，往往是对装饰设计师艺术修养、材料知识、施工经验等能力的综合考验。使用者则是通过对墙面的形状、质感、色彩、图案等综合因素去感受设计的艺术性，并通过对墙面的艺术设计的感悟，逐渐了解整个室内设计风格的内涵。

（二）设计形式

普通室内墙面的设计通常遵循艺术规律，即用比例、尺度、节奏、旋律、均衡等艺术手段去组合墙面。墙面的设计形式很多，装饰设计师可以作为普通的围护结构考虑，还可以把它作为一个艺术品去设计，所以墙面的设计形式很难归类，从室内墙面装饰的角度可将墙面设计分成传统式墙面、整体墙面和立体墙面。

1. 传统式墙面

传统式墙面是在室内墙立面的高度方向进行三段设计，这种墙面设计手法有很久的历史，设计理念是以使用功能为出发点，完善建筑墙体的围护。同时经过长期的比例构图的推敲，使得这种立面构图符合传统的构图原则。

传统式墙面是将立面自下而上分为三个部分：第一部是踢脚和墙裙部分；第二部是墙身部分；第三部是顶棚与墙交角形成的顶棚角线部分。在有的墙面设计中，没有设计墙裙或只设计了腰线，这些都是传统式墙面的扩展形式。传统式墙面设计形式如图4-20所示。

图4-20　传统式墙面设计形式

传统式室内墙面的设计方法是室外古典三段式墙面设计的延续，完全符合严谨的传统建筑构图法则，其下面可看成基座，上面设有收口，符合大多数人的审美观点，既能满足简洁明快的设计风格，又能展示出富丽堂皇的装饰效果。这种墙面设计形式广为设计者采用，设计作品经久不衰，为广大使用者所接受。

2. 整体墙面

整体墙面是自下而上用一种或几种材料装饰而成的，整体墙面图案比较完整。这种墙面的最大特点是风格统一，简洁明快，节奏感强。如果不设置踢脚和阴角线，考虑到踢脚处容易损坏的特点，在设计中选用材料时，要注意材料的质地要坚硬些，材料的分隔要均匀并有节奏变化。从选用元素的角度出发，可以将整体墙面分为以材料为主的墙面和以图案为主的墙面两种。

（1）以材料为主的墙面　以材料为主的墙面是指整体墙面采用一种材料来装饰的做法。在设计上该材料为墙面的绝对重点，其他材料分量较小，可以忽略不计。这种墙面简洁、高雅，施工方便。

（2）以图案为主的墙面　以图案为主的墙面指整体墙面采用几种材料，并组合完整图案来装饰整个墙面的做法。在以图案为主的设计中，可选用几种不同材质或不同色彩的装饰材料，组成图案美观、完整的整体墙面。这种墙面装饰性强、视觉感受明显。

整体墙面设计中可供选择的材料较多，应用场合较广泛，如宾馆、商场、家庭居室等空间均可局部或整体采用。

3. 立体墙面

随着建筑装饰设计观念的不断发展，墙面作为人的视线首先接触的界面，受到了设计者和使用者的重视。设计者可基于原有的墙面设计方式，在一些讲究气氛、渲染环境的室内空间中，采用立体墙面的形式。立体墙面不在一个垂直面上，有时局部凸出墙面，有时局部凹入墙面，还有的墙面进行多层处理，不仅使墙体的立体感强，而且有些还具有运动感，烘托气氛十分理想。以建筑墙体体积的走向分析，可以将立体墙面分为以凸形为主的墙面、以凹形为主的墙面和凸凹形均有的墙面。

（1）以凸形为主的墙面　以凸形为主的墙面是在原有建筑墙面的基础上，再附加一些带有体积感的装饰元素，形成突出墙面的立体效果。这种墙面一般情况下不会破坏建筑墙体，施工也较为方便，但是凸出的部分会占用部分室内空间，对于一些室内空间较小的墙面设计时应慎重采用。以凸形为主的墙面如图4-21所示。

图4-21　以凸形为主的墙面

（2）以凹形为主的墙面　以凹形为主的墙面是在原有建筑墙面的基础

上，经过附加墙面的重新装饰，形成凹入墙面的立体效果。这种墙面是利用凸出部分做装饰墙体，但视觉上只能看出装饰后的以凹入为主的墙体。以凹形为主的墙面也会占用部分室内空间，不利于一些室内空间较小的情况，但装饰效果比较高雅，尤其形成的墙面各种壁龛小空间，在灯光的照射下，显得非常有品位。

（3）凸凹形均有的墙面　凸凹形均有的墙面是以原墙面为基准平面，通过附加墙面和凹入墙面，使墙面上的凸凹变化均为视觉中心的墙面设计手法。对于有些室内空间，需要灵活、前卫、动感的墙体界面设计，凸凹形均有的墙面就是一种比较理想的选择。凸凹形均有的墙面在灯光的照射下，光影变化丰富，墙面的立体感很强。

立体墙面是墙体装饰中很好的设计手法，但由于要占用一定的室内空间，所以在小空间的房间内一般不宜采用。对于一些大的室内空间，如大厅、歌厅、夜总会、舞厅、卡通剧场等娱乐休闲场所则可以采用。

二、墙面材料的选择

随着建筑装饰技术的迅速发展，墙面装饰材料的品种越来越多，从总体上讲，大致可分为抹灰类、涂料类、卷材类、贴面类、贴板类，装饰设计师可以根据建筑类型和使用者的要求，充分利用装饰材料的多样性去设计墙面。

（一）抹灰类

抹灰是用灰浆涂抹在墙体表面上的一种传统做法的装饰工程，即将水泥、砂子、石灰膏、水等一系列材料拌和起来，直接涂抹在墙体的表面，形成连续均匀抹灰层。抹灰是给建筑物的结构表面形成一个连续均匀的硬质保护膜，不仅可以保护建筑结构，而且为进一步装饰提供基础条件，有的抹灰可直接作为装饰层。

墙面抹灰常见的做法是在底层灰上涂抹纸筋灰、麻刀灰或石灰膏，然后再喷涂石灰浆或大白浆。另外还有石膏罩面的做法，墙面光洁细腻，并有亚光效果。除此以外，还有拉毛灰、扫毛灰和挖条灰等装饰抹灰做法，其装饰效果较好，尤其在装饰一些不太平整的墙面时更能显示其优点；墙面抹灰的缺点是施工中容易落灰，装饰档次较低。

（二）涂料类

涂饰墙体饰面是指将建筑涂料涂刷于墙体的表面，并与之较好地黏结，以达到保护、装饰墙面的目的，并改善墙面性能的装饰层。采用建筑涂料施涂后可形成不同质感、不同色彩和不同性能的涂膜，是一种十分便捷和非常经济的装饰墙面做法。

建筑装饰涂料不仅花色品种繁多、色泽艳丽光亮，而且还可以满足各种类型建筑的不同装饰艺术要求，使建筑形体、建筑环境协调一致。工程实践证明，许多新型的建筑装饰涂料具有美妙的视觉感受，能够从不同角度观察到不同的色彩和图案；有些建筑装饰涂料还能产生立体效果，在凸凹之间创造良好的空间感受和光影效果；新型的丝感涂料和绒质涂料，更给人以温馨的视觉感受和柔和的手感。

利用建筑装饰涂料具有的各种特性和不同施工方法，不仅能够提高墙体的自然亮度，获得良好的吸声、隔声效果，而且还能给人们创造出良好的生活和学习气氛及舒适的视觉审美感受。对于有防水、防火、防腐、防静电、防尘等特殊要求的墙体部位，涂刷相应特殊性能的涂料，均可以获得显著的效果。

（三）卷材类

卷材是室内装修墙面应用比较广泛的材料，这类材料主要包括壁纸、墙布、皮革及人造革等。卷材类装饰材料品种繁多，色泽丰富，价格适中，施工方便，可模仿多种质感，并适合多种室内空间的墙面装饰。

1.壁纸

壁纸是一种应用相当广泛的室内装饰材料。由于壁纸具有色彩多样、图案丰富、豪华气派、安全环保、施工方便、价格适宜、易于清洁等特点，所以在欧美、东南亚、日本等发达国家和地区得到相当程度的普及。壁纸分为很多类，如涂布壁纸、覆膜壁纸、织物壁纸、压花壁纸等。特种壁纸具有耐水、防火、防霉等性能，适合于各种档次的墙壁装修。

2.墙布

墙布是以纯棉平布为基材，经过处理、印花、涂布耐磨树脂等工序制作而成。这种墙布的特点是：强度比较大、静电比较弱、蠕变性较小、无反光、吸声性较好、花型繁多、色泽美观大方；尤其是具有无毒、无味的优良性能，使其具有广泛的适用性。一般常用于宾馆、饭店、公共建筑及较高级的民用住宅的装修。

3.皮革与人造革

皮革与人造革是一种高级装修材料，主要用于高级建筑室内的墙面装修。这类材料最高档的皮革是真羊皮，但其价格昂贵，通常采用的是仿羊皮纹理的人造革。人造革色彩花纹多样，仿真性很强，价格比较低，装饰效果甚佳。

皮革与人造革墙面具有质地柔软、消声、温暖、耐磨、隔热、保温等优良性能，能显示出高雅华贵的装饰效果，适用于健身房、练习房、幼儿园等要求防止碰撞的房间墙面，也可用于录音室、电话间等声学要求较高的房间。另外，还可用于高档的小餐厅、会客室以及住宅建筑的客厅、起居室等，以使环境更加高雅、舒适。

（四）贴面类

贴面类墙面装修系指利用各种天然的或人造的板、块对墙面进行的装修处理。这类装修具有耐久性强、施工方便、质量高、装修效果好等特点。

1.石材

用于墙面装修的石材主要有天然或人工的大理石、花岗石，其特点是坚硬耐久、纹理自然、可高可低，表面处理可光滑如镜，也可处理成粗糙的表面，可在宾馆、展览馆、体育馆等公共建筑的墙面上使用，使室内空间富丽堂皇、高贵典雅。

2.墙砖

墙砖是建筑内墙装饰的精陶精品，有釉面砖和无釉面砖之分，常用的是釉面砖。釉面砖的色彩鲜艳、图案丰富、表面洁净、规格繁多、耐火防水、清洁方便、选择空间大，适用于厨房和卫生间的墙面装饰。釉面砖表面可以做各种图案和花纹，比抛光砖色彩和图案丰富。

（五）贴板类

贴板类墙面装修系指利用石膏板、木材、玻璃和金属板等材料对墙面进行的装修处理。

1.石膏板

石膏板是以建筑石膏为主要原料制成的一种材料。具有质量较轻、强度较高、厚度较薄、加工方便、隔声绝热、防火隔热等特点，是当前着重发展的新型轻质板材之一。石膏板已广泛用于住宅、办公楼、商店、旅馆和工业厂房等各种建筑物的内隔墙、墙体面板、天花板、吸声板和各种装饰板等，但不宜用于在浴室或者厨房。

2.木材

木材是室内墙面装饰用途极其广泛的一种材料。它材质很轻，有较好的弹性和韧性，对电、热、声音有较高的绝缘性，纹理自然、图案丰富，施工非常方便，但防火性能差。

木材可以加工成胶合板、细木工板、纤维板等多种饰面板，特别是胡桃木、水曲柳、樱桃木、枫木等加工的饰面板，是室内墙面装修经常使用的饰面材料，这些材料应用广泛，可适用于高、中、低档各种性质的室内空间墙面。

3.玻璃

由于玻璃及玻璃构件的迅猛发展，近年来玻璃在室内墙体装修中大量应用，设计者将玻璃与墙面有机地结合在一起，并取得了良好的装饰效果。玻璃经过一定的加工工艺，可以制得各种磨砂、布纹等效果，使玻璃造型更具艺术性。

镜面玻璃是一种反射性极强的装饰材料，利用这一特点装修的室内墙面，可以使空间产生扩大的视觉效果，产生虚拟的空间；另外，这种玻璃可为室内创造华丽、高雅的气氛，富于变化的生动效果。镜面玻璃常用于酒吧、餐厅、舞厅等消费娱乐性场所。在一些交通繁忙的场所，使用镜面玻璃的面积不宜过大，以免造成视觉上的混乱。

4.金属板

金属板是一种以金属为表面材料新颖的室内墙面装饰材料，主要有不锈钢板、氟碳板、铝塑板、铝合金板、铜板等，这类饰面材料质地坚硬、色彩丰富、使用寿命长，具有强烈的时代感。作为墙面饰面材料，工程造价较高，施工精度要求也较高。这些材料主要用于公共建筑的室内外空间使用，并可以根据不同的设计要求，在不同的建筑局部使用。

第五节　室内界面的艺术处理手法

室内空间界面既是构成室内空间的物质元素，又是室内空间进行再创造的有形实体，室内界面的变化直接影响室内空间的分割、联系、组织的艺术氛围的创造。要创造舒适、美好的室内空间环境，就要运用科学的专业知识对室内空间进行艺术创新。

工程实践证明，一个室内设计作品的成功与否，与室内的各种界面的艺术处理是密不可分的。其原因一是室内各个界面的面积很大，是室内重要的组成元素，也是营造某种气氛的关键；二是室内界面装修所用的材料固定，不像家具和陈设等可以调换、搬动，因此一旦装修效果不理想，很难再对各界面进行太大改动。由此可见，掌握室内界面的艺术处理手法就显得很重要、也很必要。

一、室内界面的艺术处理

室内设计实际上是指室内整体环境的艺术处理，其中主要包括室内空间、室内界面、室内陈设、室内绿化等多方面的设计。室内界面设计是这些设计中最为重要的部分，如果在这方面达不到装饰处理效果，后果可能无法挽回并给工程造成损失，所以一个室内设计作品的产生，往往是从室内各个界面的设计开始着手的。因此，设计者必须熟知室内界面的艺术处理方法。

（一）室内界面装饰艺术的特性

室内界面装饰艺术作为一门艺术，有艺术的共性，但更具有特定的性能。它们的特性是环境性、空间性、功能性和工程性。

1.环境性

界面装饰艺术的环境性，主要体现在界面装饰的形态、造型、表情、气氛、质地、明暗、色彩等方面应与室内环境相协调，进而成为有机的整体。它不是纯粹为了装饰而装饰，它是为了环境而存在。它是为了创造出室内环境的气氛而存在的。但它与环境的关系又是从属于环境、是服务环境、衬托环境的。例如，学习环境的室内装修，界面的形态应平淡，气氛应宁静，质地应细腻、明快素雅。总之，装饰应和环境相适应，不能与环境脱离或者对立。

2. 空间性

室内空间界面装饰艺术的形成在界面上，或者说依附在界面上，但观看界面艺术的位置是在室内空间中，其艺术效果要在空间位置体现出来。它还应与室内空间的其他界面以及室内空间中的陈设、布置的物品配合起来观察。因为周围的界面会映入眼帘，空间内的物品要以界面为背景。人眼观察时，会把周围及空间中的物品和界面的背景形态结合起来，共同产生空间效果。所以界面装饰艺术，不是孤立的一个界面上体现的问题，而是存在着整体的空间性。

例如，站在教室一端，观看教室正面界面的装饰效果，除了黑板、讲台所表现出来的界面水平线形态外，还有空间中成排座位所形成的透视聚焦线。又例如，观察住宅室内空间，除了界面上的门窗、壁饰所形成的界面形态外，还有室内家具如沙发、柜台布置所形成的水平线等。室内空间呈现的形态比仅有界面本身呈现的形态要丰富得多，所以设计界面时，应预计到空间内家具、其他陈设布置后的可能效果。

3. 功能性

一些界面上形成的装饰效果，不一定仅是装饰对象的作用，在很多情况下，是室内功能需要的建筑构件、设备形成的排列所发挥出来的装饰效应。例如，在一面墙上的门窗进行很好的排列、居住室内墙面上的化妆镜位置的巧妙安排、天花板上的灯具进行很好的排列后，都会形成很好的装饰效果。

4. 工程性

室内界面装饰艺术，要通过工程施工，结合界面装修才能实现，所以界面装饰艺术，不同于绘画、雕刻等独立存在的艺术，要具有符合施工条件、可以由施工形成的技术可能。例如它的艺术要素应找到适当的装饰材料来替代，要通过合适的施工工艺体现出来。室内装饰艺术是工程性很强的艺术。

（二）室内界面的设计过程

室内空间各个界面的设计，是室内整个环境设计的重要组成部分，由于每个设计者的理解方式不同，其设计的风格、想法、思路及设计过程也不尽相同，但也有一定的规律、方式和方法可循。一般室内设计者对室内界面设计的思考及设计过程：一是设计风格定位；二是分析综合因素；三是图解思考过程；四是敲定最后方案。

1. 设计风格定位

目前，室内装修设计流行的八大风格是现代简约风格、现代前卫风格、雅致主义风格、新中式风格、新古典风格、欧式古典风格、美式乡村风格、地中海风格。设计者可以根据建筑类型和业主的要求，选择相应的设计风格，但要注意室内各个界面的设计要与室内整体设计风格相一致。在进行室内空间界面的设计中，每个设计者都要在设计作品中展示自己的个性，形成自我的风格，所以设计之初的风格定位是非常重要的。

2. 分析综合因素

分析综合因素主要是在设计风格定位后，根据各方面的影响因素，对设计成果进行深入研究和探讨。这主要包括：使用功能、精神功能、人体工程学、环境心理学、建筑力学、施工技术等多方面因素。对设计的室内界面进行构思，通过对这些因素的分析，可以在大脑中对室内空间的各界面进行大致轮廓的勾画。

3. 图解思考过程

图解思考也称为图解性分析草图，它是用速写形式的草图来帮助思考的一个术语。从方法上来看，图解思考过程可以看作是自我交流的过程，在交流的过程中，设计师与设计草图互相表达、互相记录，是一个眼、手和脑对速写形象并行加工和解决问题的过程，手也是思维的“工具”。在设计过程中，图解思考最主要的媒介就是手绘的草图。

图解思考是室内界面设计过程中一个重要的环节。首先是运用所学的专业知识，如装饰材料、装饰施工、工程预算、工程制图、建筑绘画等，对设计作品进行实质性的构思设计。另一方面运用造型形式美的规律，如协调、统一、比例、尺度、均衡、节奏、韵律等，对设计作品进行仔细的推敲。

4.敲定最后方案

通过以上设计风格定位、分析综合因素、图解思考过程，最后得到一个比较完整的室内界面的设计成果。当然室内整体的艺术效果，还要有家具与陈设、绿化与小品等综合因素的配合，只有在室内整体设计方案确定之后才可确定室内界面设计的最后方案。

（三）界面整体气氛的艺术处理

作为一个室内空间界面，其首先应满足的就是人们对空间界面使用功能的需要。通过各种艺术处理手法，例如形体之间的分割、色彩之间叠错并置、光源的强弱对比及材料的质感对比等创造出来的氛围，是影响人们日常审美心理及由心理所牵带出的行为的最直接的因素，并作用于空间的实用功能。例如一个时装专卖店，空间界面处理的柔和顺畅，色彩搭配协调，光线充足，那么就会给人带来一种舒适感和信任感，能够吸引顾客前来购买商品；反之，界面处理的复杂零乱，色彩搭配刺目，光线比较昏暗，会给顾客带来烦躁、压抑的感觉，无心购物，这就直接影响了其作为商业空间的实用功能。

空间界面气氛不但影响着空间的实用性，同时还关系着空间间接的精神功能。一个光线柔暗，线条挺拔的教堂，能给人带来一种神秘、崇高并产生向往的感觉；一间色调温暖、界面格调雅致的茶室给人带来一种轻松、愉悦的气氛，使人留而忘返，这些都是借助于空间的气氛给人带来的精神感受，是其精神功能的体现。一个符合空间功能需要的恰当空间界面气氛，不仅能充分满足人们精神上各种美感的需要，同时也能推动空间实用功能的实现。

室内建筑装饰设计的内容是由各个设计元素共同组成的，人们在感受室内环境气氛的同时，还要具体品味各种设计元素的细节设计。例如室内照明及立体感，材料的质地，包括线脚和图案肌理，材料的色彩等。换一个角度看，室内界面的艺术处理、设计成败就是由这些因素具体体现给设计者。所以设计者在室内界面的具体设计中，就要根据室内环境气氛的要求和材料、设备、施工工艺等条件去具体解决这些问题。

1.光线及立体感

光线包括自然光和人工照明，光线及其带来的明度变化，给进入室内的使用者以第一感受。由于光线可以给室内空间带来立体感，所以设计中可以结合自然光和人工照明，对室内各个界面进行形体设计，利用各种立体界面进行室内空间设计，用各种立体界面形式去塑造个性及主题。

在进行顶棚的设计中，“灯井”可以使顶棚面产生凸凹变化，再通过照明产生立体及区域中心的感觉，从而体现出设计理念；墙面同样可以通过有雕塑感的凸凹变化，产生空间及界面的立体感。墙面的立体感塑造如图4-22所示。

在室内光线设计方面，有很多的室内设计师都注意对光线的研究和利用，有的提倡利用自然光，有的讲究利用人工照明，将光线和室内界面作为创造的重要元素，极少主义就是其中的典型代表。极少主义将建筑的元素减至最基本的概念，即空间、光线、体量。极少主义强调的艺术规律是以光线为主角，戏剧化的处理，优质的材料，简洁的形式以及各相关元素

图4-22　墙面的立体感塑造

间的合理布局。

2.材料质地的选择

室内界面装饰材料的选择面很广，不同的装饰材料及材料之间的组合，可以给室内空间带来不同的风格和效果。同种装饰材料用不一样的表面处理方法，同样可以得到不同的装饰效果。

木材等装饰材料来自于自然，是一种环保的建筑材料，作为室内外装饰材料历史悠久。在提倡绿色材料的今天，被设计者广泛应用，尤其是在表现文脉主义及地方乡土风格的室内空间中经常大量使用。木材具有纹理清晰、图案美观、品种多样、易于加工等特点，利用这些特点可以设计出更多界面的组合，这些纹理组合可在各种室内界面中使用，分别表达出设计者不同的设计理念和思想。

木材给人的总体感受是亲切的、温暖的，是人们可以近距离接触的，具有良好的视觉感、触感，但不同的木材又表现出不同的装饰效果。例如，紫檀沉稳、高贵；樱桃木文雅、含蓄；象牙木精细、淡雅；柚木古典、华贵；橡木粗犷、流畅；桧木光滑、细腻……

石材也来自于自然，具有质地坚硬、色彩多样、经久耐用、易于清洗等特点。如果表面处理成光滑的镜面，可以表现出华丽、典雅、高贵的装饰效果；如果把石材处理成粗糙表面，又可以体现出粗犷野性的一面。在室内界面装饰设计中最常用的石材是大理石和花岗石，它们给人的总体印象是光亮和坚硬，设计者常用它们表达一些深层次的意义。

另外，也可根据界面的使用功能和装饰效果不同，选择其他的装饰材料，如釉面砖、涂料、壁纸、塑料板、金属板、石膏板等。

3.色彩搭配处理

对于室内界面的设计，既有功能和技术方面的要求，也有造型和美观上的要求。由材料实体构成的界面，在设计时重点需要考虑线形、色彩、材质和构造4个方面，其中室内界面色彩的设计是界面整体气氛及艺术处理的重点之一。室内界面的色彩对创造良好的室内气氛，健全人的心理健康都有重要的意义。

在进行室内界面色彩设计时，应当注意以下一般原则：一是色彩不要选择过多，任何室内界面都不需要过杂的色彩组合，色彩组合要恰到好处；二是色彩搭配要平衡，不要过分地选用单一的冷或暖色调，更不能选择纯灰色的色彩，要注意室内空间的整体色彩平衡；三是要注意界面色彩设计与陈设品色彩相结合，陈设品的形状、尺度及色彩对界面的影响较大，要注意运用陈设品的色彩与界面色彩的对比设计。

二、界面细部及构件的艺术处理

贝聿铭先生曾经说过，一个好的建筑设计不仅要有好的构思，而且细部要到位。设计源于生活，是对生活的艺术提炼，而最为精华的部分常常在于细部。

建筑设计是一个从整体到局部再细部不断推敲和逐步完善的过程，建筑细部是构成建筑整体的重要组成部分，建筑的整体构思固然重要，而细部处理的好坏对建筑设计的成败也有较大的影响。重视细部设计和艺术处理是当代建筑设计的基本特征之一，也是现代建筑趋向成熟的重要标志。细部是一种与建筑的建造过程、建造手段以及建筑素材直接相关的建筑的具体化内容。没有优秀的细部就没有优秀的建筑，一个优秀的建筑设计，不仅要着力于其功能安排、环境分析、结构选型、空间造型、立面设计等，它对完善建筑功能、烘托建筑氛围、体现文化传统至关重要。细部的缺乏是中国当代建筑设计中存在的关键问题。

（一）细部的分类

从人的审美活动来看，除了审视事物的主体空间和造型外，不可避免地要注意设计的细节形式，所以总的构思和细微的处理手法形成了空间，整体的体量组合与局部的细节形象组成了空间，在对环境的审美和营造中，这种全局观念和细部处理都是不可忽视的。

室内界面中细部的形式和规模千差万别，但无一例外它们都对整体具备的功能性作用或形式上的作用有所要求，而且它们都对其中的某一种作用有所偏重，因此我们可以用功能性细部设计和装饰性细部设计来划分细部的类型。

1.功能性细部设计

功能性细部设计主要是解决室内空间整体环境的物质需要，是室内空间设计的基础，也是整个室内设计必不可少的硬件部分，如室内空间的门、柱、楼梯、天棚、隔断以及排水通风等细部设计的骨架结构部分，是功能性细部的主要属性，也是室内细部设计的第一步。

功能性细部设计要特别注意其实用性和技术性。细部设计的实用性是要求设计应当以人为本，设计的细部要满足人的使用习惯。细部设计的技术性是指细部的形式、尺度的伸缩、所用材质的刚柔粗细等，都应当满足技术上的基本规范。如在某室内屋面的结构造型中，设计用屋顶拉索方式解决其中的结构问题，很好地解决了功能性细部设计的实用性和技术性问题。不但可以满足屋顶的结构承载的要求，而且还展现了技术精美的细部造型。功能性细部设计如图4-23所示。

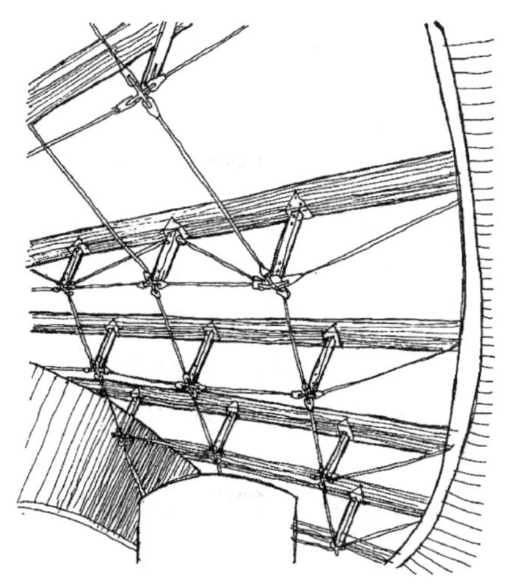

图4-23　功能性细部设计

2.装饰性细部设计

装饰性细部设计是指设计完全从审美的需求出发，是以使用者的心理需求和审美观念为基础的，装饰性细部的价值在于对空间的环境效应、社会效益和经济效益等的完善。由于失去了功能上的制约，它的设计只要遵循一系列的审美法则和经济效益即可。

在装饰性细部设计中首先需要注意的是细部应隶属整体，它的形式应服从于整体气氛，对整体气氛或烘托或点缀；其次细部具有相对的独立性，要求其自身的组合要素之间相互协调、相互衬托，以其自身的组织完美地去产生独特的艺术魅力来打动使用者。

在室内空间中，起较好装饰作用的细部设计，以挂画和壁雕等艺术形式应用比较多，这些艺术品如果在尺寸、色彩、内容等方面选择得当，无疑将对室内环境设计起到很好的美化作用。另外，装饰性细部设计对完善室内设计的主题有着极大的影响，很多室内设计的主题就是用细部刻画的图案符号去展现室内设计总体风格的。装饰性细部设计如图4-24所示。

图4-24　装饰性细部设计

（二）界面材料的衔接

在室内界面的材料设计中，对同样的饰面材料，在考虑设计方案时，要注意材料的接缝、对花及间隔问题；对不同饰面材料的衔接，也要考虑到材料接缝问题，使各种材料能够完整连接，界面保持完整和连贯。

室内界面常用的材料衔接手法是用各种压线将材料接头遮盖，从压线线形用材可分为木线、石膏线、石材线、灰线、塑料线等。从遮盖的位置不同可将线形分为三种：一是阴角线，主要装饰界面相交后形成的90° 凹入处；二是阳角线，这种线形主要装饰界面相交后形成的90° 凸出处；三是平板线，这种线形主要装饰各种板材平面对接后留下的缝除。装饰线脚如图4-25所示。

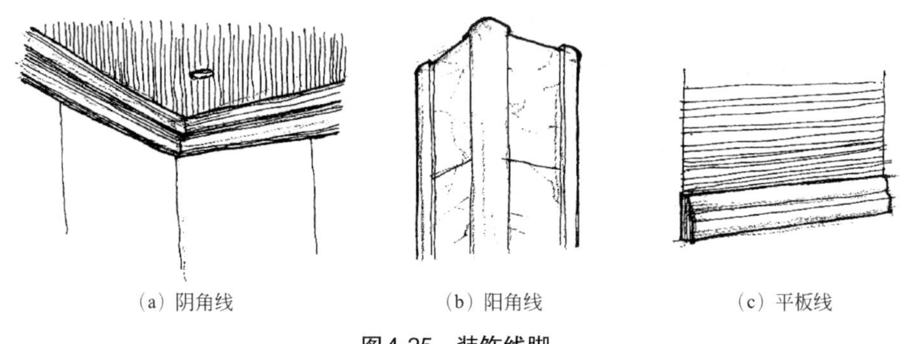

（a）阴角线　　（b）阳角线　　（c）平板线

图4-25　装饰线脚

从室内界面的具体应用来看，在室内界面的边缘，不同材料的交接处，一般都要设置“收头”或压线处理。如平板线最常见的一种是踢脚线，它常作为地面与墙面交接处的压线；阴角线常见的线形有棚角线，它是墙面与顶棚交接处的压线；阳角线作为界面转折处常用的压线，也有在界面转角处设置压线的情况。

另外，在室内界面设计中，材料与材料之间还有各种很好的衔接处理手法。板与板的接缝有的实接，有的留有空隙，空隙处用其他材料填充，也有为凹槽的，还有的将石材做成斜边，石材衔接后形成八字缝。板材对花是指纹理的延续，在同类材料的接缝处经常遇到这类问题，如壁纸的对花处理、木纹板材的对花处理等，这反映装饰设计者的设计深度。另外板面的大小，最好按板材的规格进行设计，这样可以量体裁衣，减少材料的浪费。

室内界面各种材料之间的交接，使界面上产生了许多线条。各种线条有规律的组合会产生明显的装饰效果，水平线给人以安宁感；垂直线则具有均衡、稳定感；斜线则具有动感、不稳定的感觉。

（三）柱子的装饰

在建筑的内部空间中经常能看到柱子，柱子是室内界面比较特殊的部分，一般可以把它看成是墙体的一部分，所以柱子的装饰可以随着墙面一起进行，也可以单独重点处理，这应根据设计者的意向而确定。

1.柱子的种类

柱子的分类方法很多。按照柱子和墙面的距离不同，分为独立柱、倚柱、壁柱；按照截面形式，分为圆柱、管柱、矩形柱、工字形柱、H形柱、T形柱、L形柱、十字形柱、双肢柱；按照所用材料，分为石柱、砖柱、砌块柱、木柱、钢柱、钢筋混凝土柱、劲性钢筋混凝土柱、钢管混凝土柱和各种组合柱；按照破坏特征或长细比，分为短柱、长柱及中长柱。柱子与墙面的关系如图4-26所示。

结构柱子进行装饰设计时，一般可分为保留原结构断面的饰面装饰和改变断面形式的装饰两种方式。对于不同的装饰风格和设计思路，很多装饰设计保留原有建筑柱子的结构柱的造型，尤其是在一些钢结构体系柱子的利用上，从保留钢结构的结构特点出发，其外装饰材料常使用漆类的饰面。对于钢筋混凝土柱子可以利用原结构形式，但许多装饰设计改变了结构柱的断面形式，不论断面是方形还是圆形，都可以重新装饰成其他样式的断面。

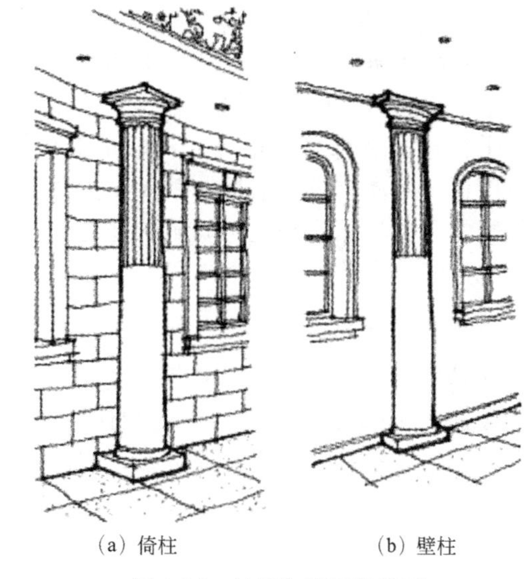

（a）倚柱　（b）壁柱

图4-26　柱子与墙面的关系

2. 古典柱式

古典柱式是柱子设计的经典作品，也是装饰设计者经常引用的范例。古典柱式也有中外之分。西方古典柱式是西方古典建筑最基本的组成部分。其发展经过希腊时期、罗马时期、文艺复兴时期。到文艺复兴时期时，对古典柱式进行总结整理，主要分为多立克、爱奥尼、科林斯3种，如图4-27所示。这3种柱式的共同特点都是由一般檐部、柱子、基座3部分组成。但有时也包括两部分。其中柱子是主要的承重构件，也是艺术的重要组成部分。

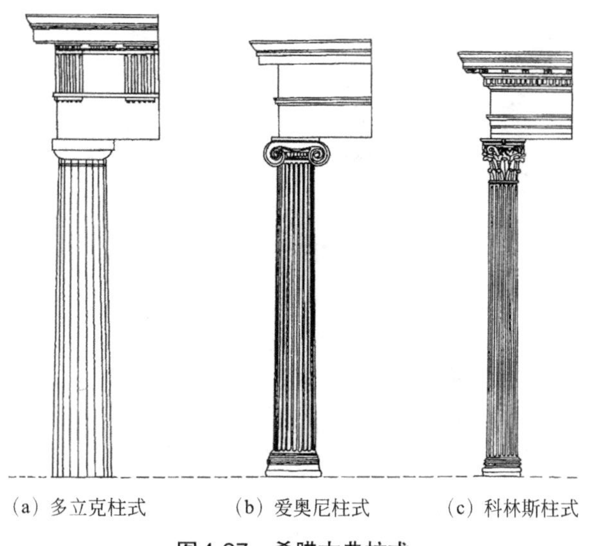

（a）多立克柱式　（b）爱奥尼柱式　（c）科林斯柱式

图4-27　希腊古典柱式

中国的古建筑多数是木结构建筑，柱子只有柱础和柱身两部分，柱础用石材，柱头部分与雀替相连形成完整的造型。但是要注意西方古典柱式是以柱子本身轴线为对称的，中国古典柱子则受开间的大小不同影响，形成不对称的柱头部分，了解柱子的造型及其与结构的关系，可以帮助设计者完整地引用古典柱式及借鉴古典柱式的精髓。

3. 柱子的装饰设计

在进行柱子的装饰设计时，可参考墙面的设计形式，如传统式、整体式、立体式。古典柱式是典型的传统三段式柱子的代表，现代柱子多数也是按传统三段式柱子设计的，只是有些是在柱头上再做点文章。整体柱子的比例尺度与传统柱子相似，但整体柱子的柱身更为简洁，更适合简约的风格，也适合整体表现。立体式柱子更注意突出设计的个性，好的设计使人过目不忘。

柱子设计形式的选用可以依据柱子在室内位置的重要性进行设计。如果室内的柱子较少、位置较偏或者只有壁柱时，在设计处理中可以随同墙面一起处理，不作为重点设计部分。这样处理的好处是不突出柱子的存在，使室内较为安静。由于柱子和背景墙一致，有利于形成空间的完整统一。如果室内柱子的截面尺寸较大、柱子较多，且在人流较密集的地方，则要对柱子进行精心的设计，必要时可用柱子的造型来形成室内的设计风格。如果柱子在室内空间中居重要位置，则要对柱子进行重点艺术处理。

用于柱子的装饰材料很多，一般墙面可用的材料均可在柱子上使用，如胶合板、塑铝板、氟碳板、不锈钢板、铝板、钢板、大理石、花岗石等。由于柱子多阳角或有圆弧面，所以是最能体现材料品质和施工质量的地方，例如精致的大理石柱面常给人以华丽、唯美的感觉，形成人们的视觉中心。

（四）隔断的装饰设计

隔断是室内进行分隔的结构形式之一，一般都是在主体结构完成后进行安装或砌筑而成的，不仅起着分隔建筑物内部空间的作用，而且还具有隔声、防潮、防火等功能。特别是轻质隔墙和各类隔断的涌现，充分体现出轻质隔墙和隔断具有设计灵活、墙身较窄、自重很轻、施工简易、使用方便等特点，已成为现代隔断改革与发展的重要成果。从隔断的使用情况来看，主要可分为艺术性隔断和功能性隔断。

图4-28　翼墙式隔断造型

1. 艺术性隔断装饰设计

艺术性隔断的装饰设计主要以半封闭式的为主。这种隔断形式的主要作用是增加空间的层次感，使室内空间互相渗透，并起到美化室内空间的作用。依据隔断与各界面的位置关系，可以分为翼墙式隔断（见图4-28）、独立式隔断（见图4-29）和悬吊式隔断（见图4-30）等。使用后的空间隔而不断，互相渗透，有很强的层次感，使室内空间更加丰富。同时艺术隔断本身也具有观赏性，对美化室内空间起到不可低估的作用。

图4-29　独立式隔断造型

图4-30　悬吊式隔断造型

2. 功能性隔断装饰设计

功能性隔断一般多为封闭式。它的功能主要是将大型的室内空间分隔成两个以上较小的室内空间。随着现代人生活内容的丰富，交往以及经营的需要，单一内容的空间往往不能满足人们的要求，需要多种变化的空间形式进行活动和交往。功能性隔断就为业主带来了灵活的选择，同时也为人们交往提供了方便。现在在一些宾馆的大餐厅或大会议室经常设计有内藏式隔断（见图4-31）、盘绕式隔断和推拉式隔断等。

图4-31　内藏式隔断造型

（五）楼梯的艺术表现

楼梯是楼层间的垂直交通枢纽，是建筑室内空间的重要组成部分，楼梯在建筑中除具有重要的交通使用功能外，现在也越来越成为艺术表现的重点。

随着城市房地产市场的发展，大量的跃层住宅、复式住宅的装修越来越多。所谓跃层住宅就是指住宅占有上下两层楼面，卧室、起居室、客厅、卫生间、厨房及其他辅助用房可以分层进行布置，上下层之间的交通，不通过公共楼梯而采用户内独用小楼梯连接。所谓复式住宅是受跃层式住宅的设计构思启发，在建造上仍每户占有上下两层，实际是在层高较高的一层楼中增建一个1.8m的夹层；复式住宅既满足了家庭隔代人的相对独立，又达到了相互照应的目的。

这些住宅为设计个性化的楼梯提供了可能，另外一些现代化建筑的楼梯也是室内空间设计的一部分，楼梯的艺术表现已经成为室内造型的一个重点。在建筑工程中人们接触到的楼梯结构形式有：梁式楼梯、板式楼梯、悬臂式楼梯和悬挂式楼梯，每种形式的楼梯的艺术表现方式各有特点。

1.梁式楼梯

梁式楼梯是在楼梯斜板侧面设置斜梁的，斜梁两端支撑在横梁上，横梁支撑在梯间墙体上或柱子上，就构成了梁式楼梯。当然梁式楼梯的优点就是楼梯比较长时，比较节省材料；其缺点是在施工的时候支模板比较麻烦。

梁式楼梯是以梁作为支撑的楼梯，在工程上常见的有双梁式、单梁式和扭梁式等形式。图4-32所示的楼梯为单梁式楼梯，其简洁合理的结构形式受到设计者和使用者喜爱，使室内的整体风格显得非常简约。

图4-32　单梁式楼梯

2.板式楼梯

板式楼梯由梯段、横梁体和平台三部分组成，楼板是一块斜板，板的两端支撑在平台梁上，这样的楼梯就称为板式楼梯。板式楼梯的优点就是表面看起来比较平整光滑，施工时支模板比较方便，给施工带来很多好处；但是，斜板的厚度较大，当楼板跨度较大时，材料用得比较多。

板式楼梯是以板材作为支撑的楼梯，常见的支撑板有搁板、平板、扭板、折板等形式。图4-33所示为扭板式的楼梯，其舒展的曲线、流畅的踏步、巧妙的布局，使这种楼梯更适合在休闲、娱乐等空间使用。

图4-33　扭板式楼梯

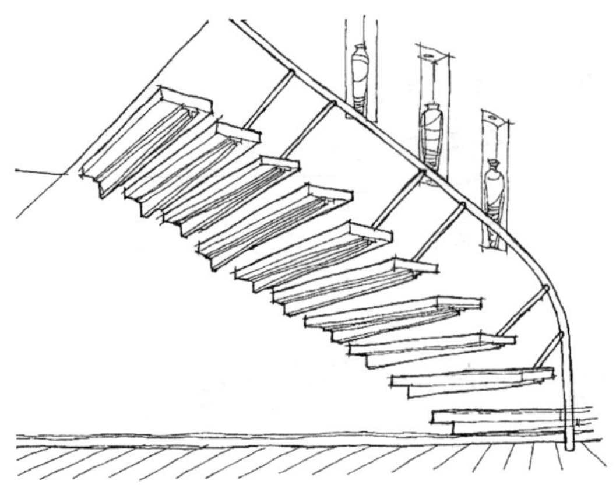

图4-34　墙身悬臂式楼梯

图4-35　一端悬挂式楼梯

3. **悬臂式楼梯**

悬臂式楼梯是以踏步悬臂作为支撑体的楼梯。可分为墙身悬臂式楼梯和中柱悬臂式楼梯两种形式。图4-34中所示为墙身悬臂式楼梯，从此种楼梯可以看到一种结构组合的美，让人感到现代技术和现代工艺给楼梯带来的美感。

4. **悬挂式楼梯**

悬挂式楼梯又称为吊杆式楼梯，与传统楼梯相比这种梯型省略了臃肿的梯架，这样的处理方法使得楼梯的整个结构更加简洁、通透，与日益盛行的简约主义风格相得益彰。

悬挂式楼梯是将踏步用金属拉杆悬挂在上部结构上的楼梯，有一端悬挂和两端悬挂两种形式。图4-35中所示为一端悬挂的楼梯，这种楼梯打破了一般概念上的结构形式，并使结构杆件外露，又成为了围护构件，这种形式符合现代人欣赏结构美的审美取向，是技术与艺术相结合的较好范例。

值得引起注意的是，在设计室内空间造型时，不要孤立地将室内设计与建筑设计分开。当今的设计理念告诉我们，室内空间设计是建筑设计的重要组成部分，室内设计应贯穿建筑设计的各种设计元素及细部设计，只有建筑内外整体风格、细部设计高度统一的建筑室内外设计才是一个成功的设计作品。

第五章

建筑室内色彩设计

人们对室内的第一印象首先是从色彩开始的，所以在建筑装饰的设计中，色彩占有非常重要的地位。室内装饰得富丽堂皇、艳丽多彩，或简约自然、淡雅清新，不但与家具陈设的档次、多少和款式等有关，而且还与墙面、地面、顶棚的色彩，以及家具、陈设、织物、灯光的色彩有关，建筑装饰设计涉及的空间处理、家具设备、照明灯具等各个方面，最终都要以形态和色彩为人们所感知，形态与色彩密不可分。

实践证明，物体的形态再好，如果没有好的色彩来表现，很难以给人美感，反之空间形式、家具和设备的某些欠缺，却可以通过色彩处理来弥补和掩盖。色彩也是一种最实际的装饰因素，同样的家具、陈设和织物等，施以不同的色彩，可以产生不同的装饰效果。

第一节　色彩的基本知识

建筑装饰设计的实践证明，在建筑装饰设计中，色彩具有物理作用、生理作用和心理作用。室内色彩能够影响人们的情绪，不仅能使人兴奋或安静，也能创造神秘或遐想的气氛，所以说一个成功的室内装饰设计，在完成界面设计及陈设家具设备设计之外，室内的色彩设计也是不可忽视的。

一、色彩的来源

色彩是作用于人的视觉神经所引起的一种感觉。物体的颜色只有在光线的照射下，反射到人的眼球聚集到视网膜上，再由视网膜上的视觉神经感受，从而为人的大脑所识别。由此可知，人对色彩感觉的完成，首先要有光，要有对象，要有健康的眼睛和大脑，其中缺一不可。把五彩缤纷的花卉放到无光的居室中，人们根本弄不清它们是什么颜色。这充分表明有光才有色，无光也就无色了。

光线照射到物体上，可以分解为三部分：一部分被吸收，一部分被反射，还有一部分可以透射到物体的另一侧。不同的物体有不同的质地，光线照射和分解的情况也不同，正因为这样，才显示出千变万化的色彩。

光的来源相当多，可概括为两大类：一类是天然光；另一类是人造光。现代色彩科学以太阳作为标准发光体，并以此为基础解释光色等现象。太阳发出的白光由多种色光组成。英国科学家牛顿用三棱镜分解白光，形成的光带显示出红、橙、黄、绿、青、蓝、紫7种颜色。法国科学家则认为：蓝色不过是青紫之间的一种色，光带的色彩应划为红、橙、黄、绿、青、紫6种作为标准色，他们的发现和见解被色彩学界所接受，因此，当今的色彩学都以此6种作为标准色。

太阳发出的白光照射到物体上，被反射的光色就成了物体的颜色。我们看到红旗是其吸收了太阳光中的橙、黄、绿、青、紫，反射出红色。人们看到树叶的绿色，是树叶吸收了红、橙、黄、青、紫色，反射出绿色。同样，白色物体可反射出大部分光色，黑色物体因吸收了大部分光色而呈黑色，但灰色物体对每种光色都部分吸收而呈现出明暗不等的灰色，而黑色与白色却都是相对的。原因在于自然界中并无纯黑与纯白的物体，也就是说并无完全吸收或完全反射所有光色的物体。所以，物体对光的吸收和反射也是相对的。事实上，它们除大部分吸收或大部分反射某种光色外，还小部分吸收或小部分反射其他光色，这就是光给人们带来了五光十色、丰富多彩、色彩缤纷的世界的原因。

二、色彩三要素

尽管世界上的色彩千千万万，并且各不相同。但是，经人们研究发现，任何一种色彩（除无彩色只有明度的特性外）都有明度、色相和纯度3个方面的性质，即任何一个色彩都有它特定的色相、明度和纯度，因此把色相、明度和纯度称为色彩三要素。

1.色相

色相即指每种色彩的相貌，是区别色彩种类的名称，指不同波长的光给人的不同的色彩感受，如红、橙、黄、绿、青、紫等每个字都代表一类具体的色相，它们之间的差别就属于色相差别。上述6个标准色与红橙、橙黄、黄绿、青绿、青紫和红紫色组成十二色相，这十二色相以及它们调和变化出来的大量色相称为有彩色；黑色和白色为色彩中的极色，加上介于黑白之间的中灰色统称为无彩色；金、银光泽耀眼，称为光泽色。色相还可构成高纯度、中纯度、低纯度、高明度、中明度、低明度的全色相环，这些都是美感很高的色相秩序。

色相是区别色彩的主要依据，是色粉的最大特征。色相是特定波长的色光显现的色彩感觉，将不同的色彩并置，在比较中便呈现色彩的差异与变化。室内主要的色彩倾向往往是以色相起调和作用的。如绿色为环境的主要色相，就可能有粉绿、草绿、中绿、橄榄绿等色相变化，调入白色与灰色，在明度与纯度上产生微弱的差异，但仍保持绿色相的基本特征。

2.明度

明度指色形的明暗程度，是人的眼睛对光源和物体表面的明暗程度的感觉。明度是全部色彩都具有的属性，任何色彩都可以还原为明度关系来思考，明度关系可以说是搭配色彩的基础，明度最适于表现物体的立体感与空间感。

由于物体色相的千差万别，所以在分析色彩的明度时应从以下两个方面着手：首先不同色相的明暗程度是不同的光谱中的各种色彩，以黄色的明度为最高，由黄色向两端发展，明度逐渐减弱，以紫色的明度为最低；其次，同一色相的色彩，由于受光的强弱不同，明度也是不一样的。以无彩色系为标准，色彩的明度分为9级。色彩明度分级如表5-1所列。

表5-1　色彩明度分级

1	2	3	4	5	6	7	8	9
白	最明	明	次明	中	次暗	暗	低暗	黑
	黄	橙黄、绿黄	青、绿	青绿、橙红	青、红、紫	青紫	紫	

从表5-1中可以看出，明度是“色彩的骨架”，没有明度关系的色彩，就会显得苍白无力，只有加入明暗的变化，才可展示色彩的视觉冲击力。

3.纯度

纯度即各色彩中包含的单种标准色的成分。纯的色彩色感强，即色度强，所以纯度也是色彩感觉强弱的标志。物体表层结构的细密与平滑有助于提高色的纯度，同样纯度的油墨印在不同的白纸上，光洁的纸印出的纯度高些，粗糙的纸印出的纯度低些。物体对色纯度达到最高的包括丝绸、羊毛、尼龙、塑料等。

纯度与明度有着不可分割的关系，概括起来主要包括三类：一是加白色能增加明度，但纯度降低；二是加黑色能使明度和纯度均降低；三是加灰色或其他色相颜色，可使明度和纯度产生很丰富的变化。

在理解色彩原理及运用色彩时，必须紧紧抓住色彩三要素这条主线，这样许多问题可以达到迎刃而解的效果。如果要达到丰富的层次感，如室内的天棚、地面、墙面的不同处理，就要考虑到黑、白、灰3色的关系，使空间中的物体显示出清晰明快的调子。室内色彩中明度变化主要表现在：同一色相因光源的远近、强弱其投影、物的起伏变化而造成的明度差异；同一色相混入不同比例的黑、白、灰而形成的不同明度的变化；在同等光源下，不同的色相由于自身间的明度差而形成变化。

三、色立体

为了认识、研究与应用色彩，人们将千变万化的色彩按照它们各自的特性，按一定的规律和秩序排列，并加以命名，这称为色彩的体系。色彩体系的建立，对于色彩的标准化、科学化、系统化以及实际应用都具有重要价值，它可使人们更清楚、更标准地理解色彩，更确切地把握色彩的分类和组织。具体地说，色彩的体系就是将色彩按照三属性，有秩序地进行整理、分类而组成有系统的色彩体系。这种系统的体系如果借助于三维空间形式，来同时体现色彩的明度、色相、纯度之间的关系，则被称为“色立体”。

“色立体”是立体式的能体现色彩三要素规律的色标模型，它借助于三维空间来表示色相、明度和纯度的概念。这样的色彩模型，为色彩三要素的变化规律提供了直观的视觉形象，对掌握色彩的原理，尤其是对调和规律的理解有很大的辅助作用。色彩学中的色立体，最具有代表性的是奥斯特瓦尔德色立体、孟塞尔色立体等，它们在理论阐述时侧重点各不相同，从而形成了不同的体系。

（一）奥斯特瓦尔德色立体

奥斯特瓦尔德是德国化学家，曾获得诺贝尔奖，他研究色彩是多方面的，包括数学、物理、化学、生理各方面，色立体创立于1921年。他的色彩体系是以色相、明度及纯度构成，所不同的是明度及纯度的表示以白色含量与黑色含量的多少而定。

“奥氏色体系”示意形是一个正陀螺形，它的中轴是明度，周边是色相，中轴与外侧之间是纯度演进系列。按自然色谱的排列，“奥氏色体系”人为地划为8个基本色相，即黄、橙、红、紫、蓝绿、蓝、绿、黄绿，每个基本色相又分为3个衍色相，这样形成24个分割的色相环，从1号到24号排列在陀螺最外围水斗面边缘上，再以垂直的明度轴为一边，作一个等腰三角形旋转一周即为奥斯特瓦尔德色立体。

（二）孟塞尔色立体

孟塞尔是美国教育家、色彩学家、美术家。孟塞尔所创建的颜色系统是用颜色立体模型表示颜色的方法。它是一个三维类似球体的空间模型，把物体各种表面色的三种基本属性色相、明度、饱和度全部表示出来。以颜色的视觉特性来制定颜色分类和标定系统，以按目视色彩感觉等间隔的方式，把各种表面色的特征表示出来。目前国际上已广泛采用孟塞尔颜色系统作为分类和标定表面色的方法。

“中央轴”代表无彩色黑白系列中性色的明度等级，黑色在底部，白色在顶部，称为孟塞尔明度值。它将理想白色定为10，将理想黑色定为0。孟塞尔明度值由0～10，共分为11个在视觉上等距离的等级。在孟塞尔系统中，颜色样品离开中央轴的水平距离代表饱和度的变化，称为孟塞尔彩度。彩度也是分成许多视觉上相等的等级。中央轴上的中性色彩度为0，离“中央轴”越远，彩度数值越大。该系统通常以每两个彩度等级为间隔制作一个颜色样品。各种颜色的最大彩度是不相同的，个别颜色彩度可达到20。

（三）色立体的运用

在建筑装饰设计中色立体的作用是相当大的，它是我们一个全面理解色彩性质的桥梁，给装饰设计师带来很大的方便，我们通过它可以直观地比较色彩、感受色彩，从而使色彩更好地为我们的设计服务。美籍德国艺术心理学家阿恩海姆，在《艺术与视知觉》一书的“色彩论”中曾对“色立体”进行这样评价：“这些体系应服务于两个目的，一个目的是用来对任何一种颜色进行客观的鉴定；另一个目的是要指出哪些颜色是互相谐调的”。色立体的功能，简单地讲，一是使色彩标准化，二是寻求色彩和谐的配方，因此，奥斯特瓦尔德色立体和孟塞尔色立体，都有其相应的配色计算方法。

奥斯特瓦尔德除了认为“要使两种或两种以上的颜色谐调，必须使它们在主要的因素方面相等”外，还认为“效果使人愉快的色彩组合，称为和谐，可以提出这样的假定，和谐=秩序”，据此可在奥斯特瓦尔德色立体中求出各种和谐的配方。在其纵向剖面图有等黑、等白及等纯度关系，这个纵向剖面正好是一对互补色的等色相面，在等色相面上可以求得许多调和配合，如互补色“等黑等白”调和、同色相“等黑等白”调和、互补色交叉调和、以某色为基调与点缀补色的调和等。

“孟氏色立体”在环绕着球形中轴的水平圆圈上，排列着明度和纯度都相同的所有色相，一条与水平圆圈垂直相交的线，把明度不同而色相相同的颜色连接起来，一个水平半径，把属于一定色相和明度的颜色的各种纯度组合在一起。孟塞尔认为“球体的中心是所有颜色的自然平衡点”，这样，任何通过中心点的直线所联系到的色块都是谐调色。在“孟氏色立体”上确立一个色或一组色后，就可以根据几何秩序去选择与之调和的色。互补的色相对比可通过调整明度差别来取得谐调，即高明度基色可配其低明度基色的补色来进行补偿。

色立体及研究者也注意到配色调和中的色相、明度、纯度和面积因素有关，不同颜色的知觉度也是不同的。按照歌德的纯色明度数比，用黄与紫两个纯色来构成图案色彩的面积比是1∶3，用红与绿两个纯色来构成图案色彩的面积比是1∶1。孟塞尔也认为：红与青绿同等的面积在转盘上旋转混合不会得到明度为5的灰，这显然是红的纯度高，而绿的纯度低，只有把红色纯度降低或红的面积减为青绿的1/2，才能取得色彩的和谐。

色立体对于配色应用的作用是毋庸置疑的，然而它毕竟过于理性，色彩感觉的形成是个综合现象，人们对色彩美的要求也不仅仅是“纯色彩”的。阿恩海姆把上述色彩论称为传统的色彩和谐理论，并认为“是一种最朴素的和谐”，进而指出“顶多不过适用于所谓服装或房间的色彩设计而已”。其实，服装或房间的色彩设计亦非如此简单，同样还包含复杂的视觉心理及功能等多种因素，所以机械而简单地依赖色立体寻求配色处方的办法是不可取的。

多年来，人们发现“奥氏色立体”和“孟氏色立体”在应用过程中存在着不足，进而提出过不少的修正方案。日本色彩研究所于1951年创立了自己的色立体，用鲜、亮、强、深、浅、涩、暗、淡、浊，这样几个概念的色调区域构成色立体，实际是对“奥氏色立体”和“孟氏色立体”的综合与修正。其他国家的学者也提出了一些新的色立体。尽管如此，人们仍然公认“奥氏色立体”和“孟氏色立体”的权威性，科学家们高度评价“奥氏色立体”，艺术家们觉得“孟氏色立体”更加适用。

（四）色立体的用途

① 色立体提供了几乎全部的色彩体系，可以帮助设计者开拓新的色彩思路。

② 色立体是严格地按照色相、明度、纯度的科学关系组织起来的，所以它提示着科学的色彩对比、调和规律。

③ 建立一个标准化的色立体，对色彩的使用和管理会带来很大的方便，可以使色彩的标准统一起来。

④ 根据色立体可以任意改变设计作品的色调，并能保留原作品的某些关系，取得更加理想的效果。

总之，色立体能够使人们更好地掌握色彩的科学性和多样性，使比较复杂的色彩关系在头脑中形成立体的概念，为更全面地应用色彩、搭配色彩提供根据。

四、色调

在建筑室内的环境中，通过色彩的色相、纯度、明度的综合变化，产生对一种色彩结构的整体印象，这便是色调，实际上是指色彩外观的基本倾向。色调包括很多，有以明暗关系为特征的，如整体色彩是明快的亮调子或稳重的暗调子，也有既稳重又不失明快的中性调子。为室内确立明度基调，将在一定程度上决定室内房间最后所要形成的色彩效果。

以颜色为基调的色调，主要是色量的控制，以寻求有主要倾向性色相的色彩，如偏橙色或偏粉红色，或含灰色所组成的不同调子，还有暖调子、冷调子等。暖调子主要包括红、黄、橙、赭石、咖啡、紫红等色，具有热烈、明朗、兴奋、奔放等特点，给人温暖的感觉，尤其适于冬天使用，如墙面或顶棚饰以米色、地面浅驼色、窗帘浅豆沙色，再配深浅咖啡色相间的地毯，点缀黄色的靠垫，整个房间既温馨又稳重。冷调子主要包括蓝、绿、紫等色彩，具有安静、稳重、明快等特点，给整个房间带来清新、凉爽之感。只要色调一致，即使颜色不同，各种颜色的个性也能得到充分展示，所以色彩的基本印象对整个室内环境所表现的情绪和美感有极大的影响，如暖色给人以前进感，冷色给人以后退感等。

五、色彩的混合

由两种或多种色彩互相进行混合，产生与原有色不同的新色彩，称为色彩的混合。色彩的混合是色彩形成和变化的有效途径。从原理上讲，除三原色外，其他颜色都能够由三原色按不同比例混合而成。色彩混合理论包括三原色理论、加色混合、减色混合和中间色混合。

1.原色

物体的颜色是多种多样的，大多数颜色都能用红、黄、青3种颜色调配出来，所以红、黄、青3种颜色称为三原色。原色是指不能通过其他颜色的混合调配而得出的基本色，以不同比例将原色混合，可以产生出其他的新颜色。

2.间色

由两种原色调配而成的颜色称为间色或第二次色，共3种，即：红+黄=橙，黄+青=

绿，红+青=紫。橙、绿、紫3种色就是间色。

3. **复色**

由两种间色调配而成的颜色称为复色或第三次色，主要复色也有3种，即：橙+绿=橙绿，橙+紫=橙紫，紫+绿=紫绿。每一种复色中都同时含有红、黄、青三种原色，因此，复色也可以理解为是由一种原色和不包括这种原色的间色调成的。改变三原色在复色中所占的比例，可以调出众多的复色。与间色和原色比较，复色含有灰的因素，所以较浑浊。

4. **补色**

一种原色和另两种原色调配的间色互称为补色或对比色，例如：红与绿（黄+青），黄与紫（红+青），青与橙（红+黄）。

从十二色相的色环看，处于相对位置和基本相对位置的色彩都有一定的对比性，以红色为例，它不仅与处在它对面的绿色互为补色，具有明显的对比性，还与绿色两侧的黄绿和青绿构成某种补色关系，表现出一定的一冷一暖、一明一暗的对比性。

在室内设计运用色相对比时，当你心目中的主色调确定之后，其他色彩的运用必须清楚与主色相是什么关系，是要表现什么内容和感情，这样才能增强构成色调的计划性、明确性与目的性，使配色能力有所提高。

第二节　室内色彩的作用与效果

色彩是任何事物都具有的，室内环境的各个组成要素均有其不同的色彩，这些色彩的总和形成了室内环境的总色调。一种特定的色调往往对应于一种特定的环境气氛，因此，不同的环境色调给人以不同的感受。色调不仅取决于物体的颜色，还取决于这些物体的形状与质感，所以我们不能把色彩设计作为孤立的问题，而必须将其贯穿于室内设计的全部过程中。

色彩在室内装饰中十分重要，它是人类视觉中最突出的语言符号。色彩的设计统一在室内装饰中起着改变或者创造某种格调的作用，会给人们带来某种视觉上的差异和艺术上的享受。据调查，人进入某个空间最初几秒钟内得到的印象，75%是对色彩的感觉，然后才会去理解形体。所以，色彩是室内装饰设计中不能忽视的重要因素，了解不同色彩所产生的不同功能及人们自身对色彩的要求的重要作用是不言而喻的。

一、色彩的物理作用

室内界面、家具、陈设等物体的色彩相互作用，可以影响人们的视觉效果，使物体的尺度、远近、重量和冷暖在主观感觉中发生一定的变化，这种感觉上的微妙变化，就是物体色彩的物理作用效果。

1. **温度感**

人类在长时间的生活实践中，体验到太阳和火焰能够带来温暖，所以在看到与此相近的色彩如红色、橙色、黄色的时候，相应地会产生一种温暖感；在看到海水、月光、冰雪时，就有一种凉爽感。后来在色彩学中统称红、橙、黄一类为暖色系；青、蓝、绿等称为冷色系。

从十二色相组成的色环看，橙色为最暖的色，青色为最冷的色，黑、白、灰和金、银等色称为中性色。色彩的温度感并不是绝对的，而是相对的。无彩色和有彩色比较，后者比前者暖，前者要比后者冷；从无彩色本身看，黑色比白色暖；从有彩色本身看，同一色彩含红、橙、黄等成分偏多时偏暖。因此，绝对地说某种色彩（如紫、绿等）是暖色或冷色，往往是不准确和不妥当的，例如，色彩的温度感和明度有关系，含黑色的暗色具有温度感，含白色的明色而具有凉爽感；色彩的温度感还与纯度有关系，在暖色中纯度越高越具有温度感，在冷色中纯度越高越具有凉爽感；色彩的温度感还涉及物体表面的光滑程度，一般地说表面光滑时色彩显得冷，表面粗糙时色彩显得暖。

在室内装饰设计中，设计师常利用色彩的物理作用去达到某种设计的目的。例如利用色形的冷暖来调节室内的温度感。如在北方长年见不到阳光的居室就适于选用暖色系的色彩，也可利用材质表面的质感来辅助表达色彩的温度感。

2.距离感

在人与物体距离一定的情况下，物体的色彩不同，人对物体的距离感受也有所不同，这就是所谓的色彩的距离感。在色彩的比较中，给人以比实际距离近的感觉的色彩称为前进色，给人以比实际距离远的感觉的色彩称为后退色。

色彩的距离感与色相有关系。一般来说，暖色系的色彩具有前进、凸出、拉近距离的效果，冷色系的色彩具有后退、凹进、拉开距离的效果。

另外，色彩的距离感也和色彩的明度、纯度有关系，高明度、高纯度的颜色具有前进、凸出之感，低明度、低纯度的颜色具有后退、凹入的感觉。装饰设计师可以利用色彩的这一特点，改善室内空间某些部分的形态和比例。

3.重量感

色彩的重量感是通过明度和纯度确定的，明度和纯度高的颜色显得轻。

决定色彩轻重感觉的主要因素是明度，即明度高的色彩感觉就轻，明度低的色彩感觉就重。其次是纯度，在同明度、同色相的条件下，纯度高的感觉轻，纯度低的感觉重。

从色相方面色彩给人的轻重感觉为：暖色黄、橙、红给人的感觉轻，冷色蓝、蓝绿、蓝紫给人的感觉重。

同时界面的质感给以色彩的轻重感觉带来的影响也是不容忽视的，材料有光泽、质感细腻、坚硬给人以重的感觉，而物体表面结构松软给人的感觉就轻。

4.尺度感

在色彩学中，色彩还有膨胀色与收缩色之分。给人感觉比实际物体大的色彩称为膨胀色，给人感觉比实际物体小的色彩称为收缩色。由于物体具有某种颜色，使人看上去增加了体量，该颜色则属膨胀色；反之，使人看上去缩小了体量，该颜色则属收缩色。

色彩的尺度主要取决于色彩的明度和色相。色彩的明度越高，尺度感加强；反之，收缩感越强。另外，材料的色相越暖，尺度感加强；反之，冷色有收缩感。在室内装饰设计中常利用这一特点选择家具及陈设的颜色，调整空间局部的尺度感。

二、色彩的心理效果

色彩的直接心理效果来自色彩的物理光刺激对人的生理发生的直接影响。对于色彩的反应，不同时期、性别、年龄、职业、民族的人，其反应是不同的，对色彩的偏爱也是不一样的，例如办公空间的色彩不要渲染热烈，色彩要稳定，可选择以高调为主的室内色彩设计。在现代室内装饰设计中，专门有从事色彩流行趋势研究的机构，定时发布当前的流行色。作为室内装饰设计者，不但要掌握色彩知识，还要掌握当今色彩的流行趋势，以免室内设计落后于时代。

一切以色彩为表现手段的创造活动，其意义都在于沟通某种色彩组合的视觉感受，使人产生一种心理的关系与共鸣。色彩心理是人对所看到的色彩的视觉刺激和心理暗示产生的系列联想。鲜亮的红色、橙色和黄色能够令人精神振奋，而蓝色和绿色则能平静我们的情绪；高纯度的色彩给人们华丽、气派的感觉，而低纯度的色彩给人一种朴实、素雅质感，混入黑色和灰色的冷色调，其沉闷、压抑的色彩环境令人意志消沉和绝望的感觉。不管是色彩的冷与暖、远与近、轻与重、弱与强、柔软与坚硬、华丽与朴素都同我们的视觉经验与心理联想有关，这些感觉偏向于物理感觉的印象，而不是物理的真实物象，是我们的心理作用产生的主观印象。

色彩同人的性格、情感有关。人们能够感受到色彩的情感，是因为人们长期生活在一个色彩世界中，积累了很多视觉经验，一旦视觉经验与外来色彩刺激产生一定的呼应时，就会在人的心理上引出某种情绪。每个地区、民族对色彩的感情不尽相同，色彩带给人的联想也不一样。下面就针对我国现阶段人们对色彩的心理反应加以分析。

（1）红色　红色的波长最长，是一种最醒目的颜色，常使人联想到太阳和火焰，象征着热烈、活跃、热情、吉祥。红色是血的颜色，因此还有刺激性和危险感的一面。另外，粉红色常给人以女性化的感受。

（2）橙色　橙色是欢快活泼的光辉色彩，是暖色系中最温暖的色，是一种富足、快乐而幸福的颜色。橙色容易引起人们的注意，具有明亮、华丽、健康、兴奋、温暖、欢乐、辉煌及容易动人的色感。

（3）黄色　在色相中黄色是明度最亮的色彩，其光感也最强。黄色常在普通照明中采用，给人以明快、温暖的感觉，常可以表达光明、丰收、温暖、喜悦的感情。在我国的古代，黄色象征皇权的尊严，所以黄色还给人一种威严感。

（4）绿色　绿色是大自然色彩的主基调，它不刺激人的眼睛，能使眼睛得以休息。植物的绿色能给人带来怡人的景观和新鲜的空气，绿色是清新、纯净、春天、生命的象征。绿色通常给人带来的心理感受是健康、青春、永恒、和平与安宁。

（5）蓝色　蓝色是天空、大海色彩的主基调，它使人联想到天空、大海的浩瀚、深远、透明，纯净的蓝色表现出一种美丽、冷静、理智、安详与广阔，由于蓝色沉稳的特性，具有理智、准确的意象。蓝色是最冷的色彩，容易使人联想到冷酷、寒冷。

（6）紫色　由于紫色的波长最短，自然界中紫色光是几乎看不到的，人们只能从植物中感受紫色的存在。紫色可使人联想到高傲、富贵。紫色是红色与青色的混合色，偏红的紫色突出艳丽、华贵的一面，而偏蓝的紫色则突出高傲、冷峻的一面。

（7）白色　白色为全色相，是没有纯度的色，明视度及注目性方面都相当高，能满足视觉的生理要求，与其他彩色混合均能取得很好的效果。白色能使人联想洁白、明快、清白、纯粹、真理、朴素、神圣、正义感、光明、失败等。

（8）黑色　黑色为全色相，也是没有纯度的色，与白色相比给人以暖的感觉，在心理上是一个很特殊的色，它本身无刺激性，但是与其他色配合能增加刺激；黑色是消极色，黑色能使人联想黑夜、葬礼、黑暗、罪恶、坚硬、沉默、严肃、死亡、恐怖、铁面无私等。

（9）灰色　灰色为全色相，也是没有纯度的中性色，完全是一种被动性的色，由于视觉最适应看配色的总和为中性灰色，所以灰色是最为值得重视的色，与其他色彩配合可取得很好的效果。灰色能使人联想阴天、灰尘、烟幕、乌云、灰心、平凡、消极、中庸等。

色彩的联想作用还受历史、地理、民族、宗教、风俗习惯、流行色彩等多种因素的影响。有些民族以特定的色彩象征特定的内容，从而使色彩的情感性发展为象征性。在古代，朱红、金黄色均作为皇家的色彩，是最高等级的色彩。现在我国人民在庆祝节日等喜庆的日子时，还是用红灯笼、红对联等表达自己的心情。

三、色彩的生理效果

一定的色彩环境，通过人的视觉感知，使人在生理上产生一定的反应，从而影响人的情绪和精神状态。当人的眼睛受到不同的色彩刺激后，人的肌肉机能和血脉发生了扩张或收缩的相应变化，因而造成不同的情绪反应和体验。不同性质的色彩，对人的感觉神经作用是不同的。

测试结果表明，长时间地接受某种色彩的刺激，能引起人的视觉变化，进而产生生理的不同反应。如长时间注视红色，会对红色产生疲劳，这时眼帘中就会出现它的补色——绿色。这种促使视觉平衡的色彩适应过程，对室内色彩的设计是很重要的。设计中不要盲目地大面积地使用某种单一的、刺激的色彩，否则会引起人的视觉不平衡。在实际的室内设计中，设计者经常能接触到一些特殊的行业，例如炼钢工人休息室，由于工人长时间接触红色的火焰，在休息室用浅绿色装饰墙面，就能使视觉器官得到休息，达到视觉的平衡。

另外，色彩是生理效果还表现在对人的心率、脉搏、血压等方面有明显的影响。近年研究成果表明正确地运用色彩将有助于健康，并对病人起到辅助治疗的作用。

下面是几种色彩对人体的影响。

（1）红色　红色刺激神经系统，导致血液循环加快，如果长时间接触红色，可能会出现疲倦、焦躁的感觉。

（2）橙色　橙色会使人产生活力，增加人的食欲，过多采用容易引起兴奋。

（3）黄色　黄色有助于增加人的逻辑思维能力和消化能力，但是如果大量使用容易出现不稳定感。

（4）绿色　绿色可以使人得以安静，促进人体的新陈代谢，可以起到解除疲劳、改善情绪的作用。

（5）蓝色　蓝色可调解体内的生理平衡，缓解神经紧张，改善失眠、头痛等症状。

（6）紫色　紫色对运动神经、淋巴系统和心脏系统有抑制作用，可以使人具有安全感。

四、色彩的对比与协调

世界上任何事物都是在对立与统一的形式中存在的。理想的色彩关系是调和中有对比，对比中求协调。它既不过于矛盾、尖锐、刺激，又不单调、雷同、死板。同时，对于不同的主题可以选择不同的对比或调和方式，如热烈、兴奋的情调，就可以选择对比色为主的色调来表现；而表现平静、素雅等情调，则适合用以协调为主的色调来表现。它们都能给人们以无限遐想的空间以及美的享受。

室内色彩设计是室内装饰设计中非常重要的一环。在室内色彩设计中，关键是要处理好色彩的协调与对比的关系，只有使色彩关系符合统一之中有变化、协调之中有对比的原则，才能使人感到舒适，给人以美的享受。色彩协调可以创造平和、稳定的气氛，但过多强调协调就可能显得平淡无奇、单调呆板、毫无生气；色彩对比可以使室内气氛生动活泼，但对比过度会使室内气氛失去稳定，产生强烈的刺激。因此，室内色彩设计应当遵循大统一中求小变化的原则。

（一）色彩的对比

色彩的对比是指两个以上的色彩，以空间或时间关系相比较，能比较出明确的差别时，它们的关系称为色彩对比关系。在室内装饰设计中，正确地运用色彩的对比，可以增强色彩的表现力，使色彩更具有生命力。

1. 同时对比

在同一空间、同一时间所看到的色彩对比现象称为同时对比。色彩的同时对比的关键是色彩三要素的对比，即色相对比、明度对比、纯度对比，同时色彩的冷暖对比亦至关重要。

在色相对比中，两邻接的色彩彼此影响显著，尤其是边缘。原色与原色、间色与间色对比时，各色都有沿色环向相反方向移动的倾向。如红色与黄色相比，红色倾向于紫色，黄色倾向于绿色；橙色与绿色相比，橙色倾向于红色，绿色倾向于青色。原色与间色对比时，各色都显得更鲜艳，正像黄花与绿叶相比，黄花显得更黄，绿色显得更绿。补色相比时，对比效果更强烈，如绿叶与红花对比，绿者更绿，红者更红。无彩色与有彩色之间的对比，有彩色的色相不受影响，而无彩色（黑、白、灰）有较大的变化，使无彩色向有彩色的补色变化。

明度不同的色彩相比，例如黑色与白色的对比，浅红色与深红色的对比，明者越明，暗者越暗。对比双方明暗差别越大，对比的效果越明显；明暗差别越小，对比的效果也越差。

纯度对比是指一种颜色的鲜艳度取决于这一色相发射光的单一程度。不同的颜色放在一起，它们的对比是不一样的。人眼能辨别的有单色光特征的色，都具有一定的鲜艳度。纯度不同的色彩相对比，鲜艳色的色相感越鲜明，弱者越弱。

冷暖色彩相对比，冷者更显得冷，暖者更显得暖。

工程实践证明，正确掌握色彩同时对比的规律，对搞好室内色彩设计，特别是对正确解决主景与背景、固有色与条件色的关系具有十分重要的意义。

2.连续对比

当两种不同的色彩先后被人看到时，两者的对比称为连续对比或先后对比。以展览馆中的诸多展室为例，如果各展室的色调不一，并有较大的差别，人们就会在参观过程中，感受到连续对比的效果。连续对比的效果属于色适应，对人的视觉条件和疲劳感都有较大的影响。在室内装饰设计中，应该利用其有利的方面，避免其不利的方面，以满足功能和视觉方面的要求。

在室内装饰设计中，对比色的应用可以得到热烈、喧闹的室内气氛，还可以利用对比色使室内局部变成视觉中心，给人留下深刻的印象。利用对比色还可以处理好重点与背景的关系，使室内空间有主有次。但对比色之间具有排斥性，如果运用过多，室内效果反而过闹、过乱。在运用对比色装饰室内时，要注意不可大面积使用，要在统一中求变化。也可利用无彩色系统的黑、白、灰、金、银等色与有彩色系统极易协调的特点，来协调对比色之间的关系，使室内空间的气氛统一、和谐。

在室内装饰设计中，一般的色彩规律是，在总体空间气氛中强调协调，有重点地追求对比，但这些规律并不是一成不变的，要灵活运用、因地制宜，这样才能取得良好的效果。

（二）色彩的协调

色彩的协调是指两个或两个以上的色彩，有秩序、协调和谐地组织在一起，能使人心情愉快、喜欢、满足等色彩搭配。色彩的协调能使室内色彩自由地组织构成符合目的性的色彩关系。

1.调和色的协调

调和色的协调即利用观叶植物与室内环境在色相、明度、彩色的细微差别，创造幽淡、轻柔、婉约、含蓄、雅致等调和型的色彩美感。调和色的协调主要包括单纯色的协调、同类色的协调、近似色的协调。

（1）单纯色的协调　单纯色也称同种色，指的是色相相同而深浅不同的颜色。用单纯色处理色彩关系很容易取得协调的效果。如浅绿色的地面上镶上深绿色的边就显得很协调。但是用单纯色处理室内色彩关系时，很容易出现单调的毛病，因此应当加大色彩浓淡的差别，最好以小面积的浓色块包围大面积的淡色块。

（2）同类色的协调　同类色是色环上色距很近的色相。同类色协调比较宜用于庄重、高雅的空间，也可用于不宜引人注目、不宜分散精力的卧室和书房。由于同类色协调有利于部件、器物一体化，因此又适用于体积较小而陈设杂乱的空间。

在室内装饰设计中，如果同类色应用不当，可能造成室内平淡无奇、单调朴素的气氛效果。若同类色协调的处理手法使用得当，会使室内色彩取得比较好的效果。通常采用的办法是加大明度、纯度的级差，突出材料的质地、纹理及立体感，利用字画、壁挂、浮雕等点缀界面，消除单调的气氛。

（3）近似色的协调　色环上色距大于同类色而未及对比色的色相都是近似色。如红与橙、橙与黄、黄与绿、绿与青、红与紫、蓝与紫等都是近似色。这些色之所以近似是因为它们都含有相同的色素。

近似色的“色距”范围较大，“色距”较近的色彩相谐调，具有明显的调和性，“色距”偏远的色彩相谐调则有一定的对比性。因此，采用近似色处理室内色彩关系，必然会表现出色彩的丰富性。与同类色相比，近似色容易形成色彩的节奏与韵律，形成富于变化的层次。

运用近似色处理室内色彩关系的一般做法是用一两个“色距”较近的淡色作背景，形成色彩的协调，再用一两个“色距”较远、色度较高的色彩装点家具、陈设而形成重点，以取得主次分明、变化自然的效果。由于近似色的“色距”范围比同类色的“色距”范围大，可以形成多种层次。用近似色处理色彩关系的方法适用于空间较大、彩色部件较多、功能要求复杂的场合。

2. 对比色的协调

对比色是人的视觉感官产生的一种生理现象，是视网膜对色彩的平衡作用。二十四色相环上相距120°～180°的两种颜色称为对比色。对比色冷暖相反，对比强烈，跳跃感强。常见的对比色有红与绿、橙与青、红棕与青绿、黄橙与青紫、黄绿与红紫等。

用对比色处理色彩的关系，一般是为了实现以下几个意图：① 渲染室内的环境，追求热烈、跳跃乃至怪诞的气氛；② 提高人们的注意力，使色彩部分显眼，给人留下深刻的印象；③ 突出某个部分或某些器物，强调背景与重点的关系。

对比色具有相互排斥的性质，在色块面积较大，色彩、明度、纯度较高，对比色的组数过多时，很容易出现过分刺激的情况。所以在室内色彩装饰设计中，对比色的协调是最重要的，因为对比色的协调可以满足视觉的生理平衡及心理需求，因此对比色协调有很高的心理价值和审美价值。但是，对比色的协调也是比较困难的，综观色彩协调的所有方法，其主要都是为了处理好对比色的关系而采用的。特别是最强烈的互补色，如红与绿、黄与紫、蓝与橙，如果这三组互补色处理协调，其他色彩之间的调和关系就会迎刃而解。

3. 无彩色与有彩色的协调

黑色与白色是色形中的两个极端色，黑色表现深沉、凝重，白色表现明亮、纯净，在室内色彩设计中得到了广泛的应用。在黑色与白色之间，是明度范围非常宽的中灰色，它没有色相和彩度，与有彩色相间配置时，既能表现出差异，又不互相排斥，具有极大的随和性。

黑、白、灰色所组成的无彩色系与有彩色系很容易调和。尤其是白色和各种明度的灰色，由于能够很好地起到过渡、中和等作用，所以广泛地应用于室内装饰设计中。

第三节　室内色彩设计的基本原则

室内色彩设计的目的是通过创造室内空间环境为人服务，设计者始终需要把人对室内环境的要求，包括物质使用和精神两个方面，放在室内色彩设计的首位。由于设计的过程中矛盾错综复杂，问题千头万绪，设计者需要清醒地认识到以人为本，为确保人们的安全和身心健康，把满足人和人际活动的需要作为设计的核心。

室内色彩设计是研究室内颜色的使用对于人类生活心理的影响的学科。色彩在家居装饰中占有举足轻重的地位，瑞士心理学家卡尔·琼曾说“色彩是潜意识的母语”，色彩可以唤起早已忘怀的记忆和情感。合适的色彩搭配能带来舒适的居室空间。要想充分地运用好色彩，必须要对色彩的特性有所了解，才能更好地发挥色彩所赋予的独有魅力和价值感。

室内色彩设计是与室内空间形体、选材等建筑设计同步进行的。在一般情况下，室内色彩没有使用功能，主要是起到美化室内的目的，但它也受到功能的制约，为完善室内使用功能和精神功能服务。

一、室内色彩的功能性

室内色彩设计首先应当满足室内的使用功能和精神功能的要求。由于色彩具有明显的生理效果和心理效果，能直接影响人们的生活、生产、工作和学习，因此，在进行室内色彩设计时，应首先考虑功能上的要求，并要在设计风格上力求统一。

在公共建筑中，办公楼、教学楼等是人们工作和学习的场所，要求工作和学习效率要高，其室内色彩要求简洁、明快、平和，不要求色彩艳丽、多变，应以淡绿、蓝色或中性色调为主；幼儿园要反映儿童的天真、活泼特点，色彩设计要丰富，活动室的色彩应多变，并可适当提高纯度；百货商场等购物中心，是以突出商品、吸引顾客为目的，其界面设计色彩不宜太乱，以免造成喧宾夺主；餐厅和酒吧的室内色彩设计，应以营造聚会的气氛为主；医院的室内色彩要考虑患者的要求，强调“以人为本”的设计理念和“人性化”的功能服务。

在居住建筑中，起居室是白天主要活动的场所，室内色彩设计要体现亲切、高雅、舒适等特点，色彩设计可适当活泼、丰富一些，但多数设计还应以中性色调为主，或者以淡暖、淡冷的颜色为主，辅以局部高纯度色彩，使室内空间的色彩较为丰富。卧室是人休息的场所，色彩处理应着重强调安静，可饰以低纯度的淡暖、淡冷的色彩。

从上述可以看到室内色彩设计和室内功能设计结合后要考虑的一些问题。这些方面只是常规的设计思想，对于室内装饰设计师来说，不要被各种约束所限制，作为有个性的设计师应不断完善自我、挑战自我，创造有新意、有个性、时尚的室内色彩设计，这才是一个设计师发展的真谛。所以任何常规设计思想都不是一成不变的，要以发展的眼光看问题。

二、色彩设计的色彩规律

按照色彩规律进行室内色彩设计，不仅可以科学地处理好室内的色彩构图，而且可以处理好室内色彩统一与变化等关系。在基调统一的基础上，可用稳定与平衡、节奏与韵律、统一与变化等手法去强调室内某一部分的色彩。通过色彩的重复、呼应、联系，可以加强色彩的韵律感和丰富感，使室内色彩达到多样统一，统一中有变化，不单调、不杂乱，色彩之间有主有次，使室内形成一个完整和谐的整体。

（一）基调与辅调

所谓色彩的基调，即色彩的主基调，是对各种色彩的取舍、选择、抑制与综合。室内色彩的主基调是指室内界面、家具、陈设中，面积最大、感染力最强的色彩。辅助基调（简称辅调）是指与主基调相呼应的，起点缀、平衡色彩作用的小面积色彩。确定室内色彩的主基调是关系到色彩成败的关键。按色彩规律可以将室内色彩的主基调、辅助基调分3种形式来处理：首先是以色彩明度为基调，暗调为辅调；其次是以色彩纯度处理，以灰调为主调，暗调为辅调；再次以色相的冷暖处理，冷暖两种色调互为基调或辅助基调均可。

色彩的主基调可以为室内的环境气氛确定主基调。一般说来，以暖色调为主基调的室内环境，容易形成欢乐、愉快的气氛。辅助基调可以是冷色调，也可以是黑、白、金、银等中性色调，恰当的组合可以得到融洽、亲切以至富丽堂皇的室内气氛。如果将红、白色作为主基调，辅以点缀性的冷色调，或辅以黑色调，也可以得到简洁、干净、明快的装饰效果。

以冷色调为主基调的室内，常给人一种安静、优雅的气氛。但在选用冷色调时，要注意色彩明度不要过大；在大面积使用时，要注意和白、黑、灰、金、银色配合使用。如果设计得当，以冷色调为主基调的室内，会取得空间加大、朴素优雅的室内环境气氛。

以灰色调为主基调的室内环境不常出现，但设计选用灰色调时常常会取得意想不到的效果。中国古代百姓的房屋常选用灰色调。在我国江南地区灰色调与白色配合使用，更能体现其人文及山水文化。现代室内设计选用灰色调为主基调，经常是配合材料有目的地去进行设计，并着重体现某些内容的文化及设计意图。

总之，室内色彩设计要有个性，要有特点，尤其要与所选用的装饰材料的表面特征结合使用，这样才能更好地辅助室内设计乃至建筑设计。

（二）稳定与平衡

室内色彩的设计还要注意色彩的稳定性及平衡性。在室内的界面设计中，设计者要遵循上轻下重的色彩稳定性原则。在一般情况下，顶棚、墙面、地面的色彩应该是由浅到深的变化规律，并且还要注意室内家具色彩对室内整体环境的影响，如果家具过多就不易选择深色调，同时特别要注意家具与室内地面的色彩搭配。但也有些设计为达到特殊目的违反色彩稳定性的原则，将一些感觉较重的色彩如黑色、灰色、蓝色用在天棚及墙面上，如舞厅、咖啡店、酒吧等娱乐场所，其设计主要目的是打乱色彩的配合规律，刻意强调个性，追求一种特殊的环境气氛。

色彩的平衡性要求设计者在色彩的设计中，要浅色中有深色，深色中有浅色，例如大面积的浅色墙面上，可以饰以深色的油画、浮雕等，以取得视觉上的平衡。在色彩较丰富的界面上，可适当考虑用一些补色的色彩去平衡视觉上的感觉。

（三）节奏与韵律

室内的色彩设计要考虑到色彩韵律性、节奏性，使色彩变化有规律性。例如在走廊的设计中要考虑到门在视线中有节奏地出现，门的选材及门套的处理，要注意与墙面的色彩搭配，使走廊在色彩变化上有节奏性、韵律感。

色彩设计的节奏与韵律变化还体现在多样色彩的选择上。在进行石材地面设计时，很多情况下都选择地面拼装图案的设计，设计者不但要考虑石材色彩明度的变化、冷暖的变化、纹理的变化，而且还要考虑几种石材搭配的韵律感、节奏感以及整体图案的效果。

（四）统一与变化

室内色彩的总体气氛要遵循统一中有变化的原则。室内色彩只有统一而无变化就会产生单调和沉闷感；只有变化而无统一就会杂乱无章。为了获得既统一又有变化的效果，首先要对室内色彩的主基调进行设计，并辅以小面积的鲜艳色彩与之呼应，使室内空间色彩层次分明，彼此衬托形成有机整体。其次在有些个性化以及娱乐等空间中不排除使用大面积的色块对比手法，以取得新奇、另类、跳跃的效果。这种有悖于色彩一般规律的设计，可以看成是室内设计多元性的产物，也是室内色彩设计发展到一定阶段的必然。

在室内色彩统一与变化的设计中，还要注意室内家具的作用。有些装饰设计者只注意界面的设计，而忽视家具的体量及色彩，这是不可取的。尤其是在家庭装修中，室内的家具所占比重非常大，有时候甚至起主导地位，所以在考虑界面色彩的同时，还要考虑家具的色彩以及款式，这样才能更好地运用色彩知识，做到统一中有变化。

三、室内色彩设计的从属性

在室内色彩设计中，设计者首先要考虑的是如何在设计中满足人的使用需求，使室内空间合理利用，这也就决定了室内色彩的从属地位。在一般情况下，室内色彩属于精神功能的范畴，它主要是满足使用者的观赏要求，提高人的艺术品位和身心健康等。

色彩的从属性表现在设计中首先要进行空间合理利用设计，然后才是选择材料、确定色彩，进行陈设、绿化设计等。也就是说，在进行色彩设计前首先要考虑使用功能，在满足使用功能的前提下完善色彩设计，当然室内色彩设计也可以促进使用功能的完善。例如在不同的室内空间中选用不同的色彩，可以使使用者一目了然地清楚自己所在的位置，也可使到访者很方便地找到应该去的地方。

色彩的从属性还应表现在作为背景环境，应起到衬托环境中的人和物体的作用，色彩要以低明度、低纯度为主基调，以突出空间主体，当然特殊功能的空间例外。

四、室内色彩设计的时空性

室内色彩与时空性有着非常密切的关系。时空性存在时间和空间两个方面的双重意义。首先，室内色彩不像一般造型艺术色彩那样，只供在有限的时间内进行观赏，而是要长期生活或工作在这个环境中；其次，室内色彩调节与人的关系，而自身独立的审美意义则不像一般的艺术品那样重要。此外，人们在室内生活或工作，在这个过程中长时间地感受着室内色彩的影响。

五、室内色彩设计的强制性

室内色彩与一般造型艺术色彩的另一个区别就是具有欣赏的强制性。一般造型艺术色彩喜欢看就多看一会，不喜欢看可以少看一会，而室内色彩则充满室内空间环境，只要人们进入了这个环境，无论是谁都要接受这个环境色彩的影响，这就是室内色彩对人的欣赏的强制性。由于它具有这种特征，就给室内彩色的设计提出了普及性的要求，尤其是公共的室内环境中，这一要求更为明显。

六、色彩设计的民族和区域性

室内装饰设计所用的色彩是多种多样的，色彩有其普遍性的一面，也有民族性和区域性的另一面。在不同的民族及区域里，人们对色彩的理解、感情有所不同，因此，室内色彩设计者对设计作品的地域、风土、习俗等有深入了解才能选择适宜的色彩，创造出好的设计作品，符合民族性和区域性的要求。

色彩的心理作用及联想会因人们国籍、民族、年龄、性别的不同，以及社会制度、气候条件、文化素养、宗教信仰、风俗习惯和职业等差异，而不同。少数民族或者边远山区的人们，喜爱大红大绿等一些极鲜艳的颜色，特别是北方的农村，由于风沙多、室内采光不足、气候寒冷，农民一般偏爱鲜明的色彩，颜色要“足”、“透”。城市居民室内采光够，但面积小，再加上快节奏生活与噪声的影响，容易对强烈色彩的刺激产生疲劳感，因而偏爱淡雅、清新、明快、舒适的颜色。

设计者也只有了解消费对象，“投其所好”才能使色彩设计具有生命力，而不能光凭自己对色彩的感受。例如，我国对红色就有着独有的深厚的情感，春节的春联、福字，婚嫁的礼服、蜡烛，生日的用品等都用红色，因为在我国人民心目中红是吉祥、喜庆、美好的象征。还有穆斯林喜爱蓝色和绿色，热带人们喜爱冷色，而寒带人们比较喜欢暖色等。所以设计师在室内设计及运用色彩时要充分考虑指向人群、地域、国家、民族等。

第四节　色彩的对比与调和

色彩的基本原理和基本知识对色彩实践的理论指导，可以归结到一点，即如何组合好色彩，以使其产生美感，离开这一点，色彩理论对于色彩实践就失去了存在的价值。色彩的组合所产生的美感虽然千变万化，归纳起来，无非是处理好色彩对比与调和的关系。对比与调和是造成所有色彩效果的手段，对于室内色彩设计起着非常重要的作用。

为了掌握色彩的对比与调和的规律，首先必须了解什么是色彩的对比和调和，以及对比与调和的种种表达方式。当两种以上的色彩放在一起，有比较清晰可见的差别时，它们之间的相互关系就产生了对比效果。各种色彩的形状、位置、面积、色相、纯度、明度、生理与心理效果的差别构成了色彩之间的差异，这种差异越大，对比的效果就越明显，缩小或减弱这种差异，对比效果趋向缓和，亦即产生调和效果，所以色彩的对比与调和可以看成一个事物的两个方面，它们之间很难划定绝对的界限，形成对比效果的“差异”是绝对的，调和则是相对的。

色彩间的差异与对比，在色彩现象与色彩艺术中最具有普遍性，没有色彩的对比就没有色彩的视觉效应。人只要能看到眼前的物象，就意味着色彩差异与色彩对比关系的存在。在人的视觉范围内，任何一种颜色都不是孤立的，它不仅为光的照射所制约，并且和它周围邻近的色彩有比较关系与相互作用，既影响周围的色块，也改变着自身的色相、明度和纯度效果。例如，红色与灰色在一起时，红色显得鲜艳；红色与橙色在一起时，就会失去与灰色在一起的鲜艳效果。由此可见，只要有两种颜色并置在一起，它们彼此之间就会发生对比作用，不是起积极的作用，就是起消极的作用，不是互相加强色彩效果，就是互相抵消色彩效果，因此，色彩的对比作用是发挥色彩表现力的重要手段。

色彩的比较总是在同一个范畴、同一性质或同一发展阶段内进行的，如色相只能与色相比，而不能与明度比，也不能与纯度比，只能是明度比明度、色相比色相、纯度比纯度。如果要求得出精确的比值，就得以同一单位和面积作为比较的依据，否则就得不到准确的结论。

如果说对比是色彩的普遍和基本现象，那么色彩的调和则是伴随着对比的另一种表现形式，它们在具体的应用实践中都只是手段，并不是目的，它们都要有机地发生联系并结合起来，通过一定的方法将色块进行有机的安排与组合，使色彩关系呈现出规律性和秩序性，才能产生出各种特定的色彩美感。

色彩的调和有两层含意，作为名词意为色彩配置的一种效果形式和方法，作为动词意为色彩由不协调调整到协调的过程。色彩的调和离不开色彩的对比，因此，色彩对比的减弱就意味着调和的开始，所以减弱对比是形成调和效果最直接的方法。但是色彩调和的含义远非如此简单，色彩的对比与调和之间存在着既互相排斥，又互相依存的关系。由此可见，相辅相成、相得益彰是处理好色彩对比与调和关系的成功体现。从这个意义上讲，色彩的调和实际上是色彩对比因素妙用在各色的变化中表现出来的，处理恰当便能创造出和谐、协调的效果，达到“美”的境界；处理不恰当的对比或调和就不会产生美感。因此，既不能错误地把“对比”孤立地看成破坏美感的“不安定”因素，又不能盲目地把“调和”与“和谐”等同起来。在研究和运用色彩的对比与调和的规律时，必须首先明确上述它们之间的差别与联系。

色彩的对比与调和，是互为依存的矛盾的两个方面，离开了任何一方都无法单独成立，绝对的对比会产生刺激，绝对的调和会显得平淡，所以，在色彩处理的过程中运用对比手法时要特别重视找到调和因素；反之，在运用调和手法时不能忽视辅以恰当的对比。因此，色彩运用的关键在于如何处理好色彩的对比与调和的关系。

一、色彩的对比

色彩的对比与调和可以归纳出多种类型，这种归纳的优点是条理清晰、一目了然，不足之处是容易割裂类型之间的有机联系，而色彩的问题经常是多元性的。色彩对比有多种类别，从色彩性质来划分，对比的种类有色相对比、纯度对比、明度对比；从色彩的形象来划分，对比的种类有形状对比、面积对比、位置对比、虚实对比、肌理对比；从色彩的生理与心理效应来划分，对比的种类有冷暖对比、轻重对比、动静对比、进退对比、新旧对比。在色彩设计中最常用的是按色彩性质来划分对比的种类。

（一）色相对比

色相的差别虽然是可见光波的长短差别形成的，但不能完全根据波长的差别来确定色相的差别和色相的对比程度，因为红色光与紫色光的波长差虽然最大，并处于可见光两极都接近不可见光的波长位置，但从视觉感觉的角度分析，它们在色相上是比较接近的，正是在色相环上反映了这一规律，因此在研究色相差时，不能只依靠可见光谱，而应借助于色相环。

色相对比关系的强弱，可以以色相在色相环上的距离与角度来表示。以二十四色相环为例，任选一色作为基色，则可把色相对比分成邻近色、类似色、中差色、对比色、互补色等多种类别邻近色，在色相环上是与基色相接之色。从色相环上可从看出，邻近色之间在色相上差别很小，一般看作同色相的不同明度与纯度的对比，是最微弱的色相对比，如以邻近色进行配合就会感到单调，必须借助明度、纯度对比的变化来弥补色相感的不足。

类似色，在二十四色相环上指间隔15°～60°、相差2～3色之色，如红与橙、橙与黄、黄与绿、绿与蓝、蓝与紫、紫与红等。类似色比邻近色的对比效果要明显些，类似色相互之间含有共同的色素，它既保持了邻近色的单纯、统一、柔和，又具有耐看明确的优点，但要在明度或纯度上求变化，不然亦会流于单调，还可以用小块对比色或灰色作为点缀，以增加变化与生气。如以蓝色为主色，绿色为类似对比色，再加进小面积的黄色或橙黄色，或者以冷灰色用小块对比，就会觉得比较生动而丰富，这种方法也适合于邻近色对比。

中差色，在二十四色相环上指间隔60°～130°、相差4～7色之色，如红与黄、红与蓝、蓝与绿，它的对比效果间于类似色与对比色之间，因色相间差异比较明确，色彩的对比效果比较明快，但有两色（如红与蓝）之间的明度差很小，相配时就需在明度、纯度和面积等方面加以调整，不然亦会产生沉闷的感觉。

对比色是人的视觉感官所产生的一种生理现象，是视网膜对色彩的平衡作用。对比色，在二十四色相环上指间隔120° ～ 170° 、相差7 ～ 11色之色，色彩对比效果鲜明、强烈，具有饱和、华丽、欢乐、活泼的感情特点，非常容易使人兴奋激动，但也容易产生不协调感。

互补色，在二十四色相环上指间隔180° 以上的两色。互补色对比是色相对比中最强的一种对比，使色彩对比达到最大的鲜明度。互补色相配，能使色彩对比产生强烈的刺激作用，对人的视觉具有最强的吸引力并获得满足。歌德在《色彩论》中指出："当眼睛看到一种色彩时，便会立即行动起来，它的本性就是必然地和无意识地立即产生另一种色彩，这种色彩同原来看到的那种色彩一起完成色轮的总和"，指的就是补色关系。伊顿则在《色彩艺术》中进一步指出："互补色的规则是色彩和谐布局的基础，因为遵守这种规则便会在视觉中建立精确的平衡。"补色对比强烈，可从用来改变单调平淡的色彩效果，但是如果处理不当极易造成乱杂、刺激、生硬等弊病。

人们喜爱色形往往是喜爱有一定纯度的色相，不同程度的色相对比，有利于人们识别不同程度的色相差异，也可以满足人们对色相感的不同要求。各种色相对比都有其特定的色彩效果，色相对比是诸色彩对比中最具魅力的。

纵观我国历史上的传统色彩调配形式，运用色相对比是最常见而巧妙的方法之一。如敦煌壁画和永乐宫壁画，都采取了色相对比并取得了饱满的视觉心理效果，在建筑、织绣图案、民间年画和其他民间美术品的配色中，更是积累了使用高纯度的色相对比的经验。

（二）明度对比

明度对比是色彩的明暗程度的对比，也称色彩的黑白度对比。明度对比是色彩构成的最重要的因素，色彩的层次与空间关系主要依靠色彩的明度对比来表现。只有色相的对比而无明度对比，图案的轮廓形状难以辨认；只有纯度的对比而无明度的对比，图案的轮廓形状更难辨认。据日本有关专家的估计，色彩明度对比的力量要比纯度大3倍，可见色彩的明度对比是十分重要的。

由于色彩的明度概念包括两个方面：一方面是指同一种色之间的明度差；另一方面是指不同色彩之间的明度差，所以明度对比也包含了相当丰富的内容。如果用黑色和白色按等差比例相混，建立1 ～ 9的等级明度色标，最深为1，最亮为9，并据此划分为3个明度基调：由1 ～ 3级的暗色组成的低明基调；由4 ～ 6级的中明色组成的中明基调；由7 ～ 9级的亮色组成的高明基调。

色彩间明度差别的大小决定了明度对比的强弱。相差3级以内的对比，称为弱对比或短调对比，具有含蓄、朦胧的特点；相差4 ～ 5级的对比，称明度中对比或中调对比，具有明确爽快的特点；相差6级以上的对比，称明度强对比或长调对比，具有强烈、刺激的特点。

运用低、中、高明基调和短调、中调、长调6个因素，可以组合成许多明度对比的调子。若以第8级色为基色（面积较大之色），第1、第9级色为搭配色（面积较小之色），可以构成高长调；以第8级色为基色，第5、第7级色为搭配色，可构成中长调；以第5级色为基色，第7、第9级色为搭配色，可构成中高短调；以第5级色为基色，第1、第3级色为搭配色，可构成中低短调；以第2级色为基色，第1、第9级色为搭配色，可构成低长调；以第2级色为基色，第1、第4级色为搭配色，可构成低短调；以第9级色为基色，第1级色为搭配色，可构成高长调。

以上是以3色配置为例所总结出来的配色规律，需要提醒的是在色立体中，每一个明度级差的水平断面上，是包含各种不同色相与纯度的色标的，每取1 ～ 2种色，或有的取一种、有的取2 ～ 3种色相配合，便可产生无数种变化各异的配色效果，所以，这里说的高短调或中长调可以是3色配合，也可变化成4色或5色配合，甚至更多的色种配合。

假如我们将色彩的各种因素和对比关系想象成一个色彩逻辑的网络，色彩的明度性质就是这一网络的枢纽，通过这一枢纽，我们可以把色彩的视觉规律贯穿为一个有机的整体。在色彩三要素中明度作为隐藏在色彩华美肌肤内的骨骼，对色彩的构成起着关键性的作用。明度关系在色立体中的位置，也说明了它在色彩关系中的核心地位。在各种形式的色立体中，明度色阶表总是一个中心轴，任何一个位置的颜色都限定在明度色阶表的一定位置上，孟塞尔色立体最清楚地说明了这一点。这个无彩色的中心轴顺着纯度系列逐渐向外扩散，越变越鲜明，反过来说，所有鲜艳夺目的色彩都顺着纯度系列逐渐变得失去光彩，直至最后，只留下了它们的内骨架——明度。

明度对比是色彩现象中重要的因素之一，色彩的层次与空间的关系主要依靠色彩的明度对比来表现。只有色相对比而无明度的对比，图形的轮廓形状难以辨别；只有纯度的区别而无明度的对比，图形的光彩与体积更难辨别。据估测，色彩的明度对比的视觉反应要比纯度对比强3倍，这个数据的精确度虽难以肯定，但是明度对比的重要性足见一般。色彩与形体总是同时发生的，在色彩三要素中，明度关系对图形所产生的突出影响，是协调形与色的表现手段的重要环节，深入了解并掌握它们之间的关系，无疑会增强控制色彩配置的主动性。

（三）纯度对比

纯度对比是指一种颜色的鲜艳度取决于这一色相发射光的单一程度。不同的颜色放在一起，它们的对比是不一样的。人眼能辨别的有单色光特征的色，都具有一定的鲜艳度。不同的色相不仅明度不同，纯度也不相同，有了纯度的变化才使世界上有如此丰富的色彩。同一色相即使纯度发生了细微的变化，也会带来色彩性格的变化。

色彩中的纯度对比，纯度弱对比的画面视觉效果比较弱，形象的清晰度较低，适合长时间及近距离观看；纯度中对比是最和谐的，画面效果含蓄丰富，主次分明；纯度强对比会出现鲜的更鲜、浊的更浊的现象，画面对比明朗、富有生气，色彩认知度也较高。

一个鲜艳的红色与一个含灰的红色并置在一起，能够比较出它们在鲜浊上的差异，这种色彩性质的比较，称为纯度对比。这种纯度对比，既可以体现在单一色相中不同纯度的对比中，也可以体现在不同色相的对比中，例如纯红和纯绿相比，红色的鲜艳度更高；纯黄和纯黄绿相比，黄色的鲜艳度更高，当其中一色混入灰色时，也可以明显地看到它们之间的纯度差。黑色、白色与一种饱和色相对比，既包含明度对比，亦包含纯度对比，是一种很醒目的色彩搭配。

在视觉上平衡的色彩，适于长久地注目，并为多数人所接受，而适于心理需求的对比色彩，有时为的是在较短的时间内引起人的关注并产生心理影响，或者适于一定年龄、性格及文化背景的部分欣赏者。总之，悦目的色彩最终取决于心理的需求，要想创造一个色彩丰富、令人喜爱的室内环境，和谐的色彩组合是较好的解决方式。

各种色彩对比的结果都要归结为调和，不能取得一定程度调和效果的对比，只能是颜色的生硬堆砌，也不是真正意义上的好的色彩组合。色彩的调和不仅是配置色彩的手段和过程，而且是取得色彩美的基础和前提。

二、色彩的调和

色彩的调和是指将两个或两个以上的色彩，有秩序，协调、和谐地组织在一起形成美的色彩关系。色彩调和既是配色美的一种形态又是配色美的一种手段，是用共性的因素调和色彩对比中的色彩差别，将所有存在差别的色彩构成和谐统一的整体。色彩对比与色彩调和相互依存，相辅相成。色彩调和可以通过色相、明度、纯度、色调、构图等来实现。

（一）色彩调和的原理

一般认为，色彩的调和是一种内在的要求与必然的结果。

首先，调和是自然色彩的协调统一因素及对视觉艺术色彩的启迪与要求。由于人生活在自然中，来自自然色调的配合和连续性就成为人视觉色彩的习惯性，这种先入为主的色彩印象成为一种审美经验。自然界景物的明暗、光影、强弱、冷暖、灰艳、色调等色彩的变化和相互关系，都有一定的“自然秩序”，是一种十分协调的自然规律，人们都会自觉或不自觉地用自然界的色彩秩序去判断艺术色彩的优劣。因此，色彩的调和是一种色彩的秩序，如色立体的色相、明度、纯度的系列是按照一定秩序排列的，在色立体中任何直线、圆、椭圆、螺旋形等凡是有秩序的方向，所选择的配色都是调和的。

其次，调和是人的视觉生理和心理的正常适应需求。在视觉上，既不过分刺激，又不过分统一的配色才是调和的，好像谱曲一样，没有起伏的旋律显得平板单调，一味高昂紧张则显得嘈杂。过分刺激的配色容易使人产生视觉疲劳、精神紧张、烦躁不安，过分统一的配色则太类似、模糊，或变为单色相的素描，同样使人产生视觉疲劳、不满足、乏味、无兴趣。因此，变化与统一是配色的基本法则，变化里面求统一，统一里面求变化，各种色彩相辅相成才能取得配色美。

再者，调和是出于人的视觉的一种本能与自然力量。从色彩视觉的生理角度讲，互补色的配合是调和的，因为人在看某种色彩时总是欲求与此相对应的补色来取得生理平衡。伊顿曾经指出：“眼睛对任何一种特征的色彩同时要求它的相对补色，如果这种补色还没有出现，那么眼睛会自动地将它产生出来，正是靠这个事实的道理，色彩和谐的基本原则中才包括了互补色的规律。”孟塞尔的色彩调和论也是以补色理论为依据的，他认为若把构成画面的各种颜色全部混合，能产生第五级明度灰色的色彩配合才是调和的，他曾以各种名画的色彩分析证明此种理论的正确。

（二）色彩调和的方法

古往今来，凡是我们所见到的优秀设计作品，其色彩的运用或丰富多彩、雅俗共赏，或简洁单纯、高雅风致。但是，无论是哪类，最终调和的视觉效果都是它们所共同呈现出来的。这就是我们所要遵循的构成色彩美的根本因素，即调和。只有调和的配色才会给人一种赏心悦目、品位高雅之感；反之，就会使人感到生硬、刺目、品位俗劣。研究色彩调和的规律，实质上就是去客观地探讨不同色彩之间的搭配关系。

1.伊顿的色彩调和理论

伊顿认为“理想的色彩和谐就是要用选择正确的对偶的方法来显示其最强效果”，因此他以色环与色立体为基础，研究出一系列的调和法则。

（1）2色的调和　凡是通过色立体中心的两个相对的颜色（互补色），都是刻意组合调和的色组。

（2）3色的调和　凡是在色相环中构成等边三角形或等腰三角形的三个色是调和的色相，也可将这些等边或等腰三角形或任意不等腰三角形，使其三点在图中自由转动，可以得到无限个调和色组。

（3）4色的调和　凡是在色相环中构成正方形或长方形的四个色是调和的色组，如果采用梯形或不规则四边形，可以获得更多变化的调和色组。

（4）5色以上的调和　凡是在色相环中构成五角形、六角形、八角形等的5个、6个、8个色等的是调和色组。

2.色彩三要素调和方法

色彩三要素即是产生对比的主要因素，因此也就成为得到调和的主要因素。

（1）色相调和　色相调和包括无彩色系调和、无彩色与有彩色调和、有彩色相调和。

① 无彩色系调和。只存在明度差的无彩色系的色相之间没有色相差，其配色虽然容易调和，但是必须注意各色之间的明度变化，距离太近含糊不清，太远又生硬刺激，一般宜采用“小间隔”的方法，即在色立体中灰色轴上取得1、3、5、7、9或者2、4、6、8、10，也就是间隔2～3挡，以造成既有差别又不太生硬的效果。

② 无彩色与有彩色调和。任何无彩色与有彩色相配都能调和，如果变化明度与纯度，则能取得非常明快的调和效果。

③ 有彩色相调和。邻近色相调和是极其相似含混的，不易取得视觉上的协调。一般常采用变化纯度与明度的方法来增加调和感；类似色相较邻近色相略有变化，比较而言，有丰富、统一调和的印象，但是色相的类似也容易单调，亦需要变化明度、纯度，才能形成生动的效果；中差色相调和是处于类似色与对比色之间的配色，中差色相配合，在色调一致的情况下，如同纯度或同明度的配色，都能得到调和感；对比色调和因色相差大，在配色中必须增加纯度与明度的共性，以色调的一致性来促进调和；补色色相调和是色相差最大的配色，调和的方法一般可参照对比色相的调和法，也可以用降低色的纯度的方法来增加调和感。

（2）明度调和　色彩的明度调和包括同一明度调和、邻近明度调和、类似明度调和、对比明度调和、强对比明度调和。

① 同一明度调和。同一明度的配色容易调和。同一明度、同一色相相配，要求变化纯度；同一明度、同一纯度相配，要求变化色相；同一明度、不同色相、不同纯度相配，既调和又有变化。

② 邻近明度调和。邻近明度的配色具有统一的调和感，但也必须变化色相和纯度以适当增加对比。

③ 类似明度调和。类似明度的配色比较含蓄、柔和，通常以色相和纯度变化来求其调和。

④ 对比明度调和。对比明度的配色比较明快，但比较难统一，一般是增强色相与纯度的共性来达到调和。

⑤ 强对比明度调和。过分强烈的明度色相相配非常明显，但过于生硬，要运用色相和纯度的同一性来调和。

（3）纯度调和　色彩的纯度调和包括同一纯度调和、邻近纯度调和、类似纯度调和、对比纯度调和。

① 同一纯度调和。同一纯度的配色容易调和。同一纯度、不同色相的配色，或同一纯度、同一色相、不同明度的配色，或同一纯度、不同明度的配色都能取得调和，要注意的是应变化色相与明度。

② 邻近纯度调和。邻近纯度的配色也非常容易调和，但缺少变化，因此要注意变化色相与明度。

③ 类似纯度调和。类似纯度的配色也比较容易调和，但缺少变化，因此也要注意变化色相与明度。

④ 对比纯度调和。对比纯度的配色可以运用色相一样（或类似）、明度一样（或类似）来增加调和感。

在色彩构成的色相、明度、纯度3个因素中，凡是有2个因素一样（或类似）就可以得到调和；凡是1个因素一样（或类似），而其他2个因素有不同程度的变化，则可得到有一定变化的调和；如3个因素都缺少共性，是很难取得调和的。

3.色彩色调关系的调和

色彩配色形成的气氛或总的倾向（主色调），可以分成淡色调、浓色调、亮色调、暗色调、鲜色调、古灰色调、冷色调、暖色调、黄色调、绿色调、红色调等。在多色配色中掌握各色的倾向性，按照明确的主色调进行配色是调和的一种有效方法。有些作品色彩很多、杂乱无章，使人眼花缭乱，这是没有主色调的缘故。

使作品构成主色调，其方法主要有两种：一是各色中都混入同一种色相色彩，如混入红、橙、黄等色构成暖色调，或混入青、蓝、紫等色构成冷色调；二是各色（或大部色）中混入无彩色的黑、白、灰，构成暗调、明调、含灰调。由于各色（或大部色）中混入同一种色素，使色彩之间发生了内在的联系，从而增加了共性，因而易于调和。

4.色彩构图关系的调和

利用构图要素与关系，并非色彩本身，而在面积、分割、呼应等方面进行合理的安排与巧妙的处理，可以取得很好的调和效果。

（1）渐变调和　各色在构图中采用色相、明度级差递增、递减渐变构成，可以取得调和的效果。由于各色按照一定的秩序有规律地变化，又称为秩序调和。渐变调和有明暗渐变、色相渐变（包括类似色渐变、对比色渐变、互补色渐变等）、灰色渐变、互相混合渐变（如红、绿色按照不同比例互相混合即能取得中和调和）、空间混合渐变（采用色点、色线空间混合构成，各色相互交融，即能取得调和）。

（2）隔离调和　利用色块的位置变化进行隔离处理，也可取得调和效果。在对比色之中插入双方都带有亲缘关系的色，从而达到调和。如黄绿/黄橙、紫红/绿色组中插入黄、青；在对比色之中插入与双方都不发生利害关系的中间色黑、白、金、银、灰，这些中性色和任何色彩配在一起都有较好的调和效果；运用无彩色黑、白、灰、光泽色金、银，或用同一色相彩色勾勒轮廓，增加互相联结的因素；把由于同时对比原因引起的强烈对比色分开或拉开距离，避免相邻，以形成调和效果；把大块的对比强烈的色分割成小块后间隔组合，亦能造成调和效果。

（3）比例调和　多色对比时，应该注意各色面积大小的对比，在量的多少上形成反差，是取得调和的有效方法。构图中采用几组对比色，则应以一组为主，通过色彩的主从关系达到调和。冷暖两种调子应该加强主色调的倾向性，或多用暖色少用冷色，或多用冷色少用暖色，一般所谓“三色法”，“二暖一冷”或“二冷一暖”的配色，能得到良好的调和效果。

总之，色彩的和谐，取决于对比调和关系的适度，同样符合多样统一的形式和规律，多样变化中求统一、统一中求变化是取得美感的规律，也是取得色彩和谐的关键和核心。

5.色彩不调和到调和的转化

色彩对比与调和规律运用不当，会造成不良的色彩效果。较为典型的是脏、灰、黑、粉、生、火、板、乱等，克服这类弊病仍要从对比与调和的方法上去寻求解决的途径。

（1）脏　脏是指色彩缺少光彩，昏暗而污浊，主要原因是颜色相调的种类过多，并调的过透，一组颜色中缺少对比，主要的色相不明确，而明度与纯度过于接近。可用几块漂亮的色相并拉开纯度与明度的层次，特别要注意灰色不可太重，要有明显的倾向性，这是解决色彩“脏”行之有效的办法。

（2）灰　在色彩对比中所讲到的灰，一方面是指灰色用得太多，鲜色用得太少；另一方面是指与灰色对比的鲜艳色彩度不高、对比不强。在使用颜色时，应选择彩度高一些的，在使用对比时，应减少灰色面积，扩大鲜度差距，或者加强明度对比，使之比较明快，这样都可以避免“灰”。

（3）黑　这里的“黑”不仅是指黑白的“黑”，还指不应该出现的“黑”，以及偏向“黑”色。在用色时，选了明度偏低的色，加上彩度低，整个色调就显得黑，明度偏低的个别色当遇到太强的明度对比，也会显得比较黑。在组织对比时太多的色明度低、彩度低、面积大，人们也会觉得黑。在表现对象时，表现的色彩比对比的色彩明度与彩度偏低，也会觉得黑。为了不“黑”，就得减少黑色与偏黑色，有时减少面积，有时减少色数，使它们的明度与纯度适当提高，并注意调整明度对比。

（4）粉　这里的“粉”是指白色，也指不应该出现的过多的白与太接近白的色，使画面显得贫弱无力、浅淡苍白。为了不显得“粉”，就得减少白色与偏白色，还需要降低明度、提高彩度、明确色相，减少纯白与偏白的面积与色数。

（5）生　这里的“生”是指火候未到、不够成熟，在选色时彩度过高，与周围的色彩缺少联系而觉得比较“生”。在表达色彩时，个别色彩走了调，不像特定光照下的特定对象给人的和谐的色彩感觉，色相过分独立、彩度过分鲜艳，也会显得“生”。因此，稍微降低所选色彩的彩度，使之与周围的色彩接近些、统一些，或者让所表现的色彩更符合特定光照下的特定对象与环境关系，就能减少与克服“生”。

（6）火　这里的“火”是指温度偏高，选色偏火、偏橙、太鲜，有时会觉得“火”。组织色彩时用了太多的红、橙、黄、紫或其他鲜艳的颜色，有时也会觉得“火”。少用一点暖色、鲜色，适当加点中性色与冷色，可减少与克服“火”，适当注意明度对比与彩度对比也有助于减少“火”。

（7）板　这里的“板”是指色彩效果过于平面发闷，缺少明快、活跃的韵律感，使视觉感到单调乏味。在调整色彩对比时，应注意使用有不同空间感的色彩对比，注意色彩的面积、形状与位置，在统一中找出变化因素。

（8）乱　在多种色彩对比同时存在的条件下，色彩及其对比太缺少组织，使视觉无所适从而不顺畅，就会感到乱；解决方法同样是要注意面积与层次的对比，并可以运用秩序调和法，在杂乱的色彩现象中增添一些秩序感。

第五节　室内色彩设计的主要方法

室内色彩的设计方法就是以室内色彩设计的基本原则为基础，运用色彩知识和综合实践能力，去完成具体的室内色彩设计方案。根据设计实践经验，室内色彩设计应包括室内界面、家具、陈设、绿化等室内设计所涵盖的所有色彩内容。

一、室内色彩设计的程序

室内色彩设计作为室内装饰设计的一个组成部分，其设计贯穿着室内设计的构思及方案设计全过程。

（一）确定色彩主基调

室内色彩设计首先应确定主基调，冷暖、性格、气氛都通过主调来体现。对于规模较大的建筑，主基调更应贯穿整个建筑空间，在此基础上再考虑局部的、不同部位的适当变化。主基调的选择是一个决定性的步骤，因此必须和要求反应空间的主题十分贴切。即希望通过色彩达到怎样的感受，是典雅还是华丽，安静还是活跃，纯朴还是豪华。用色彩语言来表达不是很容易，要在许多色彩设计方案中，认真仔细地去鉴别和挑选。例如北京香山饭店为了表达如江南民居的朴素、雅静的意境，和优美的环境相协调，在色彩上采用了接近无彩色的体系为主题，不论墙面、顶棚、地面、家具、陈设，都贯彻了这个色彩主调，从而给人统一的、完整的、深刻的、难忘的、有强烈感染力的印象。

室内色彩主基调的确定，要根据室内设计的风格及所要表达的室内空间气氛来决定。例如中式餐厅，其风格决定了应该选用中国传统的色彩，如选用红色或者黄色作为主基调，餐厅的性质决定了室内空间的气氛应该亲切、热烈，这样主基调的气氛确定为暖色调为主。

室内装饰材料的质地、尺度、表面光洁程度等，对色彩主基调的选择有一定的影响。表面粗糙的装饰材料，如石材、原木、粗砖等用于室内装修，可使室内显得更自然，且略显暖意；相反表面光滑的装饰材料，如镜面石材、不锈钢、玻璃、瓷砖等，其表面光泽、有反射，使室内空间加大，但给人的感觉是坚硬、冰冷的；另外，材料的弹性、肌理等都会带给人色彩的倾向性。

室内照明的不同选择同样会给室内色彩主基调带来影响。这主要表现在不同光源光色，对色彩有一定的影响；其次是不同光照位置对所照射物影响不同。

（二）色彩选择的步骤

在人类物质生活和精神生活发展的过程中，色彩始终焕发着神奇的魅力。人们不仅发现、观察、创造、欣赏着绚丽缤纷的色彩世界，还通过时代变迁不断深化对色彩的认识和运用。人们对色彩的认识、运用过程是从感性升华到理性的过程。所谓理性色彩，就是借助人所独具的判断、推理、演绎等抽象思维能力，将从大自然中直接感受到的纷繁复杂的色彩印象予以规律性的揭示，从而形成色彩的理论和法则，并运用于色彩实践。

室内设计方案是通过室内效果图表达完成的，在完成正式效果图之前，可在草图小样中进行色彩的初步设计，在绘制效果图时采用比较理想的色彩小样。

1.室内界面色彩设计

在室内色彩设计中，一般可以从各界面的色相开始，然后再确定各界面之间的明度关系。在一般情况下，地面的明度最低，以取得室内稳定的效果；墙面次之，顶棚的明度最高，以取得明朗、开阔的效果，这样可以避免室内空间头重脚轻的问题。另外，室内各界面作为家具、陈设、人物的背景，应适当降低色彩的纯度，以免过于醒目。

2.室内家具色彩设计

随着人民生活水平的提高，人们越来越喜欢把家装饰得细致美丽，家具装修行业也蓬勃发展。色彩作为最直接、最强烈的感官体验，被家具装饰广泛使用，并产生了很多的风格。家具的制作也出现多元化，人们对家具的要求不仅要实用，更要求美观，一般的家具产品都会做出多种颜色供买家选择和搭配。色彩在现代家具与室内装饰上运用十分广泛，也产生了很多以色彩作为研究的学术流派。

室内家具色彩设计可以和界面同时进行或稍后进行。根据人们对家具的基本要求，家具色彩应在色相、明度上与室内色彩相协调。如选用木制家具要考虑和室内其他装修的木材质地相同或相近，这样无论从纹理上，还是色彩上都比较相近，容易取得色彩的协调。在家具种类、尺度较多、较大时，家具的色彩不宜过深，以免整个空间色彩明度过低。

3.室内陈设色彩设计

随着社会的发展和人们审美水平的提高，作为艺术欣赏对象的陈设品，在室内装饰中所占的比重越来越大。室内陈设包括日用品、织物、绘画、雕塑、工艺品、绿化、灯具等，设计中不但要在线形体量选择上多下功夫，而且要在色彩设计上认真仔细推敲，以达到丰富室内色彩的目的。

室内的陈设品常可以起到画龙点睛的作用，在色彩设计中常作为重点色彩或点缀色彩。如织物图案丰富，质感柔和，在室内色彩中起着举足轻重的作用，但要注意色彩不要过于抢眼，多数是作为背景色彩处理。绿植不但绿意盎然，而且姿态婀娜，尤其适合在以平整界面、浅色调或无彩系的室内空间摆放。

室内陈设色彩设计的范围非常广泛，内容极其丰富，形式也非富多彩。陈设品作为室内环境的重要组成部分，在室内环境中占据着重要地位，也起着举足轻重的作用。认识到陈设色彩设计的作用，并在空间设计中发挥它的作用，必将创造出丰富多彩的人性空间。

二、具体部位色彩的选择

建筑室内的色彩设计不同于美术作品，它是在室内设计作品装饰施工完成后通过实践检验来完成。工程实践证明，同样的色彩，选择不同的材质，其效果可能截然不同；同样的色彩，同样的材质，在不同灯光的照射下，其效果也会有所不同。所以，室内色彩设计者的实践经验非常重要。

1.地面色彩的选择

地面是室内空间环境中大面积用色彩的区域之一，在其颜色的选择上更是需要注意。因为地面色彩能够很好地衬托家具、天棚和墙面，使得整个室内空间环境更加协调，营造舒适、温馨的居室环境。地面装饰材料选择时有两个事项需要注意，即色彩搭配和选材。色彩搭配关系到家居装修风格的体现，材料的选择则关系到地面墙面装饰的品质，综合起来则是家居装修风格和装修质量的表现。

地面色彩地面宜采用低明度、低彩度的颜色，它可以使室内有一种稳定感。另外，地面是最易被损坏和积尘的界面，深色有助于减少视觉上的污染。但是室内地面色彩选择也不是一成不变的，应与室内空间的大小、地面材料和质感结合起来考虑。在宾馆、商场、体育馆等大空间可用深色的花岗岩，当采用浅色的石材时，可考虑再用一些深色的石材与之配合使用，使室内地面的色彩更加丰富，地面的图案更有美感。

在较小的室内空间中，若用深色的地面会使人产生房间狭小的感觉，要注意提高室内整个空间的色彩明度，选择颜色较浅、质地较软的地面材料，如地毯、木地板等。在较小的室内地面采用多种色彩地面组合时一定要慎重，如果选择不好会造成不必要的视觉混乱。

2.顶棚色彩的选择

为了满足不同人的不同要求，顶棚的样式也变得多姿多彩起来。现在的顶棚不仅色彩多种多样，而且上面还有不同的花式和图案，有的还有鲜明的层次感。虽然这么多的种类给了我们更多的选择，但是选择顶棚色彩的时候，还是要遵循一定的规律。否则，色彩会带给我们压抑沉闷的心理影响。长时间置于这样的环境中，人很容易出现心理疾病。实践告诉我们，顶棚色调应该以淡雅素净为主，浅色、淡色、柔和色让人感觉舒畅，而且洁净光亮。

很多家庭喜欢布施白色顶棚。因为白色能够增强光线的反射效果，使房间更加明亮，从设计角度来说，白色顶棚对采光不好的房间有奇效。但如果考虑到整体的装饰效果，白色顶棚就显得有些不足，因为白色显得过于单调。并且现在的房间整体色调开始多样化，白色的顶棚不再适合各种场合。因此，顶棚的色彩也开始变得多样起来，但不管什么颜色，都是以浅、淡为主。不同的颜色有不同的效果，我们可以根据需要来选择。

卧室内要求安静、沉稳、舒适，那么顶棚的颜色可以稍暗一点。这种颜色与适当的灯光配合起来，可以营造一个安静、舒适、放松、细腻的感觉，甚至还会有一些浪漫的情调。

客厅吊顶要求明亮、洁净，能够彰显个性。那么就可以选择以白色为主的、有一些明亮颜色的顶棚，并且可以根据我们的喜好选择花纹图案，以达到完美的装饰效果。

另外，如果室内的顶层很高，可以选用一些热烈的色彩，这样显得比较豪华。如果墙面与顶棚颜色不同，在交界线处的顶角线的颜色最好与顶棚相同。

3.墙面色彩的选择

室内墙面与人的视线接触频繁，面积最大，是室内色彩整体性的设计关键。墙面色彩的选择非常广，几乎所有的色彩都可以使用，但在设计时要注意以下几个问题：① 在选择建筑墙面的色彩时，要注意纯度不宜过大，这样会使室内色彩过于鲜艳，但在室内局部造型的墙面例外；② 墙面的色彩多数的设计选用淡雅、柔和的灰色调，也可以考虑洁白的高调，这样的色彩容易与其他界面以及陈设的色彩相协调；③ 墙面的色彩设计还要重点考虑室内家具的因素，因为家具的尺寸较大，且家具的摆放常以墙面作为背景，所以在配色时应着重考虑与家具色彩的协调与反衬；④ 墙面的色彩的选定，还要考虑到环境色调的影响，例如北向的房间由于常年不见阳光，所以宜选用中性偏暖的色彩。

4.家具色彩的选择

利用色彩来使家具设计富于变化，利用色彩调整室内空间的气氛，这是家具设计的基本方法之一。所以家具色彩的选择应当考虑家具的材质及整个室内的色彩环境。从家具设计本身来看，浅色调意味典雅，灰色调意味庄重，深色调意味严肃，原木色调则给人一种自然之感。这些都为色彩选择提供了可借鉴的资料。当然选择家具的色彩时，还要考虑使用者的年龄、职业、爱好等因素。另外，整个室内的环境色彩也左右着家具的色彩，在以浅色调为背景的室内，可适当选用深灰色调的家具，但家具不宜过多、过杂，以浅色调为主基调，深色家具为辅色，色彩明度有对比，但整体色彩效果协调；反之亦然。

5.门窗色彩的选择

门的色彩选择应结合墙面的色彩考虑。在通常情况下，门和墙面的色彩在明度上是对比关系，这样可以显出门作为出入口的功能。作为门整体的一部分，门套的材料和色彩也应当和门相协调，这样才能使门更主体、更生动，更具有艺术性。

窗的材料如选用木材，其色彩处理方法可以以门为参考，当选用铝合金或塑钢窗时，窗框的色彩已经固定，实践中多在窗套设计上下工夫，窗套的材料、色彩的选择，可参考门套等其他构件材料色彩而定。

6.踢脚色彩的选择

踢脚板的色彩和选材有直接的关系。根根工程实践经验，有墙裙的踢脚板选材和墙裙材料一致，没有墙裙的踢脚板选材和地面材料一致。例如木墙裙的踢脚板，也应选择木质的材料，其色彩和墙裙保持一致。无墙裙的墙面及石材地面，其踢脚板可选用石材，其色彩可考虑石材地面的色彩，或与地面色彩相协调。

以上室内具体部位的色彩选择是指通常情况下的做法。随着时代和科学技术的发展，装饰设计师个性的发挥，室内环境对色彩的需求不同，人们对室内环境色彩的认识也会有所改变。这就要求装饰设计师在掌握色彩设计原则的基础上，灵活和创造性地运用色彩知识，为创造更新、更美的室内空间环境而努力。

三、室内色彩设计的搭配

室内色彩设计是人为环境设计的一部分，主要指的是“建筑内部空间的理性创造方法”。换句话说，室内色彩设计是一种以科学技术为基础、艺术为形式来表现的，目的在于塑造一个精神与物质并重的，既有生活品位，又有文化内涵的室内生活环境的设计。在室内空间中，色彩会给人带来某种视觉上的差异和艺术上的享受。

室内色彩丰富了室内空间，同时色彩本身也是一个非常丰富的世界，它不仅客观存在，也是人类视觉感官的重要感觉方面。在这个丰富的色彩世界里，不同的色彩有其不同的性质，显现出不同的特征。于是，人类也就对自己赖以生存的自然环境、自然现象有了较为深刻的认识。室内色彩不仅是创造视觉效果、调整气氛和心境表达的重要因素，而且具有性格的表现、光线的调节、空间的调整、活动的配合以及气候的适应等功能。所以，色彩给人留下的第一印象是室内装饰设计不能忽视的重要因素。

室内色彩不仅是创造视觉效果、调整气氛和心境表达的重要因素，而且具有性格的表现、光线的调节、空间的调整、活动的配合以及气候的适应等功能。室内色彩从结构的角度上讲分为三部分。首先是背景色彩，指的是室内固定的天花板、墙壁、门窗和地板等这些室内大面积的色彩。根据面积原理，这部分色彩适于采用彩度较弱的、沉静的颜色，使其充分发挥背景色彩的烘托作用。其次是主体色彩，指的是那些可以移动的家具和陈设部分的中等面积的色彩组成部分，这些才是真正表现主要色彩效果的载体，这部分的设计在整个室内色彩设计中极为重要。再就是强调色彩，指的是最易发生变化的陈设品部分的小面积色彩，也是最强烈的色彩部分，这部分的处理可根据性格爱好、环境的需要，起到画龙点睛的作用。

设计师向来最关心和最常研究的主要是色彩的和谐。怎样才能使色彩的搭配更加趋于合理，如何能使各种色调变化最融洽地相互结合在一起。按规律，室内色彩设计大致可分为关系色类和对比色类两大类。关系色类包括单色相和类似色相；对比色类包括分裂补色、双重补色、三角色、四角色等多种色彩设计类型。总之，无论哪一类型的色彩计划，都必须根据室内设计效果的综合需要加以制订。合理运用色彩和谐的配置，常常会使人感到并且保持一种全新的、愉悦的心情和饱满的精神状态。色彩环境对于人的精神状态的影响是最为重要的，也是设计师们所关注的。歌德曾提到“一个俏皮的法国人自称，由于夫人把她室内的家具颜色从蓝色改变成了深红色，他对夫人谈话的声调也改变了”。可见，色彩氛围以及由此呈现出的某种情调，会极大地影响人的情绪。

室内色彩的设计，首先要考虑的是根据对象确立一个色彩基调，也就是色彩的总倾向。决定色调的主要因素在于光源色和物体本身固有的色彩倾向，室内色彩设计的和谐效果，可通过装饰材料的选择、室内陈设的色彩设计和光源的利用，包括对日光源和人工光源的合理利用等来实现。因为，没有光线，一切视觉现象都不可能存在。室内光线，一方面必须能满足生活功能的需要，要有实用价值；另一方面，又要求能满足营造环境氛围、视觉效果和情感因素的需要。只要我们将这些因素进行综合运用，就不难能营造出一个赏心悦目的、有着独特情调的室内环境氛围，并且能与人的感觉达成和谐和认同。

色彩设计实践证明，室内设计中没有难看的颜色，只有不和谐的配色。在房屋空间中，色彩的使用还蕴藏着健康的学问。太强烈刺激的色彩，易使人产生烦躁的感觉或影响人的心理健康，把握一些基本原则，家庭装饰的用色搭配并不难。

蓝色，是一种令人产生遐想的色彩。传统的蓝色常常是现代装饰设计中热带风情的体现。蓝色还具有调节神经、镇静安神的作用。蓝色清新淡雅，与各种水果相配也非常适宜，但不宜用在餐厅或是厨房，蓝色的餐桌或餐垫上的食物，总是不如暖色环境看着有食欲；同时不要在餐厅内装白炽灯或蓝色的情调灯，科学实验证明，蓝色灯光会使食物看起来不诱人。但作为卫浴间的装饰却能强化神秘感与隐私感。

紫色，给人的感觉似乎是沉静的、脆弱纤细的，总给人无限浪漫的联想，追求时尚的人最推崇紫色。但大面积的紫色会使空间整体色调变深，从而产生压抑感。建议不要放在需要欢快气氛的居室内或孩子的房间中，那样会使得身在其中的人有一种无奈的感觉。如果真的很喜欢，可以在居室的局部作为装饰亮点，如卧房的一角、卫浴间的帷幕等小地方。

粉红色，大量使用容易使人心情烦躁。有的新婚夫妇为了调节新居气氛，喜欢用粉红色制造浪漫。但是，浓重的粉红色会让人精神一直处于亢奋状态，过一段时间后，居住其中的人会产生莫名其妙的心火，容易拌嘴，引起烦躁情绪。建议把粉红色作为居室内装饰物的点缀，或将颜色的浓度稀释，淡淡的粉红色墙壁或壁纸能让房间转为温馨。

红色，中国人认为红色是吉祥色，从古至今，新婚的喜房就都是满眼红彤彤的。红色还具有热情、奔放的含义，充满燃烧的力量。但居室内红色过多会让眼睛负担过重，产生头晕目眩的感觉，即使是新婚，也不能长时间让房间处于红色的主调下。建议把红色在软装饰上使用，如窗帘、床上用品等，而用淡淡的米色或清新的白色搭配，可以使人神清气爽，更能突出红色的喜庆气氛。

金色，金色熠熠生辉，显现了大胆和张扬的个性，在简洁的白色衬映下，视觉会很干净。但金色是最容易反射光线的颜色之一，金光闪闪的环境对人的视线伤害最大，容易使人神经高度紧张，不易放松。建议避免大面积使用单一的金色装饰房间，可以作为壁纸、软帘上的装饰色；在卫生间的墙面上，可以使用金色的马赛克搭配清冷的白色或不锈钢。为了让居室的环境更有亲和力，不妨在角落里摆放些绿色的小盆景，使房间里充满情趣。

橘红色或是橙色，是生气勃勃、充满活力的颜色，是收获的季节里特有的色彩。把它用在卧室则不容易使人安静下来，不利于睡眠。但将橙色用在客厅则会营造欢快的气氛。同时，橙色有诱发食欲的作用，所以也是装点餐厅的理想色彩。将橙色和巧克力色或米黄色搭配在一起也很舒畅，巧妙的色彩组合是追求时尚的年轻人的大胆尝试。

黄色，可爱而成熟，文雅而自然，使得这个色系正在趋向流行。水果黄带着温柔的特性；牛油黄散发着原动力；金黄色带来温暖。黄色具有稳定情绪、增进食欲的作用。但是长时间接触高纯度黄色，会让人有一种慵懒的感觉，所以建议在客室与餐厅适量点缀一些就好，黄色最不适宜用在书房，它会减慢思考的速度。

黑色，是比较沉寂的色彩，所以一般没有人会用黑色装饰卧室墙面。很多人将其用在卫生间，但也要讲究搭配比例。建议在大面积的黑色当中点缀适当的金色，会显得既沉稳又有奢华之感；而与白色搭配更是永恒的经典；与红色搭配时，气氛浓烈火热，一般应该在饰品上使用纯度较高的红色点缀，神秘而高贵。

咖啡色，属于中性暖色色调，它优雅、朴素，庄重而不失雅致。它摈弃了黄金色调的俗气，又避免了象牙白色的单调和平庸。咖啡色本身是一种比较含蓄的颜色，但它会使餐厅沉闷而忧郁，影响进餐质量；还不宜用在儿童房间内，暗沉的颜色会使孩子性格忧郁；还要切记，咖啡色不适宜搭配黑色。为了避免沉闷，可以用白色、灰色或米色等作为填补色，使咖啡色发挥出属于它的光彩。

对美的向往是人类长期以来共同不变的追求，在精神文明和物质文明不断向前发展的现代社会，人们对美的追求是全方位的、高水准的。这就要求设计师运用室内设计这一科学、艺术和生活相结合的手段，创造出适合现代人的生活环境，提高人们生活水平，最终提高人们的生活方式和生活价值。

第六章
室内家具的设计

家具是人们日常生活和工作中使用的器具，它起源于生活，反过来又促进生活。在室内环境中，家具是室内设计不可缺少的重要组成要素。家具是非常实用的用具和艺术品，与室内其他的装饰物共同构成了室内陈设设计的内容。随着人类文明的进步和生产力的发展，人们的生活也越来越离不开家具了。家具不仅为我们的生活和工作带来了便利，同时还为室内空间带来视觉上的美感和触觉上的舒适感。也就是说一件好的、完美的家具，不仅要具备完善的使用功能，而且要能最大程度地满足人们的审美意识和精神需求。

第一节　室内家具的概述

作为当代室内设计师，在了解家具种类的基础上，不仅要灵活运用不同种类的家具，对室内空间进行装饰，还要在更大程度上满足人们的使用需求和精神需求，努力营造出完美的生活环境。室内设计和家具设计的基本点都是围绕着“以人为本”的设计理念，其根本目的都是人们的使用需求和精神需求。家具在室内空间除了有具体的使用功能外，还具有一定的装饰和调节空间关系的作用。因此，家具的选择除了要注重其使用功能，把握个性外，还应从室内环境的整体性出发，在统一中求变化，要从家具的风格、造型、色彩、质感和空间关系等各方面进一步探究。

家具是一种生活必需的元素符号，它在人类社会活动中扮演着重要的角色，就家具自身而言，它是没有感情的，但是，一旦家具与人们的日常生活发生联系，便成了人们表达情感的工具。在室内装饰设计中，家具的运用，就如同服装运用于人体，因为家具设计除了要满足人们的起居生活的需要外，还体现出居住环境的完整设计风格，反映出居住者的职业特征、审美趣味和文化素养。以家具为主要途径展开室内装饰的设计，体现主人的独特品位和文化素养。家具在室内装饰设计中主要有以下作用。

一、组织并划分室内空间

在室内空间中，通常以墙体和各种材质的隔断来分隔空间，但这种分隔方式不仅缺少灵活性且利用率低。用家具布置来组织并划分空间，可以更为合理和有效地利用室内有限的空间。空间的划分又分为实体空间和虚拟空间划分。所谓实体空间划分，是指通过对建筑结构构件的外露部分，来感悟结构构思及营造技艺所形成的空间环境；而虚拟空间划分是一种既无明显界面，又有一定范围的建筑空间。它的范围没有十分完整的隔离状态，也缺乏较强的限定度，只靠部分形体的启示，依靠联想来划定空间，所以又称“心理空间”。

在房屋户型相对较小，客厅和餐厅之间无明显界线的空间，且二者的功能不同，如果直接用墙体进行隔断形成实体空间，难免显得拥挤。反之，如果我们在设计时，充分利用家具灵活方便的特征，结合人们的心理需求，使之看似有空间的限定，实则无明显划分，这样就既保证了空间原有的宽敞性，又满足了人们的使用需求。

如在居室设计中，利用橱柜来分隔房间；在厨房与餐厅之间，利用吧台、酒柜来分隔；在商场、超市利用货架、货柜来划分区域等。因此，应该把室内空间的分隔和家具结合起来考虑。在可能的条件下，通过家具进行分隔，既能减少墙体的面积，减轻结构自重，提高空间利用率，还可在一定的条件下，通过家具布置的灵活变化达到满足不同的功能要求的目的。

二、调节室内环境的色彩

家具的色彩和质地对室内的氛围营造起到重要的作用。家具色彩的选择应首先对室内整体环境色彩进行总体控制与把握，即室内空间6个界面的色彩一般应统一、协调，但过分的统一又会使空间显得呆板、单调。家具的造型和色彩赋予室内空间以生命力，因此宜在充分考虑总体环境色彩协调统一的基础上选择家具的色彩。如鲜艳的塑料色及软织物色，色彩丰富、装饰性强，使空间极富情趣，给人以轻巧柔美之感；天然材料本色和质地，使室内具有柔美温馨气质，充分展现自由、自然的风情，给人以亲切、温柔、高雅的感受；冷峻简洁的玻璃、金属等人造材质，则使空间更加灵动多变，精致时尚，极具现代感。

在进行室内家具色彩与质感设计和应用时，应注意“统一与变化”的原则。家具的色彩与质感仅占空间色彩、质感的一部分，但却影响到空间环境的整体氛围，不能孤立地考虑。在室内设计中，界面的色彩、质感往往成为家具的背景，可采用调和、对比的手法来处理，或和谐统一、幽雅宁静，或活跃而有生气。如用材质相同、而色系不同的材料作为家具的表面造型分割，既可表现统一的感受，又有变化的特色，是设计的常用手法。总之，家具的色彩与质地的设计必须与室内环境及其使用功能做整体考虑。

三、营造室内空间气氛

家具是一种具有文化内涵的产品，它实际上体现了一个时代、一个民族的生活习俗，它的演变也体现了社会文化以及人的心理行为和认知的发展。每一个民族文化的发展、演变都对室内设计及家具风格产生了极大的影响。换言之，不同时期的家具反映出不同时期的社会文化背景及民族特色，不同的室内空间也因为家具风格的不同而使人产生不同的心理感受。

宫殿是金碧辉煌的，百姓人家是淳朴自然的，但是这些环境和氛围单靠室内设计是无法完全达到的，有时候就需要家具来营造气氛和协调空间。有什么样的室内设计风格就有与之风格相匹配的家具。从人的心理特征来看，家具的选择与人们的年龄、职业、文化素养等有关。一般老年人都比较偏爱稳重、色彩深沉、纹理自然、装饰性强、具有古典样式的家具；年轻人则喜欢造型独特、色彩明朗、线条流畅简洁的家具；而儿童则喜欢卡通的、色彩鲜明、象征性强并带有一定趣味性的家具。

家具设计属于室内陈设的一部分，任何一个不和谐的因素放在空间里都会破坏其整体性。所以说，家具作为室内陈设的一部分，其装饰作用与整个室内空间所呈现出来的氛围是密切相关的。只有当整体达到和谐统一时才能真正体现出装饰的美感。因此，家具的造型、色彩、材料与风格等因素应与整个室内环境的风格协调一致。通常现代风格的室内空间应配置造型简练的现代家具，中式仿古风格的室内空间应匹配具有古典风格的中式木材家具才能相得益彰。若在现代风格的室内空间内放置中西合璧式的家具，只要设计合理也不失为一种好的布置形式。

四、划分功能，识别空间

室内空间性质很大程度上取决于所使用的家具类型。一般在没有布置家具前是难以识别空间的功能和性质的，因此，可以说家具是空间实际性质的直接表达者，是空间功能的决定者。正确地选择家具，可以充分反映出空间的使用目的、规格、等级、地位及使用者的个人特征等，从而为空间赋予一定的环境品格。例如房间布置了沙发和茶几后，空间功能就被确定为客厅，成为整套居室的公共交流空间。类似的空间大小，布置了床，其功能就被定位为卧室，是私人空间，使用者和使用范围都相对较小。

综上所述，室内设计是运用一定的技术和艺术手段，在原有的不完善的空间中创造出功能合理、美观舒适、符合使用者生理和心理要求的室内环境，而家具是室内设计不可分割的一个重要组成部分。二者相辅相成，缺一不可。因此，在室内装饰中人们要科学合理地选择、布置家具，为营造美好的室内环境创造条件，创造舒适的生活环境及良好的氛围。

第二节　室内家具的发展

室内家具是人们生活的必需品，不管是工作、学习，还是休息，都离不开家具。它既可以满足人们生活的使用需求，也可以满足人们的审美需要。家具也是软装饰艺术设计中的一个重要组成部分，与室内整体环境可以形成一个有机的整体；同时，它又是一个相对独立的专业产品，存在于各个领域之中。所以，作为一名优秀的装饰设计师，相关的家具产品知识也是设计工作中不可缺少的一部分。

一、中国传统家具的发展史

在不同的社会发展阶段，家具也在不断地发展和变化，尤其是中国的传统家具。它的变化与当时社会的生产技术水平、政治制度、生活方式、风格习俗、思想观念以及审美意识等因素有着密切的联系，它依赖于生产力和时代民族文化特征。因此，家具的发展历史也是一部人类文明、进步的历史缩影。中国的传统家具是中国文化的重要组成部分，历史悠久，在漫长的历史中，形成了灿烂辉煌的文化。中国家具是中华民族的文化遗产，是全世界的共同财富。

家具的发展方向，是由当时人们的生活方式来决定的。如汉、魏、晋时代人们习惯席地而坐，因此家具多为低矮型。到唐朝人们的生活方式发生变革，人们开始坐高，双足悬起，中国垂足家具才逐渐兴起，经五代十国至宋代垂足家具才定型，垂足家具完全取代席地家具，制作工艺也基本成熟。到了明清时期，中国家具达到鼎盛时期，真正将中国家具推向艺术顶峰。优良的材质，纯熟的工艺，这些都是明代以前的家具所无法比拟的。

当然，中国家具包含范围很广，但通常指“桌椅板凳”之类。古人大多席地而坐，室内以床为主，地面铺席；后来出现屏、几、案等家具，床既是卧具也是坐具，在此基础上衍生出榻等。到商、周、秦、汉、魏朝各时期，没有太多变化，虽然有凳、桌出现，但不是主流；直到汉代，胡床进入中原地带，到南北朝时期，高型坐具陆续出现，垂足而坐开始流行。憩居形式到了唐代仍然是两种形式并行，高的桌、椅、凳子等已被人所使用，但席地而坐仍然是很多人的日常习惯。

唐至五代，士大夫和名门望族们以追求豪华奢侈的生活为时尚，五代时期家具已初步发展完善，已有直背靠背椅、条案、屏风、床、榻、墩等家具。为中国历史家具的最完美阶段打下了基础。从10世纪中晚期开始，宋王朝经济高速发展、城市繁荣富有。宋时高座家具已相当普遍，高案、高桌、高几也相应出现，垂足而坐已经成为固定的姿势，中国历史上的起居生活变革由坐姿而定。城镇生活的繁荣使高档宅院、园林大量兴建，打造家具以布置房间成为必然，这给家具业的蓬勃发展提供了良好的社会环境。

宋代，是中国家具史中空前发展的时期，也是家具空前普及的时期。宋代家具品种有床、榻、桌、案、凳、箱、柜、衣架、巾架、盆架等，还出现了专用家具如琴桌、棋桌等。家具形式也多种多样。仅桌子一项已有正方、长方、长条、圆桌、半圆桌，还有炕桌、炕案；凳子有正方、长方等形式；椅子有靠背椅、扶手椅、圈椅、交椅等。宋代还发明了燕几，有一定的比例规格，它的特点是可以随意组合，可聚可散，可长可短，纵横离合。宋代家具在制作上也有不少变化，开始使用束腰、马蹄、蚂蚱腿、莲花托等各种装饰形式。宋代，我国已基本完成起居方式的转变，供垂足坐的家具占绝对主导地位。在宫廷里，统治阶级不惜工本制作了一批高级家具。河北出土的宋代桌子和椅子，就是较为完美的代表作品，体现出宋代家具艺术的发展水平。

明代，工业的繁荣，手工业的艺人较前代有所增多，技艺也非常高超，对家具的发展起了推动作用。没有宋代家具事业的繁荣和发展，就不会出现完美、精湛的明式家具。明式家具是在宋代家具的基础上发展起来的，同时也为明清家具的发展奠定了根基。明代江南地区手工艺技术较前代大大提高了，并且出现了专业的家具设计制造行业组织，总结各种工艺技术经验的专门书籍逐渐增多。木器家具方面的专著当推《鲁班经匠家镜》一书。此书为明代北京提督工部御匠司司正午荣汇编，分为建筑和家具两部分，其中对家具作了详尽的分类，如椅凳类、桌案类、床榻类、橱柜类、台架类、屏座类等，每一类中又分别叙述不同形式；其他如选材、卯榫结构、家具尺寸、装饰花纹及线脚等都做了详尽的规定和记述。明代高濂编著的《遵生八笺》还把家具制作和养生学结合起来，提出独到的见解。这些书籍的出现指导了家具形式的设计和制作生产工艺的提高，并丰富了家具制作的理论。

明式家具的产生和发展，主要的地域范围在以苏州为中心的江南地区，这一地区的明式家具持续着鲜明独特的风格。到清代前期，明式硬木家具在全国很多地方都有生产，但从产品上不难看出只有苏州地区的风格特点和工艺技术最具底蕴。这种风格鲜明的江南家具得到广泛喜爱，人们把苏式家具看成是明式家具的正宗，也称它为“苏式家具”。中国家具经过不断的变化、演进和发展，在明代进入了完备、成熟期，形成了独特的风格，被称为“明式家具”。而明式家具中夹杂着文化人的意趣，文人已参与了家具的设计，这又是前朝后代的家具所无法拥有的。明代的家具遗留至今的精品为数不少，可以让我们直观地了解明式家具的发展进程，流传至今的大批家具珍品记录了当时手工艺人的勤劳智慧。

在清代初期之时，家具上的创新不多，仍然还保持着明代家具的样式，清代中叶以后清式家具的风格逐渐明朗起来，家具也出现了新的特征。它与明式家具相互影响，又有不同于明式家具的独到之处，总体尺寸要比明式家具宽大，形成稳定、浑厚的气势；而样式也十分丰富，如太师椅就有多种式样，靠背、扶手、束腰、牙条等新形式，更是层出不穷；装饰上求多、求满，常运用描金、彩绘等手法，显出光华富丽、金碧辉煌的效果。清代家具以雍正、乾隆为鼎盛时期，这一时期的家具品种多，式样广，工艺水平高，最富有“清式”风格。在装饰上，这一时期力求华丽，注重与其他各种工艺品相结合，追求繁冗、凝重；虽然有的由于过分追求奢侈，显得烦琐累赘，但是由于其雕饰精美、富丽堂皇，在室内起到突出的装饰效果，仍获得不少中外人士的喜爱，在许多场合下沿用至今，成为中华民族艺术风格的又一杰出代表。

二、欧式古典风格家具

欧式古典风格家具，是指在欧洲家具历史的长河中沉淀下来的、有保存价值、可以作为典范的作品，其中欧式古典风格主要包括巴洛克、洛可可、新古典风格。巴洛克比较男性化，代表强悍的王权；洛可可则柔媚婉约，极具女性的浪漫情怀；新古典则体现了从未停步的古典精神。可以说，古典家具是家具发展历程中最经典的里程碑。

（一）巴洛克艺术

巴洛克家具开始是以意大利的罗马为中心，继而传向西班牙、德国、澳大利亚、法国和英国。巴洛克艺术虽然起源于意大利，但巴洛克风格的盛行是在1620年，由佛兰德斯的安特卫普首先拉开序幕的。在法国路易十四时期，巴洛克家具最负盛名，跃居欧洲各国的领先地位，成为巴洛克风格的经典范例，其他如英国的雅各宾式、威廉玛丽式及美国殖民地式的家具也比较具有影响力。

巴洛克风格最大的特征是以浪漫主义精神作为造型艺术设计的出发点，与古典主义的严肃、拘谨截然不同，偏重于理性的形式，而赋予了更为亲切和柔性的效果，具有热情奔放又艳丽委婉的艺术造型特色。这一时期家具风格并不受建筑风格改变的影响，主要基于家具本身的功能需要及生活需要。尽管文艺复兴时期已经以“人性”作为设计艺术的原则，但真正以生活需要作为设计原则的首属巴洛克。巴洛克风格的住宅和家具设计，具有真实的生活性及丰富的感情，它更加适于功能需要，满足精神需求，因此巴洛克风格开启了将艺术设计和生活本身需要密切结合之先河。

路易十四时期的扶手椅，精雕细刻，工艺精湛，采用镀金或镀银的钉子固定，钉子的顶部具有很好的装饰效果，椅座面常常具有很长的流苏，当时王宫中按照使用者身份和地位的不同，规定了椅子装饰的豪华程度。

17世纪是床最辉煌的时代，在当时的家庭中，床是一个非常重要的组成部分，被认为是主人财富的反映，不仅是王公贵族，就连许多商人家庭都有特别美丽的床，到路易十四王朝的末期，由四个杆支撑的华盖床开始流行。

桌子是当时常见的家具，又是室内装饰陈设的主体，大多数沿着墙体放置，形体极度奢侈和笨重，桌面经常用木材或金属和龟甲壳镶嵌装饰，桌腿多为“S”形曲线，上端以涡卷形雕饰收尾，两腿间连接中心雕饰有扇形贝壳纹样，制作严肃、精细，最有名的是采用鲍里镶嵌技术生产的镶有金属和龟甲壳的写字台，一般称之为写字桌或办公桌，后来还在办公桌上设计了柜体和抽屉。

巴洛克风格中常见的雕饰图案有不规则的珍珠壳、美人鱼、半人鱼、海神、海马、花环、涡卷纹等。在法国，巴洛克风格的桌子类家具还常常运用人体雕像来做桌面的支撑腿，或桌面下的横托装饰。巴洛克家具在表面的装饰上，除了精致的雕刻外，金箔贴面、描金添彩涂漆及薄木拼花装饰亦很盛行。

（二）古代埃及艺术

古王国时期是古埃及文明的第一个发展高峰，金字塔的建造、文字的完善、生产技术的提高与艺术的精美，使埃及文明进入世界古代文明的前列。它鲜明的特点是写实性与纪念性。在埃及社会中最令人惊异的是一切都近于一成不变，艺术风格也相当稳定。埃及人修建了大量的金字塔、陵庙和神殿，雕刻了无数巨像。它们都显示出永恒的纪念性，使我们今天一看到这些金字塔和石雕就联想到了埃及的古老历史。

从现有的资料来看，古埃及时期的木家具已具有相当高的水平，取得了辉煌的成就，常见的家具有桌椅、折凳、矮凳、椽、柜子等。矮凳和矮椅是当时最常见的坐具，它们由四根方腿支撑，座面多采用木板或编草制成，椅背用窄木板拼接，与座面成直角连接，椅子架用竹钉钉接。正规座椅的四腿大多采用动物腿型，显得粗壮有力，脚部为狮子爪或牛蹄状，底部再接以高木块，使兽脚不直接与地面接触，更具有装饰效果，四腿的方位形状和动物走路姿态一样，作同一方向平行并列布置，形成了古埃及家具造型的一大特征。色彩和纹样装饰上，一般多采用油漆，并有各种动植物图案和其他几何图案，以红、蓝、绿、棕、黑、白色为主，同时也有各种镶嵌，拼接的技术和雕刻加工技术已相当熟练。

在形象上，多数将家具的腿雕刻成牛蹄、马蹄和狮子爪状。在材料上，用芦苇编织小桌子和装饰台，用皮革、灯芯草和亚麻绳做凳、椅和床的蒙面料。装饰手法多为豪华的金银、象牙及宝石镶嵌和丰富的纹样彩绘与雕刻。

（三）古代希腊艺术

在整个西方美术传统中，古希腊雕塑占有十分重要的地位。西方美术崇尚的典范模式、庄重的艺术品格和严谨的写实精神，可以说都是从古希腊开始的。多年来，这种艺术精髓曾滋润着西方美术生生不息。古希腊悠久的神话传说是古希腊雕塑艺术的源泉。希腊神话是希腊人对自然与社会的美丽幻想，他们相信神与人具有同样的形体与性格，因此，古希腊人参照人的形象来塑造神的形象，并赋予其更为理想、更为完美的艺术表现。

从公元前7世纪至公元前8世纪，古希腊的文明达到了极盛时期。公元前5世纪左右，古希腊式的住宅内出现了客厅、卧室、起居室的划分，一般家庭中也有椅子、桌子、床和箱子等实用性的家具，可惜古希腊家具的遗物很少，现今我们只能从建筑石刻和瓷瓶画来了解当时的辉煌成就。克里奈躺椅是好客的希腊人的常用家具之一，从出土的花瓶图案上可以清楚地见到躺椅下面放有小桌，需用时可随时拉出，在上面放食物和饮料。克里奈躺椅则是古希腊时期最原始的一种妇人用椅，靠背采用了适合人体背部曲线的设计和向外弯曲的洋刀状椅腿，优美的造型和合理的功能结构，充分体现了古希腊人在座椅设计上的聪明才智。

古希腊的家具与古希腊的建筑一样，造型多采用严格的长方形结构，同样具有狮子爪或牛蹄的腿、平直的椅背和椅座等，装饰多采用动物和花叶纹样。到公元前5世纪，古希腊家具开始呈现出新的造型趋向，镟木技术的出现有力地推进了家具艺术的发展。坐凳除了四条腿的形式外，尚有“X”形折叠式，这时的座椅在功能设计上已经有了显著的进步，它的结构非常符合人的自由坐姿的要求，形式已经变得更加自由活泼，椅背也不再是僵直的，而由优美的曲线构成，椅腿变成具有镟木曲线的风格，向外张开向上收缩，既柔和多变，又具有稳定感，方便自由的活动坐垫，使人坐得更加舒服，靠背板或座面侧板、腿部常采用雕刻、镶嵌等装饰。室外庭院、公共剧场采用大理石制成的椅子。木材、青铜、大理石等是家具的常用材料，镶嵌用材主要为金、银、象牙、龟甲等，充分表现出优雅而华贵的感觉。古希腊家具的最大功绩是创造了优美单纯的形式。

（四）古罗马风格的家具

古罗马文明的发展晚于西亚各个古代国家和埃及、希腊的文明发展。古罗马在建立和统治庞大国家的过程中，吸收了之前众多古文明的成就，并在此基础上创建了自己的文明。古罗马家具是在古希腊家具文化艺术基础上发展而来的。古罗马家具文化就是从古希腊传承过来的，当时由于大批的古希腊人来到意大利，带来了其发达的造型与装饰技术，因为这样的历史背景，所以早期的古罗马家具风格都有古希腊家具风格的影子。

但是相比于古希腊艺术风格，古罗马在靠椅躺椅和几种具有特色的桌子形式及材料应用等几个方面有所创新。古罗马家具中所用的材料多为木材、金属和石材，所用的木材主要有枫木、雪松、冷杉、榆木、按树、橄榄木、山毛榉等；镶嵌部位的用材主要有黄杨、乌木、冬青、香木等；其他材料有植物纤维绳、织物和大理石。古罗马家具在装饰上的技巧有雕刻、镶嵌、绘画、镀金、贴薄木和油漆等。圆雕的带翼状人或狮子、胜利女神、花环桂冠、天鹅头或马头、动物脚、动物腿、植物等。罗马家具中较常见的图案是莨苕叶形，这种图案的特性在于把叶脉细琢慢雕，看起来高雅、自然；另外也用漩涡形装饰家具。

总之，在古罗马的家具装饰上具有坚厚凝重的特征，显示了一种男性化的风格，也是当时罗马帝国强盛的一种显示。古罗马家具是在接受了希腊的文化传统，受到早期伊特拉里亚文化、埃及文化和东方文化的影响之后，融汇发展起来的，比较倾向于实用主义，造型上追求宏伟、壮观、华丽，在表现手法上强调写实，表现出一种严峻、冷静、沉着的鲜明特征。这是罗马帝国的统治阶级及贵族们为了满足奢侈豪华的生活风气所致，属于统治者直接影响而形成的家具风格。

（五）拜占庭风格的家具

4世纪末，以基督教为国教的古罗马被分裂为东、西帝国，历史上称拜占庭帝国，其统治延续到15世纪。中世纪的西方是基督教的时代，因此拜占庭家具的艺术风格在装饰上常用象征基督教的十字架符号，或者在花冠藤蔓之间夹杂着天使、圣徒以及各种鸟兽、果实和叶子装饰图案。象牙雕刻堪称一绝，因此拜占庭人常常将象牙雕刻的板面用于椅子、小箱、圣骨箱、门等重要的装饰部位，或作为镶嵌形式来点缀家具。

拜占庭家具的主要用材是木材，此外象牙也是常用材料，家具表面还常用贵重的金属、珠宝镶嵌装饰，使用时在家具的表面上覆以织锦。拜占庭家具的构造方式基本延续了古罗马家具的制造方式，没有太多改进，喜用车木构件。拜占庭家具的风格是古罗马家具风格的延续，同时融合了古希腊文化的精美艺术和东方宫廷的华贵表现形式，造型严肃、庄重，以显示神威。拜占庭的文化和宗教对今日的东欧国家有很大的影响。

（六）哥特式风格的家具

哥特式风格家具是唯一的欧洲中世纪家具。与之相关的哥特式文化艺术名声显赫。国人最耳熟能详的典型哥特式建筑，恐怕要数法国的巴黎圣母院了。哥特式风格家具受建筑风格影响很大，表现了大量的建筑构造式样和装饰图案，有着精美的雕刻、挺拔的尖顶、密集的细柱。

中世纪的哥特式风格家具，多为当时的封建贵族及教会服务，其造型和装饰特征与当时的建筑一样，完全以基督教的政教思想为中心，旨在让人产生腾空向上与上帝同在的幻觉，造型语义上在于推崇神权的至高无上，期望令人产生惊奇和神秘的情感。同时，哥特式风格家具还呈现出了庄严、威仪、雄伟、豪华、挺拔向上的气势，其火焰式和繁茂的枝叶雕刻装饰，是兴旺、繁荣和力量的象征，具有深刻的造型寓意性。

哥特式家具的艺术风格还在于强调垂直线和精致的雕刻装饰，几乎家具的每一处平面空间都被有规律地划成矩形，矩形内布满了藤萝、花叶、根茎和几何图案的浮雕，这些纹样大多具有基督教的象征意义。马丁教皇椅是比较有代表性的哥特式家具，这把椅子的装饰图案模仿哥特式建筑上的廊檐、尖拱、玫瑰窗等，极尽雕刻装饰之能事，精妙绝伦。

欧式风格的家具现在越来越多地受到了人们的欢迎，哥特式家具在生活中也比较常见，其款式设计也比较丰富，精致的做工加上丰富的图案让人们对哥特式家具更加喜爱。

（七）文艺复兴风格的家具

文艺复兴时期是欧洲封建主义社会向资本主义社会过渡的历史变革时期，是指发生在14～16世纪的一场反映新兴资产阶级要求的欧洲思想文化运动。文艺复兴是指这个时期以意大利各城市为中心而开始的对古希腊、古罗马文化的复兴运动。

意大利是文艺复兴式家具的发源地。自15世纪后期开始，意大利的家具设计开始将古代建筑中的檐板、半柱、拱券以及其他细部形式移植到当时的家具中，作为家具的艺术装饰，这是家具制作艺术与建筑艺术要素的完美结合。

文艺复兴时期家具的特点是外形厚重端庄，线条简洁严谨，立面比例和谐，采用古典建筑装饰等。文艺复兴式家具在欧洲流行了近两个世纪。总的说来，早期装饰比较简练单纯，后期渐趋华丽优美。此外，不同的国家也都有各自的特点。如法国采用繁复的雕刻装饰，显得富丽豪华；英国把文艺复兴风格与自己传统的单纯刚劲的风格融合在一起，形成一种朴素严谨的风格；北欧的文艺复兴式家具发展缓慢，实际上是将哥特式后期的结构方式与文艺复兴式装饰融为一体。

文艺复兴时期，家具的图案主要表现在扭索（麻花纹）、蛋形、短矛、串珠线脚及叶饰、各种花果蔓藤花饰、菱形花饰等，而宗教、历史、寓言、故事也是雕刻家具用的装饰题材。家具的主要用材有胡桃木、椴木、橡木、紫檀木等。早期植物图案或几何图案的镶嵌用材主要是骨、象牙和色泽不一的木料，盛行期发展到抛光的大理石、玛瑙、玳瑁和金银等珍贵材料镶嵌成有阿拉伯风格的花饰。文化复兴时期的家具设计、配置等的基本形式都是采用对称形。椅子的设计由哥特式的箱形变成了罗马时期的样式，蒙面料主要采用染有鲜艳色彩的皮革。

（八）洛可可风格的家具

洛可可风格的家具是在巴洛克家具的造型基础上发展起来的新样式。巴洛克家具虽然具有生动、奔放的艺术效果，但是仍摆脱不了追求宏伟的特征。

洛可可家具风格最显著的特征就是不对称，并以自然界的动物和植物形象作为主要装饰语言，叶子和花交错穿插在岩石和贝壳之间，外形轮廓不规则的形式遮住了传统的结构，熟悉的雕刻形式与令人耳目一新的图案有机地融合在一起，如旋转楼梯一样，没有规则也不会间断，相对的均衡弥补了不对称在人视觉上产生的不稳定感，又不会显得夸张不搭配，整体十分精美典雅。

洛可可家具主要强调表面的装饰设计，以使人们的眼睛不去注意那些矩形的连接部位；另外，还发展了青铜镀金、雕刻描金、线条着色或镶嵌花线与雕刻相结合等装饰手法，并适时地吸收中国的风格特征。它的装饰特点是以青白色为基调，模仿上流社会妇女的洁白肤色，以示高贵，在青白色的基调上以优美的曲线雕刻，通过金色涂饰或彩绘贴金，最后再以高级硝基漆罩光，使整体产生富丽豪华之感。

洛可可风格家具，不仅表现了深厚的文化底蕴，又突出了卓越的品质工艺。从产品应用元素和材质上看，它的特点是将优美的艺术造型、精致的手工雕刻，与舒适的功能效果巧妙地结合在一起，形成可用、可赏、可珍藏的工艺作品，并恰到好处地融入了浅色布艺时尚元素，延续着源自法国洛可可的流行风。尤其是红木的应用，将产品的质感与价值尽情展现，既有润物之妙，更有真材实料。最具有代表性的洛可可风格家具，主要有法国的“路易十五式家具”和英国的“乔治早期家具”。

路易十五式家具的最大成就是将最高的美感与最大的舒适效果巧妙地结合在一起，使其成为一件完美的家具作品，而代表这种成就的最完美家具作品就是路易十五式靠椅和安乐椅。这种椅子的椅身由雕刻精巧、曲线柔和的靠背、座位和弯腿共同构成，配上色彩淡雅绮丽的丝缎或刺绣包衬，既舒适实用，又给人极端奢华高贵的感觉。这种椅子的弯腿采用了当时的一种流行样式，称为卡布奥尔腿，它是由优美的双曲线构成的，接地部分有一个方形木块或兽蹄状脚形，弯曲的膝部一般为莨菪叶雕刻装饰。路易十五式家具还采用一种表面镀金的铜质配件进行装饰的手法，更能显示家具的高贵、华丽和优美。

乔治早期家具是以英国家具设计史上第一位伟大设计家齐宾代尔为中心的辉煌时期，这一时期的家具以齐宾代尔式家具为代表，其主要倾向是兼顾实用目的和装饰效果，家具的雕刻装饰仅限于几个重要的特殊部位，家具造型的特色是采用著名的球爪脚和中国式弯腿，并巧妙地应用洛可可式的螺旋纹和涡纹装饰，还与许多特殊的反复线条结合在一起。

齐宾代尔的设计活动从18世纪30年代开始，其独特的风格从18世纪40年代一直流行到1765年。1751年，他出版了著名的《客户与家具师指南》一书，书中收录了当时伦敦主要家具工厂里能发现的家具设计，包含设计图和文字说明。虽然这本书不是介绍洛可可风格的第一本书，但是却较为完整地反映了乔治时期家具形态的基本特征，以图解的形式切合实际地分析了各种家具风格，使得人们清晰地了解到自早期乔治时期以来有关家具的发展状况。此书出版后不久，书上的家具图样就在美国用上了，书中所包含的家具设计，也成为当时社会最流行的家具风格，它对美式家具的设计产生了深远的影响。

（九）新古典主义风格的家具

新古典主义风格家具的发展主要可分为两个阶段：一个是18世纪后半期以法国为代表的路易十四式，其他有英国的谢拉顿式家具、亚当兄弟式家具等；另一个是盛行于19世纪前期，以法国执政内阁和帝政式家具为代表，其他主要有英国的摄政式、美国的林肯和法夫式等。新古典主义风格主要特征表现为做工考究，造型精炼而朴素，以直线为基调不作过密的细部装饰，以直角为主体，追求整体比例的和谐与呼应。风靡于17世纪和18世纪的巴洛克与洛可可风格发展到后期，其家具装饰走向繁杂怪诞的境地，以瘦削直线的结构为主要特色的新古典主义风格一反这种倾向，成为一种新潮流。

新古典主义家具放弃了过去的高贵复杂的雕刻手法，换成了中西合璧的简洁、大方、明了的手工做法，看起来不像巴洛克风格的色彩华丽，富丽堂皇，也不像洛可可风格的公主风范，端庄秀雅。它更加简单大气、更上档次。新古典主义家具又分为中式新古典家具和西式新古典家具。新古典主义家具主要具备以下特点。

（1）儒雅时尚，中西合璧　新古典家具在沿袭了传统明清家具经典设计元素的基础上，将造型设计和装饰简化，并融入现代欧式家具的时尚元素，以现代手法去演绎传统文化精髓的新型古典家具，拥有传统中式家具的典雅、端庄气质，更符合现代人的审美追求和审美眼光。

（2）不拘一格，风格多样　在秉承欧洲古典主义家具设计风格、保留了欧洲文化丰富的艺术底蕴的同时，又在工艺和设计上不断创新，从而更加符合现代消费者审美、使用的需求。新古典家具，将中式家具的儒雅和欧式家具的高贵结合起来，将古朴时尚融为一体。

（3）舒适人性，起驾并驱　使用功能更加人性化，增添舒适度是新古典家具比传统家具更受欢迎的原因之一。如新古典家具增加了布艺软垫等，更适应现代人追求舒适的家居需求。

（4）传承古典，去繁就简　新古典家具一般没有复杂的线条，没有古典的雕花，却用直的线条增加了家具的现代感，从而去掉了古典家具的复杂的装饰，使得整个家具看起来既明亮大方，又宽敞舒适。

（十）北欧风格的家具

北欧风格的家具主要指丹麦、瑞典、挪威、芬兰的家具风格，综观北欧四国的家具设计，的确是世界家具王国中一道独特的风景。北欧风格的家具回归自然，崇尚原木韵味，再加上现代、实用、精美的艺术设计风格，反映出现代都市人进入后现代社会后的另一种思考方向。

木材是北欧风格家具制作的灵魂。为了有利于室内保温，北欧人在进行家具设计时大量使用了隔热性能好的木材。这些木材基本上都使用未经精细加工的原木，保留了木材的原始色彩和质感。

北欧风格的家具以简约著称，注重流畅的线条设计，完全不使用雕花、纹饰的北欧家具代表了一种时尚，回归自然，崇尚原木韵味，外加现代、实用、精美的艺术设计风格，正反映出现代都市人进入新时代的某种取向。

北欧风格的家具从设计上说，有浓浓的欧洲风格，也有现代风格家具的时尚。总体上讲，家具设计比较简单，和室内的搭配可以说是想怎么搭就怎么搭。

（十一）美式风格的家具

总体来说，美式家具优雅、雍容、华丽、厚重，怀旧浪漫和尊重时间是对美式家具最好的评价。总之，美式风格的家具具有如下特点。

（1）美式风格的家具摒弃了欧式家具富丽堂皇、金碧辉煌的雕刻，更注重平民化，是现代生活中一般人都可以接受的家具形式。美式风格家具一般在材质上多选用实木，会在边角加一些雕刻花纹，在体现高贵气派的同时又毫不夸张，深受当下人们的喜爱。

（2）美式风格家具顾名思义就是体现美国生活文化的家具类型，从深层上体现的是美国人对过去历史和美好过往的怀旧情怀，美式风格家具在设计的时候融入了本民族的文化气息，展示的浪漫古典的生活情调，能够为我们的生活营造别样的情趣。

（3）现代人生活工作压力大，人们回到家的时候希望得到身心的放松，美式风格的家具经常会传达出一种随意自然、舒适安逸的风格。选择美式风格家具使人回家后能够缓解压力，减少疲劳。

（4）美式风格家具的实用性体现在它的多功能，因为美式风格家具的体积较大，所以适用起来更加方便，如很多美式衣柜还可以当作电视柜、餐厅橱柜可以用作梳妆台，很大程度上增强了家具的实用性。

（5）美式风格的家具采用上好的木材制成，一般比较厚实，坚固，耐用。一件美式家具一般可以用上几十年至上百年。用实木、棉、麻等天然材料制作的物品，让人仿佛回到大自然的怀抱，普遍家具比较宽大、舒适，同时变得更加实用。

（十二）后现代风格的家具

后现代风格的家具，主张新旧融合、兼容并蓄的折衷主义。后现代主义设计并不是简单地恢复历史风格，而是把眼光投向被现代主义运动摒弃的广阔的历史建筑中，承认历史的延续性，有目的、有意识地挑选古典建筑中具有代表性的、有意义的东西，对历史风格采取混合、拼接、分离、简化、变形、解构、综合等方法，运用新材料、新施工方式和结构构造方法来创造，从而形成一种新的形式语言与设计理念。

后现代风格的家具造型以矩形为基本框架，稳重奢华、简约明朗、厚实大方，散发出一种独特的男性魅力。板件的边角又巧妙地运用了椭圆形处理，使用大量精巧优雅的弧线设计，富有韵律之美，温文尔雅，卓越超群。颇具前瞻性、不拘一格的设计理念，迎合新贵族的审美品位。

后现代家具由于使用功能的降低、审美功能的上升，使得其外观形式及结构完全没有固定程序可依，设计师可进行随意的创造，其表现形式从天真、滑稽到怪诞离奇。这种大胆的构思，光怪离奇的造型在整个家具史上是空前的。

在色彩设计方面，后现代家具又一反色彩的配置规则，色调没有主次之分，喜欢用不同色调的色块并置，使它们之间相互干扰，从而生产一种特有的新的视觉效果。在材料应用方面，后现代家具不重视材料的时代感，而着重考虑材料本身的肌理、花纹、透明度、发光度及其所具有的表现力，十分重视不同材料之间的组合，如廉价材料与贵重材料的结合，光洁材料与粗糙材料的组合等，使产品成为一个和谐的复杂系统。

（十三）现代简约风格的家具

现代简约家具风格受到越来越多的人追捧，简单中又不失时尚，简约中又带有强烈的线条美。现代简约家具成员里，无论是椅子还是沙发，除了讲究独特的造型外，还要求舒适性与观赏性相结合，这样才恰到好处。而且，现在的人都喜欢追求环保的家具，现代简约家具无疑能满足大家所追求的。归纳起来，现代简约风格的家具主要具有如下特点。

（1）现代简约家具风格里特别突出的特点就是线条美，所设计的功能性家具里都能体现出线条美，都能突出线条的流畅。强烈的色彩对比也是现代简约家具的风格特点。

（2）在很多常见的现代简约家具中，你会发现不管是桌面还是桌腿支架，都大量使用钢化玻璃或者不锈钢作为辅助材料。这都是现代简约家具常常所具备的特色，能给人一种前卫、不拘于小节的感受。

（3）现代简约家具由于比较重视线条美，所以装饰的物品就比较少。要想现代简约家具看起来更时尚、更具美感一些，不妨搭配一些软装。例如沙发配上几个有个性、舒适的靠枕，餐桌搭配上花纹格子的餐桌布，床需要床单作衬托，窗户需要窗帘来装饰，只要软装饰搭配到位，就能完美地体现出现代简约家具的风格。

不管居室大小，一定要留有充足的活动空间，不可有太多繁杂的装饰和过多的家具摆设，现代简约家具很多在造型方面都是采用几何结构，最大限度地体现出居室布置空间与家具摆设相互协调的风格。

现代简约家具之所以能受到大多人的喜欢，除了简约简单之外，还给人一种安静享受生活的感受。一张桌子，一张椅子，一杯咖啡便能让你静静地享受独特的时光。简约，不仅是一个简单的代名词，更是一种享受美好生活的方式。

（十四）功能主义风格的家具

20世纪20年代，现代设计领域的一个重要派别——现代主义设计形成。现代主义是主张设计要适应现代大工业生产和生活需要，以讲求设计功能、技术和经济效益为特征的学派，其最为重要的理念便是功能主义。功能主义就是要在设计中注重产品的功能性与实用性，即任何设计都必须保障产品功能及其用途的充分体现，其次才是产品的审美感觉。简而言之，功能主义就是功能至上。

功能主义时期（两次世界大战之间），是现代家具形成和发展的时期，也是严格意义上现代风格家具的开端。由于工业技术的发展，特别是电力与内燃机的推广和应用带来了经济的繁荣。在欧洲的设计界，大部分艺术家、设计师都已意识到只有在大机器生产方面谋求发展才能适应时代的需要，在这种形势下，德国成立了一所具有划时代意义的现代工业教育机构——包豪斯，德国青年建筑师瓦尔特·格罗比乌斯成为新兴设计的领袖，成为"包豪斯"学派的带头人，他们提出了三个重大观点：一是艺术与技术的统一；二是设计的目的是人而不是产品；三是设计必须遵循自然与客观的法则来进行。在家具设计方面，其设计的特点是重功能，简化形体，力求形式、材料及工艺的统一。

三、家具的类型与类别

随着人类社会的不断进步，家具的功能和造型也在不断发展和变化。随着历史的发展和文明的进步，人类逐渐创造出各种不同类型和式样的家具。每一历史时期都在创造具有使用功能和审美价值的家具类型，尤其是发展到现代社会，出现了许多新的家具品种和样式，最大限度地满足了现代人的生活和工作需要，为人类创造了更舒适、更温馨、更合理、更具有文化品位的生活方式。

由于现代家具的材料、结构、使用场合以及使用功能的日益多样化，现代家具类型和造型风格也向着多元化发展，这里我们从多个角度对现代家具进行分类，以便对现代家具形成一个比较完整的概念。

（一）按家具的基本功能分类

按家具的基本功能分类，是根据人与物和物与物的关系，按人类工程学的原理进行分类的，这是一种科学的分类方法，一般可以分坐卧式家具、桌台类家具和储藏类家具3类。

1.坐卧式家具

坐卧式家具是指与人体直接接触，起着支撑人体作用的家具，其主要功能是适应人的工作和休息。这类家具每一部分的尺寸要求都比较严格，同时也是式样最多、使用最广的家具。根据使用功能不同，这类家具还可以分为椅凳、沙发和床榻3类。

椅凳家具属于人坐着用的家具，其品种最多，例如凳子有马扎凳、长条凳、板凳、化妆凳及各式凳式家具；椅类有靠背椅、扶手椅、躺椅、转椅、摇椅、折椅、圈椅等，椅类的坐垫靠背有硬垫、半软垫、软垫之分；沙发类家具有单人沙发、双人沙发、长沙发、沙发床等；床榻类家具有单人床、双人床、双层床、儿童床等。

2.桌台类家具

桌台类家具是指与人体间接发生关系的家具，其主要功能是适应人在站、坐时所必需的辅助平面高度或兼作存放物品之用，所以家具在高低宽窄上必须与坐卧式家具紧密配合，具有一定的尺寸要求。这类家具根据使用功能可以分为桌与几两类。桌类有写字台、书写桌、办公桌、会议桌、课桌、餐桌、吧台、讲台、料理工作台、试验台等；几类有茶几、条几、花几、炕几等。

3.储藏类家具

储藏类家具是指虽然不与人体发生直接关系，但必须在适当的范围内来制订尺寸的家具，其主要功能是储存物品，或者作为空间分隔之用。这类家具按使用功能可分为橱柜和屏架两类。橱柜类有衣柜、书柜、抽屉柜、餐具柜、床头柜、音响柜、文件柜、陈列柜等；屏架类有衣帽架、书架、花架、陈列架、屏等。

（二）按家具的结构特征分类

按家具的结构特征分类，主要可分为框式家具、板式家具、曲木家具和折叠家具。

1. 框式家具

以榫接合为主要特点，木方通过榫结合构成承重框架，围合的板件附设于框架之上的木质家具称为框式家具，框式家具一般是不可拆卸的。我国传统家具大多都是框式形式，是实木家具发展中形成的一种理想结构。明末清初的家具是采用框式结构的典范，它以较细的纵横撑为骨架，以较薄的木板铺设大面，用槽、榫来进行连接，既经济省料又结实轻巧，这种结构形式在坐卧式家具和储藏类家具中都普遍采用，但这种家具均采用实木，对木材的要求较高，而且木材的利用率也低，不利于现代家具生产的机械化和自动化。

2. 板式家具

主要以人造板为基材，应用专用的连接件或圆榫将各板式部件连接起来装配而成的家具称为板式家具。根据部件的不同连接形式，板式家具又分为可拆装式与不可拆装式两类。板式家具结构简单，其板块既是家具的围护件，又是家具的结构受力件，专用连接件可使家具便于多次拆装，既为实现家具生产自动化创造了条件，又便于家具的包装运输和使用保养。板式家具的出现，大大提高了木材资源的工业利用率。

3. 曲木家具

凡主要部件是由经过软化处理并弯曲成型的木质零件，或采用多层胶合板弯曲等工艺生产的零部件而构成的家具称为曲木家具。这类家具弯曲自然，线条流畅，结构简单，造型优美，保持木材纹理的完整，不会损坏木材纤维，经久耐用，多用于生产坐卧式家具。

4. 折叠家具

折叠家具是通过折叠可以将面积或体积较大的物品尽量压缩的一种家具类型。它突破了传统家具的设计模式，细细品味，会发现其有一种独特的美感，其既无一例外地兼具到实用主义，又拥有灵活自由的使用方式，主要特点是造型简单，使用轻便，可供居家旅行两用，拆卸折叠方便，节约房屋使用面积。折叠家具的主要种类有椅、桌、床等。

（三）按家具所用的材料分类

大多数家具都是采用多种材料制成的，这样可以充分发挥材料各自的性能，还可以取得丰富多变的材质对比效果，因此这种分类法只能是以家具所采用的主要材料为依据，大致可分为木质家具、竹藤家具、金属家具、塑料家具、玻璃家具、石材家具、软垫家具等。

1. 木质家具

木质家具是指以木材或木质材料（即用木材为原料加工的胶合板、纤维板、刨花板、细木工板等人造板材）为基材的家具。木质家具在家具中占主导地位，主要包括实木家具、木质人造板家具、实木弯曲家具、薄板胶合弯曲家具等。

2. 竹藤家具

竹藤家具是世界上最古老的家具品种之一，这类家具制作十分考究，需经过打光、上光油涂抹，甚至油漆彩色，使成品显得牢固耐用。竹材光滑细致，具有天然纹理，清新雅致、自然朴素、还带有淡淡的乡土气息；竹藤家具经久耐用、返璞归真，给家带来全新的自然享受。竹藤家具多为椅、凳、沙发和小桌类，也有少量的柜类。

3. 金属家具

金属家具是以金属管材、板材等作为主架构，配以木材、各类人造板、玻璃、石材等制造的家具和完全由金属材料制作的铁艺家具。金属家具具有坚固耐用、绿色环保、功能多样、防火防潮、易于生产等特点，因此成为推广最快的现代家具之一。

4. 塑料家具

塑料家具相对于传统实木家具、竹藤家具、金属家具等，是一种新性能的家具，它以色彩鲜艳、形状各异、轻便小巧、适用面广、保养方便，深受广大消费者喜爱，在现代家具中把塑料通过模型压成坐椅或者压成各种薄膜，可作为柔软家具的蒙面料。

5.玻璃家具

玻璃家具是以玻璃为基材的家具。玻璃是一种具有透明性的人造材料，用于家具的主要是玻璃板材，它主要用于展览陈列用的框架、商业用的玻璃陈列框，以及承重不大的餐桌、茶几的桌面。玻璃家具的最大优点是利于观赏和扩大室内空间。

6.石材家具

用于制作石材家具的石材主要有天然大理石、人造大理石、树脂人造大理石。天然大理石色彩自然，质地致密；人造大理石色彩丰富，柔韧度好；树脂人造大理石品种繁多，色彩逼真，适合装饰任何场所的物品。石材家具适用于桌子及茶几的面板和桌腿等承重构件。

7.软垫家具

软垫家具是指以弹簧、填充料为主，利用泡沫塑料成型以及充气成型具有柔性特征的家具，它主要应用在与人体直接接触的沙发座椅及床榻中，是一种应用广泛的家具类型。

四、家具与室内环境

家具是人类维持日常生活，从事生产实践和开展社会活动必不可少的物质器具。家具的历史可以说同人类的历史一样悠久，它随着社会的进步而不断发展，反映了不同时代人类的生活和生产力水平，融科学、技术、材料、文化和艺术于一体。家具除了是一种具有实用功能的物品外，更是一种具有丰富文化形态的艺术品。几千年来，家具的设计和建筑、色彩、雕塑、绘画等造型艺术的形式与风格的发展同步，成为人类文化艺术的一个重要组成部分。

家具是人们日常生活中使用的器具，它起源于生活，又促进生活。在室内环境中，家具是室内设计的重要组成要素。它是实用的艺术品，与室内其他的装饰物共同构成了室内陈设设计的内容。随着人类文明的进步和生产力的发展，人们的生活也越来越离不开家具了。家具不仅为我们的生活带来了便利，同时还为室内空间带来视觉上的美感和触觉上的舒适感。也就是说一件好的、完美的家具，不仅要具备完善的使用功能，而且要能最大程度地满足人们的审美意识和精神需求。

家具在室内环境中占有十分重要的地位，是室内环境的有机组成部分，与室内环境有着密不可分的关系。在现代社会中，人们在日常生活中接触最多的物品应当说就是家具，因此人们对家具的要求也越来越高，

（一）家具和室内设计的和谐统一

家具作为室内设计整体中的重要组成部分，家具的设计不能脱离室内设计的要求。家具设计得是否完美，应该放在一定的室内环境中去评价它。不同的室内环境要求不同的家具造型，庄严、雄伟的政治性和纪念性建筑的室内设计，或生动、活泼的文娱性建筑的室内设计，或亲切、愉快的居住性建筑的室内设计等，这些丰富多彩的生活环境就要求形式多样的家具造型来烘托室内的气氛。家具设计要与建筑设计、室内装饰设计相配合，家具的体量、尺寸要同建筑空间的尺度相适应，家具的风格要同建筑室内相统一，家具的造型和色彩要同建筑室内相协调。

纵观室内设计的发展史，不同风格的室内设计有不同风格的家具与之匹配。起始于20世纪20年代荷兰的风格派，是以画家蒙德里安等为代表的艺术流派，他们对室内设计和家具经常采用几何形体和红、黄、蓝三原色，或以黑、灰、白等色彩相配，个性非常鲜明。

各民族不同风格的室内设计，常常体现在不同风格的家具中。中国传统的室内设计深受儒家哲学、礼仪思想的影响，几乎渗透到生活空间的每一处，室内设计充分体现了社会的伦理价值观念和等级观念。例如宫殿庄严肃穆、金碧辉煌，百姓人家淳朴自然、不事雕琢，家具的布置讲究方正、规则、对称，形成与社会等级相等的特定的室内气氛，同时室内空间功能的合理性、家具适宜的比例尺寸，也可以看出古人对“天人合一”境界的追求。

（二）家具和室内设计相互制约

室内设计对家具有相当大的制约作用，空间大小已由外部建筑环境决定，并不是每个界面都可以根据室内设计随意更改，因此制约了家具的选择。室内设计应充分考虑空间的大小，以选择和布置家具。在一个较小的室内空间，家具的尺寸不宜过大，否则会使原本不大的空间显得更加沉闷、压抑，家具的布置可采用悬吊式（如厨房的吊柜）或嵌入式（如衣柜），尽量减少家具的密度，提供给人们更大、更方便的活动环境。而在一个较大的室内空间环境，家具的尺度应相应增大，以削弱大空间给人们带来的空旷感，尺寸较小的家具，与大的空间环境形成强烈反差，整个室内气氛会很不协调，感觉很突兀。

每一个室内设计都体现一个空间环境的特定使用功能，家具必须根据这个空间的功能来选择，并考虑到有助于室内使用功能的实现。人们通常会在卧室里摆放一张躺椅，因为卧室私密性比较强，躺椅可让人很放松、很舒服地躺着；但是如果把躺椅放在一个公共场合，如商场、办公室，则会显得很不合适。同样是椅子，我们应根据不同的空间去选择。

在进行家具的选择时，主要应注意以下几个方面。

（1）家具的种类与数量　室内家具的多少应从房间的使用及面积大小来确定。盲目地追求件数、套数会使房间变得拥挤、零乱，还会成为生活的累赘。应在满足生活需求的前提下，力求有较多的活动面积。

（2）选择合适的家具款式　家具的款式在不断地翻新和变化，现代化生活需要的是舒适、实用、轻巧、多功能或组合式的家具。

（3）选择合适的家具体量　选择家具不仅要看家具本身的尺度，还要考虑它在室内给人的感觉。在住宅中采用尺寸较小的家具，从平面布局和经济上看是合理的。在小居室中配置过大的家具，会使空间闭塞、缺少供水回旋的余地。

（4）选择合适的家具风格　家具的风格是指家具的造型、质地、色彩、尺度、比例等总的特征，家具的风格应当与室内的设计风格相一致。

第三节　室内家具的设计

世界上每个民族，由于不同的自然条件和社会条件的制约形成了自己独特的语言、习惯、道德、思维、价值和审美观念，因而形成民族特有的文化。家具设计的民族性主要表现在设计文化的观念层面上，它能直接反映整个民族的心理共性，不同的民族、不同的环境造成不同的文化观念，直接或间接地影响到他们的家具设计风格特征。

家具设计是指用图形（或模型）和文字说明等方法，表达家具的造型、功能、尺度与尺寸、色彩、材料和结构。家具设计既是一门艺术，又是一门应用科学，主要包括造型设计、结构设计及工艺设计3个方面。家具设计既是民族的，又是时代的。在一个民族历史发展的不同阶段，该民族的家具设计会表现出明显的时代特征，这是因为家具设计首先是一个历史发展的过程，是该民族各个时期，家具设计文化的叠合及承接。

一、家具设计的概述

家具的设计实质上是一门造型艺术，家具不仅是单纯的具有座、卧、睡、用的作用，更多地体现了社会发展的进程、人类审美观的不同趋势，同时好的、做工精良的、设计优美适用的家具还能对人日常的心情、家庭生活和谐起到至关重要的作用。

在室内空间中，家具的实用性和艺术表现力使之获得了充分的空间意义，所以，在处理有关家具的设计问题时，不能脱离整体、脱离统一的室内空间组合要求，来孤立地解决家具的设计与陈设布置问题。室内设计师务必要了解家具的类型、造价以及与家具有关的人体工程学知识，把握在室内空间中对家具进行合理布局的一般原则。

选用或设计的家具要与室内空间协调，即有一种“对话”的关系，如果比作“一台戏”，那么作为重要角色的家具，除了具有反映自己本色的“性格”之外，它还有一个“举止风度”的问题，家具可以非常“随和”地与建筑风格保持一致，也可以非常“顽强”地表现自己。在室内空间的不同部位、不同角度，家具则应有其不同的姿态。在旅馆的门厅里，组合沙发就像拉起手来的人群，以其集合形象或占据空间中的显著位置，或非常“谦逊”地退到边角部位。在办公室里，领导人的工作桌椅，总要摆放在特殊的位置，甚至有时还有意倾斜一定角度，以显示使用者的特殊地位，但是这并不等于说家具的陈设可以随心所欲，无论怎样变化，家具的设计与陈设都得从室内空间的整体效果着眼。

在处理家具与建筑环境的关系时，一般讲来有两种办法：一是对比；二是统一。为获得家具与室内空间的对比效果，可以在家具的色彩、造型风格上做文章，使之有别于建筑环境，这种做法往往能起到画龙点睛、活跃室内空间的作用。在大多数建筑环境中，家具设计手法与建筑内部空间设计相互讲究和谐、统一的做法居多。

家具能用并不等于它令人感到舒适，家具布置得合理并不等于它合乎使用者的心理要求。人是环境的主宰，室内空间中的一切都是以人为中心的。要让人舒适，就要研究家具的尺度和细部做法；要满足业主的精神与审美需求，就得研究使用者的职业、性格、年龄、习惯、民族等自身的特点。随着人类文明程度的提高，人们对室内空间的艺术质量也提出了更高的要求，与此同时，家具的“表现”意味也更加引起人们的关注。

二、红木家具选购的窍门

红木家具因材料名贵、制作精致，且能保值增值，越来越受到消费者的欢迎。由于产品价格比较昂贵，因此了解红木家具的主要用材及制作工艺，是选购红木家具的有效方法。

1.注重红木家具树种标识

红木家具一般以原木为基材，国家标准规定属于红木树种的有紫檀木、花梨木、香枝木、黑酸枝木、红酸枝木、乌木、条纹乌木和鸡翅木 8类33个树种。而目前市场上的红木家具主要以花梨木、酸枝木和鸡翅木为主，其次还有乌木和条纹乌木等红木家具。消费者在选购时，首先要详细了解家具明示标识中用材名称和材种产地，因为红木的主要树种绝大多数是从东南亚、热带非洲和拉丁美洲进口。因此，一定要了解家具材种的名称产地，并在购买时合同或发票上注明树种名称和产地。

2.注重红木家具的真实用材

目前市场上红木家具的用材掺杂现象时有发生，消费者在选购时要注意产品明示标识与产品实际用材。例如市场上以卜宾佳冒充花梨木、以花梨木冒充酸枝木等时有发生。红木家具的用材要求，国家标准和上海市地方标准均有严格的规定，标识全红木家具规定，家具的各木质部件（镜子托板除外）均采用同一种红木类材种；标识红木家具规定，产品外表目视面可采用红木类材种实板，内部及隐蔽处可使用其他近似的非红木类材料；标识红木面家具规定，产品外表目视面可采用红木类材种实板，不外露的木质部件采用其他非红木类材料或红木贴面夹板。

3. 注重红木家具的外观质量

在选购或成品交货验收时应注意检查产品的规定尺寸是否符合要求；产品的艺术造型，如雕刻部位图案光整、清晰，层次分明，表面平整，光洁，无刀痕；图案花纹等对称部位应对称；产品的部件结构、板件拼缝或铆榫结合应严密牢固，无松动和裂缝；漆膜表面应平整光滑，无漏漆、色泽应均匀相似，木纹清晰无划痕等缺陷；产品的门、抽屉开启应灵活，配合间隙分缝一般在1～2mm以内。

4. 注重红木家具的售后服务

红木家具由于采用实木加工制作，随着使用后的环境温湿度变化，比较容易引起家具零部件的自然收缩、离缝等现象产生。因此购买时要选择有一定信誉的商家，要求有书面产品质量保证书并注重内容规定，一般比较规范的生产企业会在交付使用后一定的时间内，上门为用户进行适当的整理维护工作。

三、选购新房家具的窍门

1. 家具材料是否合理

不同的家具，表面用料是有区别的。如桌、椅、柜的腿，要求用硬杂木，比较结实，能承重，而内部用料则可用其他材料；大衣柜腿的厚度要求达到2.5cm，太厚就显得笨拙，薄了容易弯曲变形；厨房、卫生间的柜子不能用纤维板做，而应该用三合板，因为纤维板遇水会膨胀损坏；餐桌则应耐水洗。

发现木材有虫眼、掉末，说明烘干不彻底。检查完表面，还要打开柜门、抽屉门，看里面内料有没有腐朽，可以用手指甲掐一掐，掐进去了就说明内料腐朽了。开柜门后用鼻子闻一闻，如果冲鼻、刺眼、流泪，说明胶合剂中甲醛含量太高，会对人体有害。

2. 家具四脚是否平整

家具的四脚是否平整，将家具放在平地上晃一晃便知道了。有的家具只有三条腿落地，稳定性能肯定不好。还要看一看桌面是否平直，不能弓背或塌腰，如果桌面凸起，玻璃板放上去会打转；如果桌面凹进去，玻璃板放上一压就碎了。另外，还要注意检查柜门、抽屉的缝隙不能过大，要讲究横平竖直，门不能下垂。

3. 家具结构是否牢固

对于小件的家具，如椅子、凳子、衣架等在挑选时，可以在水泥地上拖一拖，轻轻摔一摔，声音清脆，说明质量较好；如果声音发哑，有噼里啪啦的杂音，说明榫眼结合不严密，结构不牢。

桌子可以用手摇晃摇晃，看看稳不稳。沙发可坐一坐，如果坐上一动就吱吱嘎嘎地响，一摇就晃，一般是钉子产生活动，用不了多长时间。

特别提示：方桌、条桌、椅子等腿部都应该有4个三角形的卡子，起着固定的作用，挑选时可把桌椅倒过来看一看，包布椅可以用手摸一摸。

4. 贴面家具拼缝严不严

不论是贴木单板、PVC，还是贴油漆纸，都要注意皮子是否贴得平整，有无鼓包、起泡、拼缝不严现象。

要在充足光线下才能清楚检查拼缝。水曲柳木单板贴面家具较易损坏，一般只能用两年。就木单板来说，刨切的木单板要比旋切的好。识别二者的方法是看木材的花纹，刨切的单板木材纹理直而密，旋切的单板花纹曲而疏。刨花板贴面家具，着地部分必须封边，不封边板就会吸潮、发胀而损坏。一般贴面家具边角地方容易翘起来，挑选时可以用手抠抠边角，如果一抠就起来，说明用胶有问题。

5.家具包边是否平整

包边不平，说明内材还潮湿，几天后包边就会掉。包边还应是圆角，不能采用直棱角。用木条封的边很容易发潮或崩裂。三合板包镶的家具，包边条若是用钉子钉的，要注意钉子眼表面是否平整，钉子眼处与其他处的颜色是否一致。通常钉眼是用腻子封住的，要注意腻子有否鼓起来，如鼓起来说明不行，慢慢腻子会从里面掉出来。

6.家具的使用和保养

家具一般宜用干布擦，不要老用湿布擦，因油漆进水易起皮，脱落。不要将家具直接放在潮湿的地方，过潮的地方应垫一垫。家具要尽量避免日晒或过热，不要放在火炉、暖气旁，更不要放在太阳下直晒，否则油漆易起皮、掉落。喷漆的家具刚购买时很亮，但过两年就不行了。丙烯酸的要好些，但是太脆，怕碰，一碰就掉。耐水油漆不怕烫，只是不亮。脏痕迹用热水擦不干净时，可以用酒精轻轻擦拭。

7.选择有声誉的卖场

在选购前要仔细了解货品质量，当然能大大降低购入次货的机会。但由于天气或其他自然因素而导致的质量问题亦很难完全避免，所以在选购家私时，一定要到商誉良好及有售后保证的专业家私店，就算出现耗损情况，也能得到售后较好的维修服务。

四、室内家具保养的方法

家具是家居装饰的主角，具多功能性及实用性，且无法经常更换家具，因此对其保养就显得尤为重要。

1.地面平整

放置家具的地面务必保持平整，四腿安稳平实着地，忌放于不整的地面，倘家具安置后，处于经常摇晃不稳的状态，日久会使榫头或紧固件松脱，黏结部分开裂，更会影响到家具的使用寿命。解决办法是修饰地面，或用稍大面积的硬塑料板垫平，达到家具四腿放平的目的。

2.洁净除尘

建议选用纯棉针织品作抹布，细软羊毛板刷清除凹陷或浮雕纹饰中的灰尘。经过油漆处理的家具，忌用酒精、汽油之类溶剂擦拭污迹，无色家具可上光蜡，薄薄地涂匀，用棉布拭干，以减少落尘，并增强光泽。

3.远离日晒

家具摆放位置，最好避开窗外阳光的直接照射，家具长时间受日晒，会使白油漆泛黄，着色油漆褪色，金属配件出现氧化变质，材料的材质发生脆损。如果遇到日照无法移开，可以用窗帘或百叶窗遮光，以保护家具。

4.避免潮湿

室内的湿度应保持在正常值之内，加湿器的使用，只需在低湿度的干燥季节，由于潮湿会使木材腐朽，金属配件出现锈蚀，黏结部分容易开胶，镀铬原件产生脱膜等，因此应注意加湿器喷雾远离家具位置。如果家中进行大扫除，忌用碱水清洗家具，可用湿抹布擦拭，不可使用流水冲洗。

5.污迹清除

纯白油漆家具，日久出现泛黄时，可用纯白细纱针织棉纱布蘸少许牙膏轻轻擦拭，后用湿布除去牙膏残迹，并用干布拭干，泛黄现象可大为改观。涂漆的家具，常出现因直接放置开水杯、热汤碗后出现的白灰色烫痕，影响外观，可用细布蘸少许浓茶水或是花露水以及少许酒精，轻轻擦拭即可除去，然后用布拭干。家具表面偶然有细微擦伤，漆膜脱落，可用彩色笔，按照家具色调稍加修补，然后稍微涂上薄薄一层无色透明指甲油即可。也可用原来家具用的油漆修补之。家具滴水后未及时擦掉，干后会遗留水迹，可用一块稍厚湿布盖在水迹上，用加热后的电熨斗轻压一下，水的痕迹即可消除。

第七章 绿色建筑光环境设计

现代室内建筑装饰，不仅注重室内空间的构成要素，更加重视照明对室内外环境所产生的美学效果以及由此而产生的心理效应。因此，灯光照明不仅仅是延续自然光，而是在建筑装饰中充分利用明与暗的搭配，光与影的组合来创造一种舒适、优美的光照环境。所以，人们对室内装修的灯饰选择越来越重视。

所谓室内照明设计，实际上是室内光环境的设计，也是相对室内环境自然采光而言的。它是依据不同建筑室内空间环境中所需照度，正确选用照明方式与灯具类型来为人们提供良好的光照条件，以使人们在建筑室内空间环境中能够获得最佳的视觉效果，同时还能够获得某种气氛和意境，增强建筑室内空间表现效果及审美感受的一种设计处理手法。

工程实践充分表明，只有将照明巧妙地运用于室内照明设计中，才能使诸要素和谐统一、相得益彰，才能使各种照明真正起到衬托空间、美化空间、营造空间气氛的作用。照明宛如变幻莫测的精灵，使室内空间设计变得有趣而又变化无穷。照明可以影响人的感觉、情绪及身体健康，也可以赋予相同的空间以绝对不同的风貌。在室内设计中充分发挥照明的功能特点，理性地运用照明的感性倾向，就能达到出其不意的效果，创造出和谐舒适的完美情境。

建筑光环境是建筑环境中的一个非常重要的组成部分。在生产、工作、学习场所，良好的光环境可以振奋人的精神，提高工作效率和产品质量，保障人身安全和视力健康。在娱乐、休息、公共活动场所，光环境的首要作用，在于创造舒适优雅、活泼生动，或庄重严肃的环境气氛，对人的情绪状态、心理感受产生积极的影响。舒适、健康的室内环境需要多方因素的共同努力作用才能实现，作为保证人类日常活动得以正常进行，建筑光环境是评价室内环境质量的重要依据。

室内应具有良好、充分、适宜的光照。舒适的室内光环境不仅可以减少人的视觉疲劳，提高工作效率和劳动生产率，而且对人身健康特别是对视力健康有直接影响。如果室内光线不足，不仅会使工作效率降低，容易导致事故的发生，而且会造成工作人员视力迅速减退、近视或出现其他眼疾。因此，在建筑物中创造和控制良好的光环境，不仅可以避免以上现象，而且对于绿色建筑节能也有直接影响。

第一节　建筑光环境基本知识

光环境是物理环境中一个组成部分，它和湿环境、热环境、视觉环境等并列。对建筑物来说，光环境是由光照射与其内外空间所形成的环境。因此光环境形成一个系统，包括室外光环境和室内光环境。前者是在室外空间由光照射而形成的环境，其功能是要满足物理、生理（视觉）、心理、美学、社会（节能、绿色照明）等方面的要求。后者是室内空间由光照射而形成的环境，其功能是要满足物理、生理、心理、人体工程学及美学等方面的要求。

光环境和空间两者之间有着相互依赖、相辅相成的关系。空间中有了光才能发挥视觉功效，才能在空间中辨认人和物体的存在，同时光也以空间为依托显现出它的状态、变化（如控光、滤光、调光、混光、封光等）及表现力。在室内空间中，光线必须通过材料形成光环境，例如光通过透光、半透光或不透光材料形成相应的光环境。此外，材料表面的颜色、质感、光泽等也会形成相应的光环境。

一、光的性质和度量

建筑光环境的设计和评价离不开定量的分析和说明，需要借助一些物理光度量来描述光源与光环境的特征。在建筑光环境中常用的光度量有：光通量、发光强度、照度和亮度等。

1. 光通量

辐射体以电磁辐射的形式向四面八方辐射能量，在单位时间内以电磁辐射的形式向外辐射的能量称为辐射功率或辐射通量（W），相应的辐射通量中能被人眼感觉为光的那部分称为光通量，即在波长380～780nm的范围内辐射出的并被人眼感觉到的辐射通量。光通量是指单位时间内光源辐射能量的大小，表征光源发光能力的基本量，它是根据人的眼睛对光的感觉来评价的，其单位为流明（lm），例如100W普通白炽灯发出1250lm的光通量，40W日光色荧光灯约发出2400lm的光通量。光通量是描述光源基本特征的参数之一。

2. 发光强度

桌上有一盏台灯，当有灯罩时，桌面上的亮度要比没有灯罩时亮得多；表面上看好像有灯罩时的光通量要比没有灯罩时的光通量大，但实际上光源所发出的光通量并没有增加，只是因为光源在灯罩的作用下光通量的空间分布情况发生了改变。由此可见，光通量只能说明光源的发光能力，并没有表示出光源所发出光通量在空间的分布情况。因此，仅知道光源的光通量是不够的，还必须了解表示光通量在空间分布状况的参数，即光通量的空间密度，称为发光强度。发光强度简称为光强，光强为发光体在给定方向上的发光强度，是该发光体在该方向上的立体角内传输的光通量除以该立体角所得之商，即单位立体角的光通量。发光强度的符号为I，单位为坎德拉（cd）。

3. 照度

对于被照面而言，照度是指物体被照亮的程度，即光源照射在被照物体单位面积上的光通量，它表示被照面上的光通量密度，用符号E表示，单位为勒克斯（lx）。照度是以垂直面所接受的光通量为标准，若倾斜照射则照度下降。照度的计算方法，有利用系数法、概算曲线法、比功率法和逐点计算法等。保证光环境的光量和光的质量的基本条件是照度和亮度。其中照度的均匀度对光环境有着直接的影响，因为它对室内空间中人的行为、活动能产生实际效果，但是以创造光环境的气氛为主时，不应偏重于保持照度的均匀度。

4.亮度

亮度是表示人对发光体或被照射物体表面的发光或反射光强度的实际感受的物理量，亮度和光强这两个量在一般的日常用语中往往被混淆使用。亮度实质上是将某一正在发射光线的表面的明亮程度定量表示出来的量。在光度单位中，亮度是唯一能引起眼睛视觉感的量，亮度的表示符号为L，单位为尼特（nit）。虽然在光环境设计中经常用照度和照度分布（均匀度）来衡量光环境的优劣，但就视觉过程来说，眼睛并不直接接受照射在物体上的照度作用，而是通过物体的反射或透射，将一定亮度作用于人的眼睛。

二、视觉与光环境

视觉是通过视觉系统的外周感觉器官（眼）接受外界环境中一定波长范围内的电磁波刺激，经中枢有关部分进行编码加工和分析后获得的主观感觉。视觉是人体各种感觉中最重要的一种，据科学测试证明，大约有87%的外界信息是人依靠眼睛获得的，并且75% ～ 90%的人体活动是由视觉引起的。视觉与触觉等其他感觉不同，后者是单独地感受一个物体的存在，而视觉所感知的是环境的大部分或全部。

良好的光环境是保证视觉功能舒适、有效的基础。在一个良好的光环境中，人们可以不必通过意识的作用强行将注意力集中到所有要看的地方，能够不费力而清楚地看到所有搜索的信息，并与所要求和预期的情况相符合，背景中没有视觉“噪声”（不相关或混乱的视觉信号）干扰注意力。反之，人们就会感到注意力分散和不舒适，直接影响到劳动生产率和视力的健康。

（一）颜色对视觉和心理的影响

颜色同光一样，是构成光环境的要素，颜色问题涉及物理学、生理学、心理学等学科，较为复杂。颜色来源于光，不同的波长组成的光反应了不同的颜色，直接看到的光源的颜色称为表观色。光投射到物体上，物体对光源的光谱辐射有选择地反射或透射对人眼所产生的颜色，此感觉称为物体色，物体色由物体表面的光谱反射率或透射率和光源的光谱组成共同决定。若用白光照射某一表面，它吸收的白光包含绿光和蓝光，反射红光，这一表面就呈红色，若用蓝光照射同一表面，它将成为黑色，因为光源中没有红光成分，反之，若用红光照射该表面，它将成鲜艳的红色，这个例子充分说明，物体色泽决定于物体表面的光谱反射率。同时，光源的光谱组成对于显色也是至关重要的。

颜色是正常人一生中一种重要的感受。在工作和学习环境中，需要颜色不仅是因为它的魅力和美丽，还为个人提供正常情绪上的排遣。一个灰色或浅黄色的环境，几乎没有外观的感染力，它趋向于导致人在主观上的不安、内在的紧张和乏味。另外，颜色也可以使人放松、激动和愉快。人的大部分心理上的烦恼都可以归于内心的精神活动，好的颜色刺激可给人的感官以一种振奋的作用，从而从恐怖和忧虑中解脱出来。

良好的建筑光环境离不开颜色的合理设计，颜色对人体产生的心理效果直接影响光环境的质量。色性相近的颜色对个体视觉的影响及产生的心理效应的相互联系、密切相通的性质称为色感的共通性，它是颜色对人体产生心理感受的一般特性。色感的共通性如表7-1所列。

表7-1 色感的共通性

心理感受	左趋势	积极色				中性色		消极色			右趋势
明暗感	明亮	白	黄	橙	绿、红	灰	灰	青	紫	黑	黑暗
冷热感	温暖		橙		黄	灰	绿	青	紫		凉爽

心理感受	左趋势	积极色				中性色		消极色			右趋势
胀缩感	膨胀		红	橙	黄	灰	绿	青	紫		收缩
距离感	近		黄	橙	红		绿	青	紫		远
重量感	轻盈	白	黄	橙	红	灰	绿	青	紫	黑	沉重
兴奋感	兴奋	白	红	橙红	黄绿红紫	灰	绿	青绿	紫青	黑	沉重

有试验结果表明，当手伸到同样温度的热水中时，多数受试者会说染成红色的热水要比染成蓝色的热水温度高。在车间操作的工人，在青蓝色的场所工作13℃时就会感到比较冷，在橙红色的场所工作11℃时还感觉不到冷，这样的主观温差效果最多可达3～4℃。在黑色基底上粘贴大小相同的6个实心圆，分别是红、橙、黄、绿、青、紫六种颜色，从实际看来，红、橙、黄三色的圆有跳出之感觉，而绿、青、紫三色却有缩进之感觉。例如，法国的国旗，将白、红、蓝三色做成30 ∶ 33 ∶ 37的比例时才会产生三色等宽的感觉。

明度对轻重感的影响比色相要大，明度高于7的颜色显轻，明度低于4的颜色显重。其原因一是波长对眼睛的影响，二是颜色联想，三是颜色爱好引起的情绪反映，有很多与下面例子类似的情形，如同样重量的包装袋，如果采用黑色，搬运工人则觉得比较沉重，但如果采用淡绿色，反而觉得比较轻；吊车和吊灯表面，常采用轻盈的颜色，以有利于众人感到心理上的平衡和稳定。

自然科学家歌德把颜色分为积极色（或主动色）和消极色（或被动色）两大类。主动色能够产生积极的有生命力的和努力进取的态度，而被动色易表现出不安的温柔和向往的情绪。如黄、红等暖色，明快的色调加上高亮度的照明，对人有一种离心作用，即把人的组织器官引向环境，将人的注意力吸引到外部，增加人的激活作用、敏捷性和外向性。这种环境有助于肌肉的运动和机能的发挥，适合于从事手工操作和进行娱乐活动的场所。灰、蓝、绿等冷色调加上低度的照明，对人有一种向心作用，即把感受从环境引向本人的内心世界，使人精神不易涣散，能更好地把注意力集中到难度大的视觉任务和脑力劳动上，从而增进人的内向性。这种环境适合需要久坐、对眼睛和脑力工作要求高的场所，如办公室、研究室和精细的装配车间等。

（二）视觉功效舒适光环境要素

1.视觉功效

视觉功效是人借助视觉器官完成一定视觉作业的能力。通常用完成作业的速度和精度来评定视觉功效。除了人的因素外，在客观上，它既取决于作业对象的大小、形状、位置、作业细节与背景的亮度对比等作业本身固有的特性，也与照明密切相关。在一定范围内，随着照明的改善，视觉功效会有显著的提高。关于视觉功效的研究，通常在控制识别时间的条件下，对视角、照度和亮度对比同视觉功效之间进行实验研究，为制定合理的光环境设计标准提供视觉方面的依据。

2.舒适光环境要素与评价标准

什么样的光环境能够满足视觉的要求，是确定设计标准的依据。良好光环境的基本要素可以通过使用者的意见和反映得到。为了建立人对光环境的主观评价与客观评价之间的对应关系，世界各国的科学工作者进行了大量的研究工作。通过大量视觉功效的心理物理实验，找出了评价光环境质量的客观标准，为制定光环境设计标准提供了依据。舒适光环境要素主要包括以下方面。

（1）适当的照度或亮度水平　研究人员曾对办公室和车间等工作场所，在各种照度条件下感到满意的人数百分比进行过大量调查，发现随着照度的增加，感到满意的人数百分比也在增加，最大满意百分比的照度在1500～3000lx之间；照度超过此数值后，对照度满意的人数反而减少，这说明照度或亮度要适量。物体的亮度取决于照度，照度过大，会使物体过亮，容易引起视觉疲劳和眼睛灵敏度的下降。不同工作性质的场所对照度值的要求不同，适宜的照度应当是在某具体工作条件下，大多数人都感觉比较满意且保证工作效率和精度均较高的照度值。

（2）合理的照度分布　光环境控制中规定照度的平面称为参考面，人们的工作面往往就是参考面，通常假定工作面是由室内墙面限定的距地面高0.70～0.80m的水平面。原则上，任何照明装置都不会在参考面上获得绝对均匀的照度值。考虑到人眼的明暗视觉适应过程，参考面上的照度应当尽可能均匀，否则很容易引起视觉疲劳。一般认为空间内照度最大值、最小值与平均值相差不超过1/6是可以接受的。

（3）舒适的亮度分布　人眼的视野是非常宽的。在工作房间里，除了视看的对象外，工作面、天棚、墙面、窗户和灯具等都会进入人眼的视野，这些物体的亮度水平和亮度对比构成人眼周围视野的适应亮度。如果它们与中心视野内的工作对象亮度相差过大，就会加重眼睛瞬时适应的负担，或者产生眩光，降低视觉功效。此外，房间主要表面的平均亮度，形成房间明亮程度的总印象，其亮度分布使人产生不同的心理感受。因此，舒适并且有利于提高工作效率的光环境还应当具有合理的亮度分布。

（4）宜人的光色　光源的颜色质量常用两个性质不同的术语来表征，即光源的表观颜色（色表）和显色性。光源的表观颜色（色表）是决定照明空间色调气氛的重要因素，常用色品坐标、颜色温度（简称色温）和相关色温等参数来表示。光源对物体颜色呈现的程度称为显色性，也就是颜色的逼真程度，显色性高的光源对颜色的再现较好。显色性是指不同光谱的光源照射在同一颜色的物体上时所呈现不同颜色的特性；通常用显色指数（Ra）来表示光源的显色性。光源的显色指数越高，其显色性能越好。

光源的表观颜色（色表）和显色性，都取决于光源的光谱组成，但不同光谱组成的光源，可能具有相同的表观颜色（色表），而其显色性却大不相同。同样，表观颜色（色表）完全不同的光源，也可能具有相等的显色性。因此，光源的颜色质量必须用这两个性质不同的术语来表征，缺一不可。

（5）避免眩光干扰　当视野内出现高亮度或过大的亮度对比时，会引起视觉上的不舒适、厌烦或视觉疲劳，这种高亮度或过大的亮度对比称为眩光，这是评价光环境舒适性的一个重要指标。当这种高亮度或过大的亮度对比被人眼直接看到时，称为“直接眩光”；如果是从视野内的光滑面反射到人的眼睛，则称为“反射眩光”或“间接眩光”。由于反射面的光学性能和眼睛所处的位置不同，反射出的光源的亮度大小和分布不同，“反射眩光”对人的影响也不同。光泽的表面能够将光源的图像清楚地反映出来，且这一眩光落在工作面上，而不在视看对象上，这种“反射眩光”的机理和效应与“直接眩光”相似。

如果光泽的表面反射出光源的亮度较低，且不能清楚地看到光源的图像，而是落在了视看对象上，并使观看目标的亮度对比度下降，从而减少了能见度，这种眩光呈光幕反射或模糊反射，如在灯光下看光滑的彩图时，总会有一个亮的斑点影响观看。根据眩光对视觉的影响程度，可以分为“失能眩光”和“不舒适眩光”。“失能眩光”的出现会导致视力下降，甚至丧失视力。“不舒适眩光”的存在使人感到不舒服，影响注意力的集中，时间长了会增加视觉疲劳，但一般不会影响视力。对室内光环境来说，遇到的基本上都是不舒适的眩光。

（6）光的方向性　在光的照射下，室内空间结构特征、人和物都清晰而自然地显示出来，这样的光环境给人的感受就生动。一般来说，照明光线的方向性不能太强，否则会出现生硬的阴影，令人心情不愉快；但光线也不能过分漫射，以致被照射物体没有立体感。因此，光的方向性应根据光照物体的实际来确定。

三、建筑的天然采光

为实现城市的可持续发展战略，节能减排就成为了建筑设计中的关键任务。如果把节能的观念与建筑采光的设计有机结合起来，不仅能够减少成本、绿化环境，还能使建筑拥有更安全、舒适、自然的采光环境。从而促进居住者身心健康的发展，保障城市化进程的和谐发展，真正实现无污染的设计理念。

与人工照明相比，天然采光可以节省能源，削减建筑能耗峰值；太阳是一个取之不尽、用之不竭的绿色能源，最大限度地利用天然光，不但可以节省照明用电，还减少了环境污染；天然采光可以舒缓神经、舒畅心情，提高工作效率。据此，建筑光环境采光设计应当从两方面进行评价，即是否实现建筑节能和是否改善建筑内部环境的质量。

（一）天然光与人工光的视觉效果

利用电能做功，产生可见光的光源叫电光源。电光源的发明有力促进了电力装置的建设。电光源的转换效率高，电能供给稳定，控制和使用方便，安全可靠，并可方便地用仪表计数耗能，故在其问世后一百多年中，很快得到了普及 。它不仅成为人类日常生活的必需品 ，而且在工业、农业、交通运输以及国防和科学研究中，都发挥着重要作用。但是电光源的耗能巨大，不符合当今绿色建筑节能的要求。

在人类的生产、生活与进化过程中，天然光是长期依赖的唯一光源，人的眼睛已习惯在天然光下视看物体，在天然光下比人工光下有更高的灵敏度，尤其在低照度下或视看小的物体时，这种视觉区别更加显著。充分利用天然光，节约照明用电，对我国实现可持续发展战略具有重要意义，同时具有巨大的生态环境效益和社会效益。虽然天然采光有很多优点，但也存在一些不足之处，因此在运用中要注意天然光的控制与调节，以尽量克服由天然采光带来的不利影响。

（二）我国光气候的分区

在科学技术和经济发展等因素的影响下，人们对建筑采用节能设计的要求越来越高，同时，由于我国疆域面积辽阔，不同地区的气候特征和环境状况相差悬殊，因此以地域气候和环境为基础的建筑采光节能设计方式也会有所不同。从建筑设计策略的角度研究不同的区域性气候特征，探讨适合地区的节能气候设计策略，对建筑节能具有重要的意义。

影响室外地面照度的气象因素主要有太阳高度角、云、日照率等。我国的地域辽阔，同一时刻南北方的太阳高度角相差很大。从日照率看来，由北和西北往东南方向逐渐减少，以四川盆地一带为最低。从云量看来，自北向南逐渐增多，以四川盆地最多；从云状看来，南方以低云为主，向北逐渐以高云和中云为主。以上这些均充分说明，南方以天空扩散光照度较大，北方以太阳直射光为主，并且南北方室外平均照度差异比较大。如果在采光设计中采用同一标准值，显然是不合理的。为此，在采光设计标准中将全国划分为5个光气候区，各地区取不同的室外临界照度值。这样，在保证一定室内照度的情况下，各地区有不同的采光系数标准。在进行建筑采光设计时，要根据建筑物所处的光气候区，按照现行国家标准《建筑采光设计标准》（GB 50033—2013）中的相关规定进行。

（三）不同采光口形式及其对室内光环境影响

与人工光相比，自然光是天然的绿色能源，不仅有利于建筑物的节能，同时更有利于人的视觉健康。如何在建筑物的空间内合理地利用自然光，是建筑物光环境研究中的一个大课题，其中采光口的形式及其对室内光环境的影响是重要研究内容。

建筑物按照采光口所处的位置不同，可分为侧窗采光和天窗采光两类，最常见的采光口形式是侧窗，它可以用于任何有外墙的建筑物。但由于它的照射范围有限，所以一般只用于进深不大的房间采光。由于天窗位于屋顶部，在开窗形式、面积、位置等方面受到的限制比较少。同时采用侧窗采光和天窗采光方式时，则称为混合采光。

1.侧窗采光

侧窗采光的采光口可以设置在墙体的两侧，通过侧窗的光线有强烈的方向性，有利于形成阴影，对观看立体物件特别适宜，并可以直接看到外界景物，视野比较宽阔，可满足建筑通透感的要求，所以得到较普遍的应用。但是照度分布很不均匀。根据多数人体的高度，侧窗窗台的高度通常为1m左右。有时，为了获得更多的可用墙面或提高房间深处的照度及其他需要，也可以将窗台的高度提高到2m以上靠近天花板处，这种窗口称为高侧窗。在高大车间、厂房、展览馆、体育场馆等建筑中，高侧窗是一种常见的采光口形式。

2.天窗采光

在建筑物的顶部设置的采光口称为天窗。利用天窗采光的方式称为天窗采光或顶部采光，一般常用于大型工业厂房和大厅房间。这些房间面积大，侧窗采光不能满足视觉的要求，则需要用顶部采光来补充。天窗采光与侧窗采光相比，主要具有以下特点：采光效率比较高，一般天窗采光约为侧窗采光的8倍；具有较好的照度均匀性；由于在建筑物的最上部，一般很少受到室外的遮挡。按照使用要求的不同，天窗又可分为多种形式，如矩形天窗、锯齿形天窗、平天窗、横向天窗和井式天窗等。

四、建筑的人工照明

照明就是利用各种光源照亮工作和生活场所或个别物体的措施。利用人工光源的称“人工照明”，照明的首要目的是创造良好的可见度和舒适愉快的环境。天然光虽然具有很多优点，但它的应用往往受到时间、地点和其他因素的限制。建筑物内不仅需要在白天进行采光，而且在夜间更加需要采光，单纯采用天然采光是不能满足建筑物内采光要求的，因此必须采用人工照明。

人工照明的目的是按照人的生理、心理和社会的需求，创造一个人为的良好光环境。人工照明主要可分为工作照明（或功能性照明）和装饰照明（或艺术性照明）。功能性照明主要着眼于满足人们生活上、生理上和工作上的实际需要，具有明显的实用性目的；艺术性照明主要满足人们心理上、精神上和社会上的观赏需要，具有明显的艺术性目的。在考虑人工照明时，既要确定光源、灯具、安装功率和解决照明质量等问题，还需要同时考虑相应的供电线路和设备问题。

（一）照明方式

在进行照明设计中，照明方式的选择对光质量、照明经济性和建筑艺术风格都有重要影响。合理的照明方式应当既符合建筑的使用要求，又要和建筑结构形式相协调。正常使用的照明系统，按其灯具的布置方式不同，可分为一般照明、分区一般照明、局部照明和混合照明4种照明方式。不同照明方式及照度分布如图7-1所示。

（1）一般照明　在工作场所内不考虑特殊的局部需要，以照亮整个工作面为目的的照明

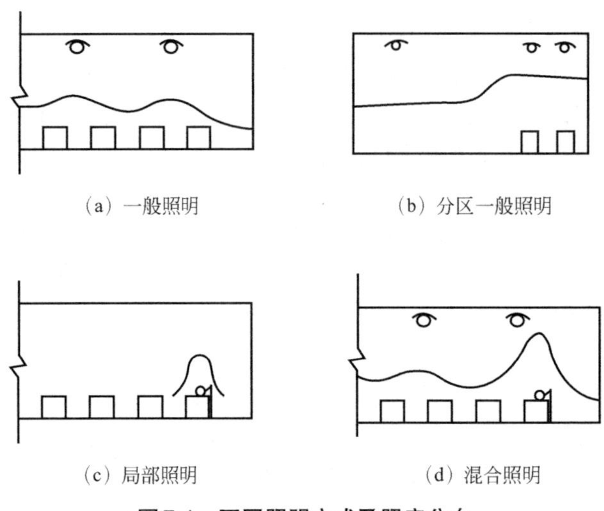

图7-1 不同照明方式及照度分布

方式称为一般照明方式。采用一般照明方式时，灯具均匀分布在被照面的上空，在工作面形成均匀的照度。这种照明方式适合用于工作人员的视看对象位置频繁变换的场所，以及对光的投射方向没有特殊要求，或在工作面内没有特别需要提高视度的工作点，或工作点很密的场合。但当工作精度较高，要求的照度很高或房间高度较大时，单独采用一般照明方式，就会造成灯具过多、功率过大，导致投资和使用费太高，不符合绿色建筑节能的要求。

（2）分区一般照明　在同一房间内由于使用功能不同，各功能区所需要的照度值也不相同。采光设计时先对房间按使用功能进行分区，再对每一分区进行一般照明布置，这种照明方式称为分区一般照明。例如，在一些大型的厂房内，会有工作区与交通区的照度差别，不同的工段或工种也有照度差异；在开敞式办公室内，有办公区和休息区之别，两个区域对照度和光色的要求均不相同。在以上这种情况下，分区一般照明不仅可以满足各区域的功能需求，而且还达到了节能的目的。

（3）局部照明　为了实现某一指定点的高照度要求，在较小的范围或有限的空间内，采用距离视看对象近的灯具，来满足该点照明要求的照明方式称为局部照明。例如，车间内的车床灯、商店里的点射灯，以及表现色的台灯等均属于局部照明。由于这种照明方式的灯具靠近工作面，所以可以在少耗费电能的条件下获得较高的照度。为了避免直接眩光，局部照明灯具通常都具有较大的保护角，照射范围非常有限。由于这个原因，在大空间使用局部照明时，整个环境得不到必要的照度，造成工作面与周围环境之间的亮度对比过大，人的眼睛一离开工作面就处于黑暗之中，容易引起视觉的疲劳，因而是不适宜的。

（4）混合照明　工作面上的照度由一般照明和局部照明合成的照明方式，称为混合照明方式。为了保证工作面与周围环境的亮度比不致过大，获得较好的视觉舒适性，一般照明提供的照度占总照度的比例不能太小。在工厂车间内，一般照明提供的照度占总照度的比例应不小于10%，并且不得小于20lx。在办公室中，一般照明提供的照度占总照度的比例在35%～50%比较合适。混合照明是一种分工合理的照明方式，在工作区需要很高照度的情况下，常常是一种经济的照明方法。这种照明方式适用于要求高照度或要求有一定投光方向，或者工作面上的固定工作点分布稀疏的场所。

（二）人工光源

天然光源给予了我们美丽的白昼，而人工光源则丰富了我们浪漫的黑夜。现代人工光源体系随着科学技术的发展而处于不断丰富、发展和演变之中。从早期的火光、烛光、油脂光源灯，到后来的白炽灯、荧光灯，以及现在的稀有气体光源（氙气、氖气等）和LED灯，都是科学技术发展的结果。我们相信，在未来的日子里人工光源体系还会不断地丰富和发展。

人工光源按其发光的机理不同，可分为热辐射光源和气体放电光源。热辐射光源是靠通电加热钨丝，使其处于炽热状态而发光；气体放电光源是靠放电产生的气体离子发光。下面简单介绍几种常用光源的构造和发光原理。

1.热辐射光源

（1）普通白炽灯　普通白炽灯将灯丝通电加热到白炽状态，利用热辐射发出可见光的电光源。自1879年，美国的科学家爱迪生制成了碳化纤维（即碳丝）白炽灯以来，人们通过对灯丝材料、灯丝结构、充填气体不断改进，普通白炽灯的发光效率也相应提高。1959年，美国在白炽灯的基础上发展了体积和衰光极小的卤钨灯。普通白炽灯的发展趋势主要是研制节能型灯泡。不同用途和要求的普通白炽灯，其结构和部件不尽相同。普通白炽灯的光效虽低，但光色和集光性能好，是产量最大、应用最广泛的电光源。

普通白炽灯具有其他一些光源所不具备的优点，即不存在频闪现象，适用于不允许频闪的场合；高度的集光性，便于光的再分配；良好的调光性，有利于光的调节；开关频繁程度对其寿命影响很小，适用于频繁开关的场所；结构简单，体积较小，价格便宜，使用方便。基于以上一系列优点，普通白炽灯仍然是一种广泛应用的光源。

（2）卤钨灯　卤钨灯是填充气体内含有部分卤族元素或卤化物的充气白炽灯。在普通白炽灯中，灯丝的高温造成钨的蒸发，蒸发的钨沉淀在玻璃壳上，产生灯泡玻璃壳发黑的现象。1959年，人们发明了卤钨灯，利用卤钨循环的原理消除了这一发黑的现象，并将灯的发光效率提高到20lm/W以上，使用寿命延长到1500h左右。

卤钨循环必须在高温下进行，要求灯泡内保持高温，因此卤钨灯要比普通白炽灯体积小得多。碘钨灯呈管状，使用时灯管必须水平放置，以免卤素在一端积聚。卤钨灯分为高电压卤钨灯（可直接接入220～240V电源）及低电压卤钨灯（需要配置相应的变压器）两种，低电压卤钨灯具有相对更长的寿命、安全性能好等优点。

2.气体放电光源

（1）荧光灯　荧光灯又可分为传统型荧光灯和无极荧光灯。

① 传统型荧光灯。传统型荧光灯内装有两个灯丝，灯丝上涂有电子发射材料三元碳酸盐（碳酸钡、碳酸锶和碳酸钙），俗称电子粉。在交流电压作用下，灯丝交替地作为阴极和阳极，灯管内壁涂有荧光粉，管内充有400～500Pa压力的氩气和少量的汞。通电后，液态汞蒸发成压力为0.8Pa的汞蒸气，在电场作用下，汞原子不断从原始状态被激发成激发态，继而自发跃迁到基态，并辐射出波长253.7nm和185nm的紫外线（主峰值波长是253.7nm，占全部辐射能的70%～80%；次峰值波长是185nm，约占全部辐射能的10%），以释放多余的能量。荧光粉吸收紫外线的辐射能后发出可见光。根据所用荧光粉不同，发出的光线也不同，这就是荧光灯可做成白色和各种彩色的缘由。由于荧光灯所消耗的电能大部分用于产生紫外线，因此，荧光灯的发光效率远比白炽灯和卤钨灯高，属于节能电光源。

② 无极荧光灯。无极荧光灯即无极灯，它取消了传统荧光灯的灯丝和电极，利用电磁耦合的原理，使汞原子从原始状态激发成激发态，其发光原理和传统荧光灯相似，具有使用寿命长、光效率高、显色性好等优点。无极荧光灯由高频发生器、耦合器和灯泡三部分组成。它是通过高频发生器的电磁场以感应的方式耦合到灯内，使灯泡内的气体雪崩电离，形成等离子体。等离子受激原子返回基态时辐射出紫外线。灯泡内壁的荧光粉受到紫外线激发产生可见光。

（2）荧光高压汞灯　荧光高压汞灯是玻璃壳内表面涂有荧光粉的高压汞蒸气放电灯，具有柔和的白色灯光，由于结构简单，低成本，低维修费用，可直接取代普通白炽灯，已被广泛应用于街道、广场、车站、码头和厂房等场所的照明。荧光高压汞灯具有光效长（可达50lm/W）、寿命长（可达5000h）、省电经济等优点；但荧光高压汞灯显色性差，主要发绿色光和蓝色光，在这种灯的照射下，物体都增加了绿色和蓝色调，使人不能正确分辨颜色，所以这种灯只适于广场、街道和不需要认真分辨颜色的大面积的照明场所。

另外，自镇流高压汞灯，由于该产品不需要外接镇流器，所以使用非常方便。其光效率是白炽灯的2倍，使用寿命是白炽灯的10倍，而且经济实惠，被广泛应用于室内外的工业照明、庭院照明、街区照明等领域。

（3）低压钠灯　低压钠灯是利用低压钠蒸气放电发光的电光源，在它的玻璃外壳内涂以红外线反射膜，是光衰减较小和发光效率最高的电光源，其光效最高可达300lm/W，市售产品一般也可达140lm/W。由于低压钠灯发出的是单色黄光，所以在它的照射下物体基本没有颜色感，可用于对于光色没有要求的场所，但它的“透雾性”表现得非常出色，特别适合于高速铁路、高速公路、市政道路、公园、航道、庭院、灯塔、机场跑道的照明，能使人清晰地看到色差比较小的物体。低压钠灯可以获得很高的能见度和节能效果，也是替代高压汞灯节约用电的一种高效灯种，其应用场所也在不断扩大。

（4）高压钠灯　高压钠灯启动后，在初始阶段是汞蒸气和氙气的低气压放电。这时候，灯泡工作电压很低，电流很大；随着放电过程的继续进行，电弧温度渐渐上升，汞、钠的蒸气压力由放电管最冷端温度所决定，当放电管冷端温度达到稳定，放电便趋向稳定，灯泡的光通量、工作电压、工作电流和功率也处于正常工作状态。高压钠灯使用时发出金白色光，具有发光效率高、耗电较少、寿命较长、透雾的能力强和不锈蚀等优点。这种灯可以广泛应用于道路、高速公路、机场、码头、船坞、车站、广场、街道交汇处、工矿企业、公园、庭院照明及植物栽培。高显色高压钠灯主要应用于体育馆、展览厅、娱乐场、百货商店和宾馆等场所照明。

第二节　绿色照明的现行标准

绿色照明是美国环保局（US EPA）于20世纪90年代初提出的概念。完整的绿色照明内涵包含高效节能、环保、安全、舒适4项指标。高效节能意味着以消耗较少的电能获得足够的照明，从而明显减少电厂大气污染物的排放，达到环保的目的。安全、舒适指的是光照清晰、柔和及不产生紫外线、眩光等有害光照，不产生光污染。

一、绿色照明的基本内涵

国内外实施绿色照明的实践证明，真正的绿色照明是通过科学的照明设计，采用效率高、寿命长、安全可靠和性能稳定的照明电器产品（包括电光源、灯具、灯用电器附件、配线器材、调光控制设备、控制光器件等），充分利用天然的光源，改善提高人们工作、学习、生活条件和质量，从而创造一个高效、舒适、安全、经济、有益的光环境，并充分体现现代文明的照明系统。

1991年1月美国环保局首先提出实施“绿色照明”和推进“绿色照明工程”的概念，很快得到联合国的支持和许多发达国家和发展中国家的重视，世界上许多国家也先后制定了“绿色照明”计划，并积极采取相应的政策和技术措施，均取得了良好的社会经济效益和节能环保效益。1993年11月，中国国家经贸委开始启动绿色照明工程，并于1996年联合国家计委、科技部、建设部等13个单位，共同组织实施了“中国绿色照明工程”。为了进一步推动中国绿色照明工程的开展，2001年国家经贸委与联合国开发计划署（UNDP）和全球环境基金（GEF）共同实施了“中国绿色照明工程促进项目”，取得了十分可喜的成果。经过多年的深入研究和实践，人们逐渐对绿色照明有了更深层次的理解，为推广建筑“绿色照明”

打下了良好的基础。

绿色照明工程要求人们不要局限于节能这一认识，要把认识提高到节约能源、保护环境的高度，这样影响更广泛，更深远。绿色照明工程不只是个经济效益问题，更是一项着眼于资源利用和环境保护的重大课题。通过照明节电减少发电量，进而降低燃煤量（我国70%左右的发电量还是依赖燃煤获得），减少二氧化硫、氮氧化物等有害气体以及二氧化碳等温室气体的排放，有助于解决世界面临的环境问题。

绿色照明工程要求的照明节能，已经不完全是传统意义的节能，这在中国“绿色照明工程实施方案”宗旨中已经有清楚的描述，即满足照明质量和视觉环境条件的更高要求。因此，照明节能的实现不能靠降低照明标准，而是依靠充分运用现代科技手段，对照明工程设计水平、方位以及照明器材效率的提高。

高效照明器材是照明节能的重要基础，但照明器材不只是光源，光源是首要因素，已经为人们认识，灯具和电气附件（如镇流器）的效率对于照明节能的影响也是不可忽视的，这点往往不为人们所注意，如一台带漫射罩的灯具，或一台带格栅的直管形荧光灯具，高效优质产品比低质产品的效率可以高出50%～100%，足以见其节能效果，对于实施绿色照明要求起着一定的作用。此外，运行维护管理也有不可忽视的作用。

实施绿色照明工程，不能简单地理解为提供高效节能照明器材。高效器材是重要的物质基础，但是还应有正确合理的照明工程设计。绿色照明工程设计是统管全局的，对能否实施绿色照明要求起着决定作用。

高效光源是照明节能的首要因素，必须重视推广应用高效光源。但是有人把推广高效光源简单地理解为推广节能灯（而这里的节能灯是专指紧凑型荧光灯），这是很不全面的。因为光源种类很多，有不少高效者应予以推广。就能量转换效率而言，有和紧凑型荧光灯光效相当的（如直管荧光灯），有比其光效更高的（如高压钠灯、金属卤化物灯），这些高效光源各有其特点和优点，各有其适用场所，绝非简单地用一类节能光源能代替的。根据应用场所条件不同，至少有3类高效光源应予以推广使用。

高效照明工具光导照明系统，由采光罩、光导管和漫射器3部分组成。其照明原理是通过采光罩高效采集室外自然光线，并导入系统内重新分配，经过特殊制作的光导管传输和强化后，由系统底部的漫射器把自然光均匀高效地照射到场馆内部，从而打破了“照明完全依靠电力”的观念。

二、绿色照明标准

（一）绿色照明产品能效标准

按照物理学的观点，能效是指在能源的利用中，发挥作用的能源量与实际消耗的能源量之比。从消费角度看，能效是指为终端用户提供的服务与所消耗的总能源量之比。所谓“提高能效”，是指用更少的能源投入提供同等的能源服务。现代意义的节约能源并不是减少使用能源，降低生活品质，而应该是提高能效，降低能源消耗，也就是“该用则用、能省则省”。

“能效”一词来源于国外，是“能源利用效率”的简称。能效与能耗是两个不同的概念。能效即能源利用效率，它反映了产品利用能源的效率质量特性，它评价的是单位能源所产生的输出或做功，是评价产品用能性能的一种较为科学的方法；能耗是指用能产品在使用时，对能源消耗量大小进行评价的指标。单位能耗是反映能源消费水平和节能降耗状况的主要指标，一次能源供应总量与国内生产总值（GDP）的比率，是一个能源利用效率指标。该指标说明一个国家经济活动中对能源的利用程度，反映经济结构和能源利用效率的变化。

使用能效，可以更客观地反映产品的用能情况，利用它可以更科学地进行产品之间能源利用性能的对比。能效标准即能源利用效率标准，是对用能产品的能源利用效率水平或在一定时间内能源消耗水平进行规定的标准，能效标准具有较高的社会效益和经济效益，我国已颁布实施了多项用能产品的能效标准，涉及家用电器、照明器具和交通工具等。通过实施能效标准，可以不断提高家用电器的能源利用率，用较少的能源来维持或提高现有的生活水平和工作效率，同时有利于保护环境和保障国家能源供需的平衡。

在国际上，能效标准已成为许多国家能源宏观管理的政策手段。国家可以通过能效标准的制定、实施、修订，来调节社会节能总量或用能总量。我国能效标准中的能效限定值是强制性的，能效等级可能今后也会成为强制性的。其中能效限定值是国家允许产品的最低能效值，低于该值的产品则是属于国家明令淘汰的产品；能效等级是指在一种耗能产品的能效值分布范围内，根据若干个从高到低的能效数值划分出不同的区域，每个能效数值区域为一个能效等级。

1977年，我国开始了电气产品能效标准的研究工作，并于1999年11月1日正式发布我国第一个照明产品能效标准《管形荧光灯镇流器能效限定值及节能评价值》(GB 17896—1999)，并于2012年5月1日重新进行修订发布。之后，我国加快了照明产品能效标准的研究和制定工作，先后组织有关人员研究制定了自镇流荧光灯、双端荧光灯、高压钠灯、金属卤化物灯、高压钠灯镇流器、金属卤化物灯镇流器、单端荧光灯等产品的能效标准。到目前为止，我国已正式发布的电气产品能效标准已达11项，从数量和质量两个方面，我国电气品能效标准研究水平已位居世界前列。我国已制定的电气照明产品能效标准如表7-2所列。

表7-2 我国已制定的电气照明产品能效标准

序号	标准编号	标准名称	发布日期	实施日期
1	GB 17896—2012	管形荧光灯镇流器能效限定值及能效等级	2012-05-01	2012-09-01
2	GB 19043—2013	普通照明用双端荧光灯能效限定值及能效等级	2013-06-09	2013-10-01
3	GB 19044—2013	普通照明用自镇流荧光灯能效限定值及能效等级	2013-06-09	2013-10-01
4	GB 19415—2013	单端荧光灯能效限定值及节能评价值	2013-12-18	2014-09-01
5	GB 19573—2004	高压钠灯能效限定值及能效等级	2004-08-17	2005-02-01
6	GB 19574—2004	高压钠灯用镇流器能效限定值及节能评价值	2004-08-17	2005-02-01
7	GB 20053—2015	金属卤化物灯镇流器能效限定值及能效等级	2015-12-10	2017-01-01
8	GB 20054—2015	金属卤化物灯能效限定值及能效等级	2015-12-10	2017-01-01
9	GB 20052—2013	三相配电变压器能效限定值及能效等级	2013-06-09	2013-10-01
10	GB 18613—2012	中小型三相异步电动机能效限定值及能效等级	2012-05-11	2012-09-01
11	GB 21518—2008	交流接触器能效限定值及能效等级	2008-04-01	2008-11-01

我国的电气照明产品能效等级均分为3级：1级最高，是国际先进水平，目前市场上只有少数产品能够达到；2级是国内先进、高效产品，也是节能的评价值，达到2级及以上的产品经过认证可以取得节能认证标志；3级以下为淘汰产品，禁止在市场上出售，也是能效限定值。

（二）照明工程设计测量标准

节约能源、保护环境、提高照明品质，这是实施绿色照明的宗旨。节约能源的前提是要满足人们正常的视觉需求，也就是要满足照明设计标准的要求，不应当一味地强调节能而降低照明的照度和质量等要求。我国工程建设的标准体系建立的比较完善，不同的照明场所都已经制定或正在制定相应的设计、测量标准，我国的照明设计和测量标准如表7-3所列。这些标准均是针对人们的视觉工作需求而制定的，具有一定的科学性和可行性，并尽量和国际标准接轨，这样才具有一定的先进性。

表7-3　我国的照明设计和测量标准

序号	标准编号	标准名称	发布日期	实施日期
1	GB 50033—2013	建筑采光设计标准	2012-12-25	2013-05-01
2	GB 50034—2013	建筑照明设计标准	2013-11-29	2014-06-01
3	GB 50582—2010	室外工作场所照明设计标准	2010-05-31	2010-12-01
4	GB/T 50668—2011	节能建筑评价标准	2011-04-02	2012-05-01
5	JGJ/T 119—2008	建筑照明术语标准	2008-11-23	2009-06-01
6	CJJ 45—2015	城市道路照明设计标准	2015-11-09	2016-06-01
7	JGJ 153—2007	体育场馆照明设计及检测标准	2016-12-15	2017-06-01
8	JGJ/T163—2008	城市夜景照明设计规范	2008-11-04	2009-05-01
9	GB/T 23863—2009	博物馆照明设计标准	2009-05-04	2009-12-01
10	GB 5700—2008	照明测量方法	2008-07-16	2009-01-01
11	GB 5699—2017	采光测量方法	2017-05-12	2017-12-01
12	GB 50411—2007	建筑节能工程施工质量验收规范	2007-01-16	2007-10-01
13	JGJ 16—2008	民用建筑电气设计规范	2008-01-31	2008-08-01

第三节　绿色建筑的照明设计

我国最新颁布的国家标准《建筑采光设计标准》（GB 50033—2013）和《建筑照明设计标准》（GB 50034—2013），为建筑采光和照明的设计人员明确绿色照明设计提供了依据，绿色照明的宗旨是节约电能、保护环境、提高照明质量，保证经济效益。在实现绿色照明的过程中，照明工程设计是其重要的内容之一，它不仅涉及照明器材的选用、照度标准、照明方式及保证照明质量等内容，还考虑到照明光源的光线进入人的眼睛，最后引起光的感觉这一复杂的物理、生理和心理过程。因此，在绿色照明的前提下，照明工程设计是一个系统的设计，应当考虑到照明系统的总效率，这不仅包括照明系统的照明效率，也包括照明使用者的生理和心理效率。

工程实践充分证明，在绿色照明设计中，只有关注到照明系统的总效率，才可以创造出高效、经济、舒适、安全、可靠、有益环境和改善人们生活质量，提高工作效率，保护人民身心健康的照明环境。绿色照明设计的具体内容和设计原则主要包括以下几个方面。

一、天然光的利用

天然光作为人类生存的必不可少的元素，其作用一直为人们所重视。尤其是在现代社会，人们已深入了解到天然光在人们的日常生活中，对人的生理及心理所产生的巨大影响，以及其为人类社会发展做出的贡献。因此，如何充分利用天然光，为人们创造一个良好的生活环境，并为人类的可持续发展做出贡献，已成为一个重要的研究课题。而在建筑领域，如何利用天然采光进行建筑照明，从而为使用者创造良好的视觉环境，并减少建筑的能源消耗，已成为建筑师关注的焦点，建筑照明充分利用天然光，已经成为进行绿色照明设计的一个重要理念。

充分利用天然光，尽量节约电能，应从被动地利用天然光向积极地利用天然光发展。如在采暖与采光的综合平衡条件下，考虑技术和经济的可行性，尽量利用开侧窗或顶部天窗采光或者中庭采光，使白天在尽可能多的时间利用天然采光。在一些情况下也可以利用各种导光采光设备实现天然光照明，如镜面反射采光法、导光管导光采光法、光纤导光采光法、棱镜传光采光法和光伏效应间接采光照明法等。

1.镜面反射采光法

所谓镜面反射采光法就是利用平面或曲面镜的反射面，将阳光经一次或多次反射，将光线送到室内需要照明的部位。这类采光法通常有两种做法：一是将平面或曲面反光镜和采光窗的遮阳设施结合为一体，既反光又遮阳；二是将平面或曲面反光镜安装在跟踪太阳的装置上，作为定日镜，经过它一次或二次反射，将光线送到室内需采光的区域。

2.导光管导光采光法

导光管导光采光方法的具体做法随系统设备形式、使用场所的不同而变化。整个系统由7部分组成，实际上可归纳为阳光采集、阳光传送和阳光照射3部分。阳光采集器主要由定日镜、聚光镜和反射镜三大部分组成；阳光传送的方法很多，归纳起来主要有空中传送、镜面传送、导光管传送、光纤传送等；阳光照射部分使用的材料有漫射板、透光棱镜或特制投光材料等，使导光管出来的光线具有不同配光分布，设计时应根据照明场所的要求选用相应的配光材料。

3.光纤导光采光法

光纤导光采光法就是利用光纤将阳光传送到建筑室内需要采光部位的方法。这种方法是结合太阳跟踪、透镜聚焦等一系列专利技术，在焦点处大幅度提升太阳光亮度，通过高透光率的光导纤维将光线引到需要采光的地方（光纤系统示意如图7-2所示）。光纤导光采光的设想早已提出，而在工程上大量应用则是近十年的事。

光纤导光采光的核心是光导纤维（简称光纤），在光学技术上又称光波导，是一种传导光的材料。这种材料是利用光的全反射原理拉制光纤，它具有线径细（一般只有几十个微米，而一微米等于百万分之一米，比人的头发丝还要细）、质量轻、寿命长、可绕性好、抗电磁干扰、不怕水、耐化学腐蚀、光纤原料丰富、光纤生产能耗低，特别经光纤传导出的光线基本上具有无紫外和红外辐射线等一系列优点，以致在建筑照明与采光、工业照明、飞机与汽车照明以及景观装饰照明等许多领域中推广应用，成效十分显著。

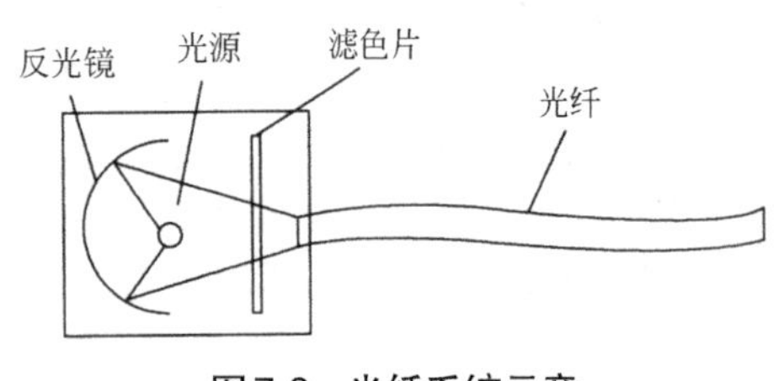

图7-2　光纤系统示意

4.棱镜传光采光法

棱镜传光采光的主要原理是旋转两个平板棱镜，产生四次光的折射。受光面总是把直射光控制在垂直方向。这种控制机构的原理是当太阳方位角、高度角有变化时，使各平板棱镜在水平面上旋转。当太阳位置处于最低状态时，两块棱镜使用在同一方向上，使折射角的角度加大，光线射入量增多。另外，当太阳高度角变大时有必要减少折射角度。在这种情况下，在各棱镜方向上给予适当的调节，也就是设定适当的旋转角度，使各棱镜的折射光被抵消一部分。

当太阳高度最大时，把两个棱镜控制在相互相反的方向。根据太阳位置的变化，给予两个平板棱镜以最佳旋转角。范围内的直射阳光在垂直方向加以控制。被采集的光线在配光板上进行漫射照射。为实现跟踪太阳的目的，对时间、纬度和经度进行数据的设定，操作是利用无线遥控器来进行的。驱动和控制用电由太阳能蓄电池来供应，而不需要市电供电。

5. 光伏效应间接采光照明法

光伏效应间接采光照明法（简称光伏采光照明法），就是利用太阳能电池的光电特性，先将光转化为电，而后将电再转化为光进行照明，而不是直接利用自然采光的照明方法。其具有以下优点：① 节能环保；② 供电方式简单、规模不影响发电效率；③ 寿命长，维护管理简便，可实现无人操作；④ 相对综合成本低，节约投资；⑤ 安装不受地域限制，规模可按需确定，太阳能电池供电特别适用于解决无电的山区、沙漠、海上及高空区域的用电问题，应用领域广。

总之，在空间设计中，应尽可能多地考虑自然光线的引入。在条件允许的情况下，采用被动式采光法，充分利用自然光线；在条件相对较差的情况下，利用现有技术手段，采用主动采光法，将自然光通过孔道、导管、光纤等传递到空间中。

二、照明器材的选用

1. 使用高效光源

照明所用的光源种类很多，有不少高效光源应予推广。这些高效光源各有其特点和优点，各有其适用的场所，在设计中应根据具体条件选择适用的灯具。各种电光源的光效、显色指数、色温和平均寿命等技术指标如表7-4所列。

表7-4　各种电光源的技术指标

光源种类	光效/（lm/W）	显色指数（Ra）	色温/K	平均寿命/h
普通照明	15	100	2800	1000
卤钨灯	25	100	3000	2000 ～ 5000
普通荧光灯	70	70	全系列	10000
三基色荧光灯	93	80 ～ 98	全系列	12000
紧凑型荧光灯	60	85	全系列	8000
高压汞灯	50	45	3300 ～ 4300	6000
金属卤化物灯	75 ～ 95	65 ～ 92	3000/4500/5600	6000 ～ 20000
高压钠灯	100 ～ 200	23/60/85	1950/2200/2500	24000
低压钠灯	200		1750	28000
高频无极灯	55 ～ 70	85	3000 ～ 4000	40000 ～ 80000
发光二极管（LED）	70 ～ 100	全彩	全系列	20000 ～ 30000

由表7-4可知，低压钠灯的光效排序第一，国内几乎不生产，主要用于道路照明；第二是高压钠灯和发光二极管，主要用于室外照明及显示屏；第三是金属卤化物灯，室内外均可应用，一般低功率用于室内层高较低的房间；而大功率的应用于体育场馆，以及建筑夜景照明等；第四是荧光灯，在荧光灯中以三基色荧光灯的光效最高；高压汞灯的光效较低，卤钨灯和普通照明白炽灯的光效更低。

在不同的场所进行照明设计时，应选择适当的光源，其具体的技术措施如下。

（1）尽量减少普通照明白炽灯的使用量　白炽灯因安装和使用方便，价格低廉，目前在国际上及我国生产量和使用量仍占照明光源的首位，但因其光效低、能耗大、寿命短，应尽量减少其使用量。在一些场所应禁止使用白炽灯，无特殊需要不应采用100W以上的大功率白炽灯。如确实需采用，宜采用光效稍高的双螺旋灯丝白炽灯、充气白炽灯、涂反射层白炽灯或小功率的高敏卤钨灯（光效比白炽灯提高1倍）。

（2）使用细管径T8荧光灯和紧凑型荧光灯　荧光灯的光效较高、使用寿命长、节约电能。目前应重点推广细管径（26mm）T8荧光灯和各种形状的紧凑型荧光灯，以代替粗管径（38mm）荧光灯和白炽灯，在有条件时，可采用更节约电能的T5（16mm）的荧光灯。

（3）减少高压汞灯的使用量　因这种灯光效较低、显色性差，不是很节能的电光源，特别是不应随意使用能耗大的自镇流高压汞灯。

（4）使用高光效、长寿命的高压钠灯和金属卤化物灯　钠灯的光效可达120lm/W以上，使用寿命可达12000h以上，而金属卤化物灯的光效可达90lm/W，使用寿命可达10000h。特别适用于工业厂房照明、道路照明以及大型公共建筑照明。

在进行照明设计中，应根据使用场所、建筑性质、视觉要求、照明的数量和质量要求来选择光源。照明设计中，主要应考虑光源的光效、光色、寿命、启动性能、工作的可靠性、稳定性及价格因素等。各种电光源的适用场所及举例如表7-5所列。

表7-5　各种电光源的适用场所及举例

光源名称	适用场所	举例
白炽灯	（1）照明开关频繁，要求瞬时启动或要避免频闪效应场所； （2）识别颜色要求较高或艺术需要的场所； （3）局部照明，应急照明； （4）需要进行调光的场所； （5）需要防止电磁波干扰的场所	住宅、旅馆、饭馆、美术馆、博物馆、剧场、办公室、层高较低及照明度要求也较低的厂房、仓库及小型建筑等
卤钨灯	（1）照度要求较高，显色性要求较高，且无振动的场所； （2）要求频闪效应小的场所； （3）需要调光的场所	剧场、体育馆、展览馆、大礼堂、装配车间、精密机械加工车间
荧光灯	（1）悬挂高度较低要求照度又较高者（100lx以上）的场所； （2）识别颜色要求较高的场所； （3）在无天然采光和天然采光不足而人们需长期停留的场所	住宅、旅馆、饭馆、商店、办公室、阅览室、学校、医院、层高较低及照明度要求较高的厂房、理化计量室、精密产品装配、控制室等
荧光高压汞灯	（1）照度要求较高，但对光色无特殊要求的场所； （2）有振动的场所（自镇流式高压汞灯不适用）	大中型厂房、仓库、动力站房、露天堆场及作业场地、厂区道路或城市一般道路等
金属卤化物灯	高大厂房，要求照度较高，且光色较好的场所	大型精密产品总装车间、体育馆或体育场等
高压钠灯	（1）高大厂房，照度要求较高，但对光色无特殊要求的场所； （2）有振动的场所； （3）多烟尘的场所	铸钢车间、铸铁车间、冶金车间、机加工车间、露天工作场地、厂区或城市主要道路、广场或港口等
发光二极管（LED）	（1）需要颜色变化的场所； （2）需要进行调光的场所； （3）需要局部照明的场所； （4）需要低压照明的场所	夜景、博物馆、商场、旅馆、特种专卖店等

2. 使用高效灯具

选择合理的灯具配光可使光的利用率大大提高，从而达到最大节能的效果。灯具的配光应符合照明场所的功能和房间体形的要求，如在学校和办公室宜采用宽配光的灯具。在高大（高度6m以上）的工业厂房宜采用窄配光的“深照型”灯具。在不高的房间采用“广照型”或余弦型配光灯具。房间的体形特征用室内空间比（RCR）来表示，根据RCR选择灯具配光形式可由表7-6确定。

表7-6　室内空间比与灯具配光形式的选择

室内空间比（RCR）	灯具的最大允许距高比L/H	选择的灯具配光
1～3（宽而矮的房间）	1.5～2.5	宽配光
3～6（中等宽和高的房间）	0.8～1.5	中配光
6～10（窄而高的房间）	0.5～1.0	窄配光

要保证灯具的发光效率节约电能，在进行设计时灯具的选择应做到以下几点。

① 在满足眩光限制要求的条件下，应优先选用开启式直接型照明灯具，不宜采用带漫射透光罩的包合式灯具和装有格栅的灯具。

② 灯具所发出的光的利用率要高，即灯具的利用系数高。灯具的利用系数取决于灯具的效率、配光形状、房间各表面的颜色装修和反射比以及房间的形体。在一般情况下，灯具的效率高，其利用系数也高。

③ 选用高光量维持率的灯具。因为灯具在使用过程中，由于灯具中的光源的光通量随着光源点燃时间的增长，其发出的光通量下降，同时灯具的反射面由于受到尘土和污渍的污染，其反射比在下降，从而导致反射光通量的下降，这些都会使灯具的效率降低，造成能源的浪费。

3. 合理布置灯具

在房间中的灯具布置，可以分为均匀布置和非均匀布置两种形式。灯具在房间均匀布置时，一般应采用正方形、矩形、菱形的布置形式。其布置是否达到规定的均匀度，取决于灯具的间距L和灯具的悬挂高度H（灯具至工作面的垂直距离），即L/H。L/H值越小，则照度均匀度越好，但用灯多、用电多、投资大、不经济；L/H值大，则不能保证照度的均匀度。各类灯具的距高比（L/H）应符合下列要求：窄配光为0.5左右；中配光为0.7～1.0；宽配光为1.0～1.5；半间接型为2.0～3.0；间接型为3.0～5.0。

为了使整个房间有较好的亮度分布，还应注意灯具与顶棚的距离。当采用均漫射配光的灯具时，灯具与顶棚的距离和顶棚与工作面的距离之比应控制在0.2～0.5之间。当靠墙处有工作面时，靠墙的灯具距墙不大于0.75m；当靠墙处无工作面时，靠墙的灯具距墙不大于（0.4～0.6）L（灯间距）。

在高大的厂房内，为节能并提高垂直照度也可采用顶灯与壁灯相结合的布灯方式，但不应只设置壁灯而不装顶灯，以避免空间亮度明暗不均，不利于视觉适应。对于大型公共建筑，如大厅、商店等，有时也不采用单一的均匀布灯方式，以形成活泼多样的照明，同时也可以节约电能。

4. 采用节能镇流器

日光灯线路上用来产生瞬间高压来启动日光灯，启动后并限制日光灯电流的装置称为镇流器。镇流器分为电子镇流器和电感镇流器。电感镇流器利用启辉器使其中电流突然中断，产生很高的反电势，与外电源叠加后，将灯管点亮；灯管启动以后，电感又起限制电流的作用，避免灯管中电流过大，所以就有了“镇流”的名称。电子镇流器将220V交流电经整流、逆变成高频电流，直接点亮灯管。由于频率高，所以有效地消除了灯管的频闪现象，而且即开即亮，没有启辉的过程。

普通电感镇流器价格较低、寿命较长，但具有自身功耗大、系统功率因数低、启发电流大、温度比较高、在市电电源下有频闪效应等缺点。表7-7中列出了常用各种镇流器的功率比较，从表中可以看出，普通电感镇流器的功率大于节能型电感镇流器和电子镇流器。国产40W荧光灯用镇流器对比如表7-8所列。

表 7-7　常用各种镇流器的功率比较

灯的功率/W	镇流器功率占灯具功率的百分比/%		
	普通电感镇流器	节能型电感镇流器	电子镇流器
＜20	40～50	20～30	＜10
30	30～40	＜15	＜10
40	22～25	＜12	＜10
100	15～20	＜11	＜10
150	15～18	＜12	＜10
250	14～18	＜10	＜10
400	12～14	＜9	5～10
＞1000	10～11	＜8	5～10

表 7-8　国产 40W 荧光灯用镇流器对比

比较对象	普通电感镇流器	节能型电感镇流器	电子镇流器
自身功耗/W	8～9	＜5	3～5
交效比	1	1	1.15（1）
价格比	1	1.4～1.7	3～7
质量比	1	1.5左右	0.3左右
寿命/年	10	10	5～10
可靠性	较好	好	差
电磁干扰（EMI）或无线电干扰（RFI）	几乎不存在	几乎不存在	存在
抗瞬变电涌的能力	好	好	差
灯光闪烁度	差	差	好
系统功率因数	0.5～0.6	0.5～0.6（不补偿）	0.9以上

从表 7-8 中可以看出，节能型电感镇流器和电子镇流器的自身功耗均比普通电感镇流器小，价格上普通电感镇流器比节能型电感镇流器和电子式镇流器均便宜。但节能型电感镇流器有很大的优越性，虽然其价格稍微高些，但寿命长且可靠性好，适于目前我国经济技术水平，但目前产量不大，应用多。所以应大力推广节能型电感镇流器，同时有条件的也可采用更节能的电子镇流器。

三、照明标准的选择

根据视觉工作的需要规定的各类环境中必需的照度标准，是建筑照明设计和照明维护管理的依据。合理制定照明标准对提高劳动生产率、改善劳动卫生条件和保证安全生产起很大作用。许多技术先进的国家均制定照明标准，如联邦德国的 DIN 5034、日本的 JISZ9110、中国的《工业企业照明设计标准》等。

国际照明委员会在《描述照明参量对视功能影响的分析模型》报告中提出了根据视觉效能确定照明标准的统一方法。视觉效能与识别对象的尺寸、识别对象与背景的亮度对比、识别对象本身的亮度等有关。由于亮度的现场测量和计算都较复杂，因此照明标准中规定了工作面上识别对象所需的最低照度值，即照度标准值。当识别对象尺寸较小时，识别对象与背景的亮度对比度对视觉效能影响较大，为此照明标准中又规定按亮度对比度大小取不同照度标准值；当识别对象尺寸较大时，亮度对比度的影响较小，因此在照明标准中未作规定。

凡符合下列条件之一时，参考平面或作业面的照度值应提高一级：① 当眼睛至识别对象的距离大于500mm时；② 连续长时间紧张的视觉作业，对视觉器官有影响时；③ 识别对象在活动面上，识别时间短促而辨认困难时；④ 视觉作业对操作安全有特殊要求时；⑤ 识别对象的反射比小时或低对比时；⑥ 当作业精度要求较高，且产生差错造成很大损失时；⑦ 工作人员年龄偏大，进行长时间持续的视觉工作时；⑧ 建筑标准要求较高时。

凡符合下列条件之一，参考平面或作业面的照度值应降价一级：① 进行临时工作时；② 当工作精度和识别速度无关紧要时；③ 当反射比或亮度对比特别高时；④ 建筑标准要求较低时；⑤ 能源比较紧张的地区。

四、照明方式的选择

照明方式是指照明设备按其安装部位或光的分布而构成的基本制式。就安装部位而言，有一般照明（包括分区一般照明）、局部照明和混合照明等。按光的分布和照明效果可分为直接照明和间接照明。选择合理的照明方式，对改善照明质量、提高经济效益和节约能源等有重要作用，并且还关系到建筑装修的整体艺术效果。不同照明方式的设计原则如下。

① 当照明场所要求高照度，宜选用混合照明的方式，利用作业旁边的局部照明，达到高照度、低能耗的要求，则可比一般照明节约大量电能。

② 当工作位置密集时，则可采用单独的一般照明方式，但照度不宜太高，一般最高不宜超过500lx。

③ 如果工作位置的密集度不同，或者为一条生产线时，可采用分区一般照明的方式，对于工作区可采用较高的照度，而交通区或走道可采用较低的照度，可以节约大量的电能，但工作区与非工作区的照度比不宜大于3 ∶ 1。

④ 在一个工作场所内不应只设局部照明，例如在高大的厂房，在高处采用一般照明方式，而在墙壁或柱子上装灯的方式，也可达到节能的目的，或者在有一般照明的情况下把照明灯具安装在家具上或设备上，也是一种照明节能方式。

五、照明环境的设计

紧张的生活节奏唤起了人们对照明环境的关注。测试结果充分表明，防眩光、适宜的亮度比等是视觉舒适性的基本要素，应是各类环境照明的基本考虑，而具有上射光线、足够的功率、基本的高度和合理的摆放位置等，则是提供舒适照明环境的要件。

照明环境的设计要求包括恰当的照度和亮度分布，良好的眩光控制及光线方向控制，以及光色和显色性控制等。

（一）恰当的照度和亮度分布

在工作和生活环境中，如果视野内的照度不均匀，将会引起视觉不适应，因此要求工作面上的照度要均匀，而工作面的照度与周围环境的照度也不应相差太悬殊，照明节能一定要保证有良好的照度均匀度。照度均匀度可用工作面上的最低照度与平均照度之比来评价。建筑照明设计标准中对不同照明方式和规定的一般照明的照度均匀度不宜小于0.70。采用分区一般照明时，房间的通道和其他非工作区域，一般照明的照度值不宜低于工作面照度值的1/5。局部照明与一般照明共用时，工作面上一般照明的照度值宜为总照度值的1/5 ～ 1/3。

在体育场地内主要摄像方向上，垂直照度最小值与最大值之比不宜小于0.40；平均垂直照度与平均水平照度之比不宜小于0.25；场地水平照度最小值与最大值之比不宜小于0.50；体育场所观众席的垂直照度不宜小于场地垂直照度的0.25。在办公室、阅览室等长时间连续工作的房间，其室内各表面的照度比应符合下列规定：顶棚为0.25～0.90，地面为0.40～0.80，地面为0.70～1.00。照度比系指该表面的照度与工作面一般照明的照度之比。规定照度比的目的是使房间各表面有良好的照度分布，创造良好的视觉环境。为达到要求的照度均匀度，灯具的安装间距不应大于所选灯具的最大允许距高比（*L*/*H*）。

在工作视野内有合适的亮度分布是舒适视觉环境的重要条件。如果视野内各表面之间的亮度差别太大，且视线在不同亮度之间频繁变化，则可导致视觉疲劳。一般被观察物体的亮度应高于其邻近环境的亮度3倍时，则视觉比较舒适，且有良好的清晰度，同时也应将观测物体与邻近环境的反射比控制在0.30～0.50之间。为了保证室内有良好的亮度比，减少灯与其周围及顶棚之间的亮度对比，顶棚的反射比宜为0.70～0.80，墙面的反射比宜为0.50～0.70，地面的反射比宜为0.20～0.40。此外，适当地增加工作对象与其背景的亮度对比，比单纯提高工作面上的照度能更有效地提高视觉功效，且较为经济、节约电能。

（二）对照明眩光的控制

在照明设计中需要控制的眩光分为直接眩光和反射眩光两种，直接眩光是由光源和灯具的高亮度直接引起的眩光，而反射眩光是通过光线照到反射比高的表面，特别是由抛光金属一类的镜面反射而引起的。

控制直接眩光主要是采取措施控制光源在γ角为45°～90°范围内的亮度。主要有以下两种措施：第一选择适当的透光材料，可以采用漫射材料或表面做成一定几何形状、不透光材料制成的灯罩，将亮度光源遮蔽，尤其要严格控制γ角为45°～85°部分的亮度；第二控制遮光角部分的角度小于规定的遮光角。建筑照明设计标准中对直接型灯具最小遮光角的规定如表7-9所列。

表7-9　灯具的最小遮光角

灯亮度/（kcd/m²）	最小遮光角/（°）	灯亮度/（kcd/m²）	最小遮光角/（°）
1～20	10	50～500	20
20～50	15	≥500	30

（三）光线的方向控制

由于光照射到物体的方向不同，所以在物体上产生的阴影、反射状况和亮度分布不同，可以给人们的视觉和心理带来不同的感受。

阴影对人们的主观感受的影响可以分为两种情况：第一种为当在工作面上产生和身体的阴影时，会使对象的亮度和亮度对比降低，影响人们的主观感受。为了防止这种现象的发生，可将灯具制作成扩散性的，并在布置上加以注意。第二种是为了表现立体物体的立体感，需要适当的阴影，以提高其可见度。为此，光线不能从几个方向来照射，而是由一个方向来照射实现的。当立体物体的明亮部分同最暗部分的亮度比为2∶1以下时，容易形成呆板的感觉，形成10∶1的亮度比时，印象则比较强烈，最理想的是3∶1的亮度比。材料是依靠产生较小的阴影来表现物体的粗糙和凹凸等质感，通常用安装从斜向来的定向光照射时，可以强调材质感。

灯具的光照射到光亮的表面上反射到人眼方向上可产生反射眩光。它有以下两种形式：一种是光幕反射，它可使视觉工作对象的对比降低；另一种是视觉工作对象旁的反射眩光。防止和减少光幕反射和反射眩光的措施是：① 合理安排工作人员的工作位置和光源的位置，不应使光源在工作面上产生的反射光射向工作人员的眼睛，如果不能满足上述要求时，则可采用投光方向合适的局部照明；② 工作面宜为低光泽度和漫反射的材料；③ 可采用大面积和低亮度灯具，采用无光泽饰面的顶棚、墙壁和地面，顶棚上宜安设带有上射光的灯具，以提高顶棚的亮度。

（四）光色和显色性的控制

不同色温的光源，令人产生不同的冷暖感觉，这种与光源的色刺激有关的主观表现称为色表，室内照明光源的色表及其相关色温与人的主观感受的一般关系如表7-10所列，光源的色表分组和适用场所如表7-11所列。

表7-10　对照度和色温的一般感受

照度/lx	对光源色的感受		
	暖	中间	冷
≤500 500 ~ 1000 1000 ~ 2000 2000 ~ 3000 ≥3000	愉快 ↑ 刺激 ↓ 不自然	中间 ↑ 愉快 ↓ 刺激	冷 ↑ 中间 ↓ 愉快

表7-11　光源的色表分组和适用场所

色表分组	色表特征	相关色温/K	适用场所
Ⅰ	暖	<3300	客房、卧室等
Ⅱ	中间	3300 ~ 5300	办公室、图书馆等
Ⅲ	冷	>5300	高照度水平或白天需要补充自然光的房间，热加工车间

六、照明配电和照明控制

照明系统设计包括各功能分区的照明光源和灯具的选择，确定灯具布置方案和开关的类型，计算照明的照度，照明负荷的计算及导线的布置与选择，选择照明配电箱、保护和控制设备，确定插座的布置方案和型号，确定应急照明的设置方案。

（一）电压质量

照明灯端的电压如果偏离灯具的额定电压，将导致电流、输入功率及输出光通量的变化，并引起使用寿命的更大改变。为了节约电能，保证照明稳定，应尽量稳定照明电压，降低电压偏移和波动。为了节能和保持照度的稳定，各类光源的电压偏移，不宜高于其额定电压的105%，也不宜低于其额定电压的下列数值：① 室内一般工作场所为95%；② 室外的露天工作场地、道路等为90%；③ 应急照明或用低电压供电的照明为90%；④ 远离变电所、视觉要求较低的小面积室内工作场所为90%。

同时，电压波动过大、过频，将损害光源使用寿命，导致照度的波动，应当予以限制。提高电压质量的技术措施主要有：① 照明负起大、视觉要求较高的场所，宜采用照明专用配电变压器；② 照明与电力负荷合用配电变压器时，照明不应与大功率冲击性负荷（如电焊机、吊车等）共用变压器；③ 照明与电力负荷合用配电变压器时，照明应由独立的馈电线供电；④ 当高压侧电压偏移较大、照明视觉要求较高时，配电变压器宜采用自动有载调压变压器；⑤ 视觉要求高的场所，可在照明馈电线路设自动稳压和调压装置；⑥ 提高配电线路的功率因数，一般不宜小于0.90；⑦ 降低配电干线和分支线的阻抗，采用铜芯导线或电缆，适当加大导体的截面积。

（二）配电系统

将电力系统中从降压配电变电站（高压配电变电站）出口到用户端的这一段系统称为配电系统。配电系统是由多种配电设备（或元件）和配电设施所组成的变换电压和直接向终端用户分配电能的一个电力网络系统。照明负荷电流在配电变压器和配电线路中会产生电能损耗，因此，合理地选择变压器参数和导体材料与截面，是实现照明节能的有效方法之一。

要降低照明配电变压器的有功电能损耗，一般可采取以下措施：① 选用节能型变压器，使负载损耗 ΔP 和空载损耗 ΔP_0 最小；② 适当选择大一些变压器容量 S，以降低变压器负载率（S_j/S），从而降低变压器的负载损耗，建议变压器负载率取0.60 ～ 0.75为宜，负载率太高，会增加损耗，负载率太小，将加大变压器的费用；③ 提高功率因数，功率因数过低，将大大增加无功功率，而使变压器的计算负荷 S_j 增大，从而加大了负载损耗，功率因数0.45时比功率因数0.90时的负载损耗要增加很多倍，因此建议功率因数应提高到0.90以上。

要降低照明配电线路的电能损耗，一般可采取如下措施。

（1）室内照明配电线路的长度尽量缩短，配电线路导体应选用铜芯导线，铜的电阻率较低，一般仅为铝的60%。

（2）合理选用并适当加大导体截面，以降低电阻，减少能耗。选择导体时应注意：① 导线、电缆的载流量应大于该照明线路的计算电流；② 应满足线路各种保护要求；③ 应使各段线路电压损失之和小于允许值，以保证灯端电压不低于规定值；④ 为了改善电压质量，降低线路的损耗，在符合上述条件的基础上，还要适当加大截面，留有必要的余地。

（3）提高照明线路的功率因数，从而减少照明线路上的能耗。

（三）照明控制

照明控制技术是随着建筑和照明技术的发展而发展的，在实施绿色照明工程的过程中，照明控制是一项非常重要的内容。照明控制系统方案是多种多样的，有单一功能的，也有多种功能的，但它们都以节能为中心，综合其他一种或多种目的而设置。

1.照明控制的类型

按照控制系统的控制功能和作用范围，照明控制系统一般可分为点（灯）控制型、区域控制型和网络控制型。

（1）点（灯）控制型　点（灯）控制就是指可以直接对某盏灯进行控制的系统或设备，早期的照明控制系统和家庭照明控制系统及普通的室内照明控制系统基本上都采用点（灯）控制方式，这种控制方式简单，仅使用一些电器开关、导线及组合就可以完成灯的控制功能，是目前使用最为广泛和最基本的照明控制系统，是照明控制系统的基本单元。

（2）区域控制型　区域控制型照明控制系统是指能在某个区域范围内完成照明控制的照明控制系统，特点是可以对整个控制区域范围内的所有灯具按不同的功能要求进行直接或间接的控制。由于照明控制系统在设计时基本上是按回路容量进行的，即按照每回路进行分别控制的，所以又叫做路（线）控型照明控制系统。

（3）网络控制型　网络控制型照明控制系统是通过计算机网络技术将许多局部小区域内的照明设备进行联网，从而由一个控制中心进行统一控制的照明控制系统，在照明控制中心内，由计算机控制系统对控制区域内的照明设备进行统一的控制管理。

2.照明控制的内容

照明控制的主要内容包括控制、调节、稳定和检测。

（1）控制　就是对照明光源亮度及色调进行的调节。通过改变电光源的输入电压，可实现对光源点亮、熄灭、亮度的调节和控制。照明控制方式分为手动照明控制、半自动照明控制和自动照明控制三类，其中自动照明控制有时钟控制、光线控制和红外线控制等，另外还有微电脑实施智能控制。

（2）调节　是指通过调节照明的电压、光源功率、频率等方式，以调节灯的光通输出。

（3）稳定　是指通过稳定灯具的输入电压，以达到光线的稳定。

（4）检测　是指监视照明系统的运行状态，测量照明的各种参数。通过照明控制可以实现显著的节能效果、延长光源寿命、改善工作环境、提高照明质量、实现多种照明效果。

除了介绍的上述内容外，在绿色照明的设计过程中，还应注意防治频闪效应、限制谐波，以实现照明节能并为人们提供舒适、健康的照明环境。

第四节　绿色照明系统效益分析

随着科学技术的发展和社会的进步，人们对居住条件和生活环境的要求不断提高，对照明产品的需求也逐年增长。与此同时，人们的能源节约和环境保护意识也在逐渐加强。绿色环保建筑照明系统的应用已经成为一种社会发展趋势，也是照明产业最亟待解决的问题。

在对绿色照明系统进行设计时，除了要对照明系统的组成和布置进行分析和比较外，还应对其经济效益情况进行分析和论证，以便选择既有高照明质量，又有很好的经济效益的高效照明方案，实现“节电、省钱、环保、健康”，使得社会效益和经济效益达到最佳。由此可见，对绿色照明系统进行经济效益分析是非常必要的。绿色照明经济效益的分析，应从全寿命周期的角度进行考虑，重点研究基于全寿命周期的寿命周期成本（LCC）方法在绿色照明工程经济分析中的应用。

一、寿命周期成本（LCC）方法概述

在当前各领域、各地区、各部门、各企业，坚持科学发展观，转变经济增长方式，发展循环经济，建设资源节约型、环境友好型社会的进程中，分析探讨寿命周期成本的基本内涵、评价理论方法及应用推广具有重要意义。

（一）寿命周期成本的定义

寿命周期成本（LCC）概念的提出，源于美英国家有关部门关于有形资产设置费与维护费及其比例变化的调查结果。20世纪50年代，美国调查有形资产的维护费为其设置费的10倍以上，为有形资产预算费的25%以上。20世纪60年代，英国调查制造业一年维护费用多达5.5亿英镑以上。上述事实表明，有形资产的建设者（方）为减少投资而只想方设法减少有形资产设置成本，却大大增加了有形资产使用维护成本。

很显然，只考虑有形资产考虑的做法，已不符合现代经济学的基本原理和可持续发展的基本思想。况且，有形资产的使用维护费用在其开发设计阶段就已基本确定了。正确而科学的观念和做法是不仅在开发设计阶段就考虑有形资产的使用维护问题，而且要将设置费用与维护费用综合起来加以权衡分析，即考虑有形资产的整个寿命周期成本。

因此，美国费吉尼亚州立大学教授、美国后勤学会副会长布兰查德首先将寿命周期成本

定义为：有形资产在其寿命周期内，包括开发研究费、制造安装费、运行维护费及报废回收费在内的总费用。之后，美国预算局、国防部相继界定了寿命周期成本的基本内涵和组成内容。英国为追求有形资产寿命周期成本的经济性，创立的设备综合工程学综合运用管理、财务、工程技术与其他措施，以使有形资产寿命周期成本最小化。日本设备工程师协会成立寿命周期成本委员会，借鉴美英法，结合本国实际，界定寿命周期成本的基本涵义与构成内容。

我国建设工程造价协会组织编写的工程造价工程师教材中也对寿命周期成本进行界定；我国在《价值工程　第1部分：基本术语》（GB 8223.1—2009）中，也确定价值工程中的成本是指产品或工程的寿命周期成本。另外，也有学者将有形资产或产品策划开发、设计、制造等过程发生的，由生产者承担的成本称为狭义寿命周期成本，而把包括上述设置建设生产过程发生的成本与消费者购入后发生的使用维护成本，以及报废发生的成本在内的全寿命周期成本称为广义寿命周期成本。

广义LCC是从产品和工程项目生产、流通、交换、消费各环节组成的全过程与消费者角度而定义的，这一定义符合经济学基本原理，符合节约型社会根本宗旨，符合科学发展观基本思想、符合可持续发展基本要求。

（二）寿命周期成本的内容

从LCC方法定义的阐释中可以看出，该方法同样适用于绿色照明系统全寿命周期的成本核算。寿命周期包括初始化成本和未来成本，在工程寿命周期成本中，不仅包括资金意义上的成本，还应包括环境成本、社会成本等。其包括的具体内容如下。

（1）初始化成本　初始化成本是在设施获得之前将要发生的成本，即建造成本，也就是我国所说的工程造价，包括资金投资成本，购买和安装成本。

（2）未来成本　从设施开始运营至拆除期间所发生的成本，包括能源成本、运行成本、维护和修理成本、替换成本、剩余值（任何专售和处置成本）。

（3）运行成本　运行成本是年度成本，是指维护和修理成本，包括在设施运行过程中的成本。这些成本与建筑物的功能和保管服务有关。

（4）维护和修理成本　维护和修理成本之间有着明显的不同。维护成本是和设施维护有关的时间进度计划成本；修理成本是未预料到的支出，是为了延长建筑物的生命而不是替换这个系统所必需的。维护和修理成本应作为当年成本来对待。

（5）替换成本　替换成本是对要求维护一个设施的正常运行的主要建筑系统的部件可以预料的支出。替换成本是由于替换一个达到使用寿命终点的建筑物系统或部件而产生的。

（6）剩余值　剩余值是一个系统在全寿命周期成本分析期末的纯价值。剩余值可以是正值，也可以是负值。

不同的成本在系统全寿命周期的不同时间占有不同的比例，所以在绿色照明系统中应当运用更科学的方法计算全寿命周期内的经济成本。项目在寿命周期不同阶段成本发生情况如图7-3所示。

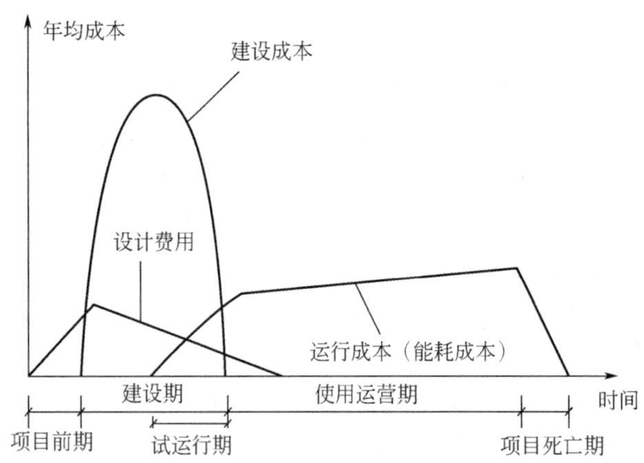

图7-3　项目在寿命周期不同阶段成本发生情况

二、绿色照明系统全寿命周期成本因素分析

要寻找影响照明系统寿命周期成本的关键因素，要从全寿命周期成本的构成开始分析。寿命周期成本被定义为3个范畴：初期投资成本（建设成本）、年运行和维护成本、年固定成本。照明系统寿命周期成本分析如图7-4所示。

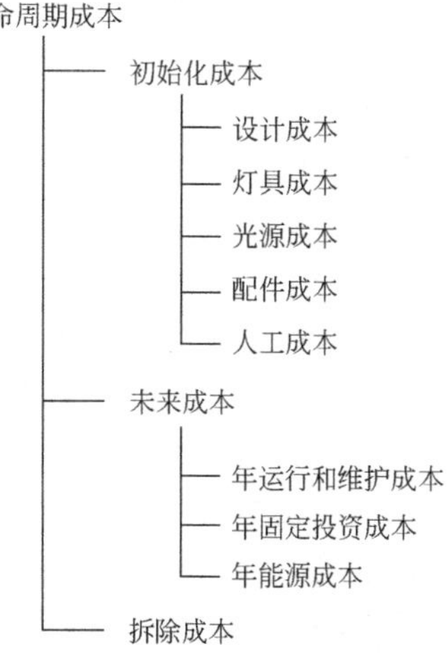

图7-4　照明系统寿命周期成本分析

图7-4中照明系统的初始化成本费包括光源的费用、灯具的费用和配电安装人工费用及安装配件费用。未来成本中年固定投资成本主要是指设备系统的年折旧费用。照明设备与其他机电设备一样，在使用过程中会有一定的损耗，通过设备损耗的情况可以估算出设备的耐用年限，从而确定出设备的折旧年数和折旧率。所谓折旧率就是指在预设的折旧年份内，每年分摊到设备投资成本的百分数。年运行和维护费用包括年光源费和年系统维护费用，年系统维护费用又包括更改光源人工费和灯具清洁维护费两部分。年能源成本指的是照明系统的年用电量。

照明系统的用电量与系统的总功率和系统的点亮时间有关，系统的总功率由光源和镇流器的功率以及光源的总数决定。年平均点灯时间需要根据照明系统的性质、设计场所的功能特征等因素决定。拆除成本包括系统拆除成本、废弃物处理成本，并扣除回收利用材料和构件的价值。

全寿命周期成本不仅包括以上所述的货币成本，还包括环境成本和社会成本。环境成本是指工程产品系列在其全寿命周期内对于环境的潜在和显在的不利影响，照明系统对于环境的影响可能是正面的，也可能是负面的，前者表现为某种形式的收益，后者则体现为某种形式的成本。社会成本是指工程产品从项目构思、产品建成投入使用，直至报废不堪再用全过程中对社会的不利影响。在绿色照明系统中，由于目前环境成本和社会成本很难进行量化，所以暂不考虑。

三、绿色照明系统寿命周期成本估价的目标

项目全寿命周期管理起源于英国人Gordon在1964年提出的“全寿命周期成本管理”理论。工程实践也充分证明，建筑物的前期决策、勘察设计、施工、使用维修乃至拆除各个阶段的管理相互关联而又相互制约，从而构成一个全寿命管理系统，为保证和延长建筑物的实际使用年限，必须根据其全寿命周期来进行成本估价和制定质量安全管理制度。

寿命周期成本估价在绿色照明系统中的主要应用，是确定方案在寿命周期内的费用，并据此对设计方案进行评价和选择。借用英国皇家特许测量协会在《建筑的寿命周期成本估价》文献中对寿命周期成本估价的目标定义，绿色照明系统寿命周期成本估价的目标可定义为：使得投资选择权能被更有效的估价；考虑所有成本而不只是初始化成本的影响；帮助整个照明系统和项目进行有效的管理。

将寿命周期成本估价的方法应用于绿色照明系统，有利于绿色照明工程可持续性的发展，有助于规划设计者对绿色照明系统经济性的认识，从全寿命周期成本的角度综合考虑投入和产出，从而有利于绿色照明工程的推广。

四、绿色照明系统的全寿命周期成本分析

寿命周期成本分析又称寿命周期成本评价，是为了使用户所用的系统具有经济的寿命周

期成本，在系统的开发阶段将寿命成本作为设计参数，而对系统进行彻底的分析比较时做出决策的方法。

绿色照明系统的全寿命周期成本指的是工程项目前期的决策、设计、投标、招标、施工、工程验收直到建筑的拆除阶段等过程中所发生的一系列成本，即建筑的研发费用、设备的安装费用、后期的运行维护费用以及拆除安置费用。按照建筑阶段的费用，绿色照明系统的全寿命周期成本包括工程的决策设计成本、建筑成本、使用和维护成本、回收和处理成本四大部分；如果从社会学角度来看，绿色照明系统的全寿命周期成本包括企业的付出成本，消费者的付出成本以及社会成本3个部分。

1.绿色照明系统的决策设计成本

绿色照明系统的决策设计成本包括项目建议书的提出，对照明系统的布局选择、勘查和研究期间发生的费用。绿色照明系统决策设计阶段的准备对建筑整体的影响非常大，不仅影响建筑的后续使用情况，还影响绿色照明系统在建设过程中的费用以及经济效益，决策设计阶段准备完善，就可以为整个项目节约资金。虽然照明系统的决策设计阶段所花费的成本在整个寿命周期中的成本比重不大，但是决策设计阶段影响其他阶段的成本。

2.绿色照明系统的建筑成本

绿色照明系统的建筑成本即在建筑的施工过程中所发生的各项费用，包括物料的采购成本、照明系统设备的采购成本、人工工资成本、管理成本以及其他成本。施工过程是绿色照明系统最为重要的阶段，在本质上影响着照明系统的质量，施工阶段所花费的成本也是最高的，在照明系统施工阶段，会有物料的消耗、设备的消耗以及人工成本和税费的消耗。在这个阶段，国家政策、设备价格、物料的价格波动以及市场需求等，都影响着绿色照明系统的全寿命周期成本。

3.绿色照明系统的使用和维护成本

绿色照明系统的使用和维护成本即绿色建筑在后期的使用过程中，居民需要付出的人力、物力和财力，包括照明系统中的设备维护成本、能源消耗成本等多方面。一般情况下，绿色照明系统的使用周期相对较长，其使用和维护成本在整个全寿命周期成本中占比较大。

4.绿色照明系统的回收和处理成本

当绿色照明系统达到使用年限后，就需要对其废弃的物料进行处理，这个过程中产生的费用就是绿色照明系统的回收和处理成本。废弃物料处理手段不同，对环境以及社会产生的影响不同，所产生的成本也不同。

第五节　室内照明艺术设计

室内照明设计是人与环境沟通的艺术设计。室内照明设计，既要执行照明设计技术标准和相应设计规范，以满足人们视觉功能的要求，又要考虑人们的审美需要，满足心理机能要求。运用现代人工照明的手段，为人们的工作、生活创造一个优美舒适的灯光环境。

室内照明设计，既是一门科学，又是一门艺术。优秀的室内照明工程应是照明技术和装饰艺术完美结合的产物。所以室内照明设计不仅涉及光学和电学、美学，也涉及建筑学、生理学及心理学，在设计中必须统筹兼顾，使灯光照明对室内环境产生美学效果，并获得满意的光环境意境。在实际运用中不能厚此薄彼，只注重其美感及其产生的心理效果，而忽视照明这一基本要求。

人工照明已不再是单纯地对自然光的延续，而是以其光环境特有的魅力和装饰美化作用成为一种艺术时尚。室内照明设计的任务不单是照明也不单是起装饰美化的作用，而是追求艺术主题和视觉、心理舒适性的完美统一，它是照明与装饰美化和主人心理的完美结合。

高质量的照明效果是获得良好、舒适光环境的根本，而照明环境中的照度、亮度、眩光、阴影、显色性等因素，是影响高质量的照明效果的关键。因此，只有正确处理好以上各要素，才能获得理想的光环境。光照设计体现在室内空间中主要是亮度分布的合理性和创造性，要形成一个良好的使人舒适而满足人们的心理和生理需求的照明环境。环境亮度应分布合理，被照面的各个角度观察材料的反射率选择适当，照度的分配达到要求，同时要考虑适度的亮度变化，这样才能使室内光照不单调，从而突出主题，使人感到舒适、愉快。

一、室内照明的布局形式

随着社会的进步，人民生活水平的提高，灯光照明在建筑环境中的作用与日俱增，照明设计已成为建筑设计的重要组成部分。无论照明设计理念还是照明设备都发生了很大的变化。新的设计思想强调以人为本的人性化设计，以满足人们提出的环境优美、亮度适宜、空间层次感舒适、立体感丰富等多个层面的要求。同时注重艺术性、文化品位和特色。照明不再是传统意义上的单纯把灯点亮，而是要用灯光这种特殊“语言”创造赏心悦目的艺术气氛。

室内照明给人的视觉印象来自照明空间光和影的分布。在室内光照设计中，我们可以通过建筑室内空间光通量分布的选择，来突出和削弱物体的形状显示和主体感，加强建筑室内空间的深度和层次。室内照明布局形式可分为3种，即基础照明、重点照明和装饰照明。在办公场所一般采用基础照明，而家居和一些服饰店等场所，会采用以上3者相结合的照明方式。具体照明方式视场景而定。

1.基础照明

基础照明是指大空间内全面的、基本的照明，关键在于能与重点照明的亮度有适当的比例，给室内形成一种格调，基础照明是最基本的照明方式。在室内照明设计时，还应考虑到亮度对人们心理上的影响，高亮度能使人兴奋和活跃，低亮度使人轻松和遐想。除注意水平面的照度外，更多应用的是垂直面的亮度。一般选用比较均匀的、全面性的照明灯具。

2.重点照明

重点照明是指对主要场所和对象进行的重点投光。例如采用精心布置的较为集中的光束照射某件物体、艺术品、盆景或某些建筑细部结构，主要目的是取得艺术效果；再如商店商品陈设架或橱窗的照明，目的在于增强顾客对商品的注意力，其亮度是根据商品种类、形状、大小以及展览方式等确定的。一般使用强光来加强商品表面的光泽，强调商品的形象，其亮度是基础照明的3～5倍。为了加强商品的立体感、质感和吸引力，常使用方向性强的灯和利用色光以强调特定的部分。

3.装饰照明

装饰照明也称气氛照明，主要是通过一些色彩和动感上的变化，以及智能照明控制系统等，在有基础照明的情况下，加以一些照明来装饰，令环境增添气氛。装饰照明能产生很多种效果和气氛，给人带来不同的视觉上的享受。建筑装饰照明不同于一般照明，它对艺术性、功能性要求较高。在一般情况下，装饰照明只能是以装饰为目的独立照明，不兼作基础照明或重点照明，否则会削弱精心制作的灯具形象，在宾馆、酒店、广告、橱窗、舞厅、餐厅等处常采用装饰照明。

二、室内照明方式的选择

现代建筑室内装饰，不仅注意室内空间的构成要素，而且更加重视照明对室内外环境所产生的美学效果，以及由此而产生的心理效应。因此，灯光照明不仅仅是延续自然光，而是在建筑装饰中充分利用明与暗的搭配，光与影的组合创造一种舒适、优美的光照环境。所以，人们对室内装修的灯饰的选择与设计越来越重要。

室内照明方式是指照明设备按其安装部位或光的分布而构成的基本制式。就安装部位而言，有一般照明（包括分区的一般照明）、局部照明和混合照明等。按照光的分布和照明效果可分为5种：直接照明、半直接照明、间接照明、半间接照明和漫射照明方式。选择合理的室内照明方式，对于改善照明质量、提高经济效益和节约能源等具有非常重要的作用，并且还关系到建筑装修的整体艺术效果。

1. 直接照明

光线通过灯具射出，其中90%～100%的光通量到达假定的工作面上，这种照明方式为直接照明。这种照明方式具有强烈的明暗对比性，并能造成有趣生动的光影效果，可以突出工作面在整个环境中的主导地位，但是由于直接照明的亮度较高，容易出现眩光的现象。直接照明方式常用于工厂、普通办公室等。

2. 半直接照明

半直接照明方式是用半透明材料制成的灯罩罩住光源上部，使60%～90%的光线集中射向工作面，10%～40%被罩光线又经半透明灯罩扩散而向上漫射，其光线比较柔和。这种灯具常用于较低的房间的一般照明。由于漫射光线能照亮平顶，在感觉上使房间顶面高度增加，因而能产生较高的空间感。

3. 间接照明

间接照明就是用灯具或者光源通过墙壁、镜面、地板等将光源反射后的一种照明效果，注意不是直接将光源投影被照物。一般来说间接照明有3个方面因素是很重要的：一是注重光源与受光面之间的距离（光源、墙面、顶棚之间的间隙）；二是注意光源的遮光（光产生的遮光线）；三是注意光面的条件（反射光的装修表面质感）。

间接照明通常有两种处理方法：一种是将不透明的灯罩安装灯具的下部，光线射向平顶或其他物体上反射成间接的光线；另一种是把灯具设置在灯槽内，光线从平顶反射到室内成间接光线。这种照明方式单独使用时，需注意不透明灯罩下部的浓重阴影。间接照明通常和其他照明方式配合使用，才能取得特殊的艺术效果。

4. 半间接照明

半间接照明方式，恰和半直接照明相反，把半透明的灯罩装在光源下部，60%以上的光线射向平顶，形成间接光源，10%～40%的部分光线经灯罩向下扩散。这种方式能产生比较特殊的照明效果，使较低矮的房间有增高的感觉。

半间接照明方式适用于住宅中的小空间部分，如门厅、过道、服饰店等，通常在学习的环境中采用这种照明方式最为适宜。

5. 漫射照明

漫射照明方式是利用灯具的折射功能来控制眩光，让光线向四周扩散漫射。这种照明大体上有两种形式：一种是光线从灯罩上口射出经平顶反射，两侧从半透明灯罩扩散，下部从格栅扩散；另一种是用半透明灯罩把光线全部封闭而产生漫射。这类照明光线性能柔和，视觉舒适，适于卧室。

三、常用室内照明设计

室内照明是室内环境设计的重要组成部分，室内照明设计要有利于人的活动安全和舒适的生活。在人们的日常生活中，光不仅仅是室内照明的条件，而且是表达空间形态、营造环境气氛的基本元素。冈那·伯凯利兹说："没有光就不存在空间。"室内空间光照的作用，对人的视觉功能极为重要。

（一）室内照明设计的原则

不同的灯光产生的光影可以将空间不同的设计效果展现出来，因此住宅空间照明设计是家装最重要的部分之一。室内照明设计要遵守五个原则，即安全性原则、实用性原则、美观性原则、合理性原则和因人而设原则。

1. 安全性原则

照明灯具安装场所是人们在室内活动频繁的场所，所以安全是第一位的，也就是要求灯光照明设计绝对安全可靠，必须采用严格的防电措施，以免发生意外事故。有些设计师只是为了表现居室的灯光绚丽，根本不考虑安全性能，这是错误的。照明设计补单纯是美学设计，还要具备一定的电工知识基础。

2. 实用性原则

灯光照明设计必须符合功能的要求，根据不同的空间、不同的对象，选择不同的照明方式和灯具，并保证适当的亮度。例如，室内的陈列，一般采用强光重点照射以强调形象，其亮度比基础照明要高出3～5倍。书房的环境应是文雅幽静、简洁明快，光线最好从左肩上端照射，或在书桌前方装设亮度较高又不刺眼的台灯。专用书房的台灯，宜采用艺术台灯，如旋壁式台灯或调光艺术台灯，使光线直接照射在书桌上。一般不需全面用光，为检索方便可在书柜上设隐形灯。

3. 美观性原则

室内照明灯具不仅起到保证照明的作用，而且由于其十分讲究造型、材料、色彩、比例，已成为室内空间不可缺少的装饰品。通过对灯光的明暗、隐现、强弱等进行有节奏的控制，采用透射、反射、折射等多种手段，创造风格各异的艺术情调气氛，可为人们的生活环境增添丰富多彩的情趣。

4. 合理性原则

灯光照明并不一定是以多为好，以强取胜，关键是科学合理。灯光照明设计是为了满足人们视觉和审美的需要，使室内空间最大限度地体现使用价值和欣赏价值，并达到使用功能和审美功能的统一。华而不实的灯饰非但不能锦上添花，反而画蛇添足，同时造成电力消耗和经济上的损失，甚至还会造成光环境的污染而有损人的身体健康。

5. 因人而设原则

人们因文化层次、业余爱好以及年龄、职业的不同，确定布置灯具时的格调也不同。例如老年人生活习惯简朴、爱静，所用的灯具的色彩、造型要衬托老年人典雅大方的风范。因此设置灯饰要从实际出发，并根据个人爱好，才能获得灯饰特定的风格与效果。

（二）室内照明灯具的选择

在建筑室内空间中，照明设计主要结合灯具开展设计工作，灯具不局限于室内的照明，还为使用者提供舒适的陈设艺术；另外，室内照明设计也可以利用不同的界面组合，设计出不同的隐蔽光源及灯光效果，起到美化环境的作用。

要想打造一个完美的、舒适的室内空间，在进行室内照明设计时不仅要依据照明设计标准进行合理的布局，而且还要严格地选择灯饰。选择集装饰艺术、照明节能于一身的灯饰产品，尽力达到完美与和谐的统一，充分利用明与暗的搭配，光与影的组合以及光的变化与分布来创造各种视觉环境，以加强室内空间效果的气氛。下面主要介绍一些常用的成品灯具，以及有设计效果的灯具组合效果。

1. 吊灯

吊灯是指吊装在室内天花板上的高级装饰用照明灯，在一般的室内空间中常独立悬挂在中央位置上，从而形成空间的中心，作为重点照明使用。由于吊灯的灯具较大，所以设计师常和灯井相结合完成吊顶的设计工作。吊灯无论是以电线或以铁链垂吊，都不能吊得太矮，阻碍人正常的视线或令人觉得刺眼。以餐厅的吊灯为例，理想的高度是要在饭桌上形成一池灯光，但又不会阻碍桌上众人相互观望的视线。吊灯多数情况下为多头设计，也有独头设计，灯罩常用金属、玻璃和亚克力材料制成。

2. 吸顶灯

吸顶灯是室内常用灯具的一种，顾名思义是由于灯具上方较平，安装时底部完全贴在屋顶上所以称为吸顶灯。光源有普通白灯泡，荧光灯、高强度气体放电灯、卤钨灯、LED等。目前市场上最流行的吸顶灯就是LED吸顶灯，是家庭、办公室、文娱场所等各种场所经常选用的灯具。吸顶灯的种类繁多，灯罩常用乳白色玻璃、喷砂玻璃、彩色玻璃、亚克力、金属等不同材料制成。灯罩的形状通常为长方形、球形、圆柱体等几何形状，吸顶灯的高度通常为80 ～ 150cm。吸顶灯主要在一般空间中独立使用，与其他灯具配合使用的较少。

3. 嵌入式灯

嵌入式灯主要是指嵌入在吊顶中以及隐蔽在空间的灯具，常使用的灯具有筒灯、牛眼灯、斗胆灯等。这类灯具具有较好的局部照明作用，比较适合多个灯具配合使用，灯具照明可分为聚光型和散光型两种。筒灯多数属于散光型，牛眼灯、斗胆灯则属于聚光型。

4. 壁灯

壁灯是安装在室内墙壁、柱子上的辅助照明装饰灯具，一般多配用乳白色的玻璃灯罩。灯泡功率多在15 ～ 40W，光线淡雅和谐，具有较强的装饰性，可把环境点缀得优雅、富丽，使平淡的墙面具有立体感，尤以新婚居室特别适合。壁灯的种类和样式较多，一般常见的有变色壁灯、床头壁灯、镜前壁灯等。

壁灯安装高度应略超过视平线1.8m高左右。壁灯的照明度不宜过大，这样更富有艺术感染力，壁灯灯罩的选择应根据墙色而定，白色或奶黄色的墙，宜用浅绿、淡蓝的灯罩，绿色和天蓝色的墙，宜用乳白色、淡黄色、茶色的灯罩，这样，在大面积一色的底色墙布，点缀上一只醒目的壁灯，给人以幽雅清新之感。

5. 台灯

台灯是室内灯具的一种，主要用于局部重点照明。台灯可以使照明设计更加立体化，小巧精致，方便携带，不但具有实用性，而且又是很好的装饰品，对室内环境起着美化作用。在某些情况下台灯已经远远超越了其本身的价值，台灯已经变成了一个艺术品。台灯根据使用功能分类有阅读台灯、装饰台灯、陪读台灯、便携台灯等。

6. 落地灯

落地灯通常分为上照式落地灯和直照式落地灯。一般布置在客厅和休息区域里，与沙发、茶几配合使用，以满足房间局部重点照明和点缀装饰家庭环境的需求。落地灯一般由灯罩、支架、底座3部分组成，其造型挺拔、优美。落地灯的罩子，要求简洁大方、装饰性强；落地灯的支架多以金属、木材或是利用自然形态的材料制成。

7. 射灯

射灯是典型的无主灯、无定规模的现代流派照明，能营造室内照明气氛，若将一排小射灯组合起来，光线能变幻奇妙的图案。由于小射灯可以自由变换角度，组合照明的效果也千变万化。射灯可安置在吊顶四周或家具上部、墙内、墙裙或踢脚线里。光线直接照射在需要强调的器物上，以突出主观审美的作用，从而达到重点突出、环境独特、层次丰富、气氛浓郁、缤纷多彩的艺术效果。射灯光线柔和，雍容华贵，既可以对整体照明起主导作用，又可以进行局部采光，以便烘托气氛。

（三）空间照明设计方案举例

1. 客房的照明设计方案

（1）客房的功能与照明需求　宾馆客房空间中的照明设计要考虑多样的活动，包括阅读、写作、会客、看电视、睡觉、淋浴等，甚至吃饭。因为要求具有多种不同的使用功能，所以要求照明设计必须灵活，并与室内装修完美结合。这里应该有适于以上所有情况的灯具配合，并有可能根据不同活动的需要，设计与选用不同亮度、强度的照明灯具满足照明的要求。

（2）客房的照明设计方案　宾馆卧室的基础照明可以采用吸顶灯和壁灯，或者带有纱罩的床头灯来照明。对于双人间以上的客房可不采用吸顶灯，这样可以减少不同旅客休息时间不一致可能带来的灯光干扰问题。双人间客房不采用吸顶灯的设计如图7-5所示。

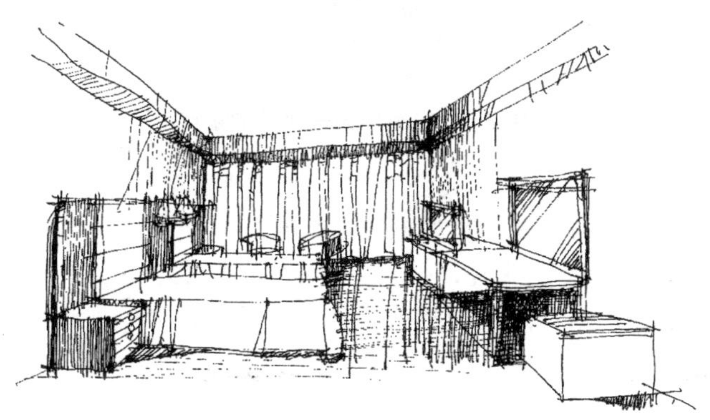

图7-5　双人间客房不采用吸顶灯的设计

给旅客提供写字台的房间内，应当提供合适的桌面照明。对于一般的阅读照明可以用可移动的台灯。很多客房将写字台与化妆台的功能设置在一起，这样选择光源时要注意灯光的显色性。

对于会客或喜欢在休闲椅上阅读书报的客人要考虑设置落地灯。床头照明要考虑基础照明和重点照明两种方案。基础照明是个人床位区域的照明，满足在小区域活动的要求，可考虑设置床头灯或摇臂灯；重点照明主要是满足床上阅读的需要，可以设置单独的阅读灯。当然也可以将基础照明和重点照明二者结合设置一组灯具。

客房中要在30cm以下的位置上考虑设置夜行灯，用来为经常起夜的客人服务。浴室内的基础照明通常与镜前照明相结合，但也要单独设置吸顶灯，为不同需要的客人服务。在选择电光源时要注意提供具有良好显色性的光源，尤其是在浴室内，在化妆台前更是如此。

2. 餐厅的照明设计方案

（1）餐厅的功能与照明需求　餐饮空间在满足基础照明的同时，更要注意进餐的情调，烘托温暖、浪漫、愉悦的就餐氛围。因此，餐厅照明应尽量选择暖色调，能够调理亮度的灯光，尽量避免选择如日光灯一样的冷光源。厨房实际上是一种食品加工工作室，因此它需要没有阴影的照明。

（2）餐厅的照明设计方案　在餐厅中，基础照明可以保持较低的水平，一般光照度可考虑在100 ～ 300lx范围内，在餐桌周围可以用筒灯灯具来增加桌面上的局部亮度。

餐桌的桌面照明应当采用重点照明设计，如图7-6所示。首先是美味佳肴需要有适合的灯光照明，可选用吊灯类的灯具直接将灯光投射在餐桌桌面上，根据层高不同，距离餐桌为100 ～ 130cm，或者用支架灯光制造浪漫的烛光效果。注意要选用暖色的荧光灯，以保证菜品的色泽，有条件的可以采用电子镇流器和调光控制系统。

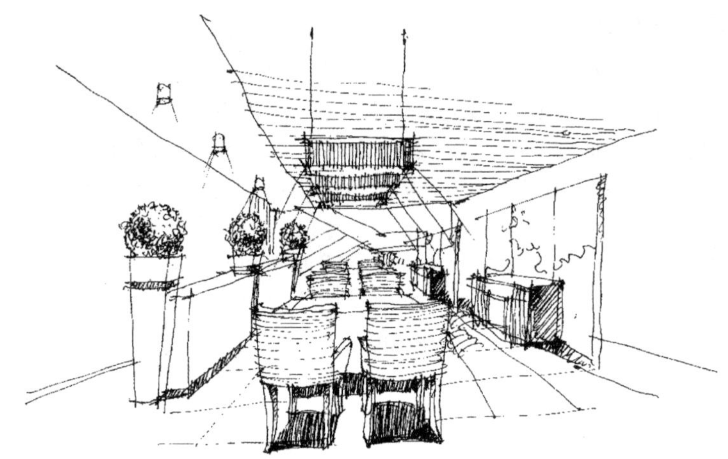

图7-6　餐桌桌面是照明的重点

其他重点照明通常设置在有特色或公共的区域，例如收银台、前台或公共服务等区域。再如有特色的绘画作品，也需要获得良好的照明效果。

厨房照明应保证所有的表面明亮，还应当提高垂直面的亮度，以方便在碗橱中寻找东西。还需要额外的局部照明来消除由碗橱或站在厨房工作面旁的所造成的阴影，厨房照明一般可选用荧光灯。

第八章
建筑室内陈设设计

室内陈设是室内设计的一个子系统，是室内空间的一个有机的重要组成部分，虽然是一个子系统，但它所能表达的是完整的概念，“一滴清水微乎其微，但能折射出太阳的光”，也就起到了画龙点睛的妙用。室内陈设的范围虽然不大，但在一定室内范围空间中承担着一种亮点，一种恰到好处的点缀，在构思时要纵观全局、局部深入，在方寸之间，在空间与空间的衔接上，创造出具有一定审美意识的视觉感。

室内空间艺术是人类物质文明和精神文明的产物，越来越被人们所重视。近些年来很多人认为室内空间艺术的灵魂不完全是空间本身，很大一部分是室内陈设艺术，因为它更加能够体现从古至今的文化类型，其艺术形态深刻地表达出一个地区或民族传统的文化背景。如今，作为文化载体的室内陈设设计更加被人们所熟知和接受，而且随着时代的进步，室内陈设设计也成为一个新的热门行业进而转化成一门独立的学科。

第一节　建筑室内陈设概述

陈设设计的历史是人类文化发展的缩影，陈设设计反映了人们由原始到文明，由茹毛饮血到现代化的生活方式。在漫长的历史进程中，不同时期的文化赋予了陈设设计不同的内容，也造就了陈设设计的多姿多彩的艺术特性。

室内环境的色彩是室内环境设计的灵魂，室内环境色彩对室内的空间感知度、舒适度、环境气氛、使用效率，对人的心理和生理均有很大的影响。陈设物的色彩往往是室内空间的点睛之笔。室内色彩的处理，一般应进行总体控制与把握，即室内空间6个界面的色彩应统一协调，但过分统一又会使空间显得呆板、乏味，陈设物的运用点缀了空间，丰富了色彩。

室内陈设是一个古老而现代的话题，它伴随着人类文明从远古走到现代。早期的人类在进行原始的宗教仪式时，可能要供奉一个图腾，如何放置这个图腾，也许就萌发了最初的陈设意识。陈设艺术在人类的发展进程中不断地完善，逐步形成了相对独立的体系。室内陈设旨在调动室内空间中一切可能媒介，强化室内空间的审美结果，丰富人们对空间的感性认识，展示空间特定的气质和个性，同时具有创造表现和潜移默化影响生存方式的意义，部分陈设还具备实用的功能。

过去人们总把室内陈设理解为室内的点缀，随着历史文明进程的延续和人们认识的改变，陈设艺术本身的重要性日益显露出来。更深入、更完整地做好室内陈设设计，首先要认识室内陈设物品这些最基本元素的性质和属性，在进行建筑室内陈设设计策划时，才能准确生动地运用并发挥陈设物品在室内空间里的作用。

21世纪以来，人类建筑的内部空间不断扩大，使用功能日趋复杂，建筑内部不仅需要美化，还需要进行学科的划分，以全面满足人的精神文化、行为、心理和生理等需要。而室内陈设设计毋庸置疑地成为了室内设计过程中不可缺少的组成部分。然而，伴随国内外艺术文化交流日益频繁，人们对公共及私人空间的艺术氛围要求也日益提高。但艺术品以什么样的形式展现出来，还需要因地制宜地对待，根据不同空间条件和艺术风格，充分利用各种有利条件，并且认真研究艺术品本身的特性，使其发挥出最大的装饰和文化功能。

一、西方经典的室内陈设

1. 文艺复兴风格的室内陈设

文艺复兴时期的室内陈设风格吸收了古代罗马时期的奢华，加上东方和哥特式的装饰特点，并运用新的手法加以表现。室内使用各种织物陈设，如墙上的帘幔、壁毯、床上的床帏等，另外还用大理石、壁画、天顶画、雕刻等来装饰室内。家具的制作工艺和装饰艺术完美地结合起来。把建筑细部的螺纹座、莨苕叶、蔓藤、女体像、天使、假面、怪兽以及圆形、椭圆形等雕饰，作为箱柜和桌椅等家具的装饰。

意大利文艺复兴时期的家具装饰以威尼斯的作品最为成功。家具不露结构，用灰泥模塑浮雕装饰，手法细密，常在模糊图案的表面加以贴金和彩绘处理。英国文艺复兴时期的室内装饰十分华丽。喜欢在墙上绘制壁画或悬挂一些肖像画，还常常陈列盔甲及兽头鹿角等。这时的家具，带有哥特式家具的特点，初期简洁，后多雕饰。

2. 巴洛克风格的室内陈设

16世纪末，文艺复兴风格逐渐被巴洛克风格所代替。在功能上，巴洛克的室内装饰陈设风格以豪华见称。在建筑物的家具上，常见到中央部分出现椭圆形、圆形、方形或其他各种截角形的形状，在这些形状的周围，配置着富丽的花边装饰。

法国巴洛克风格占据着欧洲的装饰设计的领导地位，其主要特色是豪华而富丽。凡尔赛宫是最典型的代表，其墙面多采用大理石、石膏、灰泥或雕刻墙板制成，饰以华丽多彩的织物，高大的天花板采用精致的模塑装饰，宽广的地面以华贵的地毯铺盖。所有这一切，都透露出豪华的气派，也表现出当时的室内装饰风格。

3. 洛可可风格的室内陈设

18世纪30年代巴洛克风格逐渐被洛可可风格所替代。洛可可风格又称为“路易十五风格”，它来源于巴洛克风格，同时又是对它的一种反抗。洛可可风格反映了较强的欢乐和温馨的女性化特点。洛可可风格的室内陈设有自然主义的倾向，其将优美的艺术造型与功能的舒适效果巧妙地结合在一起，形成完美的室内陈设艺术品。特别值得一提的是陈设品的形式和室内设计室内墙壁的装饰完全一致，形成一个完整的室内装饰设计的新概念。

洛可可风格的室内陈设品宛如中国的明式家具，以流畅的线条和唯美的造型著称。洛可可风格更加带有女性的柔美，最明显的特点就是以芭蕾舞为原型的椅子腿，你可以看到那种秀气和高雅，那种融于家具当中的韵律美。洛可可风格的特点是：室内陈设品应用明快的色彩和纤巧的装饰，家具也非常精致而偏于繁琐，不像巴洛克风格那样色彩强烈，装饰浓艳。

4.新古典风格的室内陈设

新古典风格以法国路易十六风格最具有代表性，它完全抛弃了路易十五的曲线结构和虚假装饰，以直线造型为家具的自然本色，并有意缩小家具的形体，使它的外观更加单纯优雅。在功能上更加强调结构的力量。座椅表面为织物软垫或藤编材料，椅背有方形、圆形、椭圆形几种方式。家具上所使用的织物以锦毡、绸缎、天鹅绒等材料为主，印花布也常被采用，较常见的色彩有粉红、玫瑰红、蓝、黄、绿、淡紫、灰、白色等。

英国19世纪初期以摄政风格为主，多模仿埃及、希腊和罗马的古典形式，同时英国本土风格也很流行，其家具不仅结构非常简洁，而且比例也很优美，并以杏黄、淡紫和粉红等淡雅色彩代替淡蓝、绿色和褐色等暗色调。

二、中式经典的室内陈设

中华民族有着上下五千多年的文明历史，她博大精深、气势恢弘，为人类文明的发展作出了巨大的、不朽的贡献，也积累了无数个有个性化特点或地域特色的陈设物品，这些陈设物品在风格上大多来源于自然的形态，在外部形式上又注入了人文的创造意味。如曲中见直、圆中见方、刚柔相济的造型理念，反映了中国人对自然的诠释，并体现出中国古老哲学的深厚意蕴。今天，我们也有不少设计师抱着对本民族的文化瑰宝的追崇和仰慕，在很多复古的建筑室内空间中营造出一个又一个古老的、怀古的文化氛围。随着中国文化的传播，具有强烈中国烙印的陈设物品，越来越多地装点和美化着本国和异国他乡的室内空间。

室内陈设设计是人类改造居住空间的创造性活动，通过进行空间设计可以使人类的生活环境变得更加舒适，人类自古就懂得追求居住空间的安全、舒适和美观，室内陈设设计不仅专注于解决人与自然的关系问题，也越来越专注于解决人与社会的关系问题，使人在社会中更好地工作和生活。

室内陈设一词本身包含广义，它涵盖着家具陈设、织物陈设两个主要的方面，配饰包含了装饰字画工艺品和植物等，陈设设计在空间中强化审美效果，丰富人们对空间的认识。室内陈设设计是对整体室内风格的集中烘托和精神提升，在中式风格的室内设计中，它承载传统典型的装饰元素，提升作品的格调、弘扬传统文化。

陈设设计是室内装饰的重要环节，它与室内空间设计共同构成室内空间环境设计体系。中式室内陈设设计，以线形、色调和家具的造型等方面来布置，吸取传统“形”、“神”的特征。中式陈设风格常给人以历史延续和地域文化的感受，它使室内环境突出了民族文化的特征。中国传统文化丰富而久远，由于历史、地域、宗教文化、习俗、环境等因素的差异而形成千姿百态的陈设艺术，这是我国室内陈设设计取之不尽，用之不竭的宝贵财富。在许多现代家居设计元素中，中式陈设设计风格占据非常重要的位置。

通过对中式经典室内陈设的研究，了解到根据空间的性质合理运用各种设计手段来创造出适合现代人审美和心理诉求的具有传统文化的中式空间，并赋予空间以丰富的文化内涵和深远的意境。让更多的人和设计者更加关注现代空间与当地传统文化之间的关系，并继承和发展传统文化的时代内涵，增强中式经典风格设计的影响力，反映了现代室内空间设计是一种生活方式，是一种对生活的态度。中国元素用在室内陈设设计，这是现代中国人传承自己，这个世界上历史最悠久、最古老、最伟大的民族文化的有力手段，同时也成为了现代室内陈设设计风格中一道亮丽的风景线。

三、追求自然韵味的陈设

回归自然，与自然高度和谐，也是人类走向完美生存空间和高质量生活的崇高理想，这也是现代室内设计和陈设设计的核心理念。也许为了寻找故乡的情怀，人们更加喜爱乡土和自然风格。在家居装修和陈设设计中主要表现为尊重民间的传统习惯、风土人情，保持民间特色，注意运用地方建筑材料或利用当地的传说故事等作为装饰的主题。这样可使室内景观丰富多彩，妙趣横生。

在进行具体的陈设策划时，首先要有这样一种与自然和谐的框架，在经营、运筹陈设空间时有一种贯穿始终的主题概念。在陈设形式上借鉴和运用自然状态的语言；在陈设物品的造型中注入自然的因素；在色调上保持着与大自然的贴近，运用一些平和、朴实的自然材料，尽可能稚拙一些，如选择剥去树皮的原木，不加任何的修饰，直接加以运用。例如采用较暗的灯光，墙上挂着鱼叉、渔网和船桨，天棚用的是一艘底儿朝天的小木船，置身其中，仿佛来到渔村，有一种特有的幽静和温情。

大城市生活的紧张、拥挤和环境污染，使人们产生厌倦，向往能享受更多阳光、空气、鸟语花香的环境。这种思绪使人们崇尚自然的室内布置。追求自然韵味的陈设空间充满诗意，仿佛在向人们叙述过去的故事，人们可能从这些陈设设计中感受到一种怀旧的情调，如仿古的家具、厚重的老皮箱、年代久远的钢琴等。追求自然韵味的陈设空间，是富有穿透力的空间，是前卫和现代的空间。

四、生态理念在陈设中的体现

室内设计的最终目的在于营造最适于人生存的室内环境，表现为室内环境在物质和精神两方面对人产生的影响，并通过心理的双向交流得以实现，即个体对室内环境的认知和环境对个体的影响，设计过程就是以特定的设计语言促成这种生态环保理念实现的过程。设计一个建筑系统如同程序员制作一个计算机系统程序一样，前后是相互联系的一个整体结构。生态理念的设计要充分利用自然界资源，充分调动光线、风力风向、空间位置和整个室内空间布局等。在设计上尽量节省材料，多采用比较环保的原材料和可再生的材料。通过科学化、多样化、灵活化的设计，密切人类与自然的联系，实现生态化生活。

绿色生态概念是指可持续发展，谋求各方面的互相协调与平衡，其核心就是体现人文主义精神，尊重人类赖以生存的自然环境，实践告诉我们，只有遵守大自然本身的规律和法则，人类才能有自己的发展空间。绿色生态概念与东方历史文化中回归自然、天人合一的理念是一致的。绿色生态体现在陈设计中，通常是把大自然中单一的元素引入陈设空间，把绿色植物运用到室内装饰，以盆景、盆栽植物充实、点缀室内空间。生态类的陈设在室内空间越来越占有重要地位，把富有生命气息的观赏动物和植物引入室内，能使人的视觉和心灵有愉悦之感。

绿色植物不仅能充分体现生态的理念，而且能改善室内局部的小气候，能降低热辐射，在光合作用下能释放出氧气。一些绿色植物，如芦荟、绿萝等，能消除室内空气中的有毒物质，起到净化空气的作用，人们越来越意识到把绿色植物引入室内的重要性。另外，青瓷花瓶、袖珍盆景、金鱼缸等这些具有中国特色的陈设物品，逐渐成为世界性的室内陈设经典作品，中国人首开室内绿色陈设之先河，中华民族的祖先们在若干个世纪前就开始品味具有绿色生态概念的陈设了。

随着工业时代向信息时代的迈进，随着工业文明向绿色文明的转变，可持续发展将成为当今社会的主旋律。生态环保理念的室内设计是符合可持续发展的设计，是人类与自然和谐相处的产物。生态环保设计理念是人类文明的标志，是人类保护自己的生存环境的明智的选择。我们要有意识地保护人居环境，创造良好的居住环境。在设计与做法上力求做到自然与人的协调，为其共同发展创造优美和谐的绿色家园。

五、中国哲学在室内陈设中的提炼

中国有着悠久的哲学历史，中国哲学以儒、释、道三家为主。这三家的哲学思想对中国人的审美观有着深远的影响。中国的工艺美术、美学工作者对中国的艺术哲学进行过大量的研究工作，从中可以提炼出一些凝聚于设计中的优秀理念。

1.天人合一

西方讲求人对自然的征服，东方讲求人与自然的和谐，这是东西方艺术差异性的终极根源。“天人合一”，是儒家和道家共同强调的哲学观。《老子》中讲“天下万物本乎自然”。因此，艺术也应该是效仿自然的。在这一哲学观的指导下，产生了“初发芙蓉、自然可爱”的水墨国画；产生了简洁明快、质朴典雅的明式家具；也产生了“虽由人作，宛自天开”的中国园林。

中国传统文化对自然采取顺应与亲和的态度，对自然景观钟爱有加，充分体现了人与自然的和谐关系。反映在室内空间的处理和陈设设计上，总是力图将室内环境与自然环境联系起来，并将自然要素尽量组织到内部空间中。具体的方法：一是利用窗户、门、挂落等装饰构件形成开敞的和半开敞的空间，将室外景观“借”入室内；二是广泛利用绿色植物和盆景，使室内增添更多的自然景观元素，尤其是盆景，通过萎缩的山川姿色、石行树影，使人们在室内能感受到自然风光；三是在室内陈设布置时利用绘画和文学的形式描写自然景观，如中国画中的山水画、花鸟画，又如室内的对联，多以山川、花鸟等内容抒发作者的情怀。

2.对立与统一

中国传统空间的理念源自于传统建筑的哲学思想，它无处不体现着“阴与阳”对立统一的观点，这个理念贯穿着中国建筑空间的营造。阴阳学说观点认为，世界是物质性的整体，自然界的任何事物都包括阴和阳相互对立的两个方面，而对立的双方又是相互统一的。由此我们可以看出在中国传统空间的理念体系中，对立统一原则始终贯穿于空间设计中，其原则即在统一中体现对立、在对立中体现统一，对立与统一之间是一个模糊概念，没有绝对的统一，也没有绝对的对立。而这也是儒家思想大力提倡的“中庸”思想的精髓所在。

在结合了“空间”这一特殊领域之后，对立统一的原则也生成了一系列新的空间理念体系，一般来说，不论是独立的一个空间还是组格式的空间布局都遵循着一定的轴线关系。但是，同时又在统一中寻求变化，在均衡中寻求突破；空间中存在着主与次的关系，它们之中并不明确，往往通过互相的对比和衬托才能达到实体空间被虚体空间包围，虚体空间形成实体空间的转化，虚实相生相克的效果。虚实关系是一个哲学宇宙观的问题，在处理空间虚实关系方面，西方偏向于实，着重表现体块的力度感；而中国是处处向虚的，以线来创造空灵的意境。道家庄子提出“致虚极，守静笃”的哲学观，强调以虚、静为主的艺术精神。

中国的传统建筑以木构架建筑体系为主，而框架部分则以木材建造的支柱和梁构成。空间则以“间”为单位，间与间之间可隔可通，空间利用非常灵活方便，门窗的位置处理也极其自由。在室内空间，除了有固定的隔断和隔扇外，还使用可移动的屏风和半开敞的罩、博古架等与家具相结合。这样的做法就使得空间的层次穿透交叠，相互关联；物与物的关系错落有致，疏密得当。与此同时，也能让空间的布局形式变得灵活多样。

3.礼制思想

中国传统文化以儒文化为主流，它的伦理关系渗透在社会生活的各个角落。按照儒家思想，室内陈设设计首先表现为反映人文意识的社会因素，其次才表现在室内空间的处理。其主要目的不是“求其观”，而是“辨贵贱”。这一理念始终贯穿于各个阶层，上至王公贵族、下至黎民百姓，无一例外。

《易传》中写道："天尊地卑，乾坤定矣；卑高以陈，贵贱位矣。"在我国的封建社会时期，尊卑意识就牢牢地制约着人们的思想。就如在一座建筑中，不同的官职级别，不仅体量、形式和工艺上有所区别，而且在室内的装饰、陈设、色彩以及纹样等方面也都有一系列的品级规定。而在空间中往往也通过陈设设计把尊卑、长幼、主次关系表现得很明确。例如在传统居室的厅堂空间要贯穿一个主轴原则，以此决定了陈设布置的对称性和主次关系，进而更好地满足礼制观念的要求。根据礼制观念，最主要的部分要放在主轴线上，次要的部分逐次分列两旁。在厅堂里，祖宗牌位和神坛居于室内的正中，家长或长辈的座位处于上位；儿女或晚辈按男左女右分列两旁，而且按年龄安排先后座次等。

中国的哲学理念不仅主导着整个室内空间设计的思想，同时也是陈设设计的表现形式，是物与物关系的表现形式。我们希望中国设计要充分保持这种特有的魅力，使得现代中国室内陈设设计在充满时代感的同时依然不失原有的传统。

第二节　室内陈设种类及内容

室内陈设的种类十分丰富，凡是具有美化、观赏价值的东西，基本都可以称为室内的陈设品。室内陈设品绝大部分都具有一定的使用功能，而且还有与室内环境相一致的艺术性，使室内整体环境相协调。室内陈设首先要从选择种类入手开展艺术设计工作。

在室内陈设设计中按照陈设品的性质可以将陈设品分为实用性陈设品和装饰性陈设品两大类。实用性陈设品如各类家具、家电、器皿、织物等，实用性陈设品涉及范围很广，一般我们把具有使用功能的陈设品都归为实用性陈设品；装饰性陈设品是指本身没有实用性，纯粹作为观赏的陈设品如绘画、书法、雕塑、插花、盆景等艺术品、部分高档手工工艺品等。纯观赏性陈设品不具备使用功能仅作为观赏用，它们或具有审美和装饰的作用，或具有文化和历史的意义。

一、实用性陈设品

实用性陈设品是指具有一定使用价值又有一定观赏性或装饰作用的陈设品。这类物品在满足使用功能的前提下，还要考虑形状、色彩、材质等要求。

（一）室内家具

室内家具是室内陈设中主要构成部分之一，它首先是以不同实用性而存在，其次又具有不同的观赏性，起到美化环境的作用。如衣柜、桌椅、沙发等，它们不仅要满足人们休息、储藏货物等使用功能，从造型、色彩、材质等方面又要满足审美要求。

（二）生活器皿

常见的生活器皿有陶瓷玻璃、玻璃器皿等，主要包括餐具、饮具、花瓶及各种容器等。这些物品不仅可供人们日常生活使用，而且还兼为室内的陈设品。它们只要造型、色彩或制作具有独特之处，都可以成为与室内空间协调的陈设用品。

1.陶瓷器皿

中华民族发展史中的一个重要组成部分是陶瓷发展史，中国人在科学技术上的成果以及对美的追求与塑造，在许多方面都是通过陶瓷制作来体现的，并形成各时代非常典型的技术与艺术特征。陶瓷的传统概念是指所有以黏土等无机非金属矿物为原料的人工工业产品。陶瓷的主要产区为景德镇、高安、丰城、萍乡、佛山、潮州、德化、醴陵、淄博等地。陶瓷制品所表达的风格多种多样，完全可以体现出现代人的审美情调。

陶瓷器皿按照不同功能一般分成两种，即实用性陶瓷和观赏性陶瓷，也有一些陶瓷器皿具有共同的属性，既有实用性又有观赏性。实用性陶瓷是指日用陶瓷，包括细炻餐具、陶质砂锅等，产品安全性好，造型比较美观，具有多种款式及规格，主要用作餐饮、烹饪用具，实用性陶瓷如图8-1所示。

图8-1　实用性陶瓷

观赏性陶瓷是指美术陶瓷，包括有陶塑人物、陶塑动物、微塑、器皿等。美术陶瓷是手工制作的、工艺精巧和复杂的具有艺术观赏价值的陶瓷工艺品。美术陶瓷主要包括陶瓷雕塑、颜色釉瓷器、薄胎瓷器、彩绘瓷器以及其他各种装饰陶瓷等。美术陶瓷产品造型生动传神，具有较高的艺术价值，款式及规格繁多，主要用作室内艺术陈设及装饰。观赏性陶瓷如图8-2所示。

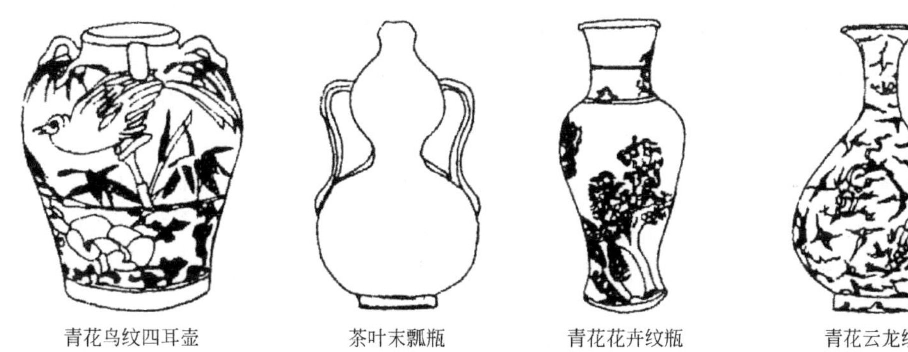

青花鸟纹四耳壶　　茶叶末瓢瓶　　青花花卉纹瓶　　青花云龙纹瓶

图8-2　观赏性陶瓷

2.玻璃器皿

玻璃器皿就是用玻璃所造的器皿。玻璃艺术在我国保持了连绵不断几千年的发展历史。明代万历年间，山东博山的料器制作已十分繁荣兴盛，明末清初传入北京，在清初康熙、雍正、乾隆时期，玻璃器皿生产一度得到复兴，清康熙三十五年，北京曾出现大规模的“琉璃厂”，生产皇宫享用的玻璃器皿。在这期间，玻璃器皿的品种丰富多彩，造型与装饰也有所变化，其中翡翠、玛瑙、珊瑚等制成的瓶、碗、鼻烟壶、鸟兽等，颜色艳丽，形状逼真，具有独特风格和韵味。

玻璃器皿具有晶莹剔透、眩丽夺目、美丽实用的特点。玻璃器皿分为三类：第一类是普通钠钙玻璃器皿，材料来源广泛，价格比较便宜；第二类是高档水晶玻璃器皿，透光率高，晶莹剔透；第三类是稀土着色玻璃器皿，色彩效果好，装饰性较强。

家居等室内环境里常摆放各种各样的酒瓶、高脚杯、茶具、酒具、花瓶等实用性的玻璃器皿，在陈设时要注意：第一是摆放的种类要适中，对于光亮眩眼的产品要少而精的选用；

第二是玻璃器皿花瓶的实用性很大，在选择时要注意造型、大小、色彩、瓶口和花种的搭配。

（三）室内织物

装饰织物材料在装饰材料领域占有极其重要的位置，在室内装饰中起着非常重要的作用，科学合理地选择装饰织物材料，不仅给人们的工作、生活和环境带来舒适和幸福，而且能使建筑室内增添豪华气派，对现代室内装饰设计起到锦上添花的作用。

装饰织物按其用途和我国的传统习惯，可分为贴墙类、铺地类、窗帘类、床上用品类、家具披覆类、装饰艺术品类、餐厨用品类和浴室用品类八大类。建筑室内装饰织物主要包括地毯、艺术挂毯、窗帘、床单、台布、沙发、蒙面布和靠垫等。这里主要介绍地毯、墙面织物和窗帘织物。

1.地毯织物

地毯是一种古老的、世界性的高级地面装饰材料，在我国有着悠久的发展历史，延绵千年而经久不衰，在现代室内地面装饰中仍广泛应用。地毯以其独特的装饰功能和质感，使其具有较高的实用价值和欣赏价值，成为室内装饰中的重要组成部分。

地毯不仅具有隔热、保温、隔声、吸声、降噪、吸尘、柔软、弹性好、降低空调费用和较好缓冲作用等优点，而且铺设后具有很高的欣赏价值，创造出其他装饰材料难以达到的高贵、华丽、美观、悦目的室内环境气氛，给人以温暖、舒适之感，是比较理想的现代室内陈设装饰材料。

地毯是一种高档的地面陈设装饰品，我国是世界上生产地毯最早的国家之一。中国地毯做工精细，图案配色优雅大方，具有独特的风格。有的明快活泼，有的古色古香，有的素雅清秀，令人赏心悦目，富有非常鲜明的东方风情。“京”“美”“彩”“素”四大图案，是我国高级羊毛地毯的主流和中坚，是中华民族文化艺术的结晶，是我国劳动人民高超技艺的具体体现。

2.墙面织物

钢筋混凝土、玻璃幕墙、金属饰面板、石材与陶瓷在现代建筑装饰中广泛应用，虽然各自具有特性，但给人以一种冷漠生硬之感。装饰织物饰面则以其独特的柔软质地和特殊的色彩效果来柔化空间、美化环境，从而营造出温暖、祥和的氛围，使人在紧张工作之余获得精神上的慰藉。

墙面装饰织物是目前国内外使用最为广泛的装饰材料。墙面装饰织物以多变的图案、丰富的色泽、仿照传统材料的外观，以独特的柔软质地产生的特殊效果，装饰空间，美化环境，起到把温暖和祥和带到室内的作用，深受用户的欢迎。在宾馆、住宅、办公楼、舞厅、影剧院等有装饰要求的室内墙面、顶棚、柱面，应用较为普遍。

目前，我国生产的墙面装饰织物的品种很多，在工程中主要品种有织物壁纸、玻璃纤维印花贴墙布、无纺贴墙布、化纤装饰贴墙布、麻草壁纸、皮革及人造革，以及锦缎、丝绒、呢料等高级织物。

3.窗帘织物

窗帘具有遮挡光线、装饰室内、平衡色调、吸声排暑、调节室温等作用，其原料已从天然纤维纺织品发展为人造纤维纺织物式混纺织品。随着现代建筑的发展和人民生活水平的提高，窗帘是家庭与宾馆的必备用品，在室内装饰品中占有重要的地位。室内设计、色彩格调、窗帘的颜色与风格都要与墙面、地毯、家具等的颜色、花纹相协调统一。

窗帘帷幔是窗帘的主要装饰材料，也是室内装饰不可缺少的内容。窗帘帷幔的作用非常重要，除了调节室内环境色调、装饰室内之外，还有遮挡外来光线，保护使用者私密性，保护地毯及其他织物陈设不因日晒而褪色，防止灰尘进入、保持室内清静，并起到隔声消声等作用。如果窗帘帷幔采用厚质织物，其尺寸宽大、折皱较多，隔声效果会更好。同时还可以起到调节室内温度和湿度的作用，给室内创造出更加舒适的环境。

合理选择窗帘的颜色及图案，是达到室内装饰目的较为重要的一个环节。在进行窗帘帷幔选择时应掌握以下原则。

① 窗帘帷幔的悬挂方式很多，从层次上分为单层和多层；从开闭方式上分为单幅平拉、双幅平拉、整幅竖向拉和上下两段竖向拉等；从配件上分设置窗帘盒，有暴露和不暴露窗帘杆；从拉开后的窗帘形状不同，可分为自然下垂和半弧形等。

② 窗帘颜色的选择，要根据室内的整体性及不同气候、环境和光线而定，如随着季节的变化，夏季应选用淡色质薄的窗帘，冬天选用深色和质地厚实的窗帘为最佳。窗帘颜色的选择还应同室内墙面、家具、灯光的颜色配合，并与之相协调。

③ 窗帘图案是在选择窗帘时应考虑的另一个重要因素。竖向的图案式条纹可使窗户显得窄长，水平方向的图案或条纹会使窗户显得短宽。碎花条纹使窗户显得大，大图案使窗户显得小。在一般情况下，大空间宜采用大图案织物，小空间宜采用小图案织物。

4.床罩与台布

现代床罩按面料可分为两类：一类是追求高档豪华型，面料以印花素软缎为主，电脑勾边绣，富有立体感，花色趋向多样化；另一类是追求清新自然型，面料大多采用全棉素花，花色多为淡雅的小花型，不用任何电脑绣花，给人以简洁、大方、明快的视觉效果，颇感自然。床罩讲究系列化，从三件套乃至八件套，从床罩到枕罩、靠垫、薄被等应有尽有，配套的床罩点缀得居室统一、整齐，整个卧室显得非常温馨。

床罩的色彩选择最好与房间、家具的色彩相协调，如奶黄色墙面应当配浅棕色有花纹图案的床罩，棕色的家具可以配淡红色等暖色调的床罩，这样会使人产生美观、活泼的感觉。空间较大的卧室选用浅咖啡色大花图案的床罩，这样可以减轻空旷之感。

台布是摆放在各种台面上的装饰布。常用的台布有花边、网扣、刺绣、抽纱之分，台布的选择应参考其他织物和周围环境的特点，还要考虑台布上面将要摆放的物品，要将台面上的物品衬托出来。

在室内织物的整体选用时应注意以下三点：第一要有基调，基调通常由地毯、墙布和天花板构成，使室内形成一个统一整体，陪衬居室家具等的陈设，因此，以高明度、低彩度或中性色为原则，但地毯在明度上应深一些，色彩与主体配合；第二要有主调，主调多为家具装饰织物，如沙发套、床单、床帷帐等，可采用彩度较高或中明度，较有分量且比较活跃的颜色；第三要强调体积较小的织物，如坐垫、靠垫、挂毯等，以对比色或更突出的同色调来加以表现。

（四）文具与书籍

1.文具

我国传统的文具通常由笔、墨、纸、砚构成，人们把它们称为“文房四宝”。今天很多人都在用现代文具，而“文房四宝”在绝大多数的家居中，已将其变成了室内的陈设品。除了“文房四宝”外，传统文具辅助工具经过精心设计，也可以成为书房里书案上的陈设品，如笔筒、笔架、笔洗等。

笔筒除了可以放置毛笔外，有许多精良作品，已经成为世人收藏的工艺美术品。笔筒制作有许多材料，有陶瓷、木质、竹类笔筒，也有玉石、树根、象牙等材料制成的笔筒。

笔架是架设毛笔的一种器具，多以玉石、陶瓷、象牙等材料制成，有圆形、方形、长方形、山峰形、龙形，是文房常用的器具之一。

笔洗是洗涮毛笔的一种器具，用瓷、铜、玉、陶等材料制成，较为丰富多彩。多以扁圆形、青花瓷为多，上饰各种花纹图案，富有朴素、文雅和庄重感。

2. 书籍

书籍和杂志是室内最常见的陈设品之一。在书架上适当地摆放一些书籍和杂志，不仅可以增加阅读时的方便，而且还可使室内充满文雅的书香气息。一般常见于学者、文人及读书爱好者的环境中。

现代设计师通常会选用活的可拆装的书架作为陈列书籍、杂志的书架。书架可以根据书籍的大小尺寸安排每格的高度，充分体现功能的灵活性和可参与性。也有些设计在满足了书架的承重性后，主要考虑材料的装饰性，可选用木质、金属、玻璃等不同材料和色彩。

书架上的小摆设也是必不可少的，它与书籍相互烘托，效果十分显著。植物、古玩、小饰物都是书籍陈设的好搭档，它们的穿插布置，会增添书架的趣味性，显现主人的生活情趣。散放的书籍只要稍加整理，摆放到合适的位置也能达到完善构图，装饰空间的效果。

杂志通常是临时性的摆设，虽然收藏价值不高，但从陈设装饰效果来讲，五颜六色的各种杂志，有时甚至比书籍更具有美感，散落在沙发、窗台、屋角等处的杂志给人一种亲切感，有意无意之中也能增添居室的生活气息。

（五）家用电器

随着人们生活水平的不断提高，各种家用电器已经普及普通，而且已经成为室内陈设不可缺少的组成部分。现代家用电器种类繁多、造型新颖、工艺精美、色彩鲜艳、时代感强，对室内装饰的影响越来越大。

家用电器主要有以下几类：第一是影音产品，包括电视机、音响、影碟机等；第二是厨房电器，包括冰箱、微波炉、抽油烟机、消毒碗柜、电子灶具、洗碗机等；第三是家居电器，包括洗衣机、空调器、吸尘器、热水器等；第四是家用通信产品，包括电话机、无绳电话机等；第五是小家电产品。从家用电器色彩可分为黑白家电。黑家电产品带给人们娱乐、休闲，如电视机系列、音响器材系列、摄录机、家庭影院系列等；而白电产品则减轻人们的劳动强度，如洗衣机、冰箱、洗碗机、微波炉、烤箱等。

在家居室内装饰与家用电器的选择时，要特别注意以下问题：第一是家用电器的造型，要注意电器产品与装饰风格的协调一致，以取得较好的整体装饰效果；第二是家用电器的色彩，家电分有黑白，注意黑白家电的搭配，另外有些家电色彩设计趋向有彩化，如有多种色彩的冰箱等，这些都为调节室内色彩变化提供了可能；第三是家用电器的尺度，家电的尺度要与室内空间相一致，如电视、家庭影院等选择时，要注意尺度的大小，太大会造成空间的局促，太小可能影响使用的方便。

（六）音乐与运动器材

室内音乐与运动器材的陈设，能充分体现主人的爱好和情操。音乐器材的造型能够使室内空间具有一定的音乐氛围，常用的音乐器材有钢琴、古琴、古筝等。运动器材则会营造出一种刚劲强健的生命律动的室内情调，使室内空间更有一种运动、健康的气息。

音乐器材的造型一般都是非常优美的，布置在室内可以增加美感和音乐气息，为音乐家或音乐爱好者所喜爱。其实室内空间的主人即使不会吹奏弹拉，只要能对音乐器材的装饰性有一定的认识和欣赏，就可以考虑在空间适当的地方摆放适当的音乐器材，从而增添室内的音乐气氛。

运动器材作为室内的陈设，可以表现出主人爽朗活泼和朝气蓬勃的生活气息。一些造型优美的运动器材，如弓箭、刀剑、羽毛球拍等，都具有很好的装饰效果。这类陈设适用于运动员或体育爱好者的生活环境。

（七）屏风

屏风，中国传统建筑物内部挡风用的一种家具，所谓“屏其风也”。屏风作为传统家具的重要组成部分，历史由来已久。屏风一般陈设于室内的显著位置，起到分隔、美化、挡风、协调等作用。它与古典家具相互辉映，相得益彰，浑然一体，成为中式家居陈设装饰不可分割的整体，而呈现出一种和谐之美、宁静之美。

屏风在三千年前就以天子专用器具出现，作为名位和权力的象征。经过不断的演变，屏风起到防风、隔断、遮隐的用途，并且起到点缀环境和美化空间的功效，所以经久不衰流传至今，并衍生出多种表现形式。当今屏风主要分围屏、座屏、挂屏、桌屏等形式，其中大型屏风能展示出那种高贵的气势，是客厅、餐厅、大厅、会议室、办公室的首选。它可以根据需要自由摆放移动，与室内环境相互辉映。以往屏风主要起分隔空间的作用，而更强调屏风装饰性的一面，既需要营造出“隔而不离”的效果，又强调其本身的艺术效果。它融实用性、欣赏性于一体，既有实用价值，又赋予屏风以新的美学内涵，绝对是极具中国传统特色的手工艺精品。

二、装饰性陈设品

装饰性陈设以其自然的和人为的生活要素为基本内容，在人居空间环境中运用不断变化的陈设元素改变空间效果，营造室内空间氛围，体现空间的精神内涵，进而点缀出高舒适度、高艺术境界、高品位的理想环境。

在建筑室内空间中，除了地面、墙面、顶棚等构件，其余内容都可认为是室内陈设。装饰性陈设是人居空间中无特定实用功能，主要为了创造气氛、体现风格、加强空间意义等精神功能而纯粹用作观赏、品味的陈设品，如工艺品、书法、绘画作品、植物、纪念品等。

（一）工艺品

工艺品即通过手工或机器将原料或半成品加工而成的有艺术价值的产品。工艺品来源于生活，却又创造了高于生活的价值。它是人民智慧的结晶，充分体现了人类的创造性和艺术性，是人类的无价之宝。工艺品涵盖的范围很广，而且各国民间的工艺品都能反映出该国的文化传统和习俗，在这里我们只是简单介绍一下工艺品的基本概念。

1.工艺品的分类

按照陈设工艺品的使用价值进行分类，工艺品可分为实用工艺品和装饰工艺品两大类。实用工艺品包括陶器、瓷器、搪瓷制品、竹编、草编等，它们可以放置物品，还可以供人欣赏；装饰工艺品的种类很多，如插花、盆景、挂盘、木雕、石雕、贝雕等，这些装饰工艺品专供人们欣赏，但没有实用性。

2.工艺品作用与配置

工艺品选择得当可以吸引人们的视线，使室内增添不少景观。工艺品的第一个作用主要是构成室内景点，选择体量较大的工艺品，放置在室内空间的重要位置，突出某个主题，可以成为室内的标志；工艺品的第二个作用是填补空间内的缺憾，使室内画面达到均衡的目的，尤其是对一些细节处需要小工艺品的填补，并能起到活跃气氛的目的。

在工艺品的配置中要注意以下几个原则。第一是少而精，选择工艺品时要大小搭配合理，风格趋向一致，决不能将风格相互矛盾、排斥的工艺品摆放在一个空间中；第二是要符合构图的基本原则，重点突出，均衡设置，不能在室内处处都有工艺品，设计就是要解决好在恰当的地方放置合适的工艺品；第三要注意工艺品与室内空间的色彩搭配，小型的工艺品往往作为点缀，色彩可以选择鲜艳一些，较大的工艺品对室内的装饰影响较大，要慎重选择并加以合理配置。

（二）书法与绘画

在室内陈设设计中，很多人对中国书法和国画非常感兴趣，还有一些人对西式画情有独钟。这些艺术作品与室内的装饰风格有着密切的联系，只有将室内装饰设计与书法、绘画艺术统筹考虑，才能把握好室内空间的整体艺术风格。

1.书法和国画

中国的书法和国画是我国特有的文化遗产，深受广大群众的喜爱。在中式风格房间的设计中，如中式餐厅、中式客房、中式家居等室内环境，常用中国书法和国画做室内装饰，使中国民族形式的室内更增添了几分古朴典雅的情调。用中国书法和国画做室内装饰如图8-3所示。

图8-3　用中国书法和国画做室内装饰

中国书法是一门古老的汉字的书写艺术，从甲骨文、石鼓文、金文（钟鼎文）演变而为大篆、小篆、隶书，至定型于东汉、魏、晋的草书、楷书、行书等，书法一直散发着艺术的魅力。中国书法是一种很独特的视觉艺术，汉字是中国书法中的重要因素，因为中国书法是在中国文化里产生、发展起来的，而汉字是中国文化的基本要素之一。以汉字为依托，是中国书法区别于其他种类书法的主要标志。

在书法走向多元化的今天，书法艺术并不是简单地取决于书法的形式、结构、线条等外在面貌，而是内在精神的体现。这也为室内陈设设计者在挑选书法艺术作品作为室内装饰提供了更丰富的选择空间。

国画是中国的传统绘画形式，是用毛笔蘸水、墨、彩作画于绢或纸上。工具和材料有毛笔、墨、国画颜料、宣纸、绢等，题材可分人物、山水、花鸟等，技法形式有工笔、写意、勾勒、设色、水墨等。中国画在内容和艺术创作上，体现了人们对自然、社会及与之相关联的政治、哲学、宗教、道德、文艺等方面的认知。

国画在世界美术领域中自成体系。中国画要求“意存笔先，画尽意在”，强调融化物我，创制意境，达到以形写神，气韵生动。由于书画同源，以及两者在达意抒情上用笔、线条运行有着紧密的联系，因此绘画同书法、篆刻相互影响，形成了显著的艺术特征。

书法和国画在经过装裱后，才能作为完整的艺术品展现在室内的空间里。作为中国传统的工艺品，一般张挂在中式建筑室内空间中堂、客厅等处，而且与其他陈设一起共同构成一个完整的室内景观。也有一些大型的国画作品常设计在重要的会议室、多功能厅等空间中，体现我国民族文化的博大精深。

2.挂画

除去中国画以外，绘画按照工具材料和技法的不同，分为油画、版画、壁画、水彩画、水粉画、素描等主要画种。油画是以油为调合剂调和颜料，在经过制作的不吸油的质地上描绘而成的绘画；版画是在不同材料的版面上，先雕刻出设计的形象，再印刷而成的绘画；壁画是绘制在土木砖石等各种质地壁面上的绘画，所用绘制的颜料比较多样；水彩画、水粉画都是用水质的颜料在纸上描绘而成的绘画；素描一般是指“单色画”，即用钢笔、铅笔、木炭等单色材料在纸上描绘而成的绘画。

在用不同的绘画作品装饰室内空间时，要注意以下问题。第一，注意绘画的装裱质量。西式画的装裱主要是在画框上，画框的宽窄、木质的选择，对绘画及室内整体风格有一定的影响。第二，要注意绘画内容的选择。在家居环境中应选择喜庆浓厚的色彩，如果没有特殊的要求，不要选择带有残枝败叶、枯萎发黄的内容与色彩。在办公等空间里可以选择一些带有个性的绘画作品。第三，注意挂画的高度要根据居室的具体场合进行调整。如果悬挂得太低，不利于画面的保护和观赏；如果悬挂过高，又使欣赏者仰视造成不便，同时因画面产生透视变形，影响欣赏效果。

3.盆景与插花

盆景是中国优秀传统艺术之一，是以植物和山石为基本材料在盆内表现自然景观的艺术品。它以植物、山石、土、水等为材料，经过艺术创作和园艺栽培，在盆中典型、集中地塑造大自然的优美景色，达到缩地成寸、小中见大的艺术效果，同时以景抒怀，表现深远的意境，犹如立体、美丽、缩小版的山水风景区。

图8-4 树桩盆景

插花也称为插花艺术，就是把花插在瓶、盘、盆等容器里，而不是栽在这些容器中。所插的花材，或枝、或花、或叶。插花遵循一定的创作法则，插成一个优美的形体（造型），借此表达一种主题，传递一种感情和情趣，使人看后赏心悦目，获得精神上的美感和愉快。中国插花是一种古老的传统文化现象，大多为满足主观与情感的需求，亦是日常生活进行娱乐的特殊方式。

（1）盆景 盆景分为树桩盆景和山石盆景两大类。树桩盆景以观赏植物的根、叶、花、果以及色泽、形态和造型为主。按照长势不同可分为直干式、蟠曲式、横枝式、垂枝式等多种形式；山石盆景可谓是自然山水风光的缩影，它以山石为主，通过锯截、雕凿、腐蚀、胶合、拼接等技术处理，在特别的盆中布景造景。经过艺术加工，创造出源于自然而高于自然的艺术品，使山河之美景浑然浓缩。树桩盆景如图8-4所示；山石盆景如图8-5所示。

图8-5 山石盆景

用盆景美化居室的环境，首先在整体和色彩上互相协调，数量多少和房间大小要均衡相称。通常树桩盆景宜选茎秆粗矮、枝叶细小、根干虬曲、花果鲜艳的木本植物；山水盆景可选用砂积石、斧劈石、英石等石种，经精心构思雕琢，再配上亭、桥、人、畜等景物点缀而成。一般在客厅摆放的数量不宜超过3盆，同时背景忌杂乱和过于艳丽，可挂些字画加以衬托，形成的整体观赏效果最好。

与家庭居室选择小巧精制的盆景不同，在宾馆饭店的厅堂中宜陈设大型的山水盆景和树木盆景，树木盆景呈对称式摆放以显整齐端庄，山水盆景宜靠正面或侧面墙摆放，并有一定的视觉高度。会议大厅可陈设常绿的树木盆景，以规则式或相对统一的造型单列式摆放。

（2）插花　对中国人而言，插花作品被视为一个天人合一的宇宙生命之融合。以“花”作为主要素材，在瓶、盘、碗、缸、筒、篮、盆七大花器内造化天地无穷奥妙的一种盆景类的花卉艺术，其表现方式颇为雅致，令人爱不释手。

任何一件艺术作品都要有一个与之相协调的环境，插花作品与环境的配合也十分重要。插花装饰需依环境及场合的性质而定，不同场合和对象要用不同的花材。如盛大集会商厦、酒楼开业，以及宴会厅等隆重场合的喜庆用花，花材的色彩要鲜艳夺目，花形硕大，以展示热闹、有气派；反之，哀悼场面用花宜淡雅、素净如白色、黄色花材，借以寄托哀思。应用插花来烘托气氛、渲染环境，能起到画龙点睛的作用。

插花的种类按所用的花材性质不同，可分为鲜花插花、干花插花及人造插花等。

①鲜花插花最具有插花艺术的典型特点，即最具有自然花材之美，色彩多样，花香四溢，给人以清新、鲜艳美丽、真实的生命力美感，最容易表现出强烈的艺术魅力。

②干花插花所用的花材是经过脱水、加工后的自然植物材料。这些自然植物材料既不失原有植物的自然形态美，又可以根据设计随意进行染色。这种插花经久耐用，管理方便，同时不受采光的限制，暗光下也可以使用。一般多用于宾馆饭店的走廊、底楼、无采光的大厅、灯光较暗的餐厅以及楼梯平台角落，咖啡店、酒吧间等光线较暗处也常采用干花插花。

③人造插花所用的花材是人工仿制的各种植物材料，有绢花、涤纶花、水晶花、塑料花等。有仿真性的，也有随意设计和着色的，品种多样，种类繁多。这种插花虽然价格比较高，但一次购买可多年受用，管理非常简便，只要及时清除灰尘即可，最适宜大型舞台、橱窗的装饰，婚礼上和家庭居室中也多有应用。

插花艺术的起源应归于人们对花卉的热爱，通过对花卉的定格，表达一种意境来体验生命的真实与灿烂。中国插花艺术发展到明朝，已达鼎盛时期，在技艺上、理论上都相当成熟和完善；在风格上，强调自然的抒情，优美朴实的表现，淡雅明秀的色彩，简洁的艺术造型。

艺术插花的欣赏，概括地说主要有形态、色彩、意境、技法和创新5个方面。形态是指插花作品的造型，要具有高低错落、疏密有致结构平衡的自然感觉；色彩主要包括果叶、容器、背景的色彩，要做到三者的色彩统一和谐，充分体现主题思想；意境是指插花的内涵，一个好的作品必须轮廓分明、线条清晰、意境独到、形神兼备；技法是指插花的技法，即从选枝、修枝到固定的技法体现；创新是指插花的创新特色，插花作品要有个性化、创新性和时代的表现力。

三、陈设品的艺术选择

近年来，随着国民经济水平的不断提高，人们的物质生活水平提高的同时，精神生活水平也得到了明显提高。室内设计作为人类精神文化与物质文化相互联系的桥梁，越来越得到人们的重视。家居物品作为室内陈设中常用的物品，在整个室内陈设设计中的地位是举足轻重的。

设计的出现体现了人类的追求由物质文明向精神文明的重要转变，人类在物质生活得到满足的同时，对精神生活的追求不断提高，室内设计的出现即是人类开始逐步改善自己生存空间，提高生活环境所具有的文化价值的开始。室内陈设设计在改善以及优化室内环境具有重要作用，通过室内设计可以打造出一个温馨而和谐的室内环境，可以根据自身的性格特点、自身的喜好设计室内空间的风格，以及环境的色调，突出个体的审美取向。经过了二十多年的发展，室内陈设设计已经有了长足的发展。目前对室内环境的设计重点已经转向对室内家具、灯具、电器、织物、绿植、艺术品等陈设品的选择与布置等方面。

第三节　建筑室内织物类陈设

室内陈设艺术是室内装饰的重要组成部分。加强对室内陈设艺术的了解，促进室内陈设艺术的健康发展，对于提升室内装饰的艺术内涵与文化品位，推动室内装饰整体水平的提高，将起至关重要的作用。目前织物已渗透到室内环境设计的各个方面，在现代室内陈设设计环境中，织物使用的多少，已成为衡量室内环境装饰水平的重要标志之一。室内织物类陈设主要包括窗帘、床罩、地毯等软性材料。

一、室内织物的种类与特征

地毯所用的材料从最初的原状动物毛，逐步发展到精细的毛纺、麻、丝及人工合成纤维等，编织的方法也从手工发展到机械编织。因此，地毯已成为品种繁多、花色图案多样，低、中、高档皆有系列产品的地面铺装材料。

1.按装饰花纹图案分类

按装饰花纹图案分类，这是我国传统的分类方法，也是我国手工羊毛地毯著名的几大流派，一般可以分为以下5类。

（1）北京式地毯　北京式地毯，简称“京式地毯”，它是北京地区传统地毯，它具有主调图案突出、图案工整对称、色调典雅、庄重古朴、四周方形边框醒目的明显特点，常取材于中国古老艺术，所有图案均具有独特的寓意及象征性，是手工地毯优秀产品之一。

（2）美术式地毯　美术式地毯突出美术图案，图案构图完整、色彩华丽、富于层次感，具有富丽堂皇的艺术风格。美术式地毯借鉴西欧装饰艺术的特点，常以盛开的玫瑰花、苞蕾卷叶、郁金香等组成花团锦簇，给人以繁花似锦之感。

（3）彩花式地毯　彩花式地毯以黑色作为主色，配以小花图案，浮现百花争艳的情调，其图案清晰活泼，色彩绚丽，华贵大方，如同工笔花鸟画，构图富于变化。

（4）素凸式地毯　素凸式地毯色调较为清淡，图案为单色凸花织做，纹样剪后清晰美观，犹如浮雕，富有幽静、雅致的情趣。

（5）仿古式地毯　仿古式地毯以古代的古纹图案、优美风景、常见花鸟为题材，给人以古色古香、古朴典雅的感觉。

2.按材质不同分类

按地毯的材质不同分类，可以分为纯毛地毯、混纺地毯、化纤地毯、塑料地毯、剑麻地毯和橡胶地毯六大类。

（1）纯毛地毯　纯毛地毯即羊毛地毯，是以粗绵羊毛为主要原料，采用手工编织或机械编织而成。纯毛地毯具有质地厚实、不易变形、不易燃烧、不易污染、弹性较大、拉力较强、隔热性好、经久耐用、光泽较好、图案清晰等优点，其装饰效果极好，是一种高档铺地装饰材料。

纯毛地毯的耐磨性，一般是由羊毛的质地和用量来决定。用量以每平方厘米的羊毛量，即绒毛密度来衡量。对于手工编织的地毯，一般以"道"的数量来决定其密度。地毯的档次也与其道数成正比关系，一般家用地毯为90～150道，高级装修用的地毯均在250道以上，目前最高档的纯毛地毯达400道。

（2）混纺地毯　混纺地毯是以羊毛纤维与合成纤维混纺后编制而成的地毯，其性能介于纯毛地毯与化纤地毯之间。由于合成纤维的品种多，且性能也各不相同，当混纺地毯中所用的合成纤维品种或掺量不同时，制成的混纺地毯的性能也各不相同。

合成纤维的掺入，可显著改善纯毛地毯的耐磨性。如在羊毛中加入15%的锦纶纤维，织成的地毯比纯毛地毯更耐磨损；在羊毛中掺入20%的尼龙纤维，地毯的耐磨性可提高5倍，其装饰性能不亚于纯毛地毯，而价格比纯毛地毯降低。

（3）化纤地毯　化纤地毯也称为合成纤维地毯，是用簇绒法或机织法将合成纤维制成面层，再与麻布背衬材料复合处理而成。化纤地毯一般是由面层、防松涂层和背衬3部分构成。按面层织物的织造方法不同，可分为簇绒地毯、针刺地毯、机织地毯、黏合地毯和静电植绒地毯等，其中以簇绒地毯产销量最大，其次是针刺地毯和机织地毯。我国对这3种地毯制定了产品标准，它们分别是：《簇绒地毯》（GB/T 11746—2008）、《针刺地毯》（QB/T 2792—2006）和《机织地毯》（GB/T 14252—2008）。

化纤地毯常用的合成纤维有丙纶、腈纶、涤纶及锦纶等。化纤地毯的外观和触感似纯毛地毯，耐磨且富有弹性，是目前用量最大的中、低档地毯品种。

化纤地毯的共同特性是不发霉、不易虫蛀、耐腐蚀、质量轻、吸湿性小、易于清洗等，但各种化纤地毯的特性并不相同，应注意它们之间的区别。如在着色性能方面，涤纶纤维的着色性很差；在耐磨性能方面，锦纶纤维最好，但腈纶纤维最差；在耐暴晒性能方面，腈纶纤维最好，而丙纶和锦纶纤维较差；在弹性方面，丙纶和锦纶弹性恢复能力较好，而锦纶和涤纶比较差；在抗静电性能方面，锦纶纤维在干燥环境下容易造成静电积累。

（4）塑料地毯　塑料地毯常采用聚氯乙烯树脂为基料，加入填料、增塑剂等多种辅助材料和添加剂，经均匀混炼、塑化、并在地毯模具中成型而制成的一种新型轻质地毯。这种地毯具有质地柔软、质量较轻、色彩鲜艳、脚感舒适、离火自熄、经久耐用、污染可洗、耐水性强等优点。

塑料地毯一般是方块形地毯，常见的规格有400mm×400mm、500mm×500mm、1000mm×1000mm等多种，主要适用于一般公共建筑和住宅地面的铺装材料，如宾馆、商场、舞台等公用建筑及高级浴室等。

（5）剑麻地毯　剑麻地毯系采用植物纤维剑麻（西沙尔麻）为原料，经纺纱、编织、涂胶、硫化等工序而制成，产品分为素色和染色两类，有斜纹、罗纹、鱼骨纹、帆布平纹、多米诺纹等多种花色品种，幅宽在4m以下，每卷长在50m以下，可按需要进行裁切。

剑麻地毯具有耐酸、耐碱、耐磨、尺寸稳定、无静电现象等优点，比羊毛地毯经济实用，但其弹性较其他类型的地毯差，手感也比较粗糙。主要适用于楼、堂、馆、所等公共建筑地面及家庭地面的铺设。

（6）橡胶地毯　橡胶地毯是以天然橡胶为原料，用地毯模具在蒸压条件下压制而成的一种高分子材料地毯，所形成的橡胶绒长度一般为5～6mm。这种地毯除具有其他材质地毯的一般特性，如色彩丰富、图案美观、脚感舒适、耐磨性好等外，还具有隔潮、防霉、防滑、耐蚀、防蛀、绝缘及清扫方便等优点。

橡胶地毯的供货方式一般是方块地毯，常见的产品规格有500mm×500mm、1000mm×1000mm等。这种地毯主要适用于各种经常淋水或需要经常擦洗的场合，如浴室、厨房、走廊、卫生间、门厅等。

3.按编织工艺不同分类

按编织工艺不同，可分为手工编织地毯、簇绒地毯和无纺地毯3类。

（1）手工编织地毯　手工编织地毯，一般专指纯毛地毯，它是采用双经双纬，通过人工打结栽绒，将绒毛层与基底一起织做而成。这种地毯做工精细，图案千变万化，是地毯中的高档品。我国的手工地毯有悠久的历史，早在两千多年前就开始生产，自早年出口国外至今，“中国地毯”一直以艺精工细闻名于世，成为国际市场上的畅销产品。但这种地毯工效低、产量少、成本高、价格贵。

（2）簇绒地毯　簇绒地毯又称为栽绒地毯，是目前各国生产化纤地毯的主要工艺，也是目前生产量最大的一种地毯。它是通过带有一排往复式穿针的纺织机，把毛纺纱穿入第一层基层（初级背衬织布），并在其面上将毛纺纱穿插成毛圈而背面拉紧，然后在初级背衬的背面刷一层胶黏剂使之固定，这样就生产出厚实的圈绒地毯。若再用锋利的刀片横向切割毛圈顶部，并经过修剪整理，则成为平绒地毯，又称割绒地毯或切绒地毯。

由于簇绒地毯生产时对绒毛高度进行调整，圈绒绒毛的高度一般为7～10mm，平绒绒毛高度一般为7～10mm，所以这种地毯纤维密度大，弹性比较好，脚感舒适，加上图案繁多，色彩美丽，价格适中，是一种很受欢迎的中档地面铺装材料。

根据国家标准《簇绒地毯》（GB/T 11746—2008）中的规定，按其技术要求评定等级，其技术要求分为内在质量和外观质量两个方面，具体要求如表8-1和表8-2所列。

表8-1　簇绒地毯内在质量指标

序号	质量项目		单位	技术指标	
				平割绒	平圈绒
1	动态负载下厚度减少值（绒高7mm）		mm	≤3.5	≤2.2
2	中等负载后厚度减少数值		mm	≤3.0	≤2.0
3	绒簇的拔出力		N	≥12	≥20
4	绒头单位质量		g/mm^2	≥375	≥250
5	耐光色牢度（氙弧）		级	≥4	
6	耐摩擦色牢度（干摩擦）		级	纵向、横向均不小于3级	
7	耐燃性（水平法）		mm	试样中心至损毁边缘的最大距离≤75	
8	尺寸偏差	宽度	%	在幅宽的±0.5内	
		长度		卷状：卷的长度不小于公称尺寸；块状：在长度的±0.5内	
9	背衬剥离强力		N	纵向、横向均≥25	

表8-2　簇绒地毯外观质量评等规定

序号	外观疵点	优等品	一等品	合格品
1	破损（破洞、撕裂、割伤）	不允许	不允许	不允许
2	污渍（油污、色渍、胶渍）	无	不明显	不明显
3	毯面折皱	不允许	不允许	不允许
4	修补痕迹	不明显	不明显	较明显
5	脱衬（背衬粘接不良）	无	不明显	不明显
6	纵、横向条痕	不明显	不明显	较明显
7	色条	不明显	较明显	较明显
8	毯边不平齐	无	不明显	较明显
9	渗入胶液过量	无	不明显	较明显

按内在质量评定分为合格和不合格两等，全部达到技术指标为合格，当一项不达标时即为不合格品，不再进行外观质量评定。

按外观质量可分为优等品、一等品和合格品3个等级。簇绒地毯的最终等级是在质量各项指标全部达到的情况下，以外观质量所定的等级作为产品的等级。

（3）无纺地毯　无纺地毯是指无经纬编织的短毛地毯，是用于生产化纤地毯的方法之一。它是将绒毛线用特殊的勾针扎刺在用合成纤维构成的网布底衬上，然后在其背面涂上胶层使之粘牢、因此，无纺地毯又有针刺地毯、针扎地毯或黏合地毯之称。

无纺地毯由于生产工艺简单、生产效率较高，所以成本较低、价格低廉，是近些年出现的一种普及型、低价格地毯，其价格为簇绒地毯的1/3 ～ 1/4。但弹性、装饰性和耐久性比簇绒地毯较差。为提高其强度和弹性，可在毯底上加缝或加贴一层麻布底衬，或再加贴一层海绵底衬。近年来，我国还开发研制生产了一种纯毛无纺地毯，它是不用纺织或编织方法而制成的纯毛地毯。

4.按规格尺寸不同分类

按规格尺寸不同，地毯可分为块状地毯和卷装地毯两种。

（1）块状地毯　块状地毯多数制成方形或长方形，我国的块状地毯的通用规格尺寸为610mm×610mm ～ 3660mm×6710mm，共有56种规格。也可根据需要制成圆形、椭圆形地毯，其厚度视质量等级而有所不同。

纯毛块状地毯还可以成套供应，每套由若干块形状和规格不同的地毯组成。方块地毯常见规格有350mm×350mm、500mm×500mm和1000mm×1000mm等几种。由于方块地毯的单位面积质量较大（一般为4000g/m^{2}左右），且块与块之间为密实铺接，虽然无固定措施，但铺设后一般不易移动，表面也比较平整。

目前，我国生产的花式方块地毯，是由花色各不相同、尺寸为500mm×500mm的方块地毯组成一箱，铺设时可用来组合成各种不同的图案。这种地毯的相邻两边留有燕尾榫，另外的相邻两边开有燕尾槽。在铺设时，可利用这种榫卯结构将方块地毯联成一个整体，以增强地毯的稳定性。花式方块地毯背面设有橡胶或泡沫塑料垫层，其弹性非常好，脚感也更为舒适。

块状地毯铺设方便灵活，位置可以随意移动，既可满足不同层次人的不同情趣要求，也可以给室内地面装饰设计提供更大的选择余地，还可对已磨损的部位随时进行调换，从而延长地毯的使用寿命，达到既经济又美观的目的。

（2）卷状地毯　化纤地毯、剑麻地毯和无纺纯毛地毯等通常为整幅的成卷包装供货的地毯，其幅宽有1.8m、2.4m、3.2m和4.0m等多种规格，每卷长度一般为20～50m，也可根据用户要求专门加工。这种地毯铺设成卷的整幅地毯，可使室内具有宽敞感、整洁感，但某处损坏后不易更换，地毯的清洗比较困难。

二、织物在室内的实用性

1.窗帘的实用性

窗帘具有遮光、减弱过强的光线和阻避门户视线的功用，它增加了室内空间的私密性与安全感。窗帘有落地窗帘、半窗帘和全窗帘等多种形式。落地窗帘是一种大型窗帘，多与大型窗及落地长窗相配合，多用于客厅、书房等。半窗帘一般安置于窗户的下半部分或扁形窗户上，开闭方便，适合儿童卧室。全窗帘是最通常用的窗帘，这种窗帘实用、经济、大方，普遍用于卧室。窗帘的悬挂方式多为平开或竖拉。

窗帘的作用主要是：调节室内光线；遮挡来自外部的视线；隔离热量；吸收、防止室内外噪声；防风。

2.地毯的实用性

地毯是以棉、麻、毛、丝、草等天然纤维或化学合成纤维类原料，经手工或机械工艺进行编结、栽绒或纺织而成的地面铺敷物。它是世界范围内具有悠久历史传统的工艺美术品类之一。覆盖于住宅、宾馆、体育馆、展览厅、车辆、船舶、飞机等的地面，有减少噪声、隔热和装饰效果。

地毯弹性好，耐脏、不怕踩、不褪色、不变形。地毯还具有质地柔软、脚感舒适、使用安全的特点。从制造方式选择地毯时，要考虑其颜色与整个室内装修的色调搭配，从而构成一个整体和温馨的情调。手工地毯一般多用于房间的局部；机织地毯更适合于的满铺方式。

3.陈设覆盖物的实用性

陈设覆盖物可以防止尘土、减少磨损，如桌布、沙发套等。

三、织物在室内的分割性

现代室内设计的趋势是争取流动的具有可变性的空间，而织物的利用，则是达到这种目的的重要手段。用帘帐、织物屏风划分室内空间，是我国传统室内设计中常用的手法。这种手法具有很大的灵活性和可控性，提高了空间的利用率和使用质量。例如，地毯可以创造象征性的空间，也称“自发空间”，在同一室内，有无地毯或地毯质地、色彩不同的地面上方的空间，便成为从视觉上和心理上被划分了的空间，形成领域感。

四、织物在室内的装饰性

织物的肌理是一种新颖而有独特效果的美的形式，是织物装饰作用的重要内容。在织物色彩设计中，设计时首先要确定室内的基调，并在空间内进行均衡的色彩布局，可以说织物系列色彩设计的核心是色彩的空间构成。

色彩基调的确定首先应根据功能要求，结合自然条件，物理及人的生理因素，以及审美情趣而定。基调确定之后，要对色彩的明度、纯度慎重调配。色彩的协调与否是色彩设计成败的关键。

第四节　建筑室内工艺品类陈设

布置房间时，适当地放上一些造型别致的工艺品，会起到美化室内环境的作用。目前，市场上可供装饰居室的工艺品很多，如属于实用性的各式灯具如吊灯、壁灯、台灯、落地灯；陶瓷用品如茶具、咖啡具、瓷器以及一些手工编织的台布、提包、靠垫和草毯等。而属于欣赏性，经过精心制作的各种工艺品的品种更是繁多，如各种字画，还有木雕、珐琅、料器、陶瓷、挂盘、唐三彩、玉雕、石雕、微型盆景以及民间工艺品泥塑、风筝、剪纸、扇子、印花布等。

一、木雕艺术与制作工艺

木雕艺术是我国传统艺术的重要组成部分，木雕艺术有着长久的发展历史，在发展的过程中吸收了不同时代的文化特点，能够见证社会历史的发展，同时能够使很多传统艺术和文化得以传承，是我国文化发展的重要载体。中国传统的木雕艺术是随着中华文明的发展而发展的，在漫漫历史长河发展的过程中在不同的地区、不同的文明、不同的朝代都能够体现出十分明显的差异。同时木雕艺术在发展的过程中形成了不同的流派，在进行木雕雕刻的过程中各有特点，是我国传统文化和传统艺术发展的重要见证。

（一）传统木雕文化艺术内涵

木雕是中国文化艺术宝库中的珍宝，是中国传统民间的代表性艺术形式之一。以独特的创作方式塑造了丰富多样的题材内容，跨越中华民族五千年的历史，成为传统文化精神的象征。作为传承中国传统文化重要艺术手段之一，它以具有时代感的作品，以充实、丰富的内涵，宣扬和传承着中华民族的思想和文化。

1. 木雕文化艺术特点与文化内涵

传统木雕艺术在我国社会发展的过程中发挥着十分重要的价值和作用，是社会文化、人文风俗的体现，经过长时间的发展，形成了具有中国特色的木雕文化。木雕艺术在发展的过程中有些自身的特点，主要体现在：造型优美、线条清晰流畅和刀法纯熟3点。木雕能够很好地展示出不同时代的文化特点，同时能够融入时代情感，是中华文化发展的重要载体。

2. 传统木雕中的家庭道德观念

几千年来，中国人一直都有一种根深蒂固的传统家庭道德观，即儿孙满堂和多子多福。例如，在徽州，人们结婚时一般都会选用精雕细琢而成的衣橱和花床，而龙和凤等动物形象作为装饰题材经常出现在木雕图案之中。如果要点缀家具，通常都会选择百年好合、麒麟送子或者龙凤呈祥等图案，多子多福的图案象征则是石榴，而夫妻恩爱的图案象征则为鸳鸯。

3. 传统木雕中浓厚的儒家思想

在我国的儒家思想中，最佳的人生理想就是学而优则仕，因此读书、及第这两个方面的场景及其寓意就成为传统木雕艺术中常见的题材，古代比较著名的木雕作品包括《五子登科》、《十八学士》和《三进士》，充分体现出封建时期的文人们对理想人生的美好愿望。

（二）中国木雕的主要艺术形式

1. 梁是传统木雕艺术的主要载体

梁是房屋最为重要的组成部分，人们在开展房屋建造的过程中往往会选用笔直、坚硬的木料作为梁。在中国传统文化当中，无论是旧房屋下梁还是新房屋上梁，都会有相应的祭典和相应的仪式，由此可见梁在人们生活过程中发挥着十分重要的价值和作用。

人们对梁进行加工的过程中会对梁进行相应的雕刻，根据梁的种类不同在进行雕刻的过程中可以分为地雕、浮雕和线雕3种形式，这主要是根据屋主的喜好所决定的，在一些特殊的场合会给梁雕刻上一些指定的纹路。在我国很多庙宇当中，梁的花纹多为祥云，这样能够体现出庙宇的祥和和庄重；在一些皇室建筑中，梁会雕刻相应的波浪纹和龙须纹，这样能很好地体现出皇家的富贵和尊严。

2.柱子是传统民居中非常重要结构

柱子是房屋重要的承重结构，在进行房屋建设的过程中为了确保柱子的稳定和安全，一般不会在柱子上进行相应的雕刻，而是将其整体作成覆盆状，这样能够体现出房屋的清秀和挺拔，随着时代的发展后来衍生除了梭状的柱子。除此之外在进仟房屋建设的过程中会有悬在空中的“垂花柱”和用来装饰的“外檐柱”，除此之外还有很多丰富的柱子类型，这些柱子都需要进行相应的雕刻，这样才能够更好地体现相应的艺术效果。

3.隔断是体现木雕工艺水平的物件

隔断是我国传统建筑当中十分重要的物件，隔断能够在建筑当中起到保护隐私和划分房屋区域的作用，在对房屋隔断的选择上很能够体现出房屋屋主的文化修养和品位。很多隔断都是用木雕组成的，木雕隔断是一种十分重要的组成类型。在进行房屋木雕隔断雕刻的过程中，往往需要征求屋主的意见，根据屋主的文化背景、身份、爱好等进行相应的雕刻，这样能够体现出相应的文化内涵，同时能够很好地发挥隔断的价值和作用。

4.家具是采用木雕最多的一种载体

在我国传统木雕发展的过程中，家具是采用木雕最多的一种载体，木雕家具有很长的发展历史。人们在选用家具的过程中往往会进行相应的定制，在定制的过程中会根据自己的身份、喜好、文化背景等选用不同的木雕图案。经过雕刻的家具在使用过程中，不仅能够彰显出文化内涵，同时也会让人心情舒畅，更好地发挥家具的价值和作用。

（三）传统木雕在室内设计中的应用

中国传统木雕艺术不仅外观精美，富于层次，雕刻手法千变万化，图形纹理生动细腻，而且纹样主题丰富多彩，祥瑞、动物、植物、神话传说、历史典故等无所不有，是我国古老历史文化的重要载体。现今社会生活节奏越来越快，人们每天处身于高楼林立、车水马龙的城市中，远离传统与自然，而木雕艺术在室内设计中的应用，给喧嚣的都市生活平添了几分自然和古典之美。

1.木雕艺术在室内天花板中的应用

天花板造型设计在室内设计中占据了核心的地位，天花板的设计效果，直接关系着室内设计所产生的整体视觉效果。将木雕艺术应用于天花板设计自古有之，古代的房屋建筑大多是木结构，天花与藻井造型都十分常见。现代室内设计中为了体现古典元素，很多时候也会将木雕艺术融入天花板造型设计中，有的天花板造型设计集古朴的木雕艺术和绚烂的彩绘艺术于一身，形成了强烈的视觉冲击效果。

除了造型工艺以外，木雕天花板对于室内整体装饰效果也起到了点缀作用。因此，木雕天花板也经常被应用于大型建筑的装饰设计中。以亳州花戏楼为例，它的木雕天花板造型就是一个集木雕艺术与彩绘艺术于一身的典型。木雕图案题材为古代的祥瑞动物，给观者带来富丽精工、美轮美奂的视觉效果。这种精美而复杂的木雕天花板造型工艺，在古代经常为官宦人家甚至皇家所采用，北京故宫养心殿的藻井，其结构体现出“四方变多角，多角变圆形”的特点，木雕图案题材为祥云盘龙，以彰显出皇家的气象。盘龙的雕刻工艺精巧细致，以金箔为饰，令人顿生庄重大气之感，衬托出了皇宫的森严和威仪。总之，木雕天花板造型在室内设计中的广泛应用，对于室内设计效果的提升起到了重要的作用。

2.木雕艺术在室内隔断中的应用

在古代木结构建筑中，木雕隔断并不少见，尤其是雕花屏风，不但具有遮挡的功用，而且能够点缀室内环境，增强室内设计的层次感，因此颇受古人青睐。如今，雕花屏风虽然已经不再作为遮挡之用，但依然是中式古典风格设计的宠儿，是古典装修的重要元素。不仅如此，很多采用中式古典装修的商店往往会使用木雕窗框和门扇，以营造古典氛围，彰显店铺的特色，以吸引更多的顾客前来光顾。

另外，还有的酒店和饭店通过木雕隔断来分隔空间，一方面可以为顾客营造出相对封闭的用餐空间，使顾客用餐不受打扰；另一方面木雕隔断本身也是一种装饰和点缀，使室内装修层次感分明，带给顾客以不一样的视觉效果，实现了实用功能和审美功能的合二为一。此外，木雕艺术还常常被应用于电视背景墙的设计，使室内设计的色彩更加丰富，充满了勃勃生机。

3.木雕艺术在室内装饰中的应用

木雕艺术在室内设计中的应用，不仅体现在装修方面，木雕工艺品的点缀同样可以为室内设计增光添彩。面对呆板而缺少变化的室内设计，在室内适当的位置安排一些制作精美的木雕工艺品无疑是画龙点睛之笔，可以使室内设计更加灵动活泼，生机盎然。随着人们文化水平和审美品位的提高，人们对于富丽堂皇、华贵雍容的装修风格已经出现了审美疲劳，清新雅致、富有情趣的室内设计风格为越来越多的人所喜爱和采用，木雕艺术在室内装饰中的应用，恰恰顺应了时代的发展和人们审美观的变化。

木雕工艺品的题材大多取自于我国的传统文化，表达出人们对于美好生活的向往和追求；色彩方面以红色和黄色为主，雕刻手法上古今结合，既有古老韵味又不乏现代气息。以木雕花瓶为例，其雕刻多采用镂空工艺，形态优美，纹理细腻，集古典美感与个性设计于一身，搭配颜色鲜艳的植物，令人赏心悦目。又如作为墙面装饰的镂空雕花扇面，不但能够装点空荡荡的墙面，改善人们的视觉体验，而且为室内装修平添了几分文化气息。

4.木雕艺术在室内家具中的应用

木雕家具对于室内设计的效果影响同样不容忽视。我国古代的室内家具大多都是木制，其中很多家具同时也是精美的木雕艺术品，承载着古老的中华文明。进入信息时代，木雕家具仍然是人们最为喜爱的家具类型之一，人们在关注木雕家具的质量和实用性的同时，对其装饰效果也十分重视。

由于人们的思维习惯、审美习惯、兴趣爱好、性格特点不同，因此对于木雕家具风格也有着不同的要求。床头木雕工艺是在较小的范围内营造出古朴典雅气氛的典型例子。其使用的图案和纹路并不复杂，大多都是常见的如意纹、回形纹、云头纹等，既有传统文化的魅力，又符合现代人简洁明快的追求。木雕茶几、座椅在现代室内设计中也较为常见，设计者除了在这些木雕家具上雕刻花纹图案以外，有时候还会雕刻一些表达美好意愿的汉字，如“福”“寿”等，以凸显其文化寓意。

在一些具有古典特色的建筑，如茶馆的室内设计中，木雕家具是必不可少的关键元素。饮茶自古就是一种风雅的行为，因此在茶馆中使用木雕家具，将茶文化与木雕文化相结合，最能体现出茶馆的文化气息和古典韵味。

二、陶瓷种类与陶瓷艺术

我们的祖先和世界上一些国家和地区，如埃及、印度、希腊、波斯、西南亚的先民们，在长期的实践中发明了陶器。陶器的制作也有近万年的历史，人类自从开始懂得制作陶器，各方面都发生了深刻的变化，正如恩格斯所说的那样“野蛮时代的最低级阶段，是由制陶术的应用开始的”。在制陶技术不断发展和提高的基础上，中国人发明了瓷器。陶瓷器的发明不仅解决了人们生活问题，如生活用具、建筑材料等，还提供艺术的享受。

从新石器时期的印纹陶、彩陶、粗犷质朴的品格，唐宋陶瓷突飞猛进的发展，五彩缤纷的色釉、釉下彩，白釉的烧造成功，刻画花等多种装饰方法的出现，为后来艺术陶瓷的发展开辟了广阔的道路。陶瓷艺术品以其精巧的装饰美、梦幻的意境美、陶艺的个性美、独特的材质美，形成了特有的陶瓷文化，受到了人们的喜爱，并逐渐成为人们投资收藏的首选。如今，陶瓷更是得到了空前的发展，已经形成了以日用陶瓷、陈列陶瓷为主，并制作工业陶瓷、建筑卫生陶瓷、特种陶瓷、艺术陶瓷等百花争艳的大陶瓷格局。

（一）陶器

陶器是用黏土或陶土经捏制成形，经700～800℃的炉温焙烧而制成的无釉或上釉的日用品和陈设品。陶器历史悠久，在新石器时代就已初见简单粗糙的陶器。陶器在古代作为一种生活用品，在现在一般作为工艺品收藏。陶器的发明是人类最早利用化学变化改变天然物质的开端，是人类社会由旧石器时代发展到新石器时代的标志之一。

陶器可分为细陶器和粗陶器，白色或有色，无釉或有釉。品种有灰陶、红陶、白陶、彩陶和黑陶等。具有浓厚的生活气息和独特的艺术风格。中国早在商代，就已出现釉陶和初具瓷器性质的硬釉陶。陶器的表现内容多种多样，动物、楼阁以及日常生活用器无不涉及。陶器的发明是人类文明的重要进程，是人类第一次利用天然物质按照自己的意志创造出来的一种崭新的东西。

在陶器上赋予人物形象、花鸟等，并施以不同的颜色，就形成了我国独有的彩陶。彩陶是指在打磨光滑的橙红色陶坯上，以天然的矿物质颜料进行描绘，用赭石和氧化锰作为呈色元素，然后入窑烧制。在橙红色的胎体上呈现出赭红、黑、白等各种颜色的美丽图案，形成纹样与器物造型高度统一，达到装饰美化效果的陶器。

彩陶亦称陶瓷绘画，它是我国悠久的“国粹”，陶瓷艺术之中的艺术，早在距今七千年左右的半坡文化时期，陶上便出现了最早的彩绘。彩陶记载着人类文明初始期的经济生活、宗教文化等方面的信息。彩陶艺术中融合了艺术家的各种创作思想、风格、语言，风格各异而又多姿多彩的艺术珍品，是我国不可多得的文化瑰宝。

（二）陶瓷

陶瓷是陶器和瓷器的总称。人们早在约八千年前的新石器时代就发明了陶器。常见的陶瓷材料有黏土、氧化铝、高岭土等。陶瓷材料一般硬度较高，但可塑性较差。除了使用于食器、装饰上外，陶瓷在科学、技术的发展中亦扮演着重要角色。陶瓷原料是地球原有的大量资源黏土经过选取而成。而黏土的性质具韧性，常温遇水可塑，微干可雕，全干可磨；烧至700℃可成陶器能装水；烧至1230℃则瓷化，可几乎完全不吸水，且耐高温、耐腐蚀。其用法之弹性，在今日文化科技中有各种创意的应用。

早在欧洲人掌握瓷器制造技术一千多年前，中国人就已经制造出很精美的陶瓷器。中国是世界上最早应用陶器的国家之一，而中国瓷器因其极高的实用性和艺术性而备受世人的推崇。我国比较重要的陶器有以下几种。江苏宜兴的紫砂陶器，造型典雅大方，色泽古朴浑厚，既可供人欣赏，又是优良的饮茶用具；广东石湾的陶器，以夸张而传神的艺术手法，富于动态的美感，表现了独特的地域特色和民俗风情，成为了独具岭南特色的陶苑奇葩；安徽界首的三彩釉陶，器形古朴厚重，刻画简洁生动，釉色流光溢彩，兼具艺术观赏和实用功能；山东淄博的绿色陶，形成了造型古朴、装饰新颖，色彩绚丽的独特风格；湖南铜官的绿釉陶，有人赞誉绿釉陶“胎体白又细，绿釉美如玉”，是介于陶器与瓷器之间的一种独特工艺品。

（三）青花瓷

青花瓷又称白地青花瓷，常简称青花，中华陶瓷烧制工艺的珍品，是中国瓷器的主流品种之一，属釉下彩瓷。青花瓷是用含氧化钴的钴矿为原料，在陶瓷坯体上描绘纹饰，再罩上一层透明釉，经高温还原焰一次烧成。

青花瓷花面呈蓝色花纹，美观大方，明净素雅，呈色稳定，不易磨损，而且没有铅溶出等弊病。青花瓷是元代时期景德镇瓷工的创造发明，而到宋朝时期，瓷器制造技艺日渐精湛，昌南镇成了最大的瓷器制造中心，专为皇帝生产贡品。当时的人们将昌南镇所出的精美瓷器誉为“假玉器”，而宋代皇帝更是赞不绝口，在景德之年（公元1004年），下圣旨将昌南镇改为景德镇。

图8-6　景德镇生产的青花瓷

元代青花瓷的纹饰最大特点是构图丰满，层次多而不乱。笔法以一笔点划多见，流畅有力，勾勒渲染则粗壮沉着，主题纹饰的题材有人物、动物、植物等。到了明代，景德镇青花瓷就更以胎釉精细、青花浓艳、造型多样而负盛名。明清时期是青花瓷器达到鼎盛又走向衰落的时期。明永乐、宣德时期是青花瓷器发展的一个高峰，以制作精美著称；清康熙时以“五彩青花”使青花瓷发展到了巅峰；清乾隆以后因粉彩瓷的发展而逐渐走向衰退，虽在清末（光绪）时一度中兴，最终无法延续康熙朝的盛势。景德镇生产的青花瓷如图8-6所示。

三、民间工艺与种类

民间工艺品是指民间的劳动人民为适应生活需要和审美要求，就地取材以手工生产为主的一种工艺美术品。手工艺品的品种非常繁多，如：宋锦、竹编、草编、手工刺绣、蓝印花布、蜡染、手工木雕、竹雕、泥塑、剪纸、民间玩具等。由于各地区、各民族的社会历史、风俗习惯、地理环境、审美观点的不同，各地的手工艺品具有不同的风格特色，充分地展示了中国手工艺术的风采。

1.印染工艺

在我国，传统印染工艺的发展源远流长，在发展的过程中汇聚了各朝各代劳动人民的智慧结晶，具有较高的艺术、文化、实用价值。早在六七千年前的新石器时代，我们的祖先就能够用赤铁矿粉末将麻布染成红色。居住在青海诺木洪的原始部落，能把毛线染成黄、红、褐、蓝等色，织出带有色彩条纹的毛布。商周时期，染色技术不断提高，宫廷手工作坊中设有专职的官吏来掌管染草，管理染色生产，染出的颜色也不断增加。到汉代，染色技术达到了相当高的水平。传统印染的原材料取材于自然，具有清新、淳朴、自然特点，同时也是受到当下人们所喜爱的主要原因。

随着近年来工业的发展，机械广泛用于纺织印染，现代印染技术蓬勃发展。在很大程度上，满足了人们对布料的需求量，同时也冲击着传统印染工艺的地位。与传统印染产品相比，现代印染技术生产的产品价格更为低廉，更适合推广。现代印染技术为了提高布料的色泽、手感，通常需要添加较多的化学药剂、添加剂等，同时也带来环境污染等不安全的因素。如何提高现代印染技术的安全性，由此成为现代印染技术发展中亟待解决的问题。

2.蜡染工艺

蜡染是我国古老的少数民族民间传统纺织印染手工艺，与绞缬（扎染）、夹缬（镂空印花）并称为我国古代三大印花技艺。贵州、云南的苗族、瑶族、仡佬族、布依族等民族擅长蜡染。蜡染是用蜡刀蘸熔蜡绘花于布后以蓝靛浸染，即染后去蜡，布面就呈现出蓝底白花或白底蓝花的多种图案，同时，在浸染中，作为蜡染剂的蜡用水煮脱落，则使布面呈现特殊的“冰纹”，非常具有魅力。由于蜡染图案丰富，色调素雅，风格独特，用于制作服装服饰和各种生活实用品，显得结构严谨、线条流畅、朴实大方、清新悦目，具有鲜明的民族特色。

蜡染艺术在少数民族地区世代相传，经过悠久的历史发展过程，积累了丰富的创作经验，形成了独特的民族艺术风格。是中国极富特色的一株民族艺术之花。蜡染图案以写实为基础。艺术语言质朴、天真、粗犷而有力，特别是它的造形不受自然形象细节的约束，进行了大胆的变化和夸张，这种变化和夸张出自天真的想象，含有无穷的魅力。图案纹样十分丰富，有几何形，也有自然形象，一般都来自生活或优美的传说故事，具有浓郁的民族色彩。蜡染是古老的艺术，又是年轻的艺术，现代的艺术，它概括简练的造型，单纯明朗的色彩，夸张变形的装饰纹样，适应了现代生活的需要，适合现代的审美要求。

3.草编工艺

草编工艺是我国民间广泛流行的一种手工艺术，是利用各地所产的草，就地取材，编成各种生活用品，如提篮、果盒、杯套、盆垫、帽子、拖鞋和枕席等。有的利用事先染有各种彩色的草，编织各种图案，有的则编好后加印装饰纹样，既经济实用，又美观大方。

据考证，可见的中国最早的草编遗物是河姆渡人制作的，距今已有七千年之久。据《礼记》记载，周代已有以莞（蒲草）编制的莞席了，而且当时已有专业的“草工”，“作萑苇之器”。到春秋战国时期，已有用萱麻和蒲草编制的斗笠。秦汉时期，草编已在民间广泛使用，品种有草鞋、草席、草扇、草帘及僧侣信徒打坐的蒲团等。汉代至盛唐，草编亦较发达。除了蒲草编制蒲衣、蒲鞋外，还有蒲草编制的蒲帆。

4.玉米皮编

玉米皮编织工艺品呈现自然的色泽，给人一种亲近自然的感觉，散发出一股淡淡的植物香气，富有浓厚的生活气息。另外，玉米皮编织工艺品表面还可做成各种不同的造型或图案，采用其他颜色与之搭配表现出一种质朴、自然、率真的审美情趣。

玉米皮编织工艺品可做成菜篮、椅子、收纳筐、地毯、钱包、背包、餐垫、拖鞋、坐垫、花瓶、公仔等物品，可用作日常生活用品，具有一定的实用性。它还具有结实耐用、防腐耐磨的特点，因此使用寿命时间较长。但是也要注意平时防潮，保证其整洁性，以免发生发霉等问题。

5.竹编工艺

竹编工艺是一种遍布南方各省的民间工艺。我国南方地区竹种丰富多彩，有淡竹、水竹、慈竹、刚竹、毛竹等200多种。劳动人民用竹材制作家具，编制用品，创造了具有不同艺术特色的多种编织工艺。

传统竹编工艺有着悠久的历史，富含着中华民族劳动人民辛勤劳作的结晶，竹编工艺品分为细丝工艺品和粗丝竹编工艺品。2008年，竹编经国务院批准列入第二批国家级非物质文化遗产名录。

6. **藤编工艺**

藤编是一种传统实用工艺品，利用山藤编织的各种器皿和家具。主要产地为广东，见于江门、中山 、佛山等地。藤编工艺历史悠久，清代屈大均在《广东新语》记载："大抵岭南藤类至多，货于天下。其织作藤器者，十家而二。"

腾冲是闻名遐迩的"藤编之乡"，此地盛产藤条，其质地坚韧、色泽光润，手感平滑，弹性极佳，似篾而非篾，故称藤篾，是一种上好的天然编织材料。腾冲人用此编制的藤椅、藤箱等日常用具，工艺精巧，品种多样，经久耐用，古往今来深受消费者喜爱。

四、装饰绘画

各种艺术均以其独有的艺术语言而存在，现代装饰绘画相对于写实绘画而存在，有其自己的艺术语言特征。它的语言特征有别于写实性绘画的"科学的再现"，在多元的观念下，以意象造型观念观照世界，以创造性的想象力为其思维方法的特征，以多种材料技术相结合的表现手段来表达内心对世界的感受。

装饰绘画表现出对装饰物体主体的依附与适应，也就是装饰作品依附于某一物体或适应某种环境，这种从属性正是装饰绘画赖以生存的基础；装饰绘画有着自己独立的审美风格和样式，它淡化内容、淡化思想性，强化形式美与装饰美，突出了人工创造与自然状态的区别，刻意追求错彩镂金的华美艺术风格。

五、工艺美术

工艺美术，指美化生活用品和生活环境的造型艺术。它的突出特点是物质生产与美的创造相结合，以实用为主要目的，并具有审美特性，为造型艺术之一。也指以美术技巧制成的各种与实用相结合并有欣赏价值的工艺品，通常具有双重性质，既是物质产品，又具有不同程度精神方面的审美性。

作为工艺美术物质产品，它反映着一定时代、一定社会的物质的和文化的生产水平；作为精神产品，它的视觉形象（造型、色彩、装饰）又体现了一定时代的审美观。一般分为两大类：一类是日用工艺，即经过装饰加工的生活实用品，如一些染织工艺、陶瓷工艺、家具工艺等；另一类是陈设工艺，即专供欣赏的陈设品，如一些象牙雕刻、玉石雕刻、装饰绘画等。我国工艺美术品的制作较早，如新石器时代已有彩陶，商代以前已有刻纹白陶，商代已有玉器等，写实的造型和图案化的手法即表现出很强的实用性和艺术性。它们的生产，常因历史时期、地理环境、经济条件、文化技术水平、民族习尚和审美观点的不同而表现出不同的风格特色。

六、中国刺绣

中国刺绣又称丝绣、针绣，是中国优秀的民族传统工艺之一。中国是世界上发现与使用蚕丝最早的国家，人们在四五千年前就已经开始养蚕、缫丝。随着蚕丝的使用，丝织品的产生与发展，刺绣工艺也逐渐兴起，据《尚书》记载在四千多年前的章服制度，就规定"衣画而裳绣"。宋代时期崇尚刺绣服装的风气，已逐渐在民间广泛流行，这也促使了中国丝绣工艺的发展。

我国著名的刺绣品种有苏州的"苏绣"、湖南的"湘绣"、四川的"蜀绣"、广东的广绣，号称中国"四大名绣"。此外，还有北京的"京绣"、温州的"欧绣"、上海的"顾绣"、苗族的"苗绣"等，产地不同，风格各异。刺绣的技法有错针绣、乱针绣、网绣、满地绣、锁丝、纳丝、纳锦、平金、影金、盘金、铺绒、刮绒、戳纱、洒线、挑花等，丰富多彩，各有特色。刺绣的主要用途包括生活服装、歌舞或戏曲服装；枕套、台布、靠垫等生活用品，以及屏风、壁挂等陈设品。敦煌壁画刺绣品如图8-7所示。

图8-7　敦煌壁画刺绣品（局部）

七、景泰蓝

景泰蓝，中国的著名特种金属工艺品之一，到明代景泰年间这种工艺技术制作达到了最巅峰，制作出的工艺品最为精美而著名，故后人称这种瓷器为“景泰蓝”。景泰蓝正名“铜胎掐丝珐琅”，俗名“珐蓝”，又称“嵌珐琅”，是一种在铜质的胎型上，用柔软的扁铜丝，掐成各种花纹焊上，然后把珐琅质的色釉填充在花纹内烧制而成的瓷器器物。因其在明朝景泰年间盛行，制作技艺比较成熟，使用的珐琅釉多数以蓝色为主，故而得名“景泰蓝”。

北京是中国景泰蓝的发祥地，也是最为重要的产地。北京景泰蓝以典雅雄浑的造型、美丽的纹样、清丽庄重的色彩著称，给人以圆润坚实、细腻工整、金碧辉煌、繁花似锦的艺术感受，成为驰名世界的传统手工艺品。景泰蓝工艺的艺术特点可用形、纹、色、光4个字来概括。一件精美的景泰蓝器皿，首先要有良好的造型，这取决于制胎；还要有优美的装饰花纹，这取决于掐丝；华丽的色彩取决于蓝料的配制；辉煌的光泽取决于打磨和镀金。所以，它是集美术、工艺、雕刻、镶嵌、玻璃熔炼、冶金等专业技术为一体，具有鲜明的民族风格和深刻文化内涵，是最具北京特色的传统手工艺品之一。

八、蓝印花布工艺

蓝印花布源于秦汉，兴盛于商业发达的唐宋时期，《古今图书集成》卷中记载：“药斑布——以布抹灰药而典雅朴素染青，候干，去灰药，则青白相间，有人物、花鸟、诗词各色，充衾幔之用。”

在我国的南通地区，当时气候地理环境非常特殊，温暖湿润，特别适宜棉花和“蓝草”的生长，并且“蓝草”和棉花种植在当地农村十分普遍，再加上当地的民间纺织技术又十分发达，家家都有木制的纺车和织机，家家可闻布机声，户户都有织布娘，家家户户都会织布和染布。老年人身上穿的衣服，日常用的包袱皮，甚至自家女儿的嫁妆，都是自家纺织印染的蓝印花布，窗帘、头巾、围裙、包袱、帐子等都可用它来做，蓝印花布仿佛就是劳动人民的专用布料，所以在明清时期，南通的染织蓝印花布的作坊已发展成有规模的街市，据明代《南通县志》记载，于“染织局”登记在册的手工染坊就有19家。

蓝印花布一般可分为蓝底白花和白底蓝花两种形式。蓝底白花布只需用一块“花版”印花，构成纹样的斑点互不连接，例如梅、兰、竹、菊。白底蓝花布的制作方法，常用两块

“花版”套印，印第一遍的称为“花版”，印第二遍的称为“盖版”。“盖版”的作用是把“花版”的连接点和需留白地之处遮盖起来，更清楚地衬托出蓝色花纹印花。另一种印制白底蓝花的方法，是以一块单独的印花版衬以网状物，“花版”的纹样无需每处连接，刻好后用胶和漆将“花版”粘牢在大面积的网状物衬底上，然后再刮印浆料。有的蓝印花布还是双面的，这就需要在正面刮浆干透后，利用桌子在反面对准正面纹样再刮浆一次，这样染后就可得到双面的蓝印花布。

九、中国青铜器

中国的青铜器主要指四千多年前用铜锡合制的青铜器物，简称“铜器”。包括有炊器、食器、酒器、水器、乐器、车马饰、铜镜、带钩、兵器、工具和度量衡器等。出现并流行于四千多年前直到秦汉时代，以商周器物最为精美。

最初出现的是小型工具或饰物。夏代有青铜容器和兵器。商中期，青铜器品种已很丰富，并出现了铭文和精细的花纹。商晚期至西周早期，是青铜器发展的鼎盛时期，器型多种多样，浑厚凝重，铭文逐渐加长，花纹繁缛富丽。随后，青铜器胎体开始变薄，纹饰逐渐简化。春秋晚期至战国，由于铁器的推广使用，铜制工具越来越少。秦汉时期，随着陶器和漆器进入日常生活，铜制容器品种减少，装饰简单，多为素面，胎体也更为轻薄。

中国古代铜器，是我们的祖先对人类物质文明的巨大贡献。虽然从考古资料来看，中国铜器的出现，晚于世界上其他一些地方，但是就铜器的使用规模、铸造工艺、造型艺术及品种而言，世界上没有一个地方的铜器可以与中国古代铜器相比拟。这也是中国古代铜器在世界艺术史上占有独特地位并引起普遍重视的原因之一。

十、树脂工艺品

树脂工艺品是以树脂为主要原料，通过模具浇注成型，制成各种造型美观形象逼真的人物、动物、昆鸟、山水等，并可制成各种仿真效果。如仿铜、仿金、仿银、仿水晶、仿玛瑙、仿大理石、仿汉白玉、仿红木等树脂工艺品。树脂工艺品包括动物、人物、卡通、宗教、风景、节日、花园流水造型等几大类。

树脂工艺品大体上可分为彩绘树脂工艺品、做旧树脂工艺品、立体画树脂工艺品，仿铜树脂工艺品、仿银树脂工艺品、仿金树脂工艺品、贴金树脂工艺品、镀金树脂工艺品、仿水晶树脂工艺品、仿琉璃树脂工艺品、仿玛瑙树脂工艺品、仿汉白玉树脂工艺品、仿翡翠玉树脂工艺品、仿象牙树脂工艺品、仿大理石树脂工艺品、仿陶树脂工艺品、仿红木树脂工艺品、仿木树脂工艺品等。

十一、唐三彩

唐三彩，中国古代陶瓷烧制工艺的珍品，全名唐代三彩釉陶器，是盛行于唐代的一种低温釉陶器，釉彩有黄、绿、白、褐、蓝、黑等色彩，而以黄、绿、白三色为主，所以人们习惯称之为“唐三彩”。因唐三彩最早、最多出土于洛阳，亦有“洛阳唐三彩”之称。

唐三彩在中国文化中占有重要的历史地位，在中国的陶瓷史上留下了浓墨重彩的一笔。唐三彩诞生于唐代是有其文化渊源的。首先，成熟的陶瓷技术是唐三彩诞生的物质基础；其次，唐代盛极一时的厚葬之风是促成其诞生的直接导向；再次，唐代各个领域的历史文化是孕育其最好的艺术养料。唐三彩的诞生也是三彩釉装饰工艺的诞生，是釉彩装饰和胎体装饰结合的过程。辉煌璀璨的唐三彩，其绚丽斑斓的艺术效果在雕塑精美、造型生动的俑上得到了完美的发挥和淋漓尽致的展现。

唐三彩的复制和仿制工艺，在洛阳已有百年的历史，经过历代艺人们的研制，唐三彩工艺技术逐步完善，烧制水平不断提高，使“洛阳唐三彩”的工艺技巧和艺术水平达到了一定的高度。在国际市场上，唐三彩已成为极其珍贵的艺术品，曾在有80多个国家和地区参加的国际旅游会议上被评为优秀旅游产品，被誉为“东方艺术瑰宝”。唐三彩大马、骆驼等曾作为国礼，赠送给50多个国家的元首和政府首脑。

十二、玉石

中国是世界上开采和使用玉最早、最广泛的国家。古书上记载很多，名称也很杂，如水玉、遗玉、佩玉、香玉、软玉等。辽宁阜新市查海遗址出土的透闪石软玉玉块，距今约八千年（新石器时代早期），是全世界到目前为止所知道的最早的真玉器。中国最著名的玉石是新疆和田玉，它和河南独山玉，辽宁的岫岩玉、陕西的蓝田玉，称为中国的四大名玉。

玉是矿石中比较高贵的一种。玉石富含多种微量元素，如锌、铁、铜、锰、镁、钴、硒、铬、钛、锂、钙、钾、钠等。玉石之美与钻石和彩色宝石有明显的差异，钻石之美在于它的坚硬、清澈、明亮，彩色宝石之美在于它的艳丽多姿，而玉石之美在于它的细腻、温润、含蓄幽雅。

第五节　建筑室内陈设原则和方法

所谓的室内陈设，通常是指家庭室内陈设。包括家具、灯光、室内织物、装饰工艺品、字画、家用电器、盆景、插花、挂物、室内装修以及色彩等内容。家庭室内布置的工艺品分为实用工艺品和欣赏工艺品两类。搪瓷制品、塑料品、竹编、陶瓷壶等属于实用工艺品；挂毯、挂盘、各种工艺装饰品、牙雕、木雕、石雕等属于装饰工艺品。茶具、咖啡具等，实用、装饰两者兼而有之。中国画和书法则是艺术品，也常用于布置室内环境。

一、室内陈设品的布置原则

（一）室内陈设布置的原则

1.符合构图原则

室内的陈设品应当和室内空间的其他各种元素相互组合成完美的整体。由于属于陈设艺术的范畴，因而应该符合形式美的要求。在室内陈设布置中经常采用的有规则式与不规则式两种构图方式。规则式的构图往往采用对称的陈设布置，这时常具有明显的轴线，有庄重、严肃和稳定的特性，常应用在会议厅、宴会厅和我国传统建筑中厅堂的陈设布置。相反不规则的构图布置则显得轻松活泼，常运用在比较自由随意的场所。图8-8为不规则的陈设构图布置。

图8-8　不规则的陈设构图布置

2.功能性的原则

当人们提到室内陈设（或配饰）时，我们可以充分地利用这个特性来体现自己的职业特征，就会想到其艺术性和装饰性，但任何事物如果抛开其使用功能去谈其他内容实际上都是不合理的，室内陈设不是可有可无的东西，其使用功能的考虑永远是第一位的。只有使用功能得到了满足，才可能考虑陈设的其他作用。

3.协调统一原则

陈设品的选择与布置要与整体环境协调一致。选择陈设品要从材质、色彩、造型等多方面考虑，与室内空间的形式、家具的样式相统一，为营造室内主题氛围而服务。

陈设品的大小要与室内空间尺度及家具尺度形成良好的比例关系。陈设品的大小应以空间尺度与家具尺度为依据而确定，不宜过大，也不宜太小，最终达到视觉上的均衡。

4.空间层次原则

陈设品的陈列布置要主次得当，以增加室内空间的层次感。在陈列摆放的过程中要注意，在诸多陈设品中分出主要陈设及次要陈设，使其与其他构成室内环境的因素在空间中形成视觉中心，而其他陈设品处于辅助地位，这样不易造成杂乱无章的空间效果，加强空间的层次感。陈设品的大小应依据空间尺度而确定，色彩、造型等多方面的考虑加强了空间的层次感，在此基础上还要与室内空间尺度形成良好的比例关系，不宜过大，也不宜太小，最终达到视觉上的均衡，与室内空间的风格、形式以及各个界面的材质、色彩和肌理统一起来，为营造室内主题氛围而服务。

5.比例得当原则

陈设的大小首先要考虑人体工程学方面的因素，使其与其他构成室内环境的因素形成视觉中心，而使其他陈设处于辅助地位，这样不易造成杂乱无章的空间效果。

6.符合个性原则

两个完全相同的空间由于陈设品的不同以及摆放方式的不同，往往有很大的差别。陈设品的陈列摆放要注重陈列摆放的效果，既要符合陈设设计的个性和特点，又要符合人们的欣赏习惯。

7.符合动态原则

室内陈设布置的动态原则，是指室内的陈设品应当排列有致，有前有后，有左有右，有高有低，有重点有衬托。主要是要做到井然有序，而不能杂乱无章。总之，关键在于因地制宜，随机应变。室内陈设一经布置完毕，不可一成不变。

在室内陈设进行具体布置时，一定要遵循动态原则，随季节变化、随新的要求予以增减变换，不断注入新的内容，新的含义，继而产生新的意境，新的韵味，激发起人们的新活力、新感受。

（二）影响室内陈设布置的因素

1.陈设品的基本特性

大部分陈设品是具有装饰性的，但亦有部分陈设品兼有实用和装饰两种特性。对于前者在陈设布置时不但要考虑视艺术的要求，还需要满足日常使用时的要求。

由于陈设品的种类繁多，每种物品又都具有各自的特性。如属于平面形状的有绘画、壁饰、地毯等；属于大件的有大型雕塑、绿化盆景、家用电器等；小的有古玩、器皿、玩具、玉雕器物等，真可谓五花八门，各不相同。

由于陈设品的形状、大小、体量的不同，再加上设置方法的不同（壁挂的、悬吊的、落地的、桌上或橱中放置的），因而在具体布置时必须根据陈设品的特性分别对待，才能各得其所，发挥最大的观赏装饰效果。当然，布置时要综合考虑和室内空间环境的一致，要注意它们表达的主题内容，使之和谐统一。

2.使用者的需求爱好

由于使用者的身份职业、年龄性别、文化程度、个人修养、兴趣爱好等不同，对于室内陈设布置亦有不同的需求。如儿童使用的室内空间，常布置各类玩具和色彩鲜艳、富于幻想的装饰物，使空间充满童稚趣味，突出儿童的心理特征；而老年人则比较偏爱古典的风格、沉稳的色调及幽雅的装饰物。所以说，人的性格志趣和爱好总会间接或直接地反映在室内陈设的布置中。

3.其他各种不同的要求

不同的民族、不同的区域、不同的地方反映在室内陈设品的布置上亦是不同的。这是由于各民族的生活方式、传统习俗、文化渊源以及兴趣爱好不同的缘故，具有深刻的历史文化烙印。

二、实用性陈设品的布置

实用性陈设品直接影响到人们的日常生活，这就要求在总体布置上做到取用方便，相对稳定，与室内环境协调，营造出室内空间形式美。

实用性陈设品主要是指室内织物的布置，室内织物主要包括窗帘、床罩、台布、沙发蒙布、靠垫及地毯等。它们除了具有实用功能外，还可以起到调整室内色彩，补充室内装饰方面的不足，增强室内的艺术个性的作用。

（一）窗帘的布置

窗帘的材料、款式的选用，应以窗帘的实际作用为依据，与室内装饰主题及风格相协调。

1.窗帘的材料

竹、珠、塑料、金属薄片等都可做窗帘，作为织物窗帘，主要种类有毛、麻类织物，绒布，薄布料类和网扣类4种。

毛、麻类织物布料主要包括粗毛料、仿毛化纤织物和麻编织物等。其特点为质地比较粗糙，厚实，有重量感、温暖感，遮蔽性强，隔声能力强。从其肌理及图案上，还可以体现厚重、古朴的特点。

绒布包括平绒、丝绒、条绒、毛巾布等。其特点是厚，重，手感好，下垂感强，保温，有较强的遮蔽作用，隔声能力较强。

薄布料类包括较薄的棉、麻、丝、化纤织物等。其特点是质地轻薄，装饰感强，花色品种多，经济实惠，有一定的遮蔽性，隔声能力差。

网扣类布料主要包括棉、麻、化纤织物等。其装饰性极强，但遮蔽性和隔声能力差。

2.窗帘的款式

从窗帘的形态和使用特征方面看，窗帘的款式可分为以下6种类型。

（1）单幅式　常用于墙面或窗户较小处，以单向或拢起方式开启。其优点是悬挂、开启方便，常用于卫生间、厨房、门带着窗的墙面等。

（2）双幅式　窗帘中应用最多的款式，适用于中间开窗或者大窗上。窗帘分左、右两幅，容易开启，给人以均衡、平稳感，常用于卧室、宾馆客房中。

（3）束带式　指窗帘上部的悬挂是固定的，窗帘的开启以束带束系，这种方式装饰感很强，常用于采光面较大的窗户或玻璃幕墙。

（4）半帘式　这种款式一般用于采光不足的临街建筑或相对较近的建筑窗户。

（5）上启式　这种款式优点在于能够灵活地控制室内光线，可随着早晚阳光入射角度的变化进行调节，且用料较省。常用于直接受光的房间窗户。

（6）百叶式　常用浅色面料制作，具有采光、调光自如，进光柔和等优点，常用于办公等场所。

（二）床罩与桌布

床罩是现代家庭装饰不可缺少的实用陈设品。床罩的选用主要是从材料、样式、色彩、图案几方面考虑，在选用过程中首先应与室内装饰风格相协调，其次根据装饰风格选择不同的面料、色彩、图案、并且与相应的陈设品风格一致。床罩一般选用的面料有腈纶棉制、网扣式、拉毛、剪绒床罩和丝光、的确良等。

桌布主要采用布与塑料两种材质，其色彩、图案的选择要与室内风格协调，还要考虑不同的色彩给人造成的心理感受。明度高、纯度低的色彩易给人以淡雅感；相反明度低、纯度高的色彩易给人以厚重感、压抑感。餐桌布的色彩应使人们进餐舒适。

（三）沙发蒙面、靠垫

沙发蒙面的选用应首先考虑实用性，织物应坚固、耐用。其次色彩、图案、质地应与室内各装饰物件装饰风格协调统一。不同材质的蒙面会体现不同的特点，并且适用于不同的环境。如皮革与仿皮沙发具有厚重、高贵的特点，适用于比较讲究的会客厅；一般人造革沙发用于气氛轻松、活泼的场所；丝绒、平绒、锦缎等蒙面沙发，典雅、华丽宜采用古典的款式；一般的毛呢、化纤织物蒙面的沙发经济实惠、朴素大方，可以用于住宅或者气氛不太隆重的场合。

靠垫是沙发的附件，其形状多为方形与圆形，形状的选择要根据靠垫的实际作用而定，例如是用来倚、靠的，采用方、圆形都可，放在腰后起到支撑腰部作用的，形状可采用长圆形。其他方面的选用，以沙发造型、蒙面质地、色彩、图案为依据，可加强靠垫对沙发及整体环境的装饰作用，从而使靠垫起到积极的点缀作用。

（四）地毯的布置

地毯质地柔软，富有弹性，触觉良好，装饰性好，能保暖并且吸声，是室内良好的铺地织物。地毯的铺设，应根据室内结构而进行设计，它能够起到烘托空间气氛，集聚室内陈设的作用。在选用的过程中应考虑材料、色彩、图案。

从材料方面考虑，羊毛地毯弹性好，柔软感强，适用于卧室或局部小面积铺设；腈纶、丙纶、锦纶等化纤地毯弹性差，较粗糙，光泽差，但耐腐蚀，易清洗，价格低，适宜于客厅和走廊铺设，或者大面积满铺。从色彩方面考虑，有浅色调、中色调、深色调3种，不同的色调选择，以室内的整体色调为依据，要符合人们的审美习惯。图案的选择以空间大小及色彩的深浅、房间主装饰气氛为依据。

三、装饰性陈设品的布置

装饰性陈设主要起到的是点缀、美化空间环境，陶冶人们情操的作用。

（一）悬挂艺术品的壁面摆放

悬挂艺术品主要包括绘画、书法、挂屏、壁饰等，其主要作用是充实墙面，均衡室内空间的构图。

1. 书画类

书法作为室内陈设常见的形式有裱轴、木刻填彩、装框等，其风格主要有甲骨文、钟鼎文、篆书、隶书、楷体、行书、草书，不同风格的字体具有不同的装饰效果，在悬挂过程中应与环境的装饰主题相协调。绘画的主要类别有国画、油画、水粉、水彩、版画、磨漆画等，主要有裱轴、装框两种形式。一般国画采用装裱的形式，并且可体现出古香古色的情调，其他类别绘画一般采用装框，画框的样式非常丰富，有古典、现代、简洁等风格，所用材料为不易扭曲的硬木料，如楠木、红木等。在选择绘画类进行装饰的过程中不仅要考虑绘画的题材，画的大小，还要考虑装裱的形式风格。

2.挂屏和壁饰

挂屏的种类很多，常见的主要有铁画、刺绣、木雕、漆雕、漆画等。壁饰有壁毯、壁挂两种。由于采用的材料及工艺的不同，不同的挂屏和壁饰能够形成不同的装饰效果。在选择过程中应与室内的装饰主题相一致。一般情况下，铁画给人粗犷感，刺绣给人以秀雅感，木雕给人以朴实感，雕漆给人以深沉厚重感，漆画给人以华丽感。壁毯和壁挂给人以亲切感。

（二）雕塑和特艺品的摆放

雕塑的摆放首要考虑的是光线，有了充足的光线，雕塑的各个角度才能够使人一目了然，达到充分的装饰效果。如果光线不足，应配以灯光照明。雕塑采用的材料有汉白玉、花岗岩、黄杨木、青铜或石膏等，可根据实际空间要求进行选择。摆放的位置应以室内装饰主题为主，从而确定其位置。

“特艺品”多是纯装饰品，造型精美，有很强的点缀作用，适当的陈列摆放可起到画龙点睛的作用。“特艺品”的材料多为玉石、象牙、雕漆、脱胎漆、景泰蓝、陶瓷、竹木、贝壳、丝绢，以及贵重金属等。摆放时要考虑到位置、光照、背衬以及质感，可将其陈列在博古架上，玻璃柜内及特制的玻璃罩内。

（三）观赏植物的摆放

观赏植物能够给室内带来浓厚的生活气息，使人怡情悦目。其基本的形式有盆景、盆栽、瓶插等。盆景艺术贵在自然，小中见大，寓无限于有限之中，盆景的构图要富于变化，使之参差不齐，生动有致，切不可矫揉造作，显露出人工雕琢的痕迹；盆栽是室内装饰性观赏植物，其摆放形式多样，可置于窗台、案头和茶几之上，也可悬挂、缠绕于格架等；瓶插适合插放一些枝茎较长的观赏植物，在插放过程中，要符合审美原则。

四、室内家具的布置方式

家用电器类主要包括电视机、音响设备、洗衣机、电冰箱、微波炉等。在对其进行陈设布置过程中应首先考虑实现其实用功能，并且使室内环境形成统一和谐的整体。

1.电视机

电视机的布置应首先实现其实用功能，为使人的视觉舒适，荧光屏的中心点应距离地面600～900mm之间，视距一般为荧光屏尺寸的8～10倍，水平视角不超过80°。电视机应安放在通风良好、干燥并且灰尘较少的位置上。

2.音响设备

音响设备的设置，应考虑声学原则。在陈设的过程中，要注意建立有效的收听区，收听区由两个音箱组成时，音箱放置于大于或等于50°夹角线附近，与收听区之间应无遮挡物，音箱的中心高度应当与视平线高度相同。

3.电冰箱、微波炉、洗衣机

这类家电属于具有特殊用途的家电。电冰箱、微波炉为方便使用应摆放在厨房，并且注意通风散热、用电安全，电器规格大小的选择应与空间大小相适宜。洗衣机布置要考虑水源和排水问题，并尽可能减少噪声的影响。

4. 日用器皿的摆设

日用器皿主要包括茶具、餐具、酒具等。在陈列摆放过程中要注意，选用器皿的质感（陶瓷、玻璃、金属）、色彩、样式与室内装饰主题相一致，营造出一个协调的氛围。陈列摆放的种类不宜过多，要考虑主次层次关系，不要给人以堆放、凌乱的感觉。

5. 音乐、体育运动器材的摆放

音乐、体育运动器材类陈设能体现主人的爱好和情操。音乐器材的造型能够使空间具有一定的音乐氛围。常用的音乐器材有钢琴、古琴、古筝等。体育器材则会营造出一种刚劲强健的生命律动的室内情调，处理这类器材的空间应以此为主。

第九章 建筑室内环境艺术设计

室内环境艺术设计，是人为环境设计的一个主要部分，是指建筑内部空间的理性创造方法，是一种以科学为构造基础，以艺术为形式表现，为塑造一个精神与物质并重的室内生活环境而进行的理性创造活动。

室内环境艺术设计是一门复杂的综合学科，它与室内装饰设计不同，不仅仅是物象外形的美化。现代室内环境艺术设计涉及建筑学、社会学、民俗学、心理学、人体工程学、结构工程学、建筑物理学以及材料学等学科领域，要求运用多学科的知识，综合地进行多层次的空间环境设计。

室内环境艺术设计的目标体现在物质建设和精神建设两个基本方面：一方面要合理提高室内环境的物质水准满足使用功能；另一方面要提高室内空间的生理和心理环境质量，使人从精神上得以满足，以有限的物质条件创造尽可能多的精神价值。

第一节　中、西园林艺术简介

园林艺术是一种依照美的规律来改造、改善或创造园林环境，使之更自然、更美丽、更符合时代与社会审美要求的艺术创造活动。园林不单纯是一种艺术形象，还是一种物质环境，园林艺术是对环境加以艺术处理的理论与技巧，它是与功能相结合的艺术，是有生命的艺术，是与科学相结合的艺术，是融汇多种艺术于一体的综合艺术。

一、中国园林艺术

中国古典园林艺术是指以江南私家园林和北方皇家园林为代表的中国山水园林形式。在中国传统建筑中，古典园林是独树一帜有着重大成就的建筑。它被举世公认为世界园林之母，世界艺术之奇观，人类文明的重要遗产。中国古典园林的造园手法已被西方国家所推崇，在西方国家掀起了一股“中国园林热”。中国的古典造园艺术，以追求自然精神境界为最终和最高目的，从而达到“虽由人作，宛自天开”的审美旨趣。它深浸着中华文化的内蕴，是中国五千年文化史造就的艺术珍品，是一个民族内在精神品格的生动写照，是我们今天需要继承与发展的瑰丽事业。

中国园林艺术是集自然环境、建筑、诗画、楹联、雕塑等多种艺术于一体的综合艺术。中国园林的产生与中国自古以来崇尚的“天人合一”思想有关，设计思想无不体现自然和人“和谐”的意境。在这种思想的指导下，我国的园林设计常以真实的景观为蓝本，融入诗画意境和传统的美学思想，创造出丰富的写意式的山水园境。

中国园林建筑艺术是中国灿烂的古代文化的组成部分，它是中国古代劳动人民智慧和创造力的结晶，也是中国古代哲学思想、宗教信仰、文化艺术等综合反映。中国古典园林主要可分为皇家园林、私家园林和寺庙园林。下面以私家园林以例，讲述中国园林的特点及造园手法。私家园林多出自江南，在狭小的建筑环境里，通过造景、借景、雕塑、匾联等手段，将室内外空间巧妙组织，通过曲径、假山、水景、植被等景色，使观赏者可以感受到步移景移的奇妙感受。

（一）造景

造景是通过人工手段，利用环境条件和构成园林的各种要素创作出所需要的景观。景由形象、体量、姿态、声音、光线、色彩以至香味等组成，是园林的主体和欣赏对象。天然的景观主要指江河、湖泊、瀑布、山泉、高山悬崖、洞壑深渊、古木奇树等，都是园林进行造景时要充分加以利用和借鉴的。

中国自南北朝以来，发展了自然山水园，为园林发展做出了较大的贡献。园林造景，常以模山范水为基础，实现了“得景随形”“借景有因”“有自然之理，得自然之趣”“虽由人作，宛自天开”。造景方法主要有以下几种：① 挖湖堆山，塑造地形，布置江河湖沼，修建道路；② 建造楼、台、亭、阁、堂、馆、轩、榭、廊、桥、舫、照壁、墙垣、梯级、磴道、景门等建筑小品，营造园林趣味中心；③ 用石块砌筑假山、奇峰、洞壑、危崖，造假山景；④ 按地形设置小溪，营造喷泉瀑布，放养观赏鱼类；⑤ 以不同的组合方式，布置群落以体现不同林木和季相变化，或突出孤立树的姿态，或者修剪树木，使之具有各种形态，造花木景；⑥ 在园林中布置各种雕塑或与水域结合，或单独竖立，成为构图中心。

（二）借景

借景是古典园林建筑中常用的构景手段之一。在视力所及的范围内，将好的景色组织到园林视线中的手法。一座园林的面积和空间是有限的，为了扩大景物的深度和广度，丰富园林的内涵，除了运用多样的造园手法外，设计者还常常运用借景的手法，收无限于有限之中。

1.借景种类

借景因距离、视角、时间、地点等不同而有所不同，通常可分为直接借景和间接借景。

（1）直接借景　直接借景分为近借、远借、邻借、互借、仰借、俯借、应时借7类：① 近借，在园中欣赏园外近处的景物；② 远借，在不封闭的园林中看远处的景物，例如靠水的园林，在水边眺望开阔的水面和远处的岛屿；③ 邻借，在园中欣赏相邻园林的景物；④ 互借，两座园林或两个景点之间彼此借资对方的景物；⑤ 仰借，在园中仰视园外的峰峦、峭壁或邻近寺庙的高塔；⑥ 俯借，在园中的高视点，俯瞰园外的景物；⑦ 应时借，借一年中的某一季节或一天中某一时刻的景物，主要是借天文景观、气象景观、植物季相变化景观和即时的动态景观。

（2）间接借景　间接借景是一种借助水面、镜面映射与反射物体形象的构景方式。由于静止的水面能够反射物体的形象而产生倒影，镜面或光亮的反射性材料能映射出相对空间的景物，所以，这种景物借景的方式能使景物视感格外深远，有助于丰富自身表象以及四周景色，构成绚丽动人的景观。

2.借景方法

借景的方法大体有以下3种。

（1）开辟赏景透视线　对于赏景的障碍物进行整理或去除，譬如修剪掉遮挡视线的树木枝叶等。在园中建轩、榭、亭、台，作为观赏的景点，仰视或平视景物，观望烟水之悠悠，收云山之耸翠，看梵宇之凌空，赏平林之漠漠。

（2）提升视景点的高度　使观察景物的视线突破园林的界限，取俯视或平视远景的效果。在园中堆山，筑台，建造楼、阁、亭等，让游者放眼远望，以穷千里目。

（3）借助虚景　例如朱熹的“半亩方塘”，圆明园四十景中的“上下天光”，都俯借了“天光云影”；上海豫园中的花墙下的月洞，透露了“隔院”的水榭。

3.借景内容

借景内容主要有以下几类。

（1）借山、水、动物、植物、建筑等景物　例如远岫屏列、平湖翻银、水村山郭、晴岚塔影、飞阁流丹、楼出霄汉、堞雉斜飞、长桥卧波、田畴纵横、竹树参差、鸡犬桑麻、雁阵鹭行、丹枫如醉、繁花烂漫、绿草如茵。

（2）借人为景物　例如寻芳水滨、踏青原上、吟诗松荫、弹琴竹里、远浦归帆、渔舟唱晚、古寺钟声、梵音诵唱、酒旗高飘、社日箫鼓。

（3）借天文气象景物　例如日出、日落、朝晖、晚霞、圆月、弯月、蓝天、星斗、云雾、彩虹、雨景、雪景、春风、朝露等。

（4）通过声音来充实借景内容　如鸟唱蝉鸣、鸡啼犬吠、松海涛声、残荷夜雨。

（三）雕塑

雕塑是造型艺术的一种，又称为雕刻，是雕、刻、塑3种创制方法的总称。是指用各种可塑材料（如石膏、树脂、黏土等）或可雕、可刻的硬质材料（如木材、石头、金属、玉块、玛瑙、铝、玻璃钢、砂岩、铜等），创造出具有一定空间的可视、可触的艺术形象，借以反映社会生活、表达艺术家的审美感受、审美情感、审美理想的艺术。

雕塑作为室内外环境艺术的构成要素，起到了配合园林构图的作用。园林雕塑通过艺术形象，可以反映一定的社会时代精神，表现一定的文化思想内容，既可以点缀园林景观，又可以成为园林某一局部甚至全园的构图中心。

在中国古代的园林中，也有许多人工的雕塑。例如颐和园宫门前的石狮，昆明湖边的铜牛，它们都是雕塑的精品。陵墓园林中的石人、石兽列队甬道两侧，可以增加中轴线的气势。中国园林中的山石，虽然不是人工雕塑物，也起雕塑物的作用。如颐和园乐寿堂前的青芝岫、苏州留园的冠云峰，都是以其自然形象供人欣赏。还有一部分装饰雕塑，如木雕梁柱、天花板、藻井、栏杆等，使古代的园林艺术增添了艺术魅力。

（四）匾联

古代园林的匾额横置门头或墙洞门上，多为景点的名称或对景色的称颂。以三字或四字的为多。楹联往往与匾额相配，放置在大门的两侧或悬挂在柱子上。古代的楹联字数不限，推敲严密的词句，表达意境深远。

匾额楹联不但能点缀堂榭，装饰建筑的门墙，在园林中往往表达了造园者或园主的思想感情，还可以丰富景观，唤起人的联想，增加诗情画意，起着画龙点睛的作用，是中国传统园林的特色之一。如苏州沧浪亭的“清风明月本无价，近水远山皆有情”；拙政园梧竹幽居的“爽借清风明借月，动观流水静观山”；雪香云蔚亭上的“蝉噪林愈静，鸟鸣山更幽”，都写景、写情，发人联想，即使游人在无风、无月、无蝉、无鸟时到此，也觉得似有这一境界。杭州观海亭上的对联云“楼观沧海日，门对浙江潮”，写景抒情，概括性很强。所以匾额楹联，特别是名匾、名联，不但可以为园林景观增添色彩，而且其本身的意境也使人流连忘返。

中国古代园林的造园手法多种多样，南北风格、皇家与私家等差异是很大的，但始终表现出以人为本、景为人用的基本准则，使中国古代园林能够很好地与大自然相协调，与自然景色融为一体。

二、国外园林艺术

（一）欧洲园林

在欧洲古典园林中，意大利园林具有非常独特的艺术价值。不管是其丰富多变的园林空间塑造，还是其独具匠心的细部设计，都反映出耐人寻味的造园特质，而这种特质是其他欧洲国家的那些气势轩昂、规模庞大的皇家贵族园林所无法比拟的。特别是意大利文艺复兴园林在世界园林史上的影响更为深远，在现在的欧洲园林设计中，依旧可以在许多地方找到意大利古典园林的痕迹。

意大利的造园艺术就是它的文艺复兴和巴洛克的造园艺术。巴洛克艺术号称师法自然，园林却更加人工化了，整座园林全都统一在单幅构图里，树木、水池、台阶、花坛和道路等的形状、大小、位置和关系，都推敲得非常精致，连道路节点上的喷泉、水池和被它们切断的道路段落的长短宽窄都讲究很好的比例。因此，意大利花园的美就在于它所有要素本身以及它们之间比例的协调，总体构图的明晰和匀称。这与中国园林追求自然写意的风格有很大的差别。

法国的造园艺术在世界园林史上一直都占有非常重要的地位。17世纪60年代，法国宏大的规则式园林逐渐取代了意大利文艺复兴园林，开始盛行于欧洲大陆。通常所说的法国造园艺术指的是17世纪下半叶的古典主义造园艺术。它的代表人物是安德烈·勒诺特尔，代表作品是沃勒维贡特庄园和凡尔赛宫。法国造园艺术的成熟，时间正好与拉辛和莫里哀的戏剧、普桑和勒勃亨的绘画、勒夫和孟莎的建筑同时。它们的精神完全一致，那就是古典主义的精神。

英国早期园林艺术，也受到了法国古典主义造园艺术的影响，但由于唯理主义哲学和古典主义文化在英国的根基比较浅，英国人更崇尚以培根为代表的经验主义，所以，在造园上，他们怀疑先验的几何比例的决定性作用。进入18世纪，英国造园艺术开始追求自然，有意模仿克洛德和罗莎的风景画。到了18世纪中叶，新的造园艺术成熟，叫做自然风致园。18世纪下半叶，浪漫主义渐渐兴起，在中国造园艺术的影响下，英国造园家不满足于自然风景园的过于平淡，追求更多的曲折、更深的层次、更浓郁的诗情画意，对原来的牧场景色加工多了一些，自然风景园发展成为图画式园林，具有了更浪漫的气质。

西方园林艺术提出“完整、和谐、鲜明”三要素，追求严谨的理性。欧洲人自古以来的思维习惯就倾向于探究事物的内在规律性，喜欢用明确的方式提出问题和解决问题，形成清晰的认识。这种思维习惯表现在审美上就是对称、均衡和秩序，而对称、均衡和秩序是可以用简单的数和几何关系来确定的。正如古典主义建筑权威布隆德尔所说：“决定美和典雅的是比例，必须用数学的方法把它制订成永恒的、稳定的规则”，这就是西方造园艺术的最高审美标准。

（二）日本庭园

日本从汉朝起，一直受着中国各种文化的影响，其园林也是一样。但是，日本气候温润多雨，山明水秀，为造园提供了良好的客观条件。日本民族崇尚自然，喜好户外活动。中国的造园艺术传入日本后，经过长期实践和创新，形成了日本独特的自然式风格的山水园。

1.日本的庭园形式

日本庭园之美，在于它把大自然的美和人工的美巧妙结合起来，体现着日本人特有的审美情趣，这主要由于日本岛国气候四季分明，它的庭园设计精美，用料精细，尤其受到宗教、文化、历史和风俗习惯影响，一座精美的庭园往往都映射着文学、绘画、书道、花道、茶道的影子，成为荟萃精华的艺术作品。

（1）筑山式庭园　筑山式庭园也称“林泉式庭园”，在日本占有主要位置，其特色是堆山砌石，掘池引溪，回廊花亭，象征缩影的自然小世界。东京、京都、大阪等地，此类名园颇多。其中京都是日本庭园的重镇，诸如西芳寺、金阁寺、银阁寺、天龙寺和大觉寺等，都是此类庭园的典型。位于京都北区的金阁寺庭园，以中央的镜湖池为中心，形成一个壮阔的“筑山式回游庭园”景观。人入园中，沿着迤逦幽径，绕池水而近山峦，但见金阁倒映池中，虚实映衬，其风韵颇能激人遐思。庭园布局紧凑，全部景物均依山势而辟建，曲径通幽，别有洞天。园内的花木叠石，曲径池泉，经过园林师的精心设计，疏密有致，有机地组成了一个完美的整体。

（2）枯山水庭园　枯山水庭园也称“平庭”或“石庭”，主要以岩石为主，白砂、绿树、苔藓、光秃的黑石相衬，其意境来源于中国的水墨画，注重幽远意境，顺其自然，简朴幽静。这种象征手法的庭园多设在书斋外，或寺院方丈居室。在北九州日本馆东面一处保存完好的，原为松本家住宅的庭园，园中一块狭小的空间，用光秃黑石、白砂、矮树、苔藓，布置成象征山水自然的庭园，园中白沙铺地，弯弯曲曲，好似一条小河从庭园中流淌，其间点缀着松柏和枫树，矮树丛，苔藓点点，蜿蜒曲折，其中散置“飞石”。“飞石”即庭园里间置的不规则石板，供脚踏之用，通常是“六分走道，四分景色”。

（3）茶道庭园　茶道庭园即茶室庭园，其特色是讲求质朴自然。来到一处幽静的庭园，园中一间小巧玲珑的木屋，推窗望去，庭园中球状石摆成的小河，似潺潺流水，一丛丛圆锥形的灌木，素雅的馨木，落叶苔藓，放置着一种称为“蹲踞”的石制“手水钵”，是洗漱用的石盆，道旁伫立着花岗岩石雕品石灯笼，发出朦胧的灯光，整个茶道庭园非常典雅清新。茶室简朴幽雅，入口是一方活动矮门，茶室四壁悬挂“松”“竹”“梅”“龟”等名人字画，茶室中有陶制炭炉和茶釜，炉前放着饮茶用具。在这种环境的茶室中品茶，更品味着“茶道庭园”的韵味。

2.日本庭园艺术特征

庭园艺术作为一种空间艺术，是自然美、色彩美、艺术美的综合。日本人对空间艺术美的追求，强调在简洁自然的形式中寻求精神实质的东西，既追求自然美，又追求抽象化的美。日本的庭园艺术注重自然、简朴、单纯的美，这是日本人的美好意识和文化形态的特质。从日本庭园艺术创造风格中不难看出，艺术创造与人的自然观密不可分，自然观影响庭园艺术创造，艺术创造也反映了人的自然观。

民族精神文化是培育、塑造审美心理的沃土，哲学思想、宗教信仰、艺术传统等共同构成的文化氛围丰富、更新着审美心理结构。民族的建筑艺术等对造就民族的心理结构、反映民族的审美情趣和审美理想有着特殊的意义。中国传统的园林、宫殿、寺庙等，都以相对稳定的形态生动地体现出民族的实践理性精神。

日本庭园早期虽受到中国的影响，但在经过长期发展后，却也自成一格，是一种洗练、素雅、清幽的风格。作为民族审美心理的一种物质化的凝固形态，日本庭园的设计和布景体现了一种日本文化及日本人的审美意象，民族风格是鲜明、独特的。日本庭园在有限的范围里再现大自然的美，并以象征的方式来表现自然山水的无限意境，从中可以看见自然的生命，领略人生的哲理，汲取宗教的精神，也折射出日本民族长期形成的自然观。

日本传统庭园的特点是池中设岛，并用桥与陆地加以连接，园中布置溪水，水边置石，筑有土山，山上植树为林，并常设瀑布加以点缀。桥低矮小巧，形式多样。园中用小品或灯具进行装饰，将大自然的风景浓缩在一块面积不大的庭园中，象征着天然风景的情趣。

日本庭院布置的基本元素有植物、山石和建筑。在植物配置方面，日本庭院重绿树、轻花卉。园内地面常用细草、小竹类、蔓类、羊齿类、苔藓类等植物覆被。其中，所谓的“修剪法”是典型的特色，它是一种对植物进行整形修剪的方法，通常都是将成片的植物，修剪成不规则且自由起伏的立体图案。在山石的配置上很少用石块叠成假山，一般多用土石或石组。石头组合一般多用大石块，样式非常多，象征峰峦起伏的山景，而用白沙耙出波纹，象征水面，再配以简素的植物。在建筑上则采用散点式的布置，没有中国园林建筑中的长廊。

三、现代园林艺术

近几年来，中国的园林景观事业有了突飞猛进的发展。为了使中国园林景观事业得到进一步的提高，我们应该在遵守园林景观设计原则的基础上，了解我国当前园林景观建设的现状，运用丰富的设计理念，使我国的园林景观事业迅速地成熟发展起来。现代艺术带给现代园林景观设计独特的启发，形成了丰富的设计思想和设计观念。其不仅在形式上丰富着现代园林的形态，而且在观念和意义上也拓展着现代园林的表现空间。对艺术观念和艺术语言手法的研究为园林设计实践提供了不同的艺术视角，从而创作也适合我国时代发展的园林景观设计作品。

现代园林设计从19世纪末期发展至今，不同于中国古典园林“师法自然”的造园风格，打破了欧洲传统规则图案式风格，超越了英国自然风景园的浪漫情怀，经过一个多世纪的发展，形成了新的审美趣味与形式风格。影响现代园林设计主要有3个方面的内容：一是注重社会与功能的园林设计；二是用生态的方法进行设计；三是从现代艺术和现代建筑中吸取养分。这里主要从现代艺术的角度出发来探讨对现代园林设计产生的影响。

（一）现代园林的特征

社会经济的高速发展使城市迅速扩大，大量人工环境的建成以及由此带来的环境污染等负面影响，已给人类带来了生存危机，制约着社会经济的发展，也对城市本身的生存与发展提出了严峻的挑战。人们不得不回过头来审视工业化带来的后果，反思如何控制环境污染，净化城市空气，减少人工环境，改善人居环境，以利于人类和城市的可持续发展。进行园林建设可以缓解上述环境压力，因为园林建设可以优化环境质量，建立生态健全的环境，促进人类身心健康，陶冶人们的情操，提高人们的生活质量。

中国现代园林是对中国传统园林的继承与发展。现当今的人们已经深刻地认识到，现代园林应充分尊重自然的园林传统，有意识地改变忽视自然功能的形式主义手法。现代园林设计以自然为主体，更按照自然规律进行规划设计，减少对自然的人为干扰，进而形成具有自然活力的人类活动空间。历史发展到21世纪的今天，现代园林正大力提倡以生态为主的园林，园林空间造景讲究生态效益，注意结合立地生态条件，提倡以植物造景为主，尽量少用硬质景观。

现代中式景观植物设计区别于中国古典园林植物设计的特点在于，它更为简洁明朗，古典园林植物种植以自然形、多层次、多品种植物混植，而现代中式景观植物种植以自然和修剪整齐的植物相配合种植，植物层次较少，多为2～3层，一般为乔木层+地被层+草坪或大灌木+草坪等形式，品种选择也较少。现代中式景观植物设计区别于欧式景观植物设计的特点在于，欧式景观植物种植多采用修剪整齐、色彩鲜艳的植物作主基调，而现代中式则主要采用自然与修剪植物相结合，色彩以绿色为主色调，是中国古典园林与欧式园林种植设计手法的结合，营造现代、简洁的植物空间的同时又具有浓厚的中国气息。植物选择枝杆修长、叶片飘逸、花小色淡的种类为主，如竹、水石榕、垂柳、桂花、芭蕉、迎春、菖蒲、水葱、鸢尾、马蔺等植物，营造简洁、明净而富有中国文化意境的植物空间。

（二）现代园林的多元化发展

在城市园林景观的设计中，对于人们对于园林景观的要求不断提高，设计人员必须对此高度重视，对园林景观的设计从多个角度出发，并对设计进行综合性分析，在传统设计中做出创新，打破单一学科分析的角度，这种多元化的设计有利于园林景观获得广阔的设计视角，由于我国是一个具备悠久文化历史的国家，所包含的文化资源非常丰富，设计人员在秉承我国传统文化时需要不断创新，并且需要积极吸取西方园林景观设计，做好与我国设计文化的融合工作，融合时一定要积极彰显出我国的特色，不可以太过盲目地对西方设计进行照搬，这不仅达不到园林景观设计的功能性，也是对我国文化的一种不尊重，只有良好结合才能让我国的园林景观设计在国际上占据一席之地，不在激烈的国际竞争中被抛弃，对于我国园林景观设计行业的发展具有重要意义。因此，对于多元化设计的发展，从事设计行业的人员必须给予高度重视，在设计中积极体现多元化，不管是对于自己的设计，还是园林景观都有着重要意义，这种发展趋势有利于我国设计领域的长远发展。

1.形式与功能的结合

园林设计的本质是“按照美的规律为人造物”。其中“为人造物”指明了设计必须是人工创造的产物，且必须具备有用性即使用功能。在设计中，一般来说设计作品的内容即是其功能，而与内容相对的，必然要有相应的形式。

现代园林是面向大众开放的，设计者不但要考虑设计的形式美，而且还要考虑到人们对园林的使用功能要求。对于现代园林来说，设计者必须把形式与功能有机结合作为设计的基本准则。

在罗代尔设计的苏黎世瑞士联合银行行政大楼前的广场如图9-1所示，该广场设计充分考虑了使用和艺术的有机结合，非常合理地安排铺地、水面、草地和台阶，清晰的结构和简洁的形态，用简洁的现代设计语言勾画出丰富的室外休闲园林空间。

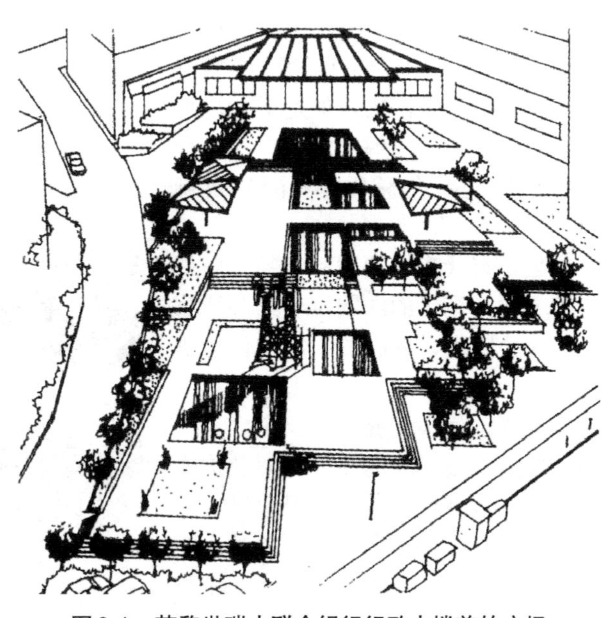

图9-1　苏黎世瑞士联合银行行政大楼前的广场

2.文脉主义思想

随着环境科学、生态科学及人文科学的渗透，建筑理论与实践向有历史性、民族性、地方性完善和发展的方向提供了条件。人们对现代建筑僵硬死板形式的厌烦，使人们开始思考一个新而紧迫的问题：城市与建筑研究究竟应向何处去？文脉主义就是出现在对建筑和城市研究去向的思考过程中。它随着后现代主

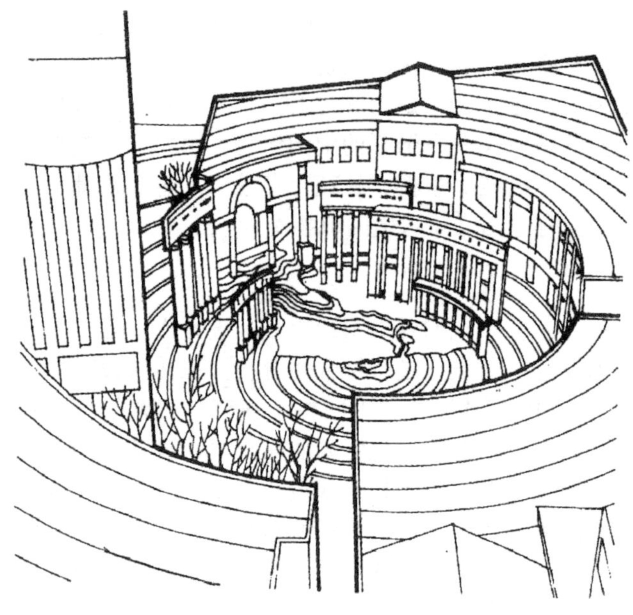

图9-2　美国新奥尔良市的意大利广场

义思潮发展起来，并直接运用于建筑实践中，同时引发了文脉主义的“城市观”。

文脉主义是后现代主义的重要表征和内容。后现代主义建筑的代表人物罗伯特·斯特恩在《现代主义运动之后》中指出：文脉主义在他看来更确切地说是文脉主义追求新建筑亲昵于环境，不管是自然环境，还是人工环境，强调个体建筑是群体建筑的一部分，同时，还要使建筑能成为建筑史的诠释。

位于美国新奥尔良市的意大利广场如图9-2所示，是设计师摩尔将不锈钢科林新古典柱头的柱式构成弧形围廊，利用彩色灯光将罗马拱券门成为视觉中心，水是沿着台阶从舞台后流下，然后汇入广场中心的浅水池中。这是一个典型的后现代主义的园林景观作品，表达了设计者对古典文化新的理解。

3.解构主义思想

解构主义作为一种设计风格的探索兴起于20世纪80年代，后现代主义思潮中对现代主义理性功能的反思，传统观念的冲击，孕育了解构主义的产生。解构主义的直接来源则是法国哲学家德里达从语言学研究中提出的。他的核心理论是对于结构本身的反感，认为符号本身已能够反映真实，对单独个体的研究比对整体结构的研究更重要。

解构主义建筑作为一种建筑思潮，以解构主义哲学为出发点，反对传统的价值观念，消解传统的秩序体系，具有貌似零乱，实则做了内在结构因素和总体性考虑的高度理性化特点。解构主义建筑能带给人们巨大的视觉冲击，给人们带来了新的视觉形象。今天，虽然“解构主义”作为一个概念已经慢慢从人们的视野中淡去，但是秉承这种独特研究视角的“解构主义”建筑师们却依然活跃在整个世界的建筑舞台上。

最具有代表性的园林作品是由伯纳德·屈米设计的法国拉·维莱特公园，在公园里，外露的红色构件使解构主义无序、破裂的设计理念得到了充分发挥。阿根廷的科多巴意大利广场，用点、线、面的设计骨架及构成形式，对园林路、树丛、绿地进行巧妙的安排，圆形及自由曲线各种设施可以任意组织，如图9-3所示，使整个设计充满了混沌理念。

图9-3　阿根廷科多巴意大利广场

第二节　室内花卉的种类与布置

随着科技的发展和社会的不断进步，室内空间作为人们生活的主体，使得人们对居住、工作等室内环境的设计提出了更高的要求，而且早已从对物质享受的片面追求转向对精神生活的更多关注和需求。室内设计当中的“绿色”概念，是当前国内外各界广泛讨论的热点话题。这主要是由于地球环境与生态问题的急剧恶化，人们越来越认识到我们所生活的环境既要舒适、美观，又要安全、健康的重要性。

绿色设计源于人们对于现代科技文化所引起的环境及生态破坏的反思，是设计伦理的体现和社会责任心的回归。它强调人与自然的生态平衡关系，在设计过程的每一个环节中都要充分考虑环境效益，尽可能减少对环境的破坏。它不仅是一种技术层面的考虑，更重要的是一种观念上的变革。

一定程度上绿色设计也具有理想主义的色彩，因为要达到舒适生活与资源消耗的平衡，以及短期经济利益与长期环保目标的平衡并非易事。这不仅需要设计师有自觉的环保意识，也需要政府从法律、法规方面予以推进。尽管绿色设计并不注重美学表现或狭义的设计语言，但绿色设计强调尽量减少无谓的材料消耗，重视再生材料使用的原则。

一、室内绿化设计的原则

室内绿化主要是解决“人-建筑-环境”之间的关系。在现代室内设计中，室内植物是室内绿化的核心元素。可以说，没有植物就无所谓室内绿化，室内庭院也就失去了意义。

（1）美学原则　美，是室内绿化装饰的基本原则。如果没有美感就根本谈不上装饰。因此，必须依照美学的原理，通过艺术设计，明确主题，合理布局，分清层次，协调形状和色彩，才能收到清新明朗的艺术效果，使绿化布置很自然地与装饰艺术联系在一起。为体现室内绿化装饰的艺术美，必须通过一定的形式，使其体现构图合理、色彩协调，形式和谐。

（2）实用原则　室内绿化设计要根据绿化布置场所的性质和功能要求，从实际出发，做到绿化装饰美学效果与实用效果的高度统一。如书房，是读书和写作的场所，应以摆设清秀典雅的绿色植物为主，以创造一个安宁、优雅、静穆的环境，使人在学习间隙举目张望，让绿色调节视力，消解疲劳，起到镇静悦目的功效，而不宜摆设色彩鲜艳的花卉。而门厅是客人到来时看到的第一个地方，用植物营造一种欢快、热烈的欢迎气氛。

（3）经济原则　室内绿化装饰除要注意美学原则和实用原则外，还要求绿化装饰的方式经济可行，而且能保持长久。设计布置时要根据室内结构、建筑装修和室内配套器物的水平，选配合乎经济水平的档次和格调，使室内“软装修”与“硬装修”相谐调。同时要根据室内环境特点及用途选择相应的室内观叶植物及装饰器物，使装饰效果能保持较长时间。

二、室内花卉的种类

随着生活水平的提高，人们利用绿色植物进行居室绿化及装饰已成为一种时尚。室内花卉，是从众多的花卉中选择出来的，具有很高的观赏价值，比较耐阴而喜温暖，对栽培基质水分变化不过分敏感，适宜在室内环境中较长期摆放的一些花卉。室内花卉分为观根类、观茎类、观果类、观花类和室内观叶植物。以下我们介绍10种常见的花卉、绿叶作为室内设计师设计空间时的参考。

1. 山茶花

山茶花，为我国传统十大名花之一，素有花中珍品之称。枝青叶秀，花色艳丽多彩，花型秀美多样，花姿优雅多态。白山茶色胜玉润赛羊脂，红山茶光增醉酡霞，金茶花是茶花中之珍品，享有“茶族皇后”之美誉。山茶花艳若桃花而不妖，大如牡丹耀眼而生辉，令人赏心悦目，心旷神怡。古往今来为世人所喜爱，为文人墨客所倾倒，也被许多的诗词所赞颂。宋代著名诗人陆游赞美山茶花：“东园三月雨兼风，桃李飘零扫地空。唯有山茶偏耐久，绿丛又放数枝红。”郭沫若先生也曾经写道：“艳说茶花是省花，今来始见满城霞。人人都道牡丹好，我道牡丹不及茶。”

图9-4　山茶花

山茶花为我国原产著名的花卉，常绿灌木或小乔木，栽培历史悠久，盛产于江浙地区，品种繁多，大多在1～4月间开花，花期一个月左右，花色有白、桃红、朱红及红白相间等，花形有多种，有排列整齐的喇叭筒状花朵，有花姿风雅的单瓣花朵，也有花瓣层叠、排列疏松、状似松树果的花朵，还有的像荷花、月季、芙蓉的花形，真是风姿各在，美不胜数。山茶花如图9-4所示。

2. 兰花

中国传统名花中的兰花仅指分布在中国植物中的地生兰，如春兰、惠兰、建兰、墨兰和寒兰等，即通常所指的“中国兰”。这一类兰花与花大色艳的热带兰花大不相同，没有醒目的艳态，没有硕大的花、叶，却具有质朴文静、淡雅高洁的气质，很符合东方人的审美标准。

中国人历来把兰花看做是高洁典雅的象征，并与“梅、竹、菊”并列，合称“四君子”。孔子曾赞誉兰花的品格：“芝兰生于深谷，不以无人而不芳。君子修道立德，不为困穷而改节。”古人赞美兰花也写道：“我爱幽兰异众芳，不将颜色媚春阳。西风寒露深林下，任是无人也自香。”兰花是一种风格独特的花卉，千百年来，中华民族把兰花作为高品格、坚不移的象征。

中国栽培兰花约有两千多年的历史。据载早在春秋末期，越王勾践已在浙江绍兴的诸山种兰。魏晋以后，兰花已用于点缀庭院。古代人们起初是以采集野生兰花为主，至于人工栽培兰花，则从宫廷开始。魏晋以后，兰花从宫廷栽培扩大到士大夫阶层的私家园林，并用来点缀庭园，美化环境。明、清两代，兰艺又进入了昌盛时期。随着兰花品种的不断增加，栽培经验的日益丰富，兰花栽培已成为大众观赏之物。常见的兰花如图9-5所示。

图9-5　兰花

3. 君子兰

君子兰别名剑叶石蒜、大叶石蒜，是石蒜科君子兰属的观赏花卉。原产于南非南部。是多年生草本植物，花期长达30～50天，以冬春为主，元旦至春节前后开花，忌强光，为半阴性植物，喜凉爽，忌高温。生长适温为15～25℃，低于5℃则停止生长。喜肥厚、排水性良好的土壤和湿润的土壤，忌干燥环境。

君子兰花期较长，色泽艳丽，花色多样，具有很高的观赏价值，我国常在温室中盆栽供观赏，深受人们的喜爱。朱德元帅曾写诗赞美君子兰：“越秀公园花木林，百花齐放各争春。唯有兰花香正好，一时名贵五羊城。”君子兰的寿命可达几十年或更长，是目前在室内栽培最普遍的花卉之一。君子兰是长春市的市花。君子兰如图9-6所示。

图9-6 君子兰

4.水仙花

中国水仙原种是唐朝时期从意大利引进的，是法国多花水仙的变种，在中国已有一千多年栽培历史，经上千年的选育而成为世界水仙花中独树一帜的佳品，为中国十大传统名花之一。最早记载水仙传入中国的可靠文献，是唐代段公路《北户录》中的一段文字："孙光宪续注曰，从事江陵日，寄住蕃客穆思密尝遗水仙花数本，摘之水器中，经年不萎。"

明代诗人李东阳曾赞誉水仙花写道："澹墨轻和玉露香，水中仙子素衣裳。风鬟雾鬓无缠束，不是人间富贵妆。"这是赞水仙朴素无华的品行，赞颂水仙高洁的气质，不由得使人如见其美，如闻其香，耐人寻味。水仙花冰清玉洁、绰约丰姿，花芯金黄，宛如酒盏，花开时正是万花纷谢之时，给严冬送来一片春意，传递几分馨香。水仙花如图9-7所示。

图9-7 水仙花

5.郁金香

郁金香原产地中海沿岸及中亚细亚、土耳其等地。由于地中海的气候，形成郁金香适应冬季湿冷和夏季干热的特点，具有夏季休眠、秋冬生根并萌发新芽但不出土，需经冬季低温后第二年2月上旬左右（温度在5℃以上）开始伸展生长形成茎叶，3～4月开花的特性。

矜持端庄的花姿。酒杯状鲜艳夺目的花朵，衬以粉绿色的叶片，郁金香在花的王国里确是独树一帜。在欧美，郁金香被作为凯旋美好的象征。郁金香有一百多个品种，历经数百年的杂交育种，园艺品种已达到一万左右。如今人们仍然十分喜爱郁金香，她似乎已成为欧洲文化的一个象征。目前，郁金香世界各地均有种植，是荷兰、新西兰、伊朗、土耳其、土库曼斯坦等国的国花，被称为世界花后，成为代表时尚和国际化的一个符号。郁金香如图9-8所示。

图9-8 郁金香

6.澳洲鹅掌柴

澳洲鹅掌柴是世界著名的室内观叶植物，原产地为澳大利亚昆士兰，野外可长到12m，盆栽一般为2～3m。对于阳光照射的适应范围广，在全日照、半日照或半阴环境下均能生长。但光照的强弱与叶色有一定关系，光强时叶色趋浅，半阴时叶色浓绿。在明亮的光照下斑叶种的色彩更加鲜艳。如在室内每天4小时左右的直射光即能生长良好。

澳洲鹅掌柴比较喜欢温暖、湿润和半阴环境。澳洲鹅掌柴喜湿怕干，在空气湿度大、土壤水分充足的情况下，茎叶生长茂盛。但水分太多，造成渍水时，也会引起烂根。如盆土缺水或长期时湿时干，会发生落叶现象。澳洲鹅掌柴对于临时干旱和干燥空气有一定适应能力。澳洲鹅掌柴如

图9-9　澳洲鹅掌柴

图9-9所示。

7.金边吊兰

金边吊兰隶属于天门冬科、吊兰属，多年生常绿草本植物。金边吊兰主产北半球温带与寒带，中国吉林、河北、陕西、四川省及华东等地。由于植物生长繁殖能力较强，适合家庭盆养，因此无明显地理分布。

金边吊兰叶片呈宽线形，嫩绿色，着生于短茎上，具有肥大的圆柱状肉质根。总状花序长30～60cm，弯曲下垂，小花白色；顾名思义，金边吊兰的边是金黄色的，非常好看；它常在花茎上生长出数个带根的小植株，十分有趣。它生长很快，栽培非常容易，在较明亮的房间内可常年栽培欣赏。

金边吊兰枝叶青翠，终年常青，柔枝垂挂，幼株繁生，极富生气，宜作盆栽。吊篮吊盆栽培，可置高几花架或柜顶，也可悬挂于窗前厅堂走廊等处。金边吊兰如图9-10所示。

图9-10　金边吊兰

8.五针松

五针松因五叶丛生而得名。五针松品种很多，其中以针叶最短、枝条紧密的大板松最为名贵。目前，五针松盆景已在中国各地普遍栽种。五针松植株较矮，生长缓慢，叶短枝密，姿态高雅，树形优美，适合造型，是制作盆景的上乘树种。五针松姿态端正，是观赏价值很高的树种，既适合庭园点缀布置，又是盆栽或做盆景的重要树种。

放置五针松应选择室内阳光充足、通风排水良好的处所。以高干、合栽的丛林式造型为基调，注重骨架结构，主干取自然直干式，不进行过度弯曲，使自然美和艺术美达到和谐的统一。对枝条的处理和调整，宜作缜密考虑、合理安排，以提高盆景整体美的艺术效果。线条处理应直线与曲线并用、顺势与逆势并用、硬度与弧线并用、长跨度与短跨度并用，讲究节奏布势韵律。

枝条的处理，应由下而上，上部枝条宜短，在观赏的立面上使树冠形成一个不等边的三角形。五针松盆景讲究扎片，一根枝条扎一片，突出主枝，显示错落有致、疏密合度。根是盆景重要的欣赏部分，一般要求盘根错节，或盘如龙爪，或盘根错节。造型时应修剪裸露在土表的纤细散乱根，调整过分盘曲的根，要求根带土隆起，且半露于表土，或穿插于石缝，形成石附，别具神韵。五针松如图9-11所示。

图9-11　五针松

9.棕竹

棕竹，又称为观音竹、筋头竹、棕榈竹，是棕榈科棕竹属常绿观叶植物，主要分布在东南亚和中国的南部及西南部，日本也有分布。棕竹是多年生常绿丛生灌木，茎干直立圆柱形而有节，茎纤细如手指，不分枝，包有褐色网状纤维叶鞘。棕竹具有很好的观赏价值、药用价值、园艺价值和环保价值，其株形紧密秀丽、株丛挺拔、叶形清秀、叶绿色而有光泽，既有热带风韵，又有竹的潇洒，为重要的室内观叶植物。

棕竹属于水性植物，植物高大粗壮，枝叶厚大青绿，具有很大的生旺作用。棕竹株丛挺拔叶形清秀，富有热带的风韵，又具有竹的潇洒，为室内观叶植物中的上品。其栽培品种若为花叶棕竹，棕竹叶片带有乳黄色的条纹，可称为棕竹名贵。棕竹如图9-12所示。

图9-12 棕竹

10. 吊钟海棠

吊钟海棠，别名倒挂金钟、灯笼海棠，原产于秘鲁、智利、阿根廷、玻利维亚、墨西哥等中南美洲国家；如今在中国已广为栽培，尤在北方或在西北、西南高原温室种植生长，已成为重要的室内花卉植物。倒挂金钟花形奇特，极为雅致。盆栽用于装饰阳台、窗台、书房等，也可吊挂于防盗网、支架等处观赏。

吊钟海棠喜凉爽湿润环境，怕高温和强光，忌酷暑闷热及雨淋日晒。应用肥沃、疏松的微酸性土壤栽培，且宜富含腐殖质、排水良好。冬季要求温暖湿润、阳光充足、空气流通；夏季要求干燥、凉爽及半阴条件，并保持一定的空气湿度。夏季温度达30℃时生长极为缓慢，35℃ 时会大批枯萎死亡。冬季温度不低度于5℃，否则容易受冻害。吊钟海棠如图9-13所示。

图9-13 吊钟海棠

11. 龟背竹

龟背竹在欧美、日本常用于盆栽观赏，点缀客室和窗台，较为普遍。南美国家巴西、阿根廷和美洲中部的墨西哥除盆栽以外，常种在长廊架或建筑物旁，让龟背竹蔓生于棚架或贴生于墙壁，成为极好的垂直绿化材料。我国福建、广东、广西、云南等地多栽培于露地，北京、山东、河南、湖北等地多栽于温室。盆栽的龟背竹适于大厅客堂等处，粗茎大叶，显得典雅大方。

龟背竹喜温暖潮湿环境，切忌强光暴晒和干燥，非常耐阴，易生长于肥沃疏松、吸水量大、保水性好的微酸性土壤，以腐叶土或泥炭土最好。夏季需避开强烈的光照，但冬季应光照充足。最适宜生长的温度为15 ～ 20℃，气温超过30℃或低于5℃则生长停滞。龟背竹喜湿润，生长期间需要充足的水分。日常浇水，可每日1次，夏季早、晚各1次，当天气干燥时，更需要向叶面喷水和向养护环境洒水，以保持空气湿润，叶片鲜艳。龟背竹如图9-14所示。

图9-14 龟背竹

12. 文竹

文竹又称云片竹、刺天冬、云竹。文竹是“文雅之竹”的意思。文竹虽然不是竹，但是它的叶片轻柔，常年翠绿，枝干有节外形似竹，但与挺拔的竹子相比，它又凸显出姿态的文雅潇洒。它叶片纤细秀丽，密生如羽毛状，翠云层层，株形优雅，独具风韵，故又有“云竹”之称。

文竹原产于南非，分布于中国中部、西北、黄河、长江

图9-15　文竹

流域及南方各地。其性喜温暖湿润和半阴通风的环境，冬季不耐严寒，不耐干旱，夏季忌阳光直射。文竹姿态优美，枝干细柔，层次分明，高低有序，层层叠叠，轻盈文雅，秀色宜人，是具有极高观赏价值的植物，经过立意构图制成盆景陈设于阳台或室内，更显秀丽宁静，可放置于客厅、书房，在净化空气的同时也增添了书香气息。

文竹性喜温暖湿润和半阴通风的环境，冬季不耐严寒，不耐干旱，不能浇太多水，否则根会腐烂，夏季忌阳光直射。以疏松肥沃、排水良好的富含腐殖质的砂质壤土栽培为好。室温保持在12～18℃之间为宜，超过20℃时要通风散热，生长适宜温度为15～25℃，越冬温度为5℃。文竹如图9-15所示。

13.仙人掌

图9-16　仙人掌

仙人掌是仙人掌属的一种植物。别名仙巴掌、观音掌、霸王、火掌等，为仙人掌科植物。仙人掌为丛生肉质灌木，上部分枝宽倒卵形、倒卵状椭圆形或近圆形；花辐状，花托倒卵形；种子多数扁圆形，边缘稍不规则，无毛，淡黄褐色。仙人掌喜欢强烈光照，耐炎热、干旱、瘠薄，生命力顽强，生长适宜温度为20～30℃。仙人掌主要分布在美国南部及东南部沿海地区、西印度群岛、百慕大群岛和南美洲北部、中国南方及东南亚等热带、亚热带地区的干旱地区。

仙人掌的种类繁多，世界上共有70～110个属，2000余种，具体可以分为团扇仙人掌类、蟹爪仙人掌、叶型森林性仙人掌类、球形仙人掌等。常生长于沙漠等干燥环境中，被称为“沙漠英雄花”，为多肉植物的一类。食用仙人掌含有人体必需的8种氨基酸和多种微量元素，不仅对人体有清热解毒、健胃补脾、清咽润肺、养颜护肤等诸多作用，还对肝癌、糖尿病、支气管炎等病症有明显治疗作用。仙人掌如图9-16所示。

14.橡皮树

图9-17　橡皮树

橡皮树也称为橡胶树、巴西橡胶，为桑科榕属常绿乔木，叶片肥厚宽大，色彩浓绿，顶芽鲜红，托叶裂开后恰似红缨倒垂，颇具风韵。橡皮树主干明显，少分枝，长有气根。单叶互生，叶片长椭圆形，厚革质，亮绿色，侧脉多而平行，幼嫩叶红色，叶柄粗壮；橡皮树观赏价值较高，是著名的盆栽观叶植物，极适合室内美化布置。中小型植株常用来美化客厅、书房；中大型植株适合布置在大型建筑物的门厅两侧及大堂中央，显得雄伟壮观，可体现热带风光。它体型小巧，叶子的颜色青翠欲滴，非常惹人喜爱。

橡皮树原产巴西；现广泛栽培于亚洲热带地区；我国台湾、福建南部、广东、广西、海南和云南南部均有栽培，以海南和云南种植较多。橡皮树性喜高温湿润、阳光充足的环境，橡皮树组织培养对温度、光照条件的要求不太严，一般在自然散射光照射下，幼苗在玻璃瓶内生长很好，最适宜的温度范围在18～28℃。忌较强阳光直接照射，光照过强时会灼伤叶片而出现黄化、焦叶。同时也不宜过阴，否则会引起大量落叶，并使有斑纹的品种的美丽斑块变淡。但不耐寒，越冬温度最好能维持在8℃以上，温度低时会产生大量落叶。耐空气干燥，不适宜黏性土栽培，不耐瘠薄和干旱，喜欢疏松、肥沃和排水良好的微酸性土壤。橡皮树如图9-17所示。

15. 四季秋海棠

四季秋海棠又称为四季海棠、蚬肉海棠，秋海棠属肉质草本。根纤维状；茎直立，肉质，无毛，基部多分枝，多叶。叶卵形或宽卵形，基部略偏斜，边缘有锯齿和睫毛，两面光亮，绿色，但主脉通常微红。四季秋海棠原产巴西，现在我国种植十分广泛。四季秋海棠性喜阳光，稍耐阴，怕寒冷，喜温暖，稍阴湿的环境和湿润的土壤，但怕热及水涝，夏天注意遮荫，通风排水。四季海棠对阳光十分敏感，夏季要调整光照时间，创造适合其生长的环境，要对其进行遮阳处理。室内培养的植株，应放在有散射光且空气流通的地方，晚间需打开窗户，通风换气。

四季秋海棠是秋海棠植物中最常见和栽培最普遍的种类。姿态优美，叶色娇嫩光亮，花朵成簇，四季开放，且稍带清香，为室内外装饰的主要盆花之一。人们将其应用于花坛布置，效果极佳。随着一些相对耐热品种的出现，四季秋海棠在中国很有可能成为最主要的花坛花卉之一，具有株型圆整、花多而密集、极易与其他花坛植物配植、观赏期长等优点，因而越来越受到欢迎。四季秋海棠是一种花叶俱美的花卉。四季秋海棠花期长，花色多且花样丰富，有单瓣和重瓣多种品种，其叶颜色油绿，生机盎然。四季海棠既适用于花坛、街道等室外栽培，又是室内书桌、餐桌和阳台等装饰的佳品。四季秋海棠如图9-18所示。

图9-18　四季秋海棠

16. 中国芦荟

中国芦荟是百合科下的一种多年生肉质草本植物，是库拉索芦荟的变种，又称斑纹芦荟，学术界称之为中国芦荟或华芦荟。芦荟本是热带植物，生性畏寒，但芦荟也是好种易活的植物。芦荟喜欢生长在性能良好、不易板结的疏松土质中，排水透气不良的土质会造成根部呼吸受阻，甚至出现烂根坏死，但过多的砂质土壤往往造成水分和养分的流失，使芦荟生长不良。芦荟最怕寒冷，在温度5℃左右就会停止生长，低于0℃就会出现冻伤或死亡。

中国芦荟叶色翠绿、花色艳丽，是花叶并赏的观赏植物，可点缀书桌、几架及窗台。芦荟可以清除室内的甲醛污染。中国芦荟在美容上的功效，芦荟中的有些成分对皮肤有滋养作用，可加速皮肤的代谢，减少皮肤皱纹的生成，使皮肤光泽丰润，富有弹性。对皮肤粗糙、雀斑、疤疹、痤疮等亦有较好的疗效。芦荟中含有β-胡萝卜素、芦荟素A、芦荟苦素、芦荟大黄素甙、芦荟霉素、芦荟多糖，对肠胃病、肝病、糖尿病、心脏病、高血压病均具有不同程度的疗效。尤其对胃溃疡、消化不良、肺结核等疗效更佳；而对各种灼伤、烫伤和晒伤亦有显著疗效，具有抑制过滤性病毒、霉菌和癌细胞的作用。中国芦荟如图9-19所示。

图9-19　中国芦荟

三、室内花卉的布置

随着人民生活水平的提高，人们利用绿色植物进行居室绿化及装饰已成为一种时尚。美国航空航天局的科学家们发现，常青的观叶植物以及绿色花卉植物中，很多都有消除建筑物内有毒化学物质的作用。室内花卉，是从众多的花卉中选择出来的，具有很高的观赏价值，比较耐阴而喜温暖，对栽培基质水分变化不过分敏感，适宜在室内环境中较长期摆放的一些花卉。室内花卉分为观根类、观茎类、观果类、观花类和室内观叶植物。

根据室内花卉的布置实践经验，室内陈设一般以中型、小型、微型盆景为宜。中式建筑的室内，盆景一般多陈设在厅堂几案、茶几、书桌等家具上，或者摆放在窗前、廊沿或室内的四角，也可摆设专门盆景的案几和高型花架。

西式建筑的室内，盆景一般陈设在沙发几和写字台、五抽橱上，多用小型的盆景，也可在墙角或沙发旁放置高型花架陈设盆景，以悬崖半悬崖的盆景为佳。如有西餐桌，盆景可陈设在桌的两端或中心，视桌子的大小而定。盆景摆设的高度及角度也很重要，同样一盆景，其俯视、平视、仰视的效果会迥然不同。树桩盆景要根据其造型特点和样式来选择放置方式。悬崖式、提根式、垂枝式盆景适宜仰视；直干式、蟠曲式、横枝式、丛林式盆景适宜平视；疏枝式、混接式盆景则适宜俯视。树桩盆景的陈设，还应考虑季节的更迭，如春景清怡含笑，夏景浓郁欲滴，秋景萧疏明丽，冬景黯淡沉毅。

盆景与室内环境的烘托关系很大，在选择盆景的背景色调时，一般应以浅色为佳。背景色调如在浅灰至蔚蓝之间选择比较有诗意，当然，用白色或黄色作为背景色调也未尝不可。盆景作立体画未免含情未露，因此在室内配合国画以及题咏盆景的诗词、楹联、挂景、书法，经题咏者轻轻点出，便能拨开一层雾障，其意境即显豁而深远，如再配以色彩鲜艳的盆花、盆果，便能相互衬托、浑然一体，令整个室内生机盎然，洋溢着大自然的气息。陈设盆景切忌眉目不清，每盆之间应保持一定的距离，做到疏密相间、恰到好处，高低错落、相得益彰。盆架的形状、大小、色泽、质地，应力求和谐统一、相映成趣。

观赏植物能够给室内带来浓厚的生活气息，使人怡情悦目，其基本的形式有盆景、盆栽和瓶插等。盆景艺术贵在自然，小中见大，寓无限于有限之中，盆景的构图要富于变化，使之参差不齐、生动有致，切不可矫揉造作，显露出人工雕琢的痕迹；盆栽是室内装饰性观赏植物，其摆放形式多样，可置于窗台、案头和茶几之上，也可悬挂、缠绕于格架等；瓶插适合插放一些枝茎较长的观赏植物，在插放的过程中，要符合审美的原则。

（一）几种花卉的摆放方式

室内周围环境氛围达到和谐统一，把它们摆放在最适当的位置。要色彩和谐人才能感到舒服，如开红色花的花卉不能放在红色桌子上，也不能紧靠在红棕黑的家具旁，墙壁浅色调的摆放叶色浓绿，花朵艳丽的花卉，能突出花卉的立体感。摆放盆花时要注意有足够的光照及空间，数量不宜太多，不要有拥挤感。室雅何须大，花香不在多，通过巧妙布置，居室一定会变得高雅、温馨，处处充满生机，会让您的生活增添更多情趣。

居室摆放花卉，要主次分明，立足于“巧、少、精”的原则。如房间中央桌面、茶几上，宜摆放增添情趣的花卉；书房写字台，宜摆放略显宁静的小型盆花，如文竹等。摆放高大花卉植株的高度应不超过房子高度的2/3，超过这一高度会使人产生压抑感。只有比例适当、方式正确才能给人以舒适感。根据室内花卉摆设的实践经验，一般可采用点缀式、自然式和悬挂式3种方式。

（1）点缀式　点缀式是把盆花陈设于窗台、书桌、茶几上，如果再配上比较考究的花盆与花瓶更佳。

（2）自然式　自然式是将室外自然景观与室内摆设有机结合，如将金银花、葡萄等藤本花卉摆放于阳台或窗台前，与室外自然景观相融合。

（3）悬挂式　悬挂式则是在书房、走廊等处，悬挂清雅垂吊式盆草花卉等。

若房间较大而且向阳的，可以选择枝叶流畅的金橘、山茶花、海棠花等，将其直接摆放在地上，或置于书架之上。

居室面积的较大的房间，可适当放一些大型盆栽花卉，如橡皮树、龟背竹、苏铁等，使人感到美观大方；若房间面积较小，则室内的花卉宜少，并选用株型小巧玲珑的，如书房内放置1～2盆水仙、仙人球等，卧室以米兰、茉莉点缀。如果墙面及家具的颜色是深色，则宜放置淡色的盆花，配以浅色的花盆，另外可在泥盆外套上合适的紫砂盆或花篮。

盆花生长的姿态和放置的地方要适当，如直立生长的或者植株较高的，宜放置在低处，对一些枝叶悬垂的或扩展性的盆花，则应放置在较高的地方，这样就会产生立体美的感觉。盆花从室外移入室内前，要注意盆土中无害虫，如有可能宜在室外用诱饵引出虫子加以消灭。

（二）不同房间的花卉陈设

1.客厅

客厅主要是接待客人及家庭成员活动的场所，近些年来新建的楼房客厅面积都比较大。客厅应摆放观赏价值高、姿态优美的盆栽花卉或盆景，花色应与家具环境相调和或稍有对比，使人感到朴素、美观、大方。在很大的客厅里，可利用局部空间建造立体花园，突出主体植物、表现主人性格，经济条件允许的话可经常更换盛开的名贵花卉。

客厅面积较大的宜摆放挺拔舒展，风姿绰约，气势大方，造型生动且高大一些的花卉植物，如散尾葵、棕竹、南洋杉、香龙血树、橡皮树、龟背竹、绿巨人、瓜栗（发财树）等，一般选1～2株这种高大的植物。在较小的客厅里，不宜放过多的大中型盆栽植物以免显得拥挤。还可采用吊挂、花篮、壁挂布置，借以装饰客厅的空间。

在沙发两边及墙角处摆放橡皮树、椰子、散尾葵、棕竹、瓜栗（发财树）、香龙血树（巴西木）、波斯顿蕨、肾蕨、彩叶芋、苏铁等，坐在沙发上使人仿佛置身于大自然的怀抱之中。茶几上可适当布置鲜艳的插花。进门两旁的花架上可布置枝叶繁茂下垂的小型盆花。桌子上点缀小型盆景，摆设时不宜置于桌子正中央，以免影响主人与客人的视线。但客厅很大的也可在客厅的茶几上摆放一小盆苏铁，它浓绿的枝叶带有油亮的光泽，挺拔，能营造一种古朴典雅的氛围。如果在一角再配上一盆潇洒的竹类，则会使客厅显得更富有生气，有较强的浓重情趣和诗情画意。

在门厅摆放仙客来，表示喜迎宾客之意；在较宽敞的门厅前可放置两盆观音竹、杜鹃等，使宾客进门就有耳目一新的感觉。

2.卧室

卧室是晚上休息的场所，是温馨的空间。摆放的花卉必须有益健康。要主次分明，立足少而精的原则。一般不悬挂花篮、花盆，以免花盆滴水。可摆放在夜间能吸收二氧化碳的仙人掌科植物，也可摆放无土栽培的洋兰，如蝴蝶兰、大花蕙兰等，还宜摆放略显宁静的小型盆花，如文竹、吉祥草、麦冬等绿叶植物，也可摆放君子兰、观赏凤梨、金橘、桂花、茉莉、满天星、仙客来、袖珍石榴等。它们不但能给人一种青春的活力，而且会使人感到居室内春意盎然、充满生机。当然金橘、桂花、茉莉等花香植物开花时要注意是否过敏。

年轻人的卧室，可放置色彩对比强的鲜切花、盆花。女孩的卧室则可在床头柜上摆放红豆或海棠花。海棠被历代诗人所青睐，我国宋朝大诗人苏轼的“只恐夜深花睡去，故烧高烛照红妆”，便是歌颂海棠的佳句。老年人的卧室可以摆放常春藤、长寿花、仙客来等，使老年人感到精神焕发，不应在窗台上放置大的盆花以免影响室内光线。

春天在居室内摆放几盆以观叶为主的花卉。夏季强烈的阳光使人感到燥热，宜摆放一两盆白色的花卉，绿叶衬托着洁白的花朵，使居室凉意倍增，可以减轻闷热感，使人感到平和。秋季在居室内摆放米黄色的花卉，可使人有雅致、舒畅之感。严冬宜放橙、红色的花卉，给人一种温暖的感觉，而且红色花卉还象征着希望、幸福、爱情与欢乐。

3. 书房

书房是读书、写字、绘图、用电脑的房间，是文雅、静谧和有序的地方。要以文静、秀美、雅致的植物来渲染文化气息。书房中布置的植物应该有益于烘托清静幽雅的气氛。可以选择如梅、兰、竹、菊之类自古以来为人们推崇的名花贵卉，还可选择一些清爽淡雅的植物，以调节神经系统，消除工作和学习产生的疲劳，如文竹、吊兰、棕竹、芦荟、绿萝、常青藤等，或摆放小山石盆景，会给文静的书房增添一份幽雅感，并能缓和视力疲劳和脑神经的紧张。

在书房的写字台上宜摆放文竹，书橱上适合摆放吊兰、常春藤。文竹叶片碧绿，枝叶展开似片片云松，给人一种宁静、雅致之感。吊兰、常春藤的绿色叶片垂挂在书橱前，显得更加婀娜多姿。还可摆放香石竹、茉莉，既可提神健脑，又能增添书房内的幽雅气氛。

4. 厨房

厨房环境应考虑清洁卫生。植物植株也应清洁、无病虫害、无异味。厨房因易产生油烟，摆放的植物还应有较好的抗污染能力，如芦荟、水塔花、肾蕨、万年青等。若选择蔬菜、水果材料作成插花，既与厨房环境相协调，亦别具情趣。

5. 餐厅

餐厅是全家人每天团聚、进餐的重要场所。摆放花卉时要注意色彩的变化与对比，以有助于愉悦心情、增加食欲、活跃气氛为目的。摆放清洁、甜蜜为主题的植物，如棕榈类、巴西铁、凤梨类、瓜栗（发财树）或其他色彩缤纷的大中型盆栽花卉和盆景。摆放金橘、佛手等芸香科植物，它的清香可使人们在进餐时更有食欲。

6. 窗台

（1）适于南窗台摆放的花卉　如果南窗台每天能接受5个小时以上的光照，可摆放月季、杜鹃、茶花、栀子花、茉莉、米兰、天竺葵、仙人掌科植物、君子兰、百子莲、金莲花、鹤望兰、水仙、风信子、香雪兰、郁金香、冬珊瑚等。

（2）适于东、西窗台摆放的花卉　可摆放海芋、仙客来、文竹、天门冬、秋海棠、吊兰、花叶芋、金边六月雪、蟹爪兰等多种植物，盛夏西边的阳光对一些花卉的叶片可能灼伤，应注意喷水或遮阳。

（3）适于北窗台摆放的花卉　可摆放吊兰、棕竹、常春藤、龟背竹、燕子掌、广东万年青、蕨类等植物。一些夏季需休眠的花卉如仙客来、马蹄莲、报春花等。

第三节　室内山石与水体景观

环境，即人的生活空间，人的行为场所，是人类生存发展的首要条件。随着社会的进步，建筑小品应展现时代风貌。人类对环境科学和艺术的掌握程度，是一个民族、一个时代文化发展水平的标志。随着物质文明和精神文明建设的深入发展，环境与艺术之间的相互关系引起各国建筑师、设计师、艺术家的广泛关注，环境艺术的概念应运而生。

环境艺术，一般来说，是指把审美作为环境的主要功能，调动包括自然景观和人文景观在内的一切手段进行整体设计，使人们物质生活和精神生活的时空具有某种独特的意境、韵味或氛围。环境艺术的基本目的是给城市居民提供一个“沙漠绿洲”，使都市居民感觉欢愉。

一、建筑与环境艺术小品

建筑与环境艺术小品是园林景观设计中的重要组成部分，为了使园林整体的艺术性得到提升，提高园林景观的欣赏性，加强建筑小品的设计至关重要。建筑与环境艺术小品也是室内外环境艺术设计中不可缺少的部分，例如亭、榭、廊、雕塑、小桥、坐椅等均可在室内外的装饰设计中采用，不但具有较高的艺术性，而且还具有一定的功能性，为建筑环境的美化和应用起到了一定的作用。

（一）亭榭

1.亭

亭是我国园林中最常见的一种建筑物。无论是在传统的古典园林，还是在新建的公园、风景游览区；无论是在北方的皇家苑囿，还是在南方的私家园林，人们都可看到千姿百态、绚丽多彩的亭子，它与园中其他建筑、山水、植物相结合，装点着园景。

亭的历史悠久。《释名・释宫》中说：“亭者，亦人所停集也。人所止息而去，后人复来，转转相传，无常主也。”这说明，亭原是供旅人村野途中遮荫避雨、稍事停憩的简易建筑。十里长亭，五里短亭是古人送亲友最后饯别的地方。古人诗云：“西陵侠少年，送客短长亭。挽衣共醽东西酒，折柳送行长短亭。”可见，历史上，亭是一种极富感情、极有诗意的建筑。

亭用于园林也是较早的。《大业杂记》中就记载过，隋炀帝在洛阳修建的西苑有逍遥亭。到唐宋，园林中的亭已很普遍，明清时期更加发展。现在，我们在古典园林中看到的各种亭子，许多都是明清时期的遗物。

《园冶》中说：“亭者，停也。所以停憩游行也。”可见，山巅、水际、花间、林下，凡游览路程中可停之处，皆可建亭，且常以亭为题材而成景。亭的占地面积小，最适于点缀园林风景，也容易与园林中各种复杂的地形、地貌相结合，与环境融为一体。在北方的大型的皇家苑囿中，亭子虽不占突出的位置，不能起到控制全园风景的作用，但在一些重要的景点却少不了它。在江南的私家园林中，亭子常常成为组成景观的主体或构图中心。在自然风景区和游览胜地，亭以它自由、灵活、多变的特点，能把大自然点缀得更加引人入胜。

亭子的体形虽小，但其造型却多种多样。从平面形状看，有圆形、方形、长方形、三角形、六角形、八角形、扇面形等。其中有单体的，也有组合式的，例如套方亭、双圆形亭、双六角形亭、圭形亭等。从屋顶的形式看，常见的有攒尖顶和歇山顶。从亭子的立面造形看，有单檐的、重檐的和三重檐的。从亭子的位置看，有山亭、半山亭、桥亭、沿水亭、半亭、廊亭和路亭等。从建亭子的材料来看，中国传统的亭子多是木结构瓦顶，也有木构草顶或全部用石料的。

亭子的柱身部分，大多开敞、通透，置身其间有良好的视野，便于眺望、观赏。柱间下部常设半墙、坐凳或鹅颈椅，供游人坐憩。亭子的上部常悬纤细精巧的挂落，用以装饰。各种亭子的造型和比例与地区的传统、人们的习惯，以及所处的环境有一定的关系。

我国传统的亭子就有南方形式和北方形式之分。南方气候温暖，屋面较轻，各部构件的用料也较纤细，亭子的外形显得活泼、玲珑；北方气候寒冷，亭子顶面较重，构件的用料也相应粗壮，亭子的外形也就显得端庄、稳重。南方形式亭的屋角起翘较高、较陡，显得轻巧雅逸；北方形式亭子的屋角起翘较低而缓，显得舒展持重。南方形式亭的屋面多用小青瓦，北方形式的亭则多用筒瓦，皇家苑囿中还常用琉璃瓦。中式亭子如图9-20所示。

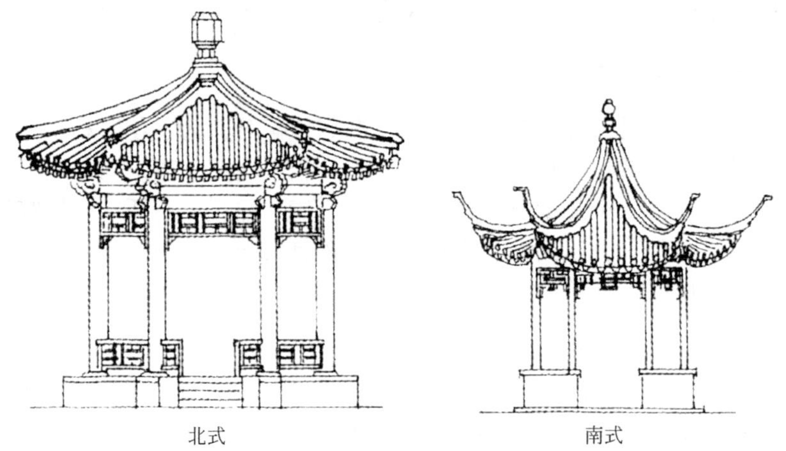

图9-20 中式亭子

2. 榭

榭是一种借助于周围景色而常见的园林休憩建筑，也意为建在高土台或水面（或临水）上的木屋。榭是中国园林建筑中依水架起的观景平台，平台一部分架在岸上，一部分伸入水中。水榭是供游人休息、观赏风景的临水园林建筑。其典型形式是在水边架起平台，平台一部分架在岸上，一部分伸入水中。平台跨水的部分以梁、柱凌空架设于水面上。平台临水部分围绕低平的栏杆，或设鹅颈靠椅供坐憩凭依。平台靠岸部分建有长方形的单位建筑，面水的一侧是主要观景方向，常用落地门窗，开敞通透。既可在室内观景，也可到平台上游憩眺望。水榭的使用功能是使更多的游客在悬挑的平台上饱览水面的风光，而且水榭本身的建筑造型也是空间环境中的一景，与水面连成一体，和水景相映生辉。

（二）雕塑

雕塑，指为美化城市或用于纪念意义而雕刻塑造，具有一定寓意、象征或象形的观赏物和纪念物。雕塑是造型艺术的一种。雕塑又称为雕刻，是雕、刻、塑3种创制方法的总称。是指用各种可塑材料或可雕、可刻的硬质材料，创造出具有一定空间的可视、可触的艺术形象，借以反映社会生活，表达艺术家的审美感受、审美情感、审美理想的艺术。

雕塑是一种相对永久性的艺术，传统的观念认为雕塑是静态的、可视的、可触的三维物体，通过雕塑诉诸视觉的空间形象来反映现实，因而被认为是最典型的造型艺术、静态艺术和空间艺术。随着科学技术的发展和人们观念的改变，在现代艺术中出现了反传统的四维雕塑、五维雕塑、声光雕塑、动态雕塑和软雕塑等。这是由于爱因斯坦的相对论的出现，超出了牛顿学说的范围，改变着人们的时空观，使雕塑艺术从更高的层次上认识和表现世界，突破三维的、视觉的、静态的形式，向多维的时空方面探索。

在建筑装饰的设计中，设计者经常利用雕塑艺术手段来取得整体的艺术效果，为室内外的建筑装饰设计起到一个画龙点睛的作用。常见的雕塑形式有4种：人物雕塑、动物雕塑、抽象性雕塑、冰雪雕塑。现代雕塑作为景观空间中文化与艺术的重要载体，成为景观中的视觉焦点，在环境的视觉中心起到锁定人们视线及思想的目的。

雕塑艺术是一种空间艺术和立体造型艺术，随着现代社会文明的不断进步，它的范围也在不断地进行延伸，是人类物质文明与精神文明共同发展的结果。21世纪各艺术专业学科之间越来越强调融合，雕塑艺术也从简单的造型设计发展到了空间的设计，并且加入了很多环境意识，多种多样的艺术语言使得雕塑建立了新的独立的艺术形式。

现代雕塑是整体环境中的重要组成部分，还和整体环境共同组成艺术作品。设计者在考虑雕塑内容的时候，还要考虑周围环境的因素，与环境中各个元素一起表达特定的空间气氛和意境。现代雕塑还要有人性化的设计内涵，在与人接触十分密切的空间中，雕塑设计要充分考虑人性化和亲切感。在形式上可以采用丰富多样的雕塑语言，形成各种情趣，满足不同层次的人们精神要求和不同环境空间的特质。

二、山石与水体景观设计

水体可以成为室内环境的主景、背景，也可成为空间之间的纽带和分隔物。水池、喷泉、小溪、瀑布等室内水体的形态多变，性格鲜明，能够引人联想，给人留下深刻的印象。自然界中石头的类型很多，性格各异，主要来自形状、质地和纹理。室内环境中设计山石，一方面要选择石头的种类，力求与空间的性质相协调；另一方面摆放位置要进行艺术设计，彰显山石在室内环境中的艺术魅力。山石与水体是相辅相成的，在室内设计中山石的布置多数是与水体结合在一起的。

山与水是园林景观中的主要构成要素，在室内外的建筑装饰设计中，为美化环境的需要，改善室内外的气候条件，在设计中可以适当增加一些山石、水体景观，使环境充满生机和活力，给人以极强的感染力。

水池、喷泉、小溪、瀑布等室内水体往往比室内绿化更吸引人的眼球，主要原因是室内水体的形态多变，性格鲜明，能够引人联想，给人留下深刻的印象。明镜似的水池清澈见底，给人以平和宁静的感觉，蜿蜒的小溪气氛欢快，喷珠吐玉的喷泉千姿百态，奔腾而下的瀑布气势磅礴，都有强烈的感染力。各种水体都有运动感，就连那表面看来静止不动的水池，也能通过反映周围的景物丰富自身的层次，扩大空间感，给人以静中有动的印象。

许多水体流动有声，瀑布的轰鸣、泉水的嘀嗒，可以使人真切地感到水体的存在和运动，使环境更加个性。水体的动态以及它的造型和室内静态空间的硬性线条的对比给室内环境增加了活力和美感。有些水体还与灯光、音响、雕塑相结合，如音乐喷泉、彩光水池为室内环境增添了丰富多彩的景观，彰显了技术、艺术和自然的完美结合。

山石与水体是相辅相成的。“水以石为面”，“水得山而媚”，水体的形态为石材所制约。以池为例，或圆或方，皆因池岸而形成；以小溪为例，或曲或直，亦受堤岸的影响；瀑布的动势与悬崖峭壁有关系；石缝中的泉水正因为有石壁作为背景才显得有情趣。因此，在室内设计中山石的布置多数是与水体结合在一起的。

（一）山石

1.室内山石的类型

（1）假山　在室内垒山，必须以空间高大为条件。室内的假山大都作为背景存在，当假山上有亭有台，人们可以登临时，一定要使登临者有景可望，切忌头顶紧贴天花板，使假山完全失去自然感。室内的假山一定要与绿化配置相结合，只有这样，才有利于远观近看，使假山富有真实感。

（2）石壁　依山的建筑可取石壁为界面，既省工本又显自然，作为游览、娱乐性的场所，还能体现轻松活泼的气氛。砌筑的石壁应当挺直如削，壁面凸凹起伏，如果顶部悬挑，就会更具悬崖峭壁的气势。

（3）石洞　以石洞构成的空间可大可小，其体量应视洞的用途和洞与相邻空间的关系来决定。洞与相邻空间应该若断若续，构成浑然的有机体。把石洞作为冷饮部、茶室或一般的休息场所时，可在其中配置一些石桌和石凳，使整个环境更协调。如果能凿壁成泉，引来一股流水，那就情趣倍增了。

（4）峰石 单独设置的峰石，应选形状、纹理优美者。一般情况下，可按上大下小的原则竖立起来，以便有动势。选择的峰石要严格，湖石比较空透，但过于琐碎；黄石浑厚，但少变化。配置湖石要婉转多姿，但不要流露矫揉造作的痕迹；配置黄石要力求美观耐看，而不失质朴的性格。当同时采用几块峰石垒砌时，也应保持上大下小的态势，要富有动感而不失去平衡和稳定，要浑然一体，不露人工垒砌的缝隙。形态奇特的峰石可以像雕塑那样放置在基座上，也可以与水体、绿化相结合。

（5）散石 大小不等零散布置的散石，经过精心设计、巧妙布置，也能增加内部环境的气氛。散石的配置方式相当多，有的临岸探水，有的浸水半露，有的嵌入土内，有的立于草坪，姿态万千，情趣各异。室内配置散石，力求使观赏价值与使用价值相结合。

2. 山石的设计

山石设计通常是通过合理巧妙的布置，令人耳目一新。山石的布置要点主要包括：造景主题鲜明，建筑物与山石主次分明；讲究虚实相间、疏密有致，追求小中见大、以少胜多；石料之间聚散错落有致、高低起伏；整体布局顾盼呼应、寸石生情。

园林景观中山石的选材随时代的发展而有所不同。古代传统选择的山石材料十分注重奇特性，其特点可以用一个“透”字来形容。到明代末年，著名造园家计成以其多年造园心得，提出了“近无图远”和“是石堪堆，遍山可采”的就地取材思想，注重园林山石取材的地方特色性，打破了过去选择石料的局限性，开拓了掇山取材的新思路。发展到现在，山石的选材更加广泛，既可以选用纹理奇特、方正端正、峭立挺拔、形象奇妙、圆润浑厚等类型的天然石料，又可以把废旧园林中原来使用过的名石、古石等重新加工利用，大大减少了自然资源和成本的浪费，同时，改变了过去各地掇山雷同的情况。

山石的设计首先要符合建筑装饰设计的总体思路。不论山石是在室内或室外，都应该与整体建筑空间与环境相协调，还要注意不要多种石头混用，给人一种整体不够统一的感觉。山石的堆叠造型有多种手法，我国传统园林主要有12种手法，分别是：卧、蹲、跨、悬、挑、飘、眼、担、窝、洞、散、垂、剑，如图9-21所示。在山石的设计中，在借鉴传统手法的同时，还要注意崇尚自然、尊重自然，追求符合现代人的审美情调；在整体造型上，既要符合自然规律，又要高度地艺术概括，满足人们工作、学习、生活、休闲的需要。

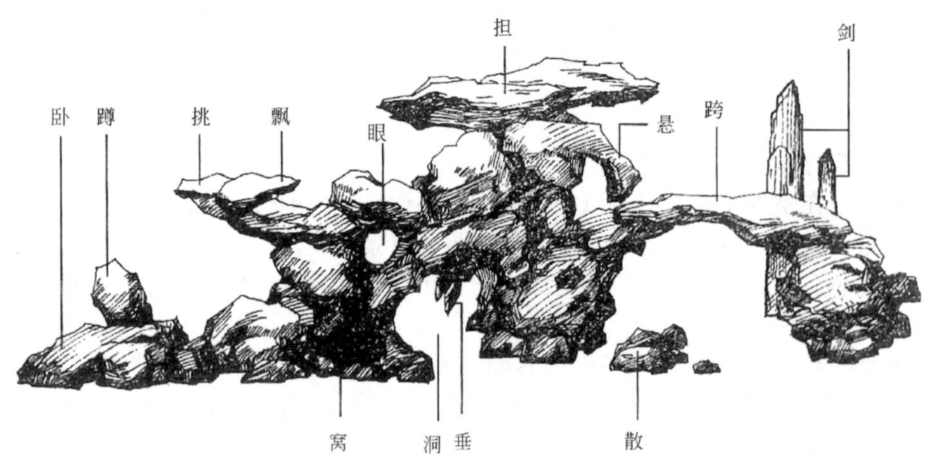

图9-21 山石堆叠造型的常用手法

（二）水体

水是万物的生命源泉之一。古人称水为园林中的“血液”与“灵魂”。古今中外的园林，对于水体的运用非常重视。在各种风格的园林中，水体均有不可替代的作用。早在三千多年前的周代，水就成为园林游乐的内容，在中国传统园林中，几乎是“无园不水”。有了水，园林就更添活泼的生机，也更增加波光粼粼、水影摇曳的形声之美。所以，古今中外的园林，对于水体的运用非常重视。在各种风格的园林中，水体均有不可替代的作用。

1.水体景观

水体景观是指以自然水体为主构成的景观，它有观赏、游乐、康疗、度假等旅游功能。有水则灵是对水景的高度概括。自然界的水有4种基本形式，分别为平静、流动、跌落和喷涌，并由此产生丰富多彩的景观形式。在水体设计中可以以一种形式为主，其他形式为辅，也可以几种形式相结合。

（1）池水　池水是水的平静形态。水面自然，不受重力及压力的影响。

（2）流水　流水是水的流动形态。水体因重力而流动，形成各种溪流、旋涡等。

（3）跌水　跌水是水的跌落形态。水体因重力而产生下跌，高程发生变化，形成各种的瀑布、水帘等。

（4）喷水　喷水是水的喷涌形态。水体因压力而向上喷，形成各种喷泉、涌泉、喷雾等。

随着经济的快速发展和科技的进步，越来越多的设计理念冲击着传统的园林水景设计，喷泉、涌泉、跌水、湖水、池水等各种水景出现在城市的各个角落，人们在欣赏水景的同时，偶尔会感觉这些水景同周围的环境并不是十分协调。在传统的园林建筑中，发现园林水景同周围的环境十分搭配，因此，在进行园林水景设计时，要借鉴传统园林水景设计理念，注重天然水景及人工水景的合理设计，设计出既符合现代审美要求，又带有传统感觉的现代水景。

2.瀑布

瀑布在地质学上称为跌水，即河水在流经断层、凹陷等地区时垂直地从高空跌落的现象。自然瀑布是较大流量的水从山上阶梯而下形成的景观。瀑布按其形状不同，可分为线形瀑布、柱形瀑布、布形瀑布3种形式；按其跌落的形式不同，可分为层瀑、段瀑、悬瀑3种形式。

由于人们对瀑布的不同喜好，水体景观中可以设计出丰富多彩的人工瀑布，例如跌水就是园林水景中常见的呈阶梯式跌落的瀑布。瀑布是指自然形态的落水景观，多与假山、溪流等结合；而跌水是指规则形态的落水景观，多与此同时建筑、景墙、挡土墙等结合。瀑布与跌水都表现了水的坠落之美，不同的形式表达不同的感情。

现代西方的水景设计更强调艺术的魅力，重视人工水体与石材的有机结合，多运用较规则的自然石块来强化瀑布的直落之势，无论从气势还是尺度上都具有很强的亲和力。阶梯式跌落的瀑布如图9-22所示。

图9-22　阶梯式跌落的瀑布

3. 喷泉

喷泉是源于自然界的一种水自然景观。它是将水向上喷射进行水造型的水景，喷泉的水姿丰富多彩，如蜡烛型、蘑菇型、冠型、喇叭花型及喷雾型等。喷泉对所处环境具有多种益处，可以湿润空气、清除尘埃、增添美感，并能产生大量对人体有益的负氧离子，从而起到振奋精神、美化环境的目的。

从不同位置来划分人工喷泉的类型，可以分为水池喷水、旱池喷水、浅池喷水、舞台喷水、盆景喷水、自然喷水、水幕影像7种景观类型。

（1）水池喷水　水池喷水是室内外常见的喷泉形式，主要由水池、管道、喷头、水泵和灯光等组成。

（2）旱池喷水　旱池喷水的喷头等隐藏于地下，适用于让人参与的地方，如广场、游乐场。停喷时是场中一块微凹地坪，缺点是水质易污染。

（3）浅池喷水　浅池喷水的喷头设置于山石、盆栽之间，可以把喷水的全范围做成一个浅水盆，也可以仅在射流落点之处设置几个浅水池。

（4）舞台喷水　舞台喷水主要设置于影剧院、跳舞厅、游乐场等场所，有时作为舞台前景、背景，有时作为表演场所和活动内容，以增添舞台的表演气氛。

（5）盆景喷水　盆景喷水是在盆景中设置的整套一体的小型喷水设施，可以摆放于家居空间或公共空间。

（6）自然喷水　自然喷水喷头置于自然水体之中。如济南大明湖、南京莫愁湖及瑞士日内瓦湖中的百米喷泉。

（7）水幕影像　水幕影像是由喷水组成的大型扇形水幕，在晚上可以借助水幕放映电影，但受风的影响比较大。

人工喷泉近些年发展很快，喷泉技术不断进步。随着喷头设计的改进与创新，新的水姿不断丰富，各种喷水型不但可以单独使用，而且还可以将几种造型组合在一起，形成各式各样美丽的立体水景图案，为室内外景观增添动人的景象。

第十章 建筑室内设计程序与方法

室内设计是根据建筑物的使用性质、所处环境和相应标准，运用物质技术手段和建筑设计原理，创造功能合理、舒适优美、满足人们物质和精神生活需要的室内环境。这一空间环境既具有使用价值，满足相应的功能要求，同时也反映了历史文脉、建筑风格、环境气氛等精神因素。明确地把“创造满足人们物质和精神生活需要的室内环境”作为室内设计的目的，现代室内设计是综合的室内环境设计，它包括视觉环境和工程技术方面的问题，也包括声、光、热等物理环境以及氛围、意境等心理环境和文化内涵。

第一节　建筑室内设计的基本程序

室内设计程序是保证室内设计质量的前提。传统的室内设计服务主要包括初步设计、增项设计、施工图设计等。室内设计的内容不断有新的发展，更重要的是设计服务内容也有了新的发展、新的延伸，从而将设计师的责任归纳为一种综合行为。这种综合服务在包含传统设计服务内容的同时，还延伸到社会新的领域，例如对设计环境及功能的分析、对经营管理行为和营销的策划，以及对业主情况发展的预见与建议等内容。尤其是在设计前期阶段，室内设计师应有相应的项目计划，即进行方案策划，从内容分析到工作计划，形成一个工作内容的总体框架。设计师同时也要注意室内设计中的六大要素，即机能、造型、色彩、风格、光影、材质的运用，了解这些要素将对以后工作展开起到指导性作用。

一、建筑室内设计方案阶段

所谓室内设计方案，是指室内设计工程的整体设计方案，也就是拟建工程整个设计的构思蓝图。要创造优质工程就必须有优秀的设计，而优秀的设计来源于优良的设计方案，由此可见方案设计的重要性。这个阶段要完成工程和方案中的一系列具体问题，绘制初步设计图纸，转化为绘制方案图，进行方案的比较等内容。

方案设计阶段是在设计准备阶段的基础上，进一步收集、分析、运用与设计任务有关的资料和信息，并进行构思立意，进行初步方案设计→深入设计→进行方案的分析与比较→确定初步设计方案→提供设计文件。

（一）常见室内设计风格

从建筑风格衍生出多种室内设计风格，根据设计师和业主审美和爱好的不同，又有各种不同的变化。这里介绍目前较为常见的10种室内设计风格。

1.古典风格（豪华富裕）

在装修刚兴起的年代，装修大多追求的是较为豪华富裕的风格。尤其是在20世纪80年代和90年代初，室内装修往往是炫耀自己身份的一种特殊形式。业主们会要求把各种象征豪华的设计嵌入装修之中，例如彩绘玻璃吊顶、壁炉、装饰面板、装饰木角线等，而且基本上以类似于巴洛克风格结合国内存在的材料为主要装饰方式。

2.朴素风格（随心所欲）

20世纪90年代，在一些地区出现一股家装热。由于受技术和材料所限制，那时还没有真正意义上的设计师来进行家装指导，因此随心所欲就是当时的最大写照。业主们开始追求一种整洁明亮的室内效果，时至今日，这种风格仍然是大多数初次置业者装修的首选。

3.精致风格（高贵庄重）

在经过近10年的摸索，随着国内居民的生活水平的提高、对外开放的增多，人们开始向往和追求高品质的生活。大约是从20世纪90年代中期开始，人们逐渐在装修中使用精致的装饰材料和家具，尤其是在这个时候，国内的设计师步入家装设计行列，从而带来了一种新的装饰理念。

4.自然风格（艺术休闲）

我国20世纪90年代开始的装饰热潮，带给人们众多的装饰观念。市面上大量出现的台湾、香港的装饰杂志让人们大开眼界，以前大家所不敢想像的诸如小花园、文化石装饰墙和雨花石等装饰手法，纷纷出现在现实的设计之中。尤其是大家看惯了红榉大量使用所造成的“全国装修一片黄”的装饰现象之后，亲近自然也就成为了人们所追求的目标之一。

5.轻快风格（豪爽大方）

20世纪90年代中期开始，家居的设计思想得到了很大的解放，人们开始追求各种各样的设计方式，其中现代主义、后现代主义等一系列较为完整的设计体系在室内设计中形成。人们在谈及装修时，这些“主义”频繁地出现。这种风格基本上以樱桃木材作为主要的木工饰面。

6.柔和风格（平稳独立）

在20世纪末21世纪初，一种追求平稳中带点豪华的仿会所式的设计，开始在各式房地产楼盘的样板房和写字楼中出现，继而大量出现在普通的家居装饰之中。这种风格比较强调一种较为简单但又不失内容的装饰形式，逐步形成了以黑胡桃为主要木工装饰面板的风格。其中，简约主义和极简主义开始浮出水面。

7.优雅风格（恬静温柔）

这是出现在20世纪末21世纪初的一种设计风格，它基本上基于以墙纸为主要装饰面材、结合混油的木工做法。这种风格强调比例和色彩的和谐，人们开始会把一堵墙的上部分与天花板同色，而墙面使用一种带有淡淡纹理的墙纸。整个风格显得十分优雅和恬静，不带有一丝的浮躁。

8.都市风格（独立个性）

进入21世纪，由于房屋改革的进行，众多年轻的初次置业者的出现，为这种风格的产生注入了动力。年轻人刚刚买了房子，很多都囊中羞涩，而这个时候的房地产基本上又都是以毛坯房（一种不带基本装修的风格）为主，这些年轻人被迫进行了装修的革命。受财力所限，人们开始通过各种各样的形式来强调已经“装修”的观感，其中大量使用明快的色彩就是一种典型的例子。人们会在家居中大量使用各种各样的色彩，有时候甚至在同一个空间中，使用3种或以上的色彩。

9.清新风格（轻淡写意）

这是一种在简约主义影响下衍生出来的带有“小资”味道的室内设计风格。尤其是随着众多的单身贵族的出现，这种“小资”风格大量地出现在各式的公寓装修之中。由于很多时候，他们的居住者没有诸如老人和小孩之类的成员，所以在装修中不必考虑众多的功能问题。他们往往强调一种随意性和平淡性。轻飘的白色纱帘配着一张柔软的布艺沙发，再堆放各种颜色的抱枕，就形成了一个充满懒洋洋氛围的室内空间。

10.中式风格（清新雅致）

随着众多现代派主义的出现，国内又兴起了一股复古风，那就是中式装饰风格的复兴。国画、书画及明清家具构成了中式设计的最主要元素。但这些复古家私价格不菲，成为爱好者的一大障碍。

（二）制订室内设计方案

1.明确起居室的使用要求

客厅也称为起居室。起居室作为家庭生活和活动的主要区域之一，具有多方面的功能，它既是全家活动、娱乐、休闲、团聚等活动的场所，又是接待客人对外联系交往的社交活动的空间，因此起居室便成为住宅的中心首脑空间和对外的一个窗口。

起居室的摆设、颜色都能反映主人的性格、特点、眼光、个性等。起居室应该具有较大的面积和适宜的尺度，同时，要求有较为充足的采光和合理的照明。根据室内设计的实践经验，起居室的面积一般在20m^{2}左右的相对独立的空间区域是比较理想的。

2.起居室的设计基本原则

沙发和茶几是客厅待客交流及家庭团聚畅叙的物质主体。因此，沙发选择好坏、舒适与否，对待客情绪和气氛都会产生很重要的影响。视听空间是客厅视觉注目的焦点，现代住宅越来越重视视听区域的设计。通常，视听区布置在主座位的迎立面或迎立面的斜角范围内，以便视听区域构成客厅空间的主要目视中心，并烘托出宾主和谐、融洽的气氛。

客厅的设计风格很多，可分为传统和现代两种。传统风格的装饰装修设计主要是在室内布置、线型、色调、家具及陈设的造型等方面吸取传统装饰的“形”、“神”为设计特征。又如现代风格的装饰装修设计以自然流畅的空间感为主题，简洁、实用为原则，使人与空间享尽浑然天成的契合惊喜。

在实用方面，客厅的使用频率高，基本结构如墙壁和天花板必须耐看耐用。除了视觉效果外，触觉效果亦不容忽视，墙面采用不同的材料会表现出截然不同的质感，给人的感受亦有别。天花板与地面是形成空间的两个水平面。天花板在人的上方，对空间的影响要比地面显著，因此天花板处理对整修空间起决定性作用。地面通常是最先引人注意的部分，其色彩、质地和图案能直接影响室内观感。

客厅必须在某种程度上体现主人的个性，好的设计除了顾及用途之外，还要考虑使用者的生活习惯、审美观和文化素养，也可利用盆栽植物来增添自然气息。

3.起居室空间组织和家具布置

起居室的家具应根据该室的活动和功能性质来布置，其中最基本也是最低限度的要求是设计包括茶几在内的一组休息、谈话使用的座位，以及相应的电视、音响、书报、影视资料等设备用品，其他要求就应根据起居室的单一或复杂程度，增添相应的家具设备。整个起居室的家具布置应做到简洁大方，突出以谈话区为中心的重点，这样才能体现出起居室的特点。

现代家具的类型众多，可按照不同风格采用对称形、曲线形或自由组合形进行布置。不论采用何种方式的座位，均应布置得有利于彼此谈话的方便。一般采用谈话者双方正对坐或侧对坐为宜，座位之间距离一般应保持2m左右，这样的距离才能使谈话双方不费力。为了避免对谈话区的各种干扰，室内交通线不应穿过谈话区。

4.起居室界面的处理方法

客厅内的墙面、天花板一般即为建筑围护构件的本身，如砖墙、钢筋混凝土板，目前的装饰都是在此基层上进行。面层常用涂料、乳胶漆等耐磨和易洗的表面，其次就是墙纸，高级的还可用织物覆盖墙面。软木饰面是一种耐用的壁饰，既可保持室内温度，也可以吸声，但价格昂贵。

天花板对房间的温度、声学、照明都有影响，选择时更应当注意，如高天花板显得冷、低天花板显得暖、白色天花板使室内得到更多的反射光、吊顶天棚有利于更好地隔声。此外，天花板由于无遮盖性，可以发挥更好的装饰效果。

地面是为了行走、布置座位和家具，对其处理要考虑安全、安静、防寒及美观等要求，因此，起居空间宜用木地板或地毯等较为亲切的装修材料，有时也可采用硬质的木地和石材相结合的处理办法，组成有各种色彩和图案的区域来限定和美化空间。虽然木地板和软质地面有吸声的功效，具有柔和和温暖的感觉，对兼有视听功能要求的起居室较为有利，但软质地面不易清洁保养。

5.卧室照明的选择与设计

卧室的照明要有利于构成宁静、温柔的气氛，使人感到有一种安全感。卧室的主体照明可选用乳白色的白炽吊灯，安装在卧室的中央，另在床头距离地约1.8m的墙上安装一盏壁灯，如果不安装壁灯，利用床头柜台灯照明也可以。灯具的金属部分不宜有太强的反光，灯光也不必太强，以创造一种平和的气氛。

如果是客厅和卧室兼用的房间，则应装设可供交替使用的灯具，以达到既有装饰性，又能满足不同照明要求的目的。主体照明可参照客厅的标准，在房间中央装设一盏吊灯，作为会客时用，同时还可在墙壁镜框线的上方安装一盏节能的荧光灯，作为日常活动的照明，另外可在一面墙上安装一盏壁灯，以作为局部范围照明之用。

6.卧室灯具装饰应考虑因素

一般来说，单纯的卧室是作为人们睡眠休息的场所，所以安静、舒适、避免耀眼的光线和眼花缭乱的灯具造型，应当是卧室灯具装饰的主旨。卧室灯具的装饰应遵循以下原则。

（1）和谐　一方面是充分调动色彩、形状和明暗等表现手法，以达到实现视觉关系原理的效果，给人以情趣盎然、精神舒畅的感觉；另一方面是各种表现手法的合理搭配，最大限度地反映出居住者个人的文化素质。

（2）节奏　良好的卧室灯具装饰应具有节奏感，一个没有节奏感的卧室灯具装饰必然是呆板的布置，使人看后没有精神舒畅的感觉。

（3）重点　在卧室灯具的布置中，应以突出卧室休息的主要功能为原则，除去卧室中必要的摆设，应尽量少放其他的东西，从美学角度来说，应以光线明暗的表现手段来突出其最需要表现的主体。

7.卧室中陈设品的布置方法

卧室中陈设品主要指室内各界面（地面、墙面、天花板）处理、家具上的装饰以及一些具有实用功能的物品。

对窗帘和床上用品（床单、床罩、枕套、靠垫）强调协调和配套，在色彩和图案上，应以大协调小对比为原则，它是卧室中最重要的陈设品，对卧室的装饰有着较大的影响。在灯具的配置上，一般采用顶灯和床头灯或壁灯相结合的方式，最好有调光的装置。由于卧室的灯光用于睡眠、穿衣、化妆和阅读等不同用途，因而需要不同的照明；在灯具的造型上，强调与卧室的风格相协调。灯光要求亲切、温馨、柔和，以黄色居多。壁饰（画框、雕刻、壁毯、灯画）要少而精，以品质为重，它对卧室空间风格、情调的形成有着画龙点睛的作用。此外，绿化也是卧室中的重要陈设品。

卧室中除了设置休息的床铺，余下的面积往往很有限，室内绿化应以中、小盆栽为主。卧室中一般追求雅洁、宁静、舒适的气氛，可摆放文竹、斑马花、羊齿类植物，这些植物叶片细小，具有柔软感，且散发出香气，能松弛神经。西式的卧室，以观叶植物装饰最为适合，室内有低厨具的，可以在上面放置较小型的观叶植物。

二、建筑室内初步设计阶段

随着当今物质文化及社会文化的进步，人们对建筑装饰及室内设计的要求，不再停留在原始的躲风避雨的要求，现在则更多反映出一个人的品位以及对物质文化的及精神文明的追求。这门学科也渐渐发展成为一门独立的学科，随着社会的进步，建筑室内装饰行业正慢慢地成为支柱。建筑室内初步设计阶段是室内设计中的重要阶段，在整个室内的初步设计中，主要涉及有关资料、构思、草图和设计方案等，包括的内容和方法如下。

（一）资料

在着手进行室内初步设计时，首先应当收集设计中所需要的有关资料，如原始建筑平面图等，这样才能制订出符合工程实际的设计方案。

（1）设计人员根据设计任务书中的有关内容，进行现场勘察，了解环境特点，摸清投资限额，并和业主交换意见，使设计者与投资方达成共识。

（2）广泛收集与本项工程项目有关的工艺技术资料，包括国内外设计构思内容，借以丰富设计者的设计思路。

（3）将收集的各种有关资料进一步具体化，方案设计进一步完善和深化，是从方案设计到施工图设计的过渡阶段。

（二）构思

室内设计师应为本项目设计多种方案来确保工程设计的有序进行，但最初的设计构思将在整个设计过程中起着主导作用，这是一种深思熟虑、创造性的形象思维工作。

首先要有明确的设计意图，即要明白要解决的问题，按照构思程序来说，它是从室内空间的使用要求着手，全面考虑功能、材料、构造、风格及主题。

内视立面图应从图名、比例、视图方向、装饰面，以及所用材料、工艺要求、高度尺寸和相关的安装尺寸等方面识读。具体有以下8个方面。

① 看清图名、比例及视图方向。

② 搞清楚每个立面上有几种不同的装饰面，这些装饰面的造型式样、文字说明、所用材料及施工工艺要求。

③ 弄清地面标高、吊顶顶棚的高度尺寸。装饰立面图一般都以首层室内地面标高为0，并以此为基准来标明其他部位的高度，如装饰吊顶顶棚的高度尺寸、楼层底面高度尺寸、装饰吊顶的叠级造型相互关系尺寸等。高于室内基准点的用正号表示，低于室内基准点的用负号表示。

④ 立面上各种不同材料饰面之间的衔接收口较多，要看清衔接收口的方式、工艺和所

用材料。收口方法的详图，可在立面剖面图或节点详图上找出。

⑤ 弄清装饰结构与建筑结构的衔接，以及装饰结构之间的连接方法。结构间的固定方式应该看明白，以便准备施工时需要的预埋件和紧固件。

⑥ 用中实线和细实线进行主次区别，分别画出各墙面上的正投影图像。若作墙面施工用，只要画出墙面布置的内容；若为表现设计效果，可在各墙面都布置上家具、陈设等装饰性的物品，可能同一物品在图上要出现多次。

⑦ 为区别墙面的位置，在图的两端和墙阴角处的下方要标注与平面图相一致的轴线编号（注意纵横轴线的方位）。对于施工图而言，还要标注有关施工需要的尺寸数据、标高、详图索引符号、引出线上的文字说明、装饰材料的图例等，这些都用细实线表示。

⑧ 图号应明确清楚，应表示出厅、室的具体名称。

（三）草图

草图是室内设计初级阶段中表现构思意图的一种重要手段，它能使设计人员头脑中的构思转变为可见的有形的图样，是艺术创作的一种过程。草图是设计师通过感性的空间概念，依靠坚实的美术绘画和审美能力，加之对空间结构的空间尺度感，用快速、简便的作图方法出具的设计草图。草图简单易看懂，有单色、双色和全彩色几种。

设计也是一个寻求个性的过程，在解决设计问题与创作过程中，设计者经常会主动先提出几个备选方案，考虑几种不同的可能发展方向，然后有针对性、有系统地评估、确定其中一个或多个方案进行继续发展。室内设计师就是在这么多考虑条件下从事创作，运用自己的想象能力、专业知识和经验，发展设计理念，并利用合适的表现手法，各种素描、效果图、图集等，以及可行的材料与施工技术，逐步将脑中抽象的意念想法转化为具体建筑空间的。

① 草图一般用立面体或视图来表达，通常都是徒手画的方法，特别对画立面图最为得心应手。在拟定初步方案中，若用作图法来画透视，需要花费很多时间，而又易错失形象构思的良机，用徒手画透视的方法就可以改变这些弊端，它既能生动又方便地表达出设计意图，还能及时抓住形象构思瞬间，并以敏捷的技法表现。

② 草图可以不受“制图标准”的限制，并且一般不需要按尺寸来画，但是在草图的开始时就要引进尺寸的概念，以便于使草图方案与实际使用尺寸相符合。

③ 练习草图的方法，可以由画直线开始。在画直线时，眼睛不要看着笔尖移动，而应看着直线的终点，这样才能画出平直的线条。先练习画水平线，后画垂直线，进一步再画出斜线、角度和圆。徒手画立体图的主要方法是：依靠判别来确定室内空间各部分在透视图中的关系，作图时先画水平线，同时按设定视线高把基线表示出来，再进一步用徒手画出透视图基本轮廓，然后确定透视长度，判别室内透视度量的比例关系，应借助透视图的等间距越远越短的原则，采用分割和增值的简略图法，控制透视角度并获得良好的作图效果。

（四）方案设计图

初步设计阶段经过了草图设计阶段后，即进入方案设计阶段，也就是绘制正式方案图这一阶段内容，包括绘制地坪平面布置图、天花顶图、各部位墙面剖立面图及透视效果图。

方案设计图不同于草图和施工样图，它是采用三视图和透视图的画法，更确切地从实际尺寸、比例中，按比例把设计方案表达在纸面上的图样。

① 设计图包括按建筑制图“标准”规定的第一角投影法，以室内空间的一个视图形式，用1 ∶ 20或1 ∶ 50等大小比例绘出所设计的三视图，以及按比例绘制室内透视图。

② 平面布置图及天花顶面图是室内设计重要的表达内容，配合以室内各部位墙体立面

设计图，反映了室内空间的全貌特征，因此绘图时应尽可能细致而不遗漏任何设计要求。

③ 透视效果图是室内设计中最重要的图纸，也是最生动活泼、引人注目的图纸，它最能清晰表达出室内设计意图和构思，同时又以独特的直观形象设计语言，宣传其设计的内涵和意境。透视效果图可以用水彩、水粉或墨线淡彩、马克彩色笔绘制及喷笔等多种方法表现。

（五）修复与调整图制

无论是草图还是方案设计图，都仅是方案设计阶段，总要通过不同的途径或方式，经过多次反复研究与讨论，加以修正，才能获得最佳设计方案。

① 对设计方案提出修改意见的可能是设计师本人或业主，所以在初步设计阶段，要以多种方式，加以补充和改进原设计方案，直到这一设计方案达到一个新的、更高的水平。

② 设计方案经过反复与业主探讨修正，最后可能会回到原始方案上，或者对原有方案的修改较大，也有可能修改的效果恰恰相反，所以设计人员对各方面提出的意见要经常加以细致的综合分析，而且不能只设计一部分来研究，要从室内设计的整体去探讨设计方案的改进，以避免造成不良的修改。

③ 方案经过反复的讨论和修改之后，也就是当一个设计方案不会再遇到任何有意义的改进意见时候，设计者有责任做出最终方案的确定。

三、建筑室内施工图阶段

施工图阶段是将要进入装修施工设计时期，主要包括修改和完善初步设计、施工图设计及各相关专业协调工作。室内装饰设计是根据室内的使用性质、环境和相应的标准，运用物质手段和建筑美学原理，给人创造一个合理、舒适、优美，能满足人们物质和精神需要的室内环境。我们通过设计这一手段，使室内空间不仅具有使用价值，能满足相应的功能要求，同时还能表达一种文化、风格、气氛等精神因素。

室内装饰设计是一门多行业多专业交叉的学科，它不仅在于美化室内环境，更在于提高人民的生活质量。今天经济的高速发展、固定资产投入的增加，使室内设计人员有了更加广阔的体现自我价值的舞台，而日趋激烈的市场竞争所引发施工技术的频繁更新和业主素质的提高，都对设计人员提出了更高的要求。室内装饰作为新兴的学科，目前我国室内装饰设计专业的技术规范、行业标准尚不完善，各设计单位都有自己的表达方式。

在实际室内装饰设计中，国内的设计行业普遍存在的设计费用低、设计周期短，极易造成施工图的图纸质量低下，而由于设计人员素质参差不齐，因竞争的原因存在重视效果轻视施工图的思想，校对、审核、审定过程的不完善，均对施工图纸质量造成极大的影响，长此以往，恶性循环，极不利于室内装饰设计行业的发展。

室内装饰设计企业面对广大的业主，沟通首先体现在设计方案的效果，沟通的优劣同时也反映一个设计企业在设计上的实力。施工图设计作为装饰施工的指导和依据，必须做到准确到位。作为室内装饰设计人员，首要任务就是不断提高自己的理解能力和业务水平，树立设计的威信，为更好地将设计方案转化为施工图，设计人员必须思考采用何种材料更经济、何种工艺更利于施工，把握各种尺度以满足业主的使用要求，以较低的工程成本达到较高的艺术效果，满足方案设计的意图。

（一）图面效果规范化

图纸是指导现场施工人员进行操作的主要依据。目前，国家对于室内装饰设计的图例还没有一个规范范本，各地各设计单位都有自己不同的表现方式，而室内装饰行业人员流动性较大，如设计单位没有一套制图标准，就很容易出现一套施工图内出现多种不同符号而表达相同的意思，这样既不利于与业主、施工单位的沟通，也使施工图的图面效果大打折扣。

室内装饰实际上是从建筑中延伸出来的，建筑设计行业已有多年的规范和标准，因此装饰的图例符号应在建筑图例的基础上加以完善，只有具有完善的规范，设计表达才能准确。如根据《房屋建筑制图统一标准》（GB 50001—2017），对图标图框进行设计，线形、字体及比例、剖面符号、索引符号与详图符号、引出线、定位轴线及尺寸标注要求，均按照此标准的规定制订，楼梯、坡道、空洞等的图例可参照《建筑制图标准》（GB 50104—2010）。

（二）材料熟悉与运用

近年来，科学不断进步，技术不断更新，潮流不断变化，装饰行业中的新型材料不断推出，作为时尚的推行者、潮流的引导者，室内装饰设计师必须了解这些材料的物理特性、经济性、使用范围、施工方法，以及如何搭配以达到最好的效果。

（1）材料的物理特性　即材料吸水率、膨胀系数、耐火等级、表观密度、是否环保，环保材料是近年来新兴的材料，国家颁布的《民用建筑工程室内环境污染控制规范》（GB 50325—2010），作为室内装饰设计师应当认真学习，以此为选择材料的标准，选择符合规范要求的材料。了解材料的物理特性，可以对比不同材料的优劣，在工程材料的选用上，能给客户提出合理的建议，而在国家标准《建筑设计防火规范》（GB 50016—2014）、《建筑内部装修设计防火规范》（GB 50222—2017）中，对建筑内各处室内装饰材料的耐火等级有详细的条文，为材料的选择提供了依据。

（2）材料的经济性　建筑装饰材料多种多样，能相互替代的产品很多，而不同的材料必定存在或多或少的差价，大量表面处理工艺的进步，能够使价格便宜的材料取代价格昂贵的材料，设计时就应在保证装饰效果、使用安全的前提下，选择使用施工工艺简单的材料，有效地控制工程的造价。

（3）材料的使用范围　熟悉材料应用于何处，可以有效地控制工程造价，延长成品的使用寿命，达到理想的装饰效果。如白色的石材若用于室外空间，容易出现变色和锈迹；将未进行处理的薄装饰面板用于厨卫空间，则很快就会受潮变形，甚至腐朽损坏。当然材料的运用也不是一成不变的，有时我们也需要扩展思维，创新性运用材料。如外墙涂料本来是用于室外的，它的防水性、耐久性必然优于室内的乳胶漆，因而如果在卫生间内采用外墙涂料，可以营造活泼动感的空间，不必千篇一律地使用瓷砖，这样可以避免瓷砖施工的留缝，使墙面更为简捷，适合用于简约时尚的设计，其投资相当于中档瓷砖的价位。

（4）施工方法　在以往的装饰设计中往往只给出平面图、立面图，具体的施工方法则由施工方自行解决，这种工作方式在装饰行业发展的初期是比较常见的，随着工程监理制度的不断完善、客户素质的逐渐提高，弊端凸现，主要的原因是造成施工无序、成本结算不清，极易造成工程纠纷。装饰设计人员除了要经常深入工地，增加现场施工经验外，还应多看国内外的施工资料，学习和采用先进的施工方法。随着电脑的普及，网络也应当成为装饰行业了解世界的主要手段之一，可以为装饰设计师提供很好的工作平台。

（三）规范的熟悉与运用

装饰工程施工图的设计，首要任务是保证客户使用的安全，其次才是装饰效果，如何才能保证客户的使用安全，国家对建筑装饰设计制定了很多针对不同方面的专业规范，对于一些特殊行业还有专门的专业标准，而每年国家都会对有关规范进行修订和更新。

现行国家标准《建筑设计防火规范》（GB 50016—2014）、《建筑内部装修设计防火规范》

(GB 50222—2017）是涉及人生命安全的规范。建筑内部装修采用的材料范围广、品种多，因此火源接触到的机会也就比较多，从而引起火灾的可能性也比较大。为保证建筑的消防安全，防止和减少建筑火灾的发生，减少火灾的损失，建筑内部装修防火设计应妥善处理装饰效果和使用安全的矛盾，积极采用不可燃材料和难燃材料，尽量避免采用在燃烧时产生大量浓烟和有毒气体的材料，综合做到安全舒适、技术先进、经济合理。

装饰设计师应对现行规范内的条文要求熟知。如规范的数据能迅速查阅；了解建筑物的耐火等级；民用建筑的耐火等级、层数、长度和面积的要求；民用建筑的安全疏散要求；对建筑构造的要求；规范的名词解释；装修材料的分类和分级；单层、多层民用建筑内部各部位装修材料的燃烧性能等级；常用建筑内部装修材料燃烧性能等级划分举例；高层民用建筑内部各部位装修材料的燃烧性能等级；地下民用建筑内部各部位装修材料的燃烧性能等级等。

在室内装饰设计中，经常将壁挂、雕塑、模型及标本作为室内装饰内容之一，为避免这些装饰物引起火灾，公共建筑内不宜采用B3装饰材料制成的壁挂、雕塑、模型及标本，当需要设置时，不应靠近火源或热源。为了确保消火栓在火灾的扑救中充分发挥作用，要求建筑内部消火栓箱的门不应被装饰物遮掩，消火栓四周的装饰材料颜色应与消灭栓门箱的颜色有明显区别。建筑内部装修不应遮挡消防设施和疏散指示标志及出口，并且不应妨碍消防设施和疏散走道的正常使用。建筑室内装饰设计尽量不要改变原建筑设计中功能性房间的面积、位置及功能。

在进行室内装饰设计中还要注意细节的设计，特别是改建工程中，有些工程设计建造的时间较早，有些设计不符合现行规范的要求，应针对这些问题进行整改，不能单纯只考虑装饰效果和投资，忽略细节的设计。

（四）工种之间的协调

建筑室内设计所涉及的工种很多，技术要求各有不同。装饰设计与其他工种配合可归纳为以下几类。建筑结构类；管道设备类：空调、水、电、采暖、消防；艺术饰品类：雕塑、字画、饰品等；园林景观类：植物、绿化布局及采光要求；厨具办公类：家用电气、办公设备。正因为这些因素，要求装饰设计过程中必须要多沟通，多了解，根据上述工种的特点，达到其使用要求，这样才能完善设计。在项目设计特别是大型公用建筑设计的时候，尤其需要大量相互协调的工作，牵涉到业主、施工单位、经营管理方、建筑师、室内设计师、结构、水、电、空调工程师以及供货商，各方需相互协调，充分合作，解决复杂工程中的复杂问题，达到各个方面都能满意的结果。

为能准确地完成设计任务，首先要通读土建施工图，了解建筑门窗的尺寸，以及结构梁柱的尺寸，确认方案设计的可行性，保证主体结构的安全，在此基础上结合甲方对使用、功能的具体要求，对原建筑平面设计进行优化和补充。另外一些旧房改造的装饰工程，常常会遇到砖混结构的建筑，业主按现有的业务要求，设想改变原有的空间，需要拆除承重结构墙体，此时必须经过原土建设计单位或具有相同资质的土建设计单位验算处理后方能进行装饰设计，否则会有严重的安全隐患。框架结构的建筑，非承重墙虽然可以拆除，但需考虑改建后是否符合消防规范的要求。由于建筑承重结构属于不能进行改动的部分，因而室内设计与结构工种主要关系是如何美化或弱化结构梁柱对装饰的影响，使之与整个室内空间和谐、统一。

空调、给排水及消防管道的高度和位置是影响吊顶、墙面造型的重要因素。在施工图的设计开始前，设计师就应仔细研究各种管道的布置和高度，与其余各工种协调，尽量满足装饰工程的要求，对管线进行修改，在平面布置图、天花平面图及立面图初步完成后，对设备工程设计人员提出建议，协商后进行设备工种需改动的部分进行重新设计。但工程的实际情况往往是土建设计由土建专业设计院完成，土建主体竣工前才进行室内装饰设计，协调工作阻力大，联系不密切，造成整改不及时，而设备安装早在装饰工程施工前已开始，装饰效果得不到保证，这就促使室内设计师必须把协调工作做在前期，向业主提出调整原设计的要求，让业主有足够的时间与原土建设计单位协调，保证装饰效果、使用功能，减少业主的损失。

灯光的布置是凸出装饰效果的主要措施，而灯光的布置既要求对电气部分进行重新设计，也要求室内设计师能根据业主投资规模及效果的要求选定相应适用的灯具和光源，这也需要设计师对电气材料的熟悉和运用。在设计和服务的过程中，设计师还必须设计和监督特制陈设品的制作，设计特殊灯具并加以详细说明技术上的要求。为进一步保证设计的质量，室内设计师参与家具陈设品的选购、植物绿化的布局，使其与固定装饰相辅相成，营造良好的空间氛围。

（五）建筑总平面图

建筑总平面图是把新建的建筑物具体落实在基地上，以表现新建的建筑物与外界的关系。在绘制建筑总平面图时，用细而淡的图线表示基地的形状，较深的图线表示新设计的建筑物、道路、场地及绿化等情况，使之新旧有别，突出新的设计意图和效果。作为建筑方案的规划设想，建筑总平面图比施工图要精简得多，经批准的建筑总平面图可作为施工的依据之一。

新建的建筑物在建筑总平面图的落实，通常用定点、定向、定高的“三定”措施进行控制。定点就是确定新建筑物某点与原有建筑物某点或道路某点的纵横相隔尺寸，或者与城市方格网的关系，亦即确定新建筑物的平面坐标位置；定向就是用罗盘仪确定新建筑物的朝向；定高就是确定新建筑物的室内地坪的设计标高与室外自然地坪的绝对标高的相应值。

新建的建筑物一般以粗实线画出其外轮廓线，层数可用点的个数表示。建筑总平面图上所有的标注尺寸和标高都是以m为单位，它不同于建筑平面图。此外，建筑总平面图还要图示风向频率玫瑰图和指北针的指向。

第二节　建筑室内设计的前期准备

室内设计的前期准备工作是指完成室内设计项目的步骤和方法，是保证设计质量的前提。设计的前期准备一定要周全、细致地研究和通盘筹划考虑。只有这样，才有可能取得最佳的效果和最好的效益。

一、设计委托

设计师开始工作的前提是受到委托方的委托，而接到任务后马上就上板出图的情况是极少量的，通常所做的第一件事是研究设计任务书，弄清楚室内设计的内容、条件、标准等重要问题，在有些情况下，由于某些原因设计委托方没有能力提出设计任务书，仅仅只能表达一种设计的意向并附带说明一下自己的经济条件或可能的投资金额。在这种情形之下，室内设计师还要和委托方一起进行可行性研究，拟定一份符合实际情况、双方认可的设计任务书。而拟定的任务则必需和经济上的可行性统一考虑，否则是纸上谈兵而无实际价值的。

设计师研究任务书的目的主要在于两个方面：一是了解使用功能，了解室内设计任务的性质及满足从事某种活动的空间容量；二是结合设计命题来研究所必需的设计条件，搞清所设计的项目要涉及哪些背景，需要哪方面的资料，从而使下面的资料搜集工作有较强的针对性。

二、现场调研

所接到的室内设计任务书可能是尚未动工的建筑，或土建完成但尚未装修的建筑，或建成并使用的建筑。如果是后两类任务，则室内设计师必须亲自到现场对该建筑物进行调研。

在搜集到该建筑物的图纸资料后而进行的现场调研，可增加对委托任务的环境、地形、地貌、性质、风格等方面的感性认识。而无法搜集到该建筑物的图纸时，现场调研可以在感受空间之余而采用测绘的方法进行补测。另外，在可能的条件下应设法与设计该建筑的建筑师进行交流，充分了解原有的设计意图。

三、资料收集

建筑装饰设计收集资料工作，包括意向调查、实地勘察、参考资料收集等工作内容。意向调查是要对建设单位的委托任务进行认真分析；同时还要通过建设单位全面了解建设资金、特殊功能、卫生及消防等多方面的要求。

实地勘察的工作内容包括到工程现场进行考察。具体任务有：了解建筑施工的结构方式、建筑材料的使用情况；水、暖、电、空调设备的管线走向；建筑施工质量的优劣，以及建筑的空间感受等。具体的操作手段有实地测量、数码拍照、数码录像等方式，以备将来装饰工程设计用。

参考资料收集工作主要包括图书资料的收集，如技术参考书、现行规范和标准的收集；同类工程音像资料的收集，如上网查找的相关资料等；工程实景环境的收集，主要包括相关实地的考察等工作。

如果是异地进行设计和施工，装饰工程的设计者还要对工程当地装饰材料、施工条件、施工环境等影响设计的因素加以考察，以便进行设计时参考。

四、制订设计计划

装饰工程设计者在正式进行设计前，要制订出周密的设计计划。设计计划按时间可分为两部分安排。

（1）投标阶段。设计内容可包括方案阶段和初步设计阶段。设计计划可根据建设单位提出的设计招标书的具体要求进行制订。其主要设计内容可以参考设计招标书的具体要求、方案成果来安排。

①方案阶段的时间安排主要依据设计者的设计构思时间而确定，这个阶段的主要工作是：设计者根据设计招标书的具体要求，通过设计构思拟定几个设计方案，经过对有关人员征求意见，最后确定正式投标方案。

②初步设计阶段是方案阶段的继续。在方案阶段确定投标方案后，初步设计阶段的主要工作包括编写设计说明、初步设计图纸的绘制及编制初步设计概算3部分内容。设计完成后，设计成果应通过设计文本、挂图、电子文件等方式参与竞标。

（2）在设计方案被采纳后，设计计划可以根据建设单位提出的设计修改要求和文件（设计委托书或合同书），制订该项建筑装饰设计的完成计划，主要包括施工设计阶段和施工监理阶段。

施工设计阶段包括对实施方案的修改、各专业协调和完成建筑装饰设计施工图3部分内容。首先是要对建设单位提出的建设性意见进行设计修改；其次设计者要与水、电、通风空调等相关专业进行沟通协调，如需要在设计中改动建筑原有的水、电、通风空调等内容时，则需要有关专业绘制施工图纸，这些施工图纸将成为建筑装饰施工图设计的依据；最后完成建筑装饰设计施工图的工作。正式建筑装饰设计施工图一般包括图纸目录、设计说明、各个界面的设计图、有关节点大样细部设计图等。根据正式施工图的设计内容，参照有关建筑装饰预算定额编制工程预算。在装饰工程开工前，在建设单位的组织下，向有关施工单位进行技术交底，说明设计意图、构造做法、材料选择等方面的技术要求。

施工监理阶段是指装饰工程施工的全过程中，设计人员要配合工程施工做好施工监理工作。施工监理的主要内容包括对材料、设备的订货选择，完善施工图中未交代的构造做法，处理与各专业之间未预见的设计冲突等问题，以及施工结束后要绘制竣工图等工作。

第三节　建筑室内设计的基本要点

自从人类有了建筑活动，室内就是人们生活的主要场所，并开始对室内环境有所要求。随着社会的进步和发展，室内环境的要求也在不断更新发展与不断丰富多彩。室内设计的任务就是综合运用技术手段，考虑周围环境因素的作用，充分利用有利条件，积极发挥创作思维，创造一个既符合生产和生活物质功能要求，又符合人们生理、心理要求的室内环境。

建筑室内装饰设计作为土建工程的继续，现在越来越受到人们的重视，也为社会的发展做出了巨大的贡献。建筑装饰设计人员在设计中，不但要考虑每一个设计是为美化建筑的空间，是对业主的负责，也是对自己的挑战；还要认识到每一个设计是对社会应承担的责任，是为社会文明进步做出的贡献。因此，在建筑装饰设计中，在考虑设计基本原则、建筑美学法则和使用功能设计的同时，还要考虑一些更深层次的问题，如可持续发展意识设计、科技意识设计等社会发展问题。

一、室内装饰设计的基本原则

1. 室内装饰设计要满足现代技术要求

建筑空间的创新和结构造型的创新有着密切的联系，二者应取得协调，充分考虑结构造型中美的形象，把艺术和技术融合在一起。这就要求室内设计者必须具备必要的结构类型知识，熟悉和掌握结构体系的性能、特点。现代室内装饰设计，属于现代科学技术的范畴，要使室内设计更好地满足精神功能的要求，就必须最大限度地利用现代科学技术的最新成果。

2. 室内装饰设计要符合地区特点与民族风格要求

由于人们所处的地区、地理气候条件的差异，各民族生活习惯与文化传统的不同，在建筑风格上确实存在着很大的差别。我国是多民族的国家，各个民族的地区特点、民族性格、风俗习惯以及文化素养等因素的差异，使室内装饰设计也有所不同。设计中要有各自不同的风格和特点。要体现民族和地区特点以唤起人们的民族自尊心和自信心。

3. 室内装饰设计要满足使用功能要求

室内设计是以创造良好的室内空间环境为宗旨，把满足人们在室内进行生产、生活、工作、休息的要求置于首位，所以在室内设计时要充分考虑使用功能要求，使室内环境合理化、舒适化、科学化；要考虑人们的活动规律处理好空间关系，空间尺寸，空间比例；合理配置陈设与家具，妥善解决室内通风，采光与照明，注意室内色调的总体效果。

4. 室内装饰设计要满足精神功能要求

室内设计在考虑使用功能要求的同时，还必须考虑精神功能的要求（视觉反映心理感受、艺术感染等）。室内设计的精神就是要影响人们的情感，乃至影响人们的意志和行动，所以要研究人们的认识特征和规律；研究人的情感与意志；研究人和环境的相互作用。设计者要运用各种理论和手段去冲击影响人的情感，使其升华达到预期的设计效果。室内环境如能突出地表明某种构思和意境，那么它将会产生强烈的艺术感染力，更好地发挥其在精神功能方面的作用。

二、建筑美学法则

建筑美学是艺术美学和建筑学的重要分支，是建立在建筑学和美学的基础上，研究建筑领域里的美和审美问题的一门新兴学科。建筑美学具有两重属性，即科学性和人文性。在建筑语汇中，其主要表述的含义都树立在建筑空间系统当中。所以，建筑美学价值具有一定的独特性，这体现在建筑技术的美学价值和功能方面，也是其余艺术形式不具备的特点。建筑美学价值也和其余艺术有着一定的共性，拥有多元化人文特色，这也就是建筑的艺术性原则以及美观适用的原则。

虽然建筑伴随人类走过了漫长的道路，但建筑美学的出现却是 20 世纪的事情。英国美学家罗杰斯・思克拉顿运用美学理论，从审美的角度论述了建筑具有实用性、地区性、技术性、总效性、公共性等基本特征，可以看成是建筑美学的创始人。美国现代建筑学家托伯特・哈姆林，提出了现代建筑技术美的十大法则，即统一、均衡、比例、尺度、韵律、布局中的序列、规则的和不规则的序列设计、性格、风格、色彩，比较全面地概括了建筑美学的基本内容。

（一）统一

一件艺术作品若在整体上杂乱无章，内容上相互冲突，严格地讲也根本称不上艺术作品。建筑艺术也符合艺术的一般规律，在设计创作上要解决好复杂空间设计中的多样性的问题，将最繁杂的室内空间、室内陈设等元素高度统一起来，形成完整的设计语言，达到装饰设计艺术的最高境界。将设计思想、设计元素统一起来，可以采用以下方法来完成。

1. 几何形体的统一

简单的、容易认识的几何形体，如球体、正方体、圆柱体、长方体等本身都具有一种必然的统一性，给人以肯定、明确和统一的感觉。在建筑中最主要、最简单的一类统一，称为简单几何形体的统一。埃及的金字塔之所以具有震撼人的魅力，古罗马大角斗场留给后人的叹为观止，都会使人感受到积聚在简单几何形体中的统一感。简单的几何形体如图 10-1 所示。

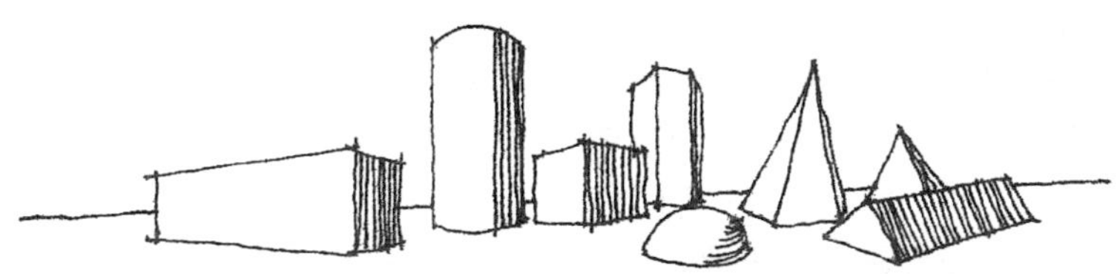

图 10-1　简单的几何形体

2. 协调手法

将一座建筑物的各部分在形状、尺度、比例、色彩、质感和细部都采用协调处理的手法也可求得统一感。在实际的装饰工程设计中，运用最多的是形状和色彩的协调。

（1）形状的协调　以形状的协调求统一的形式运用的案例很多。如很多欧洲小城市建筑风格相近，建筑物的基本形状有协调感，使许多城市的面貌统一感很强，至今还令人神往。在单体建筑中，利用建筑本身的窗户、门、楼梯等基本构件的几何形状，作为其他元素设计中的参考形状，同样有助于使建筑物得到较好的统一感。形状与尺寸的协调可以贯彻到建筑物最小的细部中去，这也是使建筑物内外变成同一构图中完整整体最可靠的方法之一。罗马圣·彼得大教堂的内部，几乎综合运用了所有的方法，例如形式相似的拱、小拱对大拱的从属关系，内部各容量对中央穹顶的从属关系，使得统一的效果达到了令人惊叹的地步。

（2）色彩的协调　色彩的协调也是获得建筑内外空间统一的选择之一。在这方面，建筑有得天独厚的优势。因为正确地选择建筑材料可以获得主导色彩，而且这常常是得到统一和协调的唯一方法。在成功的实例中，一般用一种色彩或一种材料牢牢占据主导地位，对比的色彩或材料仅仅用来加以重点点缀。

3.主从关系

复杂体量的建筑在外形设计中，应恰当地处理好主要与从属、重点与一般的关系，使建筑形成主从分明，以次衬主，以取得完整统一的效果。主从关系求统一的处理方法主要有以下3种。

① 运用轴线的处理突出主体。在建筑中运用对称的手法，可以创造一个完整统一的外观形象。

② 以低衬高来突出主体。在建筑外形设计中，充分利用建筑功能要求上所形成的高低不同，采取以低衬高，以高控制整体的处理手法是取得完整统一的有效措施。

③ 利用形象变化突出主体。在建筑造型上运用圆形、折线形或比较复杂的轮廓线都可取得突出主体、控制全局的效果。

（二）均衡

均衡是任何观赏对象中都存在的特性，是建筑物中最重要的特性。具有良好均衡性的艺术品，必须在均衡中心上予以某种强调，如果在两端强有力地标上某种封闭的母题，即是中间的均衡中心不加标定，均衡也是可以感到的。

1.最简单的均衡——对称

对于复杂的对称建筑，对均衡中心的强调往往是外观设计中颇费周折的事，许多成功的建筑设计，还能以一个自然的进程来启发观者，引导他们自然而然地绕向设置主要入口中，把均衡非常明确地点出来。

2.非规则式的均衡

当均衡中心的每一边在形式上虽不等同，但在美学意义方面却拥有某种等同时，不规则的均衡问题出现了。在非规则式均衡中，首要原则是要比对称的构图更需要强调均衡中心，尤其对一些复杂的构图，只有在均衡中心多下工夫，才能使得画面稳定，层次分明。在室内的装饰设计中，设计者常常利用均衡中心把人们的脚步引向某一个方向。如果设计得当，实际中就可以少用导向标志。如美国华盛顿的林肯纪念堂，巨大而感人的效果是通过林肯巨像的布置和横向均衡关系的微妙处理取得的。

这里，杠杆平衡原理就显得很重要，一个远离平衡中心、意义上较为次要的小物体，可以用靠近均衡中心、意义上较为重要的大物体来加以平衡。在这种构图中，均衡中心作为视觉中心有吸引人的作用，尤其在许多弯曲或曲折轴线的不规则平面中能够得以体现。

（三）比例

比例是建筑艺术中很重要的因素。在建筑装饰的设计中，设计者不但要研究建筑自身的比例问题，还要在室内空间与家具陈设之间的比例关系上加以推敲。只有完善各个物体之间的比例关系，才能唤起人们的美感，达到设计取悦于人，以人为本的目的。

室内空间由不同的界面组成，设计者在设计中首先要和各个界面进行接触，界面的几何形状及其比例关系则是设计的关键所在。通过总结设计实践可以发现，正方形不论形状大小如何，它的周边“比率”永远等于1；圆形则无论大小它的圆周率永远是3.14。而长方形则不同，它的周边可以有各种不同的“比率”关系，何种长方形比例关系美观，各个设计师都有不同的答案。

在17世纪，法国皇家建筑学院教授布龙台认为：建筑上整体的美观来自绝对的、简单的、可以认识的数字上的比例。如1 ∶ 1、1 ∶ 2、2 ∶ 3、3 ∶ 4、4 ∶ 5等，而复杂的比例关系则不起作用，甚至是丑陋的。他的理论可以在文艺复兴时期的建筑上得到验证。

另一种观点则认为比例的美感来自于比率是无公约数的，甚至只能通过图解法来获得。如常提到的黄金比和黄金分割就属此例，黄金值、黄金比及黄金分割均指满足一定需要的一种比例关系，即将一根线分成不等长的两段，短的一段与长的一段之比，等于长段与整根线长度之比，也就是0.618/1=1/1.618，表达成无理数为0.618。

建筑大师勒·柯布西耶对建筑设计中的比例有着独特的见解，他非常喜欢用图解法设计建筑立面。如运用等比率的矩形，使所有的矩形有一条共同的对角线。在建筑设计中，使用对角线平行和垂直来划分建筑立面，如图10-2所示，可以使门窗等建筑构件的比例协调。在他的图解法中整体建筑可从一个基准角出发，做出对角线和对角线的垂线，有时可以发展出一系列的“指导线”规则，勒·柯布西耶在不同的建筑上广泛地运用了这个体系，如图10-3所示。

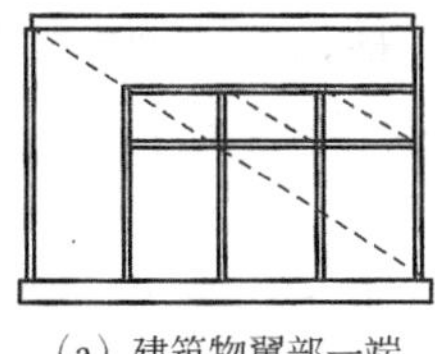

（a）建筑物翼部一端　　（b）一个立面的分段

图10-2　对角线平行和垂直的应用

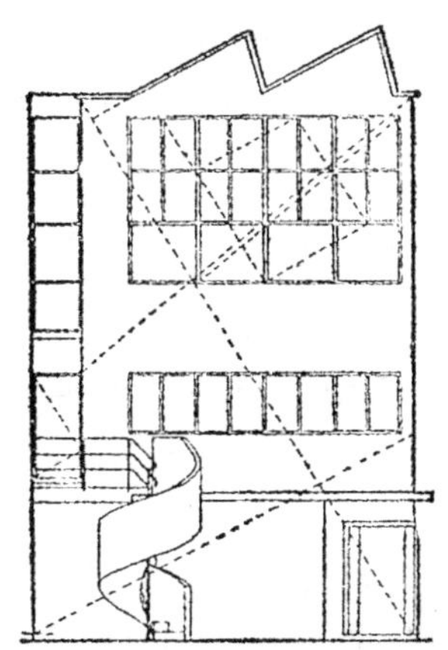

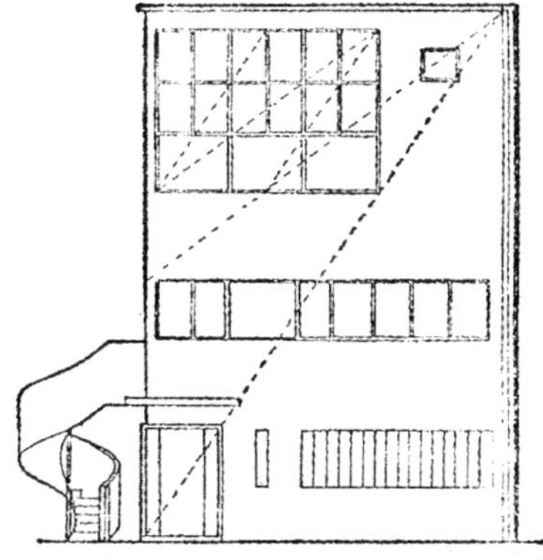

图10-3　对“指导线”的应用

勒·柯布西耶还提出了一个由人的三个基本尺寸，借助于黄金分割而引伸出来的一些要素所形成的体系。三个基本尺寸是自地面到人的脐部的高度、到头顶的高度和到手指端的高度。在这个人体比例中有着非常神奇的比例关系，勒·柯布西耶在建筑设计中，使用人体比

图10-4　亲切的尺度营造私人的空间

例来决定建筑设计的一些空间与界面的比例关系。

（四）尺度

尺度是和比例密切相关的另一个建筑特性。一般来说，尺度可以分为3种类型：自然的尺度、超人的尺度和亲切的尺度。

第一种是自然的尺度，是设计者让建筑空间表现它本身自然的尺寸，使观者就个人对建筑的关系而言，能度量出他本身正常的存在。这种尺度在住宅、商业建筑等建筑的室内外空间中都能找到。第二种是超人的尺度，设计者力求把这种建筑各个尺度尽可能地做大，使人们在接近这种建筑时感到一种不同寻常的震撼，这种尺度在教堂、纪念建筑、政府建筑中可以看到。第三种是亲切的尺度，设计者把建筑空间做得比它的实际尺寸明显地小些，如在有些餐饮空间里，大而高的空间不会得到就餐者的认可，设计者更愿意营造一种非正规的和私人的空间。亲切的尺度营造私人的空间如图10-4所示。

在建筑装饰的设计中，设计者可以通过以下方法来表达尺度概念这一建筑特性。

① 把某个单位引到设计中去，使之产生尺度。这个单位是容易识别的，如人、植物等，与建筑整体相比，如果这个单位看起来比较小，建筑就会显得比较大；若是看起来比较大，建筑就会显得比较小。

② 在一个建筑中，与个人的活动和身体的功能最密切、最直接接触的部件是建立建筑尺寸最好的选择，如台阶、门窗等。

③ 在建筑空间的尺度设计中，还要遵循这样一个原则，那就是任何单体建筑中，一定要做到尺度的协调。设计者要在设计中自始至终地使用同样的尺度类型完成设计。当然不同空间的尺寸关系是多种多样的，不要简单地认为每个私密空间和公共空间也要尺度一致。成功的设计往往是每个空间都有自己的尺度，在复杂的建筑空间中能够找到一种真实的、自然的协调。

（五）韵律

在建筑装饰工程设计中，韵律是指由设计元素引起系统重复的一种属性。这些设计元素可以是建筑形体、色彩、光线与阴影、支柱、洞口等，在一些优秀的设计作品中，韵律关系的协调会给人们带来强烈的视觉感受。

连续韵律是由一个或几个单位组成的，并按一定距离连续重复排列而取得的韵律。首先有形状的重复，其间距可略有改变而不破坏韵律的特点；第二是尺寸的重复，间距尺寸相等，单元可以变化大小或形状，而韵律依然存在。

渐变韵律是在连续韵律的排列中将某种设计元素的韵律做递增或递减的变化，所产生的韵律系列，称渐变韵律。这种韵律效果有着一种由小到大或由大到小的有力运动感。斯多潘尼·维多尼府邸正是运用了这种渐变韵律，如图10-5所示。

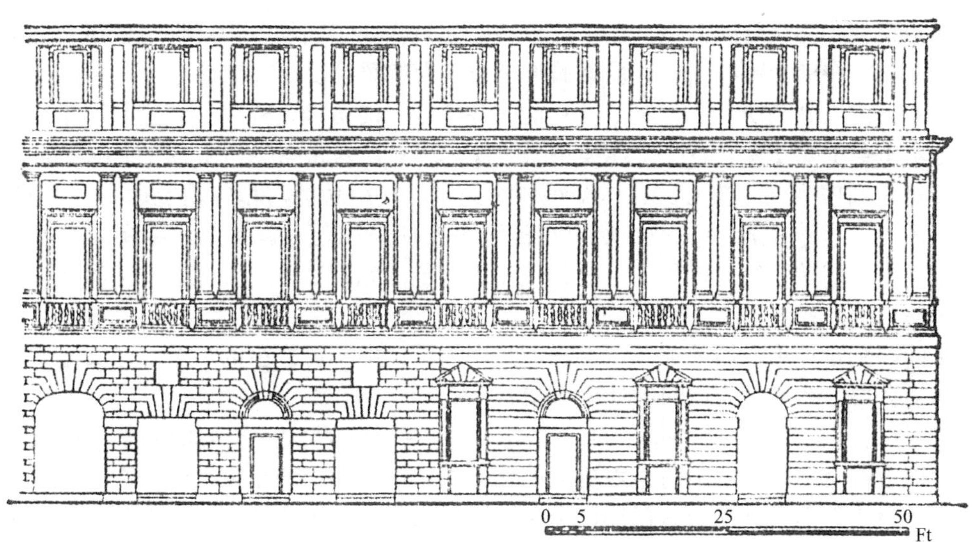

图10-5 斯多潘尼·维多尼府邸的渐变韵律应用

交错韵律是几种设计元素有规律地穿插排列而形成的韵律形式，这种韵律效果从整体空间上有着连续韵律的特点，但又有着丰富多彩的变化。

（六）室内空间的序列设计

所谓室内空间的序列，是指室内空间环境中先后活动的顺序关系。室内空间布局的序列包括各个空间顺序、流线及方向等因素，每个因素的组合都必须根据室内空间中实用功能和审美功能的要求精心地设计。在室内设计中，合乎逻辑的空间序列是一个连续和谐的整体，它能引导观者的步履，从一个空间有条不紊地进入另一个空间，提示观者先看什么，再看什么。不同的室内空间序列给人以不同的印象，或令人震撼，或轻松愉悦，或庄严肃穆。一个逻辑混乱、杂乱无章的空间布局，不但不能指示观者前进的方向和给人以空间美的享受，而且可能导致观者陷入“迷宫”，令人迷惑不解，晕头转向，烦躁不安。因此，室内空间的序列设计是建筑设计师和室内设计师必须研究的重要课题。

任何一个成功的建筑装饰设计作品，都可以给人一种独特的、赏心悦目的、连续不断的审美感受，让每一位观者都能按照设计好的空间序列有条不紊地进行浏览和穿行。室内空间的序列设计就是要将不同使用功能的空间，按照一定的使用要求，结合人们的审美观念，对不同空间进行组合。由于人们要用一定的时间来品味设计，所以作为空间艺术的建筑装饰设计，同样也是一种时间艺术；设计艺术存在于空间中，也存在于时间中。人们只有在室内空间内反复浏览，不断进行感悟，在不同的时间、不同的角度里欣赏不同的空间艺术，才能真正体会到设计的内涵。所以，也有人将建筑空间称为含有时间因素的四维空间艺术。

良好的建筑空间序列设计，宛似一部完整的乐章、动人的诗篇。空间序列的不同阶段和写文章一样，有起、承、转、合；和乐曲一样，有主题，有起伏，有高潮，有结束；也和剧作一样，有主角和配角，有矛盾双方的对立面，也有中间人物。通过建筑空间的连续性和整体性给人以强烈的印象、深刻的记忆和美的享受。但是良好的序列章法还是要靠通过每个局部空间的装修、色彩、陈设、照明等一系列艺术手段的创造来实现。因此，室内空间序列的设计手法是非常重要的。

在进行室内空间的序列设计时，按照一般的艺术规律可将空间序列划分为序幕、展开、高潮、结尾4部分。

序幕是空间序列设计的开端。它一般设计在建筑室内空间的入口附件，使用功能上要起到引导和过渡的作用：审美上要有足够的吸引力，为后面的设计做铺垫。

展开是为进入高潮所做的伏笔。在功能上各个空间的协调、衔接，使空间产生连续的节奏感；艺术审美上要使观者有一个连续不断的视觉感受，为高潮序列扣下一个良好的伏笔。

高潮是空间序列设计核心。在这个重要空间里，使用功能与精神功能达到完美的境界。所有的艺术伏笔都在高潮中绽放，所以说高潮主要体现在艺术审美上，结尾是空间序列设计的结束。由高潮转入结尾过程中，要体现使用功能的完整性，还要在艺术上给观者一个回味，一个追思的余音。

在空间序列设计中运用具体艺术手法，是序列设计中不可缺少的环节。尤其是设计伏笔的手法更为重要，在这里简述两种处理手法。

① 充分利用观者的期待心情，设计者可利用一系列形状大致相同的元素所组成的渐变序列，使观者在渐变的心情中盼望着更大的元素的出现。如当一个人经过一个小门后，再进入一个尺寸也小但门略高的一些门厅，再从这里进入一些更大些的厅堂，这就形成要求前面出现更大空间的期望。

② 使用一系列强有力的元素符号，尤其是一些建筑结构元景，其自身的连续韵律会使观者对前面有一种强烈的期望，而且韵律越长，期望值也越高，由此引起高潮的出现。

三、使用功能设计

设计要以人为本，这是建筑装饰设计要遵循的最根本原则。进入新时期后，建筑装饰设计正在逐渐受到更多关注，而与之有关的装饰设计手段也实现了突显的转变。作为设计人员，建筑装饰如果要达到最佳的装饰设计程度，则有必要将以人为本的宗旨与思路全面渗透于装饰设计。

与传统模式对比可知，基于以人为本的全新设计思路，体现为物质使用和精神享受的建筑装饰效果。因此在现阶段的有关实践中，设计人员应当能够全面明晰建筑装饰设计的总体设计理念，确保将以人为本作为装饰设计的核心目标。

（一）使用功能的布局设计

在着手进行室内建筑装饰设计时，首先要确定室内的空间性质，为室内设计的深化打下一个良好的基础；其次要划分功能分析图，为动线分析做好准备；再次要画出动线分析图，为平面布置做好准备；最后要布置室内平面布置图。

1.室内空间性质

室内空间性质由空间内主要使用功能确定。例如餐厅等，但定义到餐厅是远远不够的，因为餐厅有很多的种类，如中式餐厅、日式餐厅、韩式餐厅、西餐厅、自助餐厅、快餐厅等。只有明确了空间的使用性质，才能细化餐厅的就餐形式、包房数量、环境设置、厨房位置等内部功能。

2.功能分析图

划分功能分析图，可以明确室内空间的基本内容，完善室内空间的设计思路，为下一步的动线分析做好准备工作。

3.动线分析图

室内动线分析也可称为室内流线分析，主要反映人们在室内的流动规律，它是室内设计中的一个不可缺少的重要步骤。人们对流线的概念可能还不太熟悉，其实这是在平面布局设计中经常要用到的一个基本概念。它根据人的行为方式把一定的空间组织起来，通过流线设计分割空间，从而达到划分不同功能区域的目的。

在室内装饰设计中，通过室内动线分析应当达到以下几个目的：① 了解人们在今后使用中的活动规律，包括外来人员、内部人员的流量、方向等内容；② 了解各种物质的流动规律，主要包括各种物质的流量、方向、重量等内容；③ 了解各种活动因素在不同时间内的互动、交叉关系。

4.室内平面布置图

在完成动线分析之后，就可以依据使用功能提供的动线分析内容，完善室内平面布置图。设计者可以设想不同的动态路线，并以此勾画出多种室内空间的平面布置图，经过最后的筛选比较，选出最佳室内平面布置方案。

（二）使用功能的细部设计

一个好的建筑室内装饰设计应该是经得起推敲的，往往许多细部的东西越推敲越耐人寻味，越会引起建筑师和设计师的思考。因此重视建筑装饰细部设计是确保创造高质量建筑作品的重中之重。相对于建筑装饰设计中的方案设计和整体思考，建筑装饰细部只是看似不起眼的一个小部分，甚至只是某个节点的作法，但正是这些细部，在很多方面却具有非常重要的意义。整体的美妙来自局部的精彩，细部作为一种建筑符号既有其功能作用，又具有象征意义，是人内心世界的生动反映。

建筑装饰本身追求一种非凡的趣味和浪漫的生活情调，细部变化在点滴之中体现对人的关怀。好的方案构想只有落实到精准的细部设计中才能构成一个出色的建筑。如果说空间是建筑的灵魂，那么细部就是灵魂的眼睛，通过灵魂的眼睛与建筑对话。在建筑细部设计中，功能性是细部设计应该引起重视的一个主要方面，而细部设计与使用功能的充分结合也是建筑装饰设计的原则之一。

现代室内使用功能的细部设计，需要设计者结合人体工程学、环境心理学、建筑美学等方面的内容，这样才能深入了解人们的生理、心理、行为等要求，并将这种感受在室内装饰设计中体现出来。如楼梯踏步的高度一般在150 ～ 180 mm，但考虑到使用对象的不同，幼儿园使用的楼梯踏步高度只能在120 mm左右，在商场酒店的楼梯踏步也最好不要超过160mm，否则疲劳的人们就会望楼却步。

装饰设计师在设计宾馆大堂中的堂吧时，经常会做一定的起台设计，并常采用不同的地面材料铺设，这样就会起到以下的功能作用：第一是在大空间中限定了较为独立的小空间；第二是堂吧中的人们能与外界用视线进行交流；第三可以避免外界的打扰。

在宾馆客房的设计中，设计师要注意一切设计都要为旅客服务。如地面设计采用地毯饰面，这是为了尽量减少走路带来的噪声；双人标准间不采用主灯具，而采用每人一个台灯或摇壁灯，这是为了尽量减少因为不同旅客休息时间不同，而可能产生的光线干扰问题；另外控制台设在两床之间，门口设电控装置等都是必需的功能设计。

四、可持续发展意识设计

可持续发展是20世纪80年代提出的一个新的发展观。它的提出是应时代的变迁、社会经济发展的需要而产生的。“可持续发展”概念，是1987年由布伦特夫人担任主席的世界环境与发展委员会提出来的。但其理念可追溯至20世纪60年代的《寂静的春天》、“太空飞船理论”和罗马俱乐部等。1989年5月举行的第15届联合国环境署理事会期间，经过反复磋商，通过了《关于可持续发展的声明》，并得到了国际社会的广泛接受和认可。

（一）中国建筑可持续发展现状

1992年联合国环境与发展大会通过了《21世纪议程》后，我国于1994年制定了《中国21世纪议程》，做出了履行《21世纪议程》等文件的庄严承诺。提出了中国可持续发展战略的背景和必要性；提出了中国可持续发展的战略目标、战略重点和重大行动，可持续发展的立法和实施；制定了促进可持续发展的经济政策，参与国际环境与发展领域合作的原则立场和主要行动领域。《中国21世纪议程》成为指导我国各行各业制订发展计划的纲领性文件。

在中国的建筑界，1997年吴良镛院士在《建筑学报》上发表的《关于建筑学未来的几点思考》，运用人居环境科学理论，成功开展了从区域、城市到建筑、园林等多尺度多类型的规划设计研究与实践，用战略性眼光指明了中国建筑的发展方向；东南大学鲍家声教授在发表《可持续发展与建筑的未来》的一文中，就可持续发展建筑的内涵和方法论提出5个走向，即走向尊重自然的建筑、走向开放的建筑、走向集约化设计、走向跨学科的设计和走向实践，为中国建筑的可持续发展提供了宝贵的理论基础。

可持续发展是一个国家、一个地区或一个民族的永恒主题。在世界范围内，可持续发展的思想已深入人心并付诸行动，正在成为政府和民众的行为准则。现在，在中国全面实施可持续发展战略的形式下，建筑界开展了绿色建筑体系的研究，这种体系就是在可持续发展理论的指导下，集中解决环境与发展两大主题的有限体系，建立绿色建筑体系的目标，就是树立生态文明观，以自然界为人类生存与发展的物质基础；以人与自然的共生，人工环境与自然环境的共生重构人类住区体系；并以生态伦理重塑建筑师的职业道德。一般而言，绿色建筑也可称为生态可持续性建筑，即在不损害基本生态环境的前提下，使建筑空间环境得以长时间满足人类健康地从事社会和经济活动的需要。

（二）现代建筑中的绿色建筑活动

绿色建筑指在建筑的全寿命周期内，最大限度地节约资源，包括节能、节地、节水、节材等，保护环境和减少污染，为人们提供健康、舒适和高效的使用空间，与自然和谐共生的建筑物。在20世纪现代建筑的发展过程中，一些建筑师已经开始探索和创作了许多具有地域文化特征、与自然关系融洽的优秀作品，为现代建筑走向“绿色”，走向“可持续发展”提供了宝贵的经验，为建立绿色建筑体系奠定了可靠的基础。

1. 节能节地建筑

节能节地建筑设计思想的出发点是力争节约能量和物质资源，实现一定程度的物质材料的循环。例如，循环利用生活废弃物，采用“适当技术”运用太阳能和沼气。发展节能节地建筑预示着人类将不断利用新的技术手段，充分开发和利用洁净、安全的太阳能及其他新能源，取代终将枯竭的常规能源，并以美观的形象、适当的密度、地上地下和海上陆地相结合的建筑群为人类创造一个舒适的生活空间和生存环境。

2. 生土建筑

生土建筑的特点是利用覆土来改善建筑的热工性能，以达到节约能源的目的。生土建筑具有诸多优点，如节能节地、防震防尘、防风防暴、防噪声、可减轻或防止放射性污染及大气污染的侵害，并且洁净、安全等，在环境上有利于保持生态平衡及保存原有自然风景。

3. 生物建筑

生物建筑是指从整体的角度看待人与建筑的关系，进而研究建筑学的问题，将建筑视为活的有机体。生物建筑的特点归结起来表现为以下三点：第一，重新审视和评价了许多传统、自然材料和营建方法，采取自然的而不是借助机械设备的采暖和通风技术，并逐渐得到了广泛的应用；第二，建筑的总体布局和室内设计多体现出人类与自然的关系发展，通过平衡、和谐的设计，提倡一种温和的建筑艺术；第三，生物建筑使用科学的方法来确定材料的使用，认为建筑的环境影响及健康程度主要取决于人们的生活态度和方式，而不是单纯的建筑技术问题。

4.自维持建筑

自维持建筑是除了接受邻近自然环境的输入以外，完全独立维持其运作的建筑。自维持建筑的特点是住宅并不与煤气、上下水、电力等市政管网相连接，而是利用太阳、风和雨水等自然条件维护自身的运作，处置各种随之产生的废物，甚至食物也可以自给。如果用生态系统观点进行解释，自维持建筑的设计就是力图将建筑构建成一种独立的类似封闭的生态系统，维持自身的能量和物质材料的单循环。

5.结合气候建筑

结合气候建筑理论提出设计适应各种气候建筑的必要性的问题。从建筑影响微气候的7个方面阐述了对传统建筑的评价，它们是建筑的形态、建筑的定位、空间的设计、建筑材料、建筑外表面材料机理、材料颜色以及开放空间的设计。

6.新陈代谢建筑

新陈代谢建筑强调复苏现代建筑中被丢失或被忽略的一些要素，如历史传统、地方风格，提倡过去、现在两种不同文化的建筑的共生等。新陈代谢建筑积极地接受、吸收和保留过去建筑中有价值的成就，并在试图表现时代文化和识别性的同时也积极采用现代技术和材料。

7.少费多用建筑

少费多用建筑是使用较少的物质和能量创造更加出色的建筑作品。该设计具有以下特点：① 可大量建造，且费用低廉；② 由住宅工厂预制，能量自给自足，并可以灵活迁移；③ 统一装配，符合模数；④ 住宅有自洁功能，居住舒适。

8.高技术建筑

高技术建筑可以说是一种智能建筑，它的特点是利用计算机和信息技术等高科技的发展，使固定的建筑外围护结构成为可以跟随气候自我调整的围合结构，成为建筑的“皮肤”，可以进行自由呼吸，控制建筑系统与外界生态系统、环境能量和物质的交换，增强建筑适应可持续发展变化的外部生态系统环境的能力，并达到节能的目的。

（三）绿色建筑技术

进入21世纪以来，人类社会面临自然资源日益短缺、生态环境破坏严重、全球人口激增等各种问题，严重制约了人类社会的发展。建筑业与工业以及交通运输业，已经成为人类社会三大资源消耗与环境污染的行业。随着我国节能减排的深入，对于建筑耗能问题更是关注。绿色建筑技术是在提供健康、舒适、安全的生存空间的同时，更多地关注人与自然的和谐、降低资源消耗。因此，研究和探讨绿色建筑技术对于实现建筑业可持续发展，减少资源消耗、环境污染等都有积极意义。

绿色建筑技术涉及建筑学及相关学科的许多基础理论，如不同的物种循环规律、能量流动转化规律、气候变异规律、建筑中能量转换规律、建筑物与外部环境热湿交换规律等。绿色建筑技术的优势在于：一是突出了建筑节能功能，如墙体的节能技术、门窗节能技术、屋顶的节能技术等；二是充分利用了新型材料采用技术。随着相关建筑材料技术的不断进步，传统的以砖石为主要材料的建筑结构逐渐被更高和更轻便的墙体和结构所取代，在减轻建筑自身重量的同时，进一步扩大了建筑的内部空间，节约了建筑材料的使用。如高强度混凝土材料、高强合金钢、高强预应力钢筋、铝合金材料、高强度玻璃等。

虽然绿色建筑技术在我国的应用已经取得一些可喜成绩，但是不可忽视的是绿色建筑技术在我国的推广与应用还有很长的路要走，绿色建筑具有较高科技含量及其较高的建筑成本、投资成本收回时间较长等问题都在绿色建筑技术推广上造成一定的困难；国内绿色建筑技术起步相对较晚，技术、相关产品和产业链不完善，以及存在盲目使用的现象等问题。因此，研究和探讨绿色建筑技术、解决绿色建筑技术存在的问题，对人与自然和谐相处、节约能源、建筑可持续发展等都有重大意义。

（四）绿色建筑装饰设计的发展

随着我国工业化进程的加快，生态破坏、人口增加以及环境污染等问题严重地影响着我国经济的发展。当前，我国城市建设也在不断发展当中，每年新建设的建筑中高耗能建筑占80%，在建筑、交通以及工业三大高能耗领域当中，建筑耗能所占的比例在不断增加，相关资料表明，当前我国建筑物的能耗已经占到我国能耗的30%以上，然而我国的人均资源占有量相对是比较短缺的。建筑行业是一个耗能的大户，其高能耗将直接造成资源的浪费，并且还会给环境造成比较严重的影响。

从可持续发展的概念中，可以将可持续发展理解为：从建筑的选址到设计建造，以及在使用的全过程中，既要考虑近期的相应利益，也要考虑远期发展的利益，既要达到发展经济的目的，又要把因此产生的环境等一系列问题控制在最小的范围之内。在绿色建筑装饰设计问题上，每个人都有自身的岗位和责任。作为建筑装饰设计者在完成设计任务的同时，还要多加考虑绿色建筑装饰设计、绿色建筑装饰技术等问题。

1.绿色建筑装饰设计

绿色建筑装饰设计是指以美化建筑及建筑空间为目的的行为，它是建筑的物质的物质功能和精神功能得以实现的关键。是根据建筑物的使用性质，所处环境和相应标准，综合运用现代物质手段，科技手段和艺术手段，创造出功能合理，舒适优美、性格明显，符合人的生理和心理需求，使使用者心情愉快，便于学习、工作、生活和休息的室内外环境设计。在进行绿色建筑装饰设计中，主要应注意以下方面。

（1）建筑装饰材料的使用　建筑装饰材料应选用对人体无害的材料，并应符合现行国家标准《室内建筑装饰装修材料有害物质限量》中的规定。

（2）有效控制各种污染　对危害人体的有害辐射、电磁波及气体进行有效控制。

（3）采用自然通风的方式　室内应有充足的通风、换气，做好空气的除菌、除尘及除异味的处理。

（4）符合人体工程学的设计　使使用者在室内空间中活动方便，生活舒适，精神愉快。

（5）环境温度与湿度的控制　使室内的温度与湿度能够达到人体所需的最佳状态。

（6）设计优良的光及声环境　充分利用自然直接采光，享受太阳光给人们的沐浴，同时考虑周围的噪声污染及可能对其他用户的影响。

（7）充分对自然景观的享用　室内外空间的过渡要自然，使人们尽可能多地饱览周围的自然美景。

（8）注意历史文脉的连续性　在绿色建筑装饰设计中要尊重地方文化，继承和发展地方传统材料及生产技术。

2.绿色建筑装饰技术

随着建筑施工技术的提高，为探究绿色建筑施工技术的实践和创新途径及现代建筑业可持续发展提供条件。特别是室内的装修更是直接影响人们的生活，为了健康和绿色环保的生活空间，从绿色建筑装饰的理念着手，采取相应的绿色建筑装饰技术。

绿色建筑装饰技术不是独立于传统建筑装饰技术的全新技术，它应是传统建筑装饰技术和新的相关学科的交叉与组合，是符合可持续发展战略的新型建筑装饰技术。绿色建筑装饰技术应以绿色建筑技术为依托，涉及建筑学及相关多种学科，作为一门发展迅速的应用技术体系，许多方面尚未被人们所认识，正如对绿色建筑技术认识还远远不够，还非常肤浅，绿色建筑装饰技术的许多领域需要人们去认识和实践。

五、科技意识设计

科技意识是一般指对科学技术在生产活动中的地位和作用的认识。对这种认识除了理论上的阐述外，可以从人们在生产活动中开展科研工作的积极性、宣传普及科学知识的自觉性和采用新技术的主动性表现出来。科技意识最重要的内容是“科学技术是第一生产力”的观点。邓小平同志在提出这个观点时，看到了“最终可能是科学技术解决问题”的社会发展前景。“科学技术是第一生产力”的观点，对四个现代化建设具有重大意义。

在建筑装饰工程的设计中，始终要突出科技意识，因为建筑装饰技术的发展离不开科学技术的发展。人们崇拜科学技术，因为它给人们带来时尚和便捷以及对未知的渴求。在进行建筑装饰工程设计时，要充分了解建筑装饰设计的国际化趋势，贯穿建筑设计与建筑装饰设计内外一致的风格，在设计中要抓住高科技的内涵，但不要做一些浮夸的、毫无意义的伪高科技建筑装饰作品。

高科技建筑的特点是在设计中充分强调工业化特色，运用精细的技术结构，非常讲究现代工业材料和工业加工技术的运用，突出技术细节，以达到表现工业化象征的目的。在设计中常用的手法是把现代主义设计中的成分提炼出来，加以夸张处理，以形成一种符号的效果。将一些貌不惊人的普通工业机械结构，赋予新的美学含义。例如，随处可见的粗糙的钢材工具架用在住宅内，平时要遮掩的结构构件，经过对构件的细加工，变成了不可多得的建筑装饰构件。总之，高科技风格给予工业结构、工业构造、机械部件以美学价值，这就是高科技建筑风格的核心内容。

香港汇丰银行建筑是英国建筑师诺尔曼·福斯特在1981年设计完成的。在设计中他充分向人们展示了高科技的魅力，整个建筑是悬挂在钢铁的桁架上，前后三跨，建筑沿着高度分成5段，每段由两层高的桁架连接，成为楼层的悬挂支撑点，从地面到顶部，这5层结构空间逐步递减高度，这种富有变化的高度处理使建筑具有活力。他在公共活动空间与银行内部空间之间设计了一个玻璃顶，形成了不同的使用空间，而又能够保持通过玻璃的视觉通透感。1992年，英国建筑师尼古拉斯·格林姆肖设计了在西班牙塞维利亚国际博览会中的英国馆，他采用金属张力构架、玻璃幕墙，顶部设计了弯曲的遮阳板结构，使整个建筑具有非常特殊的高科技特色。

六、建筑装饰设计要素

自从人类有了建筑活动，室内就是人们生活的主要场所，并开始对室内环境有所要求。随着社会的进步和发展，室内环境的要求也在不断更新发展与不断丰富多彩。室内设计的任务就是综合运用技术手段，考虑周围环境因素的作用，充分利用有利条件，积极发挥创作思维，创造一个既符合生产和生活物质功能要求，又符合人们生理、心理要求的室内环境。

在掌握建筑美学法则、使用功能设计、可持续发展意识设计、科技意识设计等方面的专业知识后，还要将设计思想用建筑符号的形式表达到设计图纸上，完成最后的建筑造型，那么如何将设计思想演变成为建筑符号呢？这就必须具备设计基础，才能使建筑装饰设计思想得以实施，以满足人们的物质生活和精神生活的需要。

（一）空间要素

室内装饰设计的目的是通过创造室内空间环境为人服务，设计师应该始终把人对室内环境的要求，包括物质使用和精神两方面，放在设计的首位。由于设计过程中各种问题错综复杂，所以设计师需要清醒地认识到以人为本、为人服务，把握各方面室内设计的要素，创造出满足人和人际活动需求的室内设计方案。从设计学的角度看，建筑装饰空间的基本构成要素由点、线、面、体组成，它构成了室内的各个建筑元素及设计符号。

空间的合理化并给人们以美的感受是设计基本的任务。要勇于探索时代、技术赋予空间的新形象，不要拘泥于过去形成的空间形象。

1.点

从设计学的角度来看，点是一种具有空间位置的视觉单位。从理论上说，点自身是没有三维尺寸，没有方向性的。但从建筑装饰设计角度上看，点却是有面积和体积的，这是一个物体与物体之间相互对比形成的定义概念。用这种相对的观点看，在室内设计中凡是物体有集中性的都可以视为点元素。而且点元素只是相对的小，没有一定的形状。例如集中的地拼图案，如图10-6所示，相对整个地面是一个“点”元素，但是地拼图案相对上面的桌子却是一个“面”元素，这时的桌子则成为一个“点”元素。

点在建筑装饰设计中的应用非常广泛，可以分为功能性和装饰性两种设计形式。从灯的布局看，点元素的应用具有很强的功能性，可以将天花板上的多头吊灯、吸顶灯、筒灯都称为一个点，将顶棚面上布满的筒灯称为散点式的布局方式，如图10-7所示。而且在一些室内装饰设计中，点的应用还具有很强的装饰性。

图10-6　点元素地拼图案

图10-7　筒灯的散点式布局

2.线

从设计学的角度来看，线是一种具有方向性的“一次元空间”。用建筑装饰设计的观点来看，只要物体具有长度、方向及位置，均可以被看成是线元素，如室内的梁、柱子、楼梯、扶手等。

线按其形状不同，可分为直线和曲线两大类。直线包括水平线、垂直线、斜线、折线，线形有粗细和方向之别；曲线包括弧线、双曲线、抛物线、椭圆线、螺旋线等几何曲线，还有随心所欲的自由曲线。

装饰效果充分表明，“线”是具有性格的。在室内装饰的设计中，设计者要充分利用线的方向、粗细等表现出来的感情色彩，使设计对人们的心理产生预期的影响。以下是人们对各种线形的心理感受。

（1）直线　室内装饰效果如下：水平线是带有安静、平和、华丽、规矩的感觉；垂直线是带有节奏、权威、上升、干净的感觉；斜线是带有方向、运动、不稳定、打破的感觉；折线是带有动感、扭曲、焦虑、复杂的感觉。

（2）曲线　几何曲线富有变化，具有可柔、可刚和强烈的艺术性；自由曲线随心所欲，具有柔软、优雅和强烈的流动感。

线在建筑装饰设计中的应用十分广泛，分为功能性和装饰性两种设计形式。功能性的线脚，例如室内的梁、柱、楼梯踏步等，如图10-8所示；装饰性的线脚在室内经常可见的有各种装饰线脚，如图10-9所示，常用的材料有木线、石膏线、水泥抹灰线等，也有的设计者设计各种曲线艺术造型，如图10-10所示，使各个界面立体感和艺术感大大增强，室内空间富于较大的变化。

3.面

从设计学的角度来看，面是一种具有相对宽度和长度的“二次元空间”。在空间上通过线的移动可以产生长方形、正方形、圆形、波浪形等各种形状。在建筑装饰设计中，面可以有三维的厚度，但这种厚度与长宽之比往往可以忽略不计。所以，物体只要具有长度和宽度，有方位和位置，都可视为面的元素，如屏风（见图10-11）、地毯、隔断等。

面具有的本质特征是常被设计者作为一种限定空间界面工具，具有很强的功能性。同时面还具有很强的艺术性，不同的形状给人们带来不同的心理感受。平面具有简洁、干净、大器、尊贵的特点，给人的感觉更为理性；曲面给人的感受则是柔软、流动、富于浪漫情调的特点。曲面的流动感如图10-12所示。

图10-8　功能性线脚

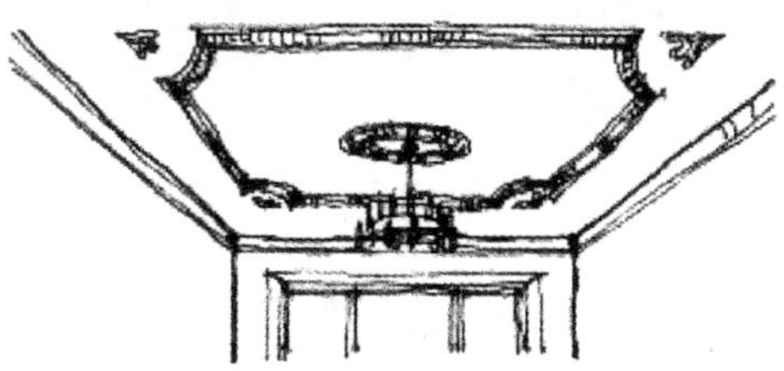

图10-9　装饰性线脚

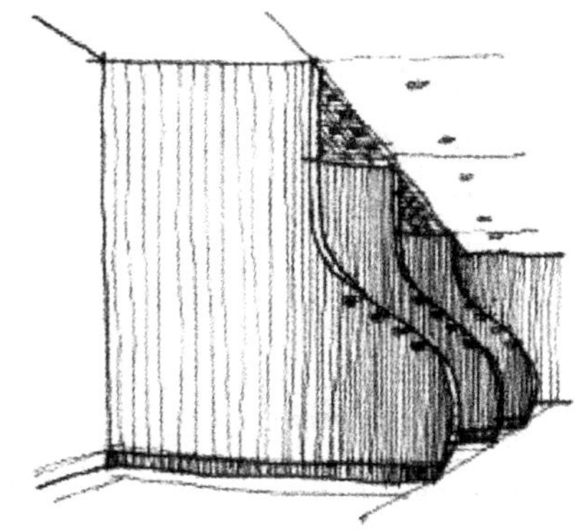

图10-10　曲线的艺术造型

图10-11　面的元素——屏风

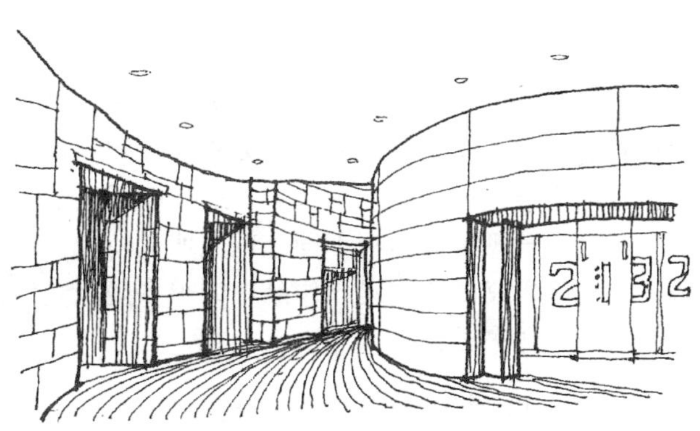

图10-12　曲面的流动感

4.体

从设计学的角度来看，体是一种具有相对宽度、长度和高度的“三次元空间”。在建筑装饰设计中，可以将体分成实体和虚体两种形式。实体如室内摆放的家具、植物等；虚体是室内三维空间的，在建筑学上称为内部活动空间。实体和虚体是相互依存的，没有实体就没有虚体的存在，没有虚体的实体功能性大打折扣。

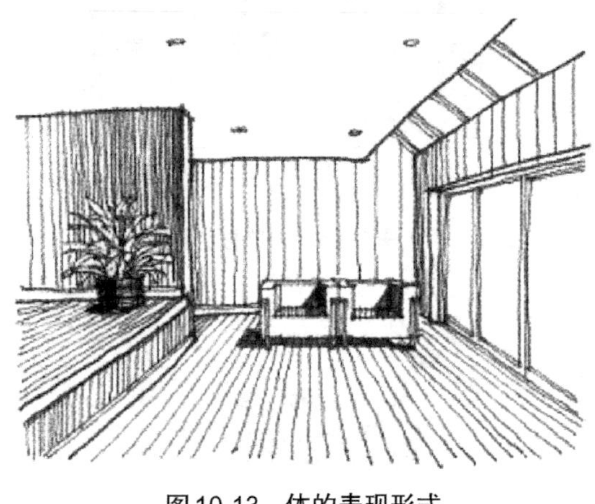

图10-13　体的表现形式

体在建筑装饰设计中的实际应用，是体现在空间造型及空间规划上。装饰设计师要充分利用小型实体造型，如天花板造型、界面分割、家具、雕塑、植物、电气产品等实体表达空间的立体变化；还要通过虚体空间的动线划分达到合理摆放实体的目的，使室内设计的功能性和艺术性通过实体、虚体的最佳组合来完成。体的表现形式如图10-13所示。

（二）光影要素

人类喜爱大自然的美景，常常把阳光直接引入室内，以消除室内的黑暗感和封闭感，特别是顶光和柔和的散射光，使室内空间更为亲切自然。光影的变换，可以使室内更加丰富多彩，给人以多种多样的感受。

光与影是建筑设计中不可缺少的设计元素，它是装饰设计师体现个性化设计的一个很好的素材。多数装饰设计师都会将室内设计成不缺少光线的室内空间，但只有很少的装饰设计师能够感受到光与影给人带来的精神愉悦，并会对光线的设计有自己独到的感受。

1.光的分类

在室内建筑装饰的设计中，光可以分为自然光和人工光两种类型。自然光以太阳光为主，在建筑装饰的设计中要充分认识利用太阳光的特点，使更多的室内空间能够享受太阳光的沐浴；还要利用太阳东起西落，高度角与水平角不同的特点，设计室内的最佳质感及它的光影变化，使室内光影设计更具有个性化和时代感。

人工光以电能照明为主，蜡烛等其他照明为辅。人工光的特点是照明灯具的种类很多，色彩及亮度差别很大，灯具的摆放位置非常广泛。根据这些特点，装饰设计师首先要掌握各种灯具的特点和性能，例如吊灯的中心感、筒灯的组群感、壁灯的装饰感、射灯的特写感等，利用这些特点完成不同空间的照明设计。

2.光的作用

室内光的作用主要体现在两个方面：第一是具有功能性，不论是自然光还是人工光，其主要目的还是要满足室内的采光要求，让室内保证人们正常活动时能够得到充足的光线，装饰设计师不能只为追求艺术效果，而忽略了人的正常的生理需求；第二是具有艺术性，装饰设计师要充分理解和掌握不同空间照明的特点，深入感受光与影在室内空间表现中的艺术魅力。在极少主义的室内设计作品中，很多是以光线为设计主角，其他的一切材料、造型等都围绕这个主题来设计。

（三）色彩要素

室内色彩除对视觉环境产生影响外，还直接影响人们的情绪、心理。科学的用色有利于工作，有助于健康。色彩处理得当既能符合功能要求又能取得美的效果。室内色彩除了必须遵守一般的色彩规律外，还随着时代审美观的变化而有所不同。

工程实践充分证明，色彩在建筑装饰设计中具有非常重要的作用，它包含在各种建筑装饰材料之中。色彩能第一时间引起人们的视觉感受，给人以物理的、生理的及心理的作用，从而达到美化生活环境，调节室内气氛，感受室内个性化色彩带来的艺术效果。

同建筑外立面的色彩一样重要，室内的色彩设计不但能表现设计者或使用者个性化的一面，而且色彩还可以表达不同地区、不同民族、不同行业、不同阶级、不同时代的爱好与习惯。所以，装饰设计师在选择材料的色彩时，要充分尊重使用者的不同品位，设计出既遵循色彩的一般规律，又要具有个性的色彩设计。

（四）质感要素

建筑装饰材料的质感是表达室内空间性格与时尚的重要因素，人们可以通过不同材料的质地与肌理，感受设计所要传达的设计理念、时尚观点、艺术品位等。材料的质地与肌理是指材料组织的物理性，如蓬松与密实、柔软与坚硬、光滑与粗糙、曲线与直线等。材料的质感分为天然与人工两类，天然的材料如石材、木材等，天然材料给人的感受是安全、环保、质朴、野趣；而人工的材料如墙地砖、混凝土、金属板、玻璃等，给人的感受是实用、结实、耐用、时尚。总之，现代装饰材料种类越来越多，天然与人工材料的区分越来越小，而且材料的使用性能与艺术品位有很大的提高。

利用建筑装饰材料的质地进行室内装饰设计，有很多成功的案例。装饰设计师所用材料并不是有多么昂贵，优秀的设计师往往使用普通而适宜的材料，也能取得比较理想的艺术效果。建筑师艾里克·欧文·莫斯就是一个杰出的代表，他是善于运用混凝土材料的建筑大师，他把普通的建筑材料赋予了艺术的生命，他设计的洛杉矶的混凝土盒子房屋充满灵气与活力。洛杉矶的混凝土盒子房屋如图10-14所示。

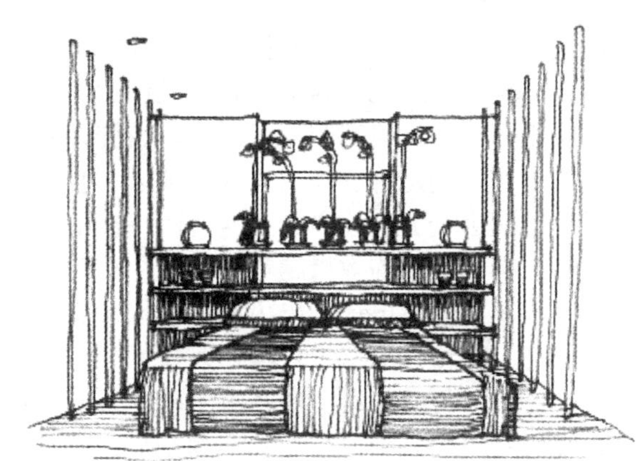

图10-14　洛杉矶的混凝土盒子房屋

（五）装饰要素

在进行室内装饰设计时，需要灵活地运用各种建筑构件，例如柱子、石膏板等，来营造出更加完美的室内环境。值得一提的是，大家通过利用不同装饰材料的质地特征，不仅可以获得千变万化和不同风格的装饰效果，并且可以很好地体现地区的历史文化特征。

（六）陈设要素

为了让室内呈现出更美好的装饰效果，还可运用各种软装饰品，例如家具、地毯、窗帘、日用品、工艺品等，这些元素都是人们在生活中的必需品。在选用软装饰品时，需要把握实用和装饰两个原则：一是使室内空间舒适得体；二是使室内空间富有个性。

（七）绿化要素

在室内装饰设计中，绿化已成为改善室内环境的重要手段。室内摆放一些适宜的花木或盆景，利用绿化和小品对沟通室内外环境、扩大室内空间感及美化空间均起着积极作用。

第四节 建筑室内设计的构思方法

设计构思是设计的灵魂。人在构思过程中，思想是以模糊的形象出现的，而这一形象在成为具体的形态的过程中，有一个叫“第六感”的东西在影响它，这可称为“灵感”，因此，构思实际上是在想象和灵感的基础上，同设计师以往的经验、知识、技巧结合，并加以提炼、推理，最终塑造出新艺术形象的过程。设计构思，不仅要考虑本质功能，而且还要考虑视觉美的传达，是设计师全身心投入创造活动的结晶。

建筑装饰工程的方案阶段，是设计者通过设计构思拟定几个设计方案，经过方案比较和反复推敲，最后确定正式设计方案的过程。设计方案中的设计构思是整个设计中的核心环节，是关系到设计方案成功与否的关键所在，也是设计者最为紧张的阶段。这时的设计者要在建筑装饰设计基本要点的指导下，确定设计构思的原则，安排设计构思的步骤，选用设计构思的方法，将建筑装饰设计方案最后确定。

一、设计构思的原则

在室内装饰设计构思的开始阶段，首先要确定实用、经济、美观的设计原则。这是因为建筑装饰设计者担负着一定的社会责任，在设计中可能对社会、环境、观念、潮流产生一定的影响。在总的设计原则的指导下，还要在可持续发展方面、建筑装饰科技发展方面、个性化设计方面多下工夫，为室内装饰设计的发展多做贡献。

实用、经济、美观的设计原则，首先是设计要具有实用性，所做的设计要为使用者提供必要的方便，满足各种使用功能的要求，使使用者在设计的空间里生活、工作、休息、学习都非常便利和舒适；其次是要具有经济性，设计质量的优劣不是与投资成正比，不是装饰材料越高档，装修的效果越理想。一个成功的室内装饰设计，往往是采用最适当的材料，用最低的成本，创造出最为出色的室内设计作品；最后还要注意作品的美观性，爱美是人的天性，设计一个怡人的室内环境，是每一个设计者和使用者的共同梦想，但在具体设计中如果处理不好，可能会与经济性产生矛盾，若处理得当则事半功倍。

在确定室内装饰设计的基本原则后，设计中还要注意应具有前瞻性。首先要坚持可持续发展的原则，因为人类的生存和发展离不开环境，社会依托环境而生存，设计者要具有社会责任感，设计的作品要对社会、环境的健康发展起促进作用，绝不能起反作用；其次还要考虑建筑装饰材料科技发展的原则，要敢于采用新材料、新技术。要勇于创新，不要惧怕失败，因为只有创新才是设计发展的必由之路；最后设计者还要坚持个性化的原则，每一个装饰设计、每一种思想都要受到来自各个方面的制约，搞不好最后的作品就是一个没有灵魂的败笔。这就要求设计者要不断学习、不断提高专业业务能力，用自己精心的设计、完善的方案去打动业主，使设计最终能按照设计者的意图去实施。

二、设计构思的步骤

室内装饰设计者的设计构思方法因人而异，但设计构思的步骤大同小异，有一定的规律可循。在设计构思的开始时，首先要确定设计的原则，把握建筑装饰的设计要点，并按形象酝酿阶段、图解思考阶段、方案调整阶段3个阶段内容来完成方案设计内容。

（一）形象酝酿阶段

在形象酝酿阶段，设计者根据所要设计的项目实际，首先要查阅大量的设计参考资料，并在大脑中思考风格、功能、指标等一系列问题。在这里以餐厅的建筑装饰设计为例，说明形象酝酿阶段的具体工作，其他建筑装饰设计的思考方法依此类推。

1.确定设计风格

进行室内建筑装饰设计，首先要确定设计风格。设计风格是人们对某个设计空间所表现出来的内在精神与外在形式的总体感受，这种感受应该是建立在使用功能便利与舒适的基础上的。确定设计风格就为以后的设计敲定了整体格调，这就像音乐定调、写文章定中心思想一样。室内建筑装饰设计风格可选择现代风格、高科技风格、中式风格、欧式风格、地方风格等。风格的选择可在学习过的历史流派中借鉴，也可以是原创性作品，作为设计者当然要有原创的内容，不能全部照搬他人的设计作品，要提倡个性化的设计。例如，进行酒店设计可选择的风格很多，既使选择中式风格，包括的内容也很多，比如皇家风格、江南风格以及各民族风格等。

2.功能分析图

在确定设计风格后，要进行的设计工作就是勾画功能分析图。作为成熟的设计师或小型的室内装饰设计可简略此步骤，但多数室内装饰设计还是要完成此项内容的。作为中餐酒店要确定所设计的餐厅餐饮方式，例如普通餐厅、自助餐厅、烧烤餐厅、快餐厅等，在确定餐厅类型后，方可进行功能分析图的绘制。

3.确定技术指标

在确定功能分析图后，要明确一些和设计内容有关的技术指标，这是进行具体设计不可缺少的数据。如每平方米的人数及容纳的总人数，以及不用使用性质面积分类等内容。在餐厅设计中就要确定每平方米的座数、最多容纳的人数、包房、散客区及厨房的面积分配比例等有关指标。

（二）图解思考阶段

图解思考也叫图解性分析草图，它是一种用速写形式的草图来帮助思考的设计思维表达形式。图解思考是设计师在展开设计创意工作过程中协调思维和迅速表达及激发创意思维的重要语言，特别是在设计构思阶段，图解思考由于其简便抽象和表达过程的手脑联动性与相互作用的关系，对激发设计创意的广度和探索深度起到了重要的作用。

图解思考阶段是每一个设计者都不可略过的设计过程，一个成功的室内装饰设计往往包含着设计者大量的图解思考的心血。每个设计者都有自己的图解思考方式，思考步骤主要有平面功能图解思考和空间造型图解思考两部分内容。

1.平面功能图解思考

室内装饰的设计者在将功能分析图研究清楚后，就要开始在图纸上构思平面草图。平面构思草图可分为图解草图和正式草图两种，这是设计者的个人习惯和他要交流的对象不同所采用的不同画法。作为初入行业的设计者，还是应当按正式草图的图纸表达方式进行设计，等到设计水平和绘图水平达到一定程度后，再形成自己的工作风格。

首先，可在（1 ∶ 200）～（1 ∶ 50）的平面图上进行水平的动线组织分析。从不同的角度、不同的思考方式勾画出多种的动线分析图，通过最后的分析比较，选择出最终的实施方案。

其次，在选择的动线分析图上进行不同性质区域的划分，为下一步家具和室内陈设的布置打下基础。有些设计者将此步骤与动线分析图在一起考虑，在草图中并不体现出来。

最后，确定最终的平面布置草图。每个设计者的草图不尽相同，但主要表现这几方面的内容：家具与陈设的布置、各种设计选材的标注和设计思想等文字表达内容。

2. 空间造型图解思考

建筑装饰设计经过平面功能图解思考的过程后，平面功能设计方案已初步确定。设计者下一步要着手进行剖面分析与设计，对室内的空间加以组合，并进行造型设计。空间造型图解思考也可以分为图解草图和正式草图两种，和平面构思草图一样，草图的表达因人而异，当然还要考虑图纸内容和要交流的对象。

在空间造型图解思考中，面对的室内空间复杂程度不同，可能图解量也会有所不同。对于复杂的室内装饰设计还要进行垂直动线的分析，合理安排室内空间的活动规律及人流的走向，所以图纸量可能会大一些。对于小型室内空间主要的工作是进行空间造型的图解思考，图纸量相对要小一些。但不管设计繁简，都应当尽量多做些方案，以便进行多方案比较，并在不断的改进中完成设计草图工作。餐厅的空间造型图解思考如图10-15所示。

图10-15　餐厅的空间造型图解思考

（三）方案调整阶段

在建筑装饰设计方案调整阶段中，设计者主要的工作是将设计草图与有关人员进行交流，并最后确定各方认为最佳的设计方案。在交流过程中可以将多个设计草图方案与有关人员交流，也可以将自己的最终设计草图拿出来与有关人员交流，征求有关各方的意见，最后敲定设计草图，以便进行正式的图纸设计。在一般情况下，与有关人员交流，主要是指与同行交流和与甲方交流。

1. 与同行交流

可以将设计草图与设计小组的每位成员进行讨论，从中找到一些可能考虑不周全的地方。尤其是那些非常熟悉某种室内空间的设计人员，他们有对该类型室内空间的设计经验和心得，可以提供非常有价值的参考资料和建议。

2. 与甲方交流

在可能的条件下，一定要虚心征求甲方有关人员的意见，因为他们是今后室内空间的使用者，对室内空间的使用是否满意最有发言权。对于某些二次装修的室内空间，使用者熟知室内的各种设备、管道、结构及空间的感受，设计者对空间的短暂感受不足以完整了解各个空间，只有认真地与甲方进行沟通，才能了解使用者对理想室内空向的感受。当然，可能也有些甲方提出过分、不切实际的想法，这就要求设计者运用所学的专业知识去说服他们，使设计不留下任何遗憾。

三、设计构思的方法

我们常说的建筑学中的构思并非平常的思考方式，当然也绝对不是为玩弄手法的胡思乱想。建筑的构思是紧扣立意，以独特的、富有表现力的建筑语言达到设计新颖而展开的发挥想象力过程。而且，这个思考过程必须贯彻设计的始终，以保证建筑创作构思的整体性。因此，好的设计构思是建筑师对创作对象的环境、功能、形式、技术、经济等方面最深入的综合提炼成果，而不仅是凭空的单纯形式的标新立异。

工程设计实践表明，完成一个建筑装饰设计作品，必须要付出辛苦的设计构思，纵观设计构思的方法，每个设计者都有自己的思维习惯，在装饰设计中常用的构思方法有功能设计法、造型设计法和主题设计法。这3种设计构思的方法各有特点，它们有各自的设计倾向，但并不排斥其他的设计元素。

（一）功能设计法

功能设计就是按照产品定位的初步要求，在对用户需求及现有产品进行功能调查分析的基础上，对所定位产品应具备的目标功能系统进行概念性构建的创造活动。所谓功能设计法就是在设计构思的过程中，始终围绕功能这个中心进行设计的一种设计方法。重视功能是功能设计法的核心思想，但在设计中并不排斥其他的设计元素，如造型问题、环境问题、应用新材料问题等。只是在设计中更注意发挥功能的作用，使设计有一定的主导思想。

强调功能设计一贯是现代建筑的设计理念，自从建筑师沙利文的“形式随从功能”的经典名言发表后，用功能设计的现代建筑思想已经走过了近百年的历史。功能设计的核心内容是在设计中，将功能作为第一重点要素，例如动线的划分、不同使用区域的划分、不用房间性质的划分，根据不同使用性质设计不同的空间，例如客厅要摆放沙发、茶几等家具，还要考虑其舒适性等，这些都是功能设计中最重要的内容。总之，功能设计是将人的活动作为设计的依据，使人在室内空间里能舒适地学习、工作、生活。但该设计方法重点考虑使用功能，而将人的精神享受放到了次要地位，如果设计者处理不好这个问题，设计也很难成功。强调功能的设计如图10-16所示。

图10-16　强调功能的设计

（二）造型设计法

所谓造型设计法就是建筑装饰设计构思中，始终围绕造型这个中心进行设计的一种设计方法。在这种设计方法中造型取代功能成为了第一设计要素，一切设计都是围绕着造型要素而展开的。造型设计同样不排斥其他设计元素，如功能问题、空间问题、材料问题、经济问题等，如果设计者处理得当，同样可以取得很好的设计效果。

造型设计实质上就是唯美设计，它将室内的功能等要素放到了第二位。这一设计方法的最初思想是17世纪的法国皇家建筑学院开始采用的，虽然几经曲折和沉浮，但还有很多设计者追求这种设计风格。造型设计将审美贯穿于设计的始终，在设计上偏重追求造型，但考虑舒适性比较少，虽然过多的造型使功能和经济上不太合适，但也会赢得很多业主的欢迎。强调造型的设计如图10-17所示。

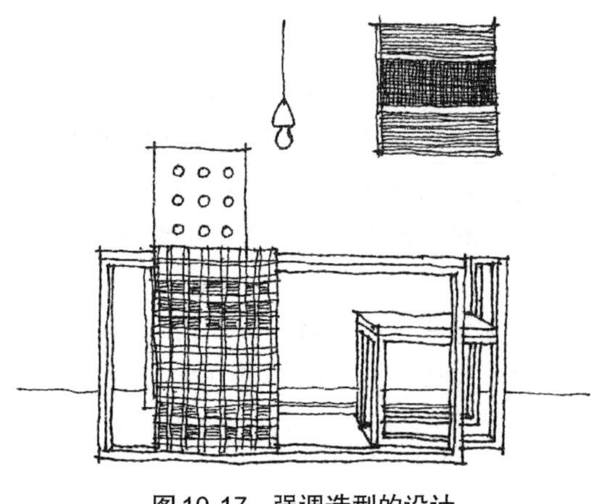

图10-17 强调造型的设计

（三）主题设计法

所谓主题设计法就是在装饰的设计构思中，始终围绕一个主题进行设计的一种方法。作为设计的主题，内容可以是多种多样的。主题设计可以使设计者很快进入设计状态，并且围绕主题这个主线展开一系列的设计构思，设计的条理清晰、思想鲜明，能较快地完成不同风格的设计构思。

设计者在使用主题设计法进行设计时，关键的问题是选好主题。主题设计法所选择的主题范围很广，可以是一种细化了的风格，也可以是一种图形、图腾、材料，甚至可以是一首诗的含义。例如，中国台湾某餐厅采用了当地居民的文物为主题，设计者在经过对原居民的历史与文物研究后，将原居民的木刻及图腾的形式语汇加以简化，并将之抽象为单纯的设计元素。餐厅主题设计法如图10-18所示。

图10-18 餐厅主题设计法

第五节 建筑装饰设计方案成果

在完成建筑装饰设计构思后，设计师还要配合设计方案小组来完成最后的装饰设计作品。现代建筑装饰设计是人们生活中不可缺少的一部分，是人类品味生活、品味人生的重要朋友。因此，建筑装饰设计不是个人能包揽全部设计的，而是必须要依靠集体的智慧与力量。

一、投标阶段成果

投标阶段是设计能否获得认可的关键，所以投标的设计内容及相关文件起着非常重要的作用。投标的设计说明、图纸内容、图纸效果、包装等，都可能对投标的成功起到一定的作用。一般投标的内容主要包括效果图、文本、电子文件、模型、工程预算等，以上内容中工程预算可根据甲方的要求而确定，其他内容则是设计单位为了设计效果而确定，但拿出的设计成果也要讲究经济、实用。以下是投标阶段成果的内容与功能介绍。

效果图是设计方、建设方及有关专家进行交流的重要图纸，如图10-19所示。该图纸可以将设计者的设计思想设计原则建成后的效果一目了然地表现出来，图纸的内容应当选择设计的重点空间及部位；图纸的数量应根据设计内容的多少、重点空间的数量而定；图纸的版面可考虑2号图～0号图。

图10-19 设计方、建设方进行交流的图纸——效果图

文本是在进行投标讲解时供每位专家、建设方参考的设计文本。设计者可以将设计说明、平面方案、效果图、重要节点等一系列设计内容，用一册文本的形式全部反映出来，文本的版面一般选用3号图。

电子文件是在进行投标讲解时利用投影等设备进行设计方案介绍的重要工具。设计者可以将所有的设计内容用电子文件的形式在交流时播放，现代化的电子设备总能起到事半功倍的效果。电子文件的内容可以是效果图等文本内容，也可以是设计后的空间动画浏览。

模型是一种最直接的设计内容交流工具。专家与建设方可以通过比例缩小的真实场景感受建成后的设计效果，为设计的表达与交流创造了直观的场景。

二、设计的最后成果

在设计方案中标后，还有一系列的设计工作待完成，首先是根据图纸会审的意见去修改图纸，将不够完善的设计按照专家的要求逐一改正，在与各有关专业协调后，就要进入建筑装饰设计施工图的工作中去。

1.施工设计阶段的成果

建筑装饰施工图一般包括图纸目录、设计说明、平面布置图、顶棚图、各个立面图、有关节点大样细部设计图等主要方面内容。建筑装饰设计的制图标准，一般应遵循建筑制图的标准，施工图的尺寸应采用以现场实测的为准，建筑设计提供的施工图纸仅供参考；施工图的材料标注以细化为原则，标注材料不要范围太广，标注内容越细越好。

2.施工监理阶段的成果

在装饰工程施工的全过程中，设计人员要配合工程施工做好施工监理工作。现场处理完善施工图中未交代的构造做法，处理与各有关专业之间未预见的设计冲突等问题，并将改动设计的地方出变更图，在施工结束以后还要绘制竣工图等，将最终的施工图纸绘制出来，并按有关规定交有关各方加以保存。

第十一章

建筑室内外景观设计及技术

建筑室内外景观环境设计是一门新兴学科，设计领域的多学科相互交叉、相互融合已成其必然趋势。景观环境学是以建筑、园林、规划为研究理论支撑骨架，探索多学科交叉的设计领域。景观建筑一般是指在风景区、公园、广场等景观场所中出现的抑或本身具有景观标识作用的建筑，其具有景观与观景的双重身份。景观建筑和一般建筑相比，有着与环境、文化结合紧密，生态节能，造型优美，注重观景与景观和谐等多种特征。由于其设计制约因素复杂而广泛，因此较一般建筑设计敏感，需要丰富的建筑、规划、景观设计、植物学、生态学和各种技术等多方面知识结构的良好结合。

第一节　可持续景观设计基本知识

建筑室内外景观环境设计是一门极为复杂且综合性很强的学科，它不仅与自然科学和技术的问题相关，同时还与人们的生活和社会文化非常紧密地联系在一起，景观环境设计是人类文化、艺术与历史发展的重要组成部分。景观环境的精神需求，是建立在一定社会需要基础之上的产物，应根据人在某一处所中的情感需求、审美能力、文化水平、地域或民族特征等方面去进行分析和设计，应当使人们身处景观环境之中能够获得多方面的精神满足。

建筑室内外景观环境设计从不同层面射出人类的自然观、环境观。

一、可持续景观设计的主要构成

可持续发展研究是近年来为各个学科领域所关注的重大课题，随着城市建设规模的不断扩大和乡村的城市化，人的生存空间环境面临着巨大的挑战。高速的发展在带来看似空前繁荣的同时也引发了人与生存环境的一系列矛盾，城市景观设计和建筑室内外景观环境设计作为城市形象设计的重要组成部分，目前用可持续发展的指导思想来探索城市景观设计的未来发展趋向便显得尤其重要和急迫。

按照国际社会所普遍认同的在1987年世界环境与发展委员会的报告《我们共同的未来》中对可持续发展所下的定义：“可持续发展就是建立在社会、经济、人口、资源、环境相互协调和共同发展的基础上的一种发展”，其核心内容就是“既满足当代人的需求，又不对后代人满足其自身需求的能力构成危害的发展”。

景观环境的构成要素大致可以分为3类：第一类是反映生态的自然要素，主要包括山体、水文、植被等；第二类是人工要素，主要包括人工环境和建构筑物等；第三类是文化要素，它是蕴藏于景观环境之中，长期生成与积淀的结果，其中包括人们对景观环境的感知。绿色景观主要涉及自然和人工环境中的绿色空间，涵盖城市、风景区以及城乡结合区城开敞空间。

可持续景观设计是环境设计学科中的一个子系统，不论是自然景观的生态维护，还是人工景观的建造设计，都必须顺应整个社会、经济、人口、资源、环境相互协调和共同发展的可持续战略，同时景观设计的指导原则也必须定位于既满足于当代人的物质与精神文明的需求，同时更应该为后代的物质与精神文明需求不带来危害和破坏。

二、可持续景观设计的基本概念

景观环境的基本概念是指“在某一区域内创造一个具有形态、形式因素构成的较为独立的，具有一定社会文化内涵及审美价值的景物”。景观环境设计就是为实现这一目的而进行的重要手段和基本保障，景观设计是关于土地的分析、规划、设计、管理、保护和恢复的科学和艺术，它与建筑学、城市规划学共同构成人居环境建设的三大学科。

景观环境设计的研究范围极为广泛，它涵盖了社会、文化、自然、科学、现代科技与艺术等领域。景观环境设计的广泛含义是：“从古至今人类为了适应和改变其 生存条件，而有意识地去进行的环境改造活动”。景观环境设计概念发展至今，经历了早期、中期和后期这3个不同的发展过程。我们可以将这一过程归纳和概括为3个发展阶段，即早期的景观环境设计、现代的景观环境设计和生态的景观环境设计。

1.早期的景观环境设计

早期的景观环境设计是在古代景观环境设计的基础上发展起来的，开始追求景观环境的完美和表达某种意境。例如，在17世纪下半叶，法国的古典主义造园艺术得到极大的发展，其中最具有代表性的人物是法国的昂德雷·勒诺特尔，他为法国国王路易十四设计的凡尔赛花园，已成为古典主义造园艺术中的代表。我国的早期景观环境设计也有非常成功的范例，如苏州的拙政园始建于明代正德四年（公元1509年），通过园景的营造体现了“秋雨长林，致有爽气。独坐南轩，望隔岸横岗……使人悠然有濠濮间趣”的主题。

2.现代的景观环境设计

随着社会的不断进步，人的生活方式日益丰富，毫不夸张地说，现实世界的每一个角落都已打上了人类活动的烙印。人类生活的环境景观，实际上是人类的欲望在大地上的投影。人类在不断地为实现某种欲望而改造和创造景观，直至其实现了这种欲望后，新的、更高的欲望又引诱人们去追求、发明新的技术，采用新的生活和居住方式，从而在大地上写下新的景观。这可以被认为是人类个体和社会进步的轨迹。从田园到花园，到公园，直到高科技企业园，都充分反映了人类在科技进步的帮助下，不断实现自我完善的历程。

现代意义上的景观环境设计，以协调人与自然的相互关系为己任。现代景观环境设计的主要创作对象是人类的家，即整体的人类生态系统，其服务对象是人类和其他物种，强调人类发展和资源及环境的可持续性。例如1989年美籍华人贝聿铭，在法国卢浮宫的庭院喷水池中立起了一个玻璃金字塔，它的地下部分也同时对应着一个倒立的玻璃金字塔，与地面上的那一部分遥相呼应。

3.生态的景观环境设计

景观生态学是以景观为对象，以人类和自然协调共生的思想为指导，研究景观在物质、能量和信息交换过程中形成的空间格局、内部功能和各部分的相互关系；探讨其发生、发展的规律，建立景观时空动态模型。当前，生态的景观环境设计是以生态学为基础，遵循自然生态规律与人居环境发展规律。其目的在于利用自然生态规律，达到人与自然、人与社会的和谐共生，提高人类居住、健身、娱乐、美学及科学文化等方面的生活质量。

现代生态景观环境设计，应在首先满足功能性、技术性指标的前提下，强调了设计对文化观念和生活方式的表达，主要表现在以下几个方面：① 注重追求城市空间的趣味性；② 与地方景观特征和环境特征相呼应，使当地特有的风土文化价值得以保持和张扬；③ 强调景观道的设置，为行人提供舒适和便利；④ 强调设施多样化和完整程度，注重使技术的细节在应用中得到鲜明而有趣的表现；⑤ 重视环境艺术作品的创作实施，使艺术与现实生活的界线变得模糊，从而表达出生活艺术化的理想。

三、可持续景观设计的相关理论

1. 中国古代建筑文化观念

景观环境设计涉及科学、艺术、社会及经济等诸多方面的问题，它们密不可分，相辅相成。只有联合多学科共同研究、分工协作，才能保证一个景观整体生态系统的和谐与稳定，创造出具有合理的使用功能、良好的生态效益和经济效益的高质量的景观。我国古代建筑的选址和建筑空间营造一般运用建筑文化思想，将人为建构筑物与自然环境巧妙结合。

建筑文化实际上就是地理学、地质学、星象学、气象学、景观学、建筑学、生态学以及人体生命信息学等多种学科综合一体的一门科学。其宗旨是审慎周密地考察、了解自然环境，顺应自然，有节制地利用和改造自然，创造良好的居住与生存环境，赢得最佳的天时地利与人和，达到“天人合一”的至善境界。典型的城市格局是城市背靠山，前临水，两侧是又有山脉环绕的相对封闭而又完整的空间环境，其实质是强调城市选址与自然环境要素的融合，它所形成的绿色景观系统是完整而连续的系统。

2. 西方城市19世纪末的公园运动

随着工业化大生产导致的人口剧增和环境恶化，在19世纪末，西方城市已开始通过建造城市公园等城市绿色景观系统来解决城市环境问题。早在1853 ～ 1868年期间，奥斯曼进行巴黎中心改建的时候，在大刀阔斧改建巴黎城区的同时，也开辟了供市民使用的绿色空间；纽约的中央公园也是在此背景下建造的。

通过建造城市公园来构筑城市绿色景观系统最成功的例子是1880年，美国设计师欧姆斯特德设计的波士顿公园体系，该公园体系突破了美国城市方格网络网格局的限制，以河流、泥滩、荒草地所限定的自然空间为定界依据，利用 200 ～ 1500英尺（1英尺≈0.3048米）宽的带状绿化，将数个公园连成一体，在波士顿中心地区形成了优美、环境宜人的公园体系（Park System），被人称为波士顿的“蓝宝石项链”。

3. 霍华德的花园城市和沙里宁的有机疏散理论

英国新城运动应始于1898年霍华德在他的作品《明天：真正改革的和平途径》里表述的“田园思想”。霍华德先生认为，新城建设应是世纪之交摆脱英国拥挤不堪城市生活的最佳途径。霍华德提出的花园城市模型是：城市的直径不超过2km，其中心是由公共建筑环抱的中央花园，外围是宽阔的林荫大道（内设学校、教堂），加上放射状的林间小径，整个城市鲜花盛开，绿树成荫，人们可以步行到外围的绿化带和农田，花园城市就是一个完善的城市绿色景观系统。在花园城市理论的影响下，1944年的大伦敦规划，环绕伦敦形成了一道宽达5英里（1英里≈1609米）的绿带。

沙里宁的有机疏散理论是针对大城市发展到一定阶段的向外疏散问题而提出的，他在大赫尔辛基规划方案中，改变了传统的城市集中布局方式，而使其变为既分散又联系的有机体，绿带网络提供城区间的隔离、交通通道，并为城市提供新鲜空气。花园城市理论和有机疏散理论为城市规划的发展、新城的建设和城市景观生态设计产生了深远的影响。1971年莫斯科总体规划采用环状、楔状相结合的绿地系统布局模式，将城市分隔为多中心结构，城市用地外围环绕10～15km宽的森林公园带，构成了城市良好的绿色景观和生态系统。

4.麦克哈格的设计结合自然理论

美国的伊恩·伦诺克斯·麦克哈格在1971年出版了《设计结合自然》（Design With Nature），使景观设计师成为当时正处于萌芽状态的环境运动的主导力量。麦克哈格反对传统城市规划中功能分区做法，提出了将景观作为一个系统加以研究，其中包括地质、地形、水文、土地利用、植物、野生动物和气候等，这些决定性的环境要素相互联系、相互作用，共同构成环境整体。

麦克哈格提出在尊重自然规律的基础上，建造与人共享的人造生态系统的思想，并进而提出生态规划的概念，发展了一整套从土地适应性分析到土地利用的规划方法和技术，即叠加技术（“千层饼”模式）。麦克哈格强调了景观规划应遵从自然固有的价值和自然过程，完善了以环境因子分层分析和地图叠加技术为核心的生态主义规划方法；强调土地利用规划也应遵从自然固有的价值和自然过程，即土地的适宜性，并因此完善了以因子分层分析和地图叠加技术为核上心的规划分析论。

5.景观生态学理论

景观生态学理论始于20世纪30年代而兴于20世纪80年代，景观生态学强调水平过程与景观格局空间的相互关系，把“斑块-廊道-基质”作为分析任何一种景观的模式。景观生态学应用于城市及景观规划中，特别强调维持和恢复景观生态过程及格局的连续性和完整性。

具体地讲，在城市和郊区景观中要维护自然残遗斑块的联系，例如残遗山林斑块、水体等自然斑块之间的空间联系，维持城内残遗斑块与作为城市景观背景的自然山地或水系之间的联系。这些空间的联系的主要结构是廊道，如波士顿公园体系中的绿带和莫斯科外围的森林公园带。维护自然与景观格局连续性是构筑城市绿色景观系统的有效方法。城市中的绿色景观可以视为散落在城市中的自然斑块，只有通过建立廊道使其连续并与城市自然生态有机结合才能构成绿色景观系统，实现人类生态环境的可持续发展。北京大学的俞孔坚教授就是运用景观生态学关于景观格局连续性的方法对中山市的绿色景观格局进行了完善。

四、可持续景观设计的当代内涵

城市绿色景观系统是指城市中以自然生态景观和以绿色开敞空间为主的人工景观共同构成的景观生态系统。在当今城市环境恶化和城市特色贫乏的背景下，通过对城市绿色景观进行系统分析和构筑，来体现城市自然与人工的融合和“以人为本”的城市可持续发展是非常必要的。随着景观生态学原理、生态美学以及可持续发展的观念引入景观规划设计中，景观设计不再是单纯地营造满足人的活动、构建赏心悦目的户外空间，更在于协调人与环境的持续和谐相处。因此，景观设计的核心在于对土地和景观空间生态系统的干预与调整，借此实现人与自然环境的和谐。

1.保持人与客观自然因素的和谐状态是景观设计可持续发展思想的核心内容

绿色景观设计的可持续发展思想的核心内容，是探究人与自然的和谐共存的关系。千百年来，人类梦想着在自己的生存环境里能拥有理想的景观，这个“景观”其实就是人们所渴望的一种美好的栖息环境和一种舒适的生存状态。单从“景观”的字面意思，就能看出自然和人类的对话关系，“景”与“观”是自然景色与人的感观的碰撞，是“天人合一”的哲学体现，是审美主体对审美客体的和谐交流和相互映照，也是人与自然相互拥有的一种期盼。

伴随着城市化在全球的推进，我国自20世纪90年代初开始，各大城市逐步兴起建设城市景观设计和建设的热潮，大量的超耗能和破坏性的城市景观建设正在严重恶化我们的生存环境，严重背离了可持续发展思想的根本宗旨，如果再不进行有效控制和引导，将会影响我们人类当前和未来的健康生存问题。中国从古代就形成了原始的景观生态概念，提出“道法自然”，崇尚老子“人法地、地法天、天法道、道法自然”的哲学观念，它反映了中国人传统的朴素生态保护观念。

时至今日，物质文明高度发达、科学技术水平突飞猛进，可城市的很多景观设计却破坏了人与自然生态平衡，使我们面临着更为严峻的人与自然关系危机的现实。所以当前要尽快建立景观设计的生态发展观，设计思想首先要定位于符合城市景观生态设计的发展规律。著名景观设计师俞孔坚教授提出景观设计的生态原理要重点体现在以下3个方面。

① 尊重传统文化和乡土知识。自然空间中的一草一木，一水一石都是有含意的。人类之所以生生不息的延续，自然环境之所以四季交替生机盎然，正是因为有着历史文化和乡土知识的滋养。所以，一个适宜于景观环境的生态设计，必须首先应考虑当地人的或是传统文化给予设计的启示。

② 适应场所自然过程。现代人的需要可能与历史上该场所中的人的需要不尽相同。因此，为场所而设计绝不意味着模仿和拘泥于传统的形式。生态设计告诉我们，新的设计形式仍应以场所的自然过程为依据，依据场所中的阳光、地形、水、风、土壤、植被及能量等。设计的过程就是将这些带有场所特征的自然因素结合在设计之中，从而维护场所的健康。

③ 当地材料、植物和建材的使用，是景观设计生态化的一个重要方面。乡土物种最适于在当地生长，管理和维护成本最低，物种的消失已成为当代最主要的环境问题。所以保护和利用地方性物种也是时代对景观设计师的伦理要求。

以上3个方面，整体上体现了景观设计的主要生态发展观念，保持了景观设计的人工因素与客观自然因素的和谐与共同发展，倡导了城市景观设计应尽量使其对环境的破坏影响达到最小程度，真正重视环境景观的整体构架系统，维持人与自然景观和人工设计和谐发展，充分体现了既满足当代人的需求，又不对后代人满足其需求的能力构成危害的可持续发展战略概念。

2.保护有价值的历史文化景观是景观设计可持续发展思想的重要组成部分

当前中国城市的绿色景观设计出现的一个突出问题是有价值的历史景观不断为新的设计潮流所淹没，有些很好的具有历史文脉价值的景观被拆掉或者被整修的不伦不类。出现的这一问题，从根本上违背了可持续发展的思想。在城市景观建设过程中，能否妥善保护有着深厚历史文化沉淀的历史景观，正确处理好保护与发展、传承与更新的关系，将关系着一个国家、一个城市建设和发展的成败。

目前有些城市建设乱拆乱建的现象似乎愈演愈烈，一些城市为了政绩工程，把一些上百年的建筑景观一夜之间就拆掉了。要知道有价值的历史景观拆掉了就不能再复原，即使现在有的城市复原一个历史景观，它的“形”是相似的，但是“神态”已经不再具有历史中的文化精神，只是一个假古董而已。中国的景观设计有着悠久的发展历史，从城市雏形的建立到今天城市形态的完善发展，历史景观从广义上讲呈现的是客观自然现象和人工建造状态，反映着极其复杂的自然环境发展和人工建造的进程，在漫长的岁月里留下了城市文明进展和国家深厚文化遗产的烙印。就像清华大学美术学院郑曙旸先生讲的："有一个原则，就是在任何一个城市发展的时候，你要尽力保证具有一定文物价值的东西，否则这个地球就没有文化了。"景观设计的可持续发展首要的任务就应该是坚持以人为本，满足人们精神文明的需求，传承和延续中国传统景观设计的审美思想，吸收当时的国内外景观设计的优秀成果，设计出具有可持续发展的具有中国文化特色的城市景观。

3.绿色景观设计应体现思想、意识和文化的可持续发展观

人类社会的思想、意识和文化的发展是不能割断的，每一个国家和民族都有自己的思想文化发展历史和民族精神。但是，目前我国有很多城市的景观设计，无视地域性的历史特征和文化背景，景观的设计趋于复制化、雷同化，使人感到艺术的个性化被吞没了，试想当你怀着好奇之心走到每一个城市，欢迎你的每一个城市景观是那么相似，你的心情会是如何呢?所以，景观设计的思想、意识、文化的延续是建立在对城市环境原有历史特点和文化个性的深入调查与研究基础上的。

体现思想、意识和文化的可持续发展观主要反映在以下3个方面。

① 具有思想、意识和文化意味的景观设计能让生活其中的人得到归属感、地域感、自豪感和安全感。

② 在景观环境中体现人们的思想、意识、文化并使之得到延续和发展，有助于保持环境的特色，增强景观的魅力，最终促成更为丰富多彩的公众生活，使人对未来的生活寄予希望和期盼。景观设计中体现的思想、意识、文化能使环境的功能意义得到更好的表达，促使人们产生与之相适宜的行为，使设计的景观与人的活动融为一体，提高人们的审美水平，改善人类的生活品质。

③ 景观设计也是人类思想、意识、文化的综合体现，保持其延续与发展对人类具有重要的可持续发展意义。

第二节　可持续绿色景观评价体系

可持续绿色景观评价是指运用社会学、美学、心理学、生态学、艺术、当代科技、建筑学、地理学等多门学科和观点，对拟建区域景观环境的现状进行调查与评价，预见拟建地区在其建设和运营中可能给景观环境带来的不利和潜在影响，提出景观环境保护、开发、利用及减缓不利影响措施的评价。可持续绿色景观评价是新兴的一门学科，属于环境评价的一个分枝。最近几十年来，景观环境质量评价的研究取得了显著进展，有调查分析法、景观综合评价指数法、民意测验法和认知评判法。随着一些新学科的创立和计算数据的发展，国内外又提出了多种景色环境质量评价的新方法。

景观是由景观要素有机联系组成的复杂系统，具有独立的功能特性和明显的视觉特征、明确边界、可辨识的地理实体。景观分为自然景观和人造景观。在认识上人们通过视觉、感觉（知觉）对景观产生印象、生理及心理反应，其形成的综合效应是"舒适性"。景观环境质量评价主要是通过评价其视觉质量来实现的。视觉质量是社会环境质量的重要要素，视觉资源（景观资源）已开始取得与其他资源（国土资源、水资源等）同等重要的地位而加以保护及利用。美国于1969年颁布的《国家环境政策法》（NEPA）中规定："联邦政府使用所有可能实行的手段来保证所有美国人能安全、富有创造性、健康和审美地享受周围愉悦宜人的环境，保护国家历史、文化、自然遗产（资源），维护保证个人自由选择丰富多彩的环境。"

一、LEED评价体系对景观的借鉴意义

由美国绿色建筑委员会（USGBC）颁发的LEED绿色建筑认证是目前国际上最为先进和具实践性的绿色建筑认证评分体系。该系统将帮助项目小组明确绿色建筑的目标，制订切实可行的设计策略，使项目在能源消耗、室内空气质量、生态、环保等方面，达到国际认证体系LEED的指标和标准，为项目今后的用户提供高质量、低维护、健康舒适的办公和居住环境，从而增强项目在市场上的竞争力，使投资商获得丰厚的经济效益和社会效益。

在LEED绿色建筑认证中，侧重于在设计中有效地减少环境和住户的负面影响，其内容广泛地涉及以下5个方面：①可持续的场地规划；②保护和节约水资源；③高效的能源利用和可再生能源的利用；④材料和资源问题；⑤室内环境质量。LEED评价体系使过程和最终目的能够更好的结合，正是由于LEED绿色建筑认证的这种量化过程，使得建筑的设计和建造过程更趋于可控制化、可实践性。

尤其是在旧城的更新改造和再生中，其产业用地、废弃用地、旧城历史特色街区的更新与改造，城市改造进入了一个功能提升和环境内涵品质全面完善的历史新阶段。其中对城市原有功能与城市新的发展目标和环境现实的适应性再利用，特别是对一些未充分利用和已废弃的城市土地改造为各类景观用地，则是城市发展阶段面临的一个全新课题。通过对城市中有缺陷空间的积极改造，从而赋予其新的生机和活力，促进该地区的整体协调发展。

将LEED评价体系应用于景观环境建设中，不仅能够对景观进行合理评价，同时对于规划能耗最少、环境负荷最小、资源利用最佳、环境效能最大的城市景观有显著的指导意义。

二、可持续绿色景观评价体系

城市绿色景观具有社会、经济、生态等多种效益，是建设、保护、改善城市生态环境、实现可持续发展的重要措施。但是随着城市化进程的加快，温室效应、酸雨、粉尘、噪声、有害气体等环境问题也日益突出，人们愈加渴望一个绿色自然和谐的生存环境。目前国内中小城市在城市绿色景观建设方面发展较为缓慢，其绿色景观的规划设计不仅混乱，而且一味追求新、奇、特，完全不符合当地气候特点和人文环境。因此，研究城市绿色景观的规划设计和建立科学的景观评价体系，已成为指导城市绿色景观设计的有效途径和手段，具有重要的理论价值和现实意义。

绿色景观环境的调研与评价，是一个信息采集、分析与判断的过程，对影响景观环境的因素进行定性的确认与评估，并在可行的情况下加以量化，从而引导规划设计与场地环境能够相互适应。景观环境的调查与评价是进行科学规划和设计的重要前提之一。对现有环境资源建立合理评价体系，明确场地适宜性及建设强度，尽可能避免设计过程的主观性和盲目外生，是现代景观设计方法着重解决的问题，也是实现景观资源综合效益最大化以及可持续化的基本前提。

场地适宜性的评价目的最终表现在两个方面：一是对于环境而言，对现有自然环境、空间形态以及历史人文背景的认知及评价，最大限度地利用环境自身的条件，因势导利，采取相应的规划设计策略；二是就设计而言，针对设计在开发定位、建设规模、使用功能以及空间形态等方面的具体要求，通过评价“环境条件”与“使用要求”之间的耦合性，进一步明确场地的使用价值，通过评审进而科学地去规划场地，在满足游憩与审美的同时实现环境的可持续发展。

由于风景环境中人为影响较少或没有，自然条件对环境起决定作用，因此，对景观环境的研究主要是对其自然因素的分析与评估。而建成环境则不同，它是依据人的使用要求而营

造的，较多地反映了人的意志，反映了人对环境的改造过程。但是，任何一处建成环境中或多或少地仍然保留了原有场所的一些固有的自然属性，如地形、地貌、水系乃至植物等。因此建成环境较自然环境更为复杂，其中既反映了原有自然的基底，也反映了人的干预和自然环境之间的交互作用过程，更有人文因素的积淀。由此可见，对建成环境的研究，除了对自然属性的考量之外，还包括对人为因素的分析与评估。

第三节 集约化景观设计策略

集约化的“集”就是指集中，集合人力、物力、财力、管理等生产要素，进行统一配置；集约化的“约”是指在集中、统一配置生产要素的过程中，以节俭、约束、高效为价值取向，从而达到降低成本、高效管理，进而使企业集中核心力量，获得可持续竞争的优势。集约化简单地讲，是指在最充分利用一切资源的基础上，更集中合理地运用现代管理与技术，充分发挥人力资源的积极效应，以提高工作效益和效率的一种形式。集约化景观设计就是具有集约化特点的高效益和高效率的一种景观设计。

一、集约化景观设计体系

绿色景观环境规划设计要遵循资源节约型、环境友好型的发展道路，就必须以最少的用地、最少的用水、适当的资金投入、选择对生态环境最少干扰的景观设计营建模式，以因地制宜为基本准则，使园林绿化与周围建成环境相得益彰，为城市居民提供最高效的生态保障系统。建设节约型景观环境是落实科学发展观的必然要求，是构建资源节约型、环境友好型社会的重要载体，是城市可持续发展的生态基础。

集约型景观不是建设简陋型、粗糙型的城市环境，而是控制投入与产出比，通过因地制宜、物尽其用，营造彰显个性、特色鲜明的景观环境，引导城市景观环境发展模式的转变，实现城市景观生态基础设施量增长方式的可持续发展。建设集约化的城市景观，就是在景观规划设计中充分落实和体现“3R”原则。

“3R”原则即指减量化（Reducing）、再利用（Reusing）和再循环（Recycling）3种原则。其中减量化是指通过适当的方法和手段尽可能减少废弃物的产生和污染排放的过程，它是防止和减少污染最基础的途径；再利用是指尽可能多次以及尽可能多种方式地使用物品，以防止物品过早地成为垃圾；再循环是把废弃物品返回工厂，作为原材料融入新产品生产之中。这也是走向绿色城市景观的必由之路。

工程实践证明，集约化景观设计的策略主要包括以下方面。

（1）最大限度地发挥生态效益与环境效益　在城市景观环境建设中，通过集约化设计整合既有的资源，充分发挥“集聚”效应和“联动”效应，使生态效益与环境效益充分发挥。

（2）要满足人们合理的物质需求与精神需求　景观环境建设的主要目的之一就是满足人们生活和精神上的需求，使人们生活在舒适、健康的环境之中。

（3）最大限度地节约自然资源与各种能源　随着经济社会的不断发展，资源消耗日益严重，自然资源面临着巨大的破坏和无序使用，有些已出现严重退化，资源基础持续减弱。保护生态环境，节约自然资源和合理利用能源，是保证经济、资源、环境的协调发展，确保可持续发展的重点。

（4）提高自然资源与能源的利用率　倡导努力提高自然资源与能源的利用率，对于构筑可持续景观环境实为有效，集约化景观设计就是要求提高自然资源与能源的利用率。

（5）以合理的投入获得最适宜的综合效益　集约化景观设计追求投入与产出比的最大化，即获得的综合效益最适宜。集约化设计不是意味着减少投入和粗制滥造，而是实现能效比最优化的设计。

推动集约化景观规划设计理论与方法的创新，关键要针对长久以来研究过程中普遍存在的主观性、模糊性、随机性等缺陷，还有随之产生的工程造价、养护管理费居高不下和环境效应不高等问题。集约化景观设计体系以当代先进的量化技术为平台，依托数字化测图技术、GIS技术等数字化设计辅助手段，由环境分析、设计、营造及维护管理，建立全程可控、交互反馈的集约化景观规划设计方法体系，以准确、严谨的指数分析，评测、监控景观规划设计的全程，科学、严肃地界定集约化景规的基本范畴，集约化景观规划设计如何操作，进行集约化景观规划设计要依据怎样的量化技术平台是集约化景观设计的核心问题之一，进而为集约化景观规划设计提供明确、翔实的科学依据，推动其实现思想观念、关键技术、设计方法的整合创新，向“数字化”的景观规划设计体系迈出重要的一步。

集约化景观环境设计方法的研究，以创新、集约、环保、科学的景观规划设计方法为目标，以基于中国特色的集约理念的景观环境设计观念重构为契机，探讨集约化景观规划设计的实施路径、适宜策略及其技术手段，以实现当代景观规划设计的观念创新、理论创新、机制创新、技术创新，进而开创可量化、可比较、可操作的集约化景观数字化设计途径为目的。集约化风景园林设计基本框架如图11-1所示，集约化风景园林设计基本流程如图11-2所示。

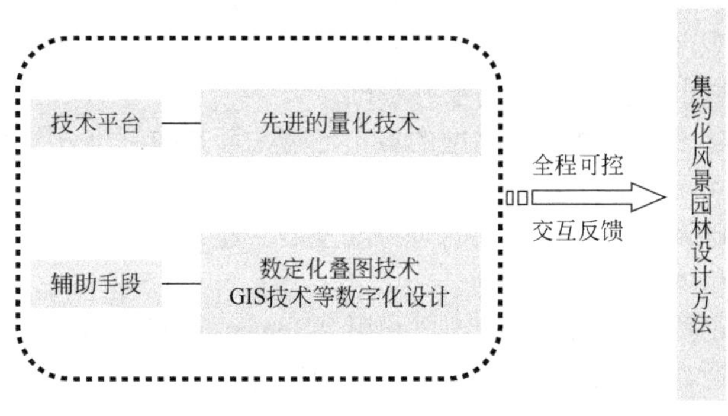

图11-1　集约化风景园林设计基本框架图

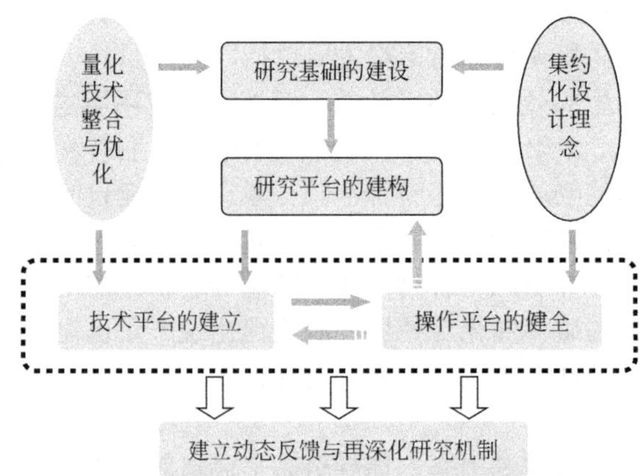

图11-2　集约化风景园林设计基本流程

景观环境分为风景环境与建成环境两大类。前者的环境在保护生物多样性的基础上有选择地利用自然资源；后者力于建成环境内景观资源的整合利用与景观格局结构的优化。风景环境由于人为扰动比较少，其过程大多为纯粹的自然进程，风景环境保护区等大量原生态区域均属于此类，对于此类景观环境应尽可能减少人为干预，尽量避免建设人工设施，保持其自然过程和状态，不破坏自然系统的自我再生能力，无为而治更合乎可持续发展的精神。

在风景环境中也会存在一些人为干扰过的环境，由于使用目的不同，此类环境均不同程度地改变了原有的自然状态。对于这类风景环境，应区分对象所处区位、使用要求的不同，而分别采取相应的措施。或以自然修复为主，恢复其原生状态为目标；或辅以人工改造，优化景观格局，使人为过程有机地融入风景环境中。在建成环境中，人为因素占据主导地位，湖泊、河流、山体等自然环境，更多地以片段的形式存在于“人工设施”之中，生态廊道被城市道路、建筑物等“切断”，从而形成了一个个颇为独立的景观斑块，各个片段彼此较为孤立，缺少联系和沟通。因此，在城市环境建设中，充分利用自然条件，强调构筑自然斑块之间的联系。同时，对景观环境不理想的区段加以梳理和优化，以满足人们物质和精神生活的需求。

长期以来，城市景观环境的营造意味着以人为主导，以服务于人为主要目标，往往是在所谓的“尊重自然、利用自然”的幌子下造成不同程度的环境恶化，例如水土流失、地形变化、土壤沙化、水体富营养化、地带性植被消失、物种单一、植物退化等生态隐患。景观环境的营造并未能真正从生态过程角度来实现资源环境的可持续利用和发展。因此，可持续景观规划设计不应仅仅关注景观表面现象和外在形式，更应研究风景环境与建成环境内在的机制与过程。针对不同场地生态条件的特性展开研究，分析环境本身存在的优劣势，充分利用有利条件，弥补现实不足，使环境整体朝着优化的方向发展。

二、风景环境的规划设计

风景环境规划设计是在传统园林理论的基础上，具有建筑、植物、美学、文学等相关专业知识的人士对自然环境进行有意识改造的思维过程和筹划策略。风景环境规划设计就是在一定的地域范围内，运用园林艺术和工程技术手段，通过改造地形、种植植物、营造建筑和布置园路等途径创造美的自然环境和生活、游憩境域的过程。通过风景环境规划设计，使风景环境具有美学欣赏价值、日常使用的功能，并能保证生态可持续性发展。在一定程度上，体现了当时人类文明的发展程度和价值取向及设计者个人的审美观念。

根据工程实践经验，风景环境规划设计主要包括风景环境保护维护设计和风景环境规划设计策略。

（一）风景环境保护维护设计

风景环境保护维护设计是为了保障景区的可持续发展，维护风景名胜区的生态平衡和自然人文历史景观。生态环境的保护和生态基础设施的维护，是风景环境规划建设的初始和前提。可持续景观环境规划设计的目的是维护自然风景环境生态系统的平衡，保护物种的多样性，保证资源的永续利用。景观环境规划设计应遵循生态优化原则，以生态保护作为风景环境规划设计的第一要务。风景环境为人类提供了生态系统的天然本色，有效的风景环境保护可以保存完整的生态系统和丰富的生物物种及其赖以生存的环境条件，同时还有助于保护和改善生态环境，保护地区的生态平衡。

根据对象的不同，风景环境的保护可以分为两种类型：第一类是保护相对比较稳定的生态群落和空间形态；第二类是针对演替类型，尊重和维护自然的演进过程。

1.保护地带性生态群落和空间形态

生态群落是不同物种共存的联合体。根据生态群落的稳定性不同，可分为群落的局部稳定性、全局稳定性、相对稳定性和结构稳定性4种类型。稳定的生态群落，对外界环境条件的改变有一定的抵御能力和调节能力。生态群落的结构复杂性决定了物种多样性的复杂性，也由此构成了相应的空间形态。风景环境保护区保护了生物群落的完整，维护了生物群落结构和功能的稳定，同时还能够有效地对特定的风景环境空间形态加以保护。

要切实保护生态群落及其空间形态应当做到以下两个方面。

（1）要警惕生态环境的破碎化　尊重场地原有生态格局和功能，保持周围生态系统的多样性和稳定性。对区域的生态因子和物种生态，要进行科学的研究分析，通过合理的景观规划设计，严格限制人为的建设活动，最大限度地减少对原有自然环境的破坏，保护基地内的自然生态环境及其内部的生态环境结构组成，协调基地生态系统以保护良好的生态群落，使其更加健康地发展。

（2）要防止生物入侵对生态群落的危害　生物入侵是指某种生物从原来的分布地区扩散到一个新的地区，在新的地区内，其后代可以繁殖、维持并扩散下去。生物入侵会造成当地地带性物种遭受严重损害或灭绝，使得本地区生物多样性丧失，从而导致原有空间形态遭到破坏。在自然界中，生物入侵的概率很小，绝大多数生物入侵是由于人类活动直接影响或间接影响造成的。

2.尊重自然演替的进程

演替是指随着时间的推移，生物群落中一些物种侵入，另一些物种消失，群落组成和环境向一定方向产生有顺序的发展变化。演替的主要标志为群落在物种组成上发生了变化；或者是在一定区域内一个群落被另一个群落逐步替代的过程。自然演替是指群落进化到一定时期的时候，变异的新生群落容易适应环境的演变，繁殖很快，往往会代替老的群落而成为环境的主宰。

群落的演替总是由先锋群落向顶极群落转化，沿着顺序阶段向顶极群落的演替为顺向演替。在顺向演替的过程中，群落结构逐渐变得比较复杂。反之，由顶极群落向先锋群落的退化演变成为逆向演替。逆向演替的结果是生态系统的退化，群落结构趋于简单。保护自然的进程，是指在风景环境中对于那些特殊的、有特色的演替类型加以维护的措施。这类演替形式往往具有一定的研究和观赏价值。尊重自然群落的演替规律，减少人为的影响，不应过度改变自然恢复的演替序列，保持其自然特性。

景观环境中大量的人工绿化植物，在减少或排除人为的干预后，同样也具备了自然属性，亚热带、暖温带大量人工林逐渐演替成地带性的针阔叶混交林是最有说服力的案例。以南京的紫金山为例，在经历太平天国、抗日战争等战火后，至民国初年山体植被已毁损大半。为恢复原来的自然景观，人们开始有选择性地种植树木，以马尾松等强阳性树种为主作为先锋树种。随后在近百年的时间里，自然演替的力量与过程逐渐加速，继而是大面积地恢复壳斗科的阔叶树，尤其以落叶树为主。近30年来，紫楠等常绿阔叶树随着生长环境的变化，在适宜的温度、湿度、光照的条件下迅速恢复。

3.科学划分保护等级

党中央、国务院高度重视生态环境保护工作。2000年，国务院颁布了《全国生态环境保护纲要》，明确了生态环境保护的指导思想、目标和任务，要求开展全国生态功能区划，为经济、社会和环境保护持续健康发展提供科学支持。2005年，国务院发布了《关于落实科学发展观加强环境保护的决定》，将科学划分生态功能区划和加强环境保护工作作为急需落实的一项重要任务。

在国务院颁发的《“十三五”生态环境保护规划》中也明确指出：“十三五”期间，经济社会发展不平衡、不协调、不可持续的问题仍然突出，多阶段、多领域、多类型生态环境问题交织，生态环境与人民群众需求和期待差距较大，提高环境质量，加强生态环境综合治理，加快补齐生态环境短板，是当前核心任务。党的十九大对生态文明建设和生态环境保护进行了系统总结和重点部署，梳理了五年来取得的新成就，提出了一系列新理念、新要求、新目标、新部署，为提升生态文明、建设美丽中国指明了前进方向和根本遵循。

（1）保护等级的划分　保护原生植物和动物，首先应确定需要重点保护的栖息地斑块，以及有利于物种迁移和基因交换的栖息地廊道。通过对动植物栖息地斑块和廊道的研究与设置，尽可能将人类活动对动植物的影响降到最低点，以保护原有的动植物资源。

为了加强生态环境保护的可操作性和景区建设的管理，将生物多样性保护与生物资源持续利用有效结合，可以将景区划分为生态核心区、生态过渡区、生态修复区和生态边缘区4个保护等级。

① 生态核心区。生态核心区是指生态保护中的生态廊道和景观特色关键，并且具有标志性作用的区域。主要包括重点林区以及动植物栖息的斑块和廊道。这些区域严格控制人为建设与活动，尽可能保持生态系统的自然演替，维护基因和物种的多样性。

生态核心区包含两个层面的内涵：一是核心区要有特质资源，并且能合理利用这些资源，在某些领域上勇于先行先试、敢为人先、先人一步，保持地方发展优势的特有本领和可持续发展动力；二是核心区的发展必须具有创新性，即在传统意义上起到典范、辐射、带动的作用，打生态经济牌，树生态经济样本，以人与自然和谐成为发展的旗帜，达到集聚、扩散、带动效应。

② 生态过渡区。生态过渡区是指生态保护和景观特色有重要作用的区域，如一部分原生性的生态系统类型和由演替系列所占据的受过干扰的地段，主要包括人工林、山地边缘、大部分农业种植区和水域等。该区域应严格控制建设规模与项目，保护与完善生态系统。

我国是世界上生态脆弱区分布面积最大、脆弱生态类型最多、生态脆弱性表现最明显的国家之一。我国生态脆弱区大多位于生态过渡区和植被交错区，是我国目前生态问题突出、经济相对落后和人民生活贫困区，同时也是我国环境监管的薄弱地区。加强生态脆弱区保护，增强生态环境监管力度，促进生态脆弱区经济发展，有利于维护生态系统的完整性，实现人与自然的和谐发展，是贯彻落实科学发展观，促进经济社会又好又快发展的必然要求。

③ 生态修复区。生态修复区是指生态资源和景观特色需要恢复保护的区域。该区域针对基地现状生态系统的特征，有计划地加以恢复自然生态系统。

所谓生态修复是指对生态系统停止人为干扰，以减轻负荷压力，依靠生态系统的自我调节能力与自组织能力使其向有序的方向进行演化，或者利用生态系统的这种自我恢复能力，辅以人工措施，使遭到破坏的生态系统逐步恢复或使生态系统向良性循环方向发展。生态修复主要指致力于那些在自然突变和人类活动影响下受到破坏的自然生态系统的恢复与重建工作，恢复生态系统原本的面貌，如砍伐的森林要重新种植、开垦的林地退耕还林、让动物回到原来的生活环境中。

④ 生态边缘区。生态边缘区是指受外界影响较大，生态因子欠敏感的地带，主要分布在城市郊区及道路边缘地区。该区域可以结合功能要求，适当建设相应的旅游活动区域与服务设施，以满足城市居民到郊外旅游的要求，同时完善城市景观环境。

城市生态边缘区是维护城乡生态安全和保障可持续发展的重要区域。在快速城镇化背景下，城市边缘区生态环境面临着城乡建设的巨大威胁。为此，立足于规划的空间资源配置职能，关注边缘区自然环境特征，应当采取生态导向下的城乡空间统筹、建设与非建设用地整合、多目标综合、生态保护与城乡发展兼顾的规划策略。

（2）生态廊道建设　生态廊道是指具有保护生物多样性、过滤污染物、防止水土流失、防风固沙、调控洪水等多种功能。建立生态廊道是景观生态规划的重要方法，是解决当前人类剧烈活动造成的景观破碎化，以及随之而来的众多环境问题的重要措施。按照生态廊道的主要结构与功能，可将其分为线状生态廊道、带状生态廊道和河流廊道3种类型。

生态廊道在城市格局中发挥着积极的综合效益。但是作为非建设用地，城市生态廊道的规划一直缺乏明确的编制导则和管理条例。伴随城市的快速扩张，其对土地的强烈需求加剧了生态廊道的环境承载和控制压力，理论上的绝对保护与现实中的开发利用之间的矛盾日益突出。如何在积极保护城市生态廊道功能有效发挥的前提下，对土地加以科学合理的适度利用，实现可持续发展，是当前规划和管理面临的主要问题。

（二）风景环境规划设计策略

随着经济的发展和人们生活水平的提高，人们对精神上的需求越来越大，其中一个重要的方面就是对美好自然环境的享受。风景名胜区的建立正是为社会提供了广阔的游览、观光、休闲、度假、文化教育的空间和场所，使人们能够体验、享受到美好的自然环境同时，人们在回归自然的过程中，唤起和培养人们热爱大森林、保护大自然的美好情操，增强了人们自觉保护生态环境的意识。风景名胜区由此成为普及自然科学知识、生态环境知识的一个重要阵地，也是进行爱国主义和革命传统教育的一个重要基地。

在我国，风景名胜地很早就见于史载，保留下来的也不少。但现代型的风景名胜区到20世纪初才出现，20世纪70年代末是其发展兴盛的开始，由于缺乏规划设计方面的经验，无成功例子可依据，在风景环境设计中走了不少弯路。经过多年的共同努力，在实践中积累经验，也得益于不断研究和探索，终于逐渐走出一条自己的风景环境规划设计的道路。

1.融入风景环境

在风景环境规划设计中，自然因素是占据主导地位的，自然界在其漫长的演化过程中，已经形成了一套自我调节系统，以维持生态平衡，其中土壤、水环境、风、阳光、植被、小气候等诸多因素，在这个系统中起着决定性作用。进行风景环境规划设计，就是通过与自然的对话，在满足其内部生物及环境需求的基础上，融入人为的过程，实现满足人们的需求，并使整个生态系统形成良性循环。自然生态形式都具有其自身的合理性，是适应自然发生发展规律的结果。

要实现人与自然和谐相处，就必须正确认识人与自然的关系。人类进行一切景观建设，都立从建立正确的人与自然关系出发，真正做到尊重自然，保护自然生态环境，尽可能少对自然环境产生负面影响。人为因素应当秉承最小干预原则，通过最少的外界干预手段，达到最佳的环境营造效果，将人为过程变成自然可以接纳的一部分，以求得与自然环境的有机融合。实现可持续景观规划设计的关键之一，就是将人类对生态平衡系统的负面影响控制在最低程度，将人为因子视为生态系统中的一个生物因素，从而将人的建设活动纳入生态系统中加以考虑。

生态观念与中国传统文化有类似之处。生态学在思想上表现为尊重自然、热爱自然，在方法上表现为整体性和关联性的特点，这与源远流长的中华文化不谋而合。中国传统文化中的“天、地、人”三者合一观念，正是从环境、人的整体观念去研究问题和解决问题的。在对人尊重的前提下，表现出对自然的热爱和顺应。

风景环境的规划设计作为一种人为的过程，不可避免地会对自然风景环境产生不同程度的干扰。可持续景观规划设计就是努力通过恰当和科学的设计手段，促进自然系统的物质利用和能量循环，维护和优化场地的自然过程与原有的生态格局，从而增加生物的多样性。实现以生态为目标的景观开发活动，不应与风景环境特质展开竞争或超越其特色，也不应干预自然进程，如野生动物的季节性迁移。确保人为干扰在自然系统的可接受范围之内，不致使生态系统自我演替、自我修复的功能退化。因此，人为设施的建设与营运是否合理，是风景环境可持续的重要决定因素，从项目类型、能源利用，乃至后期管理都是景观设计人员需要认真考虑的问题。

（1）生态区内建设项目规划　自然过程的保护和人为开发，从某种角度上来讲是对立的，人为因素越多干预到自然中，对于原有的自然平衡破坏可能就越大。对于自然环境保护要求较高的地区，应该尽可能选择对场地及周围环境破坏小、没有设施扩张要求而且交通流量小的活动项目。场地设计应该使场地所受到的破坏程度最小，并充分保护原有的自然排水通道和其他重要的自然资源以及对气候条件做出反应。同时，应使景观材料中所蕴含能量最小化，即尽可能使用当地原产、天然的材料。植物种植设计对策应使植物对水、肥料和维护需求最小化，并适度增加景观中的生物量。风景环境中的建设项目要考虑到该项目的循环周期成本，即一个系统、设施或其他产品的总体成本在其规划、设计和建设时就予以考虑。在一个项目的整个可用寿命或其他特定时间段内，要使用经济分析方法计算总体成本。应尽可能在循环周期成本中考虑材料、设施的废弃物因素，避免项目建设的“循环周期”污染。

例如，在安徽省滁州丰乐亭景区的规划设计中，项目建设以修复生态环境为最终目标。在维护原有地块内生态环境的基础上，改善和优化区域内的景观环境，重塑自然和谐的生态景观主题。同时突出以欧阳修为代表的地方历史文化景观特色，以生态优先为原则，结合各个地块的特色，对区域内的地块进行合理开发和利用。

（2）生态区内的能源　可持续景观设计采用的主要能源应为可再生的能源，并以不造成生态破坏的速度进行再生。任何设施开发项目，无论是新的建筑，还是现有建筑的修缮或适应性的重新使用，都应该包括改善能源效益、减少建筑物和支撑该设施的机械系统所排放的“温室气体”。为了减少架设电路系统时对环境造成的破坏，生态区内尽可能多地采用太阳能、风能等清洁能源，这样既可以减少运营后期的费用支出，又可以减轻对城市能源供应的压力。以沼气为例，这种气体作为一种高效的洁净能源，已经在我国很多地区广泛应用，在生态区内利用沼气作为能源，不仅可以减少对环境的污染，而且还可以使大量的有机垃圾得到再次利用。

（3）废弃物的处理和再利用　在自然系统中，物质和能量的流动是一个由“源—消费—汇”构成的、头尾相接的闭合循环流，因此，大自然没有废弃物。但是在建成环境中，这一流动是单向不闭合的。在人们消费和生产的同时，产生了大量的废弃物，从而造成对水、大气和土壤的污染。可持续的景观是指具有再生能力的景观，作为一个生态系统它应当是持续进化的，并且能为人类提供持续的生态服务。

在进行风景环境建设中，应当最高程度实现资源、养分和副产品的回收，控制废弃物的排放。当人为活动存在时，废弃物的产生也无法避免。对于可回收或再次利用的废弃物，应尽最大可能使能源、养分和水在景观环境中再生，并得到多次利用，使其实现功效最大化，同时也使资源的浪费最小化。通过开发安全的全新腐殖化堆肥和污水处理技术，从而努力利用景观中的绿色垃圾和生活污水资源。对于不可回收的一次性垃圾，一方面加强集中处理，防止对自然过程的破坏；另一方面，通过限制人为活动，减少对生态环境的压力。

2.优化景观格局

景观格局一般是指其空间格局，即大小和形状各异的景观要素在空间上的排列和组合，包括景观组成单元的类型、数目及空间分布与配置，例如不同类型的斑块可在空间上呈随机型、均匀型或聚集型分布。它是景观异质性的具体体现，又是各种生态过程在不同尺度上作用的结果。随着景观格局、功能和过程研究的深入，格局优化作为景观生态学新的研究领域被提出，但其理论和方法的研究仍然是景观生态学研究的一个难点问题。风景环境的景观格局是景观异质性在空间上的综合反映，是自然过程、人类活动干扰促动下的结果。同时，景观格局反映一定社会形态下人类活动和经济发展的状况。为了有效维持可持续的风景环境资源和区域生态安全，需要对场地进行土地利用方式调整和景观格局的优化。

景观格局优化是景观生态学研究的一个热点和重点问题，它是在景观生态规划、土地科学和计算机技术的基础上提出来的一种优化模式。景观格局优化的前提是首先要假设景观格局对景观中的物质、能量和信息流的产生、变化有着非常显著、强烈的影响，同时这些物质、能量和信息流对景观格局的调整和维持至关重要。景观格局的优化不仅要根据生态因子对景观斑块的类型进行调整，而且还要运用景观生态学的理论和方法，对景观的管理方法进行优化，其目的是在合理利用和管理土地等措施下，实现区域的可持续发展，并维持区域内的生态安全。

景观格局优化目标是优化调整景观中不同组分、不同斑块的数量和空间分布格局使各组分达到和谐、有序地改善受威胁或受损的生态功能，提高景观总体生产力和稳定性，实现区域可持续发展。由于景观格局强烈影响景观中能量、物质的交换和流动，反过来景观流的运行过程又会改变现有的景观格局，使系统向更加稳定的自然状态变化，为了保持这种人工干扰下格局的稳定，需要外界的能量来维持，因此，要达到生态效益、经济效益和社会效益综合最大的景观格局，经常需要人类的干预和管理。

风景环境的景观格局具有其自身的特点，因此，对其进行优化时需要掌握风景环境的生态特质和自然过程，把自然环境的生态安全格局保护和建设作为景观结构优化的重要过程。自然环境与人工环境均经历了长期演变，是诸多环境要素综合作用的结果。环境要素之间往往相互影响、相互制约。景观规划设计应以统筹与系统化的方式处理，重组环境因子，促使其整体优化，突出环境因子间及其与不同环境间的自然过程为主导，减少对人为过程的依赖。风景环境格局优化主要包括以下方面。

（1）基于景观异质性的风景环境格局优化　景观异质性就是景观要素及其属性在空间上的变异性，或者说是景观要素及其属性在空间分布上的不均匀性和复杂性。景观异质性不仅体现在景观的空间结构变化上（空间异质性），而且体现在景观及其组分在时间上的动态变化（时间异质性）。事实上，景观本质上就是一个异质系统，正是因为异质性才形成了景观内部的物质流、能量流、信息流和价值流，从而导致景观的演化、发展和动态平衡。一个景观的结构、功能、性质与地位主要决定于它的时空异质性。异质性是景观的一个根本属性，或者说景观的本质是异质的，异质是绝对的，而同质是相对的。因此，“异质性”是景观的重要内容之一。

在景观格局的优化过程中，人为过程不能破坏自然生态系统的再生能力；通过人为干扰，促进被破坏的自然系统的再生能力恢复。景观异质性有利于风景环境中物种的存在、演替以及整体生态系统的稳定。景观异质性导致景观复杂性与多样性，从而使景观环境生机勃勃，充满活力，趋于稳定。因此，保护和有意识地增加景观的异质性有时是必要的。干扰是增加景观异质性的有效途径，它对于生态群落形成和动态发展具有重要意义。

在风景环境中，各种干扰会产生林隙，林隙的大小、形成年龄、形成方式以及形成木的特征是研究“林隙”特征的重要参数，“林隙”形成的频率、面积和强度影响物种多样性。当干扰之间的间隔增加时，由于有更多的时间让物种迁入，生物的多样性会增加。当干扰的频率降低时，生物的多样性则会降低。生物多样性在干扰面积大小和强度为中等时最高，而当干扰处于两者的极端状态时则多样性较低。在风景环境的景观格局优化过程中，最高的多样性只有在中度干扰时才能保持。

实践经验和试验证明，生态群落的“林隙”、新的演替、斑块的镶嵌是维持和促进生物多样性的必要手段。增加景观异质性的人为措施主要有控制性的火烧、水淹、采伐等。控制性的火烧是一种用在森林、农业和草原的恢复传统技术。这种方式可以改善野生动物的栖息地、控制植被的竞争等。

（2）基于边缘效应和生物多样性的风景环境格局优化　在两个或多个不同性质的生态系统（或其他系统）交互作用处，由于某些生态因子（可能是物质、能量、信息、时机或地域）或系统属性的差异和协合作用而引起系统某些组分及行为（如种群密度、生产力和多样性等）的较大变化，称为边缘效应。

边缘地带的生态环境具有以下特征：① 边缘地带群落结构复杂，某些物种特别活跃，其生产力相对较高；② 边缘效应以强烈的竞争开始，以和谐共生结束，从而使得各种生物由原来的激烈竞争发展为各司其能，各得其所，相互作用，形成一个多层次、高效率的物质、能量共生网络；③ 边缘地带为生物提供更多的栖息场所和食物来源，有利于异质种群的生存，这种特定的生态环境中生物多样性较高。

边缘效应有其稳定性，按边缘效应性质一般可分为动态边缘和静态边缘两种。动态边缘效应是移动型生态系统边缘，外界有持久的物质、能量输入，此类边缘效应相对稳定，能长期维持其高生产力；静态边缘是相对静止型生态边缘，外界无稳定的物质、能量输入，此类边缘效应是暂时的，不稳定的。

因具有较高生态价值或因特殊的地貌、地质属性而不适于建设用途的非建设用地，它们在客观上构成了界定建设用地单元的边缘环境区，与建设单元之间蕴藏于生态关联的“边缘效应”。在风景环境格局优化中，重组和优化边缘景观格局，对于维护生态环境条件，提高生物多样性具有重要意义。边界形式的复杂程度直接影响边缘效应。因此，通过增加边缘长度、宽度和复杂度，来提高其丰富度。

（3）修复生态环境系统　随着科技进步和社会生产力的极大提高，人口剧增、资源过度消耗、环境污染、生态破坏等问题日益突出，生态环境问题成为世界各国普遍关注的一个大问题。跨进新世纪，我国已经进入加快推进社会主义现代化建设的新阶段。加强生态环境建设、优化人居环境，实现可持续发展，已成为我们需要研究的重大课题。

我国是世界上自然生态系统退化和丧失很严重的地区，土地荒漠化、水土流失、沙尘暴、洪水灾害、水体和大气污染、水资源短缺等，已严重威胁我国的社会经济发展和国民利益。为此我国采取了一系列工程措施，如植树造林、自然保护区建设、退耕还林等，但总体上我国的生态环境还是相当严峻。

生态和谐是实现可持续发展的基石。我们必须站在构建和谐社会的高度去考虑生态建设、生态恢复、环境保护问题。构建和谐社会离不开统筹人与自然和谐发展，统筹人与自然和谐发展的基础和纽带是生态建设。加强生态建设是构建社会主义和谐社会极为重要的条件。

所谓生态环境修复是指对生态系统停止人为干扰，以减轻负荷压力，依靠生态系统的自我调节能力与自组织能力使其向有序的方向进行演化，或者利用生态系统的这种自我恢复能力，辅以人工措施，使遭到破坏的生态系统逐步恢复或使生态系统向良性循环方向发展；主要指致力于那些在自然突变和人类活动活动影响下，受到破坏的自然生态系统的恢复与重建工作，恢复生态系统原本的面貌，如砍伐的森林要种植，退耕还林，让动物回到原来的生活环境中。这样，生态环境系统就会得到更好的恢复。

生态环境系统修复的目的是尽可能多地使被破坏的景观恢复其自然的再生能力。因此，生态恢复过程最重要的理念是通过人工调控，促使退化的生态环境系统进入自然的演替过程。自然生态环境的丧失会引起生物群落结构功能的变化。人工种植生态环境的群落结构与自然恢复生态环境的群落结构相比，具有较大的差异性。因此，生态环境系统修复应以自然修复为主，人工恢复为辅。自然生长可以有效恢复生态环境，但需要的时间比较长。在自然生态环境演替的不同阶段，适当引入适宜性的树种，可以加快生态环境的恢复过程。

三、建成环境的景观设计

1996年6月，在土耳其伊斯坦布尔召开的第二届联合国人类住区大会上，确定了《人居议程》，发表了《伊斯坦布尔宣言》，提出城市可持续发展的目标为："将社会经济发展和环境保护相融合，从生态系统承载能力出发改变生产和消费方式、发展政策和生态格局，减少环境压力，促进有效的和持续的自然资源利用。为所有居民，特别是贫困和弱小群组提供健康、安全、殷实的生活环境，减少人居环境的生态痕迹，使其与自然和文化遗产相和谐，同时对国家的可持续发展目标做出贡献。"

我国在《全国资源型城市可持续发展规划（2013—2020年）》中也指出："资源型城市作为我国重要的能源资源战略保障基地，是国民经济持续健康发展的重要支撑。促进资源型城市可持续发展，是加快转变经济发展方式、实现全面建成小康社会奋斗目标的必然要求，也是促进区域协调发展、统筹推进新型工业化和新型城镇化、维护社会和谐稳定、建设生态文明的重要任务。"

可持续发展是我国重要的发展战略之一，它的核心思想是健康的经济发展应建立在生态持续能力、社会公正和人民积极参与自身发展决策的基础之上，是一种崭新的发展观。由于城市是人类文明的标志，是一个时代的经济、政治、科学、文化、人口、生态环境发展和变化的焦点与结晶，是一国现代文明的重要标志，所以任何国家的可持续发展首先都表现为城市可持续发展。中国要在21世纪实施可持续发展战略，首先要实现城市的可持续发展。

建成环境是指为包括大型城市环境在内的人类活动而提供的人造环境，建成环境有别于自然风景环境，在建成环境中人为因素转为主导，自然要素则屈居次席。随着经济社会的不断发展，有限的土地必须承受城市迅速扩张的影响，土地承载量处于超负荷状态，工程建设造成环境污染导致城市河流、湖泊、绿带、景观等自然流通网络受阻，迫使城市中自然状态的土地必须改变形态。同时，大面积的自然山体、河流开发，造成自然绿地消失以及人工设施的无限扩展，即便是增加人工绿地也无法弥补自然绿地消减的损失。自然因子以斑块的形式散落在城市之中，形成孤立的生态环境岛，相互之间缺乏有机的联系，物质流、能量流将无法在斑块之间流动和交换，导致斑块的生态环境结构单一，生态系统颇为脆弱。

可持续景观设计理念要求景观设计人员对环境资源理性分析和运用，营造出符合长远效益的景观环境。针对建成环境的生态特征，可以通过4种方法来应对不同的环境问题，即景观环境整合化的设计、生态城市的建设和景观设计的生态化、典型生态环境的恢复。

（一）景观环境整合化的设计

现代城市的盲目发展，人工环境的无序膨胀，使人类赖以生存的环境变得遍体鳞伤，失去了以往的和谐与宁静。今天我们要倡导的环境景观设计应遵循以人为本的原则，尊重自然和历史文脉，合理利用自然资源，对景观环境采取整合化的设计，从而达到景观环境可持续发展的目标。

景观环境整合化设计就是统筹环境资源，恢复城市景观格局的整体性和连贯性。景观环境作为一个特定的景观生态系统，包含有多种单一生态系统与各种景观要素。为此，应对景观环境进行优化。首先，加强绿色基质，形成具有较高密度的绿色廊道网络体系；其次，强调景观的自然过程与特征，力求达到环境融入整个城市生态系统，强调绿地景观的自然特性，控制人工建设对绿色斑块的破坏，力求达到自然与城市人文的平衡。

整体化的景观规划设计强调维持与恢复景观生态过程与格局的连续性和完整性，即维护、建立城市中残留的绿色斑块、自然斑块之间的空间联系。通过人工廊道的建立在各个孤立斑块之间建立起沟通纽带，从而形成较为完善的城市生态结构。建立景观廊道线状联系，可以将孤立的生态环境斑块连接起来，提供物种、群落和生态过程的连续性。建立由郊区深入市中心的楔形绿色廊道，把分散的绿色斑块连接起来。连接度越大，生态系统越平衡。生态廊道的建立还起到了通风引道的作用，将城郊绿地系统形成的新鲜空气输入城市，改善城市中心的环境质量，特别是与盛行风向平行的廊道，其通风作用更加突出。

廊道是景观生态学中的一个概念，指不同于两侧基质的线状或带状景观要素，城市中的道路、河流、各种绿化带、林荫带等都属于廊道。尤其是水系廊道除了作为文化与休闲娱乐的载体外，更重要的是它可以作为景观生态廊道，将环境中的各个绿色斑块联系起来。滨水地带是物种较为丰富的地带，也是多种动物的迁移通道。水系廊道的规划设计首先应设立一定的保护范围来连接水流间的生态；其次，要贯通各支水系，使以水流为主体的自然能量流和生态流能够畅通连接，从而在景观结构上形成以水系为主体骨架的绿色廊道网络。

作为整合化的设计策略，从更高层面上来讲，是对城市资源环境的统筹协调。它涵盖了构筑物、园林、建筑小品等为主的人工景观和各类自然生态景观构成的城市自然生态系统。前者设计的重点在于处理城市公园、城市广场的景观设计及其他类绿地设计，融生态环境、城市文化、历史传统与现代理念及现代生活要求于一体，能够提高生态效益、景观效应和共享性。而各类自然生态景观的设计，重点在于完善生态基础设施，提高生态效能，构筑安全的生态格局。在进行城市景观规划的过程中，我们不能单纯地追求快速发展，应避免不当的土地使用，有规律地保护自然生态系统，尽量避免产生矛盾和冲击。我们应当在区域范围内进行景观规划，把城市融入更大面积的城郊基质中，使城市景观规划具有更好的连续性和整体性。同时，充分结合边缘区的自然景观特色，营造具有地方特色的城市景观，建立系统的城市景观体系。

建成环境的整合化设计策略应当做到以下两点：一方面，维护城市中的自然生态环境、绿色斑块，使之成为自然水生、湿生及旱生朱物的栖息地，使垂直和水平的生态过程得以顺利延续；另一方面，敞开的空间环境，使人们充分体验自然过程。因此，在对以人工生态主体的城市公园设计的过程中，以多元化、多样性，追求景观环境的整体效应，追求植物物种的多样性，并根据环境条件不同处理为廊道或斑块，与周围园地有机地融合在一起。

可持续发展始终贯穿着“人与自然的和谐、人与人的和谐”这两大主线，并由此出发，去进一步探寻人类活动的理性规则、人与自然的协同进化、人类需求的自控能力、发展轨迹的时空耦合、社会约束的自律程度，以及人类活动的整体效益准则和普遍认同的道德规范等等，通过平衡、自制、优化、协调，最终达到人与自然之间的协同以及人与人之间的公正。可持续发展的实施是以自然为物质基础，以经济为动力牵引，以社会为组织力量，以技术为支撑体系，以环境为约束条件。因此，可持续发展不仅是单一的生态、社会或经济问题，而是三者互相影响、互相作用的综合体。一般而言，经济学家往往强调保持和提高人类生活水平，生态学家呼吁人们重视生态系统的适应性及其功能的保持，社会学家则将他们的注意力更多地集中于社会和文化的多样性。

生态城市是城市生态化发展的结果，即社会和谐、经济高效、生态良性循环，自然环境、城市与人融为一个有机整体，从而形成互惠共生结构的人类住区形式。生态城市的发展目标，是实现人-社会-自然的和谐，包含人与人和谐、人与自然和谐、自然系统和谐3方面内容，其中追求自然系统和谐、人与自然和谐是基础和条件，实现人与人和谐才是生态城市的根本目的。

生态城市是城市发展的最新模式，它的内涵随着社会和科技的发展，不断得到充实和完善。到现在，生态城市的概念已经融合了社会、文化、历史、经济等因素，向更加全面的方向发展，体现的是一种广义的生态观。生态城市与普通意义上的现代城市相比，有着本质的不同。一些专家还指出，和谐性是生态城市的核心。生态城市是关心人、陶冶人、以人为本的聚集地。文化是生态城市最重要的功能，文化个性和文化魅力是生态城市的灵魂。

库里蒂巴市是巴西南部的主要城市，和温哥华、巴黎、罗马、悉尼同时被联合国首批命名为“最适宜人居的城市”，有“世界生态之都”的美誉。库里蒂巴是世界上绿化最好的城市之一，人均绿地面积581m^2，是联合国推荐数的4倍，其绿化的独到之处是，自然与人工复合，即使是在闹市的街边也耸立着不少参天大树。它们是在这里土生土长的，树龄有的已经100多年，有的树比城市还古老。特别值得一提的是库里蒂巴的市树——巴拉那松，此树树干通直，华盖如云，远远望去，好似高耸入云的倒张开的雨伞，点缀着市内的公园，布满城郊山野。库里蒂巴生态城市建设的主要策略如下。

① 绿地系统规划。全市大小公园有200多个，全部免费开放。此外，库里蒂巴还有9个森林区。绿地数量大，自然和城市设施形成有机融合。

② 植物配置合理。库里蒂巴的人工绿化注重地带性树种的选择，重视多样化的树种配置，既考虑到城市美化的视觉效果，也考虑到野生动物的栖息与取食。

③ 工业遗存改造和生态环境恢复。将工业遗存改造城市公共绿地，今日的库里蒂巴在市区和近郊已经没有工矿企业，原有的工厂都已迁至几十公里以外。城近郊原来的矿山，因为破坏生态环境而被停业，把采矿炸开的山沟开辟成公共休闲地，对破损的生态环境进行结构梳理和修复。

巴西库里蒂巴的生态城市建设经验，归结起来就是人类在建设城市的过程中，要充分尊重自然规律，尽量保护自然环境，让人们的活动融于自然、回归自然，这样我们才不至于把城市变成人和自然隔绝的堡垒。

（二）生态城市的建设

生态城市的建设是以追求人和自然高度协调发展为目的，以技术进步和人类生态意识加强为推动力，以人尽其才、物尽其用、地尽其利、生态良性循环、经济稳步增长、社会显著进步为特征的一种崭新的城市发展模式。归纳起来，生态城市具有和谐性、高效性、持续性、整体性、区域性和结构合理、关系协调7个特点。

1.和谐性

生态城市的和谐性，不仅反映在人与自然的关系上，人与自然共生共荣，人回归自然，贴近自然，自然融于城市，更重要的是反映在人与人关系上。人类活动促进了经济增长，却没能实现人类自身的同步发展。生态城市是营造满足人类自身进化需求的环境，充满人情味，文化气息浓郁，拥有强有力的互帮互助的群体，富有生机与活力。生态城市不是一个用自然绿色点缀而僵死的人居环境，而是关心人、陶冶人的“爱的器官”。文化是生态城市重要的功能，文化个性和文化魅力是生态城市的灵魂。这种和谐乃是生态城市的核心内容。

2.高效性

生态城市一改现代工业城市“高能耗”“非循环”的运行机制，提高一切资源的利用率，物尽其用，地尽其利，人尽其才，各施其能，各得其所，优化配置，物质、能量得到多层次分级利用，物流畅通有序，废弃物循环再生，各行业各部门之间通过共生关系进行协调。

3.持续性

生态城市是以可持续发展思想为指导，兼顾不同时期、空间、合理配置资源，公平地满足现代人及后代人在发展和环境方面的需要，不因眼前的利益而"掠夺"的方式促进城市暂时"繁荣"，保证城市社会经济健康、持续、协调发展。

4.整体性

生态城市不是单单追求环境优美，或自身繁荣，而是兼顾社会、经济和环境三者的效益，不仅重视经济发展与生态环境协调，更重视对人类生活质量的提高，是在整体协调的新秩序下寻求发展。

5.区域性

生态城市作为城乡的统一体，其本身即为一个区域概念，是建立在区域平衡上的，而且城市之间是互相联系、相互制约的，只有平衡协调的区域，才有平衡协调的生态城市。生态城市是人与自然和谐为价值取向的，就广义而言，要实现这一目标，全球必须加强合作，共享技术与资源，形成互惠的网络系统，建立全球生态平衡。

6.结构合理

一个符合生态规律的生态城市应该是结构合理的。合理的土地利用，好的生态环境，充足的绿地系统，完整的基础设施，有效的自然保护。

7.关系协调

关系协调是指人和自然协调，城乡协调，资源利用和资源更新协调，环境胁迫和环境承载能力协调。

（三）典型生态环境的恢复

生态环境是指由生物群落及非生物自然因素组成的各种生态系统所构成的整体，主要或完全由自然因素形成，并间接地、潜在地、长远地对人类的生存和发展产生影响。生态环境的破坏，最终会导致人类生活环境的恶化。因此，要保护和改善生活环境，就必须保护和改善生态环境。生态环境恢复指通过人工方法，按照自然发展的规律，恢复天然的生态环境系统。它是试图重新创造、引导或加速自然环境演化的过程。人类虽然没有能力恢复原始的天然生态环境系统，但是可以帮助自然，把一个地区需要的基本植物和动物放到一起，提供基本的恢复条件，然后让它自然演化，恢复物种的生态环境，最后实现生态环境的恢复。

所谓物种的生态环境，是指生物的个体、种群或群落生活地域的环境，包括必需的生存条件和其他对生物起作用的生态因素，也就是指生物存在的变化系列与变化方式。生态环境代表着物种的分布区，如地理的分布、高度、深度等。不同的生态环境意味着生物可以栖息的自然空间质的区别。生态环境是具有相同的地形或地理区位的单位空间。

现代城市是脆弱的人工生态系统，它在生态过程中是耗竭性的，需要其他生态系统的支持。随着人工设施的不断增加，环境必然恶化，不可再生资源迅猛减少，加剧了人与自然关系的对立。景观设计作为缓解环境压力的有效途径，如何维持并促进其不断发展已成为当今社会的热门话题。保护城市自然生态环境、资源，使其能永续提供城市人世代生存和发展的物质基础，是当代城市人义不容辞的责任和义务，是城市规划、建设的首要任务和工作重点。只有将环境、生态保护意识融汇到城市规划建设全过程，并积极采取措施加以保证，付诸实施，才能为城市的经济、社会可持续发展奠定基础和创造条件。

典型生态环境的恢复是针对建成环境中的地带性生态环境破损而进行修复的过程。生态环境的恢复包括土壤环境、水环境等基础因子的恢复，以及由此带来的地域性植被、动物等生物的恢复。景观环境的规划设计应当充分了解基地的环境，典型生态环境的恢复应从场地所处的气候带特征入手。一个适合场地的景观环境规划设计，必须先考虑当地整体环境所给予的启示，因地制宜地结合当地的生物气候、地形地貌等条件进行规划设计，充分使用地方材料和植物种类，尽可能保护和利用地方性物种，保证场地和谐的环境特征与生物多样性。

（四）景观设计的生态化

“设计”是有意识地塑造物质、能量和过程，来满足预想的需要或欲望，设计是通过物质能流及土地使用来联系自然与文化的纽带。根据有关规定，任何与生态过程相协调，尽量使其对环境的破坏影响达到最小的设计形式都称为生态设计，这种协调意味着设计尊重物种多样性，对资源的剥夺最小化，保持营养和水循环，维持植物生境和动物栖息地的质量，以有助于改善人类及生态系统的健康。生态设计不是某个职业或学科所特有的，它是一种与自然相作用和相协调的方式，范围非常广泛。

景观环境的生态化途径从利用、营造、优化3个层面出发，针对设计对象中现有环境要素的不同形成差异化的设计方法。景观设计的生态化途径是通过把握和运用以往城市设计所忽视的自然生态的特点和规律，贯彻整体优先和生态优先原则，力图创造一个人工环境与自然环境和谐共存的、面向可持续发展的理想城市景观环境。

景观生态设计首先应有强烈的生态保护意识，景观的生态设计反映了人类的一个新的梦想，它伴随着工业化的进程和后工业时代的到来而日益清晰，从社会主义运动先驱欧文的新和谐工业村，到霍华德的田园城市和20世纪70年代兴起的生态城市以及可持续城市。这个梦想就是自然与文化、设计的环境与生命的环境，美的形式与生态功能的真正全面地融合，它要让公园不再是孤立的城市中的特定用地，而是让其融入千家万户；它要让自然参与设计；让自然过程伴随人的日常生活；让人们重新感知、体验和关怀自然过程和自然的设计。

在城市发展的过程中，由于各方面条件的限制，不可能保护所有的自然生态环境，但是在其演进更新的同时，根据城市生态的法则，保护好一批典型而有特色的自然生态环境，对保护城市生物多样性和生态多样性、调节城市生态环境具有重要的意义。实践证明，景观设计的生态化途径主要有充分利用和发掘自然潜力、模拟自然的生态环境、生态环境重组与优化。

1.充分利用和发掘自然潜力

可持续景观建设必须充分利用自然生态为基础。所谓充分利用，一方面是指保护，充分利用的基础首先在于保护。原生态的环境是任何人工生态都不可比拟的，必须采取有效的措施，最大限度地保护自然生态环境。另一方面是提升，提升是在保护的基础上提高和完善，通过工程技术措施维持和提高其生态效益及共享性。充分利用自然生态基础建设生态城市，是生态学原理在城市建设中的具体实践。从实践经验来看，只有充分利用自然生态基础，才能建成真正意义上的生态城市。不论是建设新城还是旧城改造，城市环境中的自然因素是最具有地方性的，也是城市特色所在。

全球文化趋同与地域性特征的缺失，使得“千园一面”的雷同现象较为突出。如何发掘地域特色，有效利用场地特质成为城市景观环境建设的关键点。可持续城市景观环境设计首先是应当做好自然的文章，发掘自然资源的潜力。自然生态环境是城市中的镶嵌斑块，是城市绿地系统的重要组成部分。但是，由于人工设施的建设造成斑块之间的联系甚少，自然斑块的“集聚效应”未能发挥应有的作用。能否有效权衡生态与城市发展的关系，是可持续城市景观环境建设的关键所在。生态观念强调利用环境绝不是单纯的保护，而应当像对待保护文物一样，要积极地、妥当地开发并加以利用。从宏观上来讲，沟通各个散落在城市中和城市边缘的自然斑块，通过绿廊规划以线串面，使城市处于绿色“基质”之上；从微观上来讲，保持自然环境原有的多样性，包括地形、地貌、动植物资源等，使之向着有助于健全城市生态环境系统的方向发展。

国外许多城市在景观环境的建设中，都非常注重利用和发掘自然环境。如法国巴黎塞纳滨河景观带，在很多地段均采用自然式驳岸、缓坡草坪，凸显怡人风景，将自然景观通过河道绿化渗透到城市中，构成了“城市绿楔”。我国南京市的帝豪花园紧邻钟山风景区，建筑充分利用天然的自然景观，与原有景观环境有机融合，使所建花园古树婆娑、碧水荡漾，形成美好、健康、舒适的居住环境。

2.模拟自然的生态环境

自然生态环境是指存在于人类社会周围的对人类的生存和发展产生直接或间接影响的各种天然形成的物质和能量的总体，是自然界中的生物群体和一定空间环境共同组成的具有一定结构和功能的综合体，且未受人类干扰或人工扶持，在一定空间和时间范围内，依靠生物及其环境本身的自我调节来维持相对稳定的生态系统。自然生态环境有它自己固有的形成和维持的机制，不是一朝一夕出现的，我们应该学它固有的机制，以模拟的手法来建设城市生态环境。

在经济快速发展的今天，城市的扩张对自然环境造成了一定的破坏，景观设计的目的在于弥补出现的这一缺憾，提升城市环境的品质。自然生态环境能够较好地为植物提供立地条件和生长环境，模拟自然生态环境是将自然环境中的生态环境特征引入城市景观建设中来，通过设计者人为的配置，营造土壤环境、水环境等适合植物生长的生态环境条件。“师法自然”是我国传统造园文化的精粹。师法自然是以大自然为师加以效法的意思。科学的方法在于师法自然，科学的发展在于师法自然，科学的对象也在于师法自然，对一切的认识、利用都在于师法自然。在模拟自然的生态环境中，要坚持以人为本、和谐发展的原则，坚持生态优先、师法自然的原则，坚持工程带动、统筹发展的原则，坚持科技兴市、依法治市的原则。

生态学的发展带来了人们对于景观审美态度的转变，20世纪60～70年代，英国兴起了环境运动，在城市环境设计中主张实施纯生态的观点，英国在新城市和居住区景观建设中，提出“生活要接近自然环境”，但由于多方面的原因最终以失败告终。这种现象迫使景观设计者重新审视自己，其结果是重新恢复到传统的住区景象。所谓纯生态方法的环境设计不过是昙花一现。生态学的发展并非是要求我们在自然面前裹足不前、无所适从，而是要求在建设过程中找到某种平衡，纯粹自然在城市环境建设中是根本行不通的，生态问题也不仅是多栽种树木。人们在实践中不断修正思路，景观设计者更多地在探索“生态化”与传统审美认识之间的结合点与平衡点。

生态学是研究生物体与其周围环境（包括非生物环境和生物环境）相互关系的科学。目前已经发展为“研究生物与其环境之间的相互关系的科学”。随着人类活动范围的扩大与多样化，人类与环境的关系问题越来越突出。因此近代生态学研究的范围，除生物个体、种群和生物群落外，已扩大到包括人类社会在内的多种类型生态系统的复合系统。人类面临的人口、资源、环境等几大问题都是生态学的研究内容。

3.生态环境重组与优化

针对建成环境中某些不具备完整性、系统性的生态环境进行结构优化、提升生态环境品质。生态环境重组与优化目的明确，即为解决生态环境因子中的某些特定问题而采取的措施。生态环境重组与优化主要包括土壤环境和水环境。

（1）土壤环境　土壤环境是生态环境的基础，是生物多样性的“工厂”，是动植物生存和生长的载体。微生物在土壤环境中觅食、挖掘、透气、蜕变，它们制造腐殖土。在这个肥沃的土层上所有的生命相互紧扣，但在城市环境中，土壤环境往往由于污染而变得贫瘠，不利于植物的生长。因此，对于城市中的土壤关键在于土壤改良和表土利用。

① 土壤改良。土壤改良技术主要包括土壤结构改良、盐碱地改良、酸化土壤改良、土壤科学耕作和治理土壤污染。土壤结构改良是通过施用天然土壤改良剂和人工土壤改良剂来促进土壤团粒的形成，改良土壤的结构，提高肥力和固定表土，保护土壤耕层，防止水土流失。盐碱地改良主要是通过脱盐剂技术、盐碱土区旱田的井灌技术、生物改良技术进行土壤改良。酸化土壤改良是控制二氧化碳的排放，制止酸雨发展或对已酸化的土壤添加碳酸钠、消石灰等土壤改良剂，来改善土壤肥力、增加土壤的透水性和透气性。采用免耕技术、深松技术，来解决由于耕作方法不当造成的土壤板结和退化问题。土壤重金属污染主要是采取生物措施和改良措施，将土壤中的重金属萃取出来，富集并搬运到植物的可收割部分，或者向受污染的土壤投放改良剂，使重金属发生氧化、还原、沉淀、吸附、抑制和拮抗作用。

② 表土利用。表土层一般是指土壤剖面的上层，其生物积累作用比较强，含有较多的腐殖质，肥力较高，在实际建设的过程中，人们往往忽视表土的重要性，在挖填土方时，不注意对表土的保护，而是随意将其遗弃。典型生态环境的恢复需要良好的土壤环境，而表土的利用是恢复和增加土壤肥力的重要环节，生态环境恢复要尽量避免采用客土。

（2）水环境　水环境是指自然界中水的形成、分布和转化所处空间的环境。是指围绕人群空间及可直接或间接影响人类生活和发展的水体，其正常功能的各种自然因素和有关的社会因素的总体。水环境的恢复指针对某些存在水污染或存在其他不适生长因子的地段进行修复、改良。因此，营造适宜的水环境对于典型生态环境的建构显得尤为重要。根据建成环境中各类不同典型生态环境的要求，有针对性地构筑水环境。

我国著名的常熟沙家浜芦苇荡湿地则是科学利用水环境的典范，该湿地充分利用基地内原有场地元素和本底条件，注重生物多样性的创造，形成一处自然野趣的水乡湿地。景区的设计是在对基地现状大量分析的基础上进行的，无论是路线的组织还是项目活动的安排，都是在对基地特性把握的基础上作出的。通过竖向设计，调整原场地种植滩面宽度，从而形成多层台地，以满足浮水、挺水、沉水等各类湿地植物的生长需求。常熟沙家浜芦苇荡湿地生态环境改造，如图11-3所示。

图11-3　常熟沙家浜芦苇荡湿地生态环境改造图（单位：m）

山东省东营黄河口湿地生态旅游区是因1855年黄河改道而成，地处渤海与莱州湾的交汇处，黄河千年的流淌与沉淀，在它的入海口成就了中国最广阔、最年轻的湿地生态系统，属于高度特异性旅游资源，具有很强的观赏性。黄河口湿地生态旅游区因其独特的湿地生态环境，得天独厚的自然条件，园内的生物资源非常丰富，有刺槐林1.2万公顷，各种生物1917种，其中水生动物641种，属于国家一级保护动物的有达氏鲟、白鲟2种；这里也是鸟类的栖息地，鸟类主要有丹顶鹤、白头鹤、白鹳、中华秋沙鸭、金雕、白尾海雕等多种一级重点保护鸟类，国家二级保护的鸟类有30多种。该生态园是鸟类生活的乐园，是集生态原始旅游、湿地科学考察、鸟类研究于一体的旅游地。世界上独一无二的黄河入海口，在这里可以看到中华民族母亲河入海的景象，观赏到河海交汇的景观，充分体现了黄河口湿地生态园的原生态美。

第四节　可持续景观设计技术途径

可持续景观设计就是人类生态系统的设计，可持续景观的设计本质上是一种基于自然系统自我更新能力的再生设计，其中包括如何尽可能少地干扰和破坏自然系统的自我再生能力，如何尽可能多地使被破坏的景观恢复其自然的再生能力，如何最大限度地借助于自然再生能力而进行最少设计。这样设计所实现的景观便是可持续的景观。

可持续的生态系统要求人类的活动合乎自然环境规律，即对自然环境产生负面影响最小，同时具有能源和成本高效利用的特点。生态的理性规划基于生态法则和自然过程的理性方法，揭示了针对不同的用地情况和人类活动，需要营造出最佳化或最协调的环境，同时还要维持固有生态系统的运行。

一、可持续景观生态环境设计

随着生态学等自然学科的发展，越来越强调景观环境设计系统整合与可持续性，其核心在于全面协调与景观环境中各项生态环境要素，如小气候、日照、土壤、雨水和植被等自然因素，当然也包括人工的建筑、铺装等硬质景观。统筹研究景观环境中的诸要素，进一步实现景观资源的综合效益的最大化及可持续化。

根据国内外的实践经验，可持续景观生态环境设计，主要包括土壤环境的优化和水环境的优化。

（一）土壤环境的优化

土壤环境是指岩石经过物理、化学、生物的侵蚀和风化作用，以及地貌、气候等诸多因素长期作用下形成的土壤的生态环境。土壤环境由矿物质、动植物残体腐烂分解产生的有机物质，以及水分、空气等固、液、气三相组成。固相（包括原生矿物、次生矿物、有机质和微生物）占土壤总重量的90%～95%；液相（包括水及其可溶物）称为土壤溶液。各地的自然因素和人为因素不同，形成各种不同类型的土壤环境。我国土壤环境存在的问题主要有农田土壤肥力减退、土壤严重流失、草原土壤沙化、局部地区土壤环境被污染破坏等。

景观生态学起源于土地研究，研究对象是土地镶嵌体，以土地利用为主。景观生态学的主要目的之一是理解空间结构影响生态的过程。土地利用规划（包括景观和城市规划与设计）强调人类与自然的协调性，自然保护思想在这一领域日趋重要。因此景观生态学可以为土地利用规划提供一个理论基础，并可以帮助评价和预测规划，设计可能带来的生态后果。景观生态学属于宏观尺度生态空间研究范畴，其理论核心集中表现为空间异质性和生态整体性。土地作为地表自然综合体，是一种特色鲜明的系统整体，具有突出的空间异质性，而生态整体性正是实现土地持续开发利用的有效途径之一。因此，土地可持续利用的研究内容涉及景观生态学的理论核心。

土壤环境的优化主要包括原有地形的利用、基地表土的保存与恢复、人工优化土壤环境等。

1.原有地形的利用

景观环境规划设计应当充分利用原有的自然地形地貌与水体资源，尽可能减少对生态环境的扰动，尽量做到土方就地平衡，节约建设资金的投入。尊重现场地形条件，顺应地势组织环境景观，将人工的营造与既有的环境条件有机融合，是可持续景观设计的重要原则。对原有地形的利用主要包括以下方面。

① 充分利用原有地形地貌体现和贯彻生态优先的理念。应注重建设环境的原有生态修复和优化，尽可能地发挥原有生态环境的作用，切实维护生态平衡。

② 充分利用原有地形地貌是自然力或人类长期作用的结果，是自然和历史的延续与写照，其空间存在具有一定的合理性及较高的自然景观和历史文化价值，表现出很强的地方性特征和功能性的作用。

③ 充分利用原有地形地貌有利于节约工程建设投资，具有很好的经济性。原有地形形态利用包括地形等高线、坡度、走向的利用，地形现状水体借景和利用，以及现状植被的综合利用等。

2.基地表土的保存与恢复

在建设项目的施工过程中，开挖和取弃土场势必产生大量的土方，改变了土壤固有的结构，对场地表土产生直接的破坏，将富含腐殖质的表土掩埋，新挖出的土层不适宜栽植。土壤表土是生态系统附着的基础，因此应剥离并保存表土，待工程竣工后，将表土回填至栽植区，用于后期的生态恢复，这样有助于迅速恢复植被，提高栽植的成活率，节约生态恢复的成本，起到事半功倍的效果，具有可观的生态效益和经济效益。

在进行景观环境的基地处理时，注意要充分发挥表层土壤资源的作用。表土是经过漫长的地球生物化学过程形成的适于植物生存的表层土，它对于保护并维持生态环境扮演着一个相当重要的角色。表土中有机质和养分含量最为丰富，通气性和渗水性比较好，不仅为植物生长提供所需养分和微生物的生存环境，而且对于水分的涵养、污染的减轻、微气候的缓和都具有巨大的作用。在自然状态下，经历100～400年的植被覆盖才得以形成1cm的表层土，由此可见表土难得与重要性。千万年形成的肥沃表层土是不可再生的资源，一旦被破坏是无法弥补的损失，因此基地表土的保护和再利用是非常重要的。另外，一定地段的表土与下面的心土保持稳定的自然发生层序列，建设中保证表土的回填将有助于保持植被稳定的地下营养空间，有利于植物的生长。

在城市景观环境设计中，应尽量减少土壤的开挖和平整工作量，在不能避免开挖和平整土地的地方，应将填挖区和建筑铺装的表土剥离、储存，用于需要改换土质或塑造地形的绿地中。在景观环境建成后，应当清除建筑垃圾，回填同地段优质表土，以利于地段的绿化。

3.人工优化土壤环境

为了满足景观环境的生态环境营造，体现多样化的空间体验，需要人为添加种植介质，这就是所谓的人工优化土壤环境。这种人工优化土壤环境的营造并不是单一的“土壤”本身，为了形成不同的生态环境条件，通常需要多种材料的共同构筑。

值得特别注意的是，人工优化土壤环境绝不是对土壤大量进行施肥，不合理的施肥不仅造成土壤、植物养分平衡失调，对植物正常生长与品质构成威胁，也造成肥料的大量浪费，而且更严重的是，植物吸收后残留的肥料随着灌水或降水而产生径流、淋溶或侧渗，其累积效应对土壤和地表水、地下水易造成污染。

（二）水环境的优化

水环境是构成环境的基本要素之一，是人类赖以生存和发展的重要场所，也是受人类干扰和破坏最严重的领域。在城市景观环境设计中，根据需要对原来环境进行必要的改造，从而会改变原有的水环境。如景观环境中大量使用硬质不透水材料为铺装面（沥青混凝土、水泥混凝土、石材等），这些铺装均会造成地表水的流失，景观区域内地下水不能补给。沟渠化的河流完全丧失滨河绿带的生态功能。这样，一方面加剧了人工景观环境中的水缺失，导致了土壤环境的恶化；另一方面，则需要大量的人工灌溉来弥补景观环境中水的不足，从而造成水资源和资金的浪费。

在城市景观环境中改善水环境，首先是利用地表水、雨水、地下水，这是一种低成本的方式；其次是对中水的利用，目前仍存在尚未彻底解决的难题，应根据实际情况采用。

1.地表水和雨水的收集

在所有关于物质和能量的可持续利用中，水资源的节约是景观设计中必须关注的关键问题之一，也是景观设计人员应当重点解决的。由于城市区域地面的大量硬化，这些原本应渗入自然景观区域土壤中的雨水，通常会给河流与径流带来负面的影响。雨水降落在屋顶、道路、广场、停车场等城市硬质铺装上，汇流后的雨水都会将污染物冲入附近的水道中，从而也加速了河水的流动，产生洪水泛滥的可能性也会增大。

由于缺乏相应的管理措施，城市中的水污染和空气污染依然非常严重，世界各国许多城市都面临着这个重大问题。面对我国城市普遍存在水资源短缺、洪涝灾害频繁、水污染严重、水生栖息地遭到严重破坏的现实，城市景观设计人员可以通过对景观的设计，从减量、再用和再生3个方面来缓解我国的水危机。具体的内容包括：通过选择乡土和耐旱的植被，减少灌溉用水；通过将景观设计与“雨洪”管理相结合，来实现雨水的收集和再用，减少旱涝灾害；通过利用生物和土壤的自净能力，减轻水体的污染，恢复水生栖息地，恢复水系统的再生能力等。

可持续的景观环境应当努力寻求雨水平衡的方式，雨水平衡也应当成为所有可持续景观环境设计目标。地表水和雨水的处理方法，要突出将“排放”转为“滞留”，使其能够实现“生态循环”和“再利用”。在自然景观中，雨水降落在地上，经过一段时间与土地自身形成平衡。雨水只有在渗入地下，并使土壤中的水分饱和后才能成为雨水径流。一块基地的地表面材料决定了成为径流雨水量大小。人工景观的开发会造成可渗水面积的减少，使得雨水径流量增加。不透水材料建造的道路、停车场、广场等阻碍了雨水渗透，从而打破了基地雨水平衡。不当的建设行为会使场地的雨水偏离平衡，不透水的表面会使得雨水无法渗透到土壤中，进而影响到蓄水层和与其相连的河流，从而使这些水体产生污染。

综合的可持续性场地设计技术，可以帮助实现和恢复项目的雨水平衡，它主要强调雨水收集、储存、使用的无动力性。最具有代表性的是荷兰政府于1977年强调实施可持续的水管理策略，其重要内容是“还河流以空间”。以默兹河为例，具体包括疏浚河道、挖低与扩大漫滩（结合自然）、退堤，以及拆除现有挡水堰等，其实质是一个大型自然恢复工程，称为生态基础设施，旨在建立全国性的广阔而相连的自然区网络。

改善景观区域内的基底，提高基底的渗透性，主要是指通过建设绿地、透水性铺装、渗透管、渗透井、渗透侧沟等，使地面雨水直接渗入地下，涵养和补充地下水资源，同时也可缓解景观区土壤的板结，有利于植物的生长。雨水利用是水资源开发最早的方式。雨水利用是解决21世纪水资源的重要途径，在国际上已引起广泛重视。日本政府除了采取开源措施和提高水的利用效率、鼓励全社会利用循环水外，对雨水的利用十分重视。早在1980年就开始推广雨水储留渗透计划，利用公园、绿地、庭院、建筑物、停车场、运动场等大面积场所，将雨水储留下来。

我国对雨水储留多数是在乡村利用池塘收集、储存雨水。今后不仅将继续加强乡村集雨工程建设，作为园地浇灌、畜牧用水的水源，同时，要大力推进城市集雨工作。城市住宅屋面雨水易收集、水质好，应作为城市雨水利用的重点，以一个占地$10\times10^4m^2$的居住区为例，年可蓄纳雨水$2\times10^4m^3$左右。经处理的雨水可用于浇灌绿地植物和洗车等，其处理成本仅为自来水的1/4。

土壤水分入渗是指水分进入土壤的过程，是降水和地面水向土壤水及地下水转化的重要环节。土壤水分入渗过程和渗透能力决定了降雨进程的水分再分配，从而影响坡地地表径流和流域产流及土壤水分状况。因此，研究土壤水分入渗规律是探讨景区流域产流机制的基础和前提。无论是单体建筑还是大型城市，针对不同地域的降水量、土壤渗透性及保水能力，应当严格实行“雨洪”分流制。首先，尽可能截留雨水、就地进行下渗；其次，通过管、沟将多余的水资源集中储存，缓慢地释放到土壤中；再次，在暴雨期超过土壤吸纳能力的雨水可以排到建成区域外。

（1）景观环境区域内雨水收集　主要包括屋面、硬质铺装面和绿地3个方面。屋面雨水收集系统的类型与方式有外收集系统、檐沟、雨水管；内收集系统，由屋面雨水斗和建筑内部的连接管、悬吊管、立管、横管等雨水管道组成。在屋面雨水收集的过程中，可以采用截污滤网、初期雨水“弃流”装置等控制水质，去除雨水中的颗粒物和污染物。

硬质铺装面（道路、广场、停车场等）雨水收集系统类型与方式有雨水管、暗渠蓄水，采用重力流的方式收集雨水；明沟截流蓄水，通过明沟砂石截流和周边植被种植，不仅可以起到减缓雨水流速，承接雨水流量的作用，同时，借助生物滞留技术和过滤设施，还能够有效防止受污染的径流和下水道溢出的污染物流入附近的河流。在这些景观区通过竖向设计调整高程，以便顺利地收集雨水，并使雨水经过滤后渗入地下。明沟截流可以降低流速、增加汇集时间、改善透水性、增加动物栖息地、提高生物多样性，并有助于地下水回灌。

（2）街道“雨洪”设施　绿色基础设施是场地雨水管理和治理的一种新方法，在雨水管理和提升水质方面都比传统管道排放的方式有效。采用生态洼地和池塘等典型的绿色基础设施，可以为城市带来多方面的好处。通过道路路牙形成企口收集、过滤雨水，将大量雨水流限制在种植池中，通过雨水分流的策略，减轻下水道荷载压力。避免将雨水径流集中在几个“点”，要将雨水分布到基地各处的场地中。同时考虑到人们集中活动和车辆漏油等污染问题，应避免建筑物、构筑物、停车场上的雨水直接进入管道，而是要让雨水在地面上先流过较浅的通道，通过截污措施后进入雨水井。这样沿路的植被可以过滤水中的污染物，也可以增加地表渗透量。

线性的生态洼地是由一系列种有耐水植物的沟渠组成，通常出现在停车场或者道路沿线，还有一些通过植物和土壤中的天然细菌吸收污染物来提升水质的系统。洼地和池塘都可以在解除洪水威胁之前储存雨水。这些系统当中一些可以用于补给地下水，一些则在停车场的上方，要保持不能渗透。绿色基础设施也可以与周围的环境一起构成宜人的景观，同时提升公众对于雨水管理系统和增强水质的意识。

（3）透水铺装　工程实践证明，透水性铺装材料具有如下生态优点。

1）缓解城市热岛效应和干热环境　水性铺装由于自身一系列与外部空气及下部透水垫层相连通的多孔构造，雨过天晴以后，透水性铺装下垫层土壤中丰富的毛细水通过太阳辐射作用下的自然蒸发蒸腾作用，吸收大量的显热和潜热，使其地表温度降低，从而有效地缓解了“热岛现象”。

“城市干燥化”是城市热岛效应的连锁反应之一。北方城市在少雨季节常见的风沙起尘现象，究其原因就是地表的湿度及蒸发量减少，空气及地表的湿度过小，空气日益干燥。该现象在缺水的北方城市尤其明显，这些城市如果使用透水性铺装，透水性铺装蒸发的水蒸气会增加空气的湿度，这对于缓解“城市干燥化”也是有利的，该增湿作用可以有效地减少城市地面的起尘及“沙尘暴”危害。

2）维护城市土壤生态环境的平衡　透水性铺装兼有良好的渗水性及保湿性，它既兼顾了人类活动对于硬化地面的使用要求，又能通过自身性能接近天然草坪和土壤地面的生态优势，以便减轻城市非透水性硬化地面对大自然的破坏程度，透水性铺装地面以下的动植物及微生物的生存空间得到有效的保护，因而很好地体现了“与环境共生”的可持续发展理念。

3）良好的防洪排水性能　由于自身良好的透水性能的渗水能力，能有效地缓解城市排水系统的泄洪压力，径流曲线平缓，其峰值较低，并且流量也是缓升缓降，这对于城市防洪无疑是有利的。因此，铺装透水性地面不失为城市广场防涝的积极措施。

4）改善光环境的作用　透水性铺装表面由于孔隙的存在，使得投射到表面上的光线产生扩散反射，因而避免了光滑地砖或石材常出现的由定向反射而造成的眩光，雨天不透水地面聚集的水面同样会产生眩光，这种眩光在夜间的车灯照耀下特别严重，这是造成夜晚雨天行车交通事故多的重要原因之一。透水性铺装由于及时消除表面积水，因而克服了行车“漂滑”“飞溅”“夜间眩光”等不透水地面所带来的缺陷，对城市交通安全也是有利的。

5）具有吸声作用　当声波打在透水性铺装表面上时，声波引起透水性铺装内部小孔或间隙的空气运动，紧靠孔壁表面的空气运动速度较慢，由于摩擦和空气运动的黏滞阻力，一部分声能就转变为热能，从而使声波衰减；同时，小孔中空气和孔壁的热交换引起的热损失，也能使声能衰减。由于城市高层建筑以及高架道路的不断增多，再加上穿过市区的飞机噪声，这些声源较高的噪声，从城市上空投射到透水性铺装表面上，根据上述原理，透水性铺装依靠其特有的吸声降噪机理，对城市声环境起到明显的改善作用。普通的非透水性硬化广场地面只能将声波重新反射，起不到吸声降噪的作用。另外，透水性铺装的多孔结构能使在其上行驶车辆的轮胎噪声降低，进而对降低交通噪声也是有利的。透水混凝土的孔隙结构能有效降低路面噪声6～10dB。

6）环保、优化城市环境　大孔隙率的透水工程材料能吸附城市污染物（如粉尘），减少扬尘污染，对地表污水起过滤作用。而且在雨天可以有效地防止地表径流的情况出现，这样就可以防止垃圾随着地表径流随处漂，到处是脏水的情况。使城市无论是晴天还是雨天都是干干净净的，使城市环境更加干净。

提高景观环境中铺装的透气性、透水性，主要是通过透水材料的应用，迅速分解地表径流，使水渗入土壤中，汇入集水设施主要有以下3种铺装材料。

① 多孔的铺装面。现浇的透水性铺装面层使用多孔透水混凝土和多孔性柏油材料。多孔性铺装的目的是从生态学上处理车辆的汽油，从排水中除去污染物质，把雨水循环成地下水，分散太阳的热能，让植物根部好呼吸。但是多孔性柏油的半液体黏合剂堵塞透气孔，会使植物根系呼吸不良，影响植物的生长。多孔透水混凝土因其多孔结构会降低集料之间的黏结强度，进而降低路面的强度及耐久性等性能，因此必须采用特殊添加剂改善和提高现浇透水面层黏结材料的强度。多孔的铺装面能够增加渗透性，形成一个稳定的、有保护作用的面层。

② 散装的集料。如用碎石铺装的路面、停车场等。在一些生态旅游区中，运用碎石作为路面和场地的铺装，由于碎石间有较大的空隙，可以有效提高场地的透水性，减少硬质材

料对自然环境地表水流动的阻隔。

③ 块状的材料。用干铺筑的砌筑方式拼装块状材料，如道板细石混凝土、石板等整体性的块状材料。透水性块状材料面层的透水性通过两个途径实现：一个是透水性的块材本身就有透水性；另一个是完全依靠接缝或块材之间预留孔隙来透水。这种方式中所使用的面层块材本身透水能力很低，如草坪格、草坪砖等。

以上3种常用的地面铺装材料均可以达到透水的目的，其基本原理是通过面层、垫层、基层的孔洞、空隙来实现水的渗透，从而达到渗透水的目的。在技术上应注意区别道路铺装面的荷载状况，分别采用不同的垫层及基层。以上3种方法各有利弊，如透水混凝土整体性较强，其表面色彩、质地变化多，但随着时间的推移，由于灰尘等细小颗粒的填充，透水混凝土的透水率会逐渐降低，最终丧失渗透的功能。相比较而言，散装集料的适应面较宽，只要妥善处理面层、垫面及垫层的颗粒级配，此种铺装可以适用于任何一种景观环境，具有造价较低、构造简单、施工便捷、易于维护等优点。块状材料透水铺装面主要用于步行道，不宜用重荷载碾压，否则会由于压力不均而导致路面塌陷变形。

2. 中水的处理回用

中水处理回用与景观设计是当今城市住区环境规划中体现生态与景观相结合一项具有多重意义的课题，对于应对全球性的水资源危机，改善和提高城市环境有着非常重要的价值。中水主要指各种排水经过处理后，达到规定的水质标准，可在生活、市政、环境等范围内杂用的非饮用水。中水的利用，给人们解决城市景观和绿化用水提供了一条新的思路。因为它的水质指标低于生活饮用水的水质标准，但又高于允许排放的污水的水质标准，介于二者之间。利用现有的水资源，发展中水回用工程，用于道路绿化、园林绿地、水系景观，是解决水资源缺乏的有效措施之一。

目前，国内外绝大多数城市的水资源状况是：一方面城市缺水十分严重；另一方面城市污水白白流失，既浪费了水资源，又污染了环境。和城市供水量几乎相等的城市污水中，污染杂质仅占0.1%左右，其余绝大部分是可再用的清水。污水经过处理可以重复利用，实现水在自然界的良性循环。污水经过处理回用给城市增加的水量也是惊人的，随着我国居民生活水平的提高，生活污水的排放量超过414亿立方米。经估算，城市供水量的80%变为城市污水排入城市管网中，如果将其收集起来，经再生处理后其中70%可变为再生水回用于绿化用水、水系景观，替换出等量用水分配在居民生活用水上，从而节约了城市自来水。

世界上，很多国家早已将城市中水回用列入城市规划，并且大量用在园林绿化、水系景观。在欧美的一些国家，污水处理技术高度发达，已经达到了8级浊度处理的水平。中水利用十分普遍，标有中水（再生水）字样和标识的管道随处可见，居民每天都可使用中水浇灌住宅的绿地，中水回用已经被居民所接受。目前，全世界的环保人士都在努力，一方面，追求污水的零排放，把环境污染降到最小；另一方面，千方百计扩大中水的利用领域，扩大中水的利用总量，中水已被国际社会认为是第二水源。

经过处理后的中水可用于厕所冲洗、园林灌溉、道路保洁、城市喷泉等。对于淡水资源缺乏，城市供水严重不足的缺水地区，采用中水技术既能节约水源，又能使污水无害化，是防治水污染的重要途径，也是我国目前及将来重点推广的新技术、新工艺。目前，在景观环境运用较广的中水处理技术包括物理技术、生物技术和净水生态环境技术等。

二、可持续景观的种植设计

发达国家的先进经验告诉我们，可持续的环境和发展必须“放眼世界，行于足下”，而景观正是“行于足下”的立足点，是实现可持续环境和地球的一个可操作界面。面对全球环境危机，当代景观设计学义不容辞地将实现可持续环境与发展作为景观设计学的战略主张。景观设计学作为生存艺术的定位，和景观设计学作为协调人地关系领导学科的定位，使其有责任和义务，通过可持续景观的设计，通向地球环境的可持续和人类发展的可持续。

（一）植物景观与可持续发展理念

在自然界中，植物并不是杂乱无章随机地组合在一起的，而是由土壤、水分、温度、光照和风5种生态因子决定其组成群落。环境中各生态因子对植物的影响是综合的，也就是说植物是生活在综合的环境因子中，缺乏某一种因子，或光照、或温度、或水分、或上壤等，植物均不能正常生长。人工营造的植物群落在自然的影响下将产生结构上的变异，只有适应当地自然条件的植物群落才能持久稳定地延续下去。

（1）在提高生活质量的同时保护未来的环境潜力，依靠利息生活而不消耗自然资本。可持续发展要求当代人将环境及积累的资源传递下去。可持续发展的前提是依靠地球自身的资源生存。

（2）设计创作的目的是通过发展和完善的方式使生命得以延续，赋予传统以更强的活力。现代园林是传统园林的优化和拓展，在充分继承传统园林造园手法的基础上，强化了生态、生产、生活的观点，充分体现“可持续发展”“以人为本”的理念，通过系统的物质循环、能量流动和信息交流，实现多功能性，提高人与自然和谐相处的可居、可观、可游的美好环境。

（3）公众参与在一个景观规划或设计方案的发展过程中尤其重要，因为它对保证社区确立的目标能够通过规划而得以实现非常重要。与此同时，在设计过程中，邀请民众参与，并同时传授相关的知识信息，不仅能够在这个过程中使民众树立环保、生态及可持续发展的意识，在今后的维护和管理中会表现出优势，而且还能提高民众素质，更加深切地体会可持续发展对人类发展的重要意义。

（二）自然界地带性植被的运用

自然界植物的分布具有明显的地带性，不同的区域自然生长的植物种类及其群落类型是不同的。与地带性因素相适应，地带性植被在地理分布上表现出明显的三维空间规律性。因气温的差异，在湿润的大陆东岸，从赤道向极地依次出现热带雨林、亚热带常绿阔叶林、温带夏绿阔叶林、寒温带针叶林、寒带冻原和极地荒漠，称为植被分布的纬度地带性；从沿海到内陆，因水分条件的不同，使植被类型在中纬度地区也出现了森林→草原→荒漠的更替，称为植被相性；从山麓到山顶，由于海拔的升高，出现大致与等高线平行并具有一定垂直幅度的植被带，其有规律的组合排列和顺序更迭，表现出垂直地带性。植被的垂直地带性与水平地带性（纬度地带性与经度地带性的统称）是通过基带相联系的。

景观环境中应用的地带性植被，对光照、土壤、水分适应能力强，植株外形美观、枝叶密集、具有较强扩展能力，能够迅速达到绿化效果，且抗污染能力强，易于粗放管理，种植后不需要经常更换。地带性植物栽植成活率高，造价低廉，常规养护管理费用较低，往往不需要太多管理就生长良好。地带性植物群落还具有抗逆性强的特点，生态保护效果好，在城市中道路、居住区等生态条件相对较差的绿地也能适应生长，从而大大丰富了景观环境的植物配置内容；能疏松土壤、调节地温、增加土壤腐殖质含量，对土壤熟化具有促进作用。

在立地条件适宜地段恢复地带性植物时，应当大量种植演替成熟阶段的物种，首选乡土树种。在营造群体景观时，应注意树形的对比与调和，充分利用枝、干、叶、花、果的植物学特性，建设以高大乔木为主体，具有乔、灌、草、藤复层结构的近自然模式的城市森林，使林地不同高度空间都得到充分利用，形成三维绿化空间，充分发挥空间边缘效应，形成最大的覆盖范围。

实践经验证明，增加植物种类能够提高城市生态系统的稳定性，减少养护成本与使用化学药剂对环境造成的危害。植物的多样化配置主要表现在以下几方面。

① 搭配种植季相变化丰富的植物。许多绿化植物拥有艳丽的色彩。例如鸡爪槭的红色叶片十分优美，乌桕和卫矛在秋天则变成深红色。

② 配置环保和减灾植物，发挥植物净化空气、降低噪声等功能。例如夹竹桃具有很强的抗二氧化硫的作用，宜栽植在散发二氧化硫气体的工厂周围；在易燃的房屋周围种植法国珊瑚，可以起到防火的作用。

③ 配置开花植物。植物的花朵具有极强的观赏性，色彩鲜艳，气味芬芳，能够起到很好的装饰功效。

现代景观设计是指合理安排土地及土地上的物体和空间，为人类创造安全、高效、健康和舒适的环境，协调人与自然的相互关系。与传统造园相比，现代景观规划设计的主要创作对象是大众群体，它为人类和其他物种服务，强调人类发展和资源及环境的可持续，突出植物在设计中的重要作用，充分发挥植物的空间构成功能、美化功能与生态功能。因此，现代景观设计要设计鲜明的视觉形象，营造足够的绿地和绿化，设计建造足够的场地和为大多数人所用的空间设施，使人们通过以视觉为主的感受通道，借助于物化了的景观环境形态，在人类的行为心理上引起反应、创造共鸣，即所谓鸟语花香、心旷神怡、触景生情、心驰神往，可见园林植物空间营造具有重要意义。

（三）景观绿化中的群落化栽植

随着人们的环境意识逐步增强，对城市环境的要求越来越高，城市景观园林绿化的主要材料——园林植物，其应用形式推陈出新，空间构成丰富多样。而园林绿化观赏效果和艺术水平的高低，在很大程度上取决于园林植物的选择和配置。在现代城市园林绿化中，随着人们审美情趣的逐渐提高，促使园林工作者在园林植物的选择、搭配上多下功夫，模拟自然植物群落种植即是一种新的园林植物配置方式。模拟自然植物群落、恢复地带性植被的运用，可以构建出结构比较稳定、生态保护功能强、养护成本较低、具有良好自我更新能力的植物群落。这种栽植方式不仅能创造清新、自然的绿化景观，而且能够产生保护生物多样性和促进城市生态平衡。

植物群落所营造的是模拟纯自然、原生态的绿化意境，花草相拥、乔灌相谐、高矮相配、颜色相间，富有立体感和美感。植物群落还具有抗逆性强的特点，在城市道路、居住区等生态条件相对较差的地带也能适应生长，这不仅能大大丰富城市绿地的植物配置内容，还能大大促进城市绿化的生态功能。在种植设计中，要注意栽植密度的控制，过密的种植会不利于植物生长，从而影响到景观环境的整体效果。在技术上，应尽量模拟自然界的内在规律进行植物配置和辅助工程设计，避免违背植物生理学、生态学的规律进行强制绿化。植物栽植应当在生态系统允许的范围内，使植物群落乡土化，进入自然的演替过程。如果强制绿化，就会长期受到自然的制约，甚至可能导致灾害，如物种入侵、土地退化、生物多样化降低等。在对生物过程的影响上，可持续景观有助于维持乡土生物的多样性，包括维持乡土栖息地生境的多样性，维护动物、植物和微生物的多样性，使之构成一个健康完整的生物群落；可以避免外来生物种类对本土物种的危害。

在城市绿化中，为模拟自然植物群落、恢复地带性植被，从而最大限度地实现其生态功能，一般可采取如下措施。

① 种植植物应尽可能提高生物多样性水平。应注意的是，生物多样性不是简单的物种集合。在进行植物配置时，既要注重观赏特性对应互补，又要使物种生态习性相适应。

② 运用生态学原理和技术，借鉴地带性植物群落的种类组成、结构特点和演替规律，以植物群落为绿化基本单元，科学而艺术地再现地带性群落特征。顺应自然规律，利用生物修复技术，构建层次繁多、功能多样的植物群落，提高自我维持、更新和发展能力，增强绿地的稳定性和抗逆性，实现人工的低度管理和景观资源的可持续维持与发展。

③ 注重城市绿地系统化，绿地的布局、规模应重视对城市景观结构脆弱和薄弱环节的弥补，考虑功能区、人口密度、绿地服务半径、生态环境状况和防灾等需求进行布局，按需建绿，将人工要素和自然要素有机编织成绿色生态网络。

④ 在恢复地带性植被时，应大量种植演替成熟阶段的物种。首选乡土树种，构建乔、灌、草、宿根花卉复合结构，抚育野生的地被。同时，大胆适量种植先锋物种。

生物多样化是指地球上的动物、植物、微生物多样化和它们的遗传及变异，包括遗传多样性、物种多样性和生态多样性。人类离不开生物多样化，这是因为：一是人类衣食住行所需要资源和生命所需要的营养需要多样化的生物来提供；二是每一种生物生存都要有多种物种来保障；三是人类生存的环境需要多样化的生态系统来提供保障。生物多样化不是简单的物种集合，植物栽植应尽可能提高生物多样化水平。

（四）不同生态环境的栽植方法

在进行绿化植物配置时，要因地制宜、因时制宜，使栽植的植物正常生长，充分发挥其观赏特性，避免为了单纯达到所谓的景观效果而采取违背自然规律的做法。如大面积的人工草坪，不仅使建设和养护管理的成本高，而且由于施肥，当大面积草坪与水体相临时，就难免使水体富营养化，从而带来水环境的恶化。生态位是指一个种群在生态系统中，在时间空间上所占据的位置及其与相关种群之间的功能关系与作用。景观规划设计要充分考虑植物物种的生态位特征，合理选择、配置植物群落。在有限的土地上，根据物种的生态位原理实行乔、灌、藤、草、地被植被及水面相互配置，并且选择各种生活型以及不同高度、颜色、季相变化的植物，充分利用空间资源，建立多层次、多结构、多功能科学的植物群落，构成一个稳定的长期共存的复层混交立体植物群落。

植物种类的选择主要受生态因子的影响，就景观植物栽植而言，一方面是依据基地条件而选择适宜的树种；另一方面是着眼于景观与功能，改善环境条件以栽种某些植物种。树木与环境之间是一种相互适应的关系。以“适地适树”为根本原则，在确保植物成活率的同时，降低造价及日常的养护管理费用。合理控制栽植密度，植物配置的最小间距为 $(A+B)/2=D$。其中 A、B 为相邻两株树木的冠幅；D 为相邻两株树木的间距。复层结构绿化比例，即乔、灌、草配植比例，是直接影响场地绿量、植被、生态效应和景观效应的绿化配置指标。据调查研究，理想的景观环境为100%绿化覆盖率，复层植物群落占绿地面积的40% ～ 50%，群落结构一般为3层以上，主要包括乔木、灌木和地被。

在城市不同生态环境中的栽植方法，主要包括建筑物附近的栽植、湿地环境植物栽植、具有坡度坡面栽植、建筑屋顶植物栽植等。

1. 建筑物附近的栽植

建筑外观的一个重要特征是自然状态，与人工秩序的错综表现，与周边环境的全面结合。但强调建筑与自然环境的融合并不是建筑千篇一律，强调建筑的个性与融合并不矛盾，把握建筑如何来表现个性，强调原创更加强调与自然环境的融合。其中绿化栽植在建筑与周边环境融合中起着重要的调和作用。

在景观环境设计中，通过种植设计可以形成良好的空间界面，与建筑物形成良好的融合关系。建筑物周边立地条件比较复杂，通常地下部分管线、沟池等占据一定的地下空间。自然生长的植物材料具有两极性，即植物的地下部分与地上部分具有相似性。树木的地下地上部分都在生长，因此地下地上都必须留出足够的营养空间。所以在种植设计时，不仅要考虑植物地上部分的形态特征，同时也要预测到植物生长过程中其根系的扩大变化，以避免与建筑基础、管线等产生矛盾。靠近建筑物附近的树木往往根系延伸到建筑室内的地下，一方面会破坏建筑物的基础；另一方面由于树木的根系吸收水分，可引起土壤收缩，从而使室内地面出现裂纹。尤其是重黏土的地基，龟裂现象更为明显。在常见树木中，榆树、杨树、柳树、白蜡等树种容易造成此类现象，因此在进行种植设计时，树木与建筑物必须保持足够的距离。通常应保持与树高同等的距离，最小不得少于树高2/3的距离。

2.湿地环境植物栽植

水生植物根据其生态习性的不同，可以分为挺水植物、浮水植物、沉水植物、沼生植物和水缘植物5种类型。挺水植物常分布于0～1.5m的浅水处，其中有的种类生长于潮湿的岸边，如芦苇、蒲草、荷花等；浮水植物适宜生长在水深0.1～0.6m处，如浮萍、水浮莲和凤眼莲等；沉水植物全部位于水下，如苦草、金鱼藻、黑藻等；沼生植物为仅植株的根系及近于基部地方浸没在水中的植物，一般生长于沼泽浅水中或地下水位较高的地表，如水稻、菰等；水缘植物生长在水池边，从水深0.2m处到水池边的泥中都可以生长。

水生植物尽管种类繁多，但切忌滥用。不同水生植物除了栽植深度有所不同外，对土壤基质也有相应的要求，在景观的栽植中应注意根据不同的水生植物的生态习性，创造相应的立地条件。另外，还要注意对于不同的地域环境，应采用不同的植物品种进行配置，并以乡土植物品种进行配置为主，尤其是在人工湿地建设时更应把握这个观点。而对于一些新奇的外来植物品种，在进行植物品种配置前，应参考其在本地区或附近地区的生长表现后再行确定，防止盲目配置而造成的施工困难和成活率降低。

3.具有坡度坡面栽植

在景观工程施工过程中，土石方的填挖会形成土石的裸露，造成水土的流失，影响植被的生长，甚至被水冲出而死亡。坡面栽植可以美化环境，涵养土壤和水源，防止水土流失和滑坡，并可以净化空气，具有较好的环保意义。

坡面栽植植物的效果在很大程度上取决于植物种类的选用。根系发达的固土植物在水土保持方面有很好的效果。国内外对这方面的研究很多，采用根系发达的植物进行护坡固土，既可以达到固土保沙、防止水土流失的目的，又可以满足生态环境的需要，还可以进行景观造景，尤其在城市河道护坡方面值得借鉴。坡面护坡固土的植物种类很多，在实际工程中常采用的有沙棘、刺槐、黄檀、紫穗槐、池杉、龙须草、胡枝子、油松、金银花、黄花、常青藤、蔓草等，在长江中下游地区还可以选择芦苇、野茭白等，可以根据该地区的气候选择适宜的植物品种。

按照栽种植物的方法不同可分为栽植法和播种法。播种法主要用于草本植物的绿化，其他植物绿化适用栽植法。播种法可按照是否使用机械，又可分为机械播种法和人工播种法；按照播种方式不同，还可以分为点播、条播和撒播。点播即在播行上每隔一定距离开穴播种，点播能保证株距和密度，有利于节省种子；撒播是一种古老而粗放的播种方式，大多用手工操作、简便省工，但种子不易分布均匀，覆土深浅不一；条播是播种的一种方法，即把种子均匀地播种成长条状，行与行之间保持一定距离。

4. 建筑屋顶植物栽植

屋顶植物栽植作为一种不占用地面土地的绿化形式，其应用越来越广泛。屋顶栽植的价值不仅在于能为城市的立体面增添绿色，而且能减少建筑屋顶的太阳辐射热，降低城市的热岛效应、改善建筑的小气候环境、改善提高建筑物的热工效能、形成城市的空中绿化系统，对城市中的小环境有一定的改善作用；有实测数据显示，种植屋面与一般屋面相比，还可吸减噪声30 ～ 40 dB。

屋顶栽植的技术问题是一个核心问题。对于屋顶绿化来讲，首先要解决的是屋顶的防水问题。不同的屋顶形式需选择不同的构造做法。由于屋顶立地条件不同，屋顶的种植植物不得采用地面的栽植方式。考虑到屋顶栽植存在置换不便的现实问题，植物选择上要注意寿命周期，尽量选择寿命较长、置换便利的植物，置换期一般应在10年以上。同时，屋顶基质与植物的构成是否合理也需要慎重考虑。在一个大坡度的屋顶上的覆土厚度为0.5m左右，如果仅种植草本植物，从设计及绿化方式的选择上是不适当的。

屋顶栽植结构层上进行园林建设，由于排水、蓄水、过滤等功能的需要，屋面种植结构层远比普通自然种植的结构复杂，一般可分为屋面结构层、保温隔热层、防水层、排水层、过滤层、种植层和微喷灌系统等结构。

① 屋面结构层：种植屋面的屋面板最好是现浇钢筋混凝土板，要充分考虑屋顶覆土、植物以及雨雪水荷载。

② 保温隔热层：可采用聚苯乙烯泡沫板，铺设时要注意上下找平密接。

③ 防水层：屋顶绿化后应绝对避免出现渗漏现象，最好设计成复合防水层。

④ 排水层：设在防水层上，可与屋顶雨水管道相结合，将过多水分排出，以减轻防水层的负担，多用砾石、陶粒等材料。

⑤ 过滤层：过滤层采用自行研制生产的过滤布，其质量为200 ～ 300g/m^2，具备遇到压力自动冲洗功能，又有防止白蚁、鼠类及害虫破坏的功能。

⑥ 种植层：种植层一般多采用无土基质，以蛭石、珍珠岩、泥炭等与腐殖质、草灰土、砂土配制而成。

⑦ 微喷灌系统：屋面植物灌溉采用定向喷灌系统，管材采用耐腐蚀的铝塑管，喷灌开关控制宜设在建筑顶层室内。

三、可持续景观的群落设计

生物群落指生活在一定的自然区域内，相互之间具有直接或间接关系的各种生物的总和。与种群一样，生物群落也有一系列的基本特征，这些特征不是由组成它的各个种群所能包括的，也就是说，只有在群落总体水平上，这些特征才能显示出来。生物群落的基本特征包括群落中物种的多样性、群落的生长形式（如森林、灌丛、草地、沼泽等）和结构（空间结构、时间组配和种类结构）、优势种（群落中以其体大、数多或活动性强而对群落的特性起决定作用的物种）、相对丰盛度（群落中不同物种的相对比例）、营养结构等。

生物多样性是指在一定时间和一定地区所有生物（动物、植物、微生物）物种及其遗传变异和生态系统的复杂性总称。它包括基因多样性、物种多样性和生态系统多样性3个层次。物种的多样性是生物多样性的关键，它既体现了生物之间及环境之间的复杂关系，又体现了生物资源的丰富性。我们已经知道大约有200多万种生物，这些形形色色的生物物种就构成了生物物种的多样性。生物群落与生态系统的概念不同。后者不仅包括生物群落还包括群落所处的非生物环境，把二者作为一个由物质、能量和信息联系起来的整体。因此，生物群落只相当于生态系统中的生物部分。

生物多样性是可持续景观环境的基本特征之一，生物群落也是其中必不可缺少的一环。从生态链的角度来讲，动物处于比较高的层次，需要良好的非生物因子和植被的承载。生物群落多样，且存在地域差异。总体而言，城市景观环境中常见的生物群落，可以分为鸟类、鱼类、两栖类和底栖类。景观对于生物群落的恢复与吸引，关键在于其栖息地的营造，通过对生物生态习性的了解，有针对性地进行生态环境创造（如水域的畅通）、植物栽植，从而吸引更多的动物在城市景观环境中安家。

四、可持续景观材料及能源

景观是各种自然过程的载体，这些过程支持生命的存在和延续，人类需求的满足是建立在健康的景观之上的。因为景观是一个生命的综合体，不断地进行着生长和衰亡的更替，所以，一个健康的景观需要不断地再生。没有景观的再生，就没有景观的可持续。培育健康景观的再生和自我更新能力，恢复大量被破坏的景观的再生和自我更新能力，便是可持续景观设计的核心内容，也是景观设计学的根本的专业目标。

莱尔（Lyle）在《以可持续发展为宗旨的再生设计》一书中指出："生物与非生物最明显区别在于前者能够通过自身的不断更新而持续生存。"他认为，由人设计建造的现代化景观应当具有在当地能量流和物质流范围内持续发展的能力，而只有可再生的景观才可以持续发展，即景观具有生命力。正如树叶凋零，来年又能长出新叶一样，景观的可再生性取决于其自我更新的能力。因此，景观设计必须采用可再生设计，即实现景观中物质与能量循环流动的设计方式。彼得·拉兹（Peter Latz）设计的德国萨尔布吕肯市港口岛公园，保留了原码头上所有的重要遗迹，收集了工业废墟、战争中留下的碎石瓦砾，经过处理后使之与各种自然再生植物相交融；园中的地表水被统一收集，通过一系列净化处理后得到循环利用。公园景观实现了过去与现在、精细与粗糙、人工与自然和谐交融，充分体现了可再生景观理念。

在城市景观规划设计过程中，不可避免地要遇到和处理以上类似的问题。因此，景观设计应当采用可再生设计，即实现景观中物质与能量循环流动的设计方式。绿色生态景观环境设计提倡最大化利用资源和最小化排放废弃物，提倡重复使用和永续利用。景观材料和技术措施的选择对于实现设计目标有重要影响。景观环境中的可再生、可降解材料的运用、废弃物回收利用，以及清洁能源的运用等，是营造可持续景观环境的重要措施，从上述这些措施着手，统筹景观环境因素之间的关系，是构建可持续景观环境的重要保证。

工程实践充分证明，在可持续的景观材料和工程技术方面，从构成景观的基本元素、材料、工程技术等方面来实现景观的可持续，其中主要包括材料和能源的减量、再利用和再生。景观建造和管理过程中的所有材料最终都源自地球上的自然资源，这些资源分为可再生资源（如水、森林、动物等）和不可再生资源（如石油、煤等）。要实现人类生存环境的可持续，必须对不可再生资源加以保护和节约使用。但即使是某些可再生资源，其再生能力也是有限的，因此，在景观环境中对可再生材料的使用也必须体现集约化原则。

景观环境中一直鼓励使用自然材料，如植物材料、石料、土壤和水等，但对于木材、石材为主的天然材料的应用则应慎重。众所周知，石材是一种典型的不可再生材料，大量使用天然石材意味着对于自然界山体的开采与破坏，以损失自然景观换取人工景观，很显然这是不可取的；木材虽然可再生，但它的生长周期很长，尤其是常用的硬杂木，均属于非速生树种，运用这类材料也是对自然环境的破坏。不仅如此，景观环境中使用过的石材与木材，都难以通过工业化的方法加以再生和利用，一旦需要重新改建，大量的石材与木材会成为建筑垃圾而二次污染环境。因此，应注重探索可再生资源作为景观环境材料，金属材料是可再生性极强的一种材料。此类材料具有自重轻、易加工、易安装、施工周期短等优点，因此，应当鼓励将钢结构等金属材料使用于景观环境。除此之外，基于景观环境特殊性，全天候、大流量的使用，除了满足可再生性能外，还应注意材料的耐久性，可以长期使用、无需更换与养护的材料同样是符合可持续原则的。

可持续景观设计不仅是营造满足人们活动、赏心悦目的户外空间，而且更在于协调人与环境和谐相处。可持续景观设计通过对场地生态系统与空间结构的整合，最大限度地借助场地的潜力，是基于环境自我更新的再生设计。生态系统、空间结构及历史人文背景是场地环境所固有的属性，对其的认知是环境评价与调研的主要内容，切实把握场地的特性，从而发挥环境效益，最大限度地节约资源。走向可持续城市景观，必须建立全局意识，从观念到行动面对当前严峻的生态环境状况，以及景观规划设计中普遍存在的局部化、片面化倾向，走向可持续景观已经成为人类改善自身生存环境的必然选择。

在设计取向上，不应再把可持续景观设计仅仅视为可供选择的设计方法之一，而应使整体化设计成为统领全局的主导理念，作为设计必须遵循的根本原则；在评价取向上，应转变单纯以美学原则作为景观设计的评判标准，使可持续景观价值观成为最基本的评价准则。同时，可持续景观必须尊重周围生态环境，它所展现的最质朴、原生态的独特形态与人们固有的审美价值在本质上是一致的。

第五节　绿色建筑与景观绿化

21世纪人类共同的主题是可持续发展。党的十六大把“可持续发展能力不断增强，生态环境得到改善，资源利用效率显著提高，促进人与自然的和谐，推动整个社会走上生产发展、生活富裕、生态良好的文明发展道路”确定为21世纪初我国全面建设小康社会的四大目标之一。党的十六届三中全会进一步明确了坚持以人为本，树立全面、协调、可持续的发展观，促进经济社会和人的全面发展的要求。走可持续发展道路是实现现代化的必然选择，是全面建设小康社会宏伟目标的重要组成部分。

对于城市建筑，亦由传统高消耗型发展模式转向可持续发展的道路，而绿色建筑正是实施这一转变的必由之路。绿色建筑的理念普及、建造和技术的推广，涉及社会的多个层面，需要多个学科的参与。由于建筑周围的景观不仅具有重要的美学价值，还可发挥重要的生态意义和环境保护作用。因此，绿色建筑周边环境景观设计和应用是绿色建筑设计不可或缺的一方面。景观设计作为一种系统策略，整合技术资源，有助于用最少投入和最简单的方式将一个普通住宅转化成低能耗绿色建筑，这也是未来我国绿色建筑的一个发展趋势。

一、绿化与建筑的配置

在一个完整的景观设计当中，绿化与建筑配置是十分重要的一项内容，绿化配置在建筑景观设计中，不仅要能够起到点睛之笔的作用，同时又要协调、不能出现喧宾夺主的情况，因此，建筑景观设计当中的绿化配置必须要合理、严谨。

在绿化与建筑环境景观设计的全过程中，要始终贯穿生态化的设计理念，使绿化配置在整体景观设计中显得更加的亲切自然、合理。生态化的原则是根据科学家钱学森提出的“山水城市”构想，使整个外部景观空间生态化的思维方式。人的本性之一便是回归自然、亲近自然，通过合理地引入景观设计原有的自然界的水、山以及相关的绿化配置，可最大限度地模拟自然的风光，使景观设计的环境生态化，绿化与建筑配置会更加自然地融入其中，使人们感受这个景观设计中的自然生态美。

（一）园林建筑与园林植物配置

1. 园林建筑与园林植物配置的协调

我国历史悠久，文化灿烂，古典园林众多。由于园的主人身份不同以及园林功能和地理位置的差异，导致园林建筑风格各异，所以对植物配置的要求也有所不同。例如，北京大多数为皇家古典园林，为了反映帝王的至高无上、尊严无比的思想，加之宫殿建筑体量庞大、色彩浓重、布局严谨，则选择了侧柏、桧柏、油松、白皮松等树体高大、四季常青、苍劲延年的树种作为基调，来显示帝王的兴旺不衰、万古长青是非常相宜的。苏州园林有很多是代表文人墨客和官僚士绅的私家园林，在思想上体现士大夫清高、风雅的情趣，建筑色彩淡雅，黑灰色的瓦、洁白的墙、栗色的梁柱和栏杆，在建筑分隔的空间中布置园林，因此园林的面积比较小。在地形及植物的配置上力求以小中见大的手法，通过“咫尺山林”再现大自然景色，植物配置充满诗情画意的意境。

2. 建筑屋顶花园的植物配置

屋顶花园不但降温隔热效果优良，而且能美化环境、净化空气，改善局部小气候，还能丰富城市的俯视景观，能补偿建筑物占用的绿化地面，大大提高了城市的绿化覆盖率，是一种值得大力推广的屋面形式。屋顶花园的设计和建造要巧妙利用主体建筑物的屋顶、平台、阳台、窗台、女儿墙和墙面等开辟绿化场地，并使之有园林艺术的感染力。

由于屋顶花园的空间布局受到建筑固有平面的限制和建筑结构承重的制约，与露地造园相比，其设计既复杂又关系到相关工种的协同，建筑设计、建筑构造、建筑结构和水电等工种配合的协调是屋顶花园成败的关键。由此可见，屋顶花园的规划设计是一项难度大、限制多的园林规划设计项目。

屋顶花园可以广泛地理解为在古今建筑物、构筑物、城围、桥梁（立交桥）等的屋顶、露台、天台、阳台或大型人工假山山体上进行造园、种植树木花草的总称。它与露地造园和植物种植的最大区别，在于屋顶花园是把露地造园和种植搬到建筑物上。它的种植土是人工合成土，不与自然大地土壤相连。

屋顶花园的主角是绿化植物，它能够制造氧气、净化空气，调节空气温度和湿度，从而创造出良好的生态环境；它散发的气体特质具有杀菌作用，对人的身心健康十分有利；同时它对建筑物还具有隔热保温、隔声减噪以及保护防水层和层盖结构等多种作用，被誉为“有生命的建筑材料”。

花灌木是建造屋顶花园的主体，应尽量实现四季花卉的搭配。例如：春天的榆叶梅、春鹃、迎春花，栀子花、桃花、樱花、贴梗海棠；夏天的紫薇、夏鹃、黄桷兰、含笑、石榴；秋天的海棠、菊花、桂花；冬天的蜡梅、茶花、茶梅。草本花可选配瓜叶菊、报春、蔷薇、月季、金盏菊、一串红、一品红等。水生植物有马蹄莲、水竹、荷花、睡莲、菱角、凤眼莲等。

除了考虑花卉的四季搭配外，还要根据季相变化注意树木的选择，视生长条件可选择广玉兰、大栀子、龙柏、黄杨大球、紫叶李、龙爪槐、枇杷、桂花、竹类等常绿植物；多运用观赏价值高、有寓意的树种，如枝叶秀美、叶色红色的鸡爪槭、红楠木、石楠；飘逸典雅的苏铁；枝叶婆娑的丛竹；品行高洁的梅、兰、竹、菊、松等。

在我国北方营造屋顶花园困难较多，冬天严寒，屋顶薄薄的土层很容易冻透，早春的寒风在冻土层解冻前宜将植物吹干，因此这类地区的屋顶花园宜选用抗旱、耐寒的草种、宿根和球根花卉以及乡土花灌木，也可以采用盆栽和桶栽，冬天便于移至室内过冬。

3. 园林建筑其他部位的植物配置

园林中的门是游客游览必经之处，门和墙连接在一起，起到分割空间的作用。充分利用门的造型，以门为框，通过植物配置，与路、水、石、林、花草等进行精细的艺术构思，不但成为一幅精美的景观，而且可以扩大视野、延伸视线。园林中门的应用很多，并有众多的造型，但是优秀的作品却不多。

园林中的窗也可充分利用作为框景的材料，安坐在室内，透过窗框外的植物配置，俨然一幅生动的画面。墙体的正常功能是承重和分隔空间，在园林中利用墙的南面良好的小气候特点，可以引种栽培一些美丽不抗寒的植物，继而发展成为美化墙面的墙园。

（二）建筑环境绿化的特点

建筑环境是城市环境中的重要组成部分。一组优秀的建筑作品，它可树立城市的良好形象，如深圳的帝王大厦、上海的东方明珠电视塔等，好似一幅幅优美的画卷，给人以美感。但硬质景观终究缺乏生气，若在建筑的外部空间合理地配置绿化植物，柔化其生硬且呆板的线条，那就更丰富了建筑的表现力。

建筑环境是包括时间在内的四维空间，建筑物是位置、形态固定不变的实体，而植物则是随季节而变、随年龄而异的生物，从而使这个空间随着时间的变化而相应地发生变化。这些变化主要表现在植物的季相演变方面。植物的四季变化与生长发育，不仅使建筑环境在春夏秋冬四季产生丰富多彩的季相变化，同时植物的生长将原有的景观空间不断丰满扩张，形成了“春天繁花盛开，夏季绿树成荫，秋季红果累累，冬季枝干苍劲”的四季景象，因此产生了“春风又绿江南岸”“霜叶红于二月花”的特定时间景观。随着植物的生长，植物个体也相应地发生变化，由稀疏的枝叶到茂密的树冠，对环境景观产生着重要的影响。

根据植物的季相变化，把不同花期的植物搭配种植，使得同一地点的某一时期，产生某种特有的景观，给人不同的感受。而植物与建筑的配合，也因植物的季相的变化而表现出不同的画面效果。实践充分证明，给建筑环境绿化可带来显著的环境效益。

（1）建筑环境绿化可以直接改善人居环境质量　城市园林绿化是城市中唯一有生命的基础设施，是有效改善城市人居环境、提高广大市民生活质量、促进城市发展的公益事业。面对全面建设小康社会的历史任务，按照建设资源节约型和生态良好型社会的要求，在创建园林城市的基础上，我国又提出了创建“生态园林城市”的目标。建设生态园林城市就是要利用环境生态学原理，规划、建设和管理城市，充分融合社会、文化、生态和经济等因素，进一步完善城市绿地系统，有效防治和处理城市污染和各种废弃物，实施清洁生产、绿色交通、绿色建筑，实现城市生态的良性循环和人居环境的持续改善，促进城市中人与自然的和谐共存，为创造良好的人居环境做出更大的贡献。

据有关统计资料。人的一生中90%以上的活动都与建筑有关，改善建筑环境质量无疑就是改善人居环境质量。绿化与建筑有机结合，实施全方位立体绿化，从室内清新空气到外部建筑绿化外衣，好像给人类的生活环境安装了一台植物过滤器，氧气和负离子的浓度大大提高，病菌和粉尘的含量大幅度减少，噪声被隔离降低，这些都大大提高了生活环境的舒适度，形成了对人更为有利的生活环境。

（2）建筑环境绿化可以大幅度提高城市绿地率　在城市硬质道路和建筑的沙漠里，绿地犹如沙漠中的绿洲，发挥着重要的作用。在绿化空间拓展极其有限，高昂的地价成为城市绿地发展的瓶颈，对占城市绿地面积50%以上的建筑进行屋顶绿化、墙面绿化及其他形式的绿化，可以充分利用建筑空间，扩大城市的绿地率，从而成为增加城市绿化面积、改善建筑生态环境的一条必经之路。在这方面日本有明文规定，新建筑占地面积只要超过1000m^2，屋顶的1/5必须为绿色植物所覆盖，否则开发商就得接受罚款。

近年来，我国在建筑环境绿化方面积累了许多丰富的经验，如充分地把地方文化融入园林景观和园林空间中；结合屋顶对园林植物的影响来选择园林植物；运用不同的造园手法来创造一个源于自然而高于自然的园林景观；以人为本，充分考虑人的心理，人的行为的宗旨，来进行屋顶花园的规划设计等。国内如深圳、重庆、成都、广州、上海、长沙、兰州、武汉等城市，有的已经对屋顶进行了成功的开发。如广州东方宾馆屋顶花园、广州白天鹅宾馆的室内屋顶花园、上海华亭宾馆屋顶花园、重庆沙平大酒家屋顶花园等，有的城市已把城市楼群的屋顶作为新的绿源。

（三）建筑、环境与人之间的关系

建筑、环境与人是三位一体的，他们之间的关系是相互依存、相互制约、相互促进发展的，他们之间关系的协调性如何直接影响到人类的生存和发展。适应自然环境的变化，是人类建造建筑物的最直接原因。自然界的长期发展，特别是生物种系的长期进化，是人类得以产生的最直接的生物学前提。在人类发展的过程中，其居住环境也在发生着变化——从森林古猿的树栖生活，到类人猿的穴居生活，直至现代人的摩天大楼，无一不在昭示着建筑、环境与人的密切关系。

人类大规模的无序开发和建设，使其生活和发展的环境受到破坏，这种破坏越来越困扰着人类的生存，这说明人类在大力发展经济的同时，忽视了建筑、环境与人之间的相互关系。这种违背了人类生存所依赖的基本环境，而单纯地追求经济效益的行为，使人类付出巨大的经济和环境破坏的代价。人类从大自然“报复”的沉痛教训中逐渐觉醒，渴望回归自然已成为人们的普遍愿望。由此可见，建筑、环境与人三者之间的关系必须是协调的，人的生存离不开建筑，建筑的发展必须尊重自然环境，这是全人类已经形成的共识。

绿色植物的代谢可以稀释甚至吸收环境中的有害气体，通过绿色植物的呼吸作用，大气中才能产生游离的氧。事实上，人类生存所需要的全部食物，所有空气中的氧，稳定的地表土和地表水系统，大气候的生成和小气候的改善，都依赖于植物的作用。从科学的角度更确切地讲，所有动物及其进化所产生的人类，都是依赖于植物而生存的，人类和绿色植物是必须相互寄生在一起的。生态适应和协同进化是人类生存与绿化功能的本质联系。

历史经验告诉我们，进行建筑设计必须注重生态环境，必须注重建筑和环境的绿化设计。将绿化融入建筑设计之中，尽可能多地争取绿化面积，充分利用地形地貌种植绿色植被，让人们生活在没有污染的绿色生态环境中，这是我们所肩负的环境责任。

（四）建筑绿化的主要功能

从广义的范畴来讲，凡是与建筑相关的绿化都称为建筑绿化。建筑绿化包括了建筑内外的景观绿化、阳台绿化、屋顶绿化、墙面绿化等一系列的绿化种类。建筑绿化作为城市绿化的重要组成部分，它与平面绿化相结合，是迅速增加城市绿化面积、改善城市环境质量的重要手段，从而使我们身边的生活空间变得更加优美、舒适，为创造各种经济效益和改善城市整体的环境发挥积极作用，并提升城市品牌形象。

1.植物的生态功能

植物的出现使整个地球变得丰富多彩、生机盎然、生气勃勃。植物界，特别是森林、草原是天然的基因库，是自然界留给人类最宝贵的财富，它对保护生物多样性（包括物种的多样性，遗传的多样性和生态系统的多样性）起着重大的贡献。植物在生物、地球、化学循环中起着重大的作用。植物是人类生命存在的必不可少的条件，它的变化直接、间接地影响着人类的生存和发展。

经过科学测试证明，植物具有固定二氧化碳、释放氧气、调节光线、减弱噪声、滞尘杀菌、增湿调温、吸收有毒物质、建设城市景观等生态功能，其生态功能的特殊性使得建筑绿化不仅不会产生污染，更不会消耗能源，同时还可以弥补由于建造以及维持建筑的能源耗费，降低由此而导致的环境污染，改善建筑环境的质量，从而为城市建筑生态小环境的改善提供可能性和理论依据。

2. 建筑外环境绿化

随着经济的飞速发展和人民生活水平的不断提高，人们对健康生活、绿色生活方式更加重视，对绿化的认识也有了更深入的理解，越来越注重建筑周围的绿化。公众在追求宽敞、方便的建筑使用空间的同时，也开始注重舒适的建筑外部环境。随着城市化的进程不断加快，人们日益感觉到我们的建筑外环境中真正缺少的是足够的绿色。

建筑外环境指的是建筑周围或建筑与建筑之间的环境，是以建筑构筑空间的方式从人的周围环境中进一步界定而形成的特定环境，与建筑室内环境一样，同是人类最基本的生存活动的环境。大量的工程实践证明，建筑外环境设计是通过对不同环境要素的布局与安排，使人产生不同的情绪和心理反应，从而加深对环境的理解，产生与环境相适应的行为。建筑外环境是一个民族、一个时代的科技与艺术的反映，也是居民的生活方式、意识形态和价值观的真实写照。

建筑外环境绿化是改善建筑环境小气候的重要手段。据测定，1m^2植物叶面积每日可吸收15.4g二氧化碳，释放10.97g氧气，释放1.634g水，吸收959.3kJ热量，可以为环境降温1℃以上。植物又是良好的减噪滞尘的屏障，如园林绿化常用树种广玉兰日滞尘量可达7.10g/m^2；高1.5m、宽2.5m的绿篱，可减少粉尘量50.8%，减弱噪声1～2dB（A）。良好的绿化结构还可以加强建筑小环境通风，利用落叶乔木为建筑调节光照。

3. 建筑物立体绿化

随着城区的扩大和城市数量的增加，农田绿地一天天被蚕食。城市将是人类社会的主体，标志着人类从辽阔的森林田野的自然生态环境走入人工环境的城市。城市是人工创造的环境，密集的建筑群，密布的道路网及存车场，都不能吸收水分，雨水直接经由下水道排入河湖，致使城区干燥。城市发出余热的地方多（如住宅、餐馆、工厂等），再加上建筑、道路吸收日光热及机动车散热，使城市成为热岛。城市的发展，使地面植被遭到严重破坏，有的甚至是毁灭。人类生产、生活产生的大量污染物形成公害，时刻威胁着人类自身的生存。

最直接的办法是采用立体绿化的办法，从建筑占地中夺回绿化用地，即进行屋顶绿化和垂直绿化。这既不损失绿化面积，又能较好地解决建筑占地和绿化用地的矛盾，从而有效提高绿化率。城市立体绿化是城市绿化的重要形式之一，是改善城市生态环境，丰富城市绿化景观重要而有效的方式。发展立体绿化，能丰富城区园林绿化的空间结构层次和城市立体景观艺术效果，有助于进一步增加城市绿量，减少热岛效应以及吸尘、减少噪声和有害气体等，营造和改善城区生态环境。立体绿化是一种融建筑技术与绿化艺术为一体的综合性现代技术，它使建筑物的空间潜能与绿色植物的多种效益得到完美的结合和充分的发挥，是城市绿化发展的崭新领域，具有广阔的发展前景。

一般而言，城市建筑的立体绿化包括屋顶绿化和垂直绿化两个方面。

（1）屋顶绿化　屋顶绿化特点主要有以下几方面。

利用空间，经济便捷。长期以来，城市大量闲置的屋面往往未得到充分的利用。合理、经济地利用城市空间环境，始终是城市规划者、建筑者、管理者追求的目标。发展屋顶绿化为此提供了经济便捷地利用城市屋面空间的手段和途径。

形式多样。由于建筑的不同功能与造型，形成了面积不等、高低不一、形状各异的各种屋面。加之新颖多变的绿化布局设计，以及各种植物构成及附属配套设施的使用，形成了类型多样的屋顶绿化体系。从使用功能来看，屋顶绿化可划分成花园苗圃型、棚架型、庭院型、草坪地毯型、立体多层型、经济开发型等多种类型。

环境特殊。屋顶绿化植物生长环境不同于地面绿化，植物生长环境受到诸多因素影响，既有种植土壤厚度有限、风速较大、昼夜温差大等不利影响，也有日照充足等有利因素。

增加了人们的户外活动空间，提供了人与自然、人与人广泛接触的场所。

（2）垂直绿化　垂直绿化特点主要有以下几方面。

①贴附建筑，不占空间　垂直绿化不同于地面绿化及屋顶绿化，垂直绿化是一种面上的绿化形式，几乎不占地面及屋顶空间，仅贴附于建筑物外表面，形式单一。

②造价低廉，管护简便　一般来说用于垂直绿化的植物具有极强的生命力，易繁殖蔓延，环境适应能力强；对土壤、水、肥等生存环境要求不高且不需要整形修剪，因而，进行垂直绿化造价低廉、管理维护简便。

建筑物绿化使绿化与建筑有机结合在一起，一方面可以直接改善建筑的环境质量；另一方面还可以补偿由建筑物林立导致的绿化量减少，提高整个城市的绿化覆盖率与辐射面。此外，建筑物绿化还了为建筑有效隔热，改善室内环境。据有关测定，夏季墙面绿化与屋顶绿化后，可以为室内降温1～2℃，冬季可以为室内减少30%的热量损失。植物的根系可以吸收和存储50%～90%的雨水，大大减少雨水的流失。据有关测试资料证明，在一个城市中，如果其建筑物的屋顶都能绿化，城市的二氧化碳排放比没有绿化的减少85%左右，其绿化的生态效益非常显著。

4.建筑的室内绿化

城市环境的日趋恶化，使人们越来越依赖于室内加热通风及以空调为主体的生活工作环境。由空调组成的楼宇控制系统是一个封闭的系统，自然通风换气十分困难。据上海市环保产业协会室内环境质量检测中心调查，写字楼内的空气污染程度是室外的2～5倍，有的甚至超过100倍，空气中的细菌含量高于室外的60%以上，二氧化碳浓度最高为室外的3倍以上。人们长期处于这种室内环境中，极易造成建筑综合征（SBS）的发生。

科学试验证明，一定规模的室内绿化，可以吸收二氧化碳、放出氧气，并吸收室内有毒气体，减少室内病菌的含量。另外，室内绿化还可以引导室内空气对流，增强室内空气的流动。由此可见，室内绿化可以大大提高室内环境舒适度，改善人们的工作环境和居住环境。绿化将自然引进室内，不仅可满足人类向往自然的心理需求，而且成为人们心理健康的一个重要手段。

室内绿化设计是室内设计的一部分，绿色植物不单仅是对室内环境的装饰，而是作为提高环境质量满足人们心理需求不可缺少的因素。室内绿化设计最主要的作用有以下几个方面。

（1）调节气候、净化空气、改善室内生活环境　在现代生活中的人们的生活压力大，节奏快，环境对于人类的影响是巨大的，通过植物本身的性质来起到调节和改善周围环境的作用。植物的光合作用对室内环境的氧气的补充，以及植物的吸热和水分蒸发都对室温和湿度有一定的调节作用，植物还可以吸附空气中的灰尘和其他颗粒物，净化空气。

植物自身就具有优美的造型，丰富的色彩，不同的质感等，它能给人以蓬勃向上、充满生机的力量，可促使人们热爱自然、热爱生活。不管是在生理还是在心理上都可以通过室内绿化的布置，把这种自然的美及自然的力量融入环境中，不仅使环境得到了绿化，而且对人的性情、爱好等都可进行一定的调节，起到陶冶情操、净化心灵的作用。并且不同地域和国家对不同的植物、花卉均赋予了一定的象征和含义。

世界上许多国家都很重视绿色的作用，在一些特殊的场合都会有一些特定的植物，其所起到的作用也是各不相同的。例如酒店、文化公园、私人别墅等一些比较大的场所，一般都选用一些大型的植物盆栽等。近年的一些酒店大堂也有选用大型的插花来装饰，搭配一些工艺石头和木雕，但总体还是离不开绿色植物作为主体。不少公共场所、旅馆、办公室、餐厅内部空间都布置一定数量的花木。室内绿化多选用热带亚热带常绿、较能耐阴的观叶植物，如室内光照良好，也可栽培开花植物。

（2）分割空间，改善室内空间结构　在空间结构中，有时空间的结构达不到人们想要的完美效果，有时墙体不能完全拆除或隔离划分，这时就会利用不同形态、不同大小的绿色植物来改善空间。在室内环境美化中，绿化装饰设计对空间的构造也可发挥一定作用。如根据人们生活活动需要，运用成排的植物可将室内空间分为不同区域；攀缘上格架的藤本植物，可以成为分隔空间的绿色屏风，同时又将不同的空间有机地联系起来。

利用室内绿化可以分割空间，形成虚拟的空间，更好地实现其空间功能。此外，室内房间如有难以利用的死角，可以选择适宜的室内观叶植物来填充，以弥补房间的空虚感，还能起到装饰设计作用。室内绿化，不仅种植树木和花草，而且可以设置山石、水池、喷泉及其他园林建筑小品，甚至具有园林的意境。

广州白天鹅宾馆的室内绿化的主题为“故乡水”，以水帘式流泉为主，结合亭、廊、山石、植物，成为一座立意新颖、造型优美的室内庭园。还可以利用绿色植物具有观赏性的特点，通过吸引人们注意力的方式，巧妙、含蓄地对空间起到指引与提示的作用。运用植物本身的大小、高矮可以调整空间的比例感，充分提高室内有限空间的利用率。如两厅室之间、厅室与走道之间以及在某些大的厅室内需要分隔成小空间时，如办公室、餐厅、旅店大堂、展厅，此外在某些空间或场地的交界线，如室内外之间、室内地坪高差交界处等，都可用绿化进行分隔。某些有空间分隔作用的围栏，如柱廊之间的围栏、临水建筑的防护栏、多层围廊的围栏等，也均可以结合绿化加以分隔。

室内绿化也可与室外绿化相互渗透，如利用窗台进行攀缘绿化或摆设盆景。室内绿化的形式很多，如在博古架上摆设盆花盆景；以透空隔扇栽种攀缘植物，来分隔空间；以垂吊植物装饰墙面或顶棚等。联系引导空间联系室内外的方法是很多的，如通过铺地由室外延伸到室内，或利用墙面、天棚或踏步的延伸，也都可以起到联系的作用。但是相比之下，都没有利用绿化更鲜明、更亲切、更自然、更惹人注目和喜爱。许多宾馆常利用绿化的延伸联系室内外空间，起到过渡和渗透作用，通过连续的绿化布置，强化室内外空间的联系和统一。绿化在室内的连续布置，从一个空间延伸到另一个空间，特别在空间的转折、过渡、改变方向之处，更能发挥空间的整体效果。

绿化布置的连续和延伸，如果有意识地强化其突出、醒目的效果，那么，通过视线的吸引，就起到了暗示和引导作用。方法一致，作用各异，在设计时应予以细心区别。在大门入口处、楼梯进出口处、交通中心或转折处、走道尽端等突出空间的重点作用，既是交通的要害和关节点，也是空间中的起始点、转折点、中心点、终结点等的重要视觉中心位置，是必须引起人们注意的位置，因此，常放置特别醒目的、更富有装饰效果的、甚至名贵的植物或花卉，以起到强化空间、重点突出的作用。布置在交通中心或尽端靠墙位置的，也常成为厅室的趣味中心而加以特别装点。这里应说明的是，位于交通路线的一切陈设，包括绿化在内，必需以不妨碍交通和紧急疏散时不致成为阻碍为基础，并按空间大小形状选择相应的植物。如放在狭窄的过道边的植物，不宜选择低矮、枝叶向外扩展的植物，否则，既妨碍交通又会损伤植物，因此应选择与空间更为协调的修长的植物。

（3）装饰设计美化环境　树木花卉以其千姿百态的自然姿态、五彩缤纷的色彩、柔软飘逸的神态、生机勃勃生命，与冷漠、刻板的金属、玻璃制品及建筑几何形体和线条形成强烈的对照。例如，乔木或灌木可以以其柔软的枝叶覆盖室内的大部分空间；蔓藤植物以其修长的枝条，从这一墙面伸展至另一墙面，或由上而下吊垂在墙面、柜、橱、书架上，如一串翡翠般的绿色装饰品，并改变了室内空间，予以一定的柔化和生气。这是其他任何室内装饰、陈设所不能代替的。此外，植物修剪后的人工几何形态，以其特殊色质与建筑在形式上取得协调，在质地上又起到刚柔对比的特殊效果。根据室内环境状况进行绿化布置，不仅针对单独的物品和空间的某一部分，而是对整个环境要素进行安排，将个别的、局部的装饰设计组织起来，以取得总体的美化效果。

经过艺术处理，室内绿化装饰设计在形象、色彩等方面使被装饰设计的对象更为妩媚。如室内建筑结构出现的线条刻板、呆滞的形体，经过枝叶花朵的点缀而显得灵动。装饰设计中的色彩常常左右着人们对环境的印象，倘若室内没有枝叶花卉的自然色彩，即使地面、墙壁和家具的颜色再漂亮，仍然缺乏生机。绿叶花枝也可作门窗的景框，使窗外色更好地映入室内，而室内或窗外环境中的不悦目部分则可利用布置的植物将其屏蔽。所以，室内观叶植物对室内的绿化装饰设计作用不可低估。

二、室外绿化体系的构建

根据以上所述可知，绿化不仅可以调节室内外温湿度，有效降低绿色建筑的能耗，同时还能提高室内外空气质量，降低二氧化碳的浓度，从而提高使用者的健康舒适度，并且能满足使用者亲近自然的心理。因此，绿化是绿色建筑节能、健康舒适、与自然融合的主要措施之一。构建适宜的绿化体系是绿色建筑的一个重要组成部分，在了解植物的生物、生态习性和其他各项功能测定比较的基础上，选择适宜的植物种类和群落类型，提出适宜的绿色建筑室外绿化、室内绿化、屋顶绿化和垂直绿化的构建思路。

室外绿化一般占城市总用地面积的35%左右，是建筑用地中分布最广、面积最大的空间，其绿地使用率是其他类型绿地的5～10倍。城市室外绿化的优劣，直接影响到居民的生活质量和一个城市的生态环境。绿地是决定一个城市环境质量好坏的主要园林绿地类型。实践证明，搞好居住区室外绿化是提高城市环境质量的有效途径。

（一）植物的选择原则

城市绿地的植物配置是休闲绿地绿化景观的主题，它不仅起到保持、改善环境等功能要求，而且还起到美化环境、满足人们游憩的要求。首先要考虑是否符合植物生态要求及功能要求和是否能达到预期的景观效果。园区绿化时植物配置还应该以生态园林的理论为依据，模拟自然生态环境，利用植物生理、生态指标及园林美学原理，进行植物配置，创造复层结构，保持植物群落在空间、时间上的稳定与持久。此外还应考虑到落果少、无飞絮、无刺、无毒、无刺激性的植物。总之，植物的选择应遵循以下原则。

① 植物的选择首先要满足功能要求，并与山水、建筑等自然环境和人工环境相协调。

② 植物的配置要以乡土树种为基调树种，选择耐干旱、耐瘠薄、耐水淹和耐盐碱的适宜生物种。

③ 植物配置应注意整体效果，应做到主题突出、层次清楚、具有特色，应避免“宾主不分”、“喧宾夺主”和“主体孤立”等现象，使得设计既统一又有变化，以产生和谐的艺术效果。

④ 植物配置应重视植物的造景特色，具有较好的观赏性。

⑤ 植物配置还应对各种植物类型和植物比重做出适合的安排，并保持一定的比例。

（二）群落的配置原则

随着时代发展，久居城市的人们对居住环境提出了新的要求，向往回归自然，希望让城市的阳光、空气、水体、树木、花草都披上自然的色彩，绿地的近自然配置将会得到大力提倡。实现这个目标重点在于选择合适的植物，在考虑建筑风格与植物景物的和谐统一的前提下，充分吸收传统园林植物配置中模拟自然的方法，经过艺术加工来提升植物的观赏价值，以充分发挥植物群落生态功能，尽可能创造美观、生态、舒适、经济的生活环境，达到经济效益、社会效益与生态效益的高度统一。

所谓近自然式植物群落配置，一方面是指植物材料本身为近自然状态，尽量避免人工重度修剪和造型；另一方面是指在配置中要避免植物种类单一、株行距整齐划一以及苗木的规格的一致，尽可能模仿自然。通过不同物种的适应、竞争实现植物群落的共生与稳定。这种植物配置形式具有植物群落结构稳定、园林空间丰富多彩、地方特色和风格突出的特点，季相变化明显，随着季节的推移，达到“春可观赏鲜花、夏可遮荫乘凉、秋可赏果观叶”的效果。在进行植物群落的配置设计时，主要应遵循以下原则。

（1）生态性原则　在植物材料的选择发挥出最大的生态效益前提下，树种的搭配、草本花卉的点缀，草坪的衬托选择等必须最大限度地以改善生态环境、提高生态效益为出发点，尽量多地选择和应用乡土树种，创造出稳定的植物群落。

（2）景观性原则　遵循自然规律，充分研究所处地带的地形地貌特征，自然植被类型、自然景观格局和特征特色，在科学合理的基础上，适当增加植物配置的艺术性、趣味性，使之具有人性化和亲近感。

（3）因地制宜原则　充分利用原有地形地貌，用最少的投入、最简单的维护、达到景观设计与风土人情及文化氛围相融合的境界。

（4）可持续发展原则　以自然环境为出发点，遵循生态学原理，在了解植物的生物学特性和生态学习性的基础上，保护、恢复和再造自然环境，在人工环境中努力显现自然。合理布局、科学搭配，使各植物和谐共存、稳定、可持续发展。

（三）适合建筑室外绿化的植物

随着城市环境的恶化，人们逐步认识到植物在改善环境和保护环境中的重要作用，治理恶化的环境必须依靠植物，在城市建设中植物景观已成为城市活动的基础设施之一。城市园林植物群落是城市生命支持系统的主体，具有生态服务和美化等方面的功能，对于实现城市可持续发展战略具有重要的作用。

植物配置是居住区环境建设中的重要一环，这不仅表现在植物对改善生态环境的巨大作用，更表现在其对于美化生活空间所带来的巨大精神价值。植物景观已经成为居民选择住房的主要考虑因素，因此也成为住房价格的重要筹码。

植物具有生命，不同的园林植物具有不同的生态和形态特征。进行植物配置时，要因地制宜，因时制宜，使植物正常生长，充分发挥其观赏特性。

1.建筑室外绿化的树种选择

① 要根据当地的气候环境条件配植的树种，特别是在经济和技术条件比较薄弱的地区，尤显重要。以地处亚热带地区为例，最先推荐使用的优良落叶树种，乔木类有无患子、栾树等。耐寒常绿树种，乔木类有山杜英等。

② 要根据当地的土壤环境条件配植的树种。例如，杜鹃、茶花、红花继木等喜酸性土树种，适于pH值为5.5～6.5、含铁铝成分较多的土质。而黄杨、棕榈、桃叶珊瑚、夹竹桃、枸杞等喜碱性土树种，适于pH值为7.5～8.5、含钙质较多的土质。

③ 根据树种对太阳光照的需求强度，合理安排配植的用地及绿化使用场所。

④ 要根据环保的要求配植树种。在众多的树木之中，有许多不只具有一般绿化、美化

环境的作用，而且还具有防风、固沙、防火、杀菌、隔声、吸滞粉尘、阻截有害气体和抗污染等保护和改善环境的作用。因此，在城市园林、绿地、工矿区、居民区配置林木时，我们应该根据各个地区环境保护的实际需要，配置适宜的树木。例如，在工业污染比较大的城市中，在粉尘较多的工厂附近、道路两旁和人口稠密的居民区，应该多配置一些侧柏、桧柏、龙柏，悬铃木等易于吸收粉尘的树木；在排放有害气体的工业区特别是化工区，应该尽量多栽植一些能够吸收或抵抗有害气体能力较强的树木，如广玉兰、海桐、棕榈等树木。

⑤ 要根据绿地性质进行配置。各街道绿地、庭园绿化中，根据绿地性质，规划设计时选择适当树种。如设计烈士陵园绿化，树木选择常绿树和柏类树，表示烈士英雄“坚强不屈”高尚品德和“万古长青”的纪念寓意。在幼儿园绿化设计，选择低矮和色彩丰富的树木，如红花继木、金叶女贞、十大功劳，由红、黄、绿3色组成，带来活泼、喜庆的气氛；还要考虑不能选择有刺、有毒的树木，如夹竹桃、构骨等树木。

2.建筑室外绿化功能性植物群落

根据有关研究成果和部分植物资源信息库资料，推荐配置了一些生态功能较好的功能性植物群落，供建筑室外绿化设计参考。

（1）降温增湿效果较好的植物群落　有关专家对不同行道树、藤蔓攀援植物、草坪绿地及未绿化空旷地温湿度效应进行了测定。测定结果表明：不同行道树、蔓藤植物、草坪绿地及未绿化空旷地的降温增湿效果比较明显，这种差异在很大程度上受绿化树木种类、树冠形态、枝叶特征、林木高、径生长量、绿化栽植密度及郁闭度等多种因子的影响。我国的华东地区降温增湿效果较好的植物群落主要有以下几种。

① 香榧+柳杉群落。具体的群落组成为：香榧+柳杉-八角金盘+云锦杜鹃+山茶-络石+虎耳草+铁筷子+麦冬+结缕草+凤尾兰+薰衣草。

② 广玉兰+罗汉松群落。具体的群落组成为：广玉兰+罗汉松-东瀛珊瑚+雀舌黄杨+金叶女贞-燕麦草+金钱蒲+荷包牡丹+玉簪+凤尾兰。

③ 香樟+悬铃木群落。具体的群落组成为：香樟+悬铃木-亮叶蜡梅+八角金盘+红花继木-大吴风草+贯众+紫金牛+姜花+岩白菜。

（2）能较好改善空气质量的植物群落　有关专家对不同植物群落空气的负离子浓度进行观测研究。研究结果表明：不同群落环境空气中负离子浓度顺序为，阔叶林＞混交林＞草地＞灌丛；一年中不同植物群落空气负离子浓度均为夏、秋季高于冬、春季，且夏季最高，而冬季最低，其中又以阔叶林的空气质量最好。造林能显著提高环境空气中的负离子浓度，而单纯种草效果不明显。我国的华东地区能较好改善空气质量的植物群落主要有以下几种。

① 杨梅+杜英群落。具体的群落组成为：杨梅+杜英-山茶+珊瑚树+八角金盘-麦冬+大吴风草+贯众+一叶兰。

② 竹群落。具体的群落组成为：刚竹+毛金竹+淡竹-麦冬+贯众+结缕草+玉簪。

③ 柳杉+日本柳杉群落。具体的群落组成为：柳杉+日本柳杉-珊瑚树+红花继木+紫荆-细叶苦草+麦冬+紫金牛+虎耳草。

（3）“固碳释氧”能力比较强的植物群落　为了提高园林景观中绿地的“固碳”能力，要选择“固碳”能力强的园林植物种类，以扩大园林低碳绿地。植物类型的“固碳释氧”能力大小依次为常绿灌木、落叶乔木、常绿乔木、落叶灌木。所以在园林景观配置中，要增加常绿灌木和落叶乔木的使用比例，并且合理进行搭配，以增加绿地的“固碳释氧”能力和单位空间的绿色植被，进而改善冬季绿地景观。我国的华东地区“固碳释氧”能力比较强的植物群落主要有以下几种。

① 广玉兰+夹竹桃群落。具体的群落组成为：广玉兰+夹竹桃-云锦杜鹃+紫荆+云南黄

馨-紫藤+阔叶十大功劳+八角金盘+洒金东瀛珊瑚+玉簪+花叶蔓长春花。

② 香樟+山玉兰群落。具体的群落组成为：香樟+山玉兰-云南黄馨+迎春+大叶黄杨-美国凌霄+鸢尾+早熟禾+八角金盘+洒金东瀛珊瑚+玉簪。

③ 含笑+蚊母树群落。具体的群落组成为：含笑+蚊母树-卫矛+雀舌黄杨+金叶女贞-洋春藤+地锦+酒瓶兰+野牛草+花叶蔓长春花+虎耳草。

三、室内绿化体系的构建

随着城市化进程不断加快，城市绿地面积日益减少。为最大限度实现和大自然的亲近，室内绿化成为目前室内装饰的新趋势。室内绿化植物除了能满足人们对自然界的绿色视觉需求外，还可调节室内气温改善室内空气质量陶冶生活情操。室内绿化主要是解决“人-建筑-环境”之间的关系，所以室内绿化的布置上要遵循比例适度、布局合理、色彩、质地与环境相协调的原则。

室内绿化是经过有关人员设计而成的，其出发点是尽可能地满足人的生理、心理乃至潜在的需要。在进行室内植物配置前，首先应对场所的环境进行分析，收集其空间特征、建筑参数、装修状况，以及光照、温度、湿度等，与植物生长密切相关的环境因子等诸多方面的资料是必需的。只有在综合分析这些资料的基础上，才能合理地选用室内绿化植物，达到改善室内环境、提高健康舒适度的目的。

（一）室内绿化植物选择的原则

室内绿化装饰是指按照室内环境的特点，利用以室内观叶植物为主的观赏材料，结合人们的生活需要，对使用的器物和场所进行美化装饰。这种美化装饰是从人们的物质生活与精神生活的需要出发，配合整个室内环境进行设计、装饰和布置，使室内室外融为一体，体现动和静的结合，达到人、室内环境与大自然的和谐统一，它是传统的建筑装饰的重要突破。居室的主人、条件、环境不同，决定了室内绿化植物选择必须遵循一定的原则。

1.室内绿化植物选择美学原则

美，是室内绿化装饰的重要原则。如果没有美感就根本谈不上装饰。因此，必须依照美学的原理，通过艺术设计，明确主题，合理布局，分清层次，协调形状和色彩，才能收到清新明朗的艺术效果，使绿化布置很自然地与装饰艺术联系在一起。为体现室内绿化装饰的艺术美，必须通过一定的形式，使其体现构图合理、色彩协调、形式和谐。

（1）构图合理　构图是将不同形状、色泽的物体按照美学的观念组成一个和谐的景观。绿化装饰要求构图合理。构图是装饰工作的关键问题，在装饰布置时必须注意两个方面：一是布置均衡，以保持稳定感和安定感；二是比例合度，体现真实感和舒适感。

布置均衡包括对称均衡和不对称均衡两种形式。人们在居室绿化装饰时习惯于对称的均衡，如在走道两边、会场两侧等摆上同样品种和同一规格的花卉，显得规则整齐、庄重严肃。与对称均衡相反的是室内绿化自然式装饰的不对称均衡。如在客厅沙发的一侧摆上一盆较大的植物，另一侧摆上一盆较矮的植物，同时在其近邻花架上摆上一悬垂花卉。这种布置虽然不对称，但却给人以协调感，视觉上认为二者重量相当，仍可视为均衡。这种绿化布置得轻松活泼，富于雅趣。

比例合度，是指植物的形态、规格等要与所摆设的场所大小、位置相配套。例如：空间大的位置可选用大型植株及大叶品种，以利于植物与空间的协调；小型居室或茶几案头只能摆设矮小植株或小盆花木，这样会显得优雅得体。

掌握布置均衡和比例合度这两个基本点，就可有目的地进行室内绿化装饰的构图组织，实现装饰艺术的创作，做到立意明确、构图新颖，组织合理，使室内观叶植物虽在斗室之中，却能“隐现无穷之态，招摇不尽之春”。

（2）色彩协调　色彩感觉是一般美感中最大众的形成。色彩一般包括色相、明度和彩度3个基本要素。色相就是色别，即不同色彩的种类和名称；明度是指色彩的明暗程度；彩度也叫饱和度，即标准色。色彩对人的视觉是一个十分醒目且敏感的因素，在室内绿化装饰艺术中举足轻重的作用。

室内绿化装饰的形式要根据室内的色彩状况而定。如以叶色深沉的室内观叶植物或颜色艳丽的花卉作布置时，背景底色宜用淡色调或亮色调，以突出布置的立体感；居室光线不足、底色较深时，宜选用色彩鲜艳或淡绿色、黄白色的浅色花卉，以便取得理想的衬托效果。陈设的花卉也应与家具色彩相互衬托。如清新淡雅的花卉摆在底色较深的柜台、案头上可以提高花卉色彩的明亮度，使人精神振奋。此外，室内绿化装饰植物色彩的选配还要随季节变化以及布置用途不同而做必要的调整。

（3）形式和谐　植物的姿色形态是室内绿化装饰的第一特性，它将给人以深刻的印象。在进行室内绿化装饰时，要依据各种植物的各自姿色形态，选择合适的摆设形式和位置，同时注意与其他配套的花盆、器具和饰物间搭配谐调，力求做到和谐相宜。如悬垂花卉宜置于高台花架、柜橱或吊挂高处，让其自然悬垂；色彩斑斓的植物宜置于低矮的台架上，以便于欣赏其艳丽的色彩；直立、规则植物宜摆在视线集中的位置；空间较大的中间位置可以摆设丰满、匀称的植物，必要时还可采用群体布置，将高大植物与其他矮生品种摆设在一起，以突出布置效果等。

2.室内绿化植物选择实用原则

室内绿化装饰必须符合功能的要求，要实用，这是室内绿化装饰的另一重要原则。所以要根据绿化布置场所的性质和功能要求，从实际出发，才能做到绿化装饰美学效果与实用效果的高度统一。如书房，是读书和写作的场所，应以摆设清秀典雅的绿色植物为主，以创造一个安宁、优雅、静穆的环境，使人在学习间隙举目张望，让绿色调节视力，缓解疲劳，起镇静悦目的功效，而不宜摆设色彩鲜艳的花卉。

3.室内绿化植物选择经济原则

室内绿化装饰除要注意美学原则和实用原则外，还要求绿化装饰的方式经济可行，而且能保持长久。设计布置时要根据室内结构、建筑装修和室内配套器物的水平，选配合乎经济水平的档次和格调，使室内“软装修”与“硬装修”相谐调。同时要根据室内环境特点及用途选择相应的室内观叶植物及装饰器物，使装饰效果能保持较长时间。

上述3个原则是室内绿化装饰的基本要求。它们联系密切，不可偏颇。如果一项装饰设计美丽动人，但不满足功能需要或费用昂贵，也算不上是一项好的装饰设计方案。

（二）适合室内绿化的植物

花卉是居室绿化植物的主体，它色彩缤纷、四季相异、早晚不同、晴雨有别，又以其各具特色的形态、姿色、风韵和香味给人以生命的气息和动态的美感，满足了人们渴望亲近大自然的需求。我国适宜居室绿化的植物常用的至少有300余种，有的枝叶婆娑、绿意盎然，有的花枝摇曳、五彩斑斓，有的姿态万千、趣味无穷，有的清雅俊秀、意味悠长，为人们提供了各式各样的居室绿化材料。归纳起来，适合华东地区绿色建筑室内的绿化植物有以下几种。

1.适合绿色建筑室内的木本植物

适合华东地区绿色建筑室内的木本植物有：米仔兰、硬枝黄蝉、霸王榈、短穗鱼尾葵、董棕、散尾葵、玳玳、柠檬、螺旋叶变叶木、袖珍椰子、耐阴朱蕉、朱蕉、孔雀木、龙血树、富贵竹、银边富贵竹、假连翘、重瓣狗牙花、番樱桃、高山榕、垂叶榕、琴叶榕、印度橡皮树、酒瓶椰子、茉莉花、轴榈、蒲葵、棍棒椰子、白兰花、九里香、三角椰子、江边刺葵、太平洋棕、国王椰子、棕竹、细叶棕竹、狗牙花、狐尾椰子、美洲苏铁、草莓番石榴、胡椒木等。

2.适合绿色建筑室内的草本植物

适合华东地区绿色建筑室内的草本植物有：铁线蕨、斑马光萼荷、银后亮丝草、尖尾芋、海芋、三色凤梨、菠萝、花烛、银脉爵木、假槟榔、三药槟榔、洒金蜘蛛抱蛋、卵叶蜘蛛抱蛋、佛肚竹、银星秋海棠、铁叶十字秋海棠、花叶水塔花、苏铁蕨、鸳鸯茉莉、旅八蕉、丽叶竹芋、斑叶竹芋、孔雀竹芋、中国文殊兰、花叶万年青、紫鹅绒、幌伞枫、龟背竹、香蕉、白蝶合果芽、巢蕨、银边草、露兜树、西瓜皮椒草、春羽、花叶冷水花、鹿角蕨、银脉凤尾蕨、老人须、刺通草、婴儿泪、中国兰、凤梨类、佛甲草、金叶景天等。

3.适合绿色建筑室内的藤本植物

适合华东地区绿色建筑室内的藤本植物有栎叶粉藤、常春藤、花叶蔓长春花、花叶蔓生椒草、绿萝等。

4.适合绿色建筑室内的莳养花卉

适合华东地区绿色建筑室内的莳养花卉有一品红、仙客来、西洋报春、大花蕙兰、蝴蝶兰、蒲包花、文心兰、瓜叶菊、比利时杜鹃、菊花、君子兰等。

四、垂直绿化体系的构建

近年来，随着国民经济的快速发展，我国在生态环境建设方面也取得了很大的发展，特别是对于垂直绿化植物的研究，我国已经形成了比较系统的理论，同时垂直绿化植物的实践在我国也取得了巨大的发展和进步。对于垂直绿化体系的构建和植物的选择，这是植物垂直绿化的前提，对建筑的垂直绿化也具有十分重要的作用。同时也是进行植物垂直绿化研究的重要方面。

城市垂直绿化是城市园林绿化的重要组成部分，是城市绿化向空间的延伸和发展，以达到美化、绿化和扩大绿化面积，维护生态的目的。良好的垂直绿化能减少城市热辐射、阻滞尘埃、涵养雨水、增加空气湿度，绿化美化环境，增添城市绿化景观。

城市建筑绿化的实践告诉我们，在一些大城市，如北京、上海，以及许多城市的老城区，可绿化用地越来越少，绿化建设不但要在平面上发展，更要充分利用垂直空间挖潜增绿，见缝插绿。其实，在我们许多城市（新兴城市、中小城市）中，都有许许多多可以利用的垂直空间，可以用来发展绿化，可显著增加绿化面积。同时，垂直绿化一样可以充分发挥绿化的美化、生态、隔离等功能。

（一）建筑垂直绿化的类型

在城市快速发展的今天，城区土地寸土寸金，住宅小区的楼层越来越高，平面绿地面积越来越小，如何利用有限的土地面积营造更多的绿色、增加绿化总量和绿化覆盖率、提高小区绿化水平，是吸引业主入住的重要条件。垂直绿化可以充分利用空间、在墙壁、阳台、窗台、屋顶、棚架等处栽种攀缘植物，增加绿化面积，改善居住环境。垂直绿化植物能起到立体绿化的效果，垂直绿化面积可为占地面积的5～10倍。垂直绿化不仅可以弥补平地绿地的不足，丰富绿化景观，还能增加植物景观的层次，同时具有明显的生态效益，如降低空气温度，减少灰尘、噪声等。垂直绿化一般包括阳台、窗台和建筑墙面3种绿化形式。

1. 阳台和窗台绿化

住宅的阳台有开放式和封闭式两种。开放式阳台光照和通风良好，但冬季防风保暖效果较差；封闭式阳台通风效果较差，但冬季防风保暖效果较好。对于阳台和窗台绿化，宜选择半耐阴或耐阴植物，如吊兰、紫鸭跖草、文竹、君子兰等。在阳台内、栏板扶手和窗台上，可放置盆花、盆景，如果在阳台或窗台建造各种类型的种植槽，种植悬垂植物，如云南黄馨、迎春、天门冬等，既可丰富室内的造型，又可增加建筑室内的生气。

窗台和阳台绿化有以下4种常见方式：① 在阳台上、窗前设置种植槽，种植悬垂的攀缘植物或花草；② 让植物依附外墙面花架进行环窗或沿栏绿化，从而构成画屏；③ 在阳台栏面和窗台面上进行绿化；④ 连接上下阳台进行垂直绿化。

由攀缘植物所覆盖的阳台，按照其鲜艳的色泽和特有的装饰风格，必须与城市房屋表面色调相协调，正面朝向街道的建筑绿化要整齐美观，避免出现杂乱无章现象，影响建筑的艺术性和美观性。

2. 建筑墙面的绿化

建筑墙面绿化是指相对于平面绿化，墙面垂直绿化是指以建筑物、土木构筑物等的垂直或接近垂直的立面（如室外墙面、柱面、架面等）为载体的一种建筑空间绿化形式。墙面绿化实际上是利用垂直绿化植物的吸附、缠绕、卷须、钩刺等攀缘特性，依附在各类垂直墙面上，进行快速的生长发育。用吸附类攀缘植物直接攀附墙面，是最常见、经济实用的墙面绿化方式，对较粗糙的墙体表面可选择枝叶较粗大的种类，如爬山虎、崖爬藤、薜荔、凌霄等；对表面光滑、细密的墙体表面则可选择枝叶细小、吸附能力强的种类，如络石、小叶扶芳藤、常春藤、绿萝等。除此之外，可在墙面上安装条状或网状支架，供植物进行攀附，许多卷攀型、棘刺型、缠绕型的植物都可借助支架绿化墙面。

（二）垂直绿化植物选择原则

垂直绿化植物的选择据不完全统计，我国可栽培利用的藤蔓植物有1000余种，大多数可以用来进行垂直绿化，一般要选择繁殖容易、养护简单、病虫害少、观赏价值高的种类。按照绿化植物观赏特性的不同，可分为观叶类、观花类、观果类等。

在选择攀缘植物时，要使其能适应各种墙面的高度及朝向的要求。对于高层建筑物应选择生长迅速、藤蔓较长的藤本植物（如爬山虎），使整个建筑立面都能有效地覆盖。对不同朝向的墙面应根据攀缘植物的不同生态习性加以选择，如阳面可选择喜阳光的植物（如凌霄等），阴面可选择耐阴的植物（如常春藤、爬山虎等）。在垂直绿化中最常用的攀缘植物是爬山虎。爬山虎是一种观叶类植物，又名爬墙虎，落叶木质藤本，叶大而密，叶形优美，秋季变为红色或橙红色，适应性强，耐粗放管理，为优良的墙面立体绿化植物。爬山虎有三叶爬山虎、五叶爬山虎、红三叶爬山虎等。

在进行墙面绿化时，还应根据墙面颜色的不同而选用不同的垂直绿化植物，以形成色彩的对比。如在白粉墙上以爬山虎为主，可充分显衬出爬山虎的枝姿态与叶色彩的变化，夏季枝叶茂密，叶色翠绿，秋季红叶染墙，风姿绰约，绿化时宜辅以人工固定措施，否则易引起白粉墙灰层剥落。橙黄色的墙面应选择叶色常绿花白繁密的络石等植物加以绿化。泥土墙或不粉饰的砖墙，可用适于攀登墙壁向上生长的气根植物（如爬山虎、络石等），可以不设支架。如果墙体表面粉饰精致，则选用其他墙面绿化植物，并设置一些简单的支架。在某些石块墙面上，可以在石缝中充塞泥土后种植攀缘植物。

垂直绿化植物材料的选择，必须考虑各种习性的攀缘植物对环境条件的不同需要，并根据其观赏效果和功能要求进行设计。垂直绿化的植物要求生命力强、耐旱、耐寒、耐湿和抗虫害。同时植物要具有吸附、缠绕、卷须或刺钩等攀缘特性，能够在比较简单的介质上向上生长，从而减少载体的施工难度。植物的种类也要呈现多样化，这样不仅可以打破单调格局，而且还能提高观赏价值。

五、屋顶绿化体系的构建

作为一种特殊的人工绿地，屋顶绿化已成为现代城市构建空间立体绿化体系的新途径、新形式，其经济效益、生态效益十分明显。目前，屋顶绿化在我国仍存在发展不够快、不平衡，建设不规范、质量不高的问题。一是从整体而言，各地对屋顶绿化的认识不高、重视不够、投入不足，有相当一部分地区尚未启动这项工作；二是配套法规、标准等相对缺乏，必须健全法规、建立标准、完善配套政策；三是长效管理机制不健全，后期养护管理不到位，屋顶绿化保全率不高；四是种植形式单一、植物种类较少，其观赏性、参与性、生态功能等都有待进一步提高；五是专业教育滞后，从设计、施工建设到养护管理的专业化水平亟待提高。由此可见，屋顶绿化体系的构建非常必要。

（一）努力推进屋顶绿化体系的建设

有序推进屋顶绿化体系的构建需要多方面的努力，有关专家建议应从以下3个方面着手有序推进城市屋顶绿化建设。

（1）深化技术研究　屋顶绿化具有定量指标要求严格、绿化技术要求高的特点，建筑物荷载、防渗、排水等问题如何解决，基质材料、植物种类如何选择，灌溉技术、植物固定技术和绿化养护管理技术如何规范，需要通过科学研究，建立适宜的标准。特别是在紧凑型城市中屋顶绿化如何与城市规划、城市绿地系统规划有效衔接，使屋顶绿化和地上绿化、绿色空间和其他物质空间配合互补，也需要进一步研究。

（2）完善法规政策　在完善法规政策上，一方面，积极引导企事业单位和个人进行屋顶绿化，譬如，如果将屋顶绿化像建筑节能一样采取强制性政策，必定会引起开发商和业主单位的重视；可适时调整建筑拆迁享受土地“增减挂钩”和取得建设用地指标政策，对建筑物、构筑物拆迁实行严格的审批制度，对过早拆迁造成的浪费依法追究；对透明轻质的屋顶高效种植设施，不计控制层数、高度、容积率，不计遮阴，可办理产权证明；对发展屋顶日光室高效生态种植的，可享受既有建筑节能改造、高效农业等方面的税收优惠政策。另一方面，对企事业单位和个人进行屋顶绿化进行规范和约束，譬如，要明令禁止某些危害公共安全的屋顶过度开发行为，落实屋顶绿化区域责任人，建立大风等恶劣天气下的应急预案，防止屋顶坠物伤人。

（3）加大资金投入　政府应积极作为，把屋顶高效种植列入城市规划建设的重要内容，加大财政投入；要通过财政支持，扶持发展以屋顶绿化为主体的屋顶绿色产业；利用政府投资启动“空中造地”示范，建设一批屋顶高效生态种植设施，以成本价出让或租给品牌专业种植公司生产经营；政府部门应示范带头，对有条件的机关部门进行屋顶绿化改造。同时，通过新闻媒体向全社会宣传屋顶绿化的积极意义和良好的生态经济效果，激发广大群众对屋顶绿化的热情。

（二）屋顶绿化植物选择原则

植物成活与生长的好坏取决于其生长的立地条件的优劣。由于屋面自然条件的限制，用于屋面种植的植物材料比地面使用的植物材料要严格。屋顶绿化植物的选择必须从屋顶的环境出发，首先要满足植物生长的基本要求，然后才能考虑植物配置艺术。

（1）选择耐旱、抗寒性强的矮灌木和草本植物　由于屋顶花园夏季气温高、风大、土层保湿性能差，冬季则保温性差，因而应选择以耐干旱、抗寒性强的植物为主。同时，考虑到屋顶的特殊地理环境和承重的要求，应注意多选择矮小的灌木和草本植物，以利于植物的运输、栽种和管理。

（2）选择阳性、耐瘠薄的浅根性植物　屋顶花园大部分地方为全日照直射，光照强度大，植物应尽量选用阳性植物，但在某些特定的小环境中，如花架下面或靠墙边的地方，日照时间较短，可适当选用一些耐阴性的植物种类，屋顶的种植层较薄，为了防止根系对屋顶建筑结构的侵蚀，应尽量选择浅根系及耐瘠薄的植物种类。

（3）选择抗风、不易倒伏、耐积水的植物种类　在屋顶上空风力一般较地面大，特别是雨季或有台风来临时，风雨交加对植物的生存危害最大，加上屋顶种植层薄，土壤的蓄水性能差，一旦下暴雨，易造成短时积水，故应尽可能选择一些抗风、不易倒伏，同时又能耐短时积水的植物。

（4）选择以常绿为主，冬季能露地越冬的植物　营建屋顶花园的目的是增加城市的绿化面积，美化“第五立面”，屋顶花园的植物应尽可能以常绿为主，宜用叶形和株形秀丽的品种，为了使屋顶花园更加绚丽多彩，体现花园的季相变化，还可适当栽植一些色叶树种及布置一些盆栽的时令花卉，使花园四季有花。

（5）尽量选用乡土植物，适当引种绿化新品种　乡土植物对当地的气候有高度的适应性，在环境相对恶劣的屋顶花园，选用乡土植物有事半功倍之效，同时考虑到屋顶花园的面积一般比较小，为了将屋顶花园布置得较为精致，可选用一些观赏价值比较高的新品种，以提高屋顶花园的档次。

（6）尽量选用能够抵抗空气污染并能吸收污染的品种　容易移植成活、耐修剪，生长较慢的品种；并且具有较低的养护管理的要求。

（三）屋顶绿化植物的选择

屋顶绿化植物的选择在全面考虑种植条件、种植土的深度与成分、排水情况、空气污染情况、灌溉条件、养护管理等屋面的实际环境，遵守上述原则的情况下，还要同时要考虑植物本身的体态、色彩效果、质感、生长速度及屋顶绿化的功能需要。对于观赏性要求较高的屋顶绿化，在考虑屋顶气候、植物的生长势态的同时，更要注意四季花卉、乔、灌木及常绿植物的搭配。屋顶绿化中常使用的植物类型及其形式有以下几种。

（1）乔木　屋顶花园在植物配置中，适量选用较小植株的观赏乔木，作为构图重心，为花园的局部中心景物，观赏其树形、树姿、树叶或观赏花和果实。乔木还可以挡风和庇荫。小叶子的树冠能够透射出较为明亮的投影，且叶片在强风中不易受损，通常选择这类树种或名贵奇特的观赏用小乔木。为防止植物根系穿破建筑防水层，优先选择须根发达的树木，不宜选用直根系植物或根系穿刺性较强的树木。

（2）花灌木　花灌木是建造屋顶花园的植物主体。通常是指具有美丽芳香的花朵或有艳丽枝叶和果实的灌木或小乔木。因它们具有种类繁多、开花繁盛、色彩鲜艳、花色丰富、成景快、寿命长、栽培容易、抗逆性强、养护简单等特点，是屋顶绿化的主要美化材料。许多灌木可以很好地栽在花盆中，对于屋顶种植十分有利。

（3）地被植物与宿根花卉　地被植物通常指一些植株低矮、枝叶密集、具有较强扩展能力，能迅速覆盖地面且抗污染能力强、易于粗放管理、种植后不需经常更换的植物。用于覆盖除景点之外的大部分面积。草坪和蕨类是地被植物中采用最广泛的品种，矮化龙柏、紫叶小檗及仙人掌科植物也可。

此外，宿根植物很多是地被覆盖的好品种。地被植物种类繁多，品种丰富，枝、叶、花、果富有变化，色彩万紫千红、季相丰富多样，可以营造多种生态景观。在简式屋顶绿化中常用地被植物进行大面积覆盖。

（4）藤本植物　藤本植物是屋顶绿化上各种棚架、凉廊、栅栏、女儿墙、拱门山石和垂直墙面等的绿化材料。有细长的茎蔓可以攀缘或垂挂在各种墙面上。在提高屋顶绿化质量，丰富景色、美化建筑立面等方面具有独到的功能。

（5）绿篱　绿篱植物是种植区边缘、雕塑喷泉的背景或景点分界处经常栽种的植物。它的存在不仅使种植区处于有组织的安全的环境中，还可以作为独立景点的衬托。但在造园或管理时，切不可使绿篱植物喧宾夺主。按照绿篱所用植物的特点不同，又可分为花篱、果篱、彩叶篱、枝篱、刺篱等。用作绿篱的树种大多生长慢、萌芽力强、耐修剪、抗性强。绿篱植物应用广泛，所用植物品种较多。

（6）一年生植物　一年生植物即一年内完成其整个生命周期的植物。一年生花卉管理方便，且整个夏季都能开花，如同一品种成片密植，效果更佳，能使庭园增色不少。多作为其他植物的补充，其花色鲜明，可以活跃周围环境气氛，或作为接连灌木和草本的中间过渡层。一年生植物还可以在花盆、植箱、盒子和悬挂的吊篮中，对于一些小空间中的绿化具有较大的选择价值。一年生花卉多种多样，它们的色彩、高度、形态各不相同，所以首先要考虑本人喜欢哪些植物，其次庭园的环境不同，有阴有阳，供水条件有多有少，管理技术有好有差，根据这些情况可考虑本庭园适合种哪些植物。只有因地制宜才能有好的效果。

（7）抗污染树种　一些污染严重的城市，屋顶绿化需要栽种一些抗污染能力强的植物以帮助净化城市的空气，改善城市的气候。

（8）果树和蔬菜　现代生活崇尚绿色食品，很多国家城市中的屋顶绿化被开发成了绿色的菜园。这种绿化形式不仅可以满足绿化屋顶的要求，而且也可以让人们吃到新鲜的绿色蔬菜，享受到城市中的“田园生活”。

（四）适合屋顶绿化的具体植物

无论哪种类型的屋顶绿化，选用植物种类时要首先调查当地的自然地理条件和植被特征，选用习性适合的植物材料，确保植物生长特性和观赏价值相对稳定。根据屋面的结构特点、地区气候和植物生态特征，屋顶花园一般应选用比较低矮、根系较浅、耐旱、耐寒、耐瘠薄的植物。

1.适合屋顶绿化的地被类植物

适合华东地区屋顶绿化的地被类植物有垂盆草、佛甲草、凹草景天、金叶景天、圆叶景天、德国景天、三七景天、八宝景天、筋骨草、葱兰、萱草、金叶过路黄、沿阶草、麦冬、亚菊、百里香、活血丹、丛生福禄考、玉带草、矮蒲苇、玉簪、吉祥草、蓍草、荷兰菊、金鸡菊、蛇鞭菊、鸢尾、石竹、美人蕉、赤胫散、一叶兰、铃兰、羊齿天门冬、火炬花、络石、马蔺、火星花、黄金菊、美女樱、太阳花、紫苏、薄荷、罗勒、鼠尾草、花叶蔓长春花、薰衣草、常春藤类、美国爬山虎、西番莲、忍冬属等。

2.适合屋顶绿化的小灌木植物

适合华东地区屋顶绿化的小灌木植物有小叶女贞、女贞、云南黄馨、迷迭香、十大功劳、金钟花、小檗、豪猪刺、南天竹、双荚决明、伞房决明、山茶、珊瑚树、金银木、锦带花、夹竹桃、红端木、棣棠、石榴、胡颓子、结香、木槿、紫薇、金丝桃、大叶黄杨、黄杨、雀舌黄杨、月季、火棘、绣线菊属、海桐、八角金盘、栀子花、贴梗海棠、石楠、茶梅、桂花、蜡梅、粉红六道木、醉鱼草、铺地柏、金线柏、罗汉松、凤尾竹等。

第十二章

绿色建筑设施设备设计

建筑设施设备指安装在建筑物内为人们居住、生活、工作提供便利、舒适、安全等条件的设施设备。绿色建筑的设施设备，则更进一步保证绿色建筑节能、环保、安全、健康等“绿色”功能顺利地运行实现。同时，建筑设施设备自身节能环保的实现，也是绿色建筑节能环保目标体系中的重要组成部分。

国家现行标准《绿色建筑评价标准》（GB/T 50378—2019）中对绿色建筑的设计过程、组成元素、设计方法有清楚的规范。根据《绿色建筑评价标准》中的要求，对现行建筑设施设备的设计选型进行绿色化指导，实现其绿色功能运作与节能环保效益的同步实现。

第一节　给排水设施设备的设计

建筑给排水系统属于建筑设备工程，是建筑安装工程中的重要组成部分。现代建筑给排水系统的基本组成有给水系统、热水系统、污水系统、废水系统、雨水系统、空调冷凝水系统、消防水系统、中水系统等。随着建筑物的高度日益增高和人们生活水平的不断提高，对给排水的可靠性及材料设备选择等方面有很多要求。工程实践也充分表明，建筑给排水设施设备的设计选型如何，将直接关系到建设项目的使用状况，其对建设项目的社会效益、经济效益有非常重要的影响。

一、建筑给水设施设备的分类与组成

（一）建筑给水设施设备的分类

建筑给水系统是指给水的取水、输水、水质处理和配水等设施以一定的方式组合成的总体。主要是指通过管道及辅助设备，按照建筑物和用户的生产、生活和消防的需要有组织地输送到用水地点的网络。根据建筑给水设施设备的用途不同，可以分为生活给水系统、生产给水系统和消防给水系统3类。

1.生活给水系统

生活给水，一般是指卫生间盥洗、冲洗卫生器具、沐浴，洗衣、厨房洗涤、烹调用水和浇洒道路、广场、清扫、冲洗汽车及绿化等用水。生活用水的水质应符合国家规定的饮用水

水质标准。生活用水按水温、水质的不同又分为冷水系统、饮水系统和热水系统。

（1）冷水系统　一般将直接用城市自来水或其他自备水源作为生活用水的给水系统，称为冷水系统。

（2）饮水系统　当人们有喝生水的习惯，需要提高饮用水水质标准时，在旅馆的卫生间、厨房或高级公寓、高级住宅的厨房，常需设置单独的“饮用水”管道系统。其用水经过深度处理和再消毒后供应，以确保饮水卫生。经深度处理的饮用水成本较高，因此，为了降低成本和节约用水，可以采用分质供水的办法，而独立设置“饮用水”系统。按照供水的温度不同，饮用水系统又分为开水和冷饮水系统等。

（3）热水系统　在生活给水系统的用水户中，如卫生间、洗衣房和厨房等，要求供应一定温度的热水，需要单独设置管道系统，即热水系统。

2.生产给水系统

为工业企业生产方面用水所设置的给水系统均称生产给水系统，主要指供生产设备冷却，产品、原料洗涤，锅炉用水和各类产品制造过程中所需的生产用水。因各种生产的工艺不同，生产给水系统种类繁多。生产用水对水质、水量、水压以及安全方面的要求根据生产工艺不同差异很大。

3.消防给水系统

消防给水系统是指供层数较多的民用建筑、大型公共建筑及某些生产车间的消防设备用水系统。消防用水对水质要求不高，但必须按建筑防火规范保证有足够的水量与水压。建筑消防给水系统是建筑给水系统的一个重要组成部分，与生活、生产给水系统相比又有其特殊性，其可分为按建筑层数或高度不同分类、按供水范围不同分类、按灭火方式不同分类。

（1）按照建筑层数或高度不同分类　按建筑层数或高度可分为低层建筑消防给水系统和高层建筑消防给水系统。10层以下的住宅和建筑高度不超过24m的其他民用消防给水系统称为低层建筑消防给水系统，其主要作用是扑灭初期火灾，防止火势蔓延。10层及10层以上的住宅和建筑高度超过24m的其他民用建筑和工业建筑的消防给水系统称为高层建筑消防给水系统。高层建筑消防给水系统要充足并满足自救。

（2）按照供水范围不同分类　按供水范围不同可分为独立消防给水系统和区域集中消防给水系统。每栋建筑单独设置的消防给水系统为独立消防给水系统，适用于分散建设的高层建筑。

（3）按照灭火方式不同分类　按灭火方式不同，可分为消火栓给水系统和自动喷水灭火系统。消火栓给水系统由人操纵水枪灭火，系统简单，工程造价低。自动喷水灭火系统工程造价较高，主要用于消防要求高、火灾危险性大的建筑。

根据建筑的具体情况，有时将上述3类基本给水系统或其中2类基本系统合并成生活-生产-消防给水系统、生活-消防给水系统、生产-消防给水系统。

（二）绿色建筑给水设施设备的组成

绿色建筑内部的给水系统主要由引入管、水表节点、给水管道、用水设备和配水装置、给水附件及增压和贮水设施设备组成。

① 引入管：建筑（小区）总的进水管。

② 水表节点：水表及前后的阀门、泄水装置。

③ 管道系统：给水干管、立管和支管。

④ 用水装置和配水设备：各种配水龙头及生产、消防设备。

⑤ 给水附件：起调节和控制作用的各类阀门。

⑥ 增压和储水设备：包括水泵、水箱和气压储水设备。

二、建筑给水设施设备选型的原则及要求

建筑给水设施设备的用途不同，可以分为生活给水系统、生产给水系统和消防给水系统，由于以上3类给水系统的用途不同，所以对水压、水质、水量的要求也不相同，在建筑给水设施设备的选型时，一定要根据不同的给水系统的不同用途进行。绿色建筑设施设备的选型，针对不同的用途给出了相应的评价标准，因此在建筑给水设施设备的选型过程中要遵循以下原则和要求。

① 给水系统要完善，水质要根据用途不同达到相应国家或行业规定的标准，并且水压要稳定可靠。

② 为实现节约和合理用水的目的，用水要分户、分用途设置计量仪表，并采取有效措施避免管网出现渗漏。

③ 选用的给水设施设备要具有节水性能，住宅建筑设备的节水率不低于8%，公共建筑设备的节水率不低于15%。

④ 生产性给水设施和消防性给水设施要满足非传统水源的供给要求。

⑤ 绿化用水、景观用水等非饮用水用非传统水源，绿化灌溉选用可以微灌、喷灌、滴灌、渗灌等高效节水的灌溉方式，设备的节水率与传统方法相比要降低10%。

⑥ 管材、管道附件及设备等供水设施的选取和运行，不应对供水造成二次污染，选用的设备要能有效地防止和检测管道渗漏。

⑦ 公共建筑的一些用水设备（如游泳池等），要选用技术先进的循环水处理设备，并采用节水和卫生换水方式。

⑧ 绿色建筑给水设施设备的选择，要符合现行国家标准《建筑给水排水设计规范》（GB 50015—2019）中的相关技术规范；生活给水系统的设施设备的选择，要符合现行国家标准《生活饮用水卫生标准》（GB 5749—2006）中的要求。

三、建筑给水设施设备选型的方法

（一）给水管材、管件及连接设备选择

目前我国市场上存在约20种的给水管材，主要包括金属类管材（不锈钢管、铸铁管、镀锌钢管、铜管、铜塑管、铝塑管、涂塑钢管等）、衬塑管（凯撒管、衬塑不锈钢管、衬塑钢管等）、塑料类管材（聚丙烯管、硬聚氯乙烯管等）。它们的价格以金属类最贵，其次是衬塑管，比较经济的是塑料管。管材是建筑给水系统连接设备，由于管材的选择直接涉及到用水安全，因此管材的选择一定要遵循安全无害的原则。由于钢管易产生锈蚀、结垢和滋生细菌，且使用寿命较短，所以世界上许多国家已明文规定不准使用镀锌钢管，我国已开始推广应用塑料或复合管。

新建、改建和扩建的城市管道（直径小于400mm）和住宅小区室外给水管道，应当选择硬聚氯乙烯、聚乙烯塑料管，大口径的供水管道可以选择钢塑复合管；新建、改建住宅室内给水管道、热水管道和供暖管道，应优先选择铝塑复合管、交联聚乙烯等新型管材，淘汰传统的镀锌钢管。绿色建筑给水管材的选择，必须遵守《建筑给水排水设计规范》（GB 50015— 2019）中第3.4.1 ～ 3.4.3条的相关规定。

建筑给水管件和连接设备的选择，通常和建筑给水管材相同，它们的选择原则和方法与

管材的选择是一致的。

（二）建筑给水管道附件的选择

建筑给水附件是指给水管道上的配水龙头和调节水量、水压、控制水流方向、水位和保证设备仪表检修用的各种阀门，即安装在管道和设备上的启闭和调节装置的总称，分为配水附件和控制附件两类。绿色建筑设计中的配水附件和控制附件的选择，不仅要满足节水节材的要求，还要满足用水安全的要求。节水就是要保证这些配水附件无渗透，关闭紧密；节材就是要保证质量，达到一定的使用年限。

常用的控制附件种类很多，包括截止阀、闸阀、蝶阀、球阀、旋塞阀、止回阀等。阀门的选择应符合《建筑给水排水设计规范》（GB 50015—2019）中第3.4.4条的规定："给水管道上使用的各类阀门的材质，应耐腐蚀和耐压。根据管径大小和所承受压力的等级及使用温度，可采用全铜、全不锈钢、铁壳铜芯和全塑阀门等。"

（三）给水系统计量水表的选择

水表是测量水流量的仪表，大多是水的累计流量测量，一般可分为容积式和速度式两类，有的分为旋翼式和螺翼式两种。水表的选择首先要满足节水、精确和使用安全要求，要不漏水且无污染；另外水表的选择还要根据管径的大小，要因材制宜；水表的口径宜与给水管道接口的管径一致；用水量均匀的生活给水系统的水表，应以给水设计流量选定水表的常用流量；用水量不均匀的生活给水系统的水表，应以给水设计流量选定水表的过载流量。在消防时除生活用水外，还需通过消防流量的水表，应用人生活用水的设计流量叠加消防流量进行校核，校核流量不应大于水表的过载流量。当管径大于50mm时，要选用螺翼式的水表。

（四）给水系统水泵装置的选择

水泵是输送液体或使液体增压的机械，水泵性能的技术参数有流量、吸程、扬程、轴功率、效率等；根据不同的工作原理可分为容积水泵、叶片泵等类型。容积泵是利用其工作室容积的变化来传递能量；叶片泵是利用回转叶片与水的相互作用来传递能量，有离心泵、轴流泵和混流泵等类型。

建筑给水系统的水泵装置由水泵和水泵房组成。当建筑内部水泵抽水量大，不允许直接从室外管网抽水时，还要建造蓄水池。现在建筑给水系统中一般采用离心式水泵，离心式水泵的选择要满足低能高效的原则，同时要保证用水安全，减少二次污染。

水泵的选择要满足下列要求：应根据管网水力计算进行选择水泵，水泵应在其高效率区内运行；居住小区的加压泵站，当给水管网无调节设施时，宜采用调速泵组或额定转速泵编组运行供水。泵组的最大出水量不应小于小区给水设计流量，并以消防工况进行校核；建筑物内采用高位水箱调节生活用水系统时，水泵的最大出水量不应小于最大小时用水量；生活给水系统采用调速泵组供水时，应按设计流量选择水泵，调速泵在额定转速时的工作点应位于水泵高效率区的末端。

（五）给水系统水箱装置的选择

在建筑给水系统中，需要增压、稳压、减压或者需要一定储存水量时需要设置水箱。水箱一般用钢板、钢筋混凝土、玻璃钢等材料制作而成。钢板水箱易产生锈蚀，难以保证用水安全；钢筋混凝土水箱造价较低，使用寿命长，但自重比较大，与管道衔接不好，易出现漏水；工程实际中一般常用玻璃钢水箱，这种水箱质量轻、强度高、耐腐蚀，安装方便，也能保证用水安全。

水箱的设置要满足下列要求：水塔、水池、水箱等构筑物应设置进水管、出水管、溢流管和泄水装置；其水箱设置和管道布置应符合《建筑给水排水设计规范》（GB 50015—2019）中第3.2.9、3.2.10、3.2.12和3.2.13条有关防止水质污染的规定。

（六）系统气压给水设备的选择

气压给水设备是利用密闭罐中压缩空气的压力变化，进行储存、调节和压送水量的装置，在给水系统中主要起增压和水量调节的作用，相当于水塔和高水位箱。气压给水设备是一种常见的增压稳压设备，包括气压水罐、稳压泵和一些附件。按气压水罐工作形式分为补气式、胶囊式消防气压给水设备；按是否设有消防泵组，分为设有消防泵组的普通消防气压给水设备和不设消防泵组的应急消防气压给水设备。

气压给水设备的选择应符合下列规定：气压罐内的最低工作压力，应满足管网最不利处的配水点所需要的水压；气压水罐内的最高工作压力，不得使管网最大水压处配水点的水压大于0.55MPa；水泵（或泵组）的流量不应小于给水系统最大小时用水量的1.2倍。

四、建筑排水设施设备的分类与组成

（一）建筑排水设施设备的分类

根据所接纳排除的污废水的性质不同，建筑排水系统可分：生产废水系统、生活污水系统和雨水系统3类。

1.生产废水系统

生产废水系统排除工艺生产过程中产生的污废水。为便于污水废水的处理和综合利用，按照污染程度可分为生产污水排水系统和生产废水排水系统。生产污水污染较重，需要经过处理，达到排放标准后排放；生产废水污染较轻，如机械设备冷却水，生产废水可作为杂用水水源，也可经过简单处理后（如降温）回用或排入水体。

2.生活污水系统

生活污水系统排除居住建筑、公共建筑及工厂生活间的污（废）水。有时，由于污（废）水处理、卫生条件或杂用水水源的需要，把生活排水系统又进一步分为排除冲洗便器的生活污水排水系统和排除盥洗、洗涤废水的生活废水排水系统。生活废水经过处理后，可作为杂用水，用来冲洗厕所、浇洒绿地和道路、冲洗汽车等。

3.雨水系统

雨水系统收集降落到多跨的工业厂房、大屋面建筑和高层建筑屋面上的雨雪水。

（二）建筑排水设施设备的组成

建筑室内排水系统主要是迅速地把污水排到室外，并能同时将管道内的有毒有害气体排出，从而保证室内环境卫生。完整的建筑排水系统基本由卫生器具、排水管道、通气管道、清通设备、抽升设备和污水处理局部构筑物部分组成。

五、建筑排水设施设备选型的原则及要求

① 实施分质排水。分质排水主要可以分为优质杂排水、杂排水、生活污水和海水冲厕水，依据收集、再生与排放的不同目的而分别设置排水系统。有效地实施分质排水，充分利用优质杂排水、杂排水作为再生水资源，也是解决城市水资源短缺的问题。

② 绿色建筑应设置独立的雨水排水系统，设置雨水储存池，提高非传统水源的利用率。

③ 绿色建筑排水设施的选择应符合《建筑给水排水设计规范》（GB 50015—2019）的相关技术要求和《绿色建筑评价标准》（GB/T 50378—2019）的相关规定。

六、建筑排水设施设备选型的方法

1.排水方式的选择

建筑内部的排水方式可分为分流制和合流制两种，分别称为建筑内部分流排水和建筑内部合流排水。建筑内部分流排水是指居住建筑和公共建筑的粪便污水和生活废水、工业建筑中的生产污水和生产废水各自由单独的排水系统排出；建筑内部合流排水是指居住建筑和公共建筑的粪便污水和生活废水、工业建筑中的生产污水和生产废水由一套排水系统排出。由于《绿色建筑评价标准》（GB/T 50378—2019）要求绿色建筑实施分质排水，所以不但室内排水要选择内部分流制，还要设置单独的雨水排放系统和收集系统。

2.卫生器具的选择

卫生器具是建筑内部排水系统的重要组成部分，随着建筑标准的提高，特别是绿色建筑的诞生，不但对卫生器具的功能要求和质量要求有所提高，还对卫生器具的节水和人性化要求有所提高。卫生器具一般采用不透水、无气孔、表面光滑、耐腐蚀、耐冷热、便于清洁、有一定强度的材料，如陶瓷、塑料、不锈钢、复合材料等。卫生器具主要包括便溺器具、洗漱器具、洗涤器具等。卫生器具的选择应遵循以下原则和方法。

① 应选择冲洗力强、节水消声、便于控制、使用方便的卫生器具。

② 民用建筑选用的卫生器具节水率不得低于8%，公共建筑选用的卫生器具节水率不得低于25%。

③ 卫生器具的材质和要求，均应符合现行的有关产品标准的规定。

④ 大便器选用应根据使用对象、设置场所、建筑标准等因素确定，且均应选用节水型大便器；公共场所设置小便器时，应采用延时自闭式冲洗阀或自动冲洗装置；公共场所的洗手盆宜采用限流节水型装置。

⑤ 构造内无存水弯的卫生器具与生活污水管道或其他可能产生有害气体的排水管道连接时，必须在排水口以下设存水弯。存水弯的水封深度不得小于50mm。

⑥ 医疗卫生机构内门诊、病房、化验室、试验室等处，不在同一房间内的卫生器具不得共用存水弯。

3.排水管道的选择

排水管道的选择关系到排水是否畅通的问题，主要包括管材选择与管径的选择。常用的排水管材主要有钢管、铸铁管、塑料管和复合管等，管材的选择应遵循以下原则。

① 居住小区内的排水管道，宜采用埋地排水塑料管、承插式混凝土管或钢筋混凝土管。当居住小区内设有生活污水处理装置时，生活排水管道应采用埋地排水塑料管。

② 建筑物内部排水管道，应采用建筑排水塑料管及管件或柔性接口机制排水铸铁管及相应管件。

③ 当排水的温度大于40℃时，应采用金属排水管或耐热塑料排水管。

卫生器具排水管的管径应符合《建筑给水排水设计规范》（GB 50015—2019）的规定。

4.地漏设备的选择

地漏是一种特殊的排水装置，一般设置在经常有水溅落的地面、有水需要排除的地面和需要清洗的地面（如厕所、淋浴间、卫生间等）。地漏分为普通地漏、多通道地漏、存水盒地漏、双杯式地漏和防回流地漏等，现在还出现了防臭地漏。

地漏的选择应符合下列要求：应优先采用直通式地漏；卫生标准要求高或非经常使用地漏排水的场所，应设置密封地漏；食堂、厨房和公共浴室等排水，应当设置网框式的地漏。地漏管径的选择应符合《建筑给水排水设计规范》（GB 50015—2019）的相关规定。

5.排水通气管选择

绿色建筑要尽可能迅速安全地将污水废水排出室外，将管道内散发的有毒有害气体排放到屋顶上方的大气中去，满足卫生的要求，同时为了减少通气的波动幅度，防止水封被破坏，补充新鲜空气防止管道腐蚀，延长管道寿命，必须设置通气管。通气管的选型需要满足下列条件。

① 当通气立管的长度在50m以上时，其通气管的管径应与排水立管的管径相同。

② 当通气立管的长度小于等于50m时，且两根及两根以上排水立管同时与一根通气立管相连，应以最大一根排水立管按《建筑给水排水设计规范》中表4.6.11确定通气立管的管径，且管径不宜小于其余任何一根排水立管的管径。

③ 结合通气管的管径不宜小于通气立管的管径。

④ 伸入顶部通气管的管径与排水立管的管径相同。但在最冷月平均气温低于–13℃的地区，应在室内平顶或吊顶以下0.3m处将管径放大一级。

⑤ 当两根或两根以上污水立管的通气管汇合连接时，汇合通气管的断面面积应为最大一根通气管的断面面积加其余通气管断面面积之和的1/4。

⑥ 通气管的管材，一般可采用塑料管、柔性接口排水铸铁管等。

6.提升设备的选择

排水系统的提升设备包括污水集水池和污水泵两个部分，其中污水集水池要满足以下要求。

① 集水池有效容积不宜大于最大一台污水泵5min的出水量。

② 集水池除了满足有效容积外，还应满足水泵设置、水位控制、格栅等安装、检查要求。

③ 集水池设计最低水位，应满足水泵吸水的要求。

④ 集水池如果设置在室内地下室，集水池盖子应密封，并设置通气管系统；室内有敞开的集水池时，应设置强制通风装置。

⑤ 集水池底应有不小于0.05坡度坡向泵位。集水坑的深度及其平面尺寸，应按水泵的类型而确定。

⑥ 集水池底部应设置自冲管和水位指示装置，必要时应设置超警戒水位报警装置。

⑦ 生活排水调节池的有效容积不得大于6h生活排水平均小时流量。

污水泵的选择和设置要满足以下要求。

① 集水池不能设置事故排出管时，污水泵应有不间断的动力供应能力。

② 污水水泵的启闭应设置自动控制装置，多台水泵可并联、交替或分段投入运行。

③ 居住小区污水水泵的流量应按小区最大小时生活排水流量选定；建筑物内的污水水泵的流量应按生活排水设计流量选定。当有排水量调节时，可按生活排水最大小时流量选定。

④ 水泵扬程应按提升高度、管路系统水头损失另附加2 ～ 3m流出水头计算。

7.雨水排水设施设备的选择

绿色建筑特别强调对非传统水源的利用，其中就包括了对于雨水的利用，因此绿色建筑雨水排水设施设备的选型应遵循以下原则和方法。

① 雨水排水设施设备选择要便于雨水迅速排除。

② 设置单独的雨水收集系统（如雨水箱或雨水池），其规模按照建筑非传统水源使用量来确定，只使用雨水作为非传统水源的建筑，雨水使用量应占总用水量的10% ～ 60%，具体可参照《绿色建筑评价标准》（GB/T 50378—2019）中的评价等级确定。

③ 雨水池或雨水箱要防腐耐用，并保证用水质量。

④ 雨水管的管径选择应遵照《建筑给水排水设计规范》（GB 50015— 2019）的相关规定。

⑤ 雨水排水管材选用应符合下列规定：重力流排水系统多层建筑宜采用建筑排水塑料管，高层建筑宜采用承压塑料管、金属管；压力流排水系统多层建筑宜采用内壁较光滑的带内衬的承压排水铸铁管、承压塑料管和钢塑复合管等，其管材工作压力应大于建筑物净高度产生的净水压。用于压流排水的塑料管，其管材抗破坏变形外压力应大于0.15MPa；小区雨水排水系统可选用埋地塑料管、混凝土管或钢筋混凝土管、铸铁管等。

⑥ 雨水净化设备。处理后的雨水要达到雨水二次使用的相关要求。

⑦ 雨水提升设备要满足《公共建筑节能设计标准》（GB 50189—2015）中的相关要求。

第二节　强弱电设施设备的设计

弱电一般是指直流电路或音频、视频线路、网络线路、电话线路，直流电压一般在32V以内。家用电器中的电话、电脑、电视机的信号输入（有线电视线路）、音响设备（输出端线路）等用电器均为弱电电气设备。强电和弱电从概念上讲，一般是容易区别的，主要区别是用途的不同。强电是用作一种动力能源，弱电是用于信息传递。

一、建筑强电系统的主要组成

绿色建筑的强电系统主要由供电系统、输电系统、配电系统和用电系统四大部分组成。其中供电系统包括城市供电和自身供电两个方面；输电系统主要是指导线的配置；配电系统包括变电室、配电箱和配电柜；用电系统主要是指家用电气中的照明灯具、电热水器、取暖器、冰箱、电视机、空调、音响设备等用电器设备。

二、强电设施设备选型原则和要求

强电设施设备是建筑的主要用电设备，无论从安全角度，还是从节能的角度，强电设施设备的选择都应当慎重。为了保证绿色建筑强电设施设备能安全、有效的运行，在进行选型中必须遵循以下原则和要求。

① 强电设施设备的选型必须遵守《绿色建筑评价标准》（GB/T 50378—2019）相关节能规定和《住宅建筑电气设计规范》（JGJ 242—2011）等建筑电工设计的相关技术规范要求。

② 供电系统设计必须认真执行国家的技术经济政策，并应做到供电系统要完善、保障人身安全、供电可靠、电压稳定、电能质量合格、技术先进和经济合理。

③ 用电要分户、分用途设置计量仪表，并采取有效措施避免电力线破损。

④ 用电设备要高效节能，在保证相同的室内环境参数条件下，与未采取节能措施前相比，全年采暖、通风、空调调节和照明的总能耗应减少50%。公共建筑的照明设计应符合国家现行标准《建筑照明设计标准》（GB 50034—2013）中的有关规定。

⑤ 用电设备的选择应根据建筑所需的相应负荷进行计算。

⑥ 绿色建筑应当有自己的独立供电系统，一般应有太阳能、风能和生物能发电系统，并且以上发电系统的能源占总用电量的5%以上。

三、强电设施设备的选型

强电设施设备的选型主要是指供电设备、输电设备、变配电设备和用电设备的选型。

1. 供电设备的选型

除了城市供电以外，绿色建筑应自带供电设备，主要有柴油发电机、燃气发电机、太阳能电池板、风能发电机和生物发电机等。供电设备的选择应注意以下几个方面。

① 一些大型的公共建筑和高层建筑，为了满足备用电量的要求而需要使用柴油发电机的，应保证机房的通风和隔噪声、减震动要求。

② 如果选择使用燃气发电机，应采用分布式热电冷联供技术和回收燃气余热的燃气热泵技术，提高能源的综合利用率。

③ 太阳能和风能的使用要能够满足基本的照明和弱电设备的需要，要选用高效稳定的太阳能和风能设备。

④ 生物发电要选用高效的发酵设备和发电设备，做到最大化利用。

⑤ 太阳能、风能和生物能发电设备均属于绿色可再生资源的发电设备，三者可以配合使用，提高能源的利用率；可再生资源的使用应占建筑总能耗的5%以上。

2. 输电设备的选型

建筑工程的输电设备通常是指输电导线，常用的导线按材料不同，可分为铝线、铜线、铁线和混合材料导线等。导线选择合理与否，直接影响到有色金属的消耗量与线路投资，以及电力网的安全经济运行。导线的选择首先要满足建筑用电要求，导线的输电负荷应大于建筑用电负荷；其次选择导电性能好、发热较小、强度较高的导线；再次导线外皮的绝缘性能好，耐久耐腐蚀，室外导线还应耐高温和耐低温。总之，导线和电缆界面的选择必须满足安全、可靠和经济的条件。

3. 变配电设备的选型

变配电设备担负着接受电能、变换电压、分配电能的任务，常用的有变压器、配电柜和低压配电箱。变配电设备的选型应满足以下要求。

① 变配电设备的选型应符合建筑电工设计的相关技术规范要求。

② 变压器的选择首先要调查用电地方的电源电压，用户的实际用电负荷和所在地方的条件；然后参照变压器铭牌标示的技术数据逐一选择，一般应从变压器容量、电压、电流及环境条件综合考虑，其中容量选择应根据用户用电设备的容量、性质和使用时间来确定所需的负荷量，以此来选择变压器容量。

③ 配电柜和低压配电箱，应当选择使用方便、安全可靠、发热量小、散热好的设备。

4. 用电设备的选型

建筑强电的用电设备的种类很多，常见的有照明灯具、洗衣机、微波炉、电热水器、取暖器、冰箱、电视机、空调、音响设备等。在进行用电设备选型时，对绿色建筑的绿色化和人性化两个方面做出如下选择要求。

① 所有选择的用电设备必须符合国家标准《绿色建筑评价标准》（GB/T 50378—2019）中的相关等级要求。

② 公共场所和部位的照明采用高效光源和高效灯具，并采取其他节能控制措施，其照明功率密度应符合国家标准《建筑照明设计标准》（GB 50034—2013）中的规定。在自然采

光的区域设定时或光电控制的照明系统。

③ 空调采暖系统的冷热源机组能效比应符合国家和地方公共建筑节能标准有关规定。

④ 当设计采用集中空调系统时，所选用的冷水机组或单元式空调机组的性能系数（能效比），应符合国家标准《公共建筑节能设计标准》（GB 50189—2015）中的有关规定值。

⑤ 选用效率高的用能设备，如选用高效节能电梯、集中采暖系统热水循环水泵的耗电输热比、集中空调系统风机单位风量耗功率和冷热水输送能效比，应符合国家标准《公共建筑节能设计标准》（GB 50189—2015）中的规定。

四、建筑弱电系统的主要组成

所谓弱电，是针对建筑物的动力、照明用电而言的。弱电系统则完成建筑物内部和内部及内部和外部间的信息传递与交换。弱电一般是指直流电路或音频、视频线路、网络线路、电话线路，直流电压一般在24V以内。家用电气中的电话、电脑、电视机的信号输入（有线电视线路）、音响设备（输出端线路）等用电器均为弱电电气设备。

建筑弱电系统工程是一个复杂的系统工程，是多种技术的集成和多门学科的综合，是智能建筑的重要组成部分，智能建筑弱电系统有3A、5A之分。3A是指智能建筑弱电系统由建筑设备自动化系统（BAS）、通信自动化系统（CAS）和办公自动化系统（OAS）3个系统组成。5A是指智能建筑弱电系统由建筑设备自动化系统（BAS）、通信自动化系统（CAS）、办公自动化系统（OAS）、消防自动化系统（FAS）和安全防范自动化系统（SAS）5个系统组成。

五、弱电设施设备选型原则和要求

① 弱电设施设备的选型应符合国家标准《绿色建筑评价标准》（GB/T 50378—2019）中要求：楼宇自控系统功能完善，各子系统均能实现自动检测与控制。

② 弱电设施设备的选择要便于操作和使用，并满足人性化的要求。

③ 弱电设施设备的选用要保证其使用的可靠性和安全性。

④ 广播等音像系统要选择噪声很小的设备，应满足国家标准《民用建筑隔声设计规范》（GB 50118—2010）中室内允许噪声标准一级要求。

⑤ 无线电设备等带有辐射的电子设备，其辐射值应在安全范围以内。

⑥ 建筑弱电系统应选择集成智能设备，能够实现建筑智能化管理。

六、弱电设施设备的选型

（一）建筑设备自动化系统

建筑设备自动化系统是智能建筑不可缺少的一部分，将建筑物（或者建筑群）内的电力、照明、空调、运输、保安、广播等设备以集中监视、控制和管理为目的而构成的一个综合系统。它的目的是使建筑物成为安全、健康、舒适、温馨的生活环境和高效的工作环境，并能保证系统运行的经济性和管理的智能化。建筑设备自动化系统设备的选型应符合下列要求。

① 自动监视并控制各种机电设备的起、停，显示或打印当前运转状态。

② 自动检测、显示、打印各种机电设备的运行参数及其变化趋势或历史数据。

③ 根据外界条件、环境因素、负载变化情况自动调节各种设备，使之始终运行于最佳状态。

④ 监测并及时处理各种意外、突发事件。

⑤ 实现对大楼内各种机电设备的统一管理、协调控制。

⑥ 能源管理：能源管理是指水、电、气等的计量收费、实现能源管理自动化。

⑦ 设备管理：设备管理主要包括设备档案、设备运行报表和设备维修管理等。

（二）通信自动化系统

通信自动化系统是保证建筑物内语音、数据、图像传输的基础，同时与外部通信网（如电话公网、数据网、计算机网、卫星以及广电网）相连，与世界各地互通信息。智能建筑作为信息社会的节点，其信息通信系统已成为不可缺少的组成部分。通信自动化系统设备的选型应符合下列要求。

① 智能建筑中的通信系统应具有对于来自建筑物内外各种不同信息进行收集、处理、存储、传输和检索的能力。

② 能为用户提供包括语音、图像、数据乃至多媒体等信息的本地和远程传输的完备通信手段和最快、最有效的信息服务。

（三）办公自动化系统

办公自动化是指办公人员利用现代科学技术的最新成果，借助先进的办公设备，实现办公活动科学化、自动化，其目的是通过实现办公处理业务的自动化，最大限度地提高办公效率，改进办公质量，改善办公环境和条件，辅助决策，减少或避免各种差错和弊端，缩短办公处理周期，并用科学的管理方法，借助各种先进技术，提高管理和决策的科学化水平。办公自动化系统设备的选型应符合下列要求。

① 办公自动化系统是利用技术的手段提高办公的效率，进而实现办公自动化处理的系统，所选用设备应实现这一目标。

② 采用Internet/Intranet技术，基于工作流的概念，使内部人员方便快捷地共享信息，高效地协同工作。

③ 改变过去复杂、低效的手工办公方式，实现迅速、全方位的信息采集、信息处理，为企业的管理和决策提供科学的依据。

（四）消防自动化系统

消防自动化系统也称为火灾自动报警系统，一般由触发器件、火灾报警装置、火灾警报装置和消防电源四部分组成，复杂的消防自动化系统还包括消防联动控制装置。

（1）触发器件　在火灾自动报警系统中，自动或手动产生火灾报警信号的器件称为触发器件。主要包括火灾探测器和手动报警按钮。按火灾参数的不同，火灾探测器可分为感温火灾探测器、感烟火灾探测器、可燃气体火灾探测器和复合火灾探测器。近年来还出现了模拟量火灾探测器，这种火灾探测器报警准确，智能化程度高，是报警系统技术进步的重要标志。

火灾探测器的选择应遵循以下原则：① 针对不同类型的火灾选择不同的火灾探测器，做到因材适用；② 应当按国家现行标准的有关规定合理选择火灾探测器；③ 火灾探测器要选择质量安全、性能可靠的产品，保证在特定的环境中能正常起到监控作用；④ 应选择报警准确和智能化的火灾探测器，提高报警的精度、自动化和智能化水平。

（2）火灾报警装置　在火灾自动报警系统中，用以接受、显示和传递火灾报警信号，并能发出控制信号和具有其他辅助功能的控制指示设备称为火灾报警装置。火灾报警控制器按其用途不同，可分为区域火灾报警控制器、集中火灾报警控制器、通用火灾报警控制器3种类型。近年来，随着技术的发展和总线制、模拟量、智能化火灾探测报警系统的逐渐运用，火灾报警控制器已发展为若干种，统称为火灾报警控制器。绿色建筑火灾报警控制器的选择应满足准确性、安全性、可靠性和智能化的要求。

（3）火灾警报装置　在火灾自动报警系统中，用以发出区别于环境声、光的火灾警报信号的装置称为火灾警报装置。警报装置主要是指警铃、声光装置，是在火灾发生时，发出声音和光来提醒人们知道火灾已经发生。火灾警报器是一种最基本的火灾警报装置，通常与火灾报警控制器组合在一起，它以声、光音响方式向报警区域发出火灾警报信号，以警示人们采取安全疏散、灭火救灾措施。

（4）消防电源　消防电源适用于当建筑物发生火灾时，其作为疏散照明和其他重要的一级供电负荷提供集中供电，在交流市电正常时，由交流市电经过“互投装置”给重要负载供电，当市电断电后，“互投装置”将立即投切至逆变器供电，供电时间由蓄电池的容量决定，当市电的电压恢复时，应急电源将恢复为市电供电。

（五）安全防范自动化系统

安全防范自动化系统是一个提供多层次、全方位、立体化、科学的安全防范和服务的系统。绿色建筑为了满足人性化要求，必须安装建筑安全防范自动化系统。建筑安全防范自动化系统大致包括入侵报警子系统、电视监视子系统、出入口控制系统、巡更子系统、停车场管理系统和楼宇保安对讲系统等。

（1）入侵报警子系统　入侵报警子系统利用传感器技术和电子信息技术探测并指示非法进入或试图非法进入设防区域（包括主观判断面临被劫持或遭抢劫或其他危急情况时，故意触发紧急报警装置）的行为、处理报警信息、发出报警信息的电子系统或网络。

入侵报警子系统的选型应遵循下列原则：① 要便于布防和撤防，因为正常工作时需要布防，下班时需要撤防，这些都要求很方便地进行操作；② 要满足布防后的需要延时要求；③ 要选择防破坏性强的系统，如果遭到破坏应有自动报警功能。

（2）电视监视子系统　电视监视子系统是安全防范体系中的一个重要组成部分，可以通过遥控摄像机监视场所的一切情况，可与入侵报警子系统联动运行，从而形成强大的防范能力。电视监视子系统包括摄像、传输、控制、显示和记录系统。

电视监视子系统的选型应遵循下列原则：① 全套设备要性能优越、经济适用、防破坏性强；② 摄像机的选择根据实际需要分辨率和灵敏度，选择黑白或彩色摄像机，黑暗地方的监视要配备红外光源；③ 镜头的选择主要是依据观察的视野和宽度变化范围，同时兼顾选用的CCD的尺寸；④ 传输系统根据实际情况选用电缆或无线传输。

（3）出入口控制系统　出入口控制系统也称为禁管制系统，主要由读卡机、出口按钮、报警传感器、报警喇叭、控制器、数据通信处理器等组成。系统对重要通道、要害部门的人员进出进行集中管理和控制，配合电磁门可自动控制门的开/关，并可记录、打印出入人员的身份、出入时间、状态等信息。常用的读卡机卡片有磁码卡、铁码片、感应式卡、智能卡和生物辨识系统等、

选择读卡机卡片时应满足以下原则：① 满足智能化和人性化的要求，要根据《绿色建筑评价标准》（GB/T 50378—2019）的不同等级要求进行选择；② 卡片要方便人的使用，自动化门的选择要满足节能要求，质量可靠，使用耐久；③ 计算机管理系统除了完成所有要

求的功能外，还应有美观、直观的人机界面，使工作人员便于操作。

（4）巡更子系统　巡更子系统是技术防范与人工防范的结合，巡更系统的作用是要求保安值班人员能够按照预先随机设定的路线，有顺序地对各巡更点进行巡视，同时也保护巡更人员的安全。这是在巡更的基础上添加现代智能化技术，加入巡检线路导航系统，可实现巡检地点、人员、事件等的显示，便于管理者管理。

巡更系统是一种对门禁系统的灵活运用。它主要应用于大厦、厂区、库房和野外设备、管线等有固定巡更作业要求的行业中。它的工作目的是帮助各单位的领导或管理人员完成对巡更人员和巡更工作记录，进行有效的监督和管理，同时系统还可以对一定时期的线路巡更工作情况做详细记录。

（5）停车场管理系统　停车场管理系统是通过计算机、网络设备、车道管理设备搭建的一套对停车场车辆出入、场内车流引导、收取停车费进行管理的网络系统。是专业停车场管理公司必备的工具。它通过采集记录车辆出入记录、场内位置，实现车辆出入和场内车辆的动态和静态的综合管理。系统一般以射频感应卡为载体，通过感应卡记录车辆进出信息，通过管理软件完成收费策略实现，收费账务管理，车道设备控制等功能。

全自动停车场管理系统应包括车库入口引导控制器、入口控制器、车牌识别器、车库状态采集器、泊位调度控制器、车库照明控制器、出口控制器、出口收费控制器。所有的控制设备是停车场系统的关键设备，是车辆与系统之间数据交互的界面，也是实现友好的用户体验关键设备。停车场管理系统选择应符合《建筑节能设计标准》中的相关规定。

（6）楼宇保安对讲系统　楼宇对讲系统是由在各单元口安装防盗门，小区总控中心的管理员总机、楼宇出入口的对讲主机、电控锁、闭门器及用户家中的可视对讲分机通过专用网络组成。以实现访客与住户对讲，住户可遥控开启防盗门，各单元梯口访客再通过对讲主机呼叫住户，对方同意后方可进入楼内，从而限制了非法人员进入。同时，若住户在家发生抢劫或突发疾病，可通过该系统通知保安人员以得到及时的支援和处理。

第三节　暖通空调设施设备的设计

近年来，随着社会经济的快速发展和城市化建设进程的不断加快，人民生活水平不断提高的同时，也对环境设备配置的健康性、舒适性提出了更高的要求，尤其是暖通设计中的空调系统设计显得更加重要。

一、供暖设施设备的基本组成

在我国的严寒和寒冷地区，冬季室外温度较低，室内外温差比较大，室内热量散失较多，温度下降比较严重。为了使人们有一个温暖、适宜的工作和生活环境，就必须向室内供给一定的一般热量，保持一定的舒适温度，这套提供热量的设备称为供暖设备。简单地讲，供暖设施设备是指为使人们生活或进行生产的空间保持在适宜的热状态而设置的供热设施。供暖系统由热源、热循环系统、散热设备3部分组成。一般来说，供暖设备包括锅炉、换热器、散热器、水泵、伸缩器、膨胀水箱、集气罐、疏水器、减压阀和安全阀10部分，从而构成一套完整的供热系统。

传统的供暖热源是燃烧燃料或用电热元件产热。随着化石燃料（煤、石油等）来源日趋紧张，回收工业生产排放的余热和收集并利用大自然中存在的热已成为很受重视的供暖热源。正确地选择供暖设备也对供暖节能很有意义。例如不经常使用的房屋采用蒸汽或热风供暖，冷风渗入量大的房屋采用辐射供暖等。重视热媒输送管道及其附件的维修，可以减少供暖管道的无益热耗。供暖设备的运行调节可以消灭供暖过热的浪费现象。利用工业余热作为供暖热源可以大量节约供暖能源。按照用热量分户收取供暖费，可以促进用户关心节能。

二、供暖设施设备选型原则和要求

供暖设备是建筑三大设备之一，也是建筑的主要能源消耗设备之一，供暖设备的选型不仅直接关系到供暖效果，而且也关系到经济效益和管理，因此绿色建筑供暖设备的选择必须满足以下原则和要求。

① 供暖设备是消耗能量的主要设备，各种建筑供热设备的选择必须遵循低能耗、高效率的原则。

② 选用效率高的用能设备，集中采暖系统热水循环水泵的耗电输热比应符合《公共建筑节能设计标准》（GB 50189—2015）中的规定。

③ 设置集中采暖和（或）集中空调系统的住宅，应采用能量回收系统（装置）。

④ 采暖和（或）空调的能耗不应高于国家和地方建筑节能标准规定值的80%。

⑤ 建筑采暖与空调热源的选择，应符合《公共建筑节能设计标准》（GB 50189—2015）中第5.4.2条的规定。

⑥ 建筑所需蒸汽或生活热水应选用余热或废热利用等方式提供。

⑦ 在条件允许的情况下，宜采用太阳能、地热、风能等可再生能源利用技术。

三、供暖设施设备的选型

供暖设施设备承载着供热末端的散热功能。选择相匹配、适合的设备且兼顾考虑到初始投资及将来售后服务，对于业主方来说是非常至关重要的。供暖设施设备的选型主要包括：热源的选择、换热器的选择、散热器的选择、水泵的选择、膨胀水箱的选择、集气罐和自动排气阀的选择、补偿器的选择、平衡阀的选择、其他部件的选择。

1.热源的选择

供暖用的热源种类很多，常用的热源是锅炉，锅炉根据所用燃料不同，分为燃气锅炉和燃煤锅炉；随着太阳能技术的发展，太阳能供热将逐渐成为一个主要的热源，这种热源具有清洁、环保、可持续等特点；地热和生物热也是逐渐被人们研发和使用的热源之一，这类热源和太阳能一样，不仅清洁、环保，而且可以再生，是纯绿色化的热源之一。无论使用哪一种热源必须遵守以下要求和原则。

① 根据建筑的热负荷选择适合建筑需要的锅炉容量和供热量，建筑的热负荷的计算参照《民用建筑采暖通风与空气调节设计规范》（GB 50736—2012）和《工业建筑供暖通风与空气调节设计规范》（GB 50019—2015）中的规定。

② 选择低能耗、高效率的设备。锅炉的额定热效率应符合下列规定：a.燃煤蒸汽、热水锅炉为78%；b.燃油、燃气蒸汽、热水锅炉为89%。

③ 锅炉的性能要安全可靠、设备的耐久性能好、运行污染小，运行后的排放物要符合国家标准。

④ 选用的热源设备要有二次循环系统，对废渣废气进行二次利用。

⑤ 绿色建筑要求使用清洁高效的能源，因此要积极推广使用太阳能、生物能和地热等可再生的热源。

⑥ 燃油、燃气或燃煤锅炉的选择应符合下列规定：a.锅炉房单台锅炉的容量，应确保在最大热负荷和低谷热负荷时都能高效运行；b.应充分利用锅炉产生的多种余热。

2. 换热器的选择

换热器是一种在不同温度的两种或两种以上流体间实现物料之间热量传递的节能设备。用于建筑的换热器的种类很多，按其工作原理不同，可分为表面式换热器、混合式换热器和回热式换热器3类。表面式换热器是两种流体隔着一层金属壁换热，常用的有壳管式、肋片式和板式3种；混合式换热器是冷热两种流体混合进行换热；回热式换热器通过一个巨大的具有较大储热能力的换热面进行交换，它运行简单可靠，凝结水可以循环利用，减少了水处理的费用，采用的高温水送水可以减少循环水量，减少投资，同时也可以根据室外温度来调节室内供热，避免室内温度过高。

换热器的选择要满足以下要求：要满足经济节约的要求，减少水量和投资；遵循循环利用的原则，要求水可以循环利用或作为其他用；要满足人性化要求，可以根据需要调节室温。

3. 散热器的选择

散热器是供暖系统中的热负荷设备，负责将热媒携带的热量传递给空气，达到供暖的目的，散热器大多数由钢或铁铸造，具有多种形式，常用的有柱形散热器、翼形散热器和钢串片对流散热器等。根据《民用建筑采暖通风与空气调节设计规范》（GB 50736—2012）中的规定，散热器的选择应符合下列要求。

① 散热器的工作压力应满足系统的工作压力的要求，并符合国家现行有关产品标准的规定。

② 民用建筑宜采用外形美观、易清扫的散热器；放散粉尘或防尘要求较高的工业建筑，应采用易清扫的散热器。

③ 具有腐蚀性气体的工业建筑或相对湿度较大的房间，应采用耐腐蚀的散热器。

④ 采用钢制散热器时，应采用闭式系统，并满足产品对水质的要求，在非采暖季节采暖系统应充水进行保养。

⑤ 蒸汽采暖系统不应采用钢制柱形散热器、板形散热器和扁管散热器。

⑥ 采用铝制散热器时，应选用内防腐的铝制散热器，并满足产品对水质的要求。

⑦ 安装热量表和恒温阀的热水采暖系统，不宜采用水流通道内含有黏沙的铸铁等散热器。

4. 水泵的选择

建筑供暖系统中常用的水泵是离心式水泵。水泵的选择首先必须满足公共建筑节能设计标准，要选择低能高效的设备，要求水泵漏水小。集中热水采暖系统热水循环水泵的耗电输热比（EHR）应符合《严寒和寒冷地区居住建筑节能设计标准》（JGJ 26—2018）和《公共建筑节能设计标准》（GB 50189—2015）中的规定。

5. 膨胀水箱的选择

膨胀水箱是热水采暖系统和中央空调水路系统中的重要部件，它的作用是收容和补偿系统中水的胀缩量。一般都将膨胀水箱设在系统的最高点，通常都接在循环水泵（中央空调冷冻水循环水泵）吸水口附近的回水干管上。膨胀水箱的选择要符合下列标准和原则。

① 膨胀水箱的水容积选择应根据供暖系统的温度和水容积来确定，通常情况下按照系统水容积的0.34% ～ 0.43%来选择。具体的选型也可查阅《暖通空调系统设计手册》。

② 膨胀水箱的接管（溢水管、排水管、循环管、膨胀管和信号管）的管径应根据膨胀水箱的型号进行选择。

③ 从绿色建筑使用安全和节约材料方面讲，膨胀水箱质量要安全可靠、经久耐用。

④ 系统中的水要循环使用，其水质应满足相关使用规定。

6. 集气罐和自动排气阀的选择

集气罐和自动排气阀用于供暖系统中空气的排除，排气干管顺坡设置时要放大管径，集气管接出的排气管径一般应用DN15mm；如果集气罐的安装高度不受限制，宜选用立式；在较大的供暖系统中，为了方便管理要选择自动排气阀。

7.补偿器的选择

补偿器习惯上也叫膨胀节或伸缩节，属于一种补偿元件，由构成其工作主体的波纹管和端管、支架、法兰、导管等附件组成。利用其工作主体波纹管的有效伸缩变形，以吸收管线、导管、容器等由热胀冷缩等原因而产生的尺寸变化。

供暖系统要根据管道增长量大小选择合适的补偿器，增长量的计算参照相对应的技术规范；有条件时可以采用自然弯曲代替补偿器，以减少成本；地方狭小时可采用套管补偿器和波纹管补偿器，但应选择补偿能力大，又耐腐蚀的补偿器。

8.平衡阀的选择

平衡阀是在水力工况下，起到动态、静态平衡调节作用的阀门。平衡阀是绿色建筑节能设计中的重要部件，它能有效地保证管网内热力平衡，消除个别建筑室内温度过高或过低的弊病，可以节煤、节电15%以上。要根据热力网内流量选择适合的平衡阀，流量的计算参照相对应的技术规范；所选用的平衡阀要安全可靠、不漏水；平衡阀要安装在需要的位置，以避免浪费。

9.其他部件的选择

其他部件的选择包括分水器、集水器和分气缸的选择，这些是供热系统中的重要附件，在系统中起流量分配、平衡及汇集后进行集中运输的作用。分水器、集水器和分气缸应当严格按照国家标准图集选择制作，并且要保温性能良好的设备。

四、建筑通风设施设备的组成

通风又称换气，是用机械或自然的方法向室内空间送入足够的新鲜空气，同时把室内不符合卫生要求的污浊空气排出，使室内空气满足卫生要求和生产过程需要。建筑中完成通风工作的各项设施，统称通风设备。

通风是改善室内空气质量的一种常用方法，包括从室内排出污染空气和向室内补充新鲜空气两个方面，称为排风和送风。通风系统就是为实现排风和送风的一系列设备和装置的总和。自然通风系统一般不需要设置设备，机械通风的主要设备有风机、风管和风道、风阀、风口和除尘设备。

五、通风设施设备选型原则和要求

通风设施设备是保证绿色建筑内部空气质量良好的重要设备，是建筑绿色化的重要评价指标，因此，在进行通风设施设备选型时应遵循下列原则和要求。

① 能采用自然通风的建筑，应尽量避免采用机械通风；需要采用机械通风的建筑，装置的选择应符合相应的节能标准和技术规范。自然通风设计要遵守《民用建筑采暖通风与空气调节设计规范》（GB 50736—2012）中的规定。

② 使用时间、温度、湿度等要求条件不同的空气调节区，不应划分在同一个空气调节风系统中。

③ 房间面积或空间较大、人员较多，或有必要集中进行温度、湿度控制的空气调节区，其空气调节的风系统应采用全空气调节系统，不宜采用风机盘管系统。

④ 设计全空气调节系统并当功能上无特殊要求时，应采用单风管送风方式。

⑤ 建筑物内设有集中排风系统且符合下列条件之一时，应当设置排风热回收装置：a.排风热回收装置（全热和显热）的额定热回收效率不应低于60%；b.送风量大于或等于

3000m³/h的直流式空气调节系统，且新风与排风的温度差大于或等于81℃；c.设计新风量大于或等于4000m³/h的直流式空气调节系统，且新风与排风的温度差大于或等于80℃；d.设有独立新风和排风的系统。

⑥ 当有条件时，空气调节送风宜采用通风效率高、空气的置换通风型送风模式。

⑦ 通风设备的安装和其他配套装置的选择，应符合国家标准《公共建筑节能设计标准》（GB 50189—2015）中的相关规定。

六、通风设施设备的选型

通风设施设备的选型，主要包括风机的选择、风管的选择、风阀的选择、风口的选择、净化设备的选择。

1.风机的选择

风机是通风系统中为空气流动提供动力，以克服输送过程中阻力损失的机械设备，在建筑通风工程中通常使用离心风机和轴流风机。风机的选择应符合下列规定。

① 风机的单位风量耗功率不应大于表12-1中的规定。

表12-1　风机的单位风量耗功率限值　　单位：W/（m³/h）

系统类型	办公建筑		商业、旅馆建筑	
	粗效过滤	粗、中效过滤	粗效过滤	粗、中效过滤
两管制定风量系统	0.42	0.48	0.46	0.52
四管制定风量系统	0.47	0.53	0.51	0.58
两管制变风量系统	0.58	0.64	0.62	0.68
四管制变风量系统	0.63	0.69	0.67	0.74
普通机械通风系统	0.32			

注：1.普通机械通风系统中不包括厨房等需要特定过滤装置的房间的通风系统。

2.严寒地区增设预热盘管时，单位风量耗功率可增加0.035W/（m³/h）。

3.当空气调节机组内采用湿膜加湿方法时，单位风量耗功率可增加0.053W/（m³/h）。

② 应选择噪声小的风机，避免产生噪声污染，风机要质量可靠，使用年限长久。

2.风管的选择

绿色建筑风管主要是选择风管的质量、形式、大小和材料，通风管的选择必须符合下列规定。

① 通风、空气调节系统的风管，宜采用圆形或长短边之比不大于4的矩形截面，其最大长短边之比不应超过10。风管的截面尺寸，宜按国家现行标准《通风与空调工程施工质量验收规范》（GB 50243—2016）中的规定执行。

② 除尘系统的风管，宜采用明设的圆形钢制风管，其接头和接缝应严密、平滑。

③ 通风设备、风管及配件等，应根据其所处的环境和输送的气体或粉尘的温度、腐蚀性等，采用防腐材料制作或采取相应的防腐措施。

④ 与通风机等振动设备连接的风管，应装设挠性接头。

⑤ 对于排除有害气体或含有粉尘的通风系统，其风管的排风口宜采用锥形的风帽或防雨的风帽。

⑥ 风管的安装和其他附属部件的要求，必须满足《民用建筑采暖通风与空气调节设计规范》（GB 50736—2012）中的规定。

3.风阀的选择

风阀是工业厂房民用建筑的通风、空气调节及空气净化工程中不可缺少的中央空调末端配件，一般用在空调、通风系统管道中，用来调节支管的风量，也可用于新风与回风的混合调节。风阀可以分为一次调节阀、开关阀和自动调节阀等，自动调节阀一般多采用顺开式多叶调节阀和密封对开调节阀。要根据实际用途选择风阀，风阀选择要和风管相一致，选择性能良好、质量优越的产品。

4.风口的选择

通风系统的风口分为进气口和排气口两种。在选择风口时应注意如下事项：进气口的选择应根据风量和分风的需要来确定；同时为了保证绿色建筑的美观，风口的选择也应美观大方；风口是灰尘累积的地方，为了保证空气的质量，风口要便于清洗。

5.净化设备的选择

净化设备主要是为了送风和排风过程中，除去空气中的尘埃杂质，保证送入室内的空气干净和减低排除气体污染的一种设施。除尘设备的种类很多，主要有挡板式除尘器、旋风式除尘器、袋式除尘器和喷淋塔式除尘器4种。

除尘器的选择，应根据下列因素并通过技术经济比较确定：

① 含尘气体的化学成分、腐蚀性、爆炸性、温度、湿度、露点、气体量和含尘浓度，粉尘气体的化学成分、密度、粒径分布、腐蚀性、亲水性、磨琢度、比电阻、黏结性、纤维性、可燃性、爆炸性等；② 净化后气体的容许排放浓度；③ 除尘器的压力损失和除尘效率；④ 粉尘的回收价值及回收利用的形式；⑤ 除尘器的设备费、运行费、使用寿命、场地布置及外部水、电源条件等；⑥ 净化设备系统维护管理的繁简程度。

七、空调设施设备的基本组成

绿色建筑是21世纪建筑行业的发展方向，这要求空调系统尽量采用太阳能、地热、风能、生物能等自然能源驱动。在我国，这些自然能源都有充足的储量，因此绿色建筑中的空调应用技术显得非常重要。

绿色建筑要满足人性化的要求，要健康舒适，要有适宜的温度、湿度等，这就需要一套能够对空气进行加热、冷却、加湿、减湿、过滤和输送的设备装置，这就是所说的建筑空调设备。空调系统和以上所讲的采暖通风系统一样，是绿色建筑的核心环境工程设备之一，它主要由冷热源系统、空气处理系统、能量输送分配系统和自动控制系统4个子系统组成。

空调系统按照设备设置情况不同，可分为集中式空调、独立式空调和半集中式空调3种类型。家用空调一般采用独立式空调，公共建筑一般采用集中式空调和半集中式空调。

八、空调设施设备选型原则和要求

空气调节与采暖的冷热源，宜采用集中设置的冷（热）水机组或供热、换热设备。机组或设备的选择应根据建筑规模、使用特征，结合当地的能源结构及其价格政策、环保规定等按下列原则经综合论证后确定：① 具有城市、区域供热或工厂余热时，宜选其作为采暖或空调的热源；② 具有热电厂的地区，可推广利用电厂余热的供热、供冷技术；③ 具有充足的天然气供应的地区，宜推广应用分布式热电冷联供和燃气空气调节技术，实现电力和天然气的削峰填谷，提高能源的综合利用率；④ 具有多种能源（如热、电、天然气等）的地区，宜采用复合式能源供冷、供热技术；⑤ 具有天然水资源或地热源可供利用时，宜采用水（地）源热泵供冷、供热技术。

九、空调设施设备的选型

空调设施设备的选型，主要包括空调机组的选型、空气加湿和减湿设备的选型、空气净化处理设备的选型、空气输送和分配设备的选型。

1. 空调机组的选型

在空气调节系统中，空气的处理由空气处理设备或空气调节机组来完成。空气处理设备要对空气进行加热、冷却、除湿、净化、消声等处理。空调机组按照安装方式不同，可分为卧式组合空调机组、吊装式空调机组和柜式空调机组。现阶段在实际中常用的有：组合式空调机组、整体式空调机组、风机盘管机组、水/空气热泵空调机组、电机驱动压缩机的蒸气压缩循环冷水（热泵）机组、蒸汽热水型溴化锂吸收式冷水机组、直燃型溴化锂吸收式冷（温）水机组等。空调机组的选型应注意遵循以下原则。

① 电机驱动压缩机的蒸气压缩循环冷水（热泵）机组，在额定制冷工况和规定条件下，性能系数（COP）不应低于表12-2中的规定。

表12-2　冷水（热泵）机组制冷性能系数（COP）

机组类型		额定制冷量/kW	性能系数/（W/W）
水冷	活塞式/涡旋式	＜528 528～1163 ＞1163	3.80 4.00 4.20
	螺杆式	＜528 528～1163 ＞1163	4.10 4.30 4.60
	离心式	＜528 528～1163 ＞1163	4.40 4.70 5.10
风冷或蒸发冷却	活塞式/涡旋式	≤50 ＞50	2.40 2.60
	螺杆式	≤50 ＞50	2.60 2.80

② 蒸气压缩循环冷水（热泵）机组的综合部分负荷性能系数（IPLV），应符合表12-3中的规定。水冷式电动蒸气压缩循环冷水（热泵）机组的综合部分负荷性能系数，应按《公共建筑节能设计标准》（GB 50189—2015）中的第5.4.7条计算。

表12-3　冷水（热泵）机组的综合部分负荷性能系数

机组类型		额定制冷量/kW	综合部分负荷性能系数/（W/W）
水冷	螺杆式	＜528 528～1163 ＞1163	4.47 4.81 5.13
	离心式	＜528 528～1163 ＞1163	4.49 4.88 5.42

③ 名义制冷大于7100W、采用电机驱动压缩机的单元式空气调节机、风管送风式和屋顶式空气调节机组时，在名义制冷工况和规定条件下，其能效比（EER）应符合表12-4的规定。

表12-4　单元式机组能效比

<table>
<tr><th colspan="2">机组类型</th><th>能效比/（W/W）</th></tr>
<tr><td rowspan="2">风冷式</td><td>不接风管</td><td>2.60</td></tr>
<tr><td>接风管</td><td>2.30</td></tr>
<tr><td rowspan="2">水冷式</td><td>不接风管</td><td>3.00</td></tr>
<tr><td>接风管</td><td>2.70</td></tr>
</table>

④ 蒸汽、热水型溴化锂吸收式冷水机组、直燃型溴化锂吸收式冷（温）水机组，应选用能量调节装置灵敏、可靠的机型。在名义工况下的性能参数应符合表12-5的规定。

表12-5　溴化锂吸收式机组的性能参数

<table>
<tr><th rowspan="3">机型</th><th colspan="3">名义工况</th><th colspan="3">性能参数</th></tr>
<tr><th rowspan="2">冷（温）水进/出口温度/℃</th><th rowspan="2">冷却水进/出口温度/℃</th><th rowspan="2">蒸汽压力/MPa</th><th rowspan="2">单位制冷量蒸汽耗量/[kg/（kW·h）]</th><th colspan="2">性能参数/（W/W）</th></tr>
<tr><th>制冷</th><th>供热</th></tr>
<tr><td rowspan="4">蒸汽双效</td><td>18/13</td><td rowspan="4">30/35</td><td></td><td rowspan="2">≤1.40</td><td></td><td></td></tr>
<tr><td rowspan="3">12/7</td><td></td><td></td><td></td></tr>
<tr><td></td><td>≤1.31</td><td></td><td></td></tr>
<tr><td></td><td>≤1.28</td><td></td><td></td></tr>
<tr><td rowspan="2">直燃</td><td>供冷12/7</td><td>30/35</td><td></td><td></td><td>≥1.10</td><td></td></tr>
<tr><td>供热出口60</td><td></td><td></td><td></td><td></td><td>≥0.90</td></tr>
</table>

注：直燃机的性能系数为，制冷量（供热量）/[加热源消耗量（以低位热量计）+电力消耗量（折算成一次能）]。

2.空气加湿和减湿设备的选型

为了满足室内空间的空气湿度的特殊要求，必须对空气进行加湿和减湿处理，这就需要选择空气加湿和减湿设备，主要包括空气加湿处理设备和减湿处理设备。其中空气加湿处理设备包括蒸汽加湿设备、水蒸发加湿器和电加湿器；减湿处理设备包括冷却减湿器、固体吸湿剂和液体吸湿剂3种。空气加湿和减湿设备的选型必须遵照节能高效的原则，吸湿剂的选择要无害无毒。

3.空气净化处理设备的选型

空气净化处理，就是通过空气过滤及净化设备，去除空气中的悬浮尘埃。其中主要的空气净化处理设备就是空气过滤器。空气过滤器按照工作原理不同，可分为金属网格浸油过滤器、干式纤维过滤器和静电过滤器等。空气净化处理设备直接影响到空气的质量，在进行选择必须满足以下原则：设备的选择要根据实际情况，选择最实用的除尘设备；选择可以多次重复使用的格网材料，最大限度地节约材料；除尘设备中的吸尘设备要便于清洗。

4.空气输送和分配设备的选型

空气调节系统中的输送与分配是利用通风机、送回风管及空气分配器和空气诱导器来实现。风管用的材料应表面光洁、质量较轻，要方便加工和安装，并有足够的强度和刚度，并且有较强的抗腐蚀性。常用的风管材料有薄钢板、铝合金板或镀锌薄钢板。空气调节风管绝热层的最小热阻应符合相关规定。需要保冷管道的要设置绝热层、隔气层和保护层；风机的选择要根据室内送风量来选择，同时要选择节能高效的设备，能效比要符合《公共建筑节能设计标准》（GB 50189—2015）相关条文规定；空气分配器和空气诱导器的选择首先要美观实用，其次要便于清洗。

第四节　人防消防设施设备的设计

人防工程是指为保障战时人员与物资掩蔽、人民防空指挥、医疗救护而单独修建的地下防护建筑，以及结合地面建筑修建的战时可用于防空的地下室。人防工程是防备敌人突然袭击，有效地掩蔽人员和物资，保存战争潜力的重要设施。

一、人防工程设施设备系统的组成

人防工程是为了在战争发生时能够提供短时间的庇护场所，为确保在这个系统中的人员正常生活和工作，应当具有一套完整的生命线工程，其主要的设施设备和地面建筑一样，包括排水设施设备、消防设施设备、通风排风设备、电力照明设备等。

人防工程通常由人员生活设施和防护设施两部分组成。其中防护设施是人防工程的特殊设施，人防工程依靠这些设施达到各种防护要求，起到防护作用。

1. 工程的密闭设施

工程的密闭设施主要由防护密闭门、密闭门、防毒通道和洗消间等组成。它的作用是阻止染毒空气进入工程内。防护密闭门还能防冲击波，既能起到防护作用，又能起到密闭作用。两个相邻密闭门之间的空间称作防毒通道，能降低漏入毒剂浓度，便于人员进出。

2. 滤毒通风设施

滤毒通风设施一般由进风消波设备、滤尘器、过滤吸收器、风管、密闭阀门和风机等设备组成。滤毒通风设施是人防工程防护设施的基本设施，主要起到滤除烟尘、毒雾和吸附毒剂蒸汽的作用，将净化的清洁空气由风机通过管道送入人防工程内室，供人防工程中的人员呼吸使用。

3. 洗消设施

洗消设施主要包括洗消间、消毒药品、洗消器材等。用于对进入人员进行局部或全身洗消，以避免人员将毒剂带入内室，保障内室的安全。

除以上3种设施外，人防工程中还有防化报警和监测化验器材，主要用于发现外界空气是否染毒，监测工程内气体成分变化情况和人员受放射性照射情况等。

二、人防设施设备选型原则和要求

人防工程和地面建筑工程不同的是，人防工程真正使用的时期非常特殊，一般在城市发生空袭、战乱时才启用，因此人防工程不但需要一整套的生命线系统工程，而且这些生命线工程所采用的设施设备都有特殊的要求：① 所有设施设备的选择必须满足相应的人防工程设计规范的有关规定；② 绿色化的人防工程设施设备不但要保证使用安全，还应提高使用效率和节能，从节能角度应符合《公共建筑节能设计标准》（GB 50189—2015）中的有关规定；③ 人防设备的使用时期比较特殊，所有的人防设备都应具有一定的防火、防潮、防冲击波的能力，通风设备的抗冲击波压力应符合表12-6的要求；④ 人防设备按要求设计备用系统，以防止突发事件的发生。

表 12-6 防护通风设备抗冲击波的允许压力值 单位：MPa

设备名称	允许压力
经过加固的油网过滤器	0.05
密闭阀门、离心风机、YF型自动排气阀门、柴油发电机自吸空气管	0.05
泡沫塑料过滤器	0.04
滤毒器、纸除尘器	0.03
非增压发电机排烟管	0.30
防爆超压排气活门	0.30 ～ 0.60

三、人防设施设备的选型

人民防空工程是一种隐蔽性的地下工程，其系统是一个非常复杂、完整的生命线系统工程，包括了地面建筑中几乎所有的设施设备。由于在绿色建筑评价标准中没有针对人防设施设备的明确要求，其设施设备的选择除按照《人民防空地下室设计规范》(GB 50038—2005)、《人民防空工程设计防火规范》(GB 50098—2009）等规范的有关规定外，其余设施设备均可以参照地面建筑设施设备的要求进行选择。

人防设施设备的选型，主要包括人防通风设备的选型、人防排烟设备的选型、人防给排水设备的选型、人防照明设备的选型。

1.人防通风设备的选型

战时防护通风系统应具备和满足清洁式、过滤式和隔绝式3种通风方式的要求。当战争来临时，在人员进入防空地下室，出入口部的防护密封门等关闭后，为了保障人员在防护体内长期生活和工作，在外界空气遭到污染并带有毒剂时，将外界新风先通过除尘器除尘埃，再经过过滤吸收毒剂，达到呼吸标准后向防护体内送风的过程称为过滤式通风；而当敌方施放化学或生物武器后，外界毒剂尚未判明之前或外界毒剂浓度过大时，以及更换过滤吸收设备时或过滤吸收设备失效后，在以上任一情形出现时必须使防空地下室与外界空气隔绝，此时所进行的通风就是隔绝式通风。

人防通风设备选型的主要内容应包括：送风机、粗过滤器、过滤吸收器以及防爆波（防核爆冲击波）活门的选择。根据《人民防空地下室设计规范》(GB 50038—2005)、《人民防空工程设计防火规范》(GB 50098—2009）中的相关规定，人防通风设备的选择应满足下列规定。

（1）风机的选型　风机首先要节能高效，其次要安全可靠，应当选用非燃烧性材料制作的风机，另外风机的选择应满足建筑室内新风量的要求。风机供应的新风量要求如表 12-7 所列。

表 12-7 风机供应的新风量要求

工程或房间类别	新风量/(m^3/h)	工程或房间类别	新风量/(m^3/h)
旅馆客房、会议室、医院病房	≥30	一般办公室、餐厅、阅览室、图书馆	≥20
舞厅、文娱活动室	≥25	影剧院、商场（店）	≥15

（2）通风管的选型　首先，通风管应当选用非燃材料制作。但接触腐蚀性气体的风管及柔性接头，可采用难燃材料制作；其次，风管和设备的保温材料应采用非燃材料；最后，消声、过滤材料及胶黏剂应采用非燃材料或难燃材料。

（3）防火阀的选型　防火阀的温度熔断器与火灾探测器等联动的自动关闭装置等一经动作，在发生火灾时，防火阀的阀门应当能顺着气流方向自行严密加以关闭。温度熔断器的作用温度宜为70℃。

（4）防爆波活门的选型　排风系统相对于防护送风系统，设备较少，管道简单，设备的选型主要是防爆波活门；自动排气阀门或防爆超压自动排气活门的选择计算。防爆波活门的确定与送风系统相同，但应注意，如果平时通风与战时通风合用消波设施时，应选用门式防爆波活门。门式防爆波活门的参数如表12-8所列。

表12-8　门式防爆波活门的参数

型号	门框尺寸/mm	悬板开启风量/（m^3/h）	门开启风量/（m^3/h）	防核爆冲击波压力/Pa
MH900-1	500×800	900	11000	9.80×10^4
MH900-3	500×800	900	11000	2.94×10^5
MH800-1	500×800	1800	11000	9.80×10^4
MH800-3	500×800	1800	11000	2.94×10^5
MH600-1	500×800	3600	11000	9.80×10^4
MH600-3	500×800	3600	11000	2.94×10^5

（5）过滤吸收器的选择　所选用的过滤吸收器应符合下列要求。滤毒通风的新风量应满足表12-7的要求，且应满足最小防毒通道换气量的要求。在人防工程中一般常选用四桶式300型过滤吸收器，四桶式300型过滤吸收器的性能如表12-9所列。

表12-9　四桶式300型过滤吸收器的性能

型号	炭层厚/cm	装药种类	防毒时间/h	气流压力损失/Pa	油雾透过系数	质量/kg	抗冲击波压力/Pa	外形尺寸/mm
LD-300-2 四桶式	6.0	13#	3	＜400	0.001%	＜95	2.94×10^4	526×526×765
	6.0	19#	4	＜650	0.001%	＜100	2.94×10^4	
LD-300-1 四桶无边式	4.5	13#	1	＜400	0.001%	＜75	2.94×10^4	490×490×720
	4.5	19#	2	＜650	0.001%	＜80	2.94×10^4	

（6）密闭阀的选型　人防工程中常用的密闭阀参数如表12-10所列。

表12-10　常用的密闭阀参数

手动密闭阀		手动电动两用密闭阀	
公称直径*DN*/mm	允许通过风量/（m^3/h）	公称直径*DN*/mm	允许通过风量/（m^3/h）
150	＜600	200	＜1100
200	＜1100	300	＜2500
300	＜2500	400	＜4500
400	＜4500	600	＜11000
500	＜7000	800	＜18000
600	＜11000	1000	＜28000
700	＜13500	1200	＜50000
800	＜18000		
900	＜22000		

（7）自动排气阀的选型　人防工程中常用的自动排气阀性能参数如表12-11所列。

表12-11　自动排气阀性能参数

型号	直径/mm	排风量/（m^3/h）	重锤启动压力调节范围/Pa
YF型	d=150	80 ～ 280	30 ～ 100
YF型	d=200	120 ～ 500	30 ～ 100
PS型	d=250	200 ～ 800	30 ～ 100

2.人防排烟设备的选型

根据我国现行标准中的规定，人防工程下列部位应设置机械排烟设施：① 建筑面积大于50m^2，且经常有人停留或可燃物较多的房间、大厅和丙、丁类生产车间；② 总长度大于20m的疏散走道；③ 电影放映间、舞台等。人防工程的排烟设备的选型，主要包括进风管、排烟风机和排烟口。

（1）进风管　进风管要求有爆波能力，为此一般均采用2mm厚的钢板焊制而成。清洁通风风管、密闭阀、滤毒通风风管均应按要求选择大小，管道出机房时应设防火阀，并与风机连锁。同时由于地下室夏季比较潮湿，其送风管宜采用玻璃钢制品。

（2）排烟风机　在人防工程排烟设备的选型中，当走道或房间采用机械排烟时，排烟风机的风量计算应符合《人民防空工程设计防火规范》（GB 50098—2009）中的相关要求；排风机要节能高效，满足公共建筑节能设计规范的相关要求；排烟风机与排烟口应设有联动装置，当任何一个排烟口开启时，排烟风机应自动启动；排烟风机的入口处，应设置当烟气温度超过280℃时能自动关闭的防火阀，并与排烟风机连锁。

（3）排烟口　根据现行国家标准《人民防空工程设计防火规范》（GB 50098—2009）中第5.1.5条规定：走道或房间采用自然排烟时，其排烟口的总面积（当利用采光窗并排烟时为窗口排烟的有效面积）不应小于该防烟分区面积的2%，排烟口、排烟阀门、排烟管道必须用非燃材料制成。

3.人防给排水设备的选型

人防给排水系统是人防工程中重要的生命线系统，人防设施的给水设备的选择必须遵守以下原则：人防的给排水设施的选择首先必须满足现行国家标准《人民防空工程设计防火规范》（GB 50098—2009）中的相关要求；人防给排水设施的能耗设施满足相应的能耗要求；人防给排水设施要有一定的防火、防冲击波的能力。

4.人防照明设备的选型

人防工程大多数处于地下，室内环境与地面工程必然会有很大不同。人防工程内潮湿场所应采用防潮型的灯具；柴油发电机的油库、蓄电池室等房间应采用密闭型的灯具。

四、消防设施设备系统的主要组成

消防是城市安全和防灾体系的重要组成部分，是保障城市生存和健康发展的基础设施之一。因此，自动灭火系统和消防联动系统在消防安全管理中，具有十分重要的地位和作用，人们对消防系统的研究和设计越来越重视。消防设施系统主要由火灾自动报警系统、灭火及消防联动系统组成。

火灾自动报警系统是由触发装置、火灾报警装置、联动输出装置以及具有其他辅助功能装置组成的，它具有能在火灾初期，将燃烧产生的烟雾、热量、火焰等物理量，通过火灾探测器变成电信号，传输到火灾报警控制器，并同时以声或光的形式通知着火层及上下邻层疏散，控制器记录火灾发生的部位、时间等，使人们能够及时发现火灾，并及时采取有效措施，扑灭初期的火灾，最大限度地减少因火灾造成的生命和财产的损失，是人们同火灾进行斗争的有力工具。

灭火及消防联动系统主要包括灭火装置、防火装置、避难应急装置和广播通信装置4部分。灭火装置又由消火栓给水系统、自动喷水灭火系统和其他常用灭火系统组成；防火装置主要是防火门和防火卷帘；避难应急装置包括切断电源装置、应急照明、应急疏散门和应急电梯等；广播通信装置包括消防广播和消防专用电话。

五、消防设施设备选型原则和要求

主要包括：① 绿色建筑内部所有消防设施的布置和选择，必须严格遵守现行国家标准《建筑设计防火规范》（GB 50016—2014）中的相关规定；② 灭火系统设施设备的选型，要根据建筑本身的防火要求来确定；③ 要根据建筑的防火面积来选择相应消防能力的消防设备；④ 要选择节水高效的消防设备，满足绿色建筑的节水、节材和节能的要求；⑤ 所选择的消防设备均要满足一定耐火性能的要求；⑥ 一些需要人力手动操作的消防设备，要求动作简单、操作方便。

六、消防设施设备的选型

消防设施是保证建筑物消防安全和人员疏散安全的重要设施，是现代建筑的重要组成部分。其对保护建筑起到了重要的作用，有效地保护了公民的生命安全和国家财产的安全。消防设施设备的选型，主要包括消防给水设备的选型、消火栓系统设备的选型、自动灭火装置的选型、防水装置的选型、避难及广播通信装置的选型。

1.消防给水设备的选型

消防给水设备的选择主要包括水源、水压的选择等。根据绿色建筑的节水要求，绿色建筑消防水源应当采用非传统水源；绿色建筑的消防给水量和水压，应当根据建筑用途及其重要性、火灾特性和火灾危险性等综合因素确定；消防水池和水泵的选择，应符合建筑消防标准和建筑节能相关标准的要求。

2.消火栓系统设备的选型

采用消火栓灭火是最常用的灭火方式，它由蓄水池、加压送水装置（水泵）及室内消火栓等主要设备构成，这些设备的电气控制包括水池的水位控制、消防用水和加压水泵的启动。水位控制应能显示出水位的变化情况和高、低水位报警及控制水泵的开停。室内消火栓系统由水枪、水龙带、消火栓、消防管道等组成。为保证喷水枪在灭火时具有足够的水压，需要采用加压设备。常用的加压设备有两种：消防水泵和气压给水装置。

绿色建筑使用的是非传统水源，必须设置水箱和消防水泵。消火栓设备的规格如表12-12所列。

表12-12 消火栓设备的规格

项目	每支水枪流量/（L/s）	消火栓口径/mm	水龙带直径/mm	水龙带长度/m	直流水枪口径/mm
室内消火栓	≥5.0	65	65	≤25	19
	＜5.0	50	50		13或16
消防卷盘	0.2～1.26	25	19（胶管）	20～40	6～8

3.自动灭火装置的选型

自动灭火装置主要由探测器、灭火器、数字化温度控制报警器和通信模块4部分组成。

可以通过装置内的数字通信模块，针对防火区域内的实时温度变化、警报状态及灭火器信息进行远程监测和控制，不仅可以远程监视自动灭火装置的各种状态，而且可以掌握防火区域内的实时变化，火灾发生时能够最大限度地减少生命和财产损失。

自动灭火装置按喷头的开闭形式不同，可分为闭式自动喷水灭火系统和开式自动喷水灭火系统。闭式自动喷水灭火系统有湿式、干式、干湿式和预作用自灭火系统；开式自动喷水灭火系统有雨淋喷水、水幕和水喷雾灭火系统。除此之外还有二氧化碳灭火系统、泡沫灭火系统、干粉灭火系统和移动灭火器等多种类型，各种类型自动灭火系统的适用范围如表12-13所列。灭火系统的选择首先要根据实际需要而选择设定，总的应遵循安全可靠、经济适用的原则。

表12-13　各种类型自动灭火系统的适用范围

系统类型			适用范围
自动喷水灭火系统	闭式系统	湿式自动喷水灭火系统	因管网及喷头内充水，适用于环境温度4～70℃的建筑物内
		干式自动喷水灭火系统	系统报警后充水，适宜于温度低于4℃或高于70℃的建筑物内
		干湿式自动喷水灭火系统	结合干式和湿式两系统的优点，环境温度4～70℃时为湿式，温度低于4℃或高于70℃时自动转化为干式
		预作用自动喷水灭火系统	系统雨淋报警阀后，管网充低压空气和氮气。当有火情时，系统可在短时间内（3s）由干式变为湿式系统，减少误报
	开式系统	雨淋喷水灭火系统	适用于严重危险级的建筑物和构筑物内
		水幕灭火系统	可以起到冷却、阻火、防火带的作用，适用于建筑需要保护或防火隔断部位
		水喷雾灭火系统	喷雾起到冷却、窒息、冲击乳化和稀释作用，适合在飞机制造厂、电器设备厂和石油化工等场所

4.防水装置的选型

防水装置的选型，主要包括排烟装置的选型、防火门和防火卷帘的选择。

（1）排烟装置的选型　排烟装置的选型应满足下列要求。

① 排烟风机的压力应满足排烟系统最不利环路的要求，其排烟量应当考虑10%～20%的漏风量。

② 排烟风机应能在280℃的环境条件下连续工作不少于30min，且在排烟风机入口处的总管上，应设置当烟气温度超过280℃时能自行关闭的排烟防火阀，该阀门应与排烟风机连锁，当该阀门关闭时，排烟风纹应能停止运转，当排烟风机及系统中设置有软接头时，该软接头应能在280℃的环境条件下连续工作不少于30min。

③ 排烟风机可采用离心风机或排烟专用的轴流风机；且机械排烟系统的排烟量应遵循《建筑设计防火规范》(GB 50016—2014）中的相关规定。

（2）防火门和防火卷帘的选择　防火门和防火卷帘的选择应注意以下方面：① 防火卷帘的耐火极限时间不应低于3.00h，防火卷帘的性能应符合《门和卷帘耐火试验方法》(GB 7633—2008）中的相关规定；② 防火卷帘应具有良好的防烟性能。

5.避难及广播通信装置的选型

避难及广播通信装置的选型应遵循以下原则：切断电源装置、应急照明、应急疏散门和应急电梯等应急避难装置要安全可靠，保证火灾情况发生时能够安全正常的工作；消防广播和消防专用电话要保证在火灾发生时能够正常使用。特别是在绿色建筑中的应急设施要杜绝不正常情况的发生。

第五节　燃气、电梯、通信设施设备的设计

一、燃气设施系统的组成

绿色建筑的燃气系统一般是指室内燃气系统，一个完整的室内燃气系统包括供气系统、输气设备和用气设备三大部分。其中通常所说的供气系统有城市管道供气和瓶装供气，绿色建筑鼓励并要求采用非传统气源。输气设备是指输气管道和仪表等；用气设备通常包括燃气灶具、燃气热水器、燃气发电机等。

二、燃气设施设备选型原则和要求

燃气系统是纯粹消耗能源的系统，也是绿色建筑重要的能源系统，特别是对于民用建筑来说，燃气系统是满足居民生活需求的主要能源之一，因此，燃气设施设备的选型要遵守以下原则：① 选择清洁高效的气源，以免造成环境污染和不必要的浪费；② 要尽量使用非传统气源（如沼气等）；③ 燃气用具要节能高效，安全可靠；④ 输送管道、燃气表要根据用气负荷来选择，要保证使用安全，不出现漏气。

三、电梯设施设备的选型

电梯是建筑内部垂直交通运输工具的总称。目前，电梯按照用途不同可以分为乘客电梯、货运电梯、医用电梯、杂物电梯、观光电梯、车辆电梯、船舶电梯、建筑施工电梯和其他类型的电梯；按运行速度不同可以分为低速电梯、中速电梯、高速电梯和超高速电梯。

电梯作为建筑内部的一种重要的垂直交通运输工具，绿色建筑在选择电梯时应遵循以下原则：① 绿色建筑选择的电梯必须高效节能，《绿色建筑评价标准》中明确了绿色建筑要求节能，必须选择效率高的用能设备；② 绿色建筑选用的电梯要安全舒适，有良好的照明和通风；③ 绿色建筑内的电梯要有良好可靠的应急系统。

四、通信设施设备的选型

通信网络系统是保证建筑物内的语音、数据、图像能够顺利传输的基础，它同时与外部通信网络如公共电话网、数据通信网、计算机网络、卫星通信网络及广播电视网相连，与世界各地互通信息，向建筑物提供各种信息的网络。其中包括程控电话系统、广播电视卫星系统、视频会议系统、卫星通信系统等。

绿色建筑通信设施设备应满足下列原则：① 绿色建筑内部的通信设备必须是高效节能的，尽管目前在工程设施规划中把通信设施列入弱电系统中，在具体选型时还是必须满足节能的要求；② 常用的一些通信设备有很多是用重金属制作的，严重危害人的身体健康，因此绿色建筑内的通信工具制作的材料应是无害的；③ 电子设备发展非常迅速，但人们很担心电子设备的负面影响，因为日常使用的电子设备有很强的电磁辐射，对人体健康损伤较大，因此绿色建筑内部的通信设备应是低辐射的环保设备；④ 要保证通信网络的安全，切实有效地防止病毒入侵和网络窃听；⑤ 绿色建筑内的各种通信系统，应做到根据发展可以实时升级，通信设备应当选择先进智能化的系统。

第六节　其他系统设施设备的设计

在上述各节中主要讲述了绿色建筑中传统常用的设施设备选型原则和方法，其实，这些设施设备只是绿色建筑中的主要设施设备，由于我国的绿色建筑还有很多东西需要进一步完善，所以以上介绍的并不是所有的设施设备。一些绿色建筑发展相对比较成熟的国家（如英国、德国、日本等），它们的绿色建筑设施设备还包含了太阳能系统、水资源循环利用系统、能源循环系统和建筑智能系统等。

一、能源循环系统设备的选择

温家宝同志在2013年的政府工作报告中指出："要大力推进能源资源节约和循环利用，重点抓好工业、交通、建筑、公共机构等领域节能，控制能源消费总量，降低能耗、物耗和二氧化碳排放强度。"这是我国在今后经济建设中的工作重点和努力方向。

众所周知，太阳能、风能、地热能和生物能等，是属于清洁、绿色、可持续和可循环利用的能源，这些能源通过供应、转换、输送和消耗从而达到能源循环的目的。因此，一个简单的能源循环系统是由能源供应系统、转换系统、输送系统和消耗系统组成的。常见的能源循环系统包括太阳能循环系统、风能循环系统、地热能循环系统和生物能循环系统等。

尽管采用非传统能源就可以节约能源，但在未来的发展过程中，高效利用非传统的资源也是绿色建筑追求的目标，因此在能源循环设备的选择上应遵循以下原则：① 能源收集系统和转化系统也要达到高效，这样不但可以节约材料，同时也可以最大限度地满足建筑能耗的要求；② 能源的转换系统要高效，收集同样的自然能源，也要通过高效的转换设备，尽可能多地转换为建筑运行所需要的能源；③ 选择的能源循环设备中的传输设备，要减少能量的流失和消耗；④ 选择的能源循环设备应当高效节能，真正成为绿色建筑的重要组成部分；⑤ 选择的能源循环设备要和建筑密切结合，不能破坏建筑的风貌，不要影响建筑的美观和使用功能。

二、建筑智能系统设备的选择

智能是人类大脑的较高级活动的体现，它至少应具备自动地获取和应用知识的能力、思维与推理的能力、问题求解的能力和自动学习的能力。建筑智能化系统是指以建筑为平台，兼备建筑设备、办公自动化及通信网络三大系统，集结构、系统、服务、管理及它们之间最优化组合，向人们提供一个安全、高效、舒适、便利的综合服务环境。

建筑智能化系统，利用现代通信技术、信息技术、计算机网络技术、监控技术等，通过对建筑和建筑设备的自动检测与优化控制、信息资源的优化管理，实现对建筑物的智能控制与管理，以满足用户对建筑物的监控、管理和信息共享的需求，从而使智能建筑具有安全、舒适、高效和环保的特点，达到投资合理、适应信息社会需要的目标。

建筑智能化系统设备选择应遵循以下原则：① 节能高效，这是绿色建筑对任何设备选择最基本的要求；② 安全可靠，这里主要是指信息安全和设备正常运行；③ 方便快捷，使用要方便，组成简单明了，便于系统维护。

第十三章 建筑室内装饰工程污染控制设计

建筑室内环境是指采用天然材料或人工材料围隔而成的小空间，是与外界大环境相对分隔而成的小环境。人类最重要和最普遍的室内环境是建筑室内环境，建筑室内环境包括居室、写字楼、办公室、交通工具、文化娱乐和体育场所、医院病房、学校和幼儿园教室和活动室、饭店、旅馆、宾馆等场所。所有室内环境质量的优劣与人的健康均有密切的关系。

根据实际测试，室内的热湿环境、室内的空气品质、建筑的声环境、建筑的光环境等又会影响人体的舒适性和健康，对室内人员的工作效率有显著影响。随着人们对舒适度和健康的要求越来越高以及对节能问题的重视，这些室内环境问题的研究对建筑物的构造、室内的通风、室内空气品质的控制、室内的声环境和光环境的控制均具有重要意义。

第一节　装饰装修工程污染基本知识

随着经济发展和人们生活水平的提高，城市居民有80%以上的时间在室内度过，室内空气质量如何不仅严重影响人体的舒适性和健康，而且对室内人员的学习和工作效率有着显著的影响。由此可见，建筑室内环境是人们接触最频繁、最密切的环境之一，室内空气质量的相关问题越来越被人们所关注，尤其是近几年来，人们更加感到研究室内空气质量的重要性和迫切性。

在经济迅猛发展，人们对住房的要求逐渐从物质上的享受上升到精神层面上的享受，并且强调可持续发展的今天，建筑环境学将面临的两个亟待解决的问题，就是如何协调满足室内环境舒适性与能源消耗和环境保护之间的矛盾，以及如何协调满足人们对住房装修的豪华与情调要求和室内空气环境污染对人体健康的有害影响之间的矛盾。

一、室内空气质量的定义

建筑是人类改造自然的实践活动发展到一定程度之后才出现的，其主要功能也从被动地避免自然界对人类可能造成的伤害，发展到为人类各种生产、生活和科研过程提供满足要求的建筑室内环境。但是，随着建材种类的发展，室内污染物的来源和种类日益增加，人们在室内接触有害物质的种类和数量明显增多，据统计至今已发现室内空气污染物约300多种。

建筑物密闭程度的增加使得室内污染物不易扩散，增加了室内人群与污染物的接触机会，使人身健康受到很大损害。

此外，室内空气质量恶化所导致的病态建筑综合征（SBS），使得人们的身心健康和工作效率受到很大影响，而且由此引起的医疗费用增加等一系列问题也受到广泛关注，室内空气质量研究已成为建筑环境科学领域内一个崭新的重要内容。室内空气质量（IAQ）的研究可以追溯到20世纪初，IAQ的定义在这二十几年中经历了许多变化。最初，人们把IAQ几乎完全等价为一系列污染物浓度的指标。近年来，人们认识到这种纯粹客观的定义，已经不能完全涵盖室内空气质量的内容，因此对室内空气质量的定义进行了新的诠释和发展。

在1989年室内空气质量讨论会上，丹麦哥本哈根大学教授P.O.Fanger首先提出了室内空气质量（IAQ）定义，他指出：空气质量反映了满足人们要求的程度，如果人们对空气满意，就是高质量；反之，就是低质量。英国的CIBSE认为：如果室内少于50%的人能察觉到任何气味，少于20%的人感觉不舒服，少于10%的人感觉到黏膜刺激，并且少于5%的人在不足2%的时间内感到烦躁，则可认为此时的室内空气质量是可接受的。这两种定义的共同点是都将室内空气质量完全变成了人们的主观感受。

美国供暖制冷空调工程师学会在标准《满足可接受室内空气品质的通风》（ASHRAE 62—1989R）中，首次提出了可接受的室内空气质量和感受到的可接受的室内空气质量等概念。其中，可接受的室内空气质量定义为：空调房间中绝大多数人没有对室内空气表示不满意，并且空气中没有已知的污染物达到了可能对人体健康产生严重威胁的浓度。感受到的可接受的室内空气质量定义为：空调空间中绝大多数人没有因为气味或刺激性而表示不满。它是达到可接受的室内空气质量的必要而非充分条件。由于有些气体，例如氡和一氧化碳等没有气味，对人也没有刺激作用，不会被人感受到，但却对人危害很大，因而仅用感受到的室内空气质量是不够的，必须同时引入可接受的室内空气质量。ASHRAE62—1989R标准中对室内空气质量的描述相对于其他定义，最明显的变化是它涵盖了客观指标和人的主观感受两个方面的内容，比较科学和全面，是反映人们具体要求而形成的一种概念，所以室内空气质量的优劣是根据人们的具体要求而定的。

国际标准化组织TC205技术委员会编制的《建筑环境设计-室内空气质量-人居环境室内空气质量的表达方法》（ISO/DIS 16814）对室内空气质量的标准采纳了三种表达方法：一是应尽可能降低吸入的空气对人体健康造成的负面作用，因而对室内的有害化学物质进行限量；二是基于感受到空气质量的表述，室内空气应使人感到比较舒适，绝大多数人可以接受；三是基于通风量的间接表述，对室内空气质量（IAQ）的间接表述首先是要确定满足人员健康要求和感受到空气质量要求的最小通风量，用实际风量与规定最小风量的大小关系来描述IAQ。

2002年我国制定的《室内空气质量标准》（GB/T 18883—2002）中，借鉴了国外相关标准，不但涵盖了19项相关检测指标客观评价内容，还首次采用国际上对室内空气质量可感受的定义，加入了“室内空气应无毒、无害、无异味”主观感受与评价方式，与国际主流室内空气品质的观念相接轨，这充分标志着我国在加入世界贸易组织（WTO）后，在建筑室内环境质量方面开始融入世界上主流室内空气品质研究领域。

二、室内空气污染的特征

室内空气污染主要包括化学性污染、生物性污染和物理性污染。化学性污染是指因化学物质，如甲醛、苯系物、氨气、氡及其子体和悬浮颗粒物等引起的污染。尤其是甲醛的污染，很多装修材料不合格导致的室内环境污染，对人体的伤害很大，所以需要专业的公司来检测室内空气。生物性污染是指因生物污染因子，包括细菌、真菌（包括真菌孢子）、花粉、病毒和生物体等引起的污染。物理性污染是指因物理因素，如电磁辐射、噪声、振动以及不合适的温度、湿度、风速和照明等引起的污染。

室内空气污染主要是人为污染，以化学性污染和生物性污染为主。污染物源于室内装修和建筑材料、室内用品（家用化学品、室内家具和现代办公用品）、人类活动（烹调、取暖和吸烟）、人体自身新陈代谢活动、生物性污染源和室外大气污染物6个方面。

室内空气污染的代表性影响包括危害人体健康、损害室内用品的审美和经济价值，以及恶化人与人之间的关系、加重人的心理压力等。病态建筑物综合征、建筑相关疾病和化学过敏反应症是不良室内空气引起的典型病症。

由于所处的环境不同，室内空气污染与大气空气污染的污染特征也不同。室内空气污染具有如下特征。

（1）累积性　室内环境是相对封闭的空间，其污染形成的特征之一是累积性。从污染物进入室内导致浓度升高，到排出室外浓度渐趋于零，大都需要经过较长的时间。室内的各种物品，包括建筑装饰材料、家具、地毯、复印机、打印机等，都可能释放出一定的化学物质。如不采取有效措施，它们将在室内逐渐积累，导致污染物浓度增大，构成对人体的危害。而在通风较好的室内环境中污染物的浓度一般较低。

室外空气发生污染时，在某种意义上说空气对污染物质具有近似于无限稀释的能力。而对采用空调等设备的室内，很显然对累积性污染的稀释能力是有限的，尤其是从节能考虑采取的减少换气次数等措施，使这有限的稀释能力大为降低，致使室内空气污染物对人的危害大为增强。

（2）多样性　室内空气污染的多样性既包括污染物种类的多样性，又包括室内污染物来源的多样性。室内空气中存在的污染物既有生物性污染物如细菌；化学性污染物如甲醛、氨气、苯、甲苯、一氧化碳、二氧化碳、氮氧化物、二氧化硫等；还有放射性污染物氡气及其子体。室内空气污染物的来源既有室外污染源，又有室内污染源。

室内的污染需要及时治理，不然对身体会造成伤害。例如作为光化学产物的臭氧在汽车流量大的公路上浓度一般较高，很有可能通过建筑物的空调换气装置向室内渗透；而家庭装修用的人造板材、墙纸、涂料等会在室内长期释放出大量的甲醛、可挥发性有机物等有机污染物。

从固体的浮游粒子到分子态污染物，从放射性元素到微生物污染，仅就香烟烟雾一种就可直接测出2000多种化合物，并已证明其中至少有40种是致癌性物质，我们熟悉的尼古丁和3，4苯并［a］芘就是强致癌物质，如果再考虑到各污染物对人体的相加、相乘和拮抗作用，就更复杂了。

（3）长期性　大量调查资料表明，多数人大部分时间处于室内环境，老人和儿童甚至超过90%的时间。即使浓度很低的污染物。在长期作用于人体后，也会影响人体健康。因此，长期性也是室内污染的重要特征之一。

（4）污染物浓度低、危害大　有关检测资料表明，室内空气污染物虽然种类繁多，但就某一种污染物来说，其浓度很可能远远低于《工业企业设计卫生标准》（GB Z1—2010）中的规定，但它对人们的危害却是不可忽视的，因为它是多种低浓度污染物综合地、长时间地对人起作用。

（5）受气候和社会条件的影响　室内空气污染是在人工环境中产生的，不是自然现象，是受包括社会文明程度、技术经济发展水平、民族风俗习惯等多方面的社会条件因素的影响，另外，气候条件对室内空气污染也有较大影响。

三、室内空气污染物来源

室内空气污染物来源主要有两个方面，即来自室外的污染物和来自室内的污染物。

1.来自室外的污染物

（1）室外大气中的污染物进入室内　室外大气中的污染物可以通过建筑物的门窗、缝隙进入室内。室外的污染物主要来自人类的生产和生活，如煤和石油等燃料燃烧后排放的煤烟废气，由火力发电厂、钢铁厂、化工厂、造船厂以及各类工矿企业排出的烟气和挥发性气体，如硫氧化物、二氧化碳、烟尘等，由汽车、飞机、火车、拖拉机等各类机械所排放的含有一氧化碳、氮氧化物、烃类化合物、铅的尾气等。

（2）房基础地下的污染物进入室内　自然辐射是人类环境的组成部分，主要包括宇宙射线辐射和自然界中天然放射性核素发出的射线辐射。岩石和土壤中的放射性核素会放射出对人体有害的射线，例如氡是继吸烟之后导致肺癌的第2种因素。氡是无嗅、无色、无味的，它是由镭衰变而来的天然放射性气体。氡依次裂解成多种短寿命子体——氡的衰变产物，这些衰变产物可以通过地基的裂缝进入室内。

（3）人的户外活动将污染物带入室内　人们的工作不同、活动范围不同、接触的环境不同，会把各种各样的污染物带入室内。如在建筑工程、化工厂、暖气修理厂、铅金属工厂等地方工作的人们，很可能无意间将铅带入家中；在医院、防疫站、兽医站工作的人们，有可能将各种病菌带回家中。

（4）他人居所排出污染物传入室内　城市是人口密集的地方，楼房林立、管道如网，上下住户拥有一些共同的管道，不可避免地因其他住户排出污染物（如炊烟、卫生间排气、污水管道中的浊气等）通过公共的通气换气管道进入室内，而严重影响相邻住户。

2.来自室内的污染物

（1）由人体内排出的污染物　人体为了维持正常的生理活动，需要呼吸和代谢，呼吸系统不但吸入氧气排出二氧化碳，还要排出体内的其他浊气和浊物。消化系统、皮肤表面、汗腺等，也是排除人体内有害物的主要部分。

（2）室内燃料燃烧产生的污染物　常见的室内燃料主要有天然气、石油液化气、煤气、煤炭等，在经济不发达的地区还有柴火和动物的粪便。这些燃料的燃烧将产生一氧化碳、二氧化碳、可吸入颗粒物、烟雾、二氧化硫等污染物。

（3）烹调油烟产生的污染物　经科学分析，烹调油烟中含有200余种化学成分，有些具有致癌、致细胞突变的作用。通常炒菜的油温度都在250℃以上，热油中的食物在此温度下，会发生氧化、水解、聚合、裂解等反应，反应产物会随着油烟挥发到室内。

（4）香烟烟雾产生的污染物　烟草燃烧时释放的烟雾中含有3800多种已知的化学物质，绝大部分对人体有害，其中包括一氧化碳、尼古丁等生物碱、胺类、酚类、烷烃、醛类、氮氧化物、多环芳烃、杂环族化合物、羟基化合物、重金属元素等，范围很广，它们有多种生物学作用，对人体造成各种危害。

（5）建筑装饰材料及家具散发的污染物　建筑装饰材料及家具种类繁多，它们在改善和美化人们生活的同时，也会将各类对室内空气产生污染的物质引入家中。如材料的胶黏剂的甲醛树脂会释放甲醛，是室内空气中甲醛的主要来源；石材和地板砖中含有的镭，可衰变成放射性很强的氡气，导致人患肺癌；含有人造纤维的地毯、饰面，时间长了会滋生微生物等。

(6) 家用化学品散发的污染物　家庭中广泛使用着各种日用化学品，如除虫剂、清洁剂、消毒剂、洗涤剂、干洗剂、染发剂、涂料及其他化学品，它们各具有不同的作用，一般是家庭中日常不可缺少的，但同时也在散发出着不同的有毒气体，也是产生室内空气污染物的主要来源。

(7) 家中存在大量微生物　家中存在大量的微生物，主要来自人类、宠物、家禽、昆虫；有的滋生于潮湿的墙面、静止的水中、家具的缝隙，而花粉、孢子、破碎的细胞以及昆虫等污染物，在室内外都存在。

四、室内空气的质量标准

现行国家标准《室内空气质量标准》(GB/T 18883—2002) 结合了我国的实际情况，既考虑到发达地区和城市建筑中的风量、温湿度以及甲醛、苯等污染物质，同时还根据一些不发达地区使用原煤取暖和烹饪的情况，制定了此类地区室内一氧化碳、二氧化碳和二氧化氮的污染标准。《室内空气质量标准》(GB/T 18883—2002) 与国家标准委发布的《民用建筑室内环境污染控制规范》、10种《室内装饰装修材料有害物质限量》共同构成我国较完整的室内环境污染控制和评价体系。

1.标准的基本概念

所谓标准是指为了在一定范围内获得最佳秩序，经协商一致制定并由公认机构批准，共同使用的和重复使用的一种规范性文件。多数国家采用的是国际标准化组织 (ISO) 的定义：标准是经公认的权威机构批准的一项特定的标准化工作成果。它可采用下述两种表现形式：一种是以正式文件的表现形式，规定一整套必须满足的条件；另一种是以一个基本单位或物理常数的表现形式。

我国国家标准总局对标准的定义是：对经济、技术、科学及管理中需要协调统一的事物和概念所做出的统一技术规定。这种规定是为了获得最佳秩序和社会效益，根据科学、技术和实践经验的综合结果。经有关方面协调同意，由主管机关批准，以特定的形式发布，作为人们共同遵守的准则。

我国的国家标准分为强制性国家标准和推荐性国家标准。通常把标准分为技术标准、管理标准和工作标准三大类。技术标准包括基础技术标准、产品标准、工艺标准、检测试验方法标准及安全、卫生、环保标准等。

强制性国家标准是在一定范围内通过法律、行政法规等强制性手段加以实施的标准，具有法律属性。强制性国家标准一经颁布，必须贯彻执行，否则对造成恶劣后果和重大损失的单位和个人，要受到经济制裁或承担法律责任。

推荐性标准又称为非强制性标准或自愿性标准，是指生产、交换、使用等方面，通过经济手段或市场调节而自愿采用推荐性标准的一类标准。推荐性标准不具有强制性，任何单位均有权决定是否采用，违反这类标准，不构成经济或法律方面的责任。应当指出的是，推荐性标准一经接受并采用，或各方商定同意纳入经济合同中，就成为各方必须共同遵守的技术依据，具有法律上的约束性。

2.室内空气质量标准

我国是世界上第一个制定并颁布室内空气质量标准的国家。目前，我国现行的室内空气方面的质量标准有：室内空气质量标准、室内空气方法标准、室内环境材料标准等。

现行国家标准《民用建筑工程室内环境污染控制规范》(GB 50325—2010)，主要适用于新建、改建、扩建的民用建筑工程和装饰工程，即在工程完工后、交付使用前的检测和验收，是强制执行的国家标准。它规定了由建筑装修材料产生的游离甲醛、氨、苯、TVOC（总挥发性有机化合物）、氡气5项污染物指标。工程验收时，只有当室内环境污染物浓度的全部检测结果符合该标准规定时，方可判定该工程室内环境质量合格，否则，不准交付使用。该标准将住宅、医院、学校教室、幼儿园、老年建筑等，划为Ⅰ类民用建筑工程；把办公楼、商店、旅馆、文化娱乐场所、书店、图书馆、展览馆、体育馆、餐厅、理发店等，划为Ⅱ类民用建筑工程。

现行国家标准《室内空气质量标准》(GB/T 18883—2002)，规定了人们在正常居住或工作条件下，能保证人体健康的各项物理性指标、化学污染性指标、微生物指标和放射性指标的限值。共包括温度、湿度、空气流速、新风量、二氧化硫、二氧化氮、一氧化碳、二氧化碳、氨、臭氧、甲醛、苯、甲苯、二甲苯、苯并芘、TVOC、菌落总数、放射性氡气等参数指标，不考虑室外空气的影响。该标准相对于《民用建筑工程室内环境污染控制规范》的同种污染物参数指标略为宽松，因为民用建筑工程和装饰工程交付使用后，除了建筑材料及装修材料产生的污染外，还有生活中由于烧饭、吸烟、生活垃圾、外购衣物、家具、取暖、洗涤、灭虫、娱乐等产生的污染。

两个标准的异同如表13-1所列。两个标准共有污染物的浓度限量如表13-2所列。

表13-1　两个标准的异同

内容	民用建筑工程室内环境污染控制规范	室内空气质量标准
所指对象	建筑物室内空气质量	建筑物室内空气质量
标准性质	强制性标准，规定在民用建筑工程验收时必须进行室内环境检测，合格后方可交付使用	推荐性标准，不具有强制性
适用范围	新建、扩建或改建的民用建筑工程室内污染控制	所有住宅和办公建筑的室内空气质量的控制
规定的检测项目	游离甲醛、氨、苯、TVOC（总挥发性有机化合物）、氡气5项污染物指标	温度、湿度、空气流速、新风量、二氧化硫、二氧化氮、一氧化碳、二氧化碳、氨、臭氧、甲醛、苯、甲苯、二甲苯、苯并芘、TVOC、菌落总数、放射性氡气等19项指标，不考虑室外空气的影响
限量值	对Ⅰ类和Ⅱ类建筑分别进行限量	未对建筑物进行分类，只有一个标准

表13-2　两个标准共有污染物的浓度限量

污染物种类	民用建筑工程室内环境污染控制规范		室内空气质量标准
	Ⅰ类建筑	Ⅱ类建筑	
氨/(mg/m^3)	0.20	0.50	0.20
甲醛/(mg/m^3)	0.08	0.12	0.10
苯/(mg/m^3)	0.09	0.09	0.11
TVOC/(mg/m^3)	0.50	0.60	0.60
氡/(Bq/m^3)	200	400	400

我国除了国家标准以外，各部门根据本行业的特点和实际，制定和发布了一些行业标准，以规范行业的标准。常见的行业标准代号如表13-3所列。

表13-3 常见的行业标准代号

序号	行业标准名称	行业标准代号	主管部门	序号	行业标准名称	行业标准代号	主管部门
1	农业	NY	农业部	30	劳动和劳动安全	JT	劳动和社会保障部
2	水产	SC	农业部	31	电子	LD	信息产业部
3	水利	SL	水利部	32	通信	SJ	信息产业部
4	林带	LY	国家林业局	33	广播电影电视	GY	国家广播电影电视总局
5	轻工	QB	国家轻工业局	34	电力	DL	国家经贸委
6	纺织	FZ	国家纺织工业局	35	金融	JR	中国人民银行
7	医药	YY	国家药品监督管理局	36	海洋	HY	国家海洋局
8	民政	MZ	民政部	37	档案	DA	国家档案局
9	教育	JY	教育部	38	商检	SN	国家出入境检验检疫局
10	烟草	YC	国家烟草专卖局				
11	黑色金属	YB	国家冶金工业局	39	文化	WH	文化部
12	有色冶金	YS	国家有色金属工业局	40	体育	TY	国家体育总局
13	石油天然气	ST	国家石油和化学工业局	41	商业	SB	国家国内贸易局
14	化工	HG	国家石油和化学工业局	42	物资管理	WB	国家国内贸易局
15	石油化工	SH	国家石油和化学工业局	43	环境保护	HJ	国家环境保护总局
16	建材	JC	国家建筑材料工业局	44	稀土	XB	国家计发委稀土办公室
17	地质矿产	DZ	国土资源部	45	城镇建设	CJ	建设部
18	土地管理	TD	国土资源部	46	建筑工业	JG	建设部
19	测绘	CH	国家测绘局	47	新闻出版	CY	国家新闻出版署
20	机械	JB	国家机械工业局	48	煤炭	MT	国家煤炭工业局
21	汽车	QC	国家机械工业局	49	卫生	WS	卫生部
22	民用航空	MH	中国民航管理总局	50	公共安全	GA	公安部
23	兵工民品	WJ	国防科工委	51	包装	BB	中国包装工业总公司
24	船舶	CB	国防科工委	52	地震	DB	国家地震局
25	航空	HB	国防科工委	53	旅游	LB	国家旅游局
26	航天	QJ	国防科工委	54	气象	QX	中国气象局
27	核工业	EJ	国防科工委	55	外经贸	WM	对外经济贸易合作部
28	铁路运输	TB	铁道部	56	海关	HS	海关总署
29	交通	JT	交通部	57	邮政	YZ	国家邮政卫向

第二节 装饰装修室内环境污染的危害

室内存在的有毒有害空气污染物，对人体健康产生的急性和慢性危害，已被大量的毒理学研究结果所证实。多环芳烃中的苯并［*a*］芘是已知的最强的致癌物，挥发性有机物（VOCs）中的苯是美国环保局（US EPA）划定的A类致癌物，而1，3-丁二烯的毒性是苯的30倍。挥发性有机物（VOCs）对儿童的不良影响也有较多的研究，Rollc Kampczyk等的调查结果表明，如果儿童暴露于苯、甲苯、苯乙烯、间/对-二甲苯中，随着暴露浓度的增加，阻塞性支气管炎的发生率相应增加。此外，遗传性过敏症状与特定的挥发性有机物（VOCs）代谢物的排泄有关。

有许多研究认为，甲醛的刺激毒性主要表现为神经及呼吸系统症状，如头痛、头昏、咽干和咳嗽。暴露于低剂量甲醛的典型症状有上呼吸道刺激症状（鼻炎、窦炎、咽炎）、下呼吸道喘息症状及顽固的类感冒症状。很多权威机构将环境烟草烟雾认定是一种重要的空气污染源，是室内环境危险暴露之一。美国环保局（US EPA）研究数据表明：环境烟草烟雾（ETS）和肺癌、心脏病以及下呼吸道感染等发病率密切相关，是A类致癌物之一。目前，已在环境烟草烟雾（ETS）中发现有4500多种化学物质，醛类和不饱和脂肪族类化合物是已知或潜在的动物致癌物，氯代烃、脂肪烃和芳香烃能够影响人体的免疫机能。

一、室内空气污染产生的不良建筑物综合征

不良建筑综合征（SBS），亦称为病态建筑物综合征，是近年来国外有关专家提出的某些建筑物内由于空气污染、空气交换率很低，以致在该建筑物内活动的人群产生了一系列自觉症状，而离开了该建筑物后，症状即可消退。这种建筑物被称为“不良或病态建筑物”，产生的系列症状被称为“不良建筑综合征”。

SBS的主要症状表现为：眼、鼻、咽、喉部位有刺激感，头疼，疲劳，呼吸困难，皮肤刺激，嗜睡，哮喘等非特异症状。目前认为，SBS是多因素综合作用而成。除了污染和通风以外，还可能由于温度、湿度、采光、声响等因素的失调，包括情绪等心理反应参与。在国际上，和不良建筑综合征类似的术语还有：建筑物相关病（BRI）、密闭建筑物综合征（TRS）、办公室病等。

世界卫生组织（WHO）于1982年首次解释：“SBS为在非工业区主诉具有急性非特异症候群（眼、鼻和咽刺激症、头疼、疲劳、全身不适）的建筑物室内活动者的频数增加的情况。这些症状在离开该建筑物之后能得到改善。”1989年世界卫生组织（WHO）又提出新的定义：“SBS为一种对室内环境的反应，大多数室内活动者的反应不能归因于某一明确的因素，例如对已知污染物或不良通风系统的过度暴露。这种症候群被假定为由若干暴露因素的多因素互相作用所引起，并涉及不同的反应机理。”

目前很多研究者认为，SBS是多因素综合作用所致。除了污染和通风以外，室内的温度、湿度、采光、声响等舒适因素的失调，包括人的情绪等心理因素，都参与SBS的发生和发展。尽管SBS的发病涉及许多复杂的反应机理，然而有关SBS发病机理仍在不断深入研究中。

二、室内空气污染产生的呼吸系统疾病

呼吸系统疾病是一种常见病、多发病，主要病变在气管、支气管、肺部及胸腔，病变轻者多咳嗽、胸痛、呼吸受影响，重者呼吸困难、缺氧，甚至呼吸衰竭而致死。在城市的死亡

率占第3位，而在农村则占首位。更应重视的是由于大气污染、环境烟草烟雾、人口老龄化及其他因素，使国内外的慢性阻塞性肺病、支气管哮喘、肺癌、肺部弥散性间质纤维化以及肺部感染等疾病的发病率、死亡率有增无减。

与室内空气污染物暴露有关的呼吸道症状主要是下呼吸道症状，如咳嗽、咳痰、呼吸短促和喘息。呼吸道症状的急慢性改变的区别有时并不分明，这往往是由研究人员采用的方法不同所致。二氧化氮（NO_2）、环境烟草烟雾（ETS）、病原微生物、甲醛污染是室内引起呼吸系统健康效应的主要因子。室内甲醛、二氧化氮和环境烟草烟雾的暴露与支气管炎、哮喘的发生有关，临床表现为气道炎症、黏液过度分泌、气道狭窄、呼吸短促和喘息等。当室内存在某种病原微生物的传染源，特别是室内空间过于狭小时，呼吸道和肺部感染性疾病就会在人群中传播，这种情况经常可以在人群集中的单位见到。另外一种典型的情况就是因空调系统的空气被“军团菌”污染，进入室内后使人感染“军团菌病”，主要病理学变化是肺炎。

有研究资料表明，空气中的PM_{10}平均水平每增加10μg/m，人的肺功能下降1%，各种呼吸道症状与疾病（如咳嗽、哮喘等）就会增加10%。因此，长期生活在这种污染的空气环境中，会对居民的健康造成不良影响。周晓铁、何兴舟等的研究发现：家中使用有烟煤的人群产生呼吸道症状的可能性高于使用无烟煤者，使用无烟煤者高于使用木柴者。

中国环境监测总站曾经对4个城市8所小学进行了两年的校内空气质量监测，并通过家庭健康调查问卷了解家庭燃煤、室内烟雾程度和被动吸烟对儿童呼吸系统疾病的影响，累计获得了7900个儿童调查资料。调查和研究发现，儿童呼吸系统疾病的患病率与空气污染呈显著正相关。污染因子中以$PM_{2.5}$和PM_{10}影响最大，而SO_2、NO_2的影响相对较轻，室内空气污染包括取暖、燃煤、烹调及烟草烟雾。

三、室内空气污染所导致的过敏性疾病

与室内空气污染暴露相关的过敏性哮喘是室内空气中致敏原和刺激原所致的最严重的过敏性疾病，过敏性鼻炎也是常见病。现代研究成果表明，支气管哮喘是一种以肥大细胞反应、嗜酸性细胞浸润为主的气道慢性炎症性疾病。对于易感者（尤其是特应症患者），这种炎症可以导致气道反应性增高，并引起不同程度的、广泛的、可逆性气道通气障碍的临床症状，表现为突然的、反复发作的喘息、呼吸困难、胸闷和咳嗽，这些症状可以自行缓解或经治疗迅速缓解。

过敏性哮喘可由暴露于室内空气污染物所致，这些污染物可能是致敏原，也可能是刺激物。室内空气致敏原引起的主要是I型变态反应，机体产生特异性IGE是本病的主要原因；而由室内空气刺激物（刺激原）所引起的哮喘发作的机理则是非特异性过敏反应。有关研究表明：空气刺激物通过气道感觉神经末梢上的类香草素受体信号传递系统介导气道神经源性炎症，通过肥大细胞上的另一种类香草素受体介导而引起IL4释放，导致体内IGE水平升高，两者都有可能是空气刺激物诱发哮喘的分子生物学机制。过敏性鼻炎的发病机理与哮喘类似，不同之处是哮喘在各年龄层都有，而过敏性鼻炎主要在儿童和青少年中流行。过敏性鼻炎主要症状是眼或鼻刺激、打喷嚏、水样涕及有时鼻塞。患者通常同时患有过敏性哮喘和过敏性鼻炎，并且很少只对一种致敏原敏感。

室内环境中的尘螨、宠物、昆虫和霉菌是过敏性哮喘和鼻炎的主要过敏原，室外致敏原如花粉和霉菌也可通过开启的门窗或通风系统进入室内。随着季节、气候条件、地理位置和室内环境的不同，室内空气中的致敏原也不同。在气候温和潮湿的地区，尘螨和花粉很普遍，只要微环境湿度高（＞45%），温度在17～25℃就可存在。含有致敏原的尘螨常见于家中的床、床垫、枕头、地毯、家具填充物等。家养动物如猫、狗、鸟、啮齿类动物和马等均

可以导致过敏性哮喘和鼻炎，且人们在动物的皮屑、毛发、唾液和尿中发现不同数量的致敏原。昆虫的脱落皮屑、干的分泌物和排泄颗粒也可导致过敏性哮喘和鼻炎。在卫生条件较差的家庭中，蟑螂可能是重要致敏原。霉菌性致敏原主要见于室外活的霉菌生物体、芽孢和甚至比芽孢还小的颗粒中。然而，它们可像花粉一样进入室内。在终年潮湿的地方，如浴室和地下室，可能有大量的霉菌生长。

四、室内空气污染对神经系统的毒性作用

环境因素的信号通过接触各种感受器和感觉神经原传递，传送到中枢神经系统的高级部分，随后产生可觉察的嗅、触、刺激、疼痛等感觉。舒适和不舒适，从某种意义上讲是心理学反应，只能依靠受试者主观感觉来反映相关症状的存在和强度。室内空气污染所致的感觉效应通常是多种感觉的，并且同一感觉可能来源于不同的环境因素。目前还不清楚中枢神经系统如何将不同的感觉综合成对空气质量总的评价。

众所周知，环境污染可对神经系统产生作用，有机溶剂的职业暴露所产生的生物效应就是明显的例子，存在从生物分子到行为异常的广泛效应。由于神经细胞对侵入的化学物质的代谢缓慢，因此神经细胞可长期暴露于进入中枢神经系统的化学物质，所以有害物质在中枢神经系统蓄积所致的危害高于大多数其他组织。许多溶剂可影响神经细胞或神经信号的传导，如产生麻醉作用。由于中枢神经系统的神经细胞不具有再生的能力，因此对它们的毒性损伤通常是不可逆的。此外，神经细胞对缺氧高度敏感。虽然一些中枢神经系统的疾病，如帕金森病和早老性痴呆，被怀疑与环境中的有害污染物有关，但现尚无文献报道在居室或办公室内等非生产环境中室内空气污染的暴露与这些疾病有关。

检测试验结果表明，主要污染物及其来源感觉效应与各种室内空气污染物有关，尤其是许多有机化合物在室内常见浓度下可出现嗅味或黏膜刺激。主要污染物有挥发性有机化合物、甲醛、环境烟草烟雾（ETS）。一氧化碳（CO）对中枢神经系统有严重的影响，甚至可能置人于死地。它干扰神经组织的供氧，并可能导致睡眠障碍。有些杀虫剂是神经毒素，它们对昆虫和寄生虫有神经毒作用，可通过同样的生物机制作用于哺乳动物。持续暴露于这些杀虫剂可引起中枢或周围神经系统的不可逆的改变。室内空气中的这些杀虫剂的暴露水平并不清楚，大量使用杀虫剂的农业地区可能暴露水平较高。

五、室内空气污染对心血管系统的作用

环境烟草烟雾（ETS）和一氧化碳是影响心血管系统的主要室内空气污染物。环境烟草烟雾和室内一氧化碳会引起心血管症状，导致心血管疾病的发病率和死亡率增加。

一氧化碳主要通过与血液中的血红蛋白结合发挥作用。一氧化碳与血红蛋白的亲和力比氧元素高200倍，所以即使一氧化碳在空气中的浓度相对较低，仍可取代氧。心脏、大脑等需氧量高的器官对一氧化碳暴露非常敏感。早期效应包括心脏病病人胸疼的发作频率的增高。高浓度一氧化碳暴露可诱发心肌梗塞。血红蛋白的一氧化碳百分结合率（碳氧血红蛋白）测量是近期一氧化碳暴露水平的监测方法。

有关统计资料证明，主动吸烟可导致心血管疾病，并导致心血管疾病死亡率增高。一般认为，被动吸烟也可导致心血管疾病死亡率增高，但由于对死亡率的影响要在暴露多年后才表现出来，因此，这类研究暴露分类的准确性和可靠性比较困难。心电图异常及心血管症状与环境烟草烟雾间的关系，也还未得到确切的结论。室内吸烟是环境烟草烟雾的来源，室内燃煤和燃气则是一氧化碳的主要来源。吸烟者血液中碳氧血红蛋白逐渐升高，所以烟草烟雾同时也是一氧化碳暴露的一种重要来源。

六、室内空气污染的致癌作用

与室内空气污染暴露相关的癌症主要是肺癌。已经明确的致癌物主要有环境烟草烟雾、甲醛、氡和家庭燃煤（多环芳烃）。非工业区居室内其他室内空气污染物，例如石棉、苯、甲醛、某些杀虫剂等是否有致癌作用以及癌症的种类，目前还没有得到人群资料的确证。

研究职业病的工作人员发现石棉纤维可导致人类癌症（肺间皮瘤和肺癌）；在职业暴露的人群中苯可导致白血病；动物实验证实，甲醛能引起大鼠鼻腔扁平细胞癌，体外实验也表明甲醛有遗传毒性，但至今尚缺乏人群流行病调查的依据；此外，职业病研究表明，某些杀虫剂能作用于人类的生殖系统，导致自发性流产、不孕和染色体畸变等生殖效应。尽管在室内空气中发现的几种可疑致癌物质浓度较低，但是因为它们对人体健康的真实危害还不明确，存在潜在的危险性，故应在室内空气中尽量降低它们的水平。这些污染物在非工业区居室内空气中存在的水平及该水平的致癌作用，仍然是室内空气质量领域研究的热点。

（1）环境烟草烟雾　人们早就知道烟草烟雾可致人类癌症。尽管边流烟雾与吸烟者吸入的主流烟雾的成分有所不同，但边流烟雾中同样发现了致癌物质，有些研究发现边流烟雾中的致癌物质浓度比主流烟雾中的高（相对其他物质）。

（2）氡及其子体　建筑在富镭的地基上的房屋中氡及其子体浓度较高。某些国家房屋中氡浓度已达到导致矿工肺癌发病率增高的水平。我国大部分地区土壤中的氡水平较低，但某些地区生产的煤渣砖中含有较高水平的氡元素。氡致癌作用的关键因素是载体，室内空气中存在的可吸入颗粒物尤为重要。例如，半衰其短的^{218}Po和^{214}Po只有吸附在颗粒物上才能沉积在肺内；又如当室内有人吸烟时可吸入颗粒浓度升高，氡的生物作用更明显。职业流行病学研究也表明，氡的暴露和吸烟有协同作用。

（3）家庭燃煤（多环芳烃）　家庭燃煤所致的多环芳烃污染可以引起肺癌。我国这方面的研究在国际上具领先水平。1979年以来，中国预防医学科学院与有关单位合作，以云南省宣威县为研究基地，针对室内燃煤空气污染与肺癌关系等问题开展了多学科综合研究。应用描述性、横断面、病例对照研究、回顾性队列研究、暴露-反应关系研究、肺癌遗传流行病学研究等方法所得结果表明，室内燃煤与肺癌发病之间具有较强的关联性，结果支持该关联性是属于正向的和因果关系的。

（4）其他可疑致癌物　家庭室内空气中石棉主要来自于含有石棉的地板和隔板材料，一般说来，石棉不容易从装饰材料中逸出，所以在室内浓度很低。苯系物属于挥发性有机化合物，室内空气中苯系物主要来自于有机涂料。在我国城市居室空气污染由燃煤型向装修型的转型过程中，甲醛已成为极为重要的室内污染物，它具有污染重、持续时间长的特点，主要来自于木质人造板、水溶性涂料和脲醛泡沫材料等。杀虫剂是现代家庭中最常见的化学物之一，用于杀蚊、杀蝇、灭蟑螂等。

人类白血病的病因与发病机制到目前为止国内外还没有研究清楚。现在得到广泛认同的白血病致病因素有遗传、化学因素、放射线、病毒等。据文献报道化学因素有苯、某些药物等。有关专家认为白血病的发生与环境有毒物质接触有关，而现今现代化的室内建筑和装饰材料，以及各种家用化学品的使用使得室内环境中存在着和白血病发生有关的有毒物质，如室内挥发性有机物中的苯、氡及其子体等。虽然它们单独的浓度低，但它们共同存在于室内时，其联合作用是不可忽视的。

关于室内环境因素与白血病的关系已成为近几十年各国学者研究的热点和重点，但是至今关于室内环境因素与白血病的流行病学研究和实验室研究还很缺乏，还不能确定它们之间的关联，还需对其进行深入的流行病学研究和实验室研究，以确定室内环境暴露与白血病的关系和研究室内环境污染物负荷与白血病的关系，即剂量-效应关系。

第三节　装饰装修室内环境污染控制标准

随着人们对居住环境特别是室内环境要求的不断提高，大量新型的、环保的建筑装饰装修材料被广泛应用于建筑物室内装修工程中，但是在我国建筑物材料有害物质问题还是比较突出的，特别是室内环境的污染问题依然是建筑物使用过程中突出的问题。对建筑装饰装修材料有害物质的限量与检测，是控制室内环境污染的重要手段。

一、人造板及其制品中甲醛释放限量

木材是人类最早使用的建筑材料之一，我国在使用木材方面历史悠久。木材作为建筑材料具有许多优良性能，如轻质高强、容易加工、导热性低、导电性差，弹性和塑性好，能承受冲击和振动荷载的作用，有的木材具有美丽的天然花纹，易于着色和油漆，给人以淳朴、古雅、亲切的质感，是极好的装饰装修材料，有其独特的功能和价值。目前，建筑装饰装修工程使用的木材，按材质不同可分为实木板和人造板两大类，应用最广泛的是人造板材。

1. 人造板材及其制品中甲醛的来源

人造板材几乎包括装修用的各种板材，如细木工板、各种胶合板、高密度板、中密度板、刨花板、各种纤维板及贴面板。由于人造板在生产和制造过程中均使用了由甲醛合成的胶黏剂，因此人造板均不可避免地存在甲醛污染。在一定条件下这些板材会向空气中释放甲醛，主要有以下3种方式。

① 制胶时尿素没有和甲醛完全反应，使胶中含有一部分游离甲醛，游离甲醛的浓度与所采用的物质的量比和制胶的工艺有关。

② 人造板材在热压过程中胶黏剂固化不彻底，胶中一部分不稳定结构，如醚键、羟甲基键、亚甲基等发生分解而释放出甲醛。

③ 人造板材在堆放和使用过程中，由于受到外界温度、湿度和水分的作用，固化后体型结构发生分解而释放甲醛。人造板材释放甲醛的过程不仅是一个持续的过程，而且其释放量随着季节和气温的变化而变化，将长期影响室内空气质量。

2. 人造板及其制品中甲醛释放限量

甲醛是具有强烈刺激性的气体，是一种挥发性有机化合物，对人体健康影响严重。1955年，甲醛被国际癌症研究机构（IARC）确定为可疑致癌物。

根据我国现行国家标准《室内装饰装修材料　人造板及其制品中甲醛释放限量》（GB 18580—2017）中的要求，室内装饰装修用人造板及其制品，其甲醛释放量的试验方法及限量值应符合表13-4中的规定。

表13-4　人造板及其制品甲醛释放量的试验方法及限量值

产品名称	试验方法	限量值	使用范围	限量标志①
中密度纤维板、高密度纤维板、刨花板、定向刨花板等	穿孔萃取法	≤9mg/100g	可直接用于室内	E_1
		≤30mg/100g	必须饰面处理后可允许用于室内	E_2
胶合板、装饰单面贴面胶合板、细木工板等	干燥器法	≤1.5mg/L	可直接用于室内	E_1
		≤5.0mg/L	必须饰面处理后可允许用于室内	E_2
饰面人造板（包括浸渍纸层压木质地板、实木复合地板、竹地板、浸渍胶膜纸饰面人造板等）	气候箱法②	≤0.12mg/L	可直接用于室内	E_1
	干燥器法	≤1.5mg/L		

① E_1为可直接用于室内的人造板材，E_2为必须饰面处理后可允许用于室内的人造板材；② 仲裁时采用气候箱法。

二、建筑涂料中有害物质的限量

涂料是指应用于物体表面而能结成坚韧保护膜的物料的总称，建筑涂料是涂料中的一个重要类别，在我国，一般用于建筑物内墙、外墙、顶棚、地面、卫生间的涂料称为建筑涂料。其中用于室内的涂料主要包括溶剂型的木器涂料和水性的内墙涂料。

建筑涂料的主要作用是装饰建筑物，保护建筑主体，提高其耐久性，改善居住条件，提供某些特殊功能。建筑涂料具有色彩丰富、质感逼真、施工方便等特点，是保护和装饰建筑物最简便、经济的方式之一。

1.室内所用涂料中的主要污染物

溶剂型的木器涂料和水性的内墙涂料，是室内装饰装修最常用的材料。由于在涂料中含有各种有毒有害物质，如挥发性有机化合物苯、甲苯、二甲苯、甲苯二异氰酸酯（TDI）、甲醛，重金属铅、镉、铬、汞等，因此涂料是造成室内空气污染的重要原因之一。

2.室内溶剂型涂料有害物质限量

根据《室内装饰装修材料 溶剂型木器涂料中有害物质限量》（GB 18581—2009）中的规定，溶剂型木器涂料中有害物质限量值应符合表13-5中的要求；根据《室内装饰装修材料 内墙涂料中有害物质限量》（GB 18582—2008）中的规定，内墙涂料中有害物质限量值应符合表13-6中的要求。

表13-5 溶剂型木器涂料中有害物质限量值

项目		限量值				
		聚氨酯类涂料		硝基类涂料	醇酸类涂料	腻子
		面漆	底漆			
挥发性有机化合物含量①（VOCs）/（g/L）		光泽（60°）≥80，≤580 光泽（60°）<80，≤670	≤670	≤720	≤500	≤550
苯含量①/%		≤0.30				
甲苯、二甲苯、乙苯含量①总和/%		≤30		≤30	≤5	≤30
游离二异氰酸酯（TDI、HDI）含量总和②/%		≤0.40		—	—	≤0.40④
甲醇含量①/%		—		≤0.30	—	≤0.30⑤
卤代烃含量①③/%		0.10				
可溶性重金属含量（限色漆、腻子和醇酸清漆）/（mg/kg）	铅（Pb）	≤90				
	镉（Cd）	≤75				
	铬（Cr）	≤60				
	汞（Hg）	≤60				

① 按产品明示的施工配比混合后测定，如稀释剂的使用量为某一范围时，应按照产品施工配比规定的最大稀释比例混合后进行测定。

② 如果聚氨酯类涂料和腻子规定了稀释比例或由双组分或多组分组成时，应先测定固化剂（含游离二异氰酸酯预聚物）中的含量，再按产品明示的施工配比计算混合后涂料中的含量，如稀释剂的使用量为某一范围时，应按照产品施工配比规定的最小稀释比例进行计算。

③ 包括二氯甲烷、1,1-二氯乙烷、1,2-二氯乙烷、三氯甲烷、1,1,2-三氯乙烷、四氯化碳。

④ 限聚氨酯类腻子。

⑤ 限硝基类腻子。

表 13-6　内墙涂料中有害物质限量值

项目		限量值	
		水性墙面涂料①	水性墙面腻子②
挥发性有机化合物含量（VOCs）		≤120g/L	≤15g/kg
苯、甲苯、乙苯、二甲苯总和/(mg/kg)		≤300	
游离甲醛/(mg/kg)		≤100	
可溶性重金属/(mg/kg)	铅（Pb）	≤90	
	镉（Cd）	≤75	
	铬（Cr）	≤60	
	汞（Hg）	≤60	

① 涂料产品所有项目均不考虑稀释配比。

② 膏状腻子所有项目均不考虑稀释配比，粉状的腻子除了可溶性重金属项目直接测试粉体外，其余3项按产品规定的配比将粉体与水或胶黏剂等其他液体混合后测试。如配比为某一范围时，应按照水用量最小、胶黏剂等其他液体用量最大的配比混合后测试。

三、胶黏剂中有害物质的限量

胶黏剂是指通过界面的粘附和内聚等作用，能使两种或两种以上的制件或材料连接在一起的天然的或合成的、有机的或无机的一类物质，统称为胶黏剂。胶接是指同质或异质物体表面用胶黏剂连接在一起的技术，这种技术具有应力分布连续、质量较轻、密封较好、操作简便、多数工艺温度低等特点。胶接特别适用于不同材质、不同厚度、超薄规格和复杂构件的连接，广泛应用在室内装饰装修工程中，是室内装饰装修施工中不可缺少的重要材料。

1.胶黏剂的主要有害物质及其危害

胶黏剂中的溶剂用于降低胶黏剂的黏度，使胶黏剂具有良好的浸透力，改进工艺性能。常用的溶剂有苯、焦油苯、甲苯、二甲苯、汽油、丙酮、乙酸丁酯等，其中挥发性有机化合物、苯、甲苯、二甲苯、甲醛和甲苯二异氰酸酯的毒性较大，对人体健康危害严重。

（1）挥发性有机化合物　挥发性有机化合物（VOCs）在胶黏剂中存在较多，如溶剂型胶黏剂中的有机溶剂，三醛胶（酚醛、脲醛、三聚氰胺甲醛）中的游离甲醛，不饱和聚酯胶黏剂中的苯乙烯，丙烯酸酯乳液胶黏剂中的未反应单体，改性丙烯酸酯快固结构胶黏剂中的甲基丙烯酸甲酯，聚氨酯胶黏剂中的多异氰酸酯，α-氰基丙烯酸酯胶黏剂中的SO_2，4115建筑胶中的甲醇、丙烯酸酯乳液中的增稠剂氨水等。

以上这些易挥发性的物质排放到大气中，对于环境危害很大，而且有些发生光化作用，产生臭氧，低层空间的臭氧污染大气，影响生物的生长和人类的健康，有些卤代烃溶剂则是破坏大气臭氧层的物质。有些芳香烃溶剂毒性很大，甚至有致癌性。

（2）苯　苯的蒸气具有芳香味，却对人有强烈的毒性，吸入和经皮肤吸收都可中毒，使人眩晕、头痛、乏力、严重时因呼吸中枢痉挛而死亡。苯已被列为致癌物质，长期接触有可能引发膀胱癌。

（3）甲苯　甲苯具有较大毒性，对皮肤和黏膜刺激性大，对神经系统作用比苯强，长期接触有引起膀胱癌的可能。但甲苯能被氧化成苯甲酸，与甘氨酸生成马尿酸排出，故对血液并无毒害。短期内吸入较高浓度甲苯可出现眼及上呼吸道明显的刺激症状、眼结膜及眼部充血、头晕、头痛、四肢无力等症状。

（4）二甲苯　二甲苯对眼及上呼吸道黏膜有刺激作用，高浓度时对中枢神经系统有麻醉作用。短期内吸入较高浓度二甲苯可出现眼及上呼吸道明显的刺激症状、眼结膜及咽部充血，头晕、头痛、恶心、呕吐、胸闷、四肢无力、意识模糊、步态蹒跚。工业用二甲苯中常含有苯等杂质。

（5）甲醛　甲醛具有强烈的致癌和促癌作用。大量文献记载，甲醛对人体健康的影响主要表现在嗅觉异常、刺激、致敏、肺功能异常、肝功能异常和免疫功能异常等方面。

（6）游离甲苯二异氰酸酯（TDI）　游离甲苯二异氰酸酯在装修中主要存在于涂料之中，超出标准的游离TDI会对人体造成伤害，主要是致敏和刺激作用，出现眼睛疼痛、流泪、结膜充血、咳嗽、胸闷、气急、哮喘、红色丘疹、斑丘疹、接触性致敏性等症状。

2. 室内装修用胶黏剂有害物质限量

按现行国家标准《室内装饰装修材料　胶黏剂中有害物质限量》（GB 18583—2008）中规定，室内装饰装修用的胶黏剂分为溶剂型、水基型和本体型3类，对它们各自有害物质的限量有明确规定。溶剂型胶黏剂中的有害物质的限量如表13-7所列，水基型胶黏剂中的有害物质的限量如表13-8所列。

表13-7　溶剂型胶黏剂中的有害物质的限量

<table>
<tr><th rowspan="2">项目</th><th colspan="4">指标</th></tr>
<tr><th>氯丁橡胶胶黏剂</th><th>SBS胶黏剂</th><th>聚氨酯类胶黏剂</th><th>其他胶黏剂</th></tr>
<tr><td>游离甲醛/(g/kg)</td><td colspan="2">≤0.50</td><td>—</td><td>—</td></tr>
<tr><td>苯/(g/kg)</td><td colspan="4">≤5.0</td></tr>
<tr><td>甲苯+二甲苯/(g/kg)</td><td>≤200</td><td>≤150</td><td>≤150</td><td>≤150</td></tr>
<tr><td>甲苯二乙氰酸酯/(g/kg)</td><td>—</td><td>—</td><td>≤10</td><td>—</td></tr>
<tr><td>二氯甲烷/(g/kg)</td><td rowspan="4">总量≤5.0</td><td>≤50</td><td rowspan="4">—</td><td rowspan="4">≤50</td></tr>
<tr><td>1,2-二氯甲烷/(g/kg)</td><td rowspan="3">总量≤5.0</td></tr>
<tr><td>1,2,2-三氯甲烷/(g/kg)</td></tr>
<tr><td>三氯乙烯/(g/kg)</td></tr>
<tr><td>总挥发性有机物/(g/L)</td><td>≤700</td><td>≤650</td><td>≤700</td><td>≤700</td></tr>
</table>

注：若产品规定了稀释比例或产品有双组分或多组分组成时，应分别测定稀释剂和各组分中的含量，再按产品规定的配比计算混合后的总量。如稀释剂的使用量为某一范围时，应按推荐的最大稀释量进行计算。

表13-8　水基型胶黏剂中的有害物质的限量

<table>
<tr><th rowspan="2">项目</th><th colspan="5">指标</th></tr>
<tr><th>缩甲醛类胶黏剂</th><th>聚乙酸乙烯酯胶黏剂</th><th>橡胶类胶黏剂</th><th>聚氨酯类胶黏剂</th><th>其他胶黏剂</th></tr>
<tr><td>游离甲醛/(g/kg)</td><td>≤1.0</td><td>≤1.0</td><td>≤1.0</td><td>—</td><td>≤1.0</td></tr>
<tr><td>苯/(g/kg)</td><td colspan="5">≤0.20</td></tr>
<tr><td>甲苯+二甲苯/(g/kg)</td><td colspan="5">≤10</td></tr>
<tr><td>总挥发性有机物/(g/L)</td><td>≤350</td><td>≤110</td><td>≤250</td><td>≤100</td><td>≤350</td></tr>
</table>

四、木器家具中有害物质的限量

家具是人类生活、工作中不可缺少的用品，也是室内重要的组成部分，是集实用性与艺术性于一体的家居用品。出色的家具不仅比较适宜人居使用，而且能够像雕塑艺术品散发着独特的魅力，成为现代家庭生活中提升家居空间文化品位的一种重要方式。

1. 木器家具的主要有害物质及其危害

随着材料科学的快速发展，制造木家具的材料品种很多。其中人造板家具由于具有外观漂亮、质量较轻、价格便宜、组装方便等优点，被广泛应用于家具制作。人造板家具在生产的过程中，需要加入黏合剂进行黏结，家具的表面还要根据需要涂刷各种涂料。这些黏合剂和涂料中都含有大量的挥发性有机物。

在制作和使用这些家具时，有些挥发性有机化合物就会不断地释放到室内空气中。许多实测和调查资料都证明，在布置新家具的房间中可以检测出较高浓度的甲醛、苯等几十种有毒化学物质。居室内的居住者长期吸入这些物质后，可对呼吸系统、神经系统和血液循环系统造成损伤。在这些木家具产品中产生甲醛的主要原因如下。

① 使用的人造板材中的甲醛含量超标。据2012年国家第2批木家具质量抽查结果表明，抽取样品99批次，经检验，综合判定合格样品83批次，有16批次样品不符合标准的规定。不合格项目主要涉及甲醛释放量、木工要求、抽屉滑道强度、耐香烟灼烧项目。

② 人造板材在生产的过程中，需要使用大量的胶黏剂，这些胶黏剂中含有甲醛，从而造成甲醛释放量超标。

③ 板材的表面需要涂刷涂料，或使用含有甲醛的胶黏剂覆贴表面装饰材料，也可能造成甲醛释放量超标。

④ 木家具产品在制造中，未按标准要求对人造板部件进行封边处理，使部件的端面大量散发游离甲醛，从而造成甲醛释放量超标。

⑤ 使用的纺织材料中含有甲醛整理剂。当从纤维上游离到皮肤的甲醛量超过一定限度时，对其有抗体的人就会产生变态反应性皮炎。

2. 木家具中有害物质国家控制标准

据测定结果表明，木家具中主要有害物质包括甲醛和重金属。在现行的有关国家标准中对有害物质均有明确的限量。

根据《室内装饰装修材料　木家具中有害物质限量》（GB 18584—2001）中的规定，木家具产品中的甲醛释放量和重金属含量应符合表13-9中的要求。

表13-9　木家具产品中的甲醛释放量和重金属含量

项目		限量值
甲醛释放量/（mg/L）		≤1.5
重金属含量（限色漆）/（mg/kg）	可溶性铅	≤90
	可溶性镉	≤75
	可溶性铬	≤60
	可溶性汞	≤60

在《室内装饰装修材料　人造板及其制品中甲醛释放限量》（GB 18580—2001）规定了人造板及其制品的甲醛释放限量指标。本标准中规定装饰单板贴面胶合板甲醛释放量应达到：E_1级≤1.5mg/L，E_2级≤5.0mg/L。该项指标是我国于2002年1月1日起实施的强制性国家标准，这是相关产品的“准生证”，从2002年1月1日起达不到这项标准的产品不准生产；这也是相关产品的“市场准入证”，从2002年7月1日起达不到这项标准的产品不准进入市场流通领域。

五、壁纸中有害物质的限量

壁纸是一种应用相当广泛的室内装饰材料，在欧美、东南亚、日本等发达国家和地区得到相当程度的普及。据调查了解，英国、法国、意大利、美国等国的室内装饰墙纸普及率达到了90%以上，在日本的普及率几乎达到了100%。

（一）壁纸主要有害物质及危害

壁纸具有色彩多样、图案丰富、制作灵活、施工方便、价格适宜等多种其他室内装饰材料所无法比拟的特点，所以深受人们的喜爱。20世纪70年代中期，壁纸装饰曾风靡一时，但由于最初的壁纸含有塑料成分，并采用油墨印刷，遇火燃烧会产生对人体有害的气体，塑料本身也含有氯乙烯类的有机化合物，不仅会造成室内环境的污染，而且大面积铺设对人体健康不利。消费者在选用壁纸作为室内墙面装饰材料时，既要注意具有良好的装饰性，又要特别注意对人体健康的影响。

测试结果表明，壁纸在美化居住环境的同时，对居室内的空气质量也会造成不良影响。壁纸装饰对室内空气质量的影响主要来自两个方面：一方面是壁纸本身的有害物质造成的影响；另一方面污染问题是壁纸在施工中由于使用的胶黏剂和施工工艺造成的室内环境污染。

1.壁纸生产加工过程的污染

壁纸在生产加工的过程中，由于原材料、工艺配方等方面的原因，可能残留铅、钡、氯乙烯、甲醛等有害物质，这些有害物质不能有效控制，将会造成室内空气污染，严重威胁居住者的身体健康。其中甲醛、氯乙烯单体等挥发性有机化合物刺激人的眼睛和呼吸道，造成肝、肺、免疫功能异常；壁纸上残留的铅、镉、钡等金属元素，其可溶性将对人体皮肤、神经、内脏造成危害，尤其是对儿童身体和智力发育有较大影响。因此，人们在享受壁纸给生活带来的温馨与舒适时，对它的内在质量安全问题也应备加关注。

国家质量监督检验检疫总局，在2001年12月10日颁布了《室内装饰装修材料　壁纸中有害物质限量》（GB 18585—2001）强制性国家标准，对壁纸中钡、镉、铬、铅、砷、汞、硒、锑、氯乙烯单体、甲醛10项有害物质提出限量要求。

2.壁纸粘贴施工和使用过程的污染

壁纸粘贴到墙面上所用的材料是胶黏剂，因此胶黏剂的选择也直接关系着居室的空气质量和壁纸的铺贴质量。在选择壁纸的胶黏剂时应考虑其环保性能如何。壁纸胶黏剂在生产过程中，为了使产品有良好的浸透力，通常采用大量的挥发性有机溶剂，因此在壁纸粘贴施工过程中，有可能释放出甲醛、苯、甲苯、二甲苯、挥发性有机化合物等有害物质。

由于壁纸中的成分不同，对室内空气环境的影响也不同。天然纺织物墙纸尤其是纯羊毛壁纸中的织物碎片是一种致敏源，很容易污染室内空气。塑料壁纸由于其美观、价廉、耐用、易清洗、施工方便等优点，发展非常迅速。但在塑料壁纸的使用过程中，由于其中含有未被聚合的单体以及塑料老化分解，可向室内释放大量的有机物，如甲醛、氯乙烯、苯、甲苯、二甲苯、乙苯等，严重污染室内空气。如果房间的门窗紧闭，室内污染的空气得不到室外新鲜空气的置换，这些有机物会聚集起来，久而久之，就会使居民健康受到损害。

（二）壁纸有害物质及控制标准

根据国家现行标准《室内装饰装修材料　壁纸中有害物质限量》（GB 18585—2001）中的要求，壁纸中的有害物质限量值应符合表13-10中的规定。

表13-10　壁纸中的有害物质限量值　　单位：mg/kg

有害物质名称		限量值	有害物质名称		限量值
重金属（或其他）元素	钡	≤1000	重金属（或其他）元素	砷	≤8
	镉	≤25		汞	≤20
	铬	≤60		硒	≤165
	铅	≤90		锑	≤20
氯乙烯单体		≤1.0	甲醛		≤120

六、聚氯乙烯卷材地板中有害物质的限量

塑料地板是以高分子合成树脂为主要材料，加入适量的其他辅助材料，经一定的制作工艺制成的预制块状、卷材状或现场铺贴的整体状的地面材料，聚氯乙烯卷材地板是塑料地板的其中一种。聚氯乙烯卷材地板俗称为地板革，是在室内应用比较广泛的地板材料，不仅具有木制地板的较好弹性、保暖舒适的特点，又具有石材、地砖防潮防湿的优点，而且还具有拼装简单、花色新颖、价格较低等特点，受到消费者的欢迎。

1.聚氯乙烯卷材地板的主要有物质及危害

目前，市场上的同类产品中包括有无基材聚氯乙烯卷材地板、聚氯乙烯无纺布基地板革、带基材的聚氯乙烯卷材地板等多种卷材地板。在这些产品的生产过程中，均不同程度地加入一些添加剂，有的生产企业为降低成本，使用一些价格较低但对人体有害的增塑剂、发泡剂、油墨及有毒的有机溶剂，这些添加剂中所含重金属、氯乙烯单体、挥发物等有害的物质，对人体健康存在较大的危害。

地板革产品的有害物质主要是指重金属和限量挥发物质。重金属主要是指铅、镉等，限量挥发物主要是指醇类、甲苯等物质。有些规模较小、不注意产品质量的企业生产的聚氯乙烯卷材地板产品，大多数都含有这些有害物质，并且含量均超过国家标准。

聚氯乙烯卷材地板产品中的有害物质为氯乙烯单体、可溶性重金属和挥发性有机化合物。

（1）氯乙烯对人体健康的影响　氯乙烯在常温下是一种无色、有芳香气味的气体，是一种活性较低的高分子化合物，可向室内释放出氯乙烯有害物质，可造成室内人员闻到不舒服的气味，出现眼结膜刺激、接触性皮炎、过敏等症状，甚至更加严重的后果。聚氯乙烯卷材地板中氯乙烯单体含量的高低，所用的原料是关键。

（2）铅的有害物质及对人体健康的影响　铅广泛存在于生活环境中，人可通过饮水、空气、食物和吸烟等途径将铅摄入体内。环境中的铅主要从消化道、呼吸道和皮肤进入人体内。在正常情况下，进入人体内的铅仅有5%～10%被人体吸收，而90%以上随着粪便排出。当人体摄入的铅量大于排出体外的铅量时，铅就会在体内产生蓄积，从而影响人体的生理功能，甚至引起各种病理变化。体内的铅除了随着粪便排出外，还能从尿中排出。因此，尿铅是反映近期接触铅水平的敏感指标。

铅中毒主要损害造血、神经系统和肾脏等。血液红细胞和血红蛋白减少引起的贫血，是急性和慢性铅中毒的早期表现，也是长期低水平接触铅的主要临床表现。铅中毒时可出现非对称性脑下垂、脑肿胀或水肿。急性铅中毒可引起明显的中毒性肾病。慢性铅中毒可引起高血压和肾脏损害。小儿发生铅中毒时X射线照片上可见骨骼密度增加带。慢性铅中毒还可引起女性月经异常，新生儿低体重，婴儿发育迟缓和智力低下，男性精子数量减少、畸形和活动能力减弱。

（3）镉的有害物质及对人体健康的影响　镉为银白色结晶体或白色粉末，有光泽，质地软，富有延展性，在热盐酸中缓慢溶解，在空气中缓慢氧化，并覆盖一层氧化镉膜。镉蒸气和镉盐对人体均有毒害。当室外受到镉污染的空气通过门窗或缝隙进入室内时，就会造成室内镉污染。在室内吸烟时，烟气中的镉也可造成室内空气污染。

镉污染对人体健康有较大的影响。室内环境的镉元素长期通过空气、饮水及食物进入人体中，可导致慢性镉中毒。慢性镉中毒患者尿中镉含量升高，出现贫血、蛋白尿、嗅觉失灵、牙齿和颈部出现釉质黄色的镉环等，随后可出现肾功能减退和肺气肿等。慢性镉中毒还可以引起钙代谢失调，导致骨软化和骨质疏松，易发生骨折，有时咳嗽或打喷嚏也能引起骨折。大量吸入含镉的烟尘、蒸汽或误服镉剂，可导致急性镉中毒，中毒症状可在吸入镉4～6h出现，最初表现为口干、头痛、呼吸困难、恶心、呕吐和腹泻等。初期常常被误诊为

流感而延误治疗。误服镉引起的急性镉中毒，主要表现为急性发作性恶心、呕吐和腹泻，严重时可继发心、肺功能紊乱和心室震颤，甚至导致死亡。

（4）挥发性有机化合物对人体健康的影响　挥发性有机化合物的主要成分为胶黏剂、稀释剂的残留物，增塑剂、稳定剂中易挥发物质和油墨中的混合溶剂在印刷层的少量残留物。挥发性有机物对环境产生污染，危害人体健康，其主要来源是增塑剂。

室内空气中挥发性有机化合物浓度过高时很容易引起急性中毒，轻者会出现头痛、头晕、咳嗽、恶心、呕吐、或呈酩醉状；重者会出现肝中毒甚至很快昏迷，有的还可能有生命危险。长期居住在挥发性有机化合物污染的室内，可引起慢性中毒，损害肝脏和神经系统、引起全身无力、瞌睡、皮肤瘙痒等。有的还可能引起内分泌失调、影响性功能；苯和二甲苯还能损害系统，引发白血病。经国外医学研究在证实，生活在挥发性有机化合物污染环境中的孕妇，造成胎儿畸形的概率远远高于常人，并且有可能对孩子今后的智力发育造成影响。

涂敷法生产的聚氯乙烯卷材地板，要经过200℃以上的高温进行发泡，质量好的增塑剂和溶剂在这样的高温下残留的很少，对人体健康的危害就小；压延法生产的聚氯乙烯卷材地板，没有经过这样的高温且不发泡，所以挥发性有机化合物的残留比较多，对人体健康的危害就大。

2.聚氯乙烯卷材地板的有害物质控制标准

现行国家标准《室内装饰装修材料 聚氯乙烯卷材地板中有害物质限量》(GB 18586—2001）标准适用于以聚氯乙烯树脂为主要原料并加入适当助剂，用涂敷、压延、复合工艺生产的发泡或不发泡的、有基材或无基材的聚氯乙烯卷材地板，也适用于聚氯乙烯复合铺炕革、聚氯乙烯车用地板。根据该标准，聚氯乙烯卷材地板中有害物质限量应符合以下规定。

（1）氯乙烯单体限量　卷材地板聚氯乙烯层中氯乙烯单体含量应不大于5mg/kg。

（2）可溶性重金属限量　卷材地板中不得使用铅盐助剂；作为杂质，卷材地板中可溶性铅含量应不大于20mg/m^2。卷材地板中可溶性镉含量应不大于20mg/m^2。

（3）挥发物的限量　卷材地板中挥发物的限量应符合表13-11中的要求。

表13-11　卷材地板中挥发物的限量

发泡类卷材地板中挥发物的限量/(g/m^2)		非发泡类卷材地板中挥发物的限量/(g/m^2)	
玻璃纤维基材	其他基材	玻璃纤维基材	其他基材
≤75	≤35	≤40	≤10

七、地毯、地毯衬垫及地毯胶黏剂中有害物质的限量

地毯是以棉、麻、毛、丝、草等天然纤维或化学合成纤维类原料，经手工或机械工艺进行编结、栽绒或纺织而成的地面铺敷物。它是世界范围内具有悠久历史传统的工艺美术品类之一。主要覆盖于住宅、宾馆、体育馆、展览厅、车辆、船舶、飞机等建筑室内的地面，有减少噪声、隔热和装饰的效果。

（一）地毯、地毯衬垫及地毯胶黏剂的有害物质及危害

传统的地毯是以动物为原材料，手工编织而成的，这种地毯价格昂贵，通常用于高级宾馆、贵宾室等公共场所。目前常用的地毯都是用化学纤维为原料编织而成的。用于编织地毯的化学纤维有聚丙烯酰胺纤维（锦纶）、聚酯纤维（涤纶）、聚丙烯纤维（丙纶）、聚丙烯腈纤维（腈纶）以及黏胶纤维等。地毯在使用时，会对室内空气造成不良的影响。

1.释放和滋生有害气体及物质

测试结果表明，化纤地毯可向空气中释放甲醛以及其他一些有机化学物质，如丙烯腈、

丙烯等。地毯的另外一个危害是吸附能力很强，能吸附许多有害气体（如甲醛）、灰尘及病原微生物等，尤其纯毛地毯是尘螨的理想滋生和隐藏场所。国外专家研究证明，室内铺设地毯与居民癌症的发生有一定的关系，经调查证实这主要是与地毯吸附了由胶底鞋带入的致癌性多环芳烃有关。

2.地毯的毛线可引起皮肤过敏

纯羊毛地毯的细毛绒是一种致敏源，在利用过程中由于不时摩擦使细毛绒达到一定程度的破坏，释放出的细毛绒可以引起皮肤过敏，甚至引起哮喘等疾病。

3.背衬材料可挥发大量污染物

地毯的背衬材料是采用胶结力很强的丁苯胶乳、天然胶乳等水溶性橡胶作为胶黏剂黏合而成的。这些合成胶黏剂对周围空气的污染是比较严重的。在使用的过程中，胶黏剂会挥发出大量的有机污染物，污染物主要有酚、甲酚、甲醛、乙醛、苯乙烯、甲苯、乙苯、丙酮、二异氰酸盐、乙烯乙酸酯、环氧氯丙烷等，其中以苯、苯系物污染为主。

（二）地毯、地毯衬垫及地毯胶黏剂的有害物质的标准

根据现行国家标准《室内装饰装修材料　地毯、地毯衬垫及地毯胶黏剂有害物质释放限量》（GB 18587—2001）中的规定，地毯、地毯衬垫及地毯胶黏剂有害物质释放限量应分别符合表13-12～表13-14的要求。

表13-12　地毯有害物质释放限量

序号	有害物质测试项目	释放限量/［mg/（m^2·h）］	
		A级	B级
1	总挥发性有机化合物（TVOC）	≤0.500	≤0.600
2	甲醛	≤0.050	≤0.050
3	苯乙烯	≤0.400	≤0.500
4	4-苯基环己烯	≤0.050	≤0.050

注：A级为环保产品；B级为有害物质释放量合格产品，下同。

表13-13　地毯衬垫有害物质释放限量

序号	有害物质测试项目	释放限量/［mg/（m^2·h）］	
		A级	B级
1	总挥发性有机化合物（TVOC）	≤1.000	≤1.200
2	甲醛	≤0.050	≤0.050
3	丁基羟基甲苯	≤0.030	≤0.030
4	4-苯基环己烯	≤0.050	≤0.050

表13-14　地毯胶黏剂有害物质释放限量

序号	有害物质测试项目	释放限量/［mg/（m^2·h）］	
		A级	B级
1	总挥发性有机化合物（TVOC）	≤10.000	≤12.000
2	甲醛	≤0.050	≤0.050
3	2-乙基己醇	≤3.000	≤3.500

八、混凝土外加剂中释放氨的限量

根据现行国家标准《混凝土外加剂定义、分类、命名与术语》（GB 8075—2005）中的规定，在混凝土拌制过程中掺入的，用以改善混凝土性能，一般情况下掺量不超过水泥质量5%（特殊情况除外）的材料，称为混凝土的外加剂。混凝土外加剂的应用是混凝土技术的重大突破，外加剂的掺量虽然很小，却能显著的改善混凝土的某些性能。

（一）混凝土外加剂的主要有害物质及危害

1.室内空气中氨气污染现状

由于混凝土防冻剂产品的研制和应用，使得在寒冷气候下混凝土的制备、浇筑、养护等取得显著的效果，使原来低温条件下混凝土施工必须暂停的局面得到改善，给建筑业创造了可观的经济效益和社会效益。早期混凝土的防冻剂多以氯化钠为主，在了解氯离子对钢筋的锈蚀作用后，改以尿素作为混凝土防冻剂的有效成分。尿素在混凝土中产生水解，生成氨气（NH_3）和二氧化碳（CO_2），氨气的挥发造成了建筑物室内的氨气污染。

建筑材料工业环境中心近年来对多家使用含尿素防冻剂的建筑进行了室内空气中氨含量的测定，结果显示均有不同程度的氨气污染。近年来，由于使用这类防冻剂而造成室内氨气污染引起业主强烈不满的工程事例在我国北方城市屡有发生，各类媒体也多有报道。

2000年，山东省济南市的程先生购买了一套商品房，但入住不久就感到身体不适、气喘等症状，尤其夜间咳嗽较重。医院诊断结论为：由于患者迁入新居引发的支气管炎。经室内环境检测部门检测，证明是开发商在房屋混凝土中加入的防冻剂释放的氨气严重超标所致。程先生在协商未果的情况下，将开发商告上法庭。2005年4月，法院对室内环境氨气污染案做出判决：除判令开发商退还购房款外，还判令其赔偿原告利息损失、医疗费、装修费、精神损害抚慰金等共计30余万元。这是我国目前赔偿数额最大的室内环境氨气污染案件。

北京市卫生防疫站曾对新建六家办公场所室内空气质量进行检测，测定结果发现：在掺加混凝土防冻剂的3家办公场所中，共检测36个样品，超标率达到80.56%。北京市卫生防疫站对氨气超标的原因进行了分析，其中“2家是由于在墙体施工过程中，加入尿素作为防冻剂，投入使用后，随温度、湿度等环境因素的变化，氨从墙体中缓慢释放出，造成室内空气氨浓度较高”。2004年据天津市卫生防病中心对新建及新装修幼儿园、写字楼、家庭居住等150余户、近3万平方米的建筑进行调查检测，结果发现室内空气质量合格率仅为34.7%。

目前，对于混凝土中氨气的挥发造成室内空气污染，至今国内还没有理想的解决方法。一般住宅只能以开窗通风用流动空气来减轻污染，但多数高档写字楼为密闭式设计，通风条件不能满足要求，大面积的玻璃幕墙无法开窗通风。近年来，一些室内空气净化器生产厂家正在研发氨气净化装置，希望通过这一途径消除室内空气中氨气的污染。但目前这类净化装置的使用效果还有待进一步测试。

2.室内氨气污染产生的危害

氨气（NH_3）是一种无色而具有强烈刺激性气味的气体。这是一种碱性物质，常附着在皮肤黏膜和眼结膜上，对所接触的组织都有较强的腐蚀和刺激作用。它可以吸收组织中的水分，使组织蛋白变性，并使组织脂肪皂化，破坏细胞膜的溶解度极高。

科学实验证明，氨气对人体的上呼吸道、皮肤有刺激和腐蚀作用，能减弱人体对疾病的抵抗力，短期内吸入大量的氨气后，可出现流泪、咽病、声音嘶哑、咳嗽、痰液带血丝、胸闷、呼吸困难、可伴有头晕、头痛、恶心、呕吐、乏力等，严重时可发生肺水肿、成人呼吸道窘迫综合症等，并可通过三叉神经末梢的反射作用，而引起心脏停跳和呼吸停止。即使空气中低浓度的氨，也能造成对人体健康的危害和影响。国内外有关资料均报道，室内氨气污染与甲醛、苯、氡、TVOC已成为五大隐形杀手，对人类居住环境构成了极大的威胁。

（二）混凝土外加剂的有害物质控制标准

（1）根据现行国家标准《混凝土外加剂中释放氨的限量》（GB 18588—2001）中的规定，混凝土外加剂中释放氨的量应不大于0.10%（质量分数）。

（2）混凝土外加剂中氨释放量的检测方法，应按国家标准《混凝土外加剂中释放氨的限量》（GB 18588—2001）附录A中的规定进行。

（3）取样和留样　在同一编号的外加剂中随机抽取1kg样品，将其混合均匀后分为两份：一份密封保存三个月；另一份作为试样样品。

（4）检验规则

① 国家标准《混凝土外加剂中释放氨的限量》中所列技术要求内容为型式检验项目。在正常生产情况下，每年至少进行一次型式检验。在下列情况之一时，应进行型式检验：新产品的试制定型时；产品异地生产时；生产工艺及其原材料有较大改变时。

② 试验结果的判定。试验结果符合国家标准《混凝土外加剂中释放氨的限量》（GB 18588—2001）中的规定，即混凝土外加剂中释放氨的量应不大于0.10%（质量分数）时判为合格。

九、建筑材料放射性核素的限量

近年来，随着人们对居住环境装饰装修要求的提高，大量的天然花岗岩和人造板石、陶瓷类建筑材料用于室内装饰，导致了室内放射性水平的增加，有关建筑材料放射性危害人体健康的问题经常见诸媒体，居住环境已成为人们普遍关注的热点。室内环境放射性大多来源于装饰过程中大量使用的石材、墙地砖、陶瓷洁具类建材产品，其中最大的辐射隐患来自石材。我国石材按放射性高低被分为A、B、C三类，只有A类可用于室内装修，而陶瓷产品的放射性来自于其原料中的泥土、矿渣、石粉。

2011年7月1日，由国家质量监督检验检疫总局、国家标准化管理委员会联合发布的《建筑材料放射性核素限量》（GB 6566—2010），新标准规定了建筑材料放射性核素限量和部分天然放射性核素放射性比活度的试验方法，适用于对放射性核素限量有要求的无机非金属类建筑材料。此次标准对建筑材料放射性限量的检验标准进行了进一步修订，为国内陶瓷、石材等建材企业的生产销售提出了明确的规范。

工程检测证明，建筑材料中天然放射性核素^{226}Ra、^{232}Th、^{40}K等，主要来源于建造各类建筑物所使用的无机非金属类建筑材料，包括掺工业废渣的建筑材料。在我国现行国家标准《建筑材料放射性核素限量》（GB 6566—2010）中，对于建筑和装修材料放射性核素限量有明确的规定，见表13-15。

表13-15　建筑和装修材料放射性核素限量

测定项目	建筑主体材料①	装修材料		
		A类②	B类③	C类④
内照射指数（I_{Ra}）	≤1.0	≤1.0	≤1.3	—
外照射指数（I_{γ}）	≤1.0	≤1.3	≤1.9	≤2.8

① 建筑主体材料：I_{Ra}≤1.0和I_{γ}≤1.0时，其产销和适用范围不受限制。空心率大于25%的建筑主体材料，I_{Ra}≤1.0和I_{γ}≤1.3时，其产销和适用范围不受限制。

② A类装修材料其产销和适用范围不受限制。

③ B类装修材料不可使用于住宅、学校、医院、幼儿园等Ⅰ类民用建筑的内饰面，但可用于Ⅱ类民用建筑的外饰面及其他一些建筑的内、外饰面。

④ C类装修材料只可用于建筑物的外饰面及室外其他用途。

参考文献

[1] 韩旸，白志鹏.室内空气污染与防治（第二版）.北京：化学工业出版社，2013.

[2] 李继业，张峰，李海豹.室内环境检测与治理实用技术.北京：化学工业出版社，2015.

[3] 钱华，戴海夏.室内空气污染来源与防治.北京：中国环境科学出版社，2012.

[4] 刘艳华，等.室内空气质量检测与控制.北京：化学工业出版社，2013.

[5] 宋广生.中国室内环境污染控制理论与实务.北京：化学工业出版社，2005.

[6] 周中平，赵寿堂，朱立，等.室内污染检测与控制.北京：化学工业出版社，2002.

[7] 崔九思.室内环境检测仪器及应用技术.北京：化学工业出版社，2004.

[8] 齐文启，孙宗光，石金宝，等.环境监测实用技术.北京：中国环境科学出版社，2006.

[9] 李继业，刘经强，郗忠梅.绿色建筑设计.北京：化学工业出版社，2015.

[10] 王芷兰.建筑装饰设计.北京：中国建筑工业出版社，2017.

[11] 郭莉梅，李荣华.建筑装饰设计.北京：中国轻工业出版社，2016.

[12] 李丽.建筑环境色彩规划设计.北京：机械工业出版社，2016.

[13] 罗平.建筑装饰设计基础.北京：机械工业出版社，2018.

[14] 李宏.建筑装饰设计.北京：化学工业出版社，2015.

[15] 刘峰，汪伟民.装饰装修工程设计要点.北京：化学工业出版社，2010.